Inhaltsseiten
vermitteln dir – unterstützt durch **Merksätze,** Tabellen und Übersichten – physikalisches Grundlagenwissen über wichtige Begriffe, Gesetze, Erscheinungen und Zusammenhänge.

Das Mosaik
enthält zusätzliche Informationen aus Physik, Natur und Technik.

Methoden
sind durch eine farbige Unterlegung hervorgehoben.

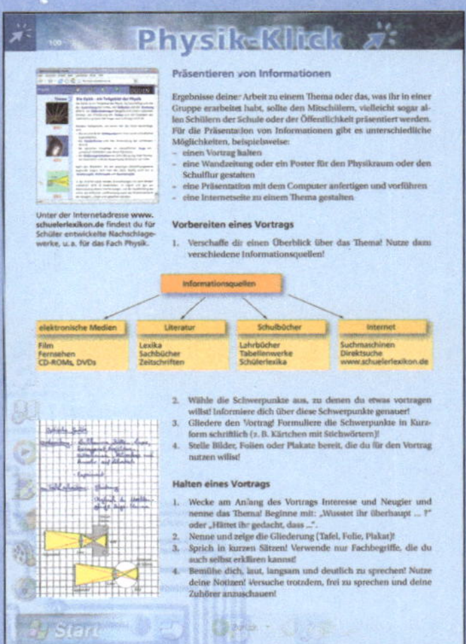

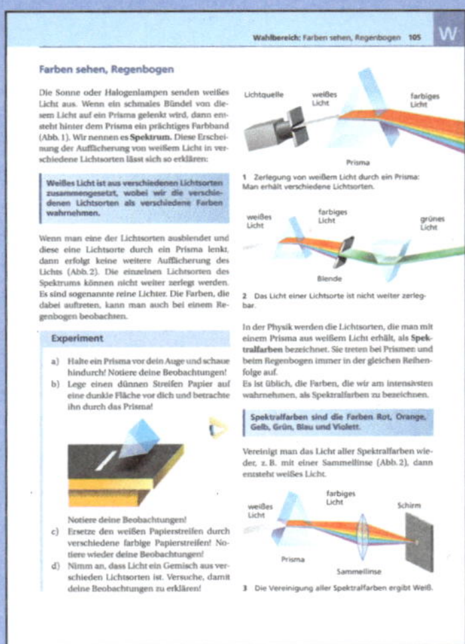

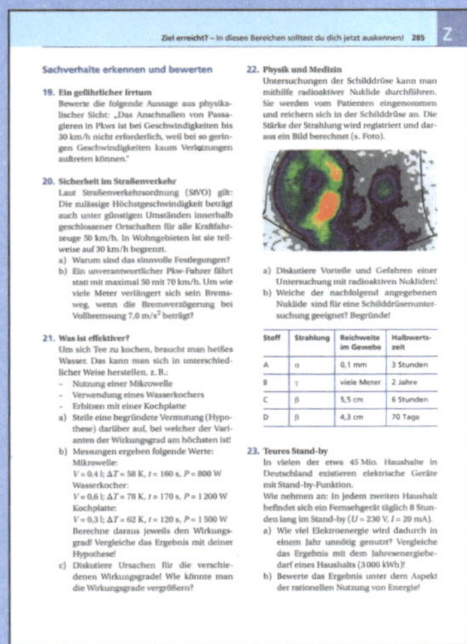

Physik-Klick
Beim Umgang mit neuen Medien, insbesondere mit dem Internet, ist ein planvolles Arbeiten sinnvoll. Auf diesen Seiten werden Hinweise und Anregungen zur zweckmäßigen Arbeit mit neuen Medien gegeben.

Wahlbereich
In den Wahlbereichen sind interessante Themen dargestellt, die in den Unterricht einbezogen werden können, mit denen du dich aber auch selbst beschäftigen kannst.

Ziel erreicht?
Die Aufgaben am Ende des Lehrbuchs ermöglichen dir zu testen, ob du im Physikunterricht erfolgreich eine naturwissenschaftliche Handlungskompetenz erworben hast.

Inhaltsverzeichnis

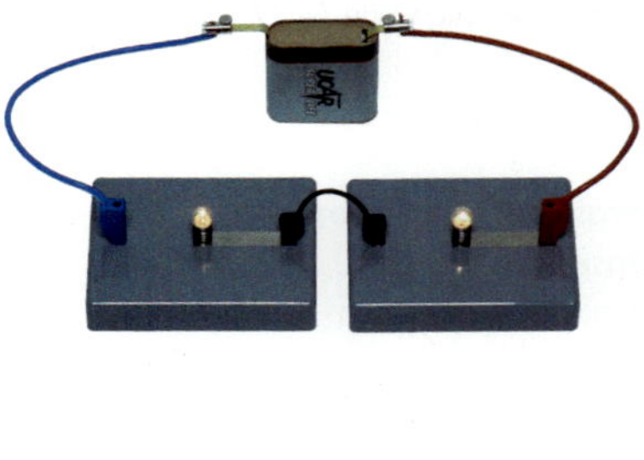

3 Besser sehen 77

4 Schneller werden und bremsen 115

5 Struktur der Materie – Energie aus dem Atom 163

Methoden, Basiskonzepte und Wahlbereiche

Methoden

Basiskonzepte

W Wahlbereiche

Bildquellenverzeichnis

adpic Bildagentur/Martin Baumann: 115/1; adpic Bildagentur/A. Buss: 223/02; adpic Bildagentur/B. Leitner: 116/1, 155/2; AEG Alotherm Remscheid: 57/02; AEG Hausgeräte GmbH: 62/2b; Klaus Bagschik: 266/3; Kathrin Bahro: 62/2c, 64/1, 71/01, 233/4; Boeing: Vorsatz; Canon Deutschland GmbH: 102/1; Carl Braun Camerawerke GmbH, Nürnberg: 96/2; Cern: 168/1; Comstock Images/Fotosearch: 220/03; Corel Photos Inc.: 112/1, 117/2, 133/03, 134/2, 137/2, 138/3, 140/1, 147/01, 157/1, 177/2, 185/3, 194/2, 195/1a, 195/2, 204/02, 207/1, 207/3, 210/01, 223/04, 229/05, 232/2, 234/6, 247/1, 253/01, 258/01, 258/02, 284/02; Cornelsen Experimenta: 3/01, 22/01, 39/1, 78/1, 80/3, 94/01, 104/03, 223/01, 225/2, 227/01, 229/03; DB AG Bildarchiv: 117/1, 118/01, 134/01; DB AG/Jazbec: 129/1; DRK: 145/1; DUDEN PAETEC GmbH: 40/01, 43/1, 43/2, 48/1, 52/1, 73/01, 119/3, 131/1, 141/1, 141/2, 172/03, 187/1, 187/2, 187/3, 199/01, 205/02, 236/2, 246/2, 246/3, 263/1, 264/1, 272/1, 272/2, 272/3; ESA: 137/1, 144/1; ESO: 267/2; Fichtel & Sachs GmbH: 203/1, 203/2, 203/3, 205/01a–b; GNS Gesellschaft für Nuklear-Service mbH: 185/2; H-TEC Wasserstoff-Energie-System: 252/01; John Foxx: 194/1, 231/1; Nick Kondis/Getty Images: 7/1; Hemera Photo Objects: 61/1, 70/01, 97/01, 104/02, 104/04, 133/04, 156/1, 177/01, 189/1, 194/3, 204/01, 204/05, 207/2, 229/01, 229/04, 234/3, 238/01, 241/2, 243/01, 245/01, 253/02, 258/04, 260/01; D. Hoche, Stuttgart: 112/3; Informationsstelle für Elektrizitätsanwendung, Zürich: 55/1, 64/1; Informationszentrale der Elektrizitätswirtschaft: 164/1, 192/01; Kilian, C., Berlin: 17/1, 19/2, 27/1; Kyocera: 32/06; Lau, H.-G., Ahrensburg: 64/2; LD Didactic: 9/1, 125/1, 208/3, 211/2a, 211/2b, 211/2c, 280/1; G. Liesenberg, Berlin: 18/2, 38/1, 68/1, 68, 78/2, 92/01, 109/1a–b, 110/2, 118/02, 233/2; Lufthansa Bildarchiv: 234/2; H. Mahler, Fotograf, Berlin: 22/02, 72/1, 80/1a–b, 138/01, 147/02, 182/01, 232/3; Mannesmann Dematic Wetter: 234/8; mauritius images/Bernhard Spöttel: 127/1; Messe Berlin GmbH und BDLI: 222/01; Lothar Meyer: 20/01, 31/01, 31/02, 32/01, 32/02, 32/03, 32/04, 32/05, 32/07, 32/08, 34/01, 41/3, 53/1, 53/2, 55/2, 57/01, 63/1, 63/01, 68/3, 75/01, 79/2a, 84/1, 85/1, 85/2, 92/02, 96/1, 104/01, 114/01, 116/3, 120/2, 126/1, 128/2, 151/1, 172/01, 183/01, 195/1c, 204/03, 266/2, 284/01; Heike Möller, Rödenthal: 224/01; Moser/Freiburg: 181/1, 285/01; NASA/JPL: 190/01, 214/01, 268/1, 270/1; NTL Austria: 8/2, 42/1, 45/2, 80/2, 83/1b, 83/2b, 133/02; ÖAMTC: 137/3, 154/1, 161/01; Osram GmbH: 61/2, 62/2a, 73/02, 232/1; Adam Opel AG: 140/2a–c, 150/3a–c, 244/2; panthermedia/Franz Haumer: 139/1; J. Pettkus, Zepernick: 234/4; © Photo courtesy of National Nuclear Security Administration/Nevada Site Office: 180/1; Photo Disc Inc.: 77/1, 97/1, 118/03, 164/2, 199/1, 204/04, 220/01, 220/02, 220/04, 227/02, 229/02, 233/1, 234/5, 241/1, 258/03; PHOTO DISC ROYALTY FREE: 37/1; Photosphere: 62/1; PHYWE SYSTEME GmbH & Co KG, Göttingen: 45/4, 51/2, 106/1, 172/02, 193/01, 213/1; picture-alliance/dpa: 38/2, 149/1, 177/1; picture-alliance/dpa/dbaweb: 78/3; picture-alliance / akg-images: Hilbich: 163/1, 169/2; Physikalisch-Technische Bundesanstalt Braunschweig und Berlin: 199/2; Raake, S., Berlin: 153/01; Raddiscount: 195/1b; Bernd Raum, Neuenhagen: 234/1; rebelpeddler Chocolate Cards: 99/01, 212/1; Ruppin, Christel: 8/1, 116/2; üstra Hannoversche Verkehrsbetriebe AG. Hannover: 133/01; Siemens AG/München: 8/3, 27/2, 30/01, 38/3, 50/1, 52/2, 55/3, 61/3, 74/01, 76/01, 164/3, 178/2, 181/2, 185/1, 188/2, 215/01, 219/01, 234/7, 246/1, 248–249; Straßen.NRW: 162/01; Technorama, Schweiz, www.technorama.ch: 196/1; THW Neu-Ulm/Thomas Würth: 242/1; UFOP e. V.: 223/03; Michael Unger, Königs Wusterhausen: 228/1; VEAG Vereinigte Energiewerke AG Berlin/Photo-König Lobenstein: 235/1; Vogt, Patrik, Landau: 10/1, 13/2, 13/3, 18/1, 24/01, 26/01, 26/02, 39/3, 46/01, 54/1, 54/2, 59/01, 65/1, 70/1; Volkswagen AG: 118/2, 130/1, 153/1, 154/2, 155/1, 233/3; Wacker Siltronic AG Burghausen: 30/2b; WML-Weathershop GbR: 27/3; Carl Zeiss Jena, Oberkochen: Vorsatz, 99/1, 99/2, 99/3, 103/2.

1 Wege des Stroms – Schaltungssysteme

1.1 Parallel- und Reihenschaltungen

Eine leuchtende Kette

Die Lichterkette einer Weihnachtsbaumbeleuchtung wird mit einem Kabel an die Steckdose angeschlossen und alle Lämpchen leuchten. Wenn man ein Lämpchen locker dreht, so verlöschen alle Lämpchen der Kette. Es gibt aber auch Lichterketten, die weiterleuchten, wenn eine Lampe kaputt ist.
Wie ist das zu erklären? Was für eine Schaltung liegt bei einer solchen Lichterkette vor?

Der Messbereich ist entscheidend

Mit einem Amperemeter können Stromstärken zwischen 10 mA und 10 Ampere gemessen werden, indem man zwischen verschiedenen Messbereichen umschaltet.
Was passiert beim Umschalten im Messgerät?

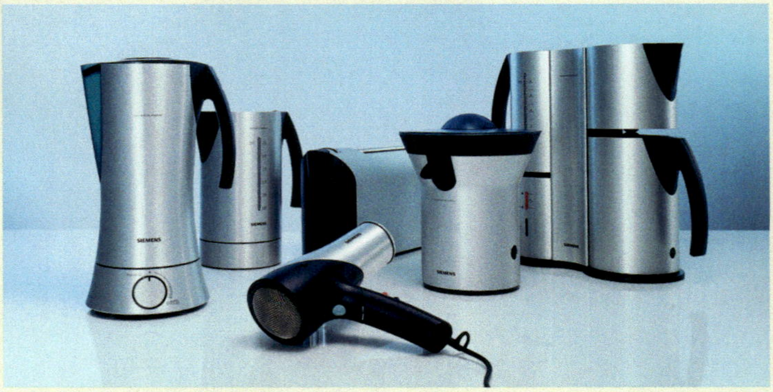

Überall Elektrogeräte

Im Haushalt werden häufig verschiedene elektrische Geräte gleichzeitig betrieben. Sie werden an Steckdosen bzw. an ein Verteilerkabel angeschlossen.
Wie sind die Haushaltsgeräte zueinander geschaltet, damit an jedem von ihnen 230 V liegt?

Stromstärke, Spannung und Widerstand

Aus dem bisherigen Physikunterricht weißt du bereits:

- Elektrischer Strom ist die gerichtete Bewegung von Ladungsträgern.
- Ein elektrischer Strom fließt nur, wenn ein geschlossener Stromkreis mit einer elektrischen Quelle vorhanden ist.
- Für elektrischen Strom besitzen wir kein Sinnesorgan. Er ist für uns nur an seinen Wirkungen erkennbar. Mit elektrischem Strom kann Licht erzeugt werden (Lichtwirkung), Wärme hervorgerufen werden (Wärmewirkung), eine Spule zu einem Elektromagneten werden (magnetische Wirkung) oder chemische Änderungen bei Stoffen hervorgerufen werden (chemische Wirkung).
- Wichtige Größen zur Beschreibung von Stromkreisen sind die elektrische Stromstärke, die elektrische Spannung und der elektrische Widerstand.

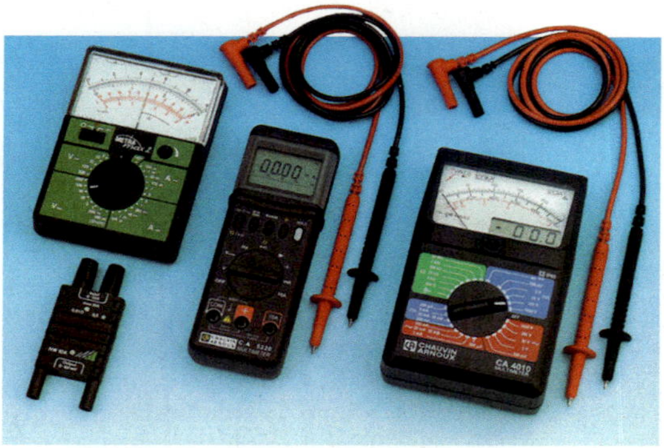

1 Vielfachmessgeräte unterschiedlicher Bauart für Stromstärke, Spannung und Widerstand

Aufgaben

1. Erkunde, welche Spannungen und Stromstärken bei den elektrischen Geräten auftreten, mit denen du täglich umgehst!

2. Welche Stromstärken bzw. Spannungen sind lebensgefährlich? Wie kann man sich schützen?

Elektrische Stromstärke *I*	**Elektrische Spannung *U***	**Elektrischer Widerstand *R***
gibt an, wie viele Ladungsträger sich in jeder Sekunde durch den Querschnitt eines Leiters bewegen.	gibt an, wie stark die elektrischen Ladungsträger angetrieben werden.	gibt an, wie stark der elektrische Strom im Stromkreis behindert wird.
Einheiten: 1 A, 1 mA 1 A = 1000 mA Benannt ist die Einheit nach dem französischen Naturforscher ANDRÉ MARIE AMPÈRE (1775–1836).	Einheiten: 1 V, 1 mV, 1 kV 1 V = 1000 mV 1 kV = 1000 V Benannt ist die Einheit nach dem italienischen Naturforscher ALESSANDRO VOLTA (1745–1827).	Einheiten: 1 Ω, 1 kΩ, 1 MΩ 1 kΩ = 1000 Ω 1 MΩ = 1000 kΩ Benannt ist die Einheit nach dem deutschen Naturforscher GEORG SIMON OHM (1789–1854).
Messgeräte: Stromstärkemesser (Amperemeter) Stromstärkemesser sind in Reihe zu dem elektrischen Gerät zu schalten, bei dem die Stromstärke gemessen werden soll. 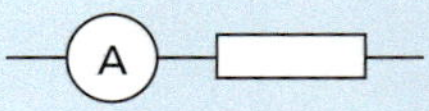	Messgeräte: Spannungsmesser (Voltmeter) Spannungsmesser sind parallel zu dem elektrischen Gerät zu schalten, an dem die Spannung gemessen werden soll. 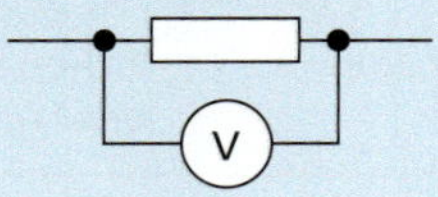	Messgeräte: Widerstandsmesser (Ohmmeter) Widerstandsmesser werden in Reihe geschaltet. Der Widerstand eines Geräts kann auch aus Spannung und Stromstärke ermittelt werden: $R = \frac{U}{I}$

Mosaik

Gefahren und Auswirkungen des elektrischen Stroms

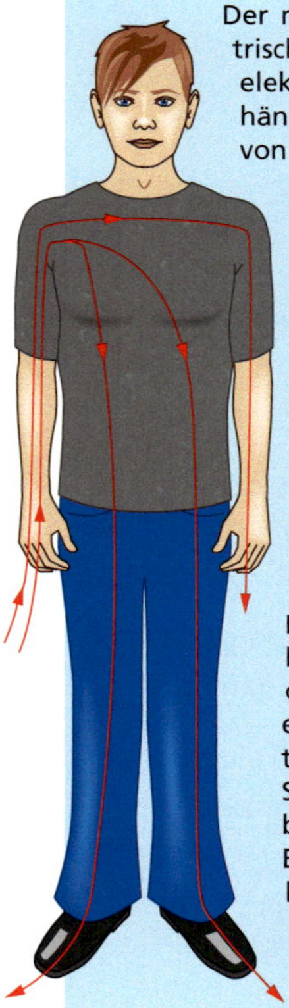

Der menschliche Körper kann den elektrischen Strom leiten. Die Wirkung von elektrischem Strom auf den Menschen hängt von der Stärke des Stroms und von der Spannung sowie vom Stromweg ab (s. Abb.).

Sehr kleine Ströme schaden nichts. Manchmal werden sie auch zur medizinischen Behandlung genutzt. Aber bereits etwas größere elektrische Ströme können den Menschen verletzen oder sogar töten. Schon Ströme aus elektrischen Quellen über 25 V können lebensgefährlich sein. Steckdosen haben 230 V. Die Berührung der Kontakte ist lebensgefährlich.

Bereits schwache Ströme können beim Menschen Krämpfe verursachen, sodass man manchmal nicht einmal mehr die Hand von der elektrischen Leitung lösen kann.
Stärkere Ströme verursachen Atembeschwerden und Verbrennungen. Es kann auch zu Unregelmäßigkeiten in der Herztätigkeit kommen. Dies kann zur Bewusstlosigkeit, zum Herzstillstand und damit zum Tod führen.

Für den Stromweg Hand–Hand gilt:

2 mA	Strom gerade wahrnehmbar
10 mA	Es treten deutliche Verkrampfungen auf.
16 mA	starke Verkrampfungen, heftige Schmerzen
über 25 mA	Strom kann tödlich sein.

Manchmal kann aber auch bereits der Schreck beim Berühren einer elektrischen Quelle zu einem Unfall führen. Deshalb muss sich der Mensch vor dem elektrischen Strom schützen und unbedingt die unten genannten Regeln zum Umgang mit elektrischem Strom einhalten.

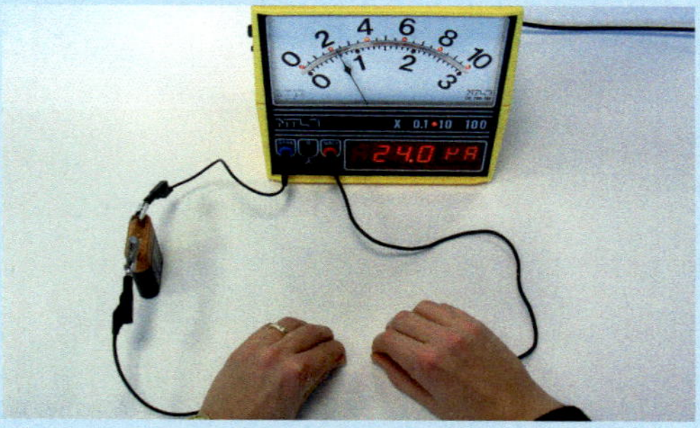

1 Stromfluss von Hand zu Hand ist gefährlich.

Beachte immer folgende Regeln für einen sicheren Umgang mit elektrischem Strom

1. Experimentiere niemals mit elektrischen Quellen, die eine Spannung von 25 V und mehr besitzen!
   Beachte: Die Netzspannung beträgt 230 V und ist daher lebensgefährlich!

2. Berühre niemals die Pole einer Steckdose, blanke Leitungen oder Leitungen mit schadhafter Isolierung mit bloßen Händen, metallischen Gegenständen oder anderen elektrischen Leitern!

3. Schließe Geräte stets an die richtige elektrische Quelle an! Die Voltzahlen von elektrischer Quelle und Gerät müssen annähernd übereinstimmen.

4. Ziehe Stecker niemals an den Leitungen aus der Steckdose, sondern stets am Stecker!

5. Baue elektrische Schaltungen nur bei ausgeschalteter elektrischer Quelle auf! Die elektrische Quelle darf erst nach Überprüfung der Schaltung eingeschaltet werden.
   Bei gefährlichen Schaltungen müssen Sicherungen eingebaut werden. Wenn eine Sicherung kaputtgeht,
   - dann ist zunächst die Ursache der Störung zu beseitigen und
   - anschließend eine neue Sicherung einzusetzen.

   Sicherungen dürfen auf keinen Fall geflickt oder überbrückt werden.

Die elektrische Stromstärke in unverzweigten und verzweigten Stromkreisen

Elektrische Geräte und Bauteile können in einem Stromkreis in Reihe oder parallel zueinander geschaltet werden.

In einem **unverzweigten Stromkreis,** z. B. bei der Reihenschaltung von zwei Glühlampen (Abb. 1), bewegt sich der gesamte Elektronenstrom durch die Leitungen und die Geräte. Elektronen können weder entweichen noch hinzukommen noch sich stauen.

Ähnlich ist das in einem Wasserstromkreis: An verschiedenen Stellen fließt jeweils die gleiche Wassermenge je Zeiteinheit durch die Querschnittsfläche der Rohre.

> **Für die elektrische Stromstärke in unverzweigten Stromkreisen gilt:**
>
> $$I = I_1 = I_2 = \ldots$$

In **verzweigten Stromkreisen** teilt sich der Elektronenstrom an den Verzweigungspunkten in zwei Teilströme auf (Abb. 2). Ein Teil bewegt sich durch die Glühlampe 1, der andere durch die Glühlampe 2. Sind die Glühlampen unterschiedlich, so sind auch die Ströme der Elektronen unterschiedlich groß. Auch im Wasserstromkreis verteilt sich der Wasserfluss auf die beiden Zweige. Dabei geht aber kein Wasser verloren.

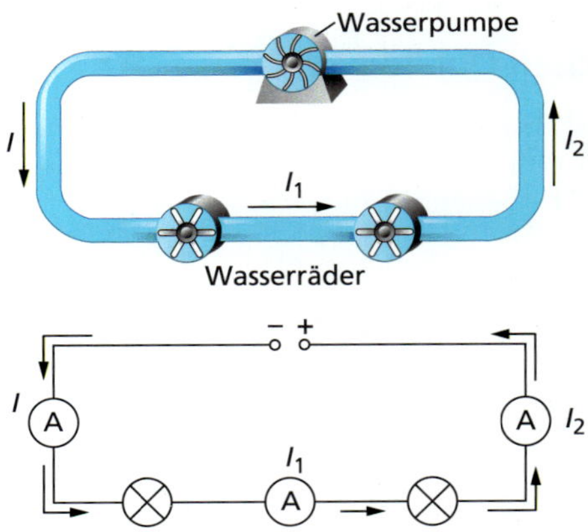

1 Stromstärken im unverzweigten Stromkreis

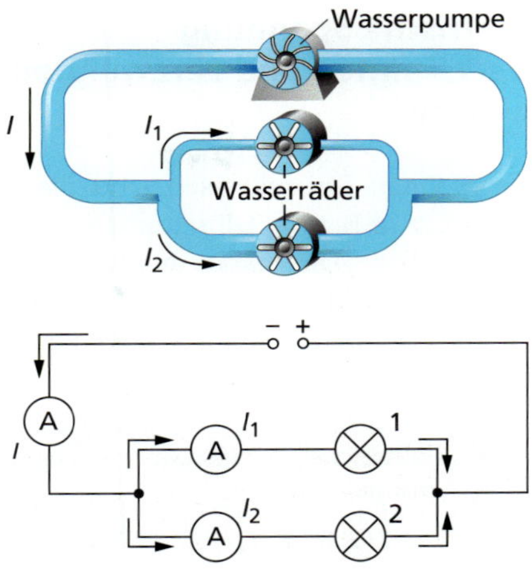

2 Stromstärken im verzweigten Stromkreis

> **Für die elektrische Stromstärke in verzweigten Stromkreisen gilt:**
>
> $$I = I_1 + I_2 + \ldots$$

Methode

Voraussagen physikalischer Erscheinungen

Die elektrische Stromstärke in Stromkreisen kann man mithilfe eines Wassermodells gut veranschaulichen. Modelle kann man aber auch nutzen, um **Voraussagen** zu treffen.

Beim Voraussagen wird auf der Grundlage von Gesetzen oder Modellen eine Folgerung in Bezug auf eine Erscheinung in Natur und Technik abgeleitet. Dabei muss von den Wirkungsbedingungen der Gesetze bzw. den Grenzen der Modelle ausgegangen werden. Beim Voraussagen sollte man deshalb wie folgt vorgehen:

1. Beschreibe die für das Wirken von Gesetzen oder Anwenden von Modellen wesentlichen Seiten in der Erscheinung! Lass unwesentliche Seiten unberücksichtigt!
2. Nenne Gesetze oder Modelle, die der Erscheinung zugrunde liegen, weil deren Wirkungsbedingungen vorliegen!
3. Leite Folgerungen für die Erscheinung ab!

Die elektrische Spannung in unverzweigten und verzweigten Stromkreisen

In **unverzweigten Stromkreisen** sind die elektrischen Geräte, z. B. zwei Glühlampen, in Reihe geschaltet (Abb. 1). Die Stärke des Antriebs der elektrischen Quelle, die Spannung U, teilt sich auf beide Geräte auf. An den Geräten liegen die Teilspannungen U_1 und U_2 an.

Für die elektrische Spannung in unverzweigten Stromkreisen gilt:

$$U = U_1 + U_2 + \ldots$$

Schaltet man z. B. zwei Glühlampen gleicher Bauart in Reihe und verbindet sie mit einer elektrischen Quelle, dann liegt an jeder der Glühlampen die Hälfte der Spannung U der Quelle.
In **verzweigten Stromkreisen** existiert zwischen den Verzweigungspunkten derselbe Antrieb für beide Teilströme (Abb. 2). Die Teilspannungen U_1 und U_2 in den einzelnen Zweigen sind gleich der Gesamtspannung U.

Für die elektrische Spannung in verzweigten Stromkreisen gilt:

$$U = U_1 = U_2 = \ldots$$

Soll an verschiedenen Geräten die gleiche Spannung liegen, so werden die Geräte parallel geschaltet. Das ist z. B. bei Haushaltsgeräten der Fall.

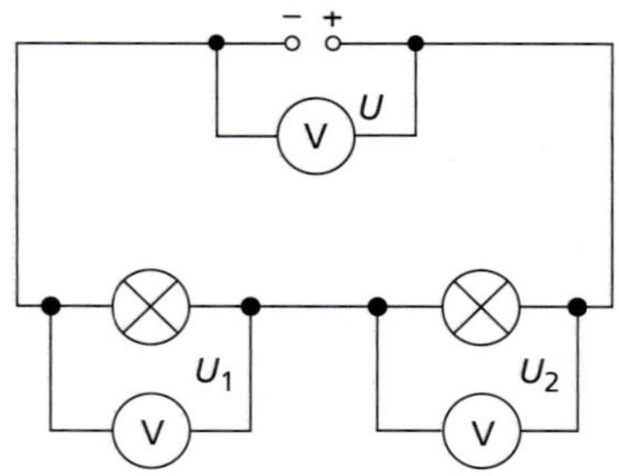

1 Spannungen im unverzweigten Stromkreis

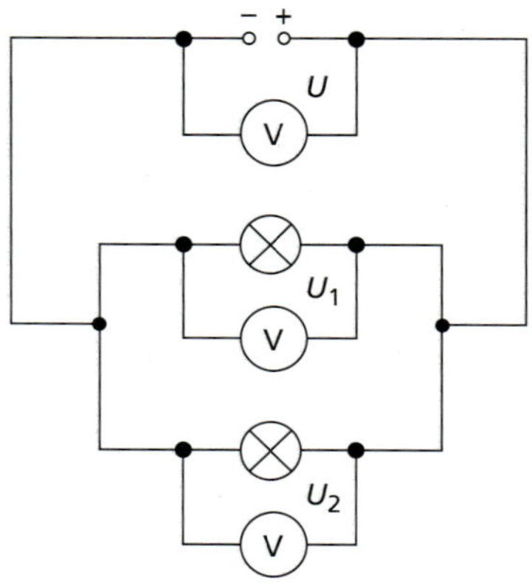

2 Spannungen im verzweigten Stromkreis

Mosaik

Schaltung von elektrischen Quellen

Um einen größeren Antrieb des elektrischen Stroms zu erhalten, werden mehrere elektrische Quellen in Reihe geschaltet (s. Abb.). Die Spannungen der einzelnen Quellen addieren sich zu einer Gesamtspannung. Das wird z. B. bei Taschenlampen, Radios, CD-Playern und anderen batteriebetriebenen Geräten genutzt, um die erforderliche Betriebsspannung zu erhalten: Man nutzt 2, 3 oder 4 Batterien. Beim Einsetzen der Batterien ist auf die richtige Polung zu achten.

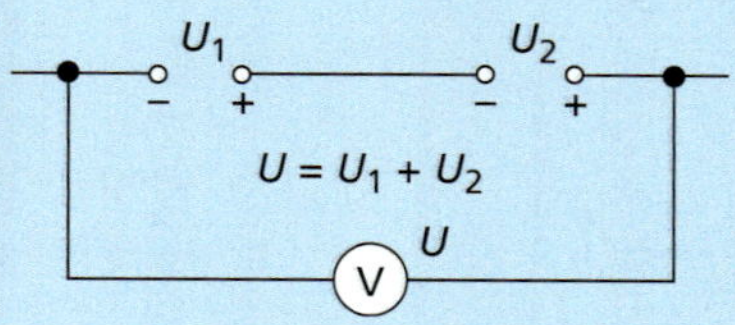

Bei falscher Polung erhält man unter Umständen die Spannung null. Darüber hinaus können Schäden am Gerät auftreten.
Gleiche elektrische Quellen können auch parallel zueinander geschaltet werden. Dann ist die Gesamtspannung gleich der Spannung der einzelnen Quelle. Die Schaltung hat den Vorteil, dass mit ihr ein elektrisches Gerät länger betrieben werden kann als nur mit einer einzigen Quelle, da in mehreren Quellen mehr Energie gespeichert ist.

Methode

Theoretisches Herleiten von Gleichungen in der Physik

Da viele Gesetzesaussagen in der Physik als Gleichungen formuliert werden, kann man mathematische Mittel nutzen, um neue Erkenntnisse zu gewinnen.
Dabei werden vor allem die Regeln für das äquivalente Umformen von Gleichungen angewendet, um neue Gleichungen abzuleiten. Dies wird u. a. beim Lösen physikalisch-mathematischer Aufgaben für konkrete Anwendungen genutzt.

Aus bekannten Gesetzen kann man auf diesem Weg auch neue Gesetze herleiten, z. B. das Gesetz für den Gesamtwiderstand in unverzweigten Stromkreisen.

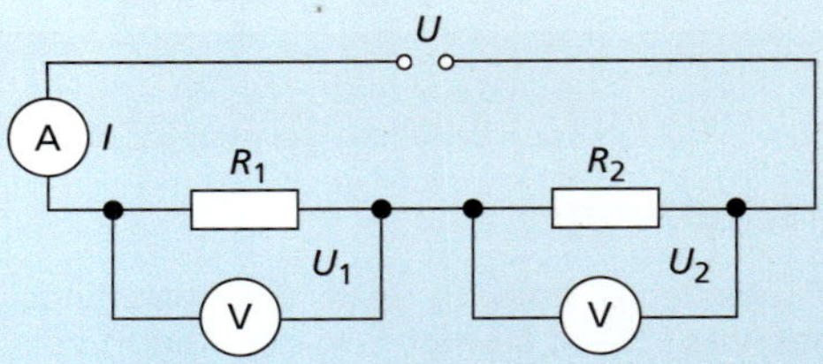

1 Spannungen, Stromstärken und Widerstände im unverzweigten Stromkreis

Bei der **Reihenschaltung von Widerständen** (Abb. 1) gilt:

(1) $U = U_1 + U_2$ und

(2) $I = I_1 = I_2$

Dividiert man die Gleichung (1) durch die konstante Stromstärke I, erhält man:

(3) $\frac{U}{I} = \frac{U_1}{I} + \frac{U_2}{I}$

Mit $R = \frac{U}{I}$ folgt daraus das Gesetz:

(4) $R = R_1 + R_2$

Theoretisch hergeleitete Gesetze müssen durch die Praxis bestätigt werden.
Dazu nutzt man Messungen in Experimenten, um theoretisch ermittelte Erkenntnisse experimentell zu bestätigen oder zu widerlegen.

Der elektrische Widerstand in unverzweigten und verzweigten Stromkreisen

Durch Reihen- und Parallelschaltung von Bauteilen ändert sich der Gesamtwiderstand in Stromkreisen. Dadurch leuchten z. B. gleiche Glühlampen unterschiedlich hell (Abb. 2 und 3). Schaltet man zwei Bauteile in Reihe in den Stromkreis, so gilt für den elektrischen Widerstand das folgende Gesetz:

Bei Reihenschaltung zweier Bauteile beträgt der Gesamtwiderstand:

$$R = R_1 + R_2$$

Der Gesamtwiderstand ist also in diesem Fall immer größer als der größte Teilwiderstand.
Anders ist das bei einer Parallelschaltung von zwei Bauteilen. In diesem Fall addieren sich die Widerstände der einzelnen Bauteile nicht, sondern es gilt:

Bei Parallelschaltung zweier Bauteile ist der Gesamtwiderstand immer kleiner als der kleinste der Teilwiderstände:

$$\frac{1}{R} = \frac{1}{R_1} + \frac{1}{R_2}$$

2 Reihenschaltung gleicher Glühlampen

3 Parallelschaltung gleicher Glühlampen

Widerstände und Spannungen in unverzweigten Stromkreisen

Bei einer Reihenschaltung von zwei Widerständen liegt an jedem der Widerstände eine Teilspannung an (Abb. 1). Der Wert der Teilspannung ist vom Wert des jeweiligen Widerstands abhängig. Der Zusammenhang zwischen den Spannungen und den Widerständen wird als **Spannungsteilerregel** bezeichnet. Für zwei in Reihe geschaltete Widerstände lautet sie:

> **Bei einer Reihenschaltung von zwei Widerständen verhalten sich die an ihnen anliegenden Teilspannungen wie die entsprechenden elektrischen Widerstände:**
>
> $$\frac{U_1}{U_2} = \frac{R_1}{R_2}$$

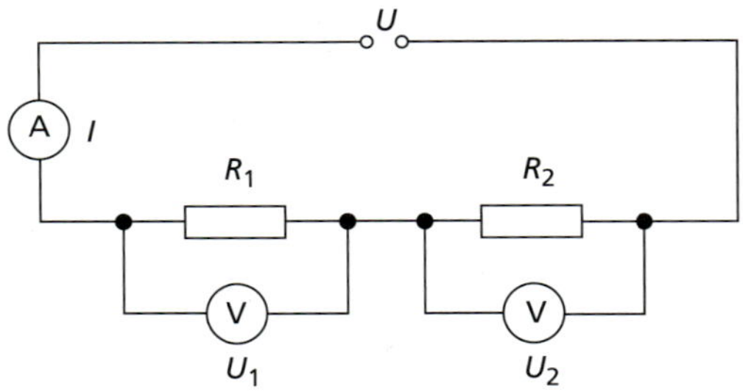

1 Widerstände und Spannungen bei einer Reihenschaltung von zwei Bauteilen

Damit lassen sich mithilfe von Festwiderständen oder regelbaren Widerständen in Stromkreisen unterschiedliche Teilspannungen erzeugen. In der Praxis wird häufig eine **Spannungsteilerschaltung** genutzt. Sie wird auch als **Potenziometerschaltung** bezeichnet (s. unten).

Mosaik

Die Spannungsteilerschaltung

In Geräten und beim Experimentieren werden häufig veränderbare Spannungen benötigt. Dies ist z. B. in einer Dimmerschaltung der Fall, mit der man die Helligkeit einer Stehlampe stufenlos regeln kann.
Dazu verwendet man Spannungsteiler, mit deren Hilfe man einer Quelle mit der Spannung U jede kleinere Teilspannung entnehmen kann. Die Schaltung wird als **Spannungsteilerschaltung** (Potenziometerschaltung) bezeichnet (Abb. 2).

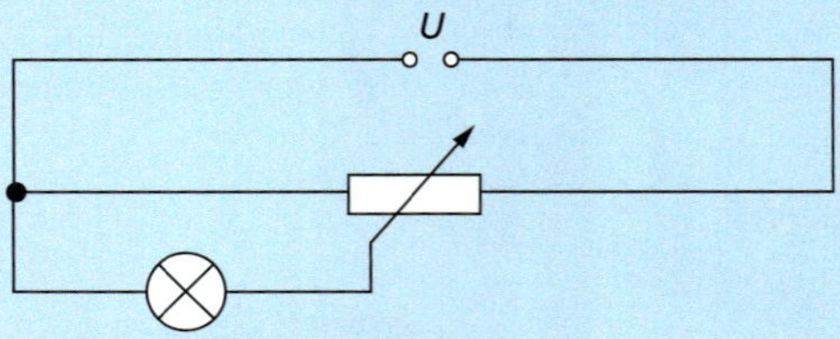

2 Spannungsteilerschaltung

Ein Spannungsteiler ist ein regelbarer Widerstand mit drei Anschlüssen. Einer der Anschlüsse ist mit einem verstellbaren Abgriff verbunden, der den Widerstand R in die beiden Teilwiderstände R_1 und R_2 „teilt" (Abb. 3). Wie groß die Widerstände R_1 und R_2 sind, hängt von der Stellung des Abgriffs ab. Befindet er sich z. B. am linken Rand eines Gleitwiderstands (Abb. 3), zeigt der Spannungsmesser links 0 V an. Bewegt man den Abgriff zum anderen Ende des Widerstands, steigt die Spannung stufenlos an und hat am Ende ihren Höchstwert erreicht.
Nach der Spannungsteilerregel liegt am kleineren Teilwiderstand die kleinere Teilspannung an.
Bei Parallelschaltung eines Geräts wie in Abb. 2 ist von einem Ersatzwiderstand auszugehen, der kleiner als der kleinste Teilwiderstand ist. Demzufolge ist der Spannungsabfall am Gerät kleiner als am Teilwiderstand R_1 ohne Belastung (s. Gesetze für Spannungen und Widerstände im verzweigten Stromkreis).

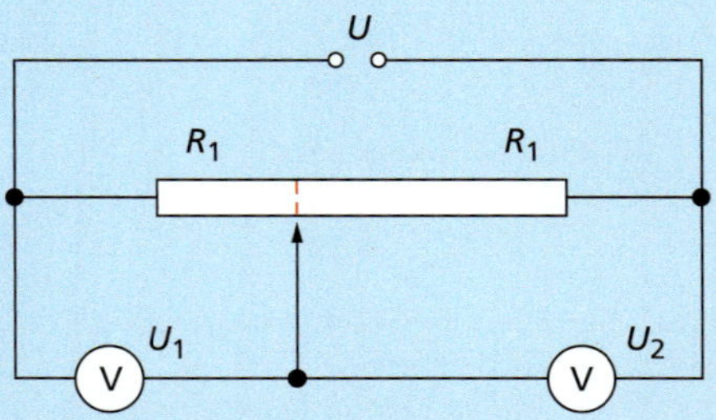

3 Widerstände und Spannungen am Spannungsteiler

Die kirchhoffschen Gesetze

Mit den auf den Seiten 11–13 genannten Gesetzen für die Parallel- und die Reihenschaltung von Bauelementen lassen sich viele Aufgaben lösen, Sachverhalte erklären und Voraussagen treffen. Nicht vollständig erfasst werden damit aber elektrische **Schaltungssysteme,** in denen an einem Verzweigungspunkt mehrere Ströme zu- oder abfließen oder in denen sich mehrere Spannungsquellen und Verbraucher befinden.
Für solche Schaltungssysteme hat der deutsche Physiker GUSTAV ROBERT KIRCHHOFF (1824 bis 1887) bereits als 21-jähriger Student zwei Gesetze formuliert, die heute als **kirchhoffsche Gesetze** bezeichnet werden.
Eine Verzweigung in einem Stromkreis – der Physiker nennt sie Knoten – kann mehrere Zuflüsse und Abflüsse haben (Abb. 1).

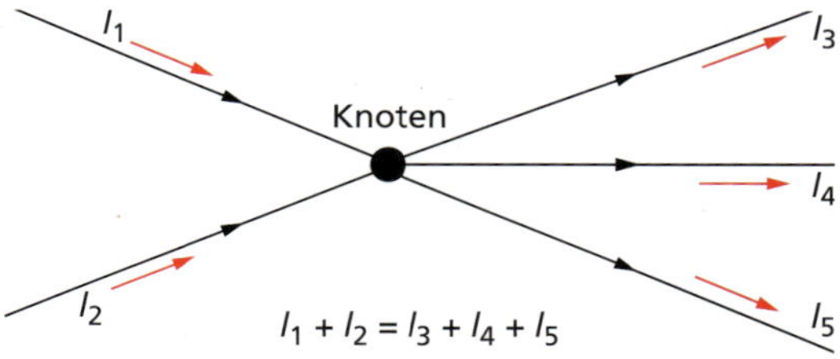

1 Eine Verzweigungsstelle (Knoten) hat Zu- und Abflüsse. Im Knoten staut sich nichts.

Für einen solchen Knoten gilt das 1. kirchhoffsche Gesetz, der **Knotenpunktsatz.**

> **In jedem Knoten ist die Summe der zufließenden Ströme gleich der Summe der abfließenden Ströme.**

Das 2. kirchhoffsche Gesetz bezieht sich auf die Spannungsverhältnisse in einem geschlossenen Teilstromkreis, einer Masche. Für eine solche Masche (Abb. 2) gilt der **Maschensatz.**

> **Die Summe aller Quellenspannungen ist gleich der Summe aller Spannungsabfälle an den Bauelementen.**

Der Maschensatz ermöglicht vor allem bei komplizierten elektrischen Netzwerken Aussagen zu den Spannungen.

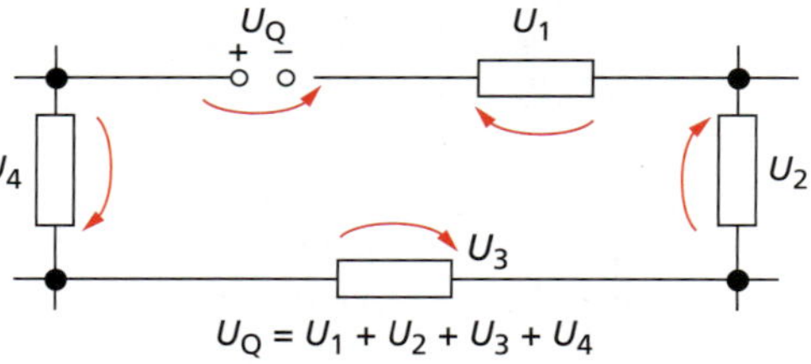

2 In einer Masche ist die Summe aller Spannungen null.

Mosaik

Ersatzschaltungen

Komplizierte Schaltungssysteme lassen sich häufig auf einfache Parallel- oder Reihenschaltungen zurückführen. Eine solche vereinfachte Darstellung einer komplizierten elektrischen Schaltung bezeichnet man als **Ersatzschaltung.**

Dabei werden gleichartige Bauelemente (z. B. Widerstände, Spannungsquellen) zusammengefasst, wobei die Funktionsweise der Schaltung erhalten bleiben muss. In den Abbildungen ist ein Beispiel für eine Vereinfachung dargestellt.

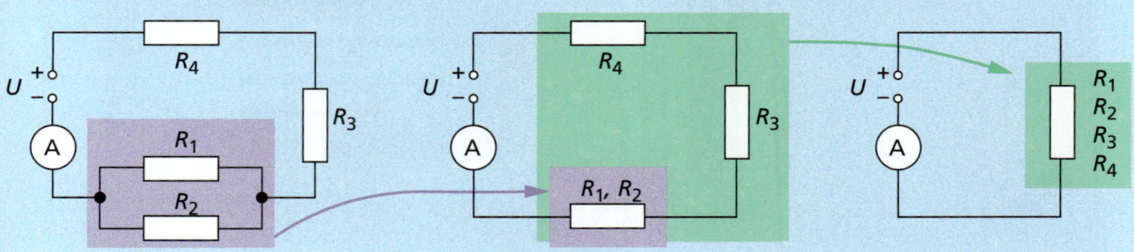

Schaltungen im Haushalt

Jedes Haus und jede Wohnung verfügt über eine umfangreiche elektrische Installation, um den sicheren Betrieb aller elektrischen Geräte und Anlagen zu gewährleisten.

1. *Beschreibe den Aufbau der oben dargestellten Hausinstallation!*
   Wie sind die verschiedenen Geräte zueinander geschaltet? Warum wählt man diese Art der Schaltung?

Werden elektrische Leitungen zu stark belastet, so können sie sich erhitzen und es kann sogar zu Bränden kommen. Um das zu verhindern, werden Sicherungen eingebaut. Im Haushalt sind in der Regel die Zimmer einzeln abgesichert. Geräte großer Leistung, z. B. Elektroherde oder Waschmaschinen, sind speziell abgesichert.

2. *Erkunde, welche Arten von Sicherungen in eurem Haushalt installiert sind und was eine Sicherung bewirkt!*

Eine einfache Art der Sicherung ist eine Schmelzsicherung (Abb. 1), die es für unterschiedliche Stromstärken gibt.

3. *Was bedeuten die aufgedruckten Angaben bei Abb. 1a?*

4. *Mit einer Schmelzsicherung soll ein Stromkreis mit drei Glühlampen und einem Motor (Staubsauger) abgesichert werden.*
   a) *Skizziere den Schaltplan!*
   b) *Beschreibe die Wirkungsweise einer Schmelzsicherung!*

5. *Warum ist es streng verboten, Sicherungen zu flicken oder zu überbrücken?*

Statt Schmelzsicherungen werden häufig Sicherungsautomaten unterschiedlicher Bauform verwendet. Abb. 2 zeigt eine dieser Bauformen.

6. *Erkunde unter Nutzung der Internetadresse www.schuelerlexikon.de, wie ein solcher Sicherungsautomat funktioniert!*

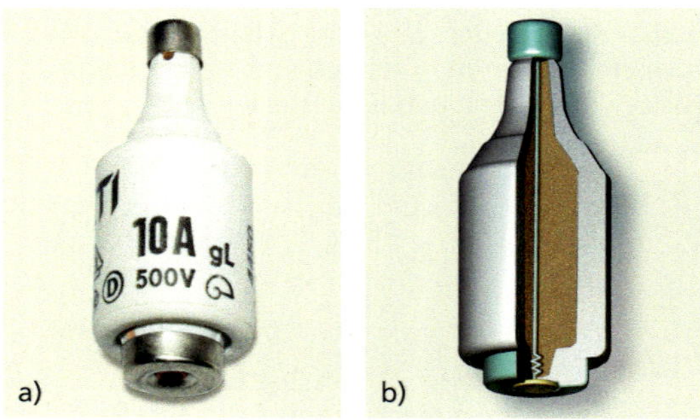

1 Schmelzsicherung (a) und ihr Aufbau (b)

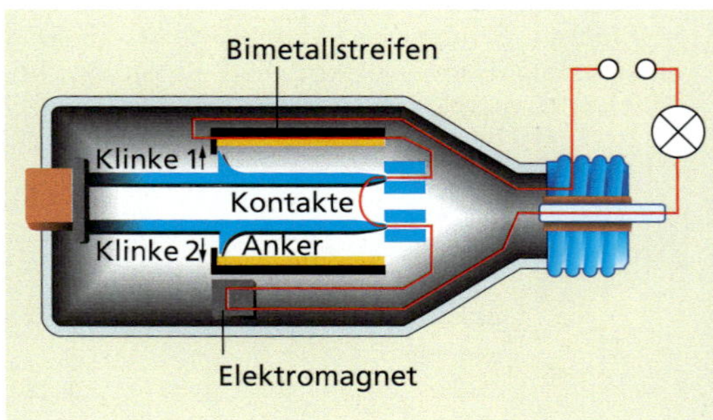

2 Aufbau eines Sicherungsautomaten

Eine andere Form von Sicherungsautomaten zeigen die Abb. 1 und 2. Diese Form findet man heute in vielen Haushalten. Bei einem solchen Sicherungsautomaten fließt der Strom über den Kontakt K 1 (Abb. 2), einen Metallstreifen, den Kontakt K 2 und durch einen Elektromagneten. Wird der Strom zu stark, dann zieht der Elektromagnet den Sperrhaken S nach unten. Durch die Feder wird der drehbare Zylinder bewegt. Dadurch wird der Kontakt K 2 geöffnet. Der Stromkreis ist unterbrochen.

7. *Eine Form von Sicherungen sind Fehlerstromschutzschalter (FI-Schalter). Erkunde, wie ein solcher FI-Schalter aufgebaut ist und wie er funktioniert! Nutze dazu das Internet oder Nachschlagewerke!*

Beachte immer: Eine Sicherung allein schützt nicht vor elektrischen Unfällen. Auch in einem abgesicherten Stromkreis dürfen spannungsführende Teile auf keinen Fall berührt werden.

Es ist dir sicher schon passiert, dass ein elektrisch betriebenes Gerät nicht mehr funktioniert. Das kann verschiedene Ursachen haben.

8. *Diskutiert, in welchen Schritten man vorgehen sollte, wenn man die Ursache dafür ermitteln will, warum ein elektrisches Gerät nicht funktioniert!*

Bei vielen Geräten wissen wir, wie sie funktionieren. Wenn du bei der Mikrowelle die Tür schließt und den Zeitschalter einstellst, beginnt sie zu

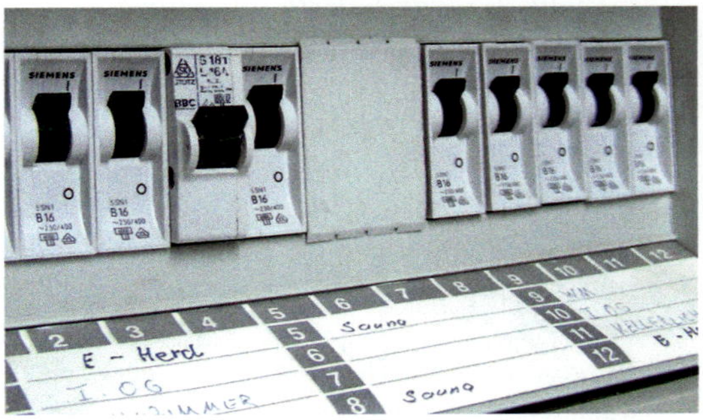

1 Sicherungskasten im Haushalt

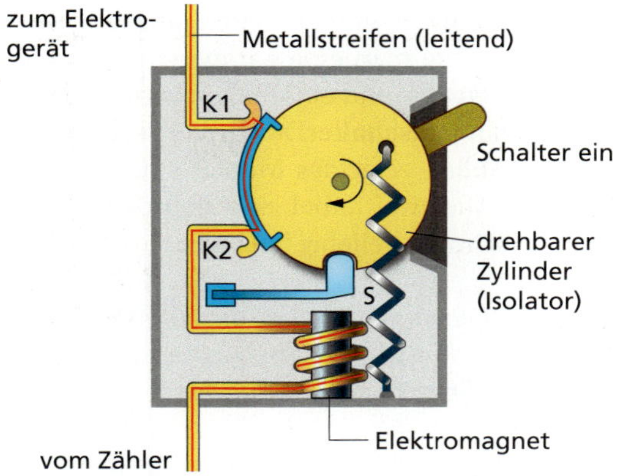

2 Aufbau eines modernen Sicherungsautomaten (Außenansicht s. Abb. 1)

arbeiten. Beim Handy bewirkt die Betätigung der Tastensperre, dass man Tasten drücken kann, ohne das etwas passiert. Wie die Geräte im Innern aufgebaut sind und was dort passiert, wissen wir meist nicht. Physiker und Techniker sprechen von einer **Blackbox.**

Zumindest bei einer einfachen Blackbox kann man durch Messungen ermitteln, welche Bauelemente sich in ihr befinden und wie diese Bauelemente geschaltet sind.

9. *Für eine Blackbox mit drei Anschlüssen wurden Messungen durchgeführt und folgende Ergebnisse ermittelt:*

Anschlüsse	***U* in V**	***I* in mA**
A–C	2,2	66
B–C	2,2	33
A–B	2,2	66

Darüber hinaus ist bekannt, dass sich in der Blackbox nur zwei Widerstände befinden. Ermittle mithilfe der Messwerte, wie sie geschaltet sein könnten! Skizziere den Schaltplan!

10. *Entwirf selbst eine Schaltung und eine Messwertetabelle nach dem Muster von Aufgabe 9, aus der man eindeutig auf die Art der Schaltung in einer Blackbox schließen kann!*

In großen Räumen, langen Fluren oder Treppenhäusern möchte man eine Lampe von verschiedenen Stellen aus- und einschalten können. Dazu benutzt man **Umschalter,** auch **Wechselschalter** genannt. Abb. 1 zeigt das Modell einer solchen Schaltung. Die zwei Kabel zwischen den beiden Schaltern können beliebig lang sein.

11. *Entwirf einen Schaltplan für eine solche Anlage! Beschreibe ihre Wirkungsweise! Baue ein Modell für eine solche Anlage auf!*

Dir ist vielleicht schon Folgendes aufgefallen: Bei einigen Geräten im Haushalt müssen bestimmte Bedingungen erfüllt sein, damit sie überhaupt funktionieren. So muss z. B. bei einer Mikrowelle die Tür geschlossen sein und es muss der Schalter betätigt werden. Ebenso ist das bei einer Waschmaschine. Sie funktioniert nur, wenn sie verschlossen ist und mit dem Schalter eingeschaltet wird. Bewirkt wird das durch eine Schaltung, die man aus Sicherheitsgründen wählt und die man **UND-Schaltung** nennt. Eine UND-Schaltung besteht aus zwei in bestimmter Weise angeordneten Schaltern.

12. *Skizziere einen Stromkreis, der aus zwei Schaltern, zwei Glühlampen und einer elektrischen Quelle besteht! Beide Glühlampen sollen nur dann leuchten, wenn beide Schalter geschlossen sind.*
    Baue anschließend die Schaltung auf und probiere sie aus!

1 Modell einer Wechselschaltung

2 Ein solcher Schwibbogen wird an eine Steckdose, also an 230 V, angeschlossen.

13. *Neben der UND-Schaltung gibt es auch eine ODER-Schaltung. Bei einer solchen Schaltung arbeitet ein Gerät im Stromkreis nur dann, wenn entweder Schalter 1 oder Schalter 2 oder beide Schalter geschlossen sind.*
    Zeichne eine solche ODER-Schaltung mit zwei Schaltern, einer Glühlampe und einer elektrischen Quelle! Wozu könnte man sie nutzen?

Um die Weihnachtszeit herum werden Lichterketten an Weihnachtsbäumen oder Schwibbögen (Abb. 2) genutzt. Der Anschluss erfolgt an Netzspannung (230 V).

14. *Jede Lampe des oben abgebildeten Schwibbogens hat eine Betriebsspannung von 34 V. Das muss man auch wissen, wenn man eine Ersatzlampe kaufen will.*
    a) *Wie sind die sieben Lampen des Schwibbogens geschaltet? Zeichne einen Schaltplan!*
    b) *Warum gehen die 34-V-Lampen nicht kaputt, wenn man sie an 230 V anschließt?*
    c) *Was passiert, wenn man eine der Lampen locker dreht oder wenn sie defekt ist? Begründe!*

15. *Es gibt auch Schwibbögen mit fünf oder mit neun Glühlampen. Welche Betriebsspannung müssen diese Lampen haben?*

*16. *Es gibt Lichterketten, die nicht verlöschen, auch wenn eine der Lampen kaputt ist. Wie ist das zu erklären?*

Physik in Natur und Technik

Eine Lichterkette – physikalisch betrachtet

Mit Lichterketten werden Häuser, Straßen oder Weihnachtsbäume (Abb. 2) geschmückt. Dabei nutzt man neben den herkömmlichen Anordnungen mit Glühlampen auch Lichtschläuche aus Plastik, die mit Lichtemitterdioden (LEDs) bestückt sind. Wir wollen nachfolgend eine Lichterkette mit Glühlampen betrachten, so wie man sie üblicherweise für die elektrische Weihnachtsbaumbeleuchtung nutzt. (Abb. 2). Unsere Lichterkette verfügt über 20 Lämpchen. Diese Lämpchen sind in Reihe geschaltet.

Manche dieser Lichterketten verlöschen vollständig, wenn man ein Lämpchen herausdreht oder wenn ein Lämpchen defekt ist. Es gibt aber auch Lichterketten, bei denen in diesem Fall die restlichen Lämpchen weiterleuchten. Wie ist das zu erklären?

Liegt eine einfache Reihenschaltung der Lämpchen vor, so verlöschen alle Lämpchen, wenn eins von ihnen herausgedreht wird oder kaputt ist. Der Stromkreis ist dann unterbrochen. Somit kann im gesamten Stromkreis kein Strom fließen.

Um zu verhindern, dass eine Lichterkette beim Defekt nur einer Lampe vollständig verlischt, wenden die Techniker folgenden „Trick" an: Im Sockel jedes einzelnen Lämpchens befindet sich ein zusätzlicher Widerstand, der parallel zur Glühwendel des Lämpchens geschaltet ist. Da er einen viel größeren Widerstandswert als die Glühwendel hat, fließt nur ein kleiner Strom durch ihn hindurch. Geht die Glühwendel kaputt, dann fließt der gesamte Strom durch den zusätzlichen Widerstand. Damit erwärmt er sich.

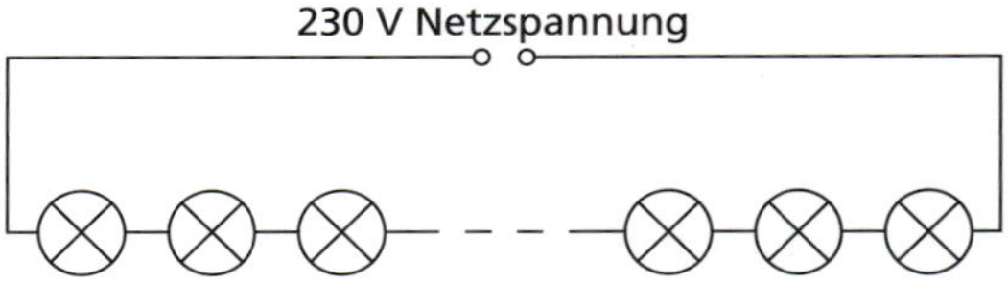

1 Schaltung einer Lichterkette

2 Die Lampen der Lichterkette einer Weihnachtsbaumbeleuchtung sind in Reihe geschaltet.

Dadurch verringert sich aufgrund des speziellen Materials sein Widerstand erheblich und wird etwa so groß wie der Widerstand der Glühwendel. Der Stromkreis bleibt geschlossen. Die restlichen Glühlämpchen leuchten weiter.

Welche Spannung liegt an jedem der Lämpchen?

Da eine Reihenschaltung vorliegt, gilt für die Spannung: $U = U_1 + U_2 + \ldots + U_{20}$
Bei 20 gleichartigen Lämpchen verteilt sich die Spannung gleichmäßig auf alle Lämpchen. Damit beträgt die Spannung am einzelnen Lämpchen:
$230\,\text{V} : 20 = 11{,}5\,\text{V}$

Wie groß ist der elektrische Widerstand des einzelnen Lämpchens, wenn eine Messung im Stromkreis eine Gesamtstromstärke von 0,15 A ergibt?

Für die Reihenschaltung von Widerständen gilt:
$R = R_1 + R_2 + \ldots + R_n$
Wenn jedes Lämpchen den Widerstand R_G hat, dann beträgt der Gesamtwiderstand $20\,R_G$. Für den gesamten Stromkreis gilt die Gleichung:

$$R = \frac{U}{I}$$

Setzt man die genannten Werte ein, so erhält man:

$$20\,R_G = \frac{U}{I}$$

$$R_G = \frac{U}{20\,I} = \frac{230\,\text{V}}{20 \cdot 0{,}15\,\text{A}} = 77\,\Omega$$

Ein Glühlämpchen hat einen Widerstand von etwa 77 Ω.

Ein Messgerät für viele Bereiche

Mit einem Vielfachmessgerät kann man die elektrische Stromstärke z. B. bis zu einem Wert von 1 A messen. Dazu nutzt man einen bestimmten Messbereich, der mindestens 1 A betragen muss. Für größere Stromstärken braucht man einen größeren Messbereich.
Das Messwerk im Messgerät kann jedoch nur Stromstärken in einem kleinen Bereich messen.

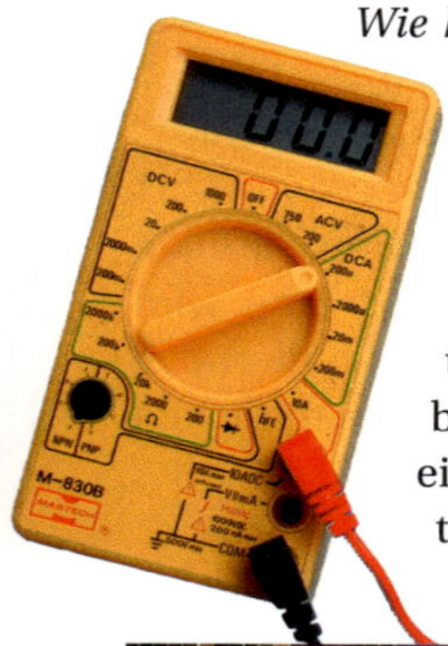

Wie kann der Messbereich eines Amperemeters erweitert werden?

Wenn durch das Messwerk von Amperemetern immer nur ein Strom bis zu einer bestimmten Stärke fließen darf, so muss bei einer größeren Stromstärke ein Teilstrom durch einen zweiten Stromkreis fließen. Das kann man erreichen, indem man zu dem Messwerk einen Nebenwiderstand parallel schaltet, so wie das in Abb. 1 dargestellt ist. Am Verzweigungspunkt teilt sich der Strom auf. Nur ein Teilstrom fließt durch das Messwerk. Für die Stromstärke gilt:

$$I_1 = I - I_2$$

Durch unterschiedliche Nebenwiderstände kann man verschiedene Messbereiche erhalten.

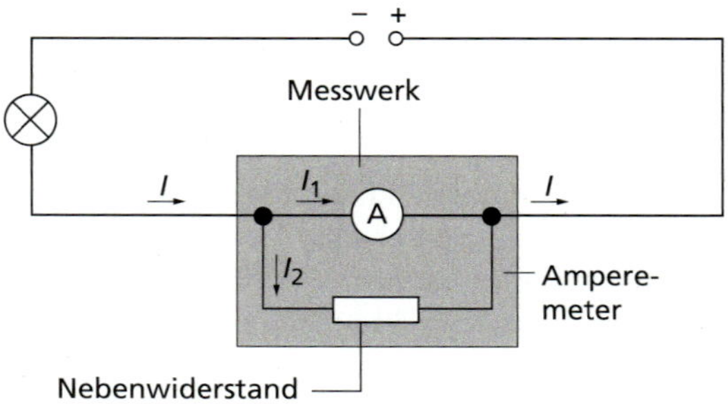

1 Messbereichserweiterung eines Amperemeters

Mosaik

Spannungs- und stromrichtiges Messen

Bei jeder Art von Messung treten Messfehler auf. Dabei gibt es bei der Messung von Spannungen und Stromstärken eine Besonderheit durch die Art der Schaltung der Messgeräte: Die auftretenden Messfehler kann man klein halten, wenn man die Messgeräte geschickt schaltet.
Unterschieden wird zwischen der spannungsrichtigen und der stromrichtigen Schaltung. Bei der **spannungsrichtigen Schaltung** (Abb. 2) zeigt der Spannungsmesser genau die Spannung an, die am Bauteil anliegt, denn Spannungsmesser und Bauteil sind parallel geschaltet und für die Parallelschaltung gilt $U_1 = U_2$.

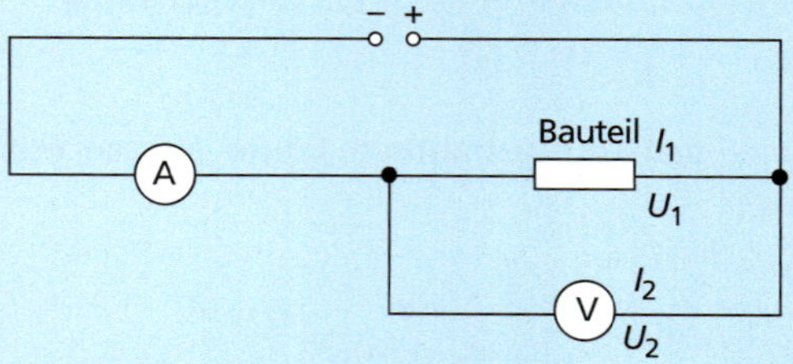

2 Spannungsrichtige Schaltung

Der Stromstärkemesser zeigt dagegen die Gesamtstromstärke an, die durch das Bauteil und den Spannungsmesser fließt, denn es gilt $I = I_1 + I_2$.

Bei der stromrichtigen Schaltung (Abb. 3) zeigt das Amperemeter die Stromstärke an, die durch das Bauteil fließt. Das Voltmeter dagegen zeigt die Spannung an, die am Bauteil und am Amperemeter liegt.

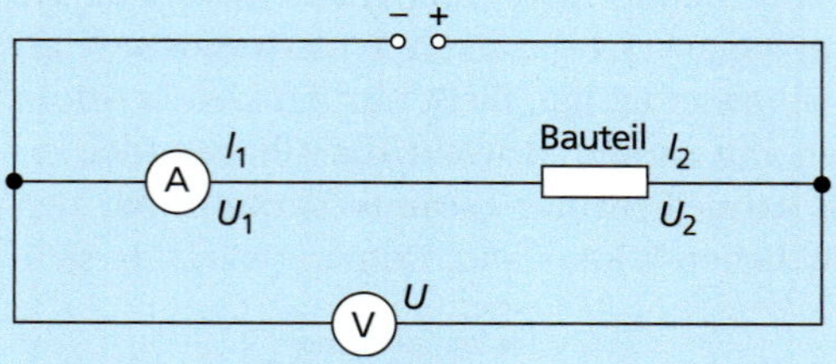

3 Stromrichtige Schaltung

Welche der beiden Schaltungen man wählt, hängt bei einem Experiment von der Aufgabenstellung und den gegebenen Bedingungen ab.

Lösen physikalisch-mathematischer Aufgaben am Beispiel

Ein wichtiges Ziel der Physik ist es, physikalische Gesetze zum **Lösen von Aufgaben und Problemen** anzuwenden, z. B. zum Erklären und Voraussagen von Erscheinungen, zum Konstruieren technischer Geräte oder zum Berechnen physikalischer Größen.
Um z. B. eine physikalische Größe zu berechnen, wendet man Verfahren und Regeln der Gleichungslehre an. Dabei ist es zweckmäßig, eine bestimmte Schrittfolge einzuhalten. Diese **Schrittfolge** soll nachfolgend an einem Beispiel erläutert werden.

Durch eine 40-W-Glühlampe, die an 230 V angeschlossen wurde, fließt bei einer Temperatur des Glühfadens von ca. 2 500 °C ein Strom mit einer Stärke von 175 mA.
Berechne den elektrischen Widerstand der Glühlampe bei Betriebstemperatur!

1. Schritt

Analyse der Aufgabe
- Lies die Aufgabe gründlich durch! Versuche, dir den Sachverhalt der Aufgabe vorzustellen!
- Vereinfache den Sachverhalt aus der Sicht der Physik! Lasse Unwesentliches weg!
- Fertige, wenn möglich, eine Skizze zum Sachverhalt an!
- Stelle die gesuchten und die gegebenen Größen zusammen! Mitunter müssen die Einheiten der Größen noch umgerechnet werden.

Aus Spannung und Stromstärke kann der elektrische Widerstand berechnet werden.
Gesucht: R
Gegeben: $U = 230\ \text{V}$
$I = 175\ \text{mA} = 0{,}175\ \text{A}$

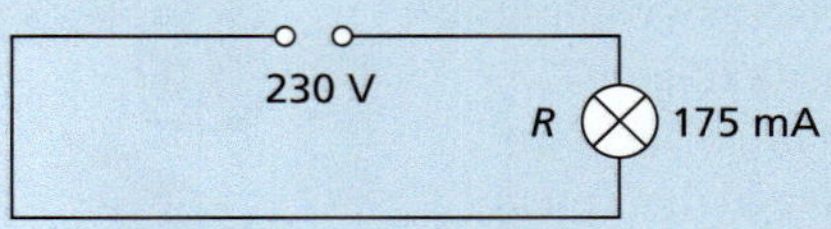

Beachte: Die Angaben zur Leistung der Lampe und zur Temperatur des Glühfadens sind für die Lösung nicht wesentlich.

2. Schritt

Lösung der Aufgabe
- Versuche, im Sachverhalt der Aufgabe Zusammenhänge und Gesetze zu erkennen!
- Gib Gleichungen an, die unter den gegebenen Bedingungen gelten!
- Setze die Werte für die gegebenen Größen in die Gleichung ein und berechne die gesuchte Größe! Beachte die Einheiten!

$$R = \frac{U}{I}$$

$$R = \frac{230\ \text{V}}{0{,}175\ \text{A}}$$

$$R = 1\,300\ \frac{\text{V}}{\text{A}} = 1\,300\ \Omega$$

$$\underline{R = 1{,}3\ \text{k}\Omega}$$

Beachte:
Manchmal muss die Gleichung erst nach der gesuchten Größe umgestellt werden.

3. Schritt

Ergebnis der Aufgabe
- Formuliere das Ergebnis der Aufgabe!
- Berücksichtige die Genauigkeit der Größenangaben!
- Beantworte dabei die Fragen im Aufgabentext!

Im Betrieb hat die 40-W-Glühlampe einen Widerstand von 1,3 kΩ.

Das Ergebnis sollte immer in einer sinnvollen Genauigkeit angegeben werden. Das bedeutet: Das Ergebnis einer Rechnung mit Größen kann nie genauer als der ungenauste Ausgangswert sein.
Auch bei der Arbeit mit dem Taschenrechner ist sinnvoll zu runden. Beachte dabei immer die Rundungsregeln.

gewusst · gekonnt

1. Grundlegende Größen in Stromkreisen sind Stromstärke, Spannung und Widerstand. Erläutere die physikalische Bedeutung der drei Größen und die Zusammenhänge zwischen ihnen an selbst gewählten Beispielen!

2. An den Steckdosen im Haushalt liegen bei uns 230 V an. In anderen Ländern sind Spannungen von 110 V oder 120 V üblich. Was passiert, wenn wir z. B. einen Tauchsieder oder einen Föhn dort einschalten?
Begründe deine Antwort mit dem Antrieb des elektrischen Stroms!

3. Bei einem Kurzschluss werden die beiden Pole einer elektrischen Quelle ohne Verbraucher leitend miteinander verbunden. Lediglich die Quelle selbst setzt dem Stromfluss einen elektrischen Widerstand entgegen. Bei einem 6-V-Akkumulator beträgt dieser Widerstand 0,05 Ω.
Wie groß ist die Stromstärke, wenn man die beiden Anschlüsse kurzschließt?

4. Bei Halogenlampen, die in Taschenlampen verwendet werden, findet man die Angabe 2,8 V/0,85 A.
Wie groß ist der elektrische Widerstand einer solchen Halogenlampe?

5. Experimentell wurden für ein Bauelement folgende Messwerte aufgenommen:

U in V	2	4	6	8	10	12
I in A	0,15	0,22	0,29	0,34	0,36	0,37

a) Stelle die Messwertepaare grafisch dar!
b) Gilt für dieses Bauelement $I \sim U$? Begründe!

6. Für den Widerstand eines metallischen Leiters gilt die folgende Gleichung: $R = \varrho \cdot \frac{l}{A}$
a) Interpretiere diese Gleichung!
b) Auf einer Rolle befinden sich 50 m Kupferdraht mit einem Durchmesser von 1 mm. Wie groß ist der elektrische Widerstand dieses Drahtes?
c) Du findest im Keller eine Rolle mit isoliertem Aluminiumdraht und willst ermitteln, wie viele Meter Draht auf der Rolle sind. Die beiden Enden des Drahts sind zugänglich.
Gib Möglichkeiten an, wie man die Länge des Drahts bestimmen kann!

***7.** Der abgebildete regelbare Widerstand hat einen elektrischen Widerstand von 1 200 Ω. Der Durchmesser des Widerstandsdrahts aus Stahl beträgt 1 mm.

a) Wie lang ist der aufgewickelte Draht?
b) Wie groß ist der elektrische Widerstand, wenn der Strom nur durch ¼ des Drahts fließt?
c) Wie groß ist die Stromstärke im Widerstand, wenn der Strom durch den halben Widerstand fließt und die anliegende Spannung 20 V beträgt?
d) An den regelbaren Widerstand wird eine Spannung von 20 V angelegt.
Wie groß ist die Stromstärke durch den regelbaren Widerstand?

8. Romina wechselt die vier Monozellen von je 1,5 V in ihrem MP3-Player aus. Erst nach mehrmaligem Probieren ist das Gerät wieder funktionstüchtig.
Was muss sie beim Einlegen der Zellen beachten?

9. Bestätige in einem Experiment das Gesetz für die elektrische Stromstärke in einem unverzweigten Stromkreis!

Vorbereitung:

a) Wie lautet das Gesetz?

b) Zeichne einen Schaltplan mit zwei Glühlampen!

Durchführung:

Baue die Schaltung nach dem Schaltplan auf! Miss an verschiedenen Stellen die elektrische Stromstärke und notiere die Messwerte!

Auswertung:

Formuliere das Ergebnis! Wodurch könnte die Genauigkeit der Messergebnisse beeinflusst worden sein?

10. Zwei Glühlampen gleicher Bauart sind in einem Stromkreis parallel geschaltet. An verschiedenen Stellen sind Amperemeter eingebaut.

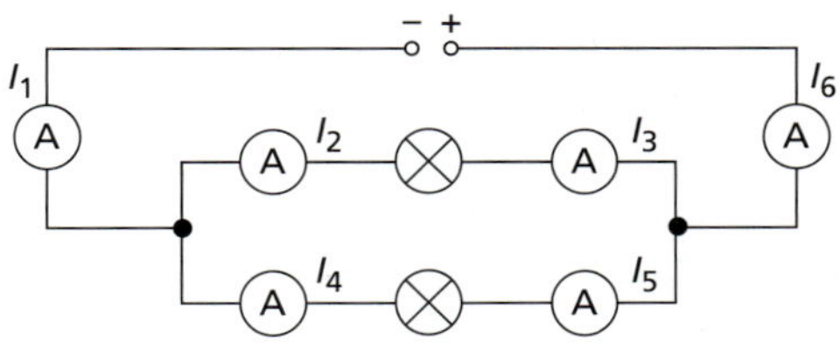

a) Welche Amperemeter zeigen die gleiche Stromstärke an?

b) Was kann man über die Stromstärken I_1, I_2 und I_4 aussagen?

c) Was kann man über die Helligkeit beider Glühlampen aussagen?

11. Im Haushalt ist ein elektrischer Stromkreis mit einer Sicherung von 10 A abgesichert. Angeschaltet sind der Kühlschrank ($I_1 = 0{,}4$ A), das Fernsehgerät ($I_2 = 0{,}3$ A) und ein elektrischer Heizkörper ($I_3 = 3{,}5$ A). Außerdem ist ein Elektroherd ($I_4 = 5{,}2$ A) in Betrieb.

a) Skizziere den Schaltplan mit allen Geräten! Sie können als Widerstände eingezeichnet werden.

b) Was geschieht, wenn nun noch ein Mikrowellenherd ($I_5 = 3{,}5$ A) angeschaltet wird? Begründe!

12. Bestätige in einem Experiment das Gesetz für die elektrische Spannung in einem verzweigten Stromkreis! Gehe bei diesem Experiment wie in Aufgabe 9 vor!

13. Ein Motor und eine Glühlampe sind in einem Stromkreis parallel geschaltet.

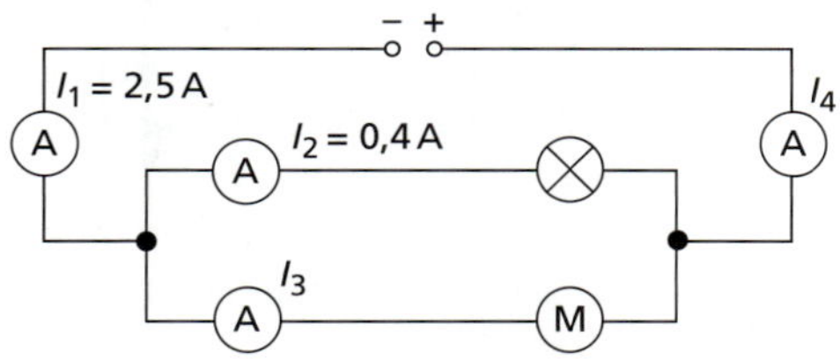

Wie groß sind die Stromstärken I_3 und I_4? Begründe!

14. Zeichne das folgende Schaltbild ab und füge ein Amperemeter hinzu, das die Stromstärke durch den Widerstand misst!

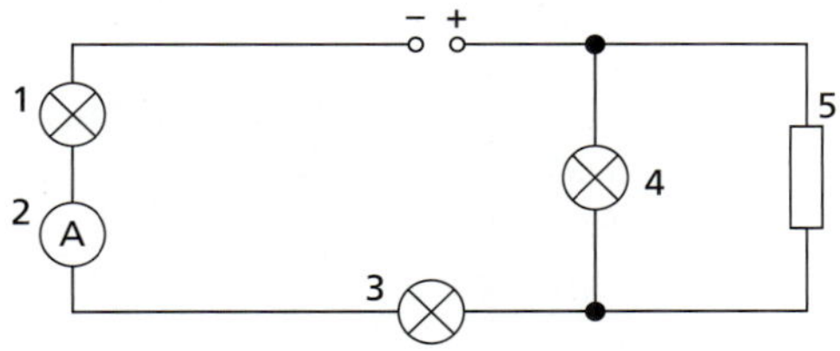

Das Amperemeter 2 zeigt eine Stromstärke von 1,2 A an. Durch die Glühlampe 4 fließen 700 mA. Welche Stromstärken müssten dann durch die Glühlampe 3 und den Widerstand 5 fließen?

15. Manche elektronischen Geräte haben eine geringere Betriebsspannung als die Spannung der zur Verfügung stehenden elektrischen Quelle.

Welche Möglichkeiten gibt es, um ein solches Gerät dennoch betreiben zu können? Präsentiere deine Vorschläge!

16. Im Haushalt werden elektrische Geräte parallel geschaltet.

Begründe, weshalb diese Art der Schaltung gewählt wird!

17. Bestätige in einem Experiment das Gesetz für die elektrische Spannung in einem unverzweigten Stromkreis!
Vorbereitung:
Wie lautet das Gesetz? Zeichne einen Schaltplan mit zwei Glühlampen!
Durchführung:
Baue die Schaltung auf! Miss die Spannung an der Quelle und die beiden Spannungen an den Lampen! Notiere die Messwerte!
Auswertung:
Formuliere das Ergebnis! Wodurch könnte die Genauigkeit der Messergebnisse beeinflusst worden sein?

18. Warum brennen die zehn in Reihe geschalteten 20-V-Kerzen einer Lichterkette beim Anschluss an eine Steckdose nicht durch?

***19.** In einem Lehrerexperiment werden eine 230-V-Lampe und eine 6-V-Lampe in Reihe an eine elektrische Quelle von 230 V geschaltet.

a) Warum geht bei dieser Schaltung die 6-V-Lampe nicht kaputt?
b) Erkläre die unterschiedliche Helligkeit beider Lampen!

***20.** Geräte und Bauteile können in Reihe oder parallel geschaltet sein.
Wie kann man prüfen, ob bei zwei Geräten eine Reihenschaltung oder eine Parallelschaltung vorliegt?

21. Wie kann man zwei 6-V-Lampen an eine elektrische Quelle von 12 V (Autobatterie) anschließen? Fertige einen Schaltplan an und begründe ihn!

22. Wenn man eine Waschmaschine und die Lampe im Badezimmer hintereinanderschalten würde, könnte man eine Menge Leitungsdraht sparen.
a) Zeichne das dazugehörige Schaltbild!
b) Warum schaltet man die beiden Geräte dennoch nicht hintereinander? Es gibt dafür mehr als einen Grund.

23. Bei einem Fahrrad erhalten Scheinwerfer und Rücklicht die Energie von einem Dynamo. Der Strom verteilt sich dabei auf die zwei Drähte, die vom Dynamo zu den zwei Lampen führen.
a) Zeichne das Schaltbild für diese Schaltung!
b) Vom Dynamo zu den Lampen führt nur jeweils ein Draht, der isoliert ist. Zeichne das Fahrrad mit den Drähten und den Lampen und zeichne die Wege für die Energie und die elektrische Ladung ein!
c) Was passiert, wenn die Isolierung eines Kabels an einer Stelle durchgescheuert ist und das Kabel am Rahmen anliegt?

24. In einem verzweigten Kreis befinden sich drei gleiche Lampen (s. Abb.).

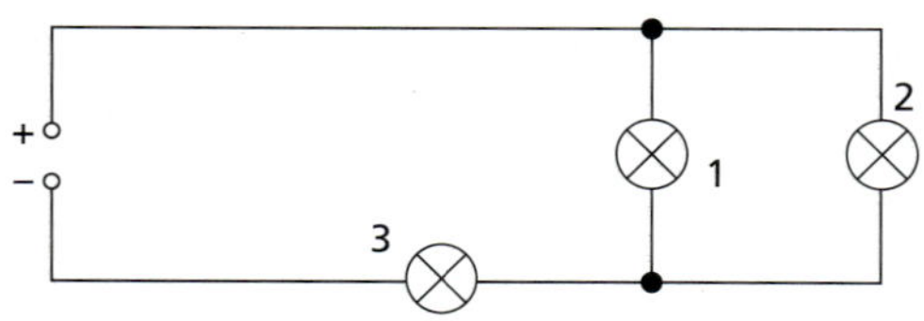

a) Mache eine Vorhersage, wie hell die Lampen im Vergleich zueinander leuchten! Begründe deine Vorhersage mit Gesetzen für den elektrischen Stromkreis!
b) Baue die Schaltung auf! Verwende drei Lampen (1,0 V/0,6 A) und eine 1,5-V-Batterie. Notiere deine Beobachtung und vergleiche mit deiner Vorhersage!
c) Was wird sich an der Helligkeit der Lampen ändern, wenn du Lampe 1 durch eine Lampe mit höherem Widerstand ersetzt? Notiere deine Vorhersage und begründe sie!

25. Drei Widerstände von je 50 Ω sind in unterschiedlicher Weise geschaltet.

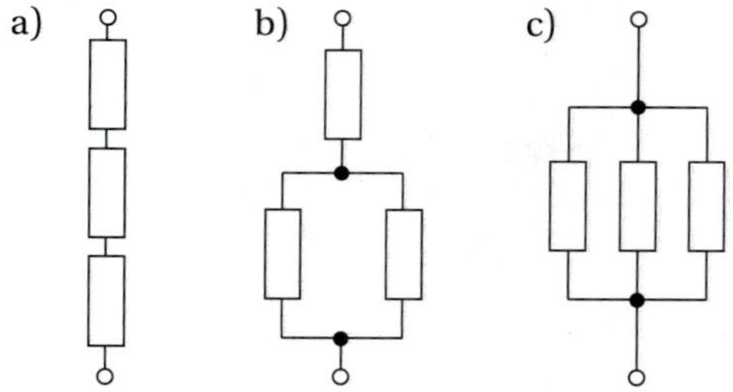

Wie groß ist der jeweilige Gesamtwiderstand?

26. Wie groß ist der Gesamtwiderstand zwischen den Punkten A und B?

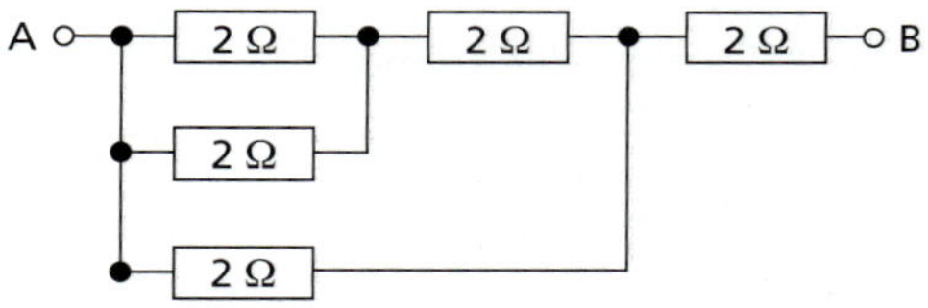

***27.** Es stehen Widerstände mit 2,0 Ω; 5,0 Ω; 10 Ω und 50 Ω zur Verfügung.
Wie erhält man einen Gesamtwiderstand von 10/7 Ω = 1,4 Ω bzw. von 16,5 Ω ?

28. Das Drehspulmesswerk eines Voltmeters hat einen Innenwiderstand von 1 kΩ. Bei vollem Ausschlag fließt durch das Messwerk ein Strom der Stärke 0,1 mA.

a) Welche Spannung könnte man mit einem solchen Messwerk maximal messen?

*b) Wie könnte man den Messbereich eines solchen Geräts für Spannungen erweitern? Gib einen Schaltplan an und begründe deinen Vorschlag!

*c) Wie groß müsste der erforderliche zusätzliche Widerstand sein, wenn der Messbereich des Voltmeters auf 100 V erweitert werden soll?

***29.** Der Messbereich eines Strommessers soll um den Faktor 10 erweitert werden.
Beschreibe und erkläre, wie man das realisieren kann!

30. Der menschliche Körper leitet den elektrischen Strom. Die Skizze zeigt ein vereinfachtes Schaltbild für den menschlichen Körper.

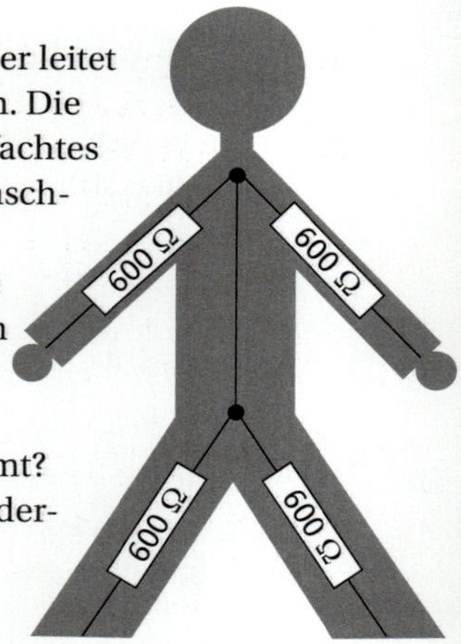

a) Welche Stromwege sind möglich, wenn der Mensch mit Spannungsquellen in Berührung kommt?

b) Wie groß ist der Widerstand des menschlichen Körpers bei den verschiedenen Stromwegen?

c) Begründe die Regel: Spannungen von über 25 V dürfen nicht zwischen beiden Händen anliegen!

d) Begründe mit den Daten, warum Netzspannung lebensgefährlich ist!

31. Untersuche experimentell den Zusammenhang zwischen Spannung und Stromstärke an zwei verschiedenen Bauelementen!

Vorbereitung und Durchführung:

1. Baue die skizzierte Schaltung auf!

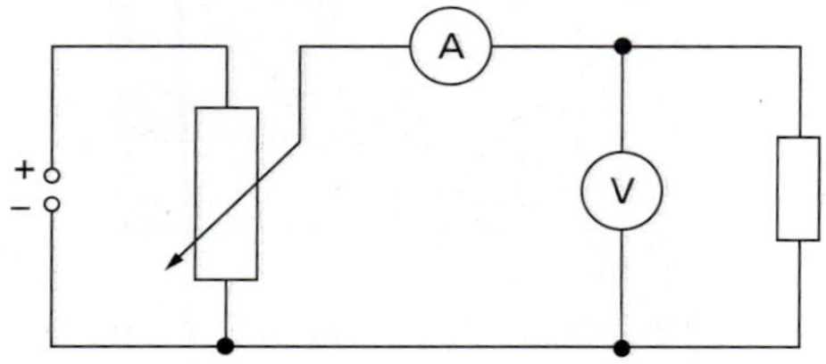

2. Führe mindestens fünf Messungen für die Spannung und die Stromstärke an beiden Bauelementen aus! Erhöhe dazu am Regler die Spannung von null bis zum Maximalwert! Trage alle Messwerte in eine vorbereitete Messwertetabelle ein!

Auswertung:

1. Zeichne für beide Bauelemente die *I-U*-Kennlinie auf Millimeterpapier! Interpretiere das Diagramm!
2. Vergleiche den Verlauf der Graphen beider Bauelemente und begründe die Unterschiede!

Parallel- und Reihenschaltung

Für metallische Leiter gilt bei ϑ = konstant das **ohmsche Gesetz,** das sich in folgenden Formen darstellen lässt:

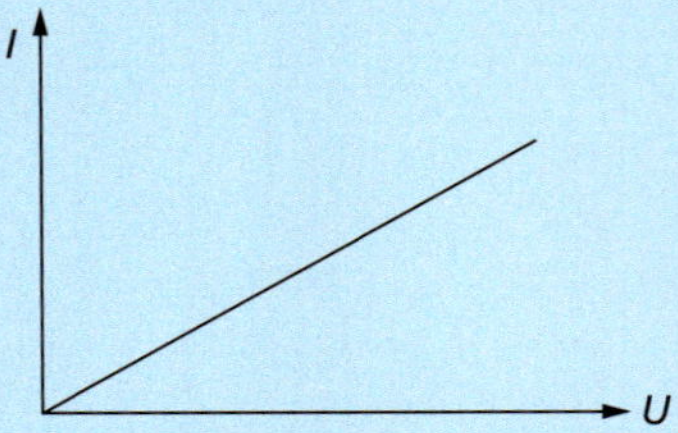

$I \sim U$

$\frac{I}{U}$ = konstant

Zwischen der elektrischen Spannung U, der elektrischen Stromstärke I und dem Widerstand R eines Bauelements gilt die Beziehung:

$$R = \frac{U}{I}$$

Widerstände können in Stromkreisen in Reihe oder parallel zueinander geschaltet werden.

Art der Schaltung	**Reihenschaltung (unverzweigter Stromkreis)**	**Parallelschaltung (verzweigter Stromkreis)**
	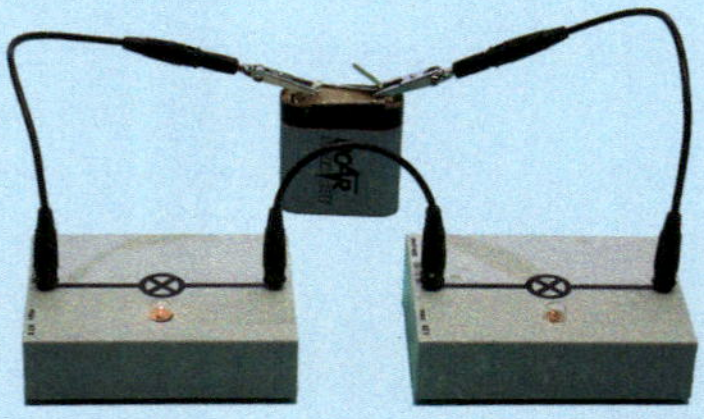	
Schaltplan	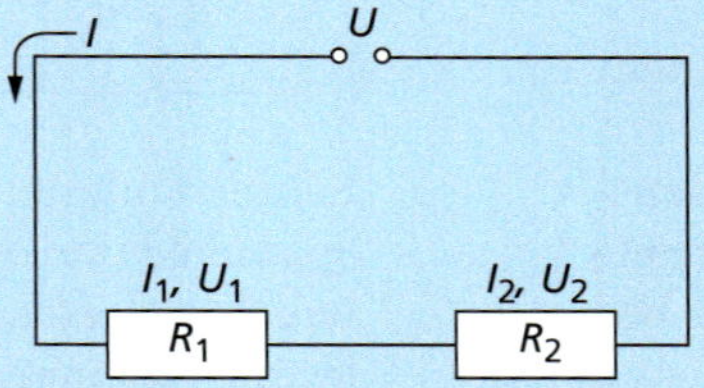	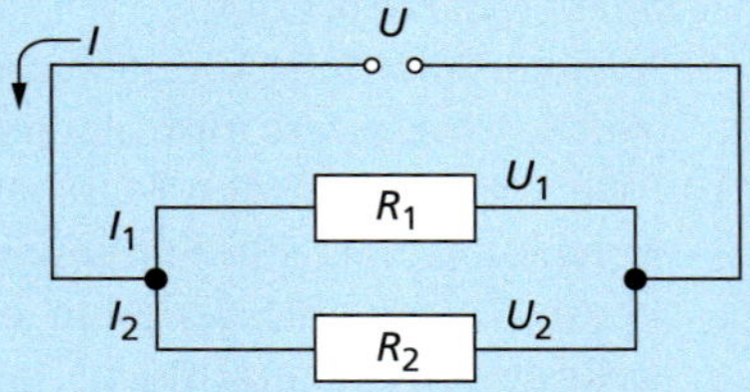
Stromstärke I	$I = I_1 = I_2 = \ldots$	$I = I_1 + I_2 + \ldots$
Spannung U	$U = U_1 + U_2 + \ldots$	$U = U_1 = U_2 = \ldots$
Widerstand R	$R = R_1 + R_2 + \ldots$	$\frac{1}{R} = \frac{1}{R_1} + \frac{1}{R_2} + \ldots$

Genutzt werden Reihen- und Parallelschaltungen im Haushalt, bei Potenziometern, bei Messbereichserweiterungen sowie bei Reglern unterschiedlicher Art.

1.2 Leitungsvorgänge in Metallen und Halbleitern

Spezielle Widerstände
Elektrische Thermometer, bei denen zugleich Innen- und Außentemperatur angezeigt wird, sind heute weit verbreitet. Ein wichtiges Bauteil solcher Thermometer sind spezielle Widerstände aus Halbleitern, die als Sensoren für die Temperatur dienen.
Welche physikalischen Eigenschaften haben diese speziellen Halbleiterwiderstände? Was unterscheidet sie von metallischen Leitern?

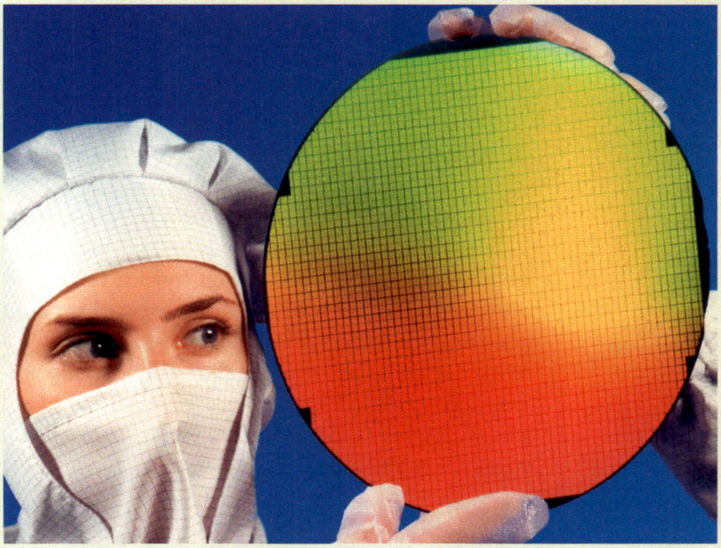

Überall Leiter
Bei Hochspannungsleitungen, im Netzkabel für den Computer, bei einer Verlängerungsschnur oder bei Schaltern verwendet man metallische Leiter, vor allem solche aus Aluminium und Kupfer.
Wie kann man sich den Leitungsvorgang in einem metallischen Leiter vorstellen? Warum leiten manche Metalle besser als andere?

Silicium – ein besonderer Stoff
Halbleiterscheiben (Waver) aus Silicium sind das Ausgangsmaterial für Chips, die man heute nicht nur in Computern, sondern auch in vielen anderen Geräten und Anlagen findet.
Was unterscheidet Silicium von anderen Stoffen? Warum stellt man die Siliciumscheiben in Reinsträumen her?

Der elektrische Leitungsvorgang

Fließt in einem Stoff (Metall, Flüssigkeit, Gas, Halbleiter) oder im Vakuum ein Strom, so spricht man von einem elektrischen Leitungsvorgang.

Ein elektrischer Leitungsvorgang ist eine gerichtete Bewegung von Ladungsträgern, z. B. von Elektronen oder Ionen.

Vergleicht man das Zustandekommen und den Verlauf von elektrischen Leitungsvorgängen in verschiedenen Stoffen, dann lassen sich einige allgemeingültige Aussagen treffen. Sie gelten für beliebige Stoffe und auch für das Vakuum.

Voraussetzungen für einen elektrischen Leitungsvorgang sind:
(1) das Vorhandensein frei beweglicher (wanderungsfähiger) Ladungsträger,
(2) die Existenz eines elektrischen Felds (einer elektrischen Spannung) in dem betreffenden Bereich. Ein solches elektrisches Feld existiert z. B. zwischen den beiden Polen einer elektrischen Quelle (Abb. 2).

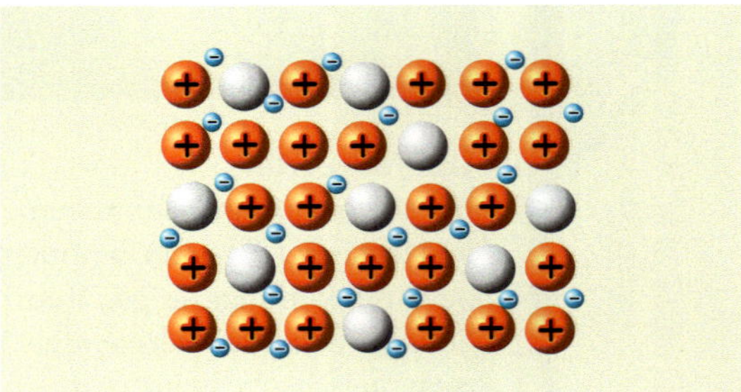

1 Metallischer Leiter ohne Vorhandensein eines elektrischen Felds

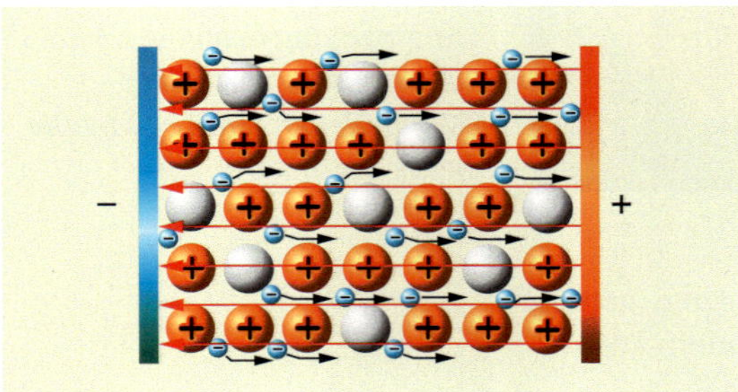

2 Bei Vorhandensein eines elektrischen Felds bewegen sich die Elektronen in einer Vorzugsrichtung.

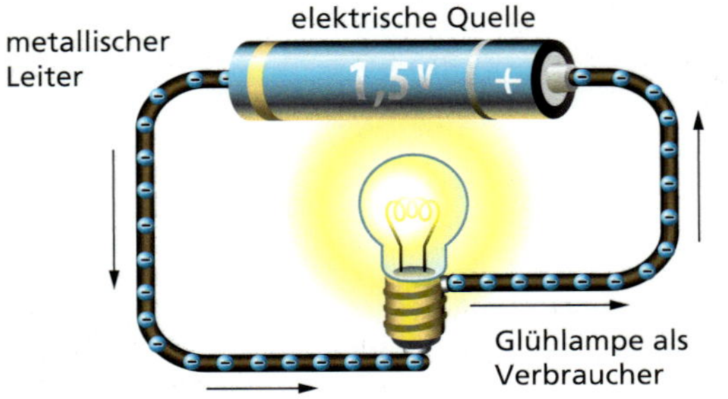

3 Elektronenstrom durch einen metallischen Leiter

Der **Verlauf** eines elektrischen Leitungsvorgangs hängt ab von
(1) der Art und der Anzahl der zur Verfügung stehenden beweglichen Ladungsträger,
(2) der Stärke des elektrischen Felds im betreffenden Raumbereich,
(3) der Behinderung der gerichteten Bewegung der Ladungsträger durch andere Teilchen. Diese Behinderung äußert sich als elektrischer Widerstand des betreffenden Stoffs.

Leitung in Metallen

In einem metallischen Leiter ist ein Teil der negativ geladenen Elektronen nicht an bestimmte Atome gebunden, sondern kann sich frei im Leiter bewegen. Diese freien Elektronen führen im Leiter eine unregelmäßige Bewegung aus (Abb. 1).
Wird der Leiter mit einer elektrischen Quelle verbunden, so bildet sich in ihm ein elektrisches Feld aus. In diesem Feld wird auf die Elektronen eine Kraft ausgeübt. Sie bewegen sich gerichtet.

Stromfluss in metallischen Leitern bedeutet die gerichtete Bewegung von Elektronen in diesem Leiter.

In metallischen Leitern bewegen sich die negativ geladenen Elektronen vom Minuspol zum Pluspol (Abb. 2, 3). Ihre Geschwindigkeit liegt bei etwa 1 mm/s.

Mosaik

Leitung in Flüssigkeiten, in Gasen und im Vakuum

Nicht nur in Metallen, sondern auch in Flüssigkeiten, in Gasen und selbst im Vakuum können elektrische Leitungsvorgänge stattfinden. Entscheidend ist: Es müssen die auf S. 28 genannten Voraussetzungen (Vorhandensein von beweglichen Ladungsträgern, elektrische Quelle) erfüllt sein. Sind z. B. keine beweglichen Ladungsträger vorhanden, so leitet der betreffende Stoff den Strom nicht. Es liegt ein Nichtleiter (Isolator) vor.

Flüssigkeiten: Eine elektrische Leitung kann nur stattfinden, wenn frei bewegliche Ladungsträger vorhanden sind und eine Spannung anliegt. Jedoch gibt es nicht in jeder Flüssigkeit frei bewegliche Ladungsträger. So leitet beispielsweise destilliertes Wasser den elektrischen Strom nicht, weil es nur aus elektrisch neutralen Molekülen besteht.
Bringt man in dieses Wasser jedoch Salze, Basen oder Säuren, so entstehen wässrige Lösungen, die den elektrischen Strom leiten. Durch **Dissoziation** bilden sich in Flüssigkeiten positiv und negativ geladene Ionen. Gibt man z. B. Kochsalz (chemische Formel: NaCl) in Wasser, dann bilden sich positive Natrium-Ionen und negative Chlorid-Ionen:
$NaCl \longrightarrow Na^+ + Cl^-$
Diese Ionen stehen als frei bewegliche Ladungsträger in der Flüssigkeit zur Verfügung.
Die postiv geladenen Ionen wandern in Richtung Katode, die negativ geladenen in Richtung Anode. Der Stromfluss ist damit mit einem Stofftransport verbunden. Das kann man zur Oberflächenveredlung, z. B. zum Verchromen oder Lackieren von Gegenständen, nutzen.
Beachte: Auch in Körperflüssigkeiten (Schweiß, Blut) befinden sich Ionen. Deshalb können diese Flüssigkeiten den elektrischen Strom leiten.

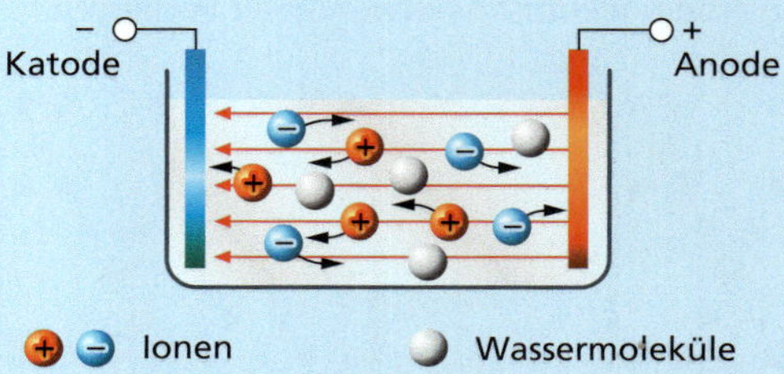

1 In leitenden Flüssigkeiten bewegen sich positiv und negativ geladene Ionen gerichtet.

Gase: In Gasen unter Normalbedingungen existieren nur sehr wenige frei bewegliche Ladungsträger, sodass kaum Leitungsvorgänge stattfinden können. Das Gasgemisch Luft ist z. B. unter Normalbedingungen ein guter Isolator. Das ist der Grund dafür, dass zwischen den beiden Anschlüssen einer Steckdose oder den offenen Kontakten eines Schalters kein Strom fließt.
Durch starke Erwärmung oder hohe Spannungen können Gasmoleküle in positiv geladene Ionen und Elektronen aufgespalten werden. Beim Vorhandensein einer Spannung kann dann ein Strom fließen (Abb. 2). Solche Leitungsvorgänge in Gasen treten z. B. bei einem Gewitter in Form von Blitzen auf.

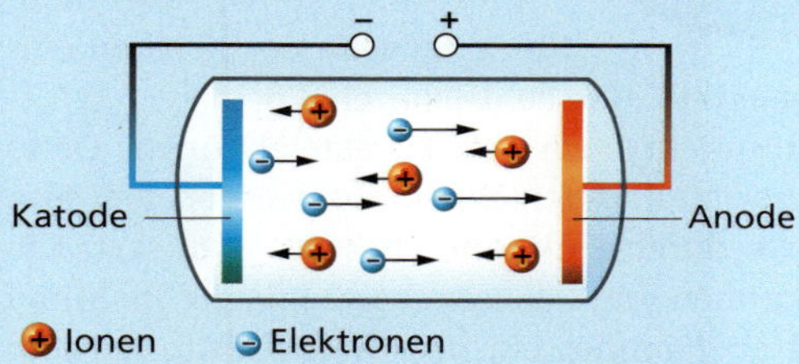

2 In Gasen können sich Ionen und Elektronen gerichtet bewegen.

Vakuum: Im Vakuum kann nur dann ein elektrischer Leitungsvorgang stattfinden, wenn in das Vakuum Ladungsträger hineingebracht werden. So treten z. B. aus glühenden Metalloberflächen Elektronen aus, die dann als Ladungsträger für Leitungsvorgänge zur Verfügung stehen (Abb. 3). Leitungsvorgänge im Vakuum nutzt man bei Fernsehbildröhren, Bildröhren von Oszilloskopen oder bei der Erzeugung von Röntgenstrahlung.

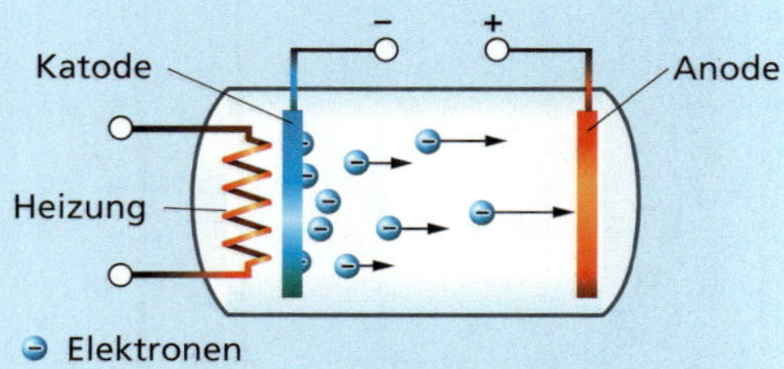

3 Im Vakuum kann nur dann ein Strom fließen, wenn Elektronen hineingebracht werden.

Leitung in Halbleitern

Halbleiter sind Stoffe, deren elektrische Leitfähigkeit zwischen der von Leitern und Isolatoren liegt.

Diese Leitfähigkeit ist bei reinen Halbleitern wie Silicium, Germanium und Selen nur gering und technisch kaum nutzbar. Von reinen Halbleitern spricht man, wenn auf mehr als 10^9 Siliciumatome ein Fremdatom oder ein Gitterfehler kommt.

Bei Zimmertemperatur sind bei einem reinen Halbleiter fast alle Elektronen im Gitter fest gebunden (Abb. 3). Einzelne Elektronen können aber diese Bindung verlassen. Dabei entsteht jeweils eine Fehlstelle, ein Loch.

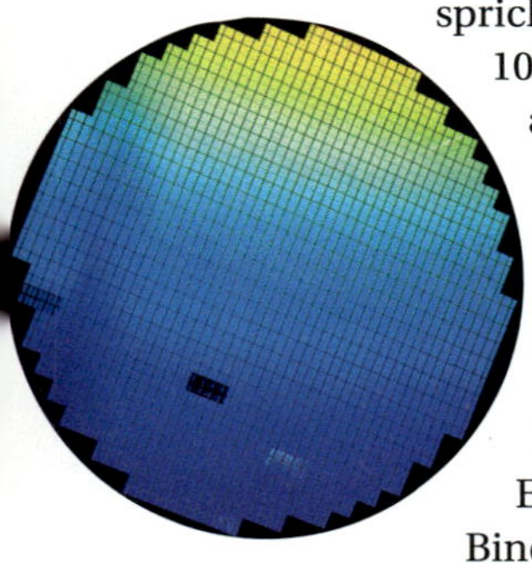

Man spricht auch von Defektelektronen. Diese Löcher oder Defektelektronen werden teilweise wieder durch Elektronen besetzt. Man sagt: Die Elektronen und Löcher rekombinieren. Im Mittel sind aber immer ein paar freie Elektronen und Löcher vorhanden.

Wird an einen solchen reinen Halbleiter eine Spannung angelegt, dann gehen parallel zueinander folgende Vorgänge vor sich:

- Die wenigen freien Elektronen bewegen sich in Richtung Pluspol der Spannungsquelle.
- In Löcher springen benachbarte, ursprünglich gebundene Elektronen.

Dadurch erfolgt insgesamt eine Bewegung von Elektronen in der einen Richtung und gleichzeitig von Löchern in der entgegengesetzten Richtung (Abb. 1).

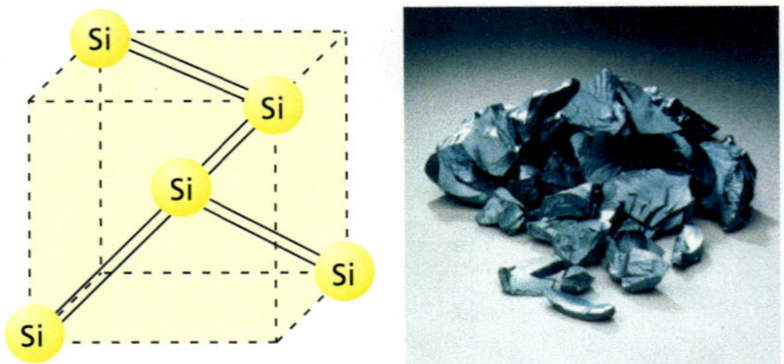

2 Räumliche Darstellung von Silicium. Bei reinem Silicum sind fast alle Elektronen im Gitter fest gebunden. Das Foto rechts zeigt Silicium.

Dieser Leitungsmechanismus wird als **Eigenleitung** bezeichnet. Er hat nur geringe praktische Bedeutung.

Die Leitfähigkeit eines Halbleiters kann gezielt erhöht werden, wenn man Atome anderer Elemente (Fremdatome) einbringt, die mehr oder weniger Außenelektronen haben als die Halbleiteratome. Man nennt diesen Vorgang **Dotieren.** Beim Dotieren entstehen **Störstellen** mit freien Elektronen oder Löchern. Die darauf basierende Leitung wird **Störstellenleitung** genannt.

> **Bei Halbleitern erfolgt der elektrische Leitungsvorgang durch Elektronen und Löcher (Defektelektronen).**
> **Je nach der Dotierung unterscheidet man zwischen n-Halbleitern und p-Halbleitern.**

Die beiden grundsätzlichen Möglichkeiten des Dotierens sind auf S. 31 oben dargestellt. Bewegen sich vorrangig negativ geladene Elektronen, so spricht man von **n-Leitung.** Erfolgt die Leitung vor allem durch Löcher, so wird von **p-Leitung** gesprochen. Das gezielte Dotieren selbst erfolgt in einem technisch aufwendigen Verfahren.

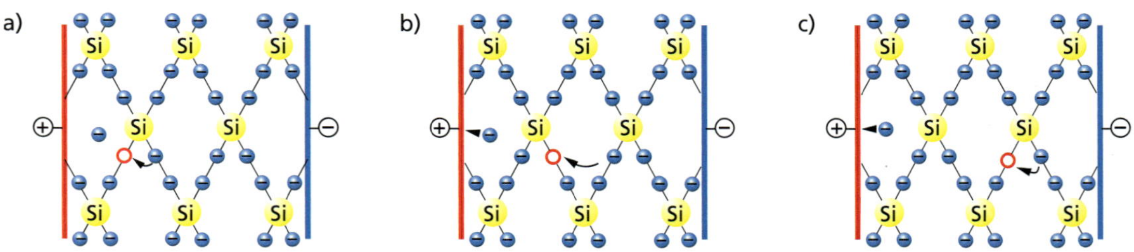

1 Eigenleitung in Silicium: Elektronen bewegen sich nach links, Löcher nach rechts.

n-Halbleiter	p-Halbleiter
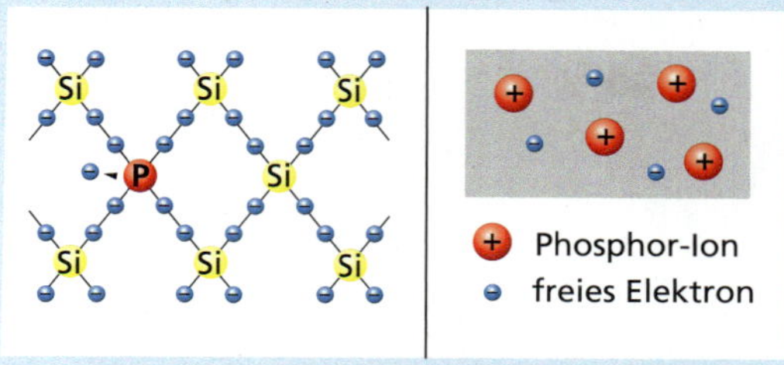	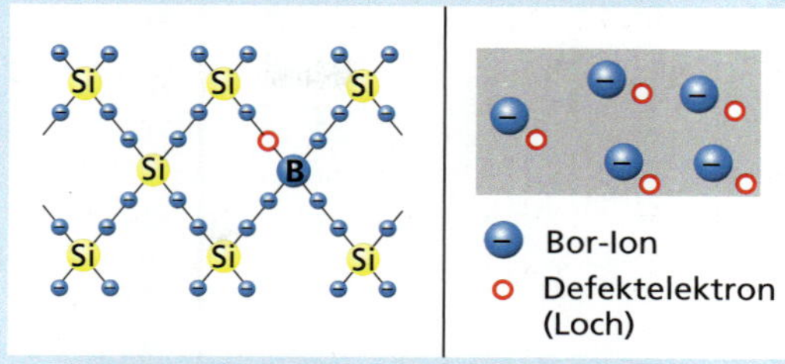
Wird ein Phosphoratom (5-wertig) in Silicium dotiert, kann ein Außenelektron des Phosphors nicht gebunden werden und steht als freies Elektron für eine n-Leitung zur Verfügung.	Wird in ein Siliciumkristall ein Boratom (3-wertig) dotiert, kann ein Außenelektron eines Siliciumatoms nicht gebunden werden. Es bleibt ein Loch, das für eine p-Leitung zur Verfügung steht.

Der elektrische Widerstand eines Halbleiters ist von dessen Temperatur abhängig. Dabei wirken zwei gegensätzliche Vorgänge. Einerseits führen bei höherer Temperatur die Atome und Ionen des Halbleiterkristalls stärkere Schwingungen um ihre Ruhelage aus und behindern dadurch stärker die Bewegung der frei beweglichen Elektronen.

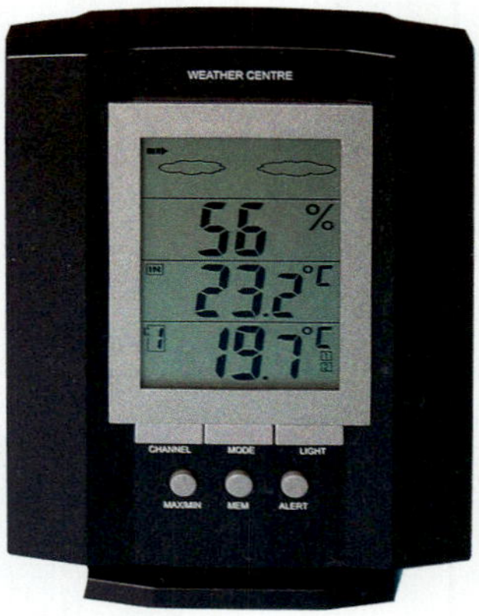

Andererseits können sich bei einer höheren Temperatur mehr Außenelektronen aus ihren Bindungen lösen. Somit stehen mehr frei bewegliche Ladungsträger und Löcher zur Verfügung.

Je nachdem, welcher dieser Vorgänge überwiegt, steigt oder sinkt der Widerstand eines Halbleiters bei Temperaturerhöhung. Solche temperaturabhängigen Halbleiterwiderstände bezeichnet man als **Thermistoren,** wobei man zwischen Kaltleitern und Heißleitern unterscheidet.

Bei **Kaltleitern** wird der elektrische Widerstand umso größer, je höher die Temperatur ist. Bei **Heißleitern** nimmt der elektrische Widerstand mit steigender Temperatur ab (siehe Übersicht unten).

Die Leitfähigkeit und damit der Widerstand von Halbleitern kann auch durch die Stärke des einfallenden Lichts beeinflusst werden. Das wird bei **Fotowiderständen** (s. unten) genutzt: Je stärker sie mit Licht beleuchtet werden, umso kleiner ist ihr elektrischer Widerstand.

Thermistoren		Fotowiderstände (LDR) 
Heißleiter (NTC-Widerstand)	**Kaltleiter (PTC-Widerstand)**	
Mit steigender Temperatur ϑ verringert sich der Widerstand.	Mit steigender Temperatur ϑ vergrößert sich der Widerstand.	Mit zunehmender Beleuchtungsstärke E verringert sich der Widerstand.
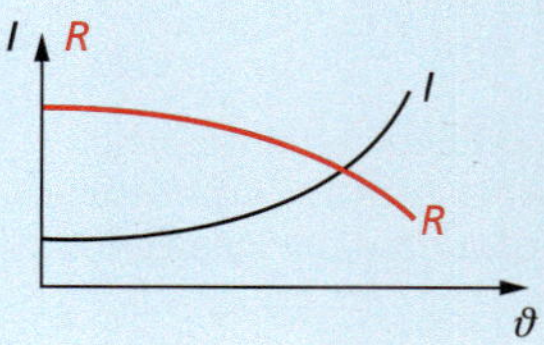	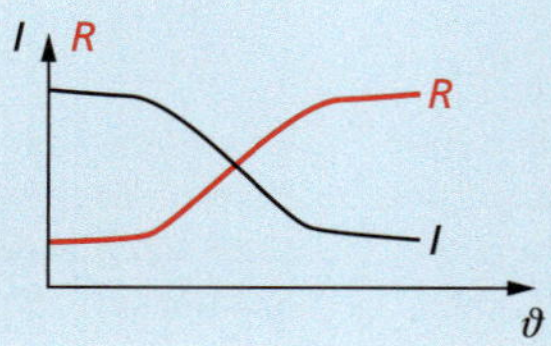	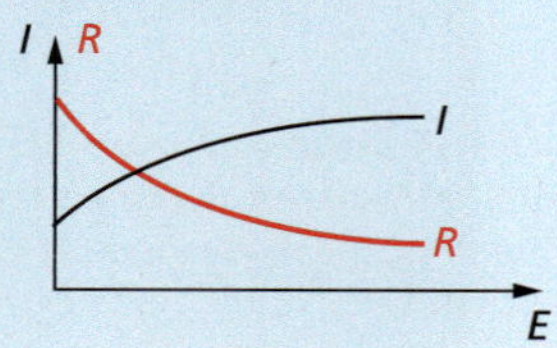

Ausgewählte elektronische Bauelemente im Überblick

Thermistor

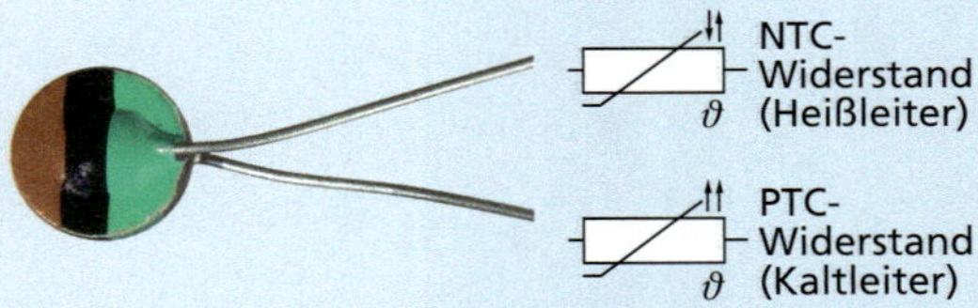

Thermistoren sind stark temperaturabhängige Widerstände aus halbleitenden Metalloxiden. Ihr Widerstand vergrößert oder verkleinert sich mit steigender Temperatur.

Fotowiderstand

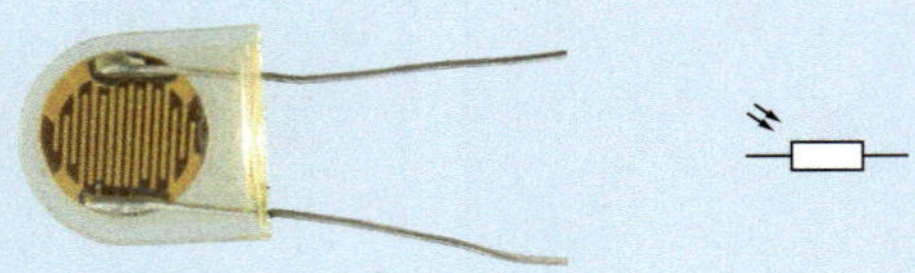

Fotowiderstände sind beleuchtungsabhängige Widerstände, z. B. aus Cadmiumsulfid, die auf ein Trägerplättchen aufgebracht sind. Ihr Widerstand verkleinert sich mit der Beleuchtungsstärke.

Gleichrichterdiode

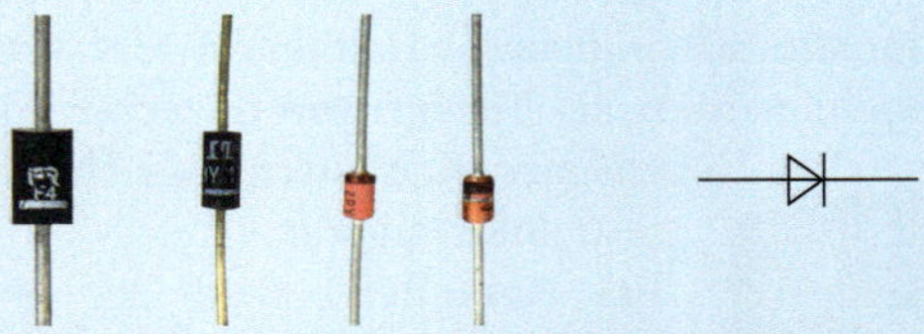

Gleichrichterdioden sind Bauelemente mit einem pn-Übergang, die in Sperrrichtung einen großen und in Durchlassrichtung einen kleinen Widerstand haben.

Leuchtdiode (LED)

Leuchtdioden, z. B. aus GaAs, werden in Durchlassrichtung betrieben. Bei der Rekombination im pn-Übergang wird Energie frei, die in Form von Strahlung (Licht) abgegeben wird.

Fotodiode

Fotodioden werden in Sperrrichtung betrieben. Bei Beleuchtung des pn-Übergangs mit Licht erfolgt eine Paarbildung. Die Stromstärke steigt an.

Fotoelement, Solarzelle

Solarzellen sind flächenhafte Anordnungen von Fotoelementen. Bei einem Fotoelement entsteht bei Lichteinstrahlung zwischen p- und n-Anschluss eine Spannung.

Bipolarer Transistor

Bipolare Transistoren sind Bauelemente, bei denen ein Arbeitsstromkreis durch einen Steuerstromkreis beeinflusst wird. Sie werden als Schalter und Verstärker genutzt.

Unipolarer Transistor (Feldeffekttransistor)

Unipolare Transistoren sind Bauelemente, bei denen durch ein elektrisches Feld ein Arbeitsstromkreis beeinflusst wird. Sie werden als Schalter und Verstärker genutzt.

Physik in Natur und Technik

Widerstände als Sensoren

Mithilfe von **Sinnesorganen** und **Sinneszellen** (Rezeptoren) kann der Mensch unterschiedliche Informationen wahrnehmen, z. B. hell und dunkel unterscheiden, die Höhe und die Lautstärke eines Tons feststellen oder verschiedene Temperaturen registrieren.
Auch technische Einrichtungen können Reize aus unserer Umwelt wahrnehmen. Das geschieht mithilfe von **Sensoren.** Die Bezeichnung ist abgeleitet vom lateinischen *sensus* = Sinn. Im täglichen Leben nutzen wir Sensoren z. B. zur Messung der Temperatur, des Blutdrucks oder des Füllstands von einem Öltank. Temperatursensoren in neueren Herdplatten regeln selbstständig die Temperatur. Feuermelder geben Alarm, wenn die Temperatur einen bestimmten Wert übersteigt.
Wie kann man metallische Widerstände oder Halbleiterwiderstände als Sensoren nutzen?

Widerstände können z. B. als **Temperatursensoren** bei elektrischen Thermometern genutzt werden (Abb. 1).

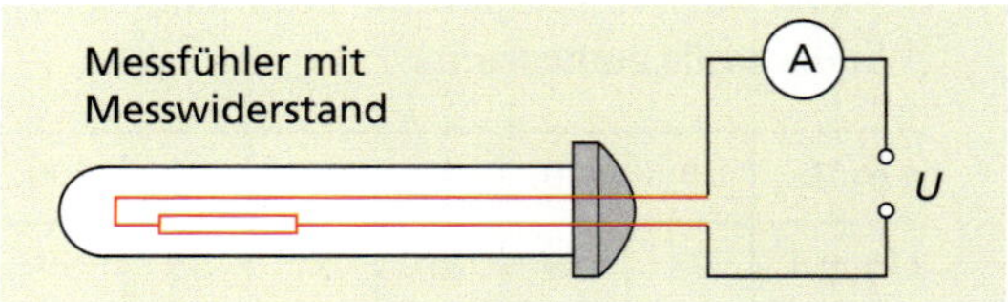

1 Aufbau eines einfachen elektrischen Thermometers

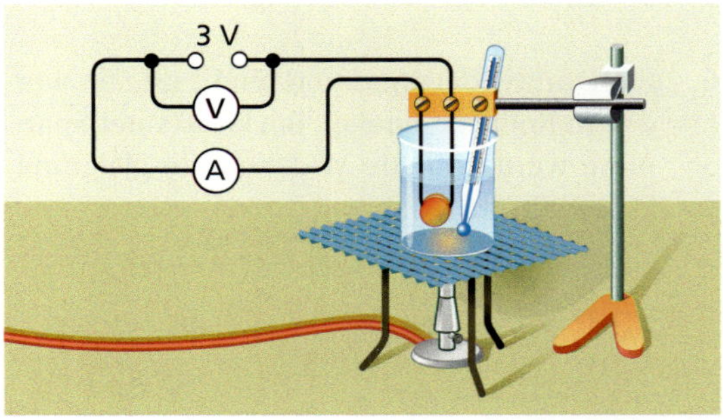

2 Versuchsaufbau zur Aufnahme einer Eichkurve

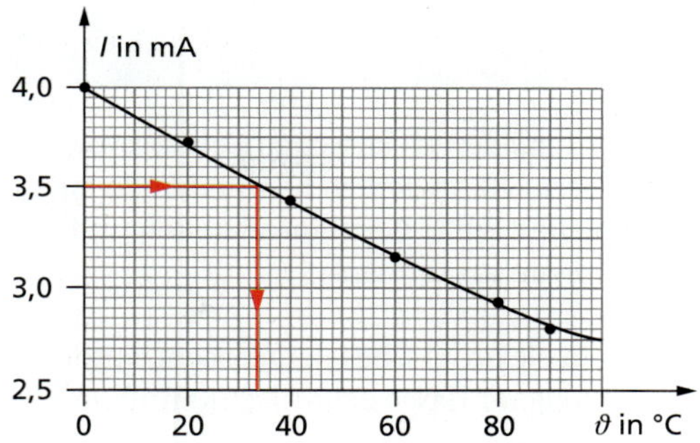

3 Beispiel für eine Eichkurve

Erhöht sich die Temperatur, so verändert sich der Widerstand des Leiters. Bei konstanter Spannung verändert sich dann wegen $I \sim \frac{1}{R}$ die Stromstärke. Damit man mit einer solchen Anordnung tatsächlich Temperaturen messen kann, muss das Thermometer geeicht werden. Abb. 2 zeigt den entsprechenden Versuchsaufbau, Abb. 3 ein Beispiel für eine Eichkurve. Damit kann einer bestimmten Stromstärke eindeutig eine bestimmte Temperatur zugeordnet werden (Abb. 3).

Ein weitverbreiteter Sensor zur elektrischen Messung von nichtelektrischen Größen ist der **Folien-Dehnungsmessstreifen** (Folien-DMS). Er besteht meist aus einem dünnen Draht, der schleifenförmig auf einem Träger aufgebracht ist (s. Abb.).

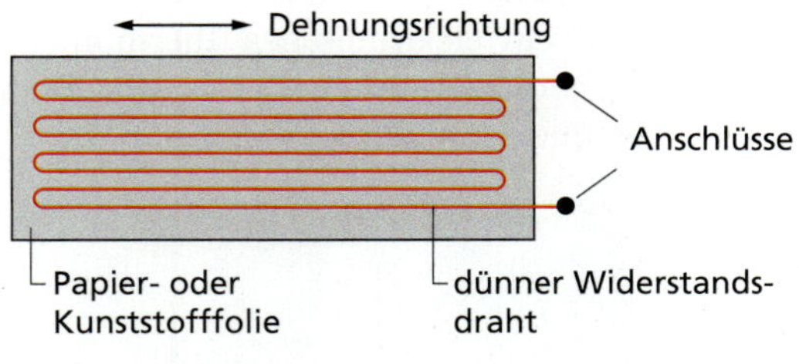

Wird ein solcher Folien-DMS gedehnt, so nimmt die Streifenlänge des Leiters zu und die Querschnittsfläche ab. Beides führt zu einer Erhöhung des Widerstands und bei konstanter Spannung zur Abnahme der Stromstärke.
Dehnungsmessstreifen nutzt man z. B. bei elektronischen Waagen mit digitaler Anzeige oder bei Blutdruckmessern, also zur elektrischen Messung der Größen Masse und Druck.

gewusst · gekonnt

1. Vergleiche den elektrischen Leitungsvorgang in einem Drahtwiderstand mit dem in einem Halbleiter! Stelle Gemeinsamkeiten und Unterschiede zusammen!

2. Für ein elektronisches Bauelement wurde die nachfolgend dargestellte *I*-*U*-Kennlinie aufgenommen.

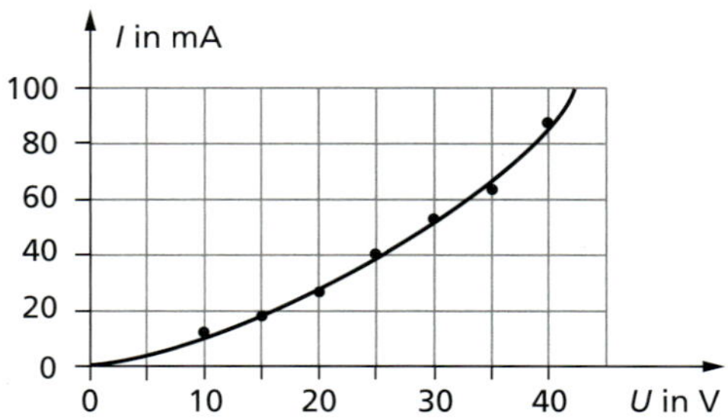

a) Interpretiere die Kennlinie!
b) Bestimme den elektrischen Widerstand des Bauelements für 15 V und für 30 V! Welchen Zusammenhang kann man daraus ableiten?
c) Kann das Bauelement ein metallischer Leiter sein? Begründe!

3. Ein metallischer Widerstand kann als Messfühler für ein elektronisches Thermometer (s. Abb.) genutzt werden. Der Sensor dient zur Messung der Außentemperatur.

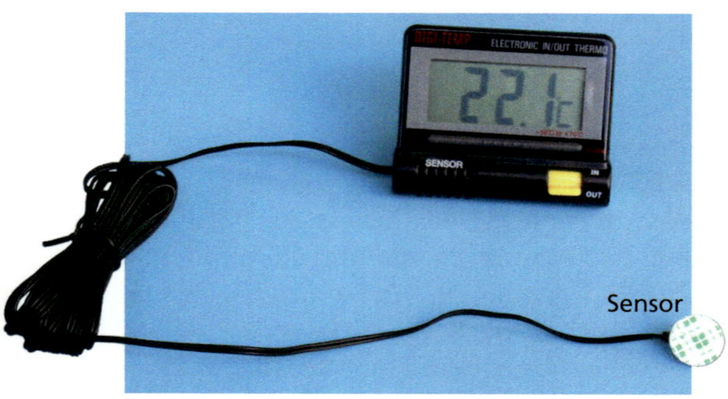

Zum Betrieb eines solchen Thermometers ist eine elektrische Quelle erforderlich.

a) Entwirf einen Schaltplan für ein einfaches elektrisches Thermometer!
b) Erkläre die Wirkungsweise eines solchen Thermometers!

4. Für ein Bauelement wurde die nachfolgend dargestellte *I*-*U*-Kennlinie aufgenommen.

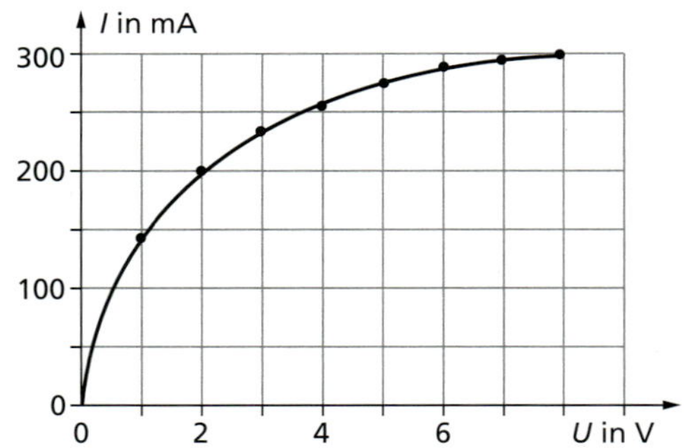

a) Interpretiere das Diagramm!
b) Um was für ein Bauelement könnte es sich handeln? Begründe!

5. Ein metallischer Widerstand ist mit einer elektrischen Quelle (U = konstant) und einem Stromstärkemesser in Reihe geschaltet. Es wurde jeweils die Stromstärke bei unterschiedlicher Temperatur des metallischen Widerstands gemessen:

ϑ in °C	0	20	40	60	80	100
***I* in mA**	98	89	80	71	59	50

a) Zeichne das *I*-ϑ-Diagramm!
b) Interpretiere dieses Diagramm!

6. Ein Drahtwiderstand und ein Heißleiter werden in Reihe geschaltet. Bei konstanter Spannung werden beide Widerstände gleichmäßig erwärmt.

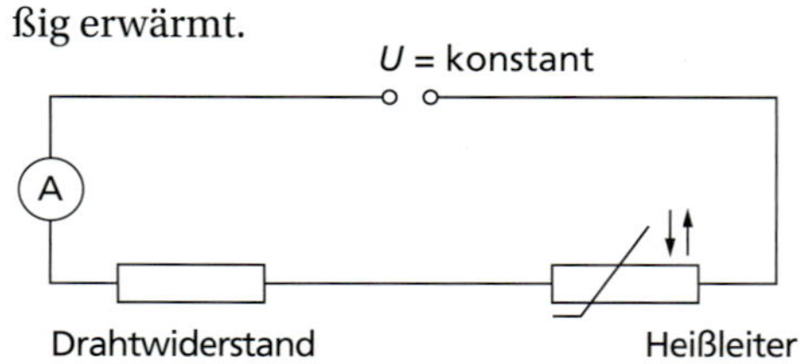

a) Wie verändern sich die Werte für jeden der beiden Widerstände?
b) Welche Varianten können im Zusammenspiel beider Widerstände beim Erwärmen auftreten?

7. Ein Heißleiter ist ein spezieller Halbleiterwiderstand. Er kann als Sensor genutzt werden. Wichtig für die Anwendung ist der Verlauf der *I-U*-Kennlinie.

Aufgabe:
Untersuche den Zusammenhang zwischen Spannung und Stromstärke!

Vorbereitung:
a) Vergleiche den Leitungsvorgang in einem Heißleiter mit dem in Metallen!
b) Bereite eine Messwertetabelle vor!

Durchführung:
a) Baue die Experimentieranordnung nach dem dargestellten Schaltplan auf!

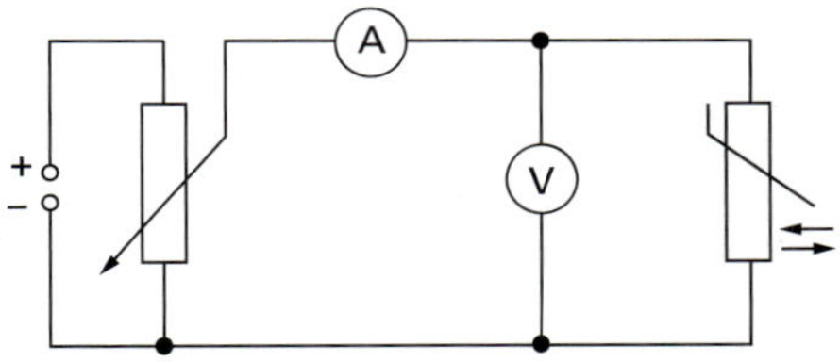

b) Stelle zu Beginn der Messungen die vorgegebene Maximalspannung ein! Wähle dann geeignete Messbereiche an den Vielfachmessgeräten!
Beachte: Die Messbereichseinstellung wird für die gesamte Messreihe beibehalten. Bei einem Heißleiter muss vor einer Messung jeweils eine Weile gewartet werden, bevor man abliest.
c) Trage alle Messwerte in die Messwertetabelle ein!

Auswertung:
a) Zeichne die *I-U*-Kennlinie des Heißleiters und interpretiere sie!
b) Welche Aussage kann man über den Zusammenhang zwischen der Temperatur des Heißleiters und seinem Widerstand treffen?
c) Gilt für einen Heißleiter das ohmsche Gesetz? Begründe deine Meinung!

Methode

Experimentieren in der Physik

Das Experiment ist neben der Arbeit mit Modellen und theoretischen Überlegungen ein unverzichtbares Mittel, um in der Physik zu neuen Erkenntnissen zu gelangen und um theoretische Erkenntnisse zu bestätigen. Das Ziel eines Experiments besteht darin, eine Frage an die Natur zu beantworten. Dazu wird eine Erscheinung unter ausgewählten, kontrollierten und veränderbaren Bedingungen beobachtet und ausgewertet. Das Experiment muss wiederholbar sein.
In der Schule werden Experimente u. a. genutzt, um Zusammenhänge zwischen physikalischen Größen zu erkennen und genauer zu untersuchen. Experimente werden auch durchgeführt, um den Wert physikalischer Größen bzw. von Stoffkonstanten zu bestimmen.
Experimente laufen im Wesentlichen in drei Etappen ab.

Beim **Vorbereiten eines Experiments** ist zu überlegen,
- welche Größen zu messen sind und wie sie gemessen werden können,
- welche Messfehler auftreten und wie man sie klein halten kann,
- welche Größen verändert und welche konstant gehalten werden müssen,
- welche Geräte und Hilfsmittel erforderlich sind,
- wie die Experimentieranordnung gestaltet werden muss,
- wie die gewonnenen Messwerte ausgewertet werden sollen.

Beim **Durchführen eines Experiments** wird die Experimentieranordnung aufgebaut und gemessen. Bedingungen werden verändert bzw. konstant gehalten. Alle Daten werden protokolliert.

Beim **Auswerten eines Experiments** werden Vergleiche durchgeführt, Diagramme angefertigt und Berechnungen vorgenommen. Dabei wird in Bezug auf die Frage- oder Aufgabenstellung ein Ergebnis formuliert. Bestandteil der Auswertung vieler Experimente sind Fehlerbetrachtungen zur Abschätzung der Genauigkeit der Messungen.

Leitungsvorgänge in Metallen und Halbleitern

Ein **elektrischer Leitungsvorgang,** also die gerichtete Bewegung von Ladungsträgern, kann in Metallen, Flüssigkeiten, Gasen und im Vakuum auftreten. Die Kenntnisse über elektrische Leitungsvorgänge können in einem **allgemeinen Leitungsmodell** zusammengefasst werden:

Voraussetzungen für einen elektrischen Leitungsvorgang:
- Vorhandensein von frei beweglichen Ladungsträgern
- Existenz eines elektrischen Felds (einer elektrischen Quelle)

Verlauf eines elektrischen Leitungsvorgangs:
- Ladungsträger bewegen sich gerichtet im elektrischen Feld
- In Stoffen wird die gerichtete Bewegung durch Wechselwirkungen mit anderen Teilchen der Stoffe behindert
- Elektrische Energie wird in andere Energieformen umgewandelt

Metalle, vor allem Kupfer, Aluminium, Silber und Gold, sind gute **Leiter**. Charakteristisch ist:
- Durch Metallbindung sind bewegliche Elektronen vorhanden
- Die Elektronen bewegen sich gerichtet
- Elektrische Energie wird in Wärme und Licht (Heizgeräte, Glühlampen) umgewandelt
- Mit steigender Temperatur vergrößert sich der elektrische Widerstand

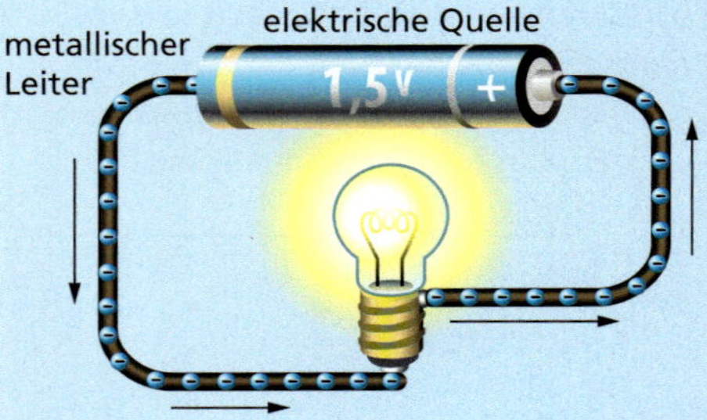

Halbleiter (Silicium, Germanium) sind Stoffe, deren elektrische Leitfähigkeit zwischen der von Leitern und der von Isolatoren liegt.
Durch **Dotieren** kann ihre Leitfähigkeit in weiten Grenzen verändert werden.

n-leitendes Silicium

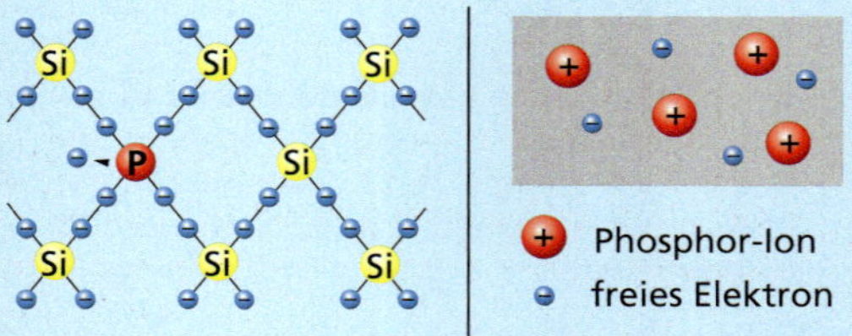

n-leitendes Silicium

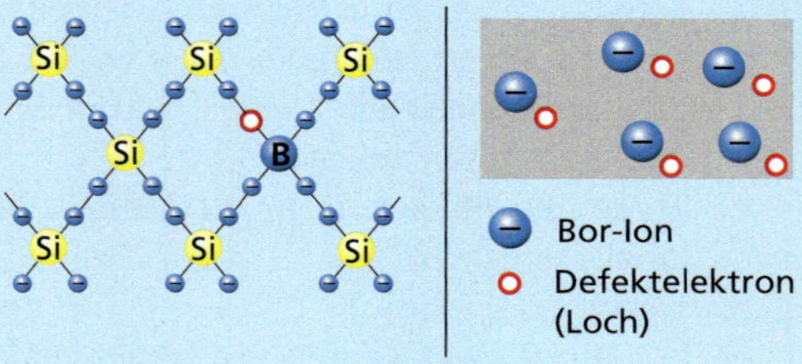

Bewegliche Ladungsträger in Halbeitern sind Elektronen und Löcher. Für die meisten Halbleiter und insbesondere für Heißleiter gilt im Unterschied zu Metallen:

> Mit steigender Temperatur verringert sich der elektrische Widerstand der meisten Halbleiter.

2 Bewegung durch Strom – Strom durch Bewegung

2.1 Elektromotorisches Prinzip und Generatorprinzip

Netzadapter als Energieversorger

Tragbare elektronische Geräte wie CD-Player, Kassettenrekorder oder Walkman werden gewöhnlich mit Batterien betrieben. Der CD-Player benötigt z. B. 6 V Betriebsspannung. Zu Hause kann man jedoch einen solchen CD-Player auch mit einem Netzadapter an 230 V Netzspannung anschließen, ohne dass er kaputtgeht. Im Stecker des Adapters ist ein Transformator eingebaut, der die Netzspannung auf die erforderliche Betriebsspannung heruntertransformiert.
Wie sind Transformatoren aufgebaut und wie funktionieren sie?

Fahrraddynamo als Energiewandler

Wenn es dunkel wird, muss am Fahrrad die Beleuchtungsanlage angeschaltet werden. Dazu wird der Dynamo an den Reifen gebracht. Danach muss man wesentlich kräftiger in die Pedale treten, um mit der gleichen Geschwindigkeit zu fahren.
Wie ist das zu erklären? Warum geht es wieder leichter, wenn man am Dynamo den Draht abklemmt?

Generator als Energiequelle

Für den Betrieb der meisten Geräte und Anlagen reicht die elektrische Energie, die in Batterien oder Akkumulatoren gespeichert ist, nicht aus. Erst mithilfe von Generatoren als elektrischer Quelle kann ausreichend elektrische Energie für Industrie, Verkehrswesen und Haushalte zur Verfügung gestellt werden.
Wie sind Generatoren aufgebaut und wie funktionieren sie?

Magnetfelder stromdurchflossener Leiter

Wir wissen bereits aus dem bisherigen Physikunterricht:

- Um einen Dauermagneten existiert ein magnetisches Feld.
- Dauermagnete üben Kräfte aufeinander und auf Körper aus ferromagnetischen Stoffen aus, z. B. auf Eisen.
- Gleichnamige Magnetpole stoßen einander ab, ungleichnamige ziehen einander an.

1820 entdeckte der dänische Physiker HANS CHRISTIAN OERSTED (1777–1851), dass eine Magnetnadel in der Nähe eines stromdurchflossenen Leiters abgelenkt wird (Abb. 1). Ein stromdurchflossener Leiter besitzt ein Magnetfeld. Das wird als magnetische Wirkung des elektrischen Stroms bezeichnet.
Besonders stark ist die magnetische Wirkung, wenn der Leiter als Spule aufgewickelt ist und einen Eisenkern enthält. Man nennt eine solche stromdurchflossene Spule mit Eisenkern einen **Elektromagneten** (Abb. 3).
Schaltet man den Strom ab, hört die magnetische Wirkung auf.
Das Magnetfeld einer stromdurchflossenen Spule hat eine ähnliche Form wie das Magnetfeld eines Stabmagneten.
Auch einem Elektromagneten kann man einen Nord- und Südpol zuordnen. Mit der Änderung der Polung der elektrischen Quelle ändert sich die Lage von Nord- und Südpol.

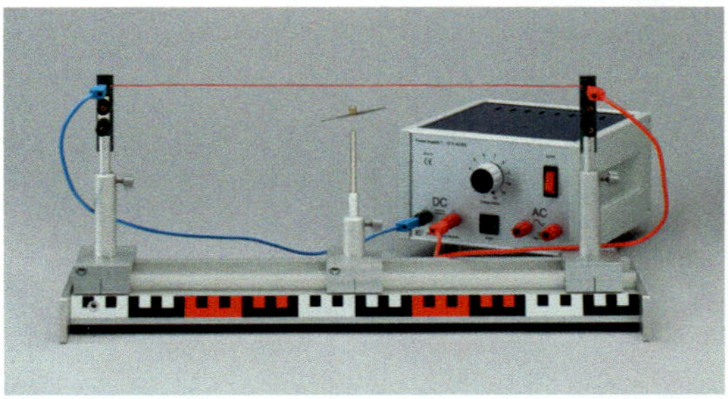

1 Eine Magnetnadel wird in der Nähe eines stromdurchflossenen Leiters abgelenkt. Sie stellt sich quer zum Leiter.

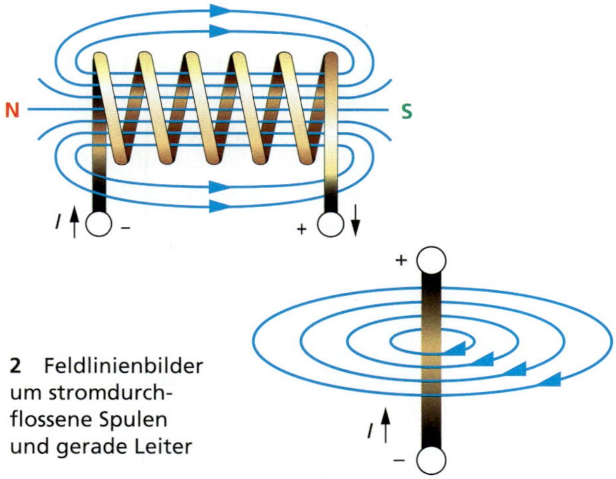

2 Feldlinienbilder um stromdurchflossene Spulen und gerade Leiter

Um stromdurchflossene gerade Leiter und um stromdurchflossene Spulen existiert ein Magnetfeld.
Die Stärke des Magnetfelds einer stromdurchflossenen Spule ist umso größer,
- **je größer die Stromstärke in der Spule ist,**
- **je größer die Windungszahl der Spule ist und**
- **je kürzer die Spule ist.**

Um eine stromdurchflossene Spule mit Eisenkern ist das Magnetfeld wesentlich stärker als um die gleiche Spule ohne Eisenkern. Solche Anordnungen werden als Lasthebmagnete genutzt, die man z. B. zum Transport von Blechen oder Schrott verwendet.

3 Ein einfacher Elektromagnet besteht aus einer stromdurchflossenen Spule mit Eisenkern.

Befindet sich ein stromdurchflossener Leiter in einem Magnetfeld, so wird auf diesen Leiter eine Kraft ausgeübt (Abb. 1). Die Ursache dafür besteht in Folgendem: Auf bewegte Ladungsträger in einem Magnetfeld wird eine Kraft ausgeübt, also auch auf bewegte Elektronen in einem elektrischen Leiter. Diese Kraft wirkt immer senkrecht zum Stromfluss und gleichzeitig senkrecht zur Richtung des magnetischen Felds.

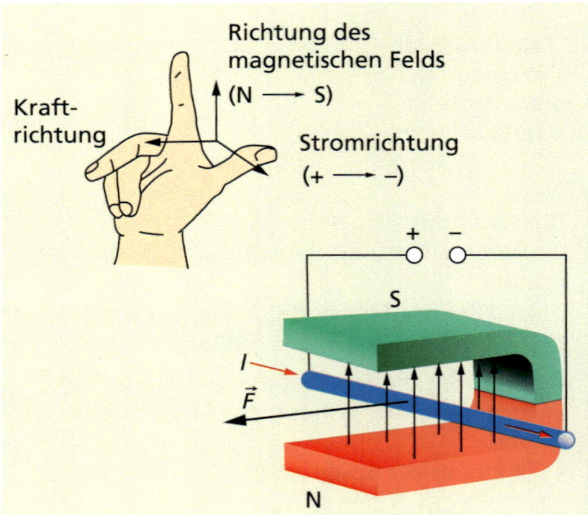

1 Die Richtung der Kraft kann mit der Rechte-Hand-Regel bestimmt werden.

Methode

Das Modell Feldlinienbild

Da das Feldlinienbild eines Magnetfelds ein Modell ist, gilt wie für jedes andere Modell, dass es eine Vereinfachung der Wirklichkeit ist. In wichtigen Eigenschaften stimmt es mit der Wirklichkeit überein, in anderen nicht.

So ist z. B. aus einem Feldlinienbild erkennbar,
- in welcher Richtung Kräfte auf Probekörper wirken, die sich in der Nähe des Magneten befinden,
- an welchen Stellen das Magnetfeld stärker oder schwächer ist.

Die Grenzen dieses Modells bestehen u. a. darin, dass
- das Magnetfeld im gesamten Raum um einen Magneten vorhanden ist und nicht nur in einer Ebene,
- das Magnetfeld auch zwischen den Feldlinien existiert und
- keine Aussage über die absolute Stärke des Magnetfelds gemacht werden kann.

Verlaufen die Feldlinien parallel zueinander, so ist die Stärke des Magnetfelds überall gleich groß. Ein solches Feld wird als homogenes Feld bezeichnet.

Mosaik

Die Entdeckung der magnetischen Wirkung des elektrischen Stroms

Durch die Entdeckungen von Luigi Galvani (1737 bis 1798) und Alessandro Volta (1745–1827) konnten erstmals leistungsfähige Spannungsquellen entwickelt werden.
Damit wurden ab dem Jahre 1800 viele Untersuchungen zu Wirkungen des elektrischen Stroms durchgeführt. Unter anderem versuchte der dänische Physiker Hans Christian Oersted (1777 bis 1851), an galvanischen Elementen Magnetismus nachzuweisen.

1820 wollte er in einer Vorlesung vor Studenten einen Draht durch elektrischen Strom zum Glühen bringen. Beim Einschalten des Stroms bemerkte er bei einem zufällig in der Nähe liegenden Kompass, dass die Kompassnadel abgelenkt wurde.

Nach Ausschalten des Stromes drehte sich die Kompassnadel in die ursprüngliche Nord-Süd-Richtung zurück. Oersted hatte damit die magnetische Wirkung des elektrischen Stroms entdeckt.

Der Gleichstrommotor

Die Kräfte zwischen Magneten werden bei Elektromotoren genutzt. Elektromotoren (Abb. 1, 3) werden heute in sehr vielen Geräten und Anlagen zum Antrieb verwendet. Einige dieser Motoren werden mit Gleichstrom betrieben, andere mit Wechselstrom.

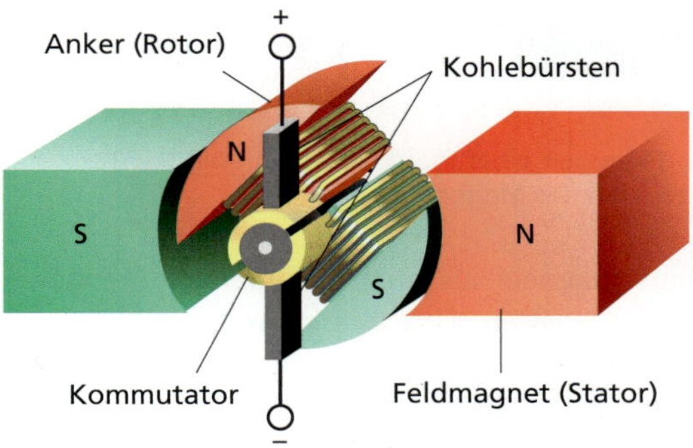

1 Aufbau eines Gleichstrommotors

Ein Gleichstrommotor dient zur Umwandlung von elektrischer Energie in mechanische Energie, mit der mechanische Arbeit verrichtet wird. Dabei wird eine Drehbewegung erzeugt, die zum Antrieb von Geräten und Anlagen verwendet wird. Das der Wirkungsweise zugrunde liegende Prinzip wird **elektromotorisches Prinzip** genannt.
Die wesentlichen Teile eines Gleichstrommotors sind der fest stehende Feldmagnet (Stator), der drehbar gelagerte Anker (Rotor), der Kommutator (Polwender) und die Kohlebürsten (Abb. 1). Durch den **Feldmagneten** (Dauer- oder Elektromagnet) wird ein magnetisches Feld aufgebaut. In diesem Feld ist ein Elektromagnet, der **Anker,** drehbar gelagert. Über **Kohlebürsten** als Schleifkontakte wird der Anker an eine Gleichspannung angeschlossen. Durch den Stromfluss im Anker wird dieser zum Magneten und es treten Kräfte zwischen Feldmagnet und Anker auf. Diese Kräfte führen zu einer Drehbewegung des Ankers.
Wenn sich die ungleichen Magnetpole des Feldmagneten und des Ankers direkt gegenüberstehen, muss das Magnetfeld des Ankers umgepolt werden, damit die Drehbewegung weiterlaufen kann. Dies geschieht durch den **Kommutator** (Polwender). Durch die Trägheit bei der Drehbewegung bewegt sich der Anker über den Totpunkt (Abb. 2b) hinweg und der Strom durch den Anker wird umgepolt. Es treten wieder abstoßende und anziehende Kräfte zwischen Feldmagneten und Anker auf, die zur Fortsetzung der Drehbewegung führen (Abb. 2c).

Der skizzierte Gleichstrommotor läuft recht ungleichmäßig. Für technische Anwendungen hat man deshalb Anker entwickelt, die wesentlich komplizierter aufgebaut sind und einen gleichmäßigen Lauf gewährleisten.

3 Elektromotor (aufgeschnitten)

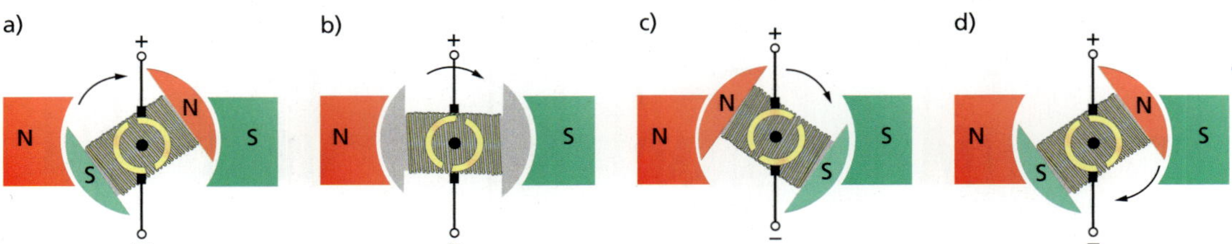

2 Wirkungsweise eines Gleichstrommotors: Die Lage der Magnetpole beim Rotor ändert sich ständig, da durch den Kommutator nach jeder halben Drehung eine Umpolung erfolgt.

Das Induktionsgesetz

Beim Elektromotor wird elektrische Energie in mechanische Energie umgewandelt (elektromotorisches Prinzip). Kann man umgekehrt aus mechanischer Energie elektrische Energie gewinnen? Das ist tatsächlich möglich, wenn man einen Leiter oder eine Spule relativ zu einem Magnetfeld bewegt (Abb. 2). Zwischen den Enden des Leiters bzw. der Spule entsteht eine Spannung, die **Induktionsspannung** U_i genannt wird. Der Vorgang heißt **elektromagnetische Induktion,** das Prinzip nennt man **Generatorprinzip.**
Diese von dem englischen Physiker MICHAEL FARADAY (1791–1867) entdeckte elektromagnetische Induktion ist eine entscheidende Grundlage der gesamten Elektrotechnik (s. S. 43).
Größere Induktionsspannungen entstehen, wenn anstelle eines Leiters eine Spule benutzt wird. Dabei ist es egal, ob man den Magneten oder die Spule bewegt. Entscheidend ist die Relativbewegung zwischen Spule und Magnet. Genauere Untersuchungen haben ergeben, dass das Entstehen einer Induktionsspannung nicht an die Bewegung eines Leiters im Magnetfeld gebunden ist, sondern an die Änderung des von der Spule bzw. von dem Leiter umfassten Magnetfelds (Abb. 1). Diese Erkenntnisse lassen sich zusammenfassen zu einer Aussage darüber, unter welchen Bedingungen eine Induktionsspannung entsteht.

In einer Spule wird eine Spannung induziert, wenn sich das von der Spule umfasste Magnetfeld ändert.

Ändern kann sich dabei die Stärke des Magnetfelds oder der räumliche Anteil, den die Spule umfasst. Das Magnetfeld kann sowohl durch Dauermagnete als auch durch Elektromagnete erzeugt werden. Um Induktionsspannungen zu erhalten, kann man verschiedene Anordnungen nutzen. Einige mögliche Anordnungen sind in Abb. 3 dargestellt. Dabei ist zu beachten: Nicht jede Relativbewegung zwischen einer Induktionsspule und einem Magnetfeld führt zu einer Induktionsspannung. Entscheidend ist die Änderung des umfassten Magnetfelds.

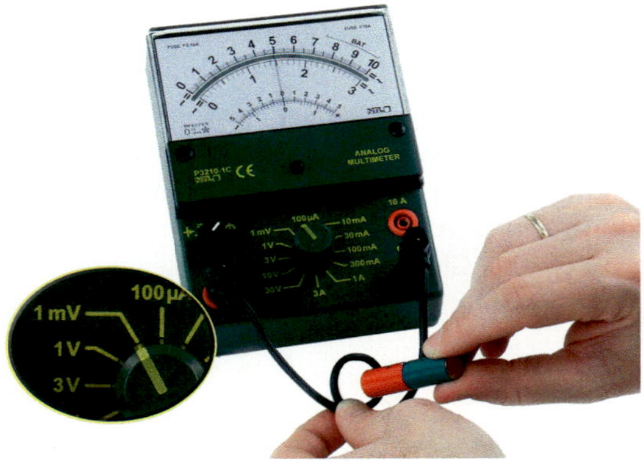

2 Erzeugen einer Induktionsspannung durch Bewegen des Magneten

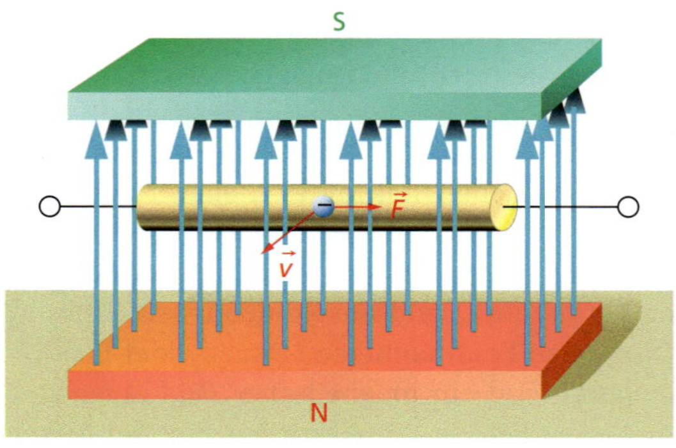

3 Kraft auf Elektronen bei der Bewegung eines Leiters im Magnetfeld

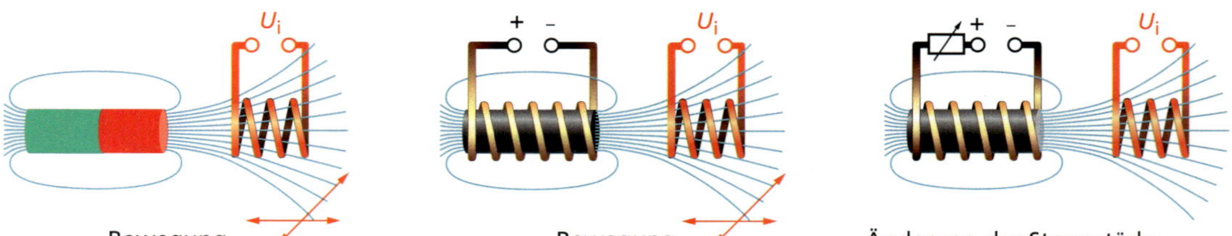

1 Anordnungen zur Erzeugung von Induktionsspannungen

Mosaik

Die Entdeckung der elektromagnetischen Induktion

1 MICHAEL FARADAY (1791–1867) entdeckte die elektromagnetische Induktion.

Durch die Entdeckungen von LUIGI GALVANI (1737 bis 1798) und ALESSANDRO VOLTA (1745–1827) konnten erstmals leistungsfähige elektrische Quellen entwickelt werden. Mit diesen elektrischen Quellen wurden ab dem Jahre 1800 viele Untersuchungen zu Wirkungen des elektrischen Stroms durchgeführt.

Zu dieser Zeit waren Vorstellungen von der Einheit der Naturkräfte in der Wissenschaft weit verbreitet. Auch zwischen Elektrizität und Magnetismus vermutete man Zusammenhänge, gab es doch auffällige Analogien zwischen elektrischen und magnetischen Erscheinungen, wie z.B. die Polarität oder die Anziehung und Abstoßung zwischen Polen bzw. elektrischen Ladungen.

Der dänische Physiker HANS CHRISTIAN OERSTED (1777 bis 1851) war ein Anhänger der Auffassung vom Zusammenhang zwischen Elektrizität und Magnetismus. 1820 entdeckte er die magnetische Wirkung des elektrischen Stroms, also die Erzeugung von Magnetismus durch elektrischen Strom.

Die Entdeckung von OERSTED wurde von anderen Wissenschaftlern aufgegriffen und weiterentwickelt. So entdeckte ANDRÉ MARIE AMPÈRE (1775 bis 1836) die Kräfte zwischen stromdurchflossenen Leitern und schuf die Grundlagen für den Elektromotor und das Stromstärkemessgerät.

Auch der englische Naturforscher MICHAEL FARADAY (Abb. 1) baute die Experimente von OERSTED nach. OERSTEDS Entdeckung veranlasste FARADAY zur Umkehrung der Fragestellung, zur Suche nach der Erzeugung von elektrischem Strom durch Magnetismus. 1822 schrieb FARADAY in sein Tagebuch *„Verwandlung von Magnetismus in Elektrizität"* als Aufgabe. Zehn Jahre benötigte FARADAY, bis er 1831 die elektromagnetische Induktion entdeckte und das Induktionsgesetz formulierte.
Innerhalb von drei Monaten entwickelte FARADAY alle wichtigen Grundversuche zur elektromagnetischen Induktion und eine Urform eines Generators. Insbesondere fand er, dass die Ursache für die Entstehung einer Induktionsspannung in einer Spule die Änderung des von ihr umschlossenen Magnetfelds ist. Er entdeckte damit physikalische Zusammenhänge, die eine Grundlage der gesamten Elektrotechnik sind.
Michael FARADAY leistete auch in anderen Bereichen der Physik Hervorragendes. So entwickelte er eine anschauliche Vorstellung von magnetischen Feldern mithilfe von Feldlinien. Er fand grundlegende Gesetze zum Stromfluss in leitenden Flüssigkeiten (faradaysche Gesetze) und prägte solche Begriffe wie Elektrode, Elektrolyt, Anode, Katode und Ion.
FARADAY entwickelte auch Vorstellungen über das Wesen des Lichts, die sich erst lange Zeit nach seinem Tod als weitgehend zutreffend erwiesen.

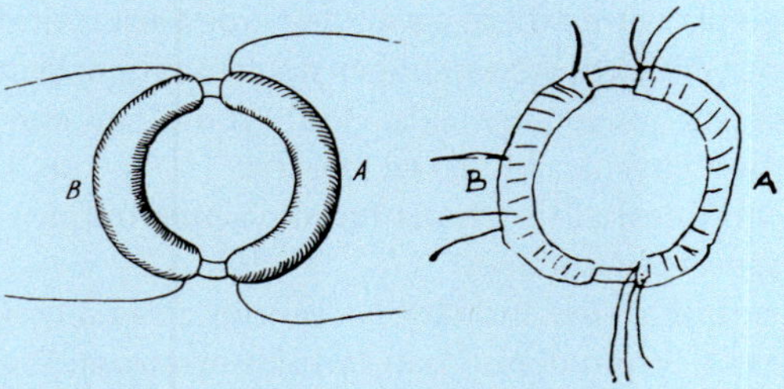

2 Versuchsgeräte FARADAYS: Zwei Spulen befinden sich auf einem eisernen Ring.

Der Betrag der Induktionsspannung ist davon abhängig, wie schnell und wie stark sich das von der Spule umfasste Magnetfeld ändert. Untersucht man die Zusammenhänge experimentell genauer, dann ergibt sich:

> **Die in einer Spule induzierte Spannung ist umso größer,**
> **– je stärker sich das von der Spule umfasste Magnetfeld ändert,**
> **– je schneller die Änderung des von der Spule umfassten Magnetfelds erfolgt.**

Auch der Bau der Spule hat Einfluss auf die Größe der Induktionsspannung. Insbesondere hängt die Induktionsspannung in einer Spule von ihrer Windungszahl ab und davon, ob sie einen Eisenkern besitzt.

> **Die in einer Spule induzierte Spannung ist umso größer, je größer die Windungszahl der Spule ist.**
> **Bei einer Spule mit Eisenkern ist die induzierte Spannung größer als in einer Spule ohne Eisenkern.**

Alle diese Erkenntnisse lassen sich zum **Induktionsgesetz** zusammenfassen. Es lautet:

> **In einer Spule wird eine Spannung induziert, wenn sich das von ihr umfasste Magnetfeld ändert.**
> **Die Induktionsspannung hängt von der Schnelligkeit und Stärke dieser Änderung sowie vom Bau der Spule ab.**

Entdeckt wurde dieses grundlegende Gesetz und seine Gültigkeitsbedingungen nach mehrjährigen Untersuchungen im Jahr 1831 von dem englischen Physiker MICHAEL FARADAY (1791–1867). Es wird deshalb auch als **faradaysches Induktionsgesetz** bezeichnet.
Den durch eine Induktionsspannung hervorgerufenen Strom nennt man **Induktionsstrom.** Die Richtung des Induktionsstroms ist davon abhängig, in welcher Weise sich das von der Spule umfasste Magnetfeld ändert.

Das lenzsche Gesetz

Durch elektromagnetische Induktion entsteht elektrische Energie. Nach dem Gesetz von der Erhaltung der Energie kann diese nur durch Umwandlung anderer Energien, z.B. der Bewegungsenergie, entstehen. Diese Erkenntnis wird im **lenzschen Gesetz** beschrieben.

> **Ein Induktionsstrom ist stets so gerichtet, dass er der Ursache seiner Entstehung entgegenwirkt.**

Entdeckt wurde dieses Gesetz von dem deutschen Physiker HEINRICH FRIEDRICH EMIL LENZ (1804–1865), der in St. Petersburg wirkte.
Das Gesetz zeigt sich z. B. bei einer Spule, die sich in einem Stromkreis befindet.
Wird ein solcher Stromkreis, in dem sich eine Spule befindet, geschlossen, so steigt die Stromstärke an. Um die Spule wird damit ein Magnetfeld aufgebaut. Dieses sich ändernde Magnetfeld umfasst die Spule selbst und induziert in der Spule eine Spannung und einen Strom. Diesen Vorgang nennt man **Selbstinduktion.**
Nach dem lenzschen Gesetz ist der Induktionsstrom so gerichtet, dass er beim Einschalten dem ursprünglichen Strom entgegenwirkt, diesen also schwächt. Dadurch steigt die Stromstärke in einem solchen Stromkreis nur allmählich an.
Beim Ausschalten dagegen sinkt die Stromstärke aufgrund der Selbstinduktion in der Spule nur allmählich ab.
Für die Stromstärke durch die Spule ergibt sich beim Ein- und Ausschalten ein charakteristischer Verlauf (Abb. 1).

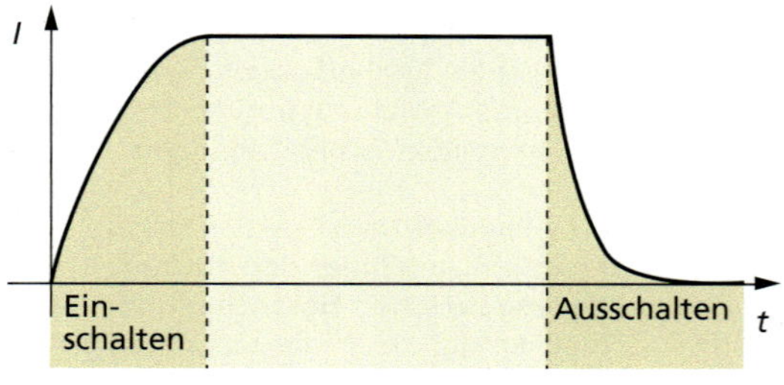

1 Typisch ist ein allmähliches Ansteigen und ein schnelles Abfallen der Stromstärke.

Mosaik

Wirbelströme

Spannungen werden nicht nur in Spulen induziert, sondern auch in anderen Leitern, wenn sich das von ihnen umfasste Magnetfeld ändert. Bringt man z. B. metallische Platten oder Stäbe in ein sich veränderndes Magnetfeld, so werden in diesen Körpern Spannungen induziert. Diese Spannungen rufen Ströme hervor, die nach ihrer Form als Wirbelströme bezeichnet werden (Abb. 1).

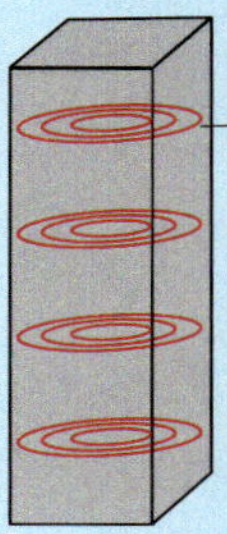
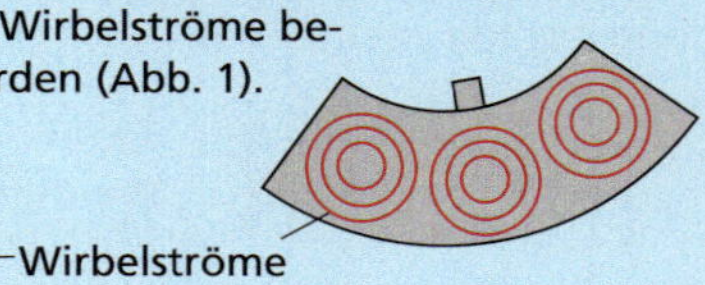

1 Wirbelströme in massiven Stäben und Platten: Durch eine Änderung des Magnetfelds werden Spannungen induziert, die solche Ströme hervorrufen.

Diese Wirbelströme sind Induktionsströme. Sie sind demzufolge nach dem lenzschen Gesetz so gerichtet, dass sie der Ursache ihrer Entstehung entgegenwirken. Das wird z. B. bei Wirbelstrombremsen genutzt (Abb. 2).
Durch die Bewegung einer Scheibe im Magnetfeld werden in ihr Wirbelströme erzeugt. Nach dem lenzschen Gesetz wirkt das mit diesen Wirbelströmen verbundene Magnetfeld so, dass die Bewegung gehemmt wird.
Weitgehend vermeiden kann man Wirbelströme, wenn man massive Teile, z. B. die Kerne von Transformatoren, aus dünnen, gegeneinander isolierten Blechen (Dynamoblechen) zusammensetzt.

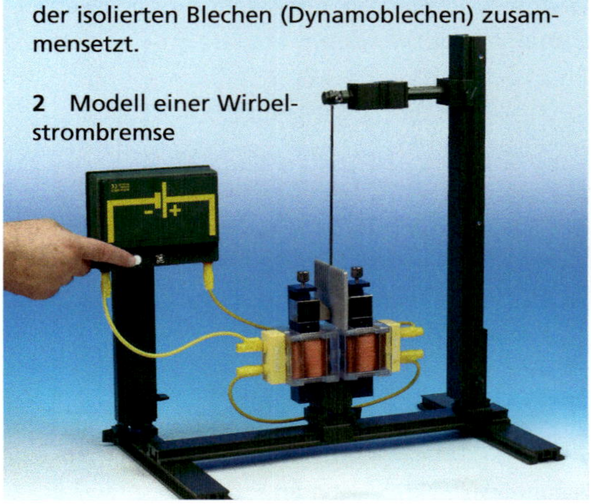

2 Modell einer Wirbelstrombremse

Der Transformator

Ein Transformator dient der Umwandlung von elektrischen Spannungen und Stromstärken. Dabei wird die elektromagnetische Induktion genutzt. Es wird das Induktionsgesetz angewendet.

Ein Transformator besteht aus zwei Spulen, die sich auf einem **geschlossenen Eisenkern** befinden (Abb. 3). Die Spulen sind miteinander nicht elektrisch leitend verbunden. An die eine Spule, die **Primärspule,** wird eine elektrische Wechselspannung angelegt, die in der Spule ein ständig wechselndes Magnetfeld erzeugt. Über den geschlossenen Eisenkern wird das magnetische Wechselfeld in die andere Spule, die **Sekundärspule,** übertragen (Abb. 3).

Die Sekundärspule umfasst also ein sich ständig änderndes Magnetfeld. Nach dem Induktionsgesetz wird deshalb in der Sekundärspule eine Wechselspannung induziert (Abb. 4).

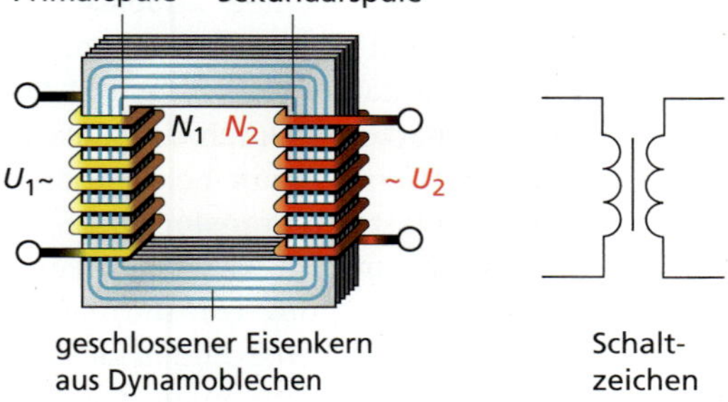

3 Aufbau eines Transformators

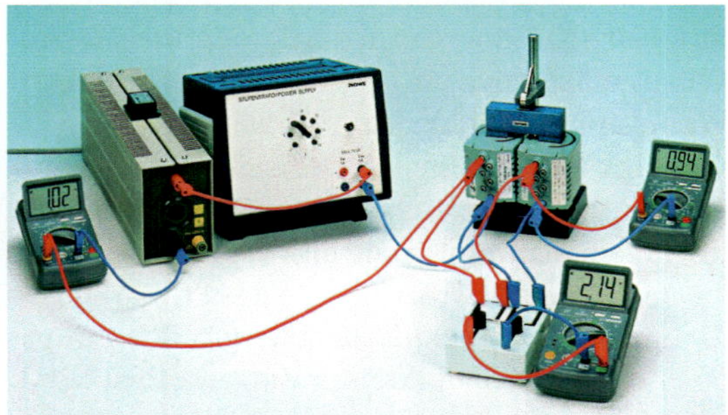

4 Mit einem Transformator kann der Wert einer Wechselspannung verändert werden.

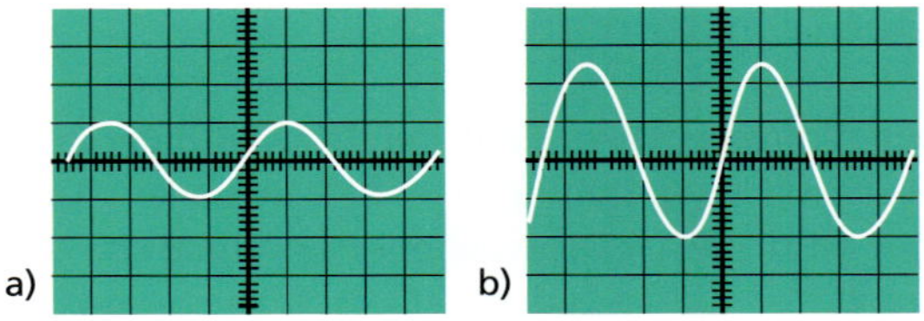

1 Mit einem Transformator kann eine kleine Wechselspannung (a) in eine große Wechselspannung (b) umgewandelt werden.

Der Stromkreis, in dem sich die Primärspule mit der Windungszahl N_1 befindet, heißt **Primärstromkreis.** In ihm fließt ein Strom der Primärstromstärke I_1. Die Spannung an der Primärspule ist die Primärspannung U_1. Im **Sekundärstromkreis** wird in der Sekundärspule mit der Windungszahl N_2 die Sekundärspannung U_2 induziert.
Wird an die Sekundärspule kein Gerät angeschlossen und ist der Stromkreis nicht geschlossen, so fließt auch kein Sekundärstrom. Der Transformator befindet sich im **Leerlauf.** Da kein Strom fließt, wird der Transformator nicht belastet. Man spricht deshalb von einem **unbelasteten Transformator.** Wird ein Verbraucher in den Sekundärstromkreis geschaltet, so fließt ein Strom der Sekundärstromstärke I_2. Durch den Sekundärstrom wird der Transformator belastet. Man nennt ihn deshalb **belasteten Transformator.**
Je größer die Sekundärstromstärke ist, desto größer ist auch die Belastung des Transformators. Am größten ist sie, wenn beide Enden der Sekundärspule miteinander verbunden werden, also ein Kurzschluss vorliegt. Ein Transformator wandelt elektrische Energie des Primärkreises in elektrische Energie des Sekundärkreises um. Dabei entstehen im geschlossenen Eisenkern Wirbelströme, die zu einer Erwärmung des Eisenkerns führen. Ein Teil der elektrischen Energie wird in thermische Energie umgewandelt. Im Idealfall nimmt man an, dass die gesamte elektrische Energie des Primärkreises in elektrische Energie des Sekundärkreises umgewandelt wird. Ein solcher **idealer Transformator** ist ein Modell. Gute Transformatoren erreichen heute jedoch schon einen Wirkungsgrad von 99 %. In welcher Weise sich die Werte von Wechselspannungen und Wechselstromstärken mit einem Transformator ändern, hängt von den Windungszahlen der Primär- und Sekundärspule sowie von der Belastung des Transformators ab.

Für den unbelasteten Transformator gilt das **Gesetz für die Spannungsübersetzung.**

Die Spannungen verhalten sich wie die Windungszahlen zueinander.

$$\frac{U_1}{U_2} = \frac{N_1}{N_2}$$

U_1, U_2	Spannungen
N_1, N_2	Windungszahlen

Ein Transformator befindet sich dann im Leerlauf, wenn der Sekundärstromkreis nicht geschlossen ist.
Für den belasteten Transformator (Abb. 2) gilt das **Gesetz für die Stromstärkeübersetzung.**

Die Stromstärken verhalten sich umgekehrt wie die Windungszahlen zueinander.

$$\frac{I_1}{I_2} = \frac{N_2}{N_1}$$

I_1, I_2	Stromstärken
N_1, N_2	Windungszahlen

Dieses Gesetz gilt nur für den Kurzschluss. Diese Bedingung des Gesetzes ist umso besser erfüllt, je größer die Belastung des Transformators, je größer also I_2 ist.
Mit einem Transformator können sehr hohe Wechselspannungen oder sehr hohe Wechselströme erzeugt werden.

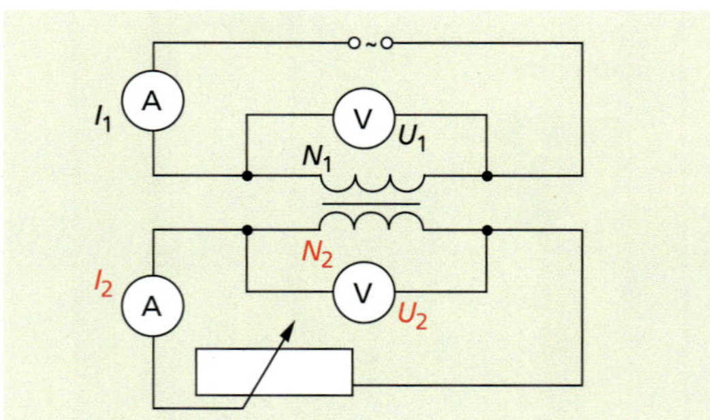

2 Schaltung eines belasteten Transformators: Im Sekundärstromkreis befindet sich ein Verbraucher.

Gleichspannung und Wechselspannung, Gleichstrom und Wechselstrom

Batterien und Akkumulatoren liefern eine **Gleichspannung.** Sie ist dadurch charakterisiert, dass sich ihre Polarität nicht ändert und darüber hinaus die Spannung meist konstant ist (Abb. 1). Entsprechendes gilt für **Gleichstrom** (Abb. 3): Die Richtung des Stromflusses ändert sich nicht, die Stromstärke ist meist konstant.

Im Unterschied dazu ändern sich bei **Wechselspannung** (Abb. 2) und **Wechselstrom** (Abb. 4) der Betrag und die Polung von Spannung und Stromstärke zeitlich periodisch. Das kann man z.B. an einem Zeigerinstrument beobachten, wenn man eine Leiterschleife gleichmäßig in einem Magnetfeld bestimmter Stärke dreht. Auch die in Kraftwerken erzeugte Spannung, die wir im Haushalt nutzen, ist Wechselspannung, die einen Wechselstrom bewirkt.
Das gilt ebenso für die Spannung, die an einem Fahrraddynamo entsteht.
Der Kurvenverlauf von Wechselspannung und Wechselstromstärke ist sinusförmig. Die Frequenz der Netzwechselspannung beträgt in Deutschland 50 Hz. Bei der Deutschen Bahn wird mit 16⅔ Hz gearbeitet.

1 Gleichspannung: Die Polarität bleibt gleich, der Betrag der Spannung ist meist konstant.

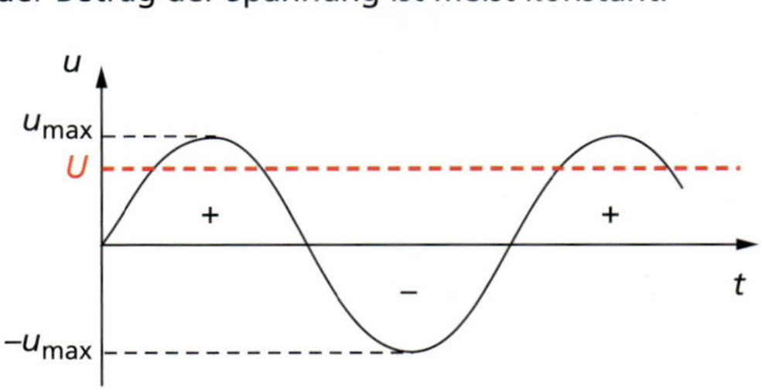

2 Wechselspannung: Die Polarität ändert sich periodisch, ebenso der Betrag der Spannung.

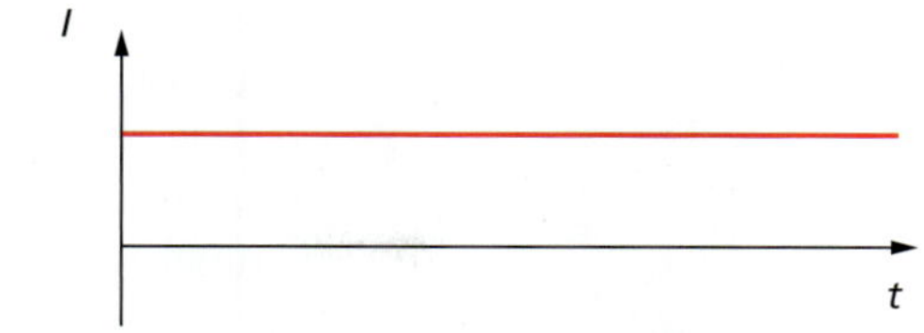

3 Gleichstrom: Der Strom fließt immer in einer Richtung. Der Betrag der Stromstärke ist meist konstant.

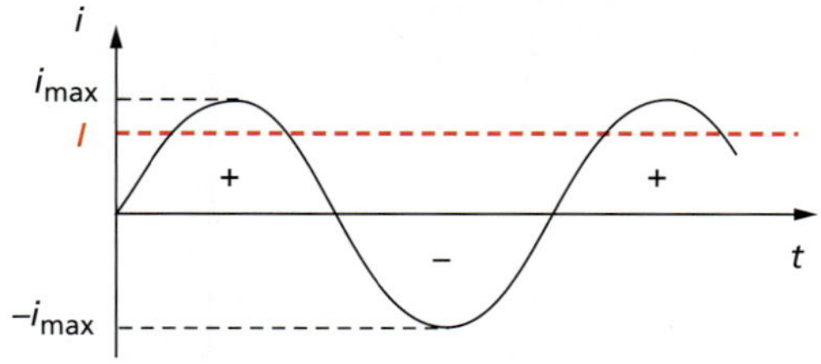

4 Wechselstrom: Die Polarität ändert sich periodisch, ebenso der Betrag der Stromstärke.

Messinstrumente zeigen nicht die **Maximalwerte** u_{max} bzw. i_{max} an, sondern die sogenannten **Effektivwerte** U bzw. I (Abb. 2, 4). Für Netzspannung beträgt bei uns der Effektivwert 230 V, der Maximalwert dagegen 325 V.

Der Effektivwert von Wechselspannung oder Wechselstromstärke ist derjenige Wert, der dieselben Wirkungen wie eine Gleichspannung oder Gleichstromstärke desselben Betrags hervorrufen würde.

Das bedeutet: Netzwechselspannung von 230 V ruft die gleiche Wirkung wie Gleichspannung von 230 V hervor. Es ist deshalb üblich, bei Wechselspannungen bzw. -stromstärken stets die von Messgeräten angezeigten Effektivwerte anzugeben. Zwischen Maximal- und Effektivwerten von sinusförmigem Wechselstrom gibt es einfache mathematische Zusammenhänge. Es gilt:

$$U = \frac{u_{max}}{\sqrt{2}} \approx 0{,}7 \cdot u_{max} \quad \text{bzw.} \quad u_{max} = \sqrt{2} \cdot U$$

$$I = \frac{i_{max}}{\sqrt{2}} \approx 0{,}7 \cdot i_{max} \quad \text{bzw.} \quad i_{max} = \sqrt{2} \cdot I$$

Diese Zusammenhänge gelten nur für sinusförmigen Wechselstrom. Es gibt auch Wechselspannungen und Wechselströme, die nicht sinusförmig verlaufen.

1 MICHAEL FARADAY (1791–1867)

Beispiele für Suchmaschinen
www.google.de
www.yahoo.de
www.web.de
www.msn.de
www.schuelerlexikon.de

Tipps für die Suche im Internet
- Verwende klare und treffende Suchwörter!
- Schreibe die Suchwörter klein, dann werden sowohl die groß als auch kleingeschriebenen Wörter gefunden!
- Achte darauf, in welcher Sprache die Suchmaschine suchen soll!
- Achte darauf, ob der Informationsabruf kostenpflichtig oder kostenfrei ist!

Informationssuche: MICHAEL FARADAY – der Entdecker der elektromagnetischen Induktion

Das **Internet** ist auch für die Schule zum unentbehrlichen Arbeitsmittel geworden. Es enthält eine riesige Informationsfülle über alle Bereiche des Lebens.
Du kannst dir Informationen aus dem Internet zur Vorbereitung von Prüfungen, zur Anfertigung eines Vortrags, zur Lösung von Aufgaben oder auch zur Vorbereitung auf ein bestimmtes physikalisches Thema beschaffen.
Dazu kannst du am Computer verschiedene **Suchmaschinen** nutzen. Du solltest aber auch unter der Adresse **www.schuelerlexikon.de** Informationen suchen, da diese Adresse besonders für Schüler entwickelte und aufbereitete Artikel enthält.
Willst du dir Informationen aus dem Internet z. B. über das Leben und Wirken sowie die Bedeutung von M. FARADAY holen, musst du am Computer bestimmte Schritte ausführen.

1. Gib zuerst über einen Web-Browser eine Internetadresse (Suchmaschine) ein, z. B. **www.schuelerlexikon.de!**
2. Gib in das speziell vorgesehene Suchfenster dein **Suchwort** „faraday" ein und frage die Informationen ab!
   Das Suchprogramm durchsucht die Datenbank nach deinem eingegebenen Suchwort. Das Ergebnis der Suche ist eine Liste von Artikeln.
3. Öffne die einzelnen Artikel und verschaffe dir einen Überblick über deren Inhalt!

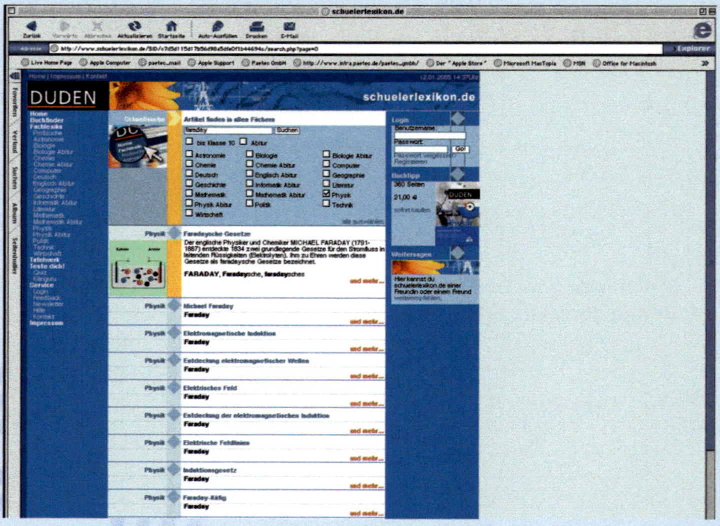

Beachte dabei: Im Internet kann jeder etwas veröffentlichen. Ob die Inhalte von Artikeln richtig sind, muss der einzelne Nutzer kritisch bewerten.

Findest du mit einer Suchmaschine keine ausreichenden Informationen, so kannst du mit weiteren Suchmaschinen arbeiten, z. B. www.yahoo.de, www.web.de.

1. Gib die Suchmaschine www.google.de und anschließend das Suchwort „faraday" ein! Frage die Informationen aus der Datenbank ab! Du erhältst einige 10 000 Dokumente in deutscher Sprache zum Suchwort „faraday".
2. Schränke die Suche ein, indem du die Suchwörter „faraday induktion" (getrennt durch ein Leerzeichen) eingibst! Du erhältst noch immer zahlreiche Dokumente zum gewählten Thema.
3. Eine weitere Einschränkung erhältst du, wenn du beide Suchwörter durch ein Minuszeichen trennst. Aufgelistet werden alle Artikel, die „faraday", aber nicht „induktion" enthalten.

Mithilfe der im Internet gesuchten Informationen kannst du folgende Aufgaben beantworten:

1. *Wann lebte und wirkte* MICHAEL FARADAY?
2. *Wie gelangte* MICHAEL FARADAY *zur Entdeckung der elektromagnetischen Induktion und des Induktionsgesetzes?*
3. *Womit beschäftigte sich* MICHAEL FARADAY *noch?*

Tipps für die Suche im Internet

1. Bei einer sehr großen Anzahl von angezeigten Dokumenten kannst du die Informationssuche einschränken:
   - durch Eingabe mehrerer Wörter, die durch ein Leerzeichen getrennt werden, oder durch ein direkt vor das Suchwort gesetztes Pluszeichen,
   - durch ein direkt vor das zweite Suchwort gesetztes Minuszeichen.
2. Nutze die Hinweise, die bei einzelnen Suchmaschinen gegeben sind! Mit der erweiterten Suche kann das Suchfeld deutlich eingeschränkt werden.
3. Die Anzahl der angezeigten Dokumente ist oftmals sehr groß. Die besten „Treffer" stehen in der Regel am Anfang.

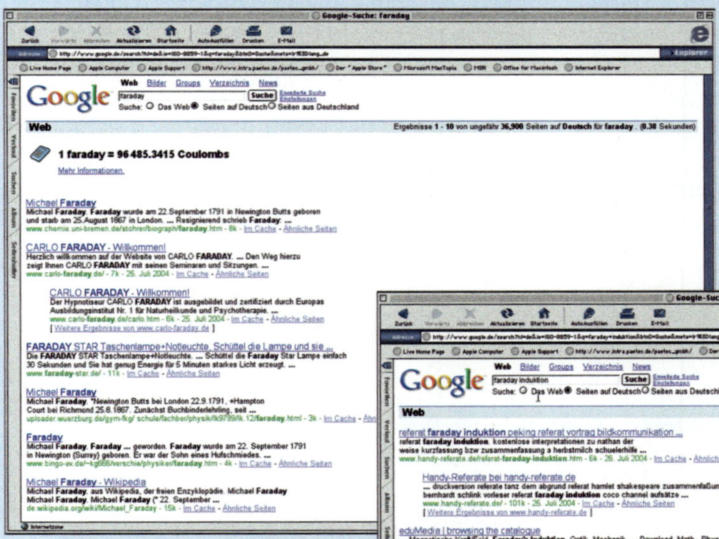

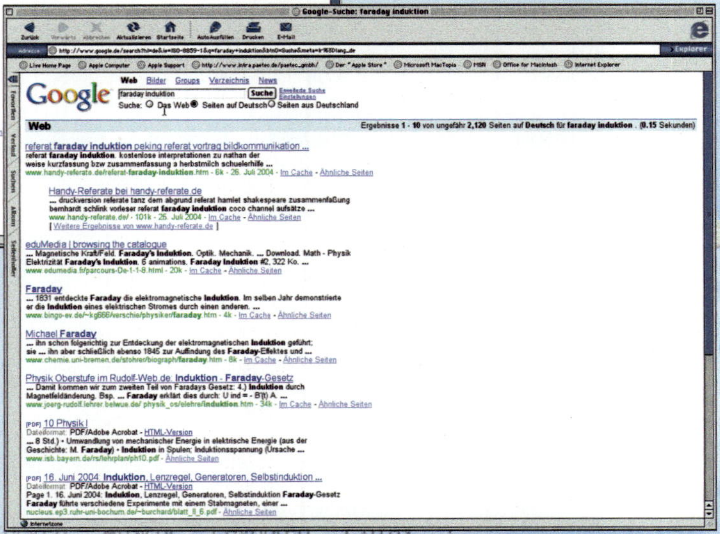

Physik in Natur und Technik

Der Wechselstromgenerator

In Kraftwerken werden mithilfe von riesigen Generatoren (Abb. 2) Wechselspannungen bis zu 20 000 V und Wechselströme bis zu 50 000 A erzeugt. Auch die Lichtmaschine eines Pkw oder der Dynamo eines Fahrrads sind kleine Wechselstromgeneratoren. Obwohl mit einem Fahrraddynamo wesentlich kleinere Wechselspannungen und Wechselströme erzeugt werden, besitzt er einen analogen Aufbau und eine ähnliche Wirkungsweise wie ein großer Generator im Kraftwerk.

Beschreibe den Aufbau und erkläre die Wirkungsweise eines Wechselstromgenerators!

Ein Wechselstromgenerator dient zur Erzeugung von Wechselspannungen und Wechselströmen. Es gibt sie in unterschiedlichen Größen und Bauformen. Allen Wechselstromgeneratoren ist aber gemeinsam, dass in ihnen Bewegungsenergie einer Drehbewegung in elektrische Energie umgewandelt wird.

Die wesentlichen Teile eines Wechselstromgenerators sind der Rotor, der Stator und die Schleifringe (S. 51, Abb. 1).

2 Läufer eines Generators in einem Kraftwerk. Seine Abmessungen kann man anhand der Person abschätzen.

Der **Rotor** ist über die **Schleifringe** mit einer Gleichspannungsquelle verbunden. Fließt Strom durch die Spulen des Rotors, so wird er zu einem Elektromagneten. Der Rotor besitzt somit ein magnetisches Feld, das auch die Spulen des Stators durchsetzt.

Beim Drehen des Rotors ändert sich ständig das Magnetfeld, das von den Statorspulen umfasst wird. Damit wird nach dem Induktionsgesetz in ihnen eine Spannung induziert. Da die Änderung des Magnetfelds im Stator in Abhängigkeit von

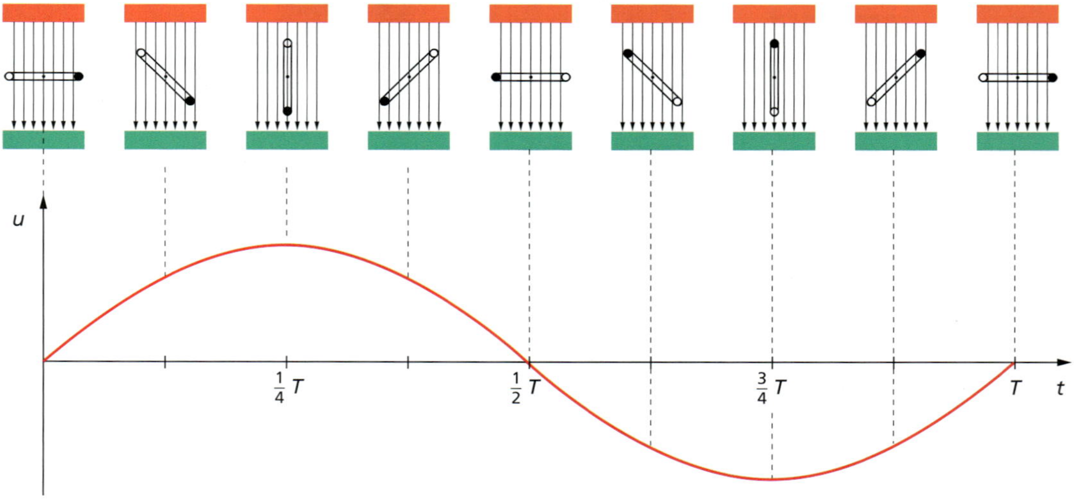

1 Induktion einer Wechselspannung: Die Spannung verläuft wie eine Sinusfunktion.

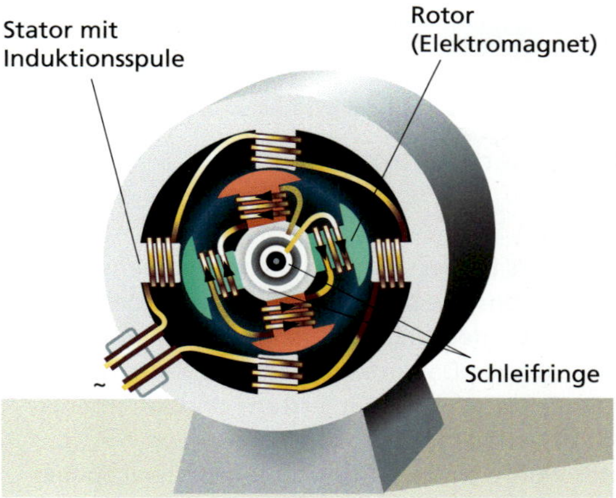

1 Aufbau eines Wechselstromgenerators

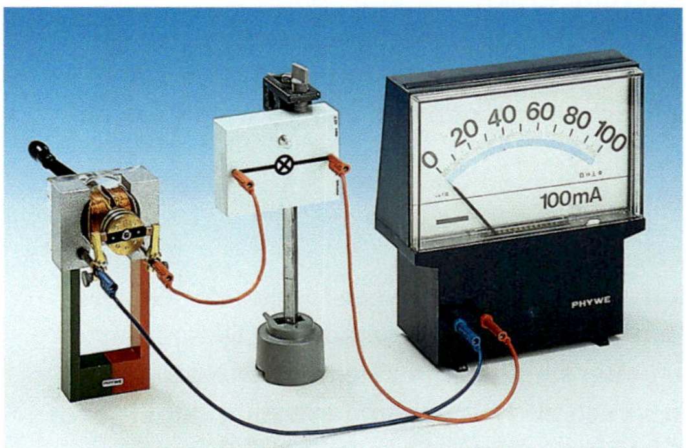

2 Modell eines Wechselstromgenerators

der Stellung des Rotors unterschiedlich ist, entsteht eine sinusförmige Wechselspannung.
Zur Vereinfachung ist auf S. 50 in Abb. 1 statt des relativ kompliziert aufgebauten Rotors eine Leiterschleife dargestellt. Bei einer **Wechselspannung** ändern sich ständig Polung und Betrag der Spannung.

Der Rotor eines Wechselspannungsgenerators kann statt eines Elektromagneten auch ein Dauermagnet sein (Abb. 2). Dies ist z. B. bei einem Fahrraddynamo der Fall. Dort rotiert ein tonnenförmiger Dauermagnet, die Induktionsspulen sind innen am Gehäuse des Dynamos angebracht. Bei einem solchen Fahrraddynamo entsteht eine Wechselspannung, die aber nur näherungsweise sinusförmig ist.

Das Mikrofon

Um Sprache und Musik aufzunehmen und über Lautsprecher verstärkt wiederzugeben, benutzt man Mikrofone. Auch für die Aufzeichnung von Sprache und Musik auf Tonbandgeräten oder für das Telefonieren benötigt man Mikrofone.
Wie ist ein Mikrofon aufgebaut und wie funktioniert es?

Ein Mikrofon dient der Umwandlung von Schall (z. B. Sprache, Musik) in elektrische Spannungsschwankungen, die verstärkt oder aufgezeichnet werden können. Dabei wird die elektromagnetische Induktion genutzt. Die wesentlichen Teile eines Mikrofons sind die Membran, die Spule und ein Dauermagnet (Abb. unten). Die Membran ist an Federn leicht beweglich aufgehängt. Gleichzeitig ist die Membran mit einer leicht beweglichen Spule verbunden, die im magnetischen Feld eines Dauermagneten hin- und herschwingen kann. Schall trifft auf die Membran und lässt diese im Takt der Sprache und der Musik schwingen. Dadurch schwingt auch die Spule im Feld des Dauermagneten in diesem Takt. Das von der Spule umfasste Magnetfeld ändert sich dabei im Takt der Sprache und der Musik. Nach dem Induktionsgesetz wird damit in der Spule eine Spannung induziert, die sich in diesem Takt ändert. Die induzierte Wechselspannung kann zu einem elektrischen Verstärker weitergeleitet werden. Mikrofone, die nach diesem Prinzip funktionieren, nennt man **dynamische Mikrofone.**

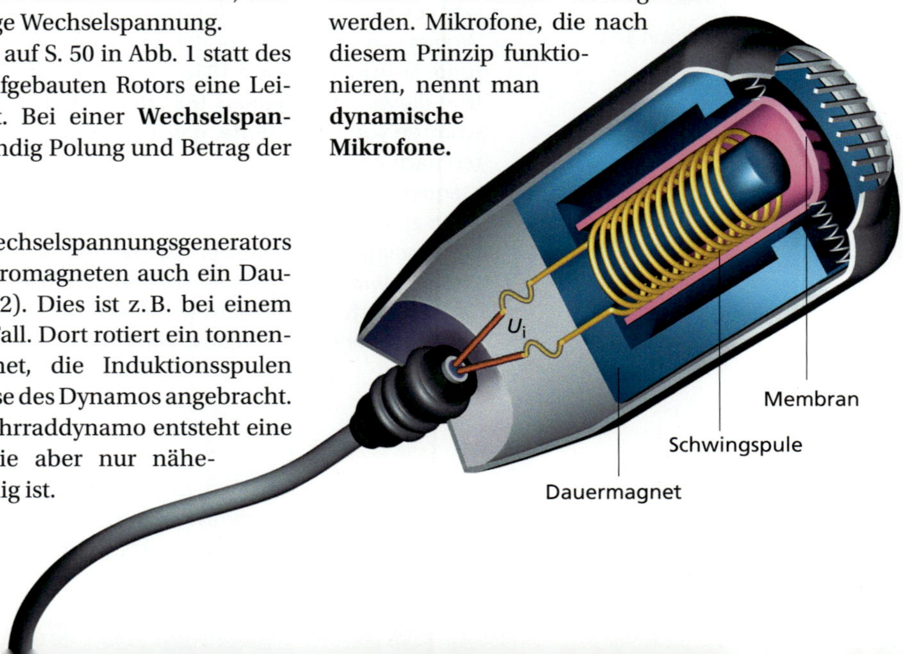

Thema

1 Generator von Hippolyte Pixii (1832)

2 Werner von Siemens mit seiner Dynamomaschine

Aus der Entwicklung der Elektrotechnik

Die ersten Generatoren

Bald nach Michael Faradays Entdeckung der elektromagnetischen Induktion und des Induktionsgesetzes im Jahre 1831 wurden erste Geräte gebaut, die diese Entdeckung ausnutzten. Dabei wurden z. B. Spulen vor fest stehenden Dauermagneten oder Dauermagnete vor fest stehenden Spulen gedreht. Einen ersten handbetriebenen **Generator** baute 1832 Hippolyte Pixii, der Mechaniker von Ampère. Bei diesem Generator wurde ein Hufeisenmagnet vor zwei Spulen mit einer Handkurbel gedreht (Bild 1).
Die ersten Generatoren hatten kaum praktische Bedeutung. Vor allem war ihre Leistung für praktische Anwendungen zu gering. Die Magnetfelder für die Induktion wurden zumeist durch Dauermagnete erzeugt, die relativ schwach waren und deren Stärke durch die ständigen Erschütterungen der Generatoren noch abnahm.

Ein neues technisches Prinzip

Um stärkere Magnetfelder und größere Leistungen der Generatoren zu erhalten, brauchte man Elektromagnete. Diese mussten aber durch Batterien oder durch einen zweiten Generator erzeugt werden. Man sprach auch von **Fremderregung der Elektromagnete.** Das war insgesamt sehr aufwendig, und so wurden solche Anordnungen vor allem in Forschungslabors verwendet.

Für eine breite Anwendung der elektromagnetischen Induktion war vor allem eine Erfindung des Technikers und Unternehmers Werner von Siemens (1816–1892) von ausschlaggebender Bedeutung. Siemens entdeckte 1866 das **dynamoelektrische Prinzip** und trug dieses am 17. Januar 1867 der Berliner Akademie der Wissenschaften vor. Er erkannte, dass der Eisenkern eines Elektromagneten nach Abschalten des Stroms ein Restmagnetfeld behält. Dieses Magnetfeld reicht aus, um in einem Generator eine kleine Spannung zu induzieren. Diese Spannung kann man nutzen, um den Elektromagneten zu betreiben und das Magnetfeld zu verstärken. Dadurch wird eine größere Spannung induziert. So schaukeln sich das Magnetfeld des Elektromagneten und die induzierte Spannung wechselseitig bis zur vollen Leistung des Generators hoch.

... und mehr

Informiere dich auch unter: *Dynamoelektrisches Prinzip, Fahrraddynamo, Fehlerstromschutzschalter, elektromagnetische Induktion, Induktionshärten, Induktionsherd, Induktionsschleife, Induktivität, ...*

Ein universelles Netzgerät

Verschiedene elektrische Geräte, wie Kassettenrekorder, CD-Player oder Radios, haben unterschiedliche Betriebsspannungen. Um diese trotzdem mit ein und demselben Netzgerät an eine 230-V-Steckdose anschließen zu können, gibt es Universalnetzgeräte (Abb. 1). Mit einem solchen Netzgerät kann man wahlweise 3 V; 4,5 V; 6 V; 7,5 V; 9 V und 12 V Betriebsspannung erhalten. Im Netzgerät befindet sich ein Transformator, dessen Primärspule 5 000 Windungen hat. Die Sekundärspule hat mehrere Abgriffe nach unterschiedlicher Anzahl von Windungen (Abb. 2).
Berechne die Anzahl der Windungen der Sekundärspule für die verschiedenen Sekundärspannungen des Universalnetzgeräts!

Analyse:
Der Transformator des Netzgeräts hat eine Sekundärspule mit mehreren Abgriffen.

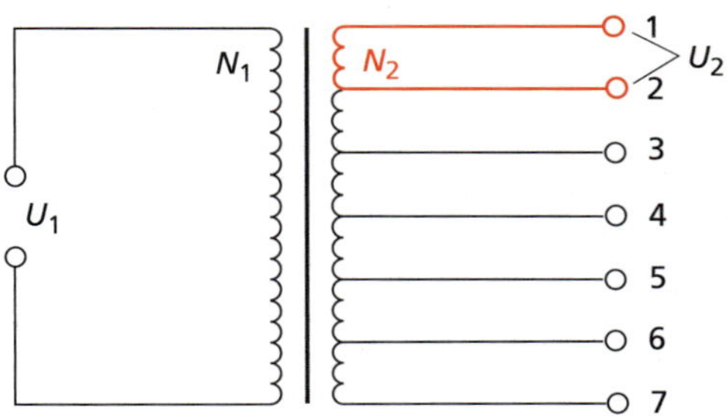

Um verschiedene Betriebsspannungen zu erhalten, müssen vom Abgriff 1 aus verschiedene Windungszahlen durch einen Schalter eingestellt werden. Die jeweilige Windungszahl N_2 kann

1 Universalnetzgerät für Spannungen bis 12 V

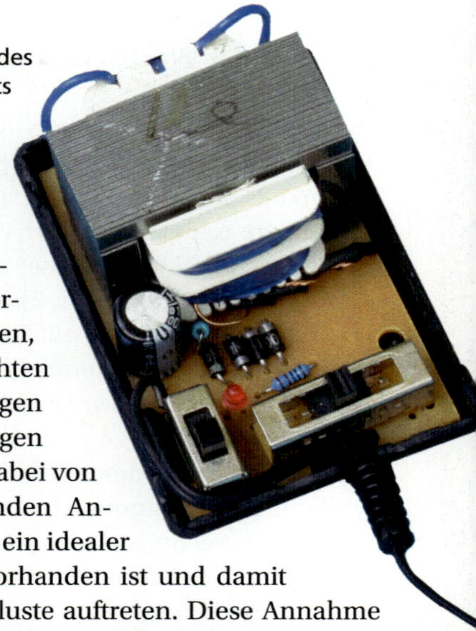

2 Transformator des Universalnetzgeräts

man nach dem Gesetz für die Spannungsübersetzung am unbelasteten Transformator berechnen, da die gewünschten Betriebsspannungen Leerlaufspannungen sind. Man geht dabei von der vereinfachenden Annahme aus, dass ein idealer Transformator vorhanden ist und damit keine Energieverluste auftreten. Diese Annahme ist vertretbar, da moderne Transformatoren einen Wirkungsgrad von mehr als 95 % haben.

Gesucht: N_2 für verschiedene U_2
Gegeben: $U_1 = 230\ \text{V}$
$N_1 = 5\,000$
$U_2 = 3\ \text{V}\ (4{,}5\ \text{V};\ 6\ \text{V};\ 7{,}5\ \text{V};\ 9\ \text{V};\ 12\ \text{V})$

Lösung:
Für einen unbelasteten idealen Transformator gilt das Gesetz für die Spannungsübersetzung:

$$\frac{U_1}{U_2} = \frac{N_1}{N_2} \quad |\cdot N_2 \quad |\cdot \frac{U_2}{U_1}$$

$$N_2 = \frac{N_1 \cdot U_2}{U_1}$$

$$N_2 = \frac{5\,000 \cdot 3\ \text{V}}{230\ \text{V}}$$

$$\underline{N_2 = 65}$$

Analog kann man die anderen Windungszahlen berechnen.

Ergebnis:
An der Sekundärspule müssen für die gewünschten Betriebsspannungen folgende Windungszahlen abgegriffen werden:

U_2 in V	3	4,5	6	7,5	9	12
N_2	65	98	130	163	196	261

Gleich- oder Wechselspannung?

Aus Glühlampen sowie aus Spulen mit Eisenkern sind zwei gleiche Stromkreise aufgebaut. Ein Stromkreis wird mit Gleichspannung betrieben, der andere mit gleich großer Wechselspannung. In einem Stromkreis leuchtet die Glühlampe, in dem anderen nicht (Abb. 1, 2).
Welcher Stromkreis wird mit Gleichspannung und welcher mit Wechselspannung betrieben?
Erkläre die beobachteten Erscheinungen!

Der Stromkreis, in dem die Glühlampe leuchtet, wird mit Gleichspannung betrieben (Abb. 1), der andere mit Wechselspannung (Abb. 2).
In einem Gleichstromkreis besitzt eine Spule einen elektrischen Widerstand, der sich nach dem Widerstandsgesetz aus der Länge des aufgewickelten Drahts, seiner Querschnittsfläche und dem Material ergibt. Dieser elektrische Widerstand behindert den Stromfluss. Er lässt aber noch eine Stromstärke zu, bei der die Glühlampe leuchtet. Eine Spule im Gleichstromkreis wirkt also wie ein elektrischer Widerstand.
In einem Wechselstromkreis wird der Stromfluss ebenfalls durch den Widerstand des Spulendrahts behindert. Zusätzlich wirkt aber in diesem Fall noch die elektromagnetische Induktion. Durch den Stromfluss wird um die Spule ein Magnetfeld erzeugt, das auch die Spule selbst durchsetzt. Bei Wechselspannung ändern sich ständig Richtung und Stärke dieses Magnetfelds. Dadurch wird in der Spule ständig eine Wechselspannung induziert, die einen Wechselstrom antreibt.

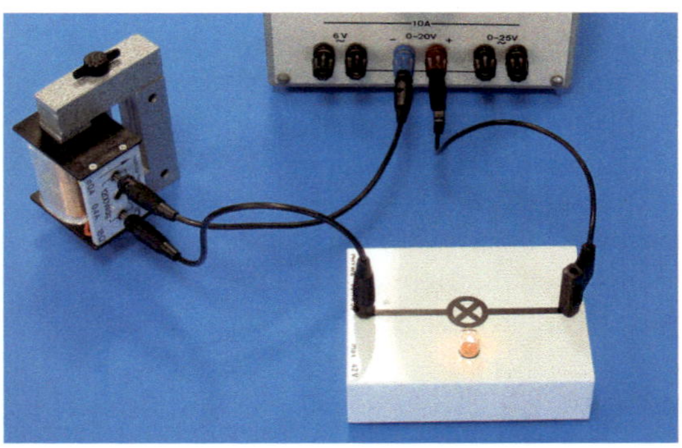

1 Spule und Glühlampe im Gleichstromkreis

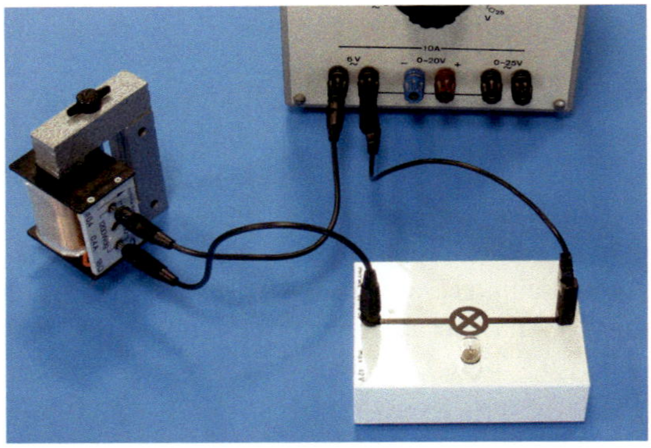

2 Spule und Glühlampe im Wechselstromkreis

Nach dem lenzschen Gesetz ist dieser Induktionsstrom stets so gerichtet, dass er der Ursache für seine Entstehung, also dem ursprünglichen Wechselstrom, entgegenwirkt. Der Strom im Wechselstromkreis wird somit zusätzlich behindert. Die Stromstärke sinkt dadurch insgesamt so stark, dass die Glühlampe nicht mehr leuchtet. Mit einer solchen **Drosselspule** kann man im Wechselstromkreis die Stromstärke begrenzen.

Methode

Erklären physikalischer Erscheinungen

Beim Erklären wird zusammenhängend und geordnet dargestellt, warum eine Erscheinung in Natur und Technik so und nicht anders auftritt. Dabei wird die einzelne Erscheinung auf das Wirken von Gesetzen zurückgeführt, indem dargestellt wird, dass die Wirkungsbedingungen bestimmter Gesetze in der Erscheinung vorliegen. Auch Modelle können zum Erklären herangezogen werden.

Beim Erklären sollte man deshalb Folgendes darstellen:

1. Beschreibe die für das Wirken von Gesetzen oder Anwenden von Modellen wesentlichen Seiten in der Erscheinung! Lass Unwesentliches unberücksichtigt!
2. Nenne Gesetze oder Modelle, mit denen die Erscheinung erklärt werden kann!
3. Führe die Erscheinung auf das Wirken physikalischer Gesetze bzw. auf das Anwenden von Modellen zurück!

Mosaik

Stromverbundnetze in Europa

Um eine stabile Versorgung von Haushalten und Wirtschaft mit elektrischer Energie zu sichern, sind die Kraftwerke und die Verbraucher in großen Stromverbundsystemen in Europa miteinander verbunden (Abb. 1).

Durch diesen europaweiten Stromverbund können unterschiedliche Spitzenbelastungszeiten in verschiedenen Ländern bei einem gleichbleibenden Betrieb der Kraftwerke ausgeglichen und alle Verbraucher stabil mit elektrischer Energie versorgt werden.

Kraftwerksgeneratoren liefern sehr hohe Spannungen von ca. 20 kV. Wenn man die vom Generator gelieferte 20-kV-Spannung direkt in das Netz einspeisen würde, dann hätte man in den Leitungen allerdings eine Stromstärke von ca. 50 000 A.

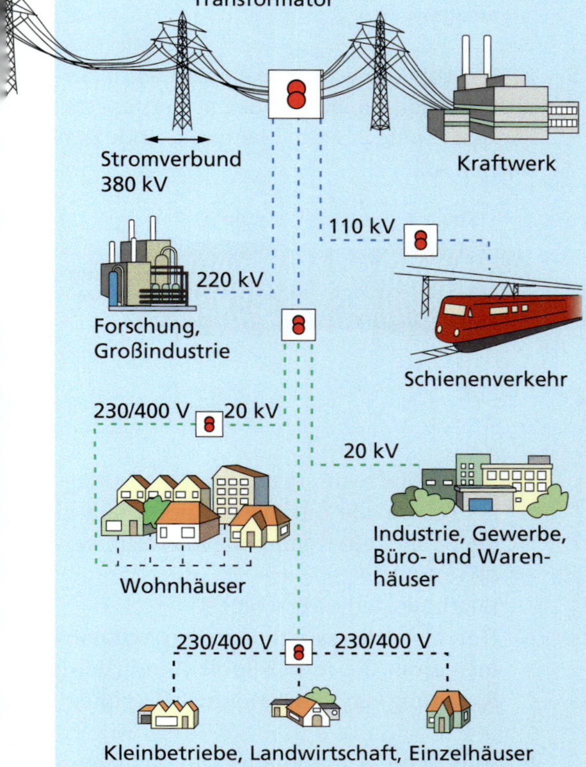

1 Aufbau eines Stromverbundnetzes

2 Hochspannungsleitung (380 kV)

Selbst auf mehrere Leitungen verteilt würden sich diese stark erwärmen. Durch die Erwärmung und Wärmeabgabe an die Umgebung würde wertvolle elektrische Energie verloren gehen. Deshalb wird schon am Kraftwerk die Spannung durch Transformatoren erhöht (Abb. 3). Die elektrische Leistung wird bei Spannungen bis 380 kV (Abb. 2) und einer geringeren Stromstärke von etwa 2 500 A übertragen, um die Energieverluste durch Wärmeabgabe gering zu halten.

Es gibt auch Hochspannungsleitungen mit Spannungen von 220 kV und mit 110 kV. In der Nähe der Verbraucher wird die Hochspannung in Umspannwerken auf 20 kV umgewandelt.

Für Haushalte wird in Transformatorenstationen in der Nähe von Wohnhäusern diese Spannung auf 230 V bzw. 400 V umgewandelt und an die Haushalte und andere Verbraucher verteilt.

3 Hochspannungstransformator im Kraftwerk

gewusst · gekonnt

1. Untersuche experimentell, unter welchen Bedingungen in einer Spule mithilfe eines Dauermagneten eine Spannung induziert wird!

Durchführung:

Eine Spule wird mit einem Spannungsmesser (Messbereich 1 V, Zeiger in Mittellage) verbunden (s. Abb.).

Der Dauermagnet wird in unterschiedlicher Weise bewegt.

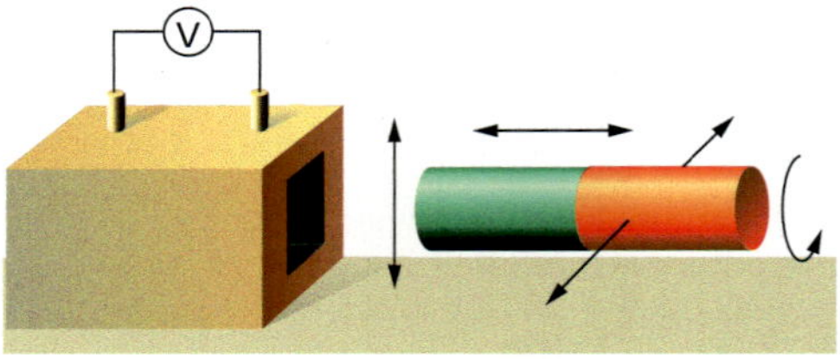

Auswertung:

Bei welchen Bewegungen zwischen Spule und Magnet entsteht eine Induktionsspannung?

Trage deine Untersuchungsergebnisse in eine Tabelle ein!

2. In einem Magnetfeld wird eine Spule bewegt (s. Abb.).

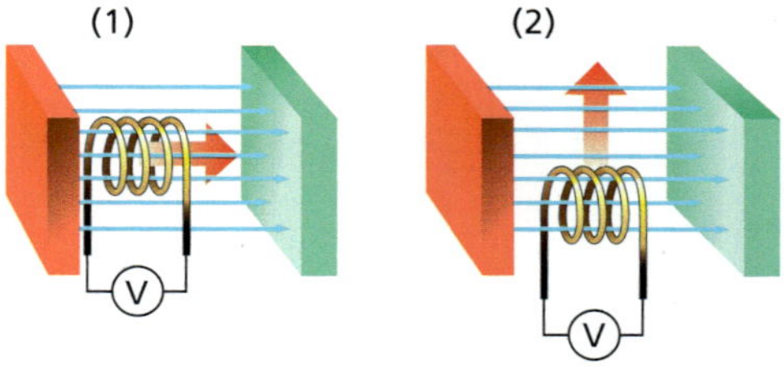

a) Was kann aus den Feldlinienbildern über die Stärke des Magnetfelds zwischen den Polen abgeleitet werden?

b) Gib an, ob im Fall 1 bzw. 2 in der Spule eine Spannung induziert wird!
Begründe deine Antwort!

*c) Gib eine weitere Variante an, bei der keine Spannung induziert wird!

3. Eine Spule wird neben einen Elektromagneten gestellt. Gib für jeden der folgenden Fälle an, ob in der Spule eine Spannung induziert wird! Begründe!

a) Der Elektromagnet wird eingeschaltet.

b) Im Elektromagneten fließt ein Gleichstrom.

c) Im Elektromagneten fließt ein Wechselstrom.

d) Der Elektromagnet wird ausgeschaltet.

4. Gib für jeden der folgenden Fälle an, ob in der Spule eine Spannung induziert wird! Begründe deine Antwort!
Prüfe deine Voraussagen experimentell!

a) In eine Spule wird ein Dauermagnet eingeführt.

b) In einer Spule befindet sich ein Dauermagnet in einer bestimmten Stellung.

c) Ein Dauermagnet wird aus der Spule herausgezogen.

5. In der Abbildung ist eine Experimentieranordnung dargestellt, mit der in der fest stehenden Spule 2 eine Spannung induziert werden soll.

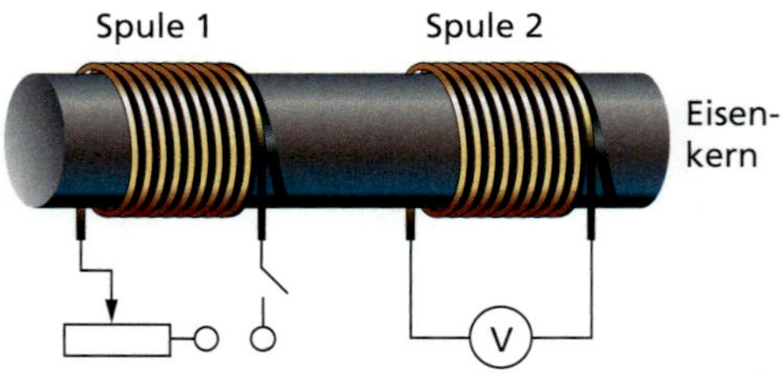

a) Beschreibe mehrere experimentelle Möglichkeiten, wie mit dieser Anordnung in der Spule 2 eine Spannung induziert werden kann!
Begründe deine Vorschläge!

b) Durch welche experimentellen Maßnahmen kann die in der Spule 2 induzierte Spannung vergrößert werden? Begründe!

6. Entsprechend der Abbildung in Aufgabe 5 werden Experimentieranordnungen aufgebaut.

Entscheide für jeden der folgenden Fälle, ob mit Experiment I oder II bei sonst gleichem Aufbau des Experiments eine größere Spannung induziert wird!
Begründe deine Entscheidung!

	Experiment I	**Experiment II**
a)	Spule 2 hat 750 Windungen.	Spule 2 hat 1 000 Windungen.
b)	Stromstärke in Spule 1 ändert sich in 1 s von 0 A auf 2 A.	Stromstärke in Spule 1 ändert sich in 2 s von 0 A auf 2 A.
c)	Stromstärke in Spule 1 ändert sich in 1 s von 0 A auf 1 A.	Stromstärke in Spule 1 ändert sich in 1 s von 0 A auf 3 A.
d)	Spule 2 hat 60 cm^2 Querschnittsfläche.	Spule 2 hat 40 cm^2 Querschnittsfläche.

7. In Elektromotoren, Transformatoren und Generatoren existieren sich ändernde magnetische Felder. Dadurch können in massiven Teilen dieser Geräte Spannungen induziert werden und Ströme (Wirbelströme) entstehen. Um das zu vermeiden bzw. um die Wirbelströme zu verringern, verwendet man für die entsprechenden Teile, z. B. für Eisenkerne, dünne, gegeneinander isolierte Bleche, die sogenannten Dynamobleche.

a) Erläutere, was Wirbelströme bewirken und warum sie in den genannten Geräten unerwünscht sind!
b) Erläutere, wie mit den speziell gefertigten Teilen dieser Geräte Wirbelströme vermieden bzw. verringert werden können!

***8.** Für spezielle Anwendungen müssen Werkstücke aus Metall sehr hart sein. Dazu werden sie zum Glühen gebracht und anschließend in Wasser oder Öl abgekühlt. Um sie zum Glühen zu bringen, stellt man sie in eine Spule (s. Abb.) und nutzt die elektromagnetische Induktion aus.

Wie funktionieren solche Anlagen zum Induktionshärten?

9. In Wechselstromkreisen werden Spulen häufig auch als zusätzliche Widerstände genutzt, um den Stromfluss zu drosseln. Man nennt sie deshalb „Drosselspule" oder „Drossel". Erkläre, wie durch eine Drossel der Strom in einem Wechselstromkreis begrenzt werden kann!

10. Bei einem Tonbandgerät wird ein leicht magnetisierbares Band vor einem Tonkopf bewegt. Der Tonkopf ist eine kleine Spule mit einem Eisenkern (s. Abb.). Erkläre die Wirkungsweise der Tonaufzeichnung und der Tonwiedergabe bei einem solchen Tonbandgerät!

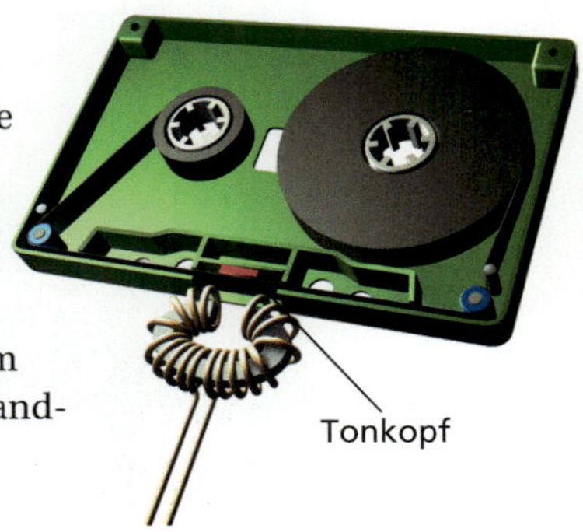

11. Bei Induktionsherden wird die elektromagnetische Induktion ausgenutzt. Unter der Kochfläche befindet sich eine Spule, die von Wechselstrom durchflossen wird. Das entstehende Magnetfeld durchsetzt auch den Topfboden.

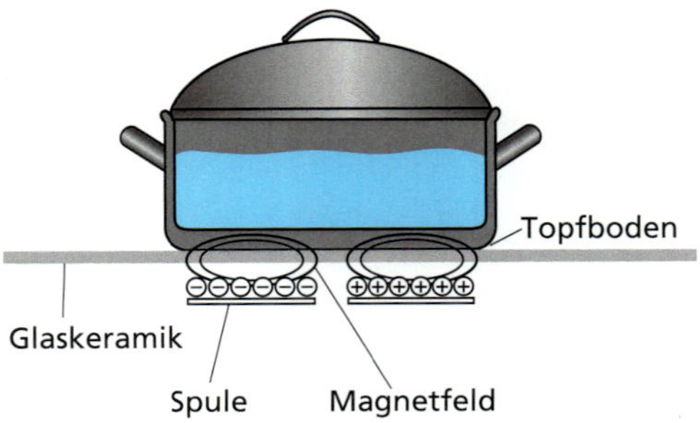

a) Erkläre die Wirkungsweise eines solchen Induktionsherds!
b) Warum können auf Induktionsherden nur Metalltöpfe genutzt werden?
*c) Welche Vorteile bzw. Nachteile haben Induktionsherde gegenüber herkömmlichen Herden?

12. Mithilfe einer in einer Straße verlegten Induktionsschleife (s. Abb. unten) kann der Straßenverkehr überwacht und gesteuert werden. Es können einzelne Fahrzeuge oder die Anzahl der Fahrzeuge in einer bestimmten Zeit registriert werden.
a) Erkläre, wie mit einer Induktionsschleife Fahrzeuge registriert werden können!
b) Erkunde, wo Induktionsschleifen genutzt werden!
c) Mithilfe von zwei Induktionsschleifen kann man die Geschwindigkeit eines Fahrzeugs messen. Erläutere das Messverfahren!

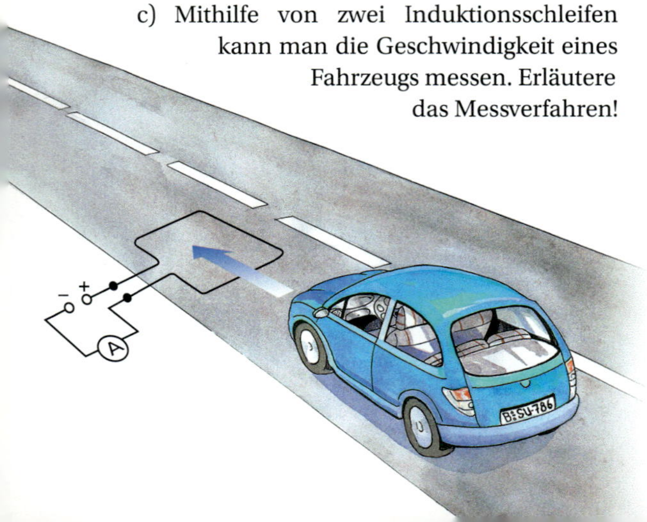

d) Die Entfernung zwischen zwei Induktionsschleifen beträgt 50 m. Wie groß ist die Zeit zwischen den Spannungsimpulsen, wenn ein Fahrzeug mit einer Geschwindigkeit von 100 km/h darüberfährt?

13. Bei Schienenfahrzeugen mit einem Elektromotor als Antrieb, z. B. Straßenbahnen, kann zum Bremsen der Motor umgeschaltet und als Generator betrieben werden. Er gibt dann elektrische Energie an das Netz ab.
a) Warum kann man mit einer solchen Umschaltung das Fahrzeug bremsen?
b) Man bezeichnet eine solche Bremsung als „Nutzbremsung". Warum?

14. Beschreibe die Energieumwandlungen bei einem
a) Elektromotor,
b) Wechselstromgenerator,
c) Transformator!

15. Um in Pkw-Motoren das Kraftstoff-Luft-Gemisch zu zünden, benutzt man Zündkerzen, an denen bei einer Spannung von etwa 15 000 V ein Funke zwischen zwei Elektroden überspringt. Die Lichtmaschine des Pkw liefert aber nur 12 V. Deshalb schaltet man die Zündkerze in einen Stromkreis mit einer Zündspule und einen Unterbrecher.
a) Skizziere die Anordnung!
b) Wie kann mit einer solchen Schaltung die für die Zündung erforderliche Spannung erzeugt werden?

16. Mit einem Transformator kann man entweder hohe Spannungen (Hochspannungstransformatoren) oder hohe Stromstärken (Hochstromtransformatoren) erzeugen.
a) Wie müssen Transformatoren gebaut sein, damit sie eine hohe Spannung bzw. eine große Stromstärke liefern?
b) Warum kann man nicht gleichzeitig eine hohe Spannung und eine große Stromstärke erhalten?
c) Nenne Beispiele für die Anwendung von Hochspannungs- bzw. Hochstromtrafos!

17. Der abgebildete Transformator ist sekundärseitig (rechts) durch eine Windung (Schmelztiegel) kurzgeschlossen. Erkläre die Funktionsweise eines solchen Schmelztiegels!

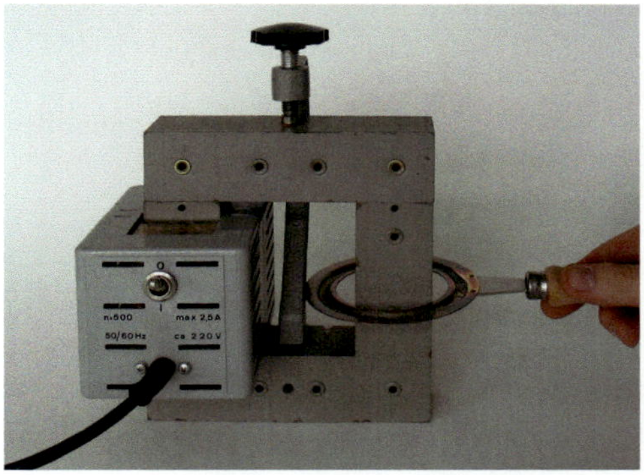

18. Gute Transformatoren haben heute einen Wirkungsgrad von 98 % bis 99 %.
Was bedeutet diese Angabe?

19. Bestimme experimentell den Wirkungsgrad eines vorgegebenen Transformators bei einer bestimmten Belastung!

20. Eine elektrische Klingel, die eine Betriebsspannung von 8 V benötigt, wird über einen Transformator an die Netzspannung angeschlossen. Die Primärspule hat 5 500 Windungen.
a) Wie viele Windungen muss die Sekundärspule haben?
b) Beim Klingeln fließt ein Sekundärstrom von 0,6 A. Wie groß ist in diesem Fall die Primärstromstärke?

21. Für eine elektrische Modelleisenbahn wird eine Spannung von bis zu 12 V benötigt.
Gib einige Kombinationen von Spulen an, mit denen diese Spannung durch einen Transformator aus der Netzspannung gewonnen werden kann!

22. Beim elektrischen Schweißen wird mit einem Strom der Stromstärke 100 A in einem Lichtbogen eine solche Hitze erzeugt, dass Metallteile schmelzen. Ein solches Schweißgerät kann man an 230 V Netzspannung (Absicherung 16 A) anschließen. Dazu benutzt man einen Schweißtrafo, der eine Sekundärspannung von 25 V liefert.
Erkläre, warum man trotz hoher Stromstärke beim Schweißen dieses Gerät an das übliche Haushaltsnetz anschließen kann!

23. Die Abbildung zeigt das Modell einer Fernübertragungsanlage für elektrische Energie.

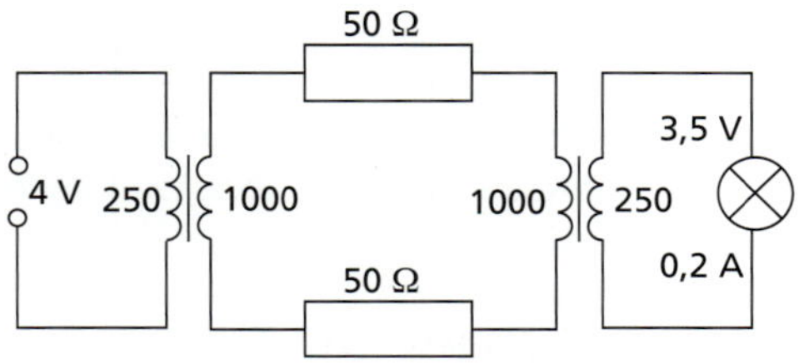

a) Erläutere anhand der Abbildung das Prinzip der Fernübertragung der elektrischen Energie!
b) Baue das Experiment auf und probiere die Funktionstüchtigkeit des Modells aus!

24. Generatoren in einem Kraftwerk liefern eine Spannung von 20 kV. Für die Fernleitung muss diese Spannung auf 380 kV hochtransformiert werden. Gib an, in welchem Verhältnis die Windungszahlen des entsprechenden Hochspannungstransformators stehen müssen! Wie verändert sich aufgrund der Transformation die Stromstärke?

***25.** Ein Transformator hat einen Wirkungsgrad von 98 %. Wie groß ist die Primärstromstärke, wenn die Primärspannung 220 kV beträgt und auf der Sekundärseite eine Leistung von 15 MW entnommen wird?

26. An der Bildröhre eines Fernsehgeräts muss eine hohe Spannung von ca. 15 kV angelegt werden, um den Elektronenstrahl zu beschleunigen. Dazu benutzt man einen Hochspannungstransformator, dessen Primärspule 400 Windungen hat.
Wie groß ist die Windungszahl der Sekundärspule dieses Transformators?

Elektromotorisches Prinzip und Generatorprinzip

Elektromotoren und Generatoren haben den gleichen prinzipiellen Aufbau. Sie unterscheiden sich in der Richtung des Energieflusses.

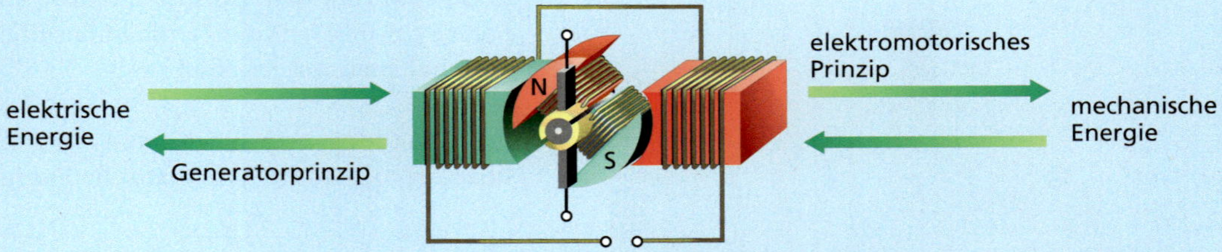

Bei Generatoren wird die **elektromagnetische Induktion** genutzt. Verändert sich das von einer Spule umfasste Magnetfeld, so wird in der Spule eine Spannung induziert. Es fließt ein Induktionsstrom.

Änderung des Magnetfelds durch Änderung der Stromstärke

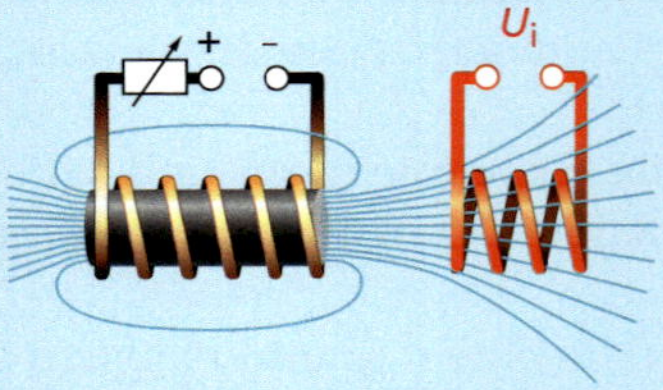

Änderung der Stromstärke

Änderung des Magnetfelds durch Relativbewegung

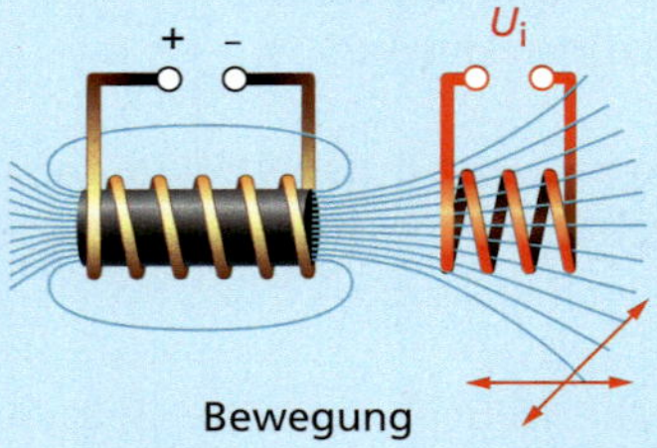

Bewegung

Die Erkenntnisse über die Induktion sind im **Induktionsgesetz** zusammengefasst.

In einer Spule wird eine Spannung induziert, wenn sich das von ihr umfasste Magnetfeld ändert. Die Induktionsspannung hängt von der Schnelligkeit und Stärke dieser Änderung sowie vom Bau der Spule (Windungszahl, Eisenkern) ab.

Eine wichtige Anwendung der elektromagnetischen Induktion ist der **Transformator.**

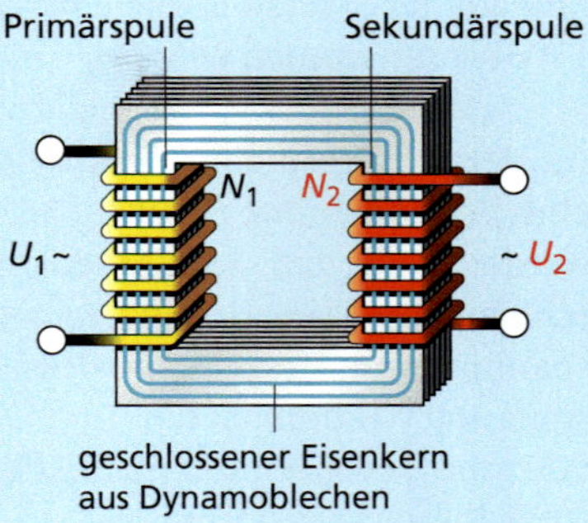

Für Transformatoren gelten folgende Gesetze:

Spannungsübersetzung

$$\frac{U_1}{U_2} = \frac{N_1}{N_2}$$

Stromstärkeübersetzung

$$\frac{I_1}{I_2} = \frac{N_2}{N_1}$$

2.2 Elektrische Energie, Arbeit und Leistung

Maschinen leisten viel

Für ein Loch durch die Wand „per Hand" wäre ein sehr großer Aufwand nötig. Mit einer Bohrmaschine ist das kein Problem. Entscheidend ist, dass diese Bohrmaschine eine genügend große Leistung besitzt.

Warum ist ein Loch durch die Wand mit einer Bohrmaschine großer Leistung (1 000 W) einfacher und schneller auszuführen als mit einer Maschine kleiner Leistung?

Überall Elektroenergie

Elektrische Energie ist die wichtigste Energieform nicht nur für die Wirtschaft, sondern auch für alle Bereiche unseres Lebens. Viele Geräte, die wir ständig verwenden, benötigen elektrische Energie. Kein Wunder, wenn ihr jährlicher Verbrauch in den Haushalten ständig ansteigt. Elektroenergie wird in Hochspannungsleitungen über weite Strecken und Ländergrenzen hinweg bis zum Verbraucher übertragen.

Was ist das Besondere an der Elektroenergie? Was macht ihre große Bedeutung aus?

Lampen leisten Unterschiedliches

Auf einem Lämpchen steht 6 V/0,2 A. Als es versehentlich an eine Blockbatterie von 9 V angeschlossen wird, leuchtet es kurz hell auf und brennt dann durch. Eine 60-Watt-Lampe schrauben wir dagegen in eine Leselampe, die an 230 V angeschlossen ist. Sie leuchtet angenehm hell.

Was bedeuten diese Zahlenangaben? Lassen sich aus ihnen Schlüsse für die Verwendung von elektrischen Bauteilen und Geräten ziehen?

Elektrische Energie

Im Alltag spricht man oft über Energie: Sie wird verbraucht, gewonnen, umgewandelt, verwertet, gespeichert, kostet viel, wird immer weniger, muss erhalten bleiben.
Überall nutzen wir die verschiedensten Formen der Energie. Wie wichtig gerade die elektrische Energie für uns ist, bemerken wir schon, wenn z. B. wegen Bauarbeiten für einige Stunden die Versorgung unterbrochen werden muss oder durch schwere Unwetter Beschädigungen im Netz auftreten. Computer, Kühlschrank und Radio funktionieren nicht mehr. Die Gasheizung springt nicht an. Der Bildschirm des Fernsehapparats bleibt dunkel. Straßenbahnen und Züge können nicht mehr fahren. Elektrische Energie wird deshalb häufig als wichtigste Energieform bezeichnet. Sie hat den Vorteil, dass sie sich gut in andere Energieformen umwandeln lässt.
Die Geräte, Maschinen und Anlagen funktionieren nur, wenn man ihnen elektrische Energie zuführt. Das geschieht in den Stromkreisen, in die sie geschaltet werden. Die elektrische Energie betreibt automatische Produktionsanlagen in der Industrie (Abb. 1) ebenso wie Geräte im Haushalt. Anlagen oder Haushaltsgeräte sind „Verbraucher" der elektrischen Energie. Letztlich wandeln sie aber nur die elektrische Energie in andere Energieformen um. Die elektrische Energie versetzt die „Verbraucher" in die Lage, Licht auszusenden, Wärme abzugeben oder mechanische Arbeit zu verrichten (Abb. 2).

1 Automatische Anlagen arbeiten mit elektrischer Energie. Sie steigern die Effektivität von Produktionsprozessen.

Elektrische Energie ist die Fähigkeit des elektrischen Stroms, mechanische Arbeit zu verrichten, Wärme abzugeben oder Licht auszusenden.
Formelzeichen: ***E***
Einheiten: **ein Joule (1 J)**
eine Wattsekunde (1 Ws)

Für die Einheiten gilt: 1 Ws = 1 J
1 Ws = 1 V · A · s
Vielfaches der Einheit 1 Ws ist eine Kilowattstunde (1 kWh): 1 kWh = 3 600 000 Ws

Benannt ist diese Einheit nach dem englischen Physiker JAMES PRESCOTT JOULE (1818–1889), der wichtige Untersuchungen zu Energieumwandlungen durchgeführt hat und zu den Entdeckern des Energieerhaltungssatzes gehört.

2a Ein ans Netz geschalteter Kronleuchter lässt einen Raum hell erstrahlen, da er viel Licht aussendet.

2b In einem Elektroherd gibt die elektrische Energie über Heizspiralen genügend Wärme zum Kochen und Backen ab.

2c Die elektrische Energie versetzt einen Mixer in die Lage, mechanische Arbeit zu verrichten, z. B. Teig zu kneten.

Elektrische Energie – elektrische Arbeit

Mithilfe von Elektromotoren werden Lasten gehoben und Transportbänder bewegt. Alle diese Maschinen mit Elektromotoren wandeln elektrische Energie in mechanische Energie um. Dabei wird **elektrische Arbeit** verrichtet.

Die elektrische Arbeit gibt an, wie viel elektrische Energie in andere Energieformen umgewandelt wird.
Formelzeichen: ***W***
Einheiten: **eine Wattsekunde (1 Ws)**
eine Kilowattstunde (1 kWh)

Die bei diesen Vorgängen umgewandelte Energie und damit die elektrische Arbeit ist abhängig von der anliegenden Spannung, der Stromstärke im Gerät und der Einschaltdauer des Geräts.

Die elektrische Arbeit (umgewandelte Energie) kann folgendermaßen berechnet werden:

$W = \Delta E = U \cdot I \cdot t$ — **U Spannung**, **I elektrische Stromstärke**, **t Zeit**

Hat z. B. ein Gerät eine Leistung von 1000 W und ist es eine Stunde lang in Betrieb, so beträgt die verrichtete Arbeit und damit die genutzte elektrische Energie 1 kWh. Es gilt immer $W = \Delta E$.

2 Bei eingeschalteten Geräten dreht sich die Zählerscheibe in einem Elektrizitätszähler. Die Anzahl der Umdrehungen ist proportional zur umgesetzten Energie. Je mehr Umdrehungen in einer bestimmten Zeit erfolgen, desto höher sind die Kosten.

Die genutzte elektrische Energie kann mit einem Elektrizitätszähler (Kilowattstundenzähler) gemessen werden (Abb. 2). Schaltet man z. B. bei einem Heizlüfter verschiedene Heizstufen ein, dann dreht sich die Zählerscheibe bei der größeren Heizstufe schneller als bei der kleineren. Meist gilt: 375 Umdrehungen entsprechen einer genutzten Energie von 1 kWh.

Die Kosten für die von einem Elektrizitätswerk zur Verfügung gestellte und von einem Haushalt tatsächlich abgenommene elektrische Energie werden am Jahresende „in Rechnung" gestellt (Abb. 1). Diese Rechnung beinhaltet neben den Bereitstellungskosten (Grundpreis) vor allem die tatsächlich in Anspruch genommene Energie in Kilowattstunden (kWh). So kostete z. B. eine Kilowattstunde (1 kWh) im Jahre 2007 in Berlin durchschnittlich 0,18 Euro.

Zähler-Nr. 620960		Verbrauchszeitraum: 16.01.2007 – 15.01.2008	
Zählerstand (alt):	22434	Zählerstand (neu):	24853
Verbrauch:	2419 kWh		
Arbeitspreis [1]:	18,0000 Cent/kWh x 2419		= 435,42 EUR
Grundbetrag Strom [2]:	22,50 EUR/365 Tage		= 22,50 EUR
Messen/Abrechnen [2]:	20,20 EUR/365 Tage		= 20,20 EUR
		Netto	= 478,12 EUR
		Ust. 19 %	= 90,84 EUR
		Rechnungsbetrag:	= **568,96 EUR**

1) Kosten für in Anspruch genommene Energie
2) Kosten für Energiebereitstellung (Grundpreis)

1 Jahresendabrechnung eines Stromversorgers (Ausschnitt)

Elektrische Leistung

Auf einem Reisetauchsieder findet man die Angabe 230 V/400 W (sprich: Watt). Bei einer Glühlampe steht auf dem Sockel oder dem Glaskolben 230 V/100 W. Auf dem Typenschild eines jeden elektrischen Gerätes werden in der Regel die Betriebsspannung und die elektrische Leistung angegeben (Abb. 1).
Je höher die Leistung ist, umso mehr elektrische Energie wandelt das Gerät in einer bestimmten Zeit in andere Energieformen um:
Ein Tauchsieder mit 1 000 W bringt die gleiche Menge Wasser schneller zum Sieden als ein Reisetauchsieder (400 W). Eine Bohrmaschine von 1000 W leistet mehr als eine von 500 W. Lautsprecherboxen mit großen Leistungen haben mehr „Power" als solche mit niedrigen Wattzahlen. Allgemein gilt:

Die elektrische Leistung gibt an, wie viel elektrische Energie in jeder Sekunde umgewandelt wird.
Formelzeichen: ***P***
Einheit: **ein Watt (1 W)**

Für die Einheit gilt: $1\ \text{W} = 1\ \text{V} \cdot \text{A}$
Vielfache der Einheit 1 W sind ein Kilowatt (1 kW) und ein Megawatt (1 MW):

$$1\ \text{kW} = 1\,000\ \text{W}$$
$$1\ \text{MW} = 1\,000\ \text{kW} = 1\,000\,000\ \text{W}$$

Die elektrische Leistung eines Geräts ist abhängig von der anliegenden Spannung und von der Stromstärke.

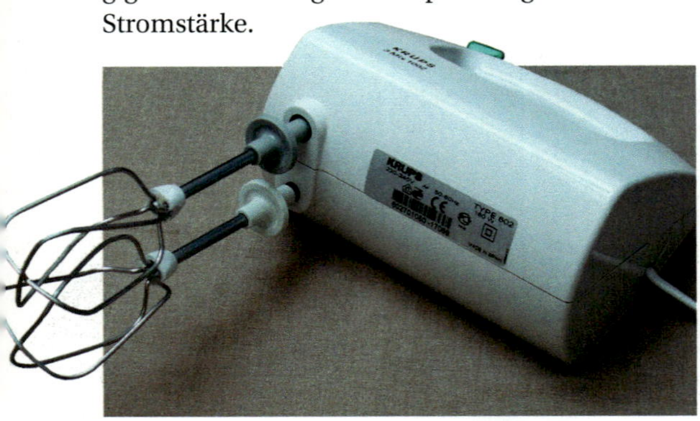

1 Das Typenschild einer Küchenmaschine gibt Auskunft über die Betriebsspannung und die Leistung.

2 Mit Leistungsmessern kann die elektrische Leistung direkt gemessen werden.
Mit dem abgebildeten Messgerät kann man die Leistung einzelner Geräte bestimmen.

Die elektrische Leistung kann berechnet werden mit der Gleichung:
$P = U \cdot I$ — ***U*** **elektrische Spannung**, ***I*** **elektrische Stromstärke**

Um die elektrische Leistung eines Geräts zu ermitteln, kann man Spannung und Stromstärke messen und dann die Leistung berechnen. Sie kann auch mit **Leistungsmessern (Wattmetern)** direkt gemessen werden (Abb. 2).

Elektrische Leistungen in der Technik	
Taschenrechner Spielzeugmotor Fahrraddynamo	0,02 W 1 W 3 W
Energiesparlampen Glühlampen im Haushalt Scheinwerferlampen im Auto Heizkissen Küchenmaschine	5– 20 W 25–100 W 60 W 60 W 200 W
Mikrowelle Tauchsieder, Kochplatte Bügeleisen Waschmaschine	0,8 kW bis 1 kW 1,1 kW 2 kW
Motor einer Elektrolokomotive Kraftwerksblock	5 MW bis 1 000 MW

Elektrische Leistung bei Reihen- und Parallelschaltung

Bei Lichterketten, z. B. bei einer Weihnachtsbaumbeleuchtung, sind Glühlampen in Reihe geschaltet. Nach den Gesetzen der Reihenschaltung von Verbrauchern (s. S. 11) ist die Stromstärke überall gleich groß. An den einzelnen Geräten oder Bauteilen liegen bei dieser Art von Schaltung die Teilspannungen U_1, U_2, ...
Die an jedem Gerät oder Bauteil umgesetzte Leistung ergibt sich als Produkt aus der betreffenden Teilspannung und der überall gleichen Stromstärke.

Für die Leistung bei Reihenschaltung gilt:
$P = (U_1 + U_2 + \ldots) \cdot I$
$P = P_1 + P_2 + \ldots$

1 Die elektrische Leistung teilt sich bei einer Reihenschaltung im Verhältnis der Widerstände auf.

Schaltet man Geräte oder Bauelemente parallel zur elektrischen Quelle, so sind die Teilspannungen gleich der Spannung der Quelle. Die Stromstärken durch die Geräte sind unterschiedlich (s. S. 11).

Für die Leistung bei Parallelschaltung gilt:
$P = (I_1 + I_2 + \ldots) \cdot U$
$P = P_1 + P_2 + \ldots$

Sind z. B. zwei Glühlampen, die unterschiedliche Widerstände haben, parallel geschaltet, so gilt: Die Stromstärken sind umgekehrt proportional den Widerständen. Demzufolge teilt sich die Leistung ebenfalls umgekehrt proportional zu den Widerständen auf.
Im Haushalt sind die meisten Geräte parallel zueinander geschaltet. Die Betriebsspannung beträgt 230 V. Sind mehrere Geräte in Betrieb, so addieren sich deren elektrische Leistungen.

Für den Gesamtenergieumsatz von mehreren Geräten oder Bauteilen gilt:
$W = (P_1 + P_2 + \ldots) \cdot t$

P_1, P_2 **elektrische Leistungen**
t **Zeit des Betriebs**

Mosaik

Rationelle Nutzung von Elektroenergie

Im Haushalt sollte jeder rationell mit Elektroenergie umgehen. Das ist aus Kostengründen sinnvoll, denn die genutzte elektrische Energie muss bezahlt werden. Es ist auch aus Gründen des Umweltschutzes erforderlich: Elektroenergie wird durch Kraftwerke bereitgestellt, in denen u. a. Kohle und Öl verbrannt werden. Dabei entstehen umweltschädigende klimawirksame Gase.
Ein beachtlicher „Energiefresser" im Haushalt sind Geräte mit Stand-by-Funktion, z. B. Fernsehgeräte und Computer.
Nehmen wir an: In jedem zweiten der ca. 45 Millionen deutschen Haushalte läuft jeden Tag 8 Stunden lang ein Gerät im Stand-by-Betrieb. Die Leistung beträgt nur 2 Watt.
Wie groß ist dann die dadurch im Jahr in allen Haushalten genutzte Elektroenergie?

Für einen Haushalt und einen Tag erhält man:
$\Delta E = P \cdot t$
$\Delta E = 2\ \text{W} \cdot 8\ \text{h} = 16\ \text{Wh}$

Für ein Jahr ergibt sich je Haushalt:

$\Delta E = 16\ \text{Wh} \cdot 365 = 5\,840\ \text{Wh} = 5{,}84\ \text{kWh}$

Bei 22,5 Millionen Haushalten sind das:

$\Delta E = 5{,}84\ \text{kWh} \cdot 22{,}5 \cdot 10^6$
$\Delta E = 1{,}31 \cdot 10^8\ \text{kWh}$
Das ist so viel, wie etwa 33 000 Haushalte in einem Jahr insgesamt an Elektroenergie nutzen.

Energie aus der Steckdose

Der Energiebedarf der Menschheit ist in den letzten Jahrzehnten sprunghaft angestiegen (Abb. 1). Er hat inzwischen einen Wert von über $4 \cdot 10^{20}$ J pro Jahr erreicht. Für Deutschland liegt dieser Wert bei etwa $1{,}5 \cdot 10^{19}$ J. Eine zentrale Rolle spielt dabei die elektrische Energie, die jeder von uns in vielfältiger Weise nutzt.

1. *Fertige eine Übersicht über die elektrische betriebenen Geräte an, die du häufig nutzt! Erfasse dabei die Betriebsspannung, die elektrische Leistung und die Kosten für eine Stunde Betrieb!*

2. *Erkunde, wie viele Kilowattstunden im Jahr bei euch im Haushalt genutzt werden? Welche Kosten ergeben sich daraus für den Elektroenergiebedarf?*

Die Energie, die wir der Steckdose entnehmen, wird in Kraftwerken aus verschiedenen **Energieträgern** gewonnen und über Stromverbundnetze (s. S. 55) zu den Verbrauchern transportiert.
In Deutschland decken wir unseren Elektroenergiebedarf hauptsächlich mit fossilen Brennstoffen, also mit Kohle, Erdöl und Erdgas (Abb. 2). Solche fossilen Brennstoffe sind **nicht erneuerbare Energieträger.**

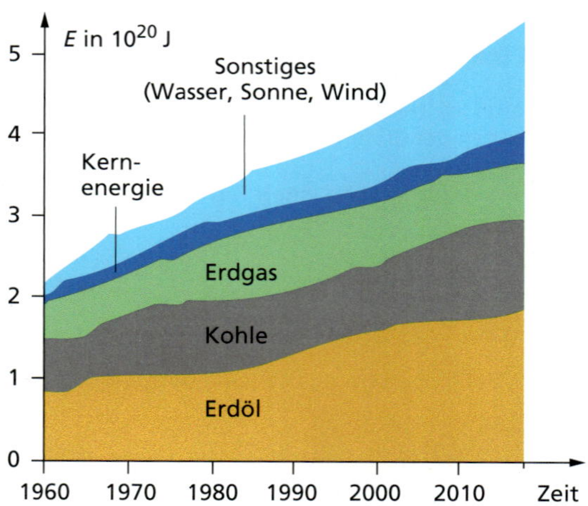

1 Entwicklung des Energiebedarfs der Menschheit

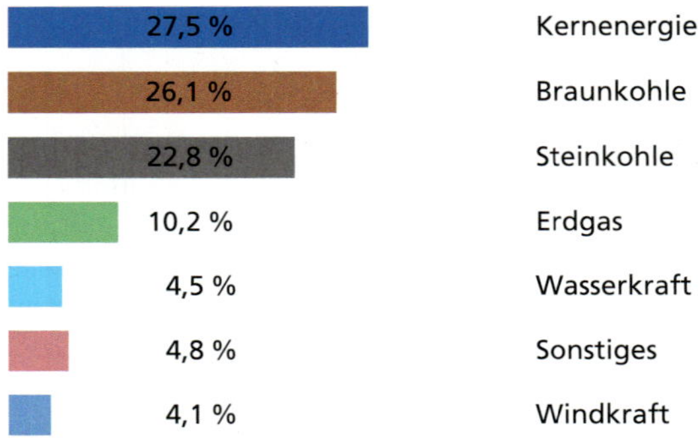

2 Energieträger für die Elektroenergieerzeugung in Deutschland

Auch spaltbares Uran für die Kernspaltung in Kernkraftwerken gehört zu den nicht erneuerbaren Energieträgern. Die Vorräte an solchen Energieträgern sind begrenzt.
Ihr Abbau wird immer teurer und ist auch mit ökologischen Problemen verbunden. Dazu zählen nicht nur die Zerstörung von Landschaften durch riesige Braunkohlentagebaue, sondern auch die Umweltbelastung durch Verbrennungsprozesse mit ihren Verbrennungsprodukten.

Zur Deckung des wachsenden Energiebedarfs ist es erforderlich,
- mehr erneuerbare Energieträger wie Sonnenstrahlung, Wind und Wasser zu nutzen,
- sparsam und rationell mit den vorhandenen Energieträgern umzugehen.

3. *Stelle in einer Übersicht Vor- und Nachteile verschiedener Energieträger zusammen!*

4. *In Berlin gibt es mehrere Kraftwerke zur Versorgung mit Elektroenergie und Wärme. Bereite einen Vortrag zu einem dieser Kraftwerke vor! Gehe u. a. auf die genutzten Energieträger und die Energieumwandlungen ein!*

5. *In Abb. 2 sind erneuerbare Energieträger unter Wasser und Windkraft sowie unter „Sonstiges“ erfasst.*
   a) Was verbirgt sich hinter „Sonstiges“?
   b) Wie ist der relativ geringe Anteil erneuerbarer Energieträger zu erklären?

Zu den erneuerbaren Energieträgern gehören neben Wind, Wasser und Sonnenstrahlung auch solche Energieträger, die immer wieder nachwachsen, z. B. Holz oder andere Biomasse. Beispiele für erneuerbare Energieträger sind in der Übersicht unten dargestellt.

6. *Interpretiere die Übersicht über erneuerbare Energieträger und deren Nutzung!*

7. *Welche natürlichen Gegebenheiten begünstigen oder erschweren die Nutzung erneuerbarer Energieträger?*

8. *Erkunde, wie sich die Nutzung erneuerbarer Energieträger in Deutschland im letzten Jahrzehnt entwickelt hat! Nutze dazu das Internet!*

9. *Die Nutzung erneuerbarer Energieträger hat nicht nur Vorteile. Sie ist auch mit Problemen verbunden. Diskutiert Vor- und Nachteile!*

Energie aus dem Wind

Nicht nur in Küstenregionen gibt es eine zunehmende Anzahl von Windkraftanlagen, sondern auch im Binnenland. Insgesamt bleibt aber die Leistung, die von ihnen in das Netz eingespeist wird, relativ klein. Die meisten Anlagen erreichen Leistungen bis zu 1 MW. Damit sie wirtschaftlich arbeiten können, sind mittlere Windgeschwindigkeiten von 4 m/s bis 5 m/s erforderlich. Das entspricht im Mittel Windstärke 3.

10. *Erkunde, in welchen Gebieten besonders viele Windkraftwerke stehen! Kannst du begründen, warum gerade diese Standorte genutzt werden?*

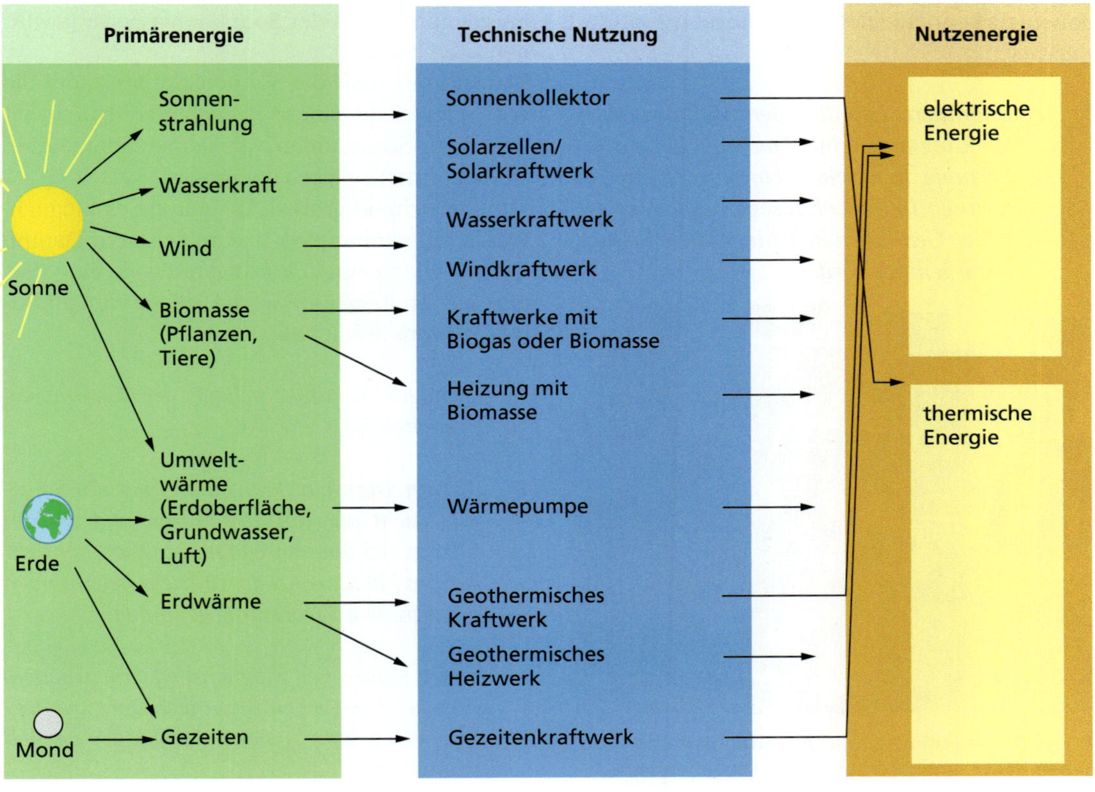

1 Im Sonnenkollektor auf dem Hausdach wird Wasser erwärmt.

3 Die Sonnenenergie wird genutzt, um in dieser „Solarpyramide" Elektroenergie zu erzeugen.

Energie von der Sonne

Die Energie der Sonne kann man dazu nutzen, um auf direktem Weg in Sonnenkollektoren Wasser zu erwärmen. Dieses erwärmte Wasser kann z. B. zum Heizen von Räumen verwendet werden. Sonnenkollektoren werden meist auf den Dächern von Häusern angebracht (Abb. 1). Informationen zu Sonnenkollektoren findest du z. B. im Internet.

11. a) *Informiere dich über den Aufbau und die Wirkungsweise eines Sonnenkollektors!*
    b) *Erkunde, in welchem Umfang Sonnenkollektoren in Wohnhäusern bzw. in öffentlichen Gebäuden in deiner näheren Umgebung genutzt werden!*

2 Solarzellen sind aus Silicium aufgebaut und haben heute einen Wirkungsgrad von etwa 15 %.

*12. *Erkunde, in welchem Verhältnis Investitionskosten zu Einsparungen stehen, wenn man einen Sonnenkollektor installiert?*

Die Energie der Sonne kann auch dazu genutzt werden, um mithilfe von Solarzellen elektrische Energie direkt aus der Sonnenenergie zu gewinnen (Abb. 2 und 3).
Konzentriert man die Sonnenstrahlung mithilfe von Spiegeln in einem kleinen Bereich, so hat man einen **Sonnenofen.** Mit kleinen Sonnenöfen kann man z. B. Speisen erwärmen.
Mit hinreichend großen Anlagen ist es möglich, Wasser zu verdampfen und mit diesem Dampf, ähnlich wie in einem Wärmekraftwerk, eine Turbine anzutreiben. Eine solche Anlage wird als **Solarkraftwerk** bezeichnet.

13. *Erläutere Vor- und Nachteile der Nutzung von Solarenergie!*

14. *Warum kann ein Solarmobil oder ein Solarboot nicht nur am Tag fahren und warum fährt es bei Sonnenschein besonders schnell? Warum hat diese Art des Antriebs bei uns noch keine größere Verbreitung gefunden?*

*15. *Damit Solarzellen möglichst effektiv arbeiten, müssen sie zweckmäßig angebracht werden. Entwickle dafür einen Vorschlag und begründe ihn!*

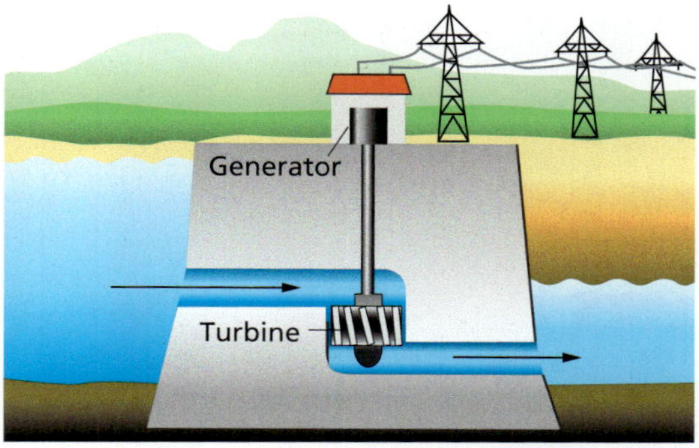

1 Prinzipieller Aufbau eines Gezeitenkraftwerks: Genutzt werden Ebbe und Flut.

Energie aus Gezeiten

Ebbe und Flut bedeuten strömendes Wasser. An der französischen Atlantikküste bei St. Malo wurde 1961 das erste große Gezeitenkraftwerk gebaut. Ein 800 m langer künstlicher Damm versperrt den Mündungstrichter des Flusses Rance. Die flussaufwärts strömenden Wassermassen treiben bei Flut die Turbinen eines Generators an. Abb. 1 zeigt den prinzipiellen Aufbau.

*16. *Wie entstehen Gezeiten? Warum sind sie an der Ostsee kaum spürbar?*

17. *Nutze das Internet, um dich über die geografischen Besonderheiten von St. Malo an der Atlantikküste zu informieren!*

18. *Welche Vor- und Nachteile hat ein Gezeitenkraftwerk? Erkunde, warum das Kraftwerk in St. Malo besonders effektiv arbeitet!*

Energie aus Sonne, Wind und Wasser

Ein besonders interessantes Projekt wurde im Energiepark Geesthacht bei Hamburg realisiert. Die drei erneuerbaren Energiequellen Sonne, Wind und Wasser wurden miteinander kombiniert (Abb. 2).
Kernstück der Anlage ist ein Pumpspeicherkraftwerk, das seit 1958 in Betrieb ist. Die im Oberbecken gespeicherte Wassermenge reicht aus, um 5 Stunden lang eine Leistung von 120 MW zu erzeugen. Bis 1994 wurde zum Hochpumpen des Wassers billiger Nachtstrom genutzt. Jetzt wird ein Teil der notwendigen elektrischen Energie in einem Windkraftwerk gewonnen.
Ein anderer Teil der elektrischen Energie wird von Solarzellen geliefert. Allerdings reicht die vom Windkraftwerk und von den Solarzellen gelieferte Energie nur für insgesamt ca. 7 Stunden Volllastbetrieb des Pumpspeicherkraftwerks jährlich.

19. *Wie arbeitet ein Pumpspeicherkraftwerk?*

20. *Stelle eine Energieumwandlungskette für den Energiepark Geesthacht auf!*

21. *Kommentiere die jeweiligen Leistungen, die im Energiepark von Wasserkraftwerk, Windkraftanlage und Solarzellen bereitgestellt werden können!*

22. *Erkunde, welche Kombination in der Nutzung erneuerbarer Energieträger es in deiner näheren Umgebung gibt!*

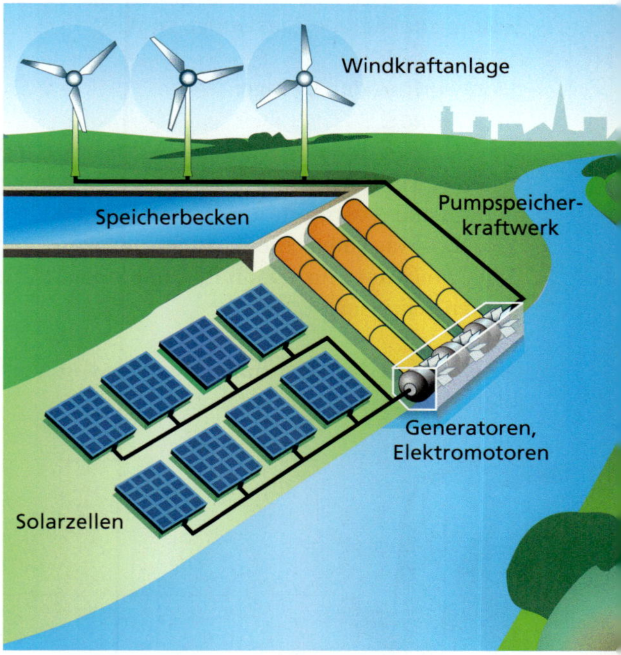

2 Prinzip des Energieparks Geesthacht bei Hamburg

Physik in Natur und Technik

Hell, heller, am hellsten

Die Lampe eines Fahrrads leuchtet nicht immer gleich hell. Während sie im Stillstand überhaupt nicht leuchtet, nimmt ihre Helligkeit zu, je mehr „in die Pedalen" getreten wird. Mit dem Dynamo als Quelle im Stromkreis können Spannungen bis zu 6 V erzeugt werden. Auf kleinen Lämpchen wie für das Fahrrad wird außer der Spannung noch die Stromstärke angegeben.
Was bedeuten die Angaben 6 V/0,4 A auf einer Fahrradlampe? Wie kann experimentell geprüft werden, wovon die Helligkeit der Lampe abhängt?

Beantwortung der 1. Frage:
Die Angabe 6 V/0,4 A bedeutet Folgendes: An die Lampe darf höchstens die Betriebsspannung 6 V gelegt werden. Dann fließt ein Strom der Stärke 0,4 A. Wird die Betriebsspannung überschritten, dann vergrößert sich die Stromstärke, und die Lampe kann durchbrennen. Das Produkt aus Spannung und Stromstärke kennzeichnet die Leistung der Lampe. Sie beträgt 2,4 W.

Beantwortung der 2. Frage:
Vorbereitung:
Der Vergleich mit dem Fahrraddynamo liefert die Idee der Versuchsdurchführung: Die Spannung an der Lampe wird schrittweise von 0 auf 6 V erhöht. Das hat unterschiedliche Stromstärken zur Folge. Die Werte für Spannung und Stromstärke werden gemessen.

Die Experimentieranordnung (Abb. 1) wird nach folgendem Schaltplan aufgebaut:

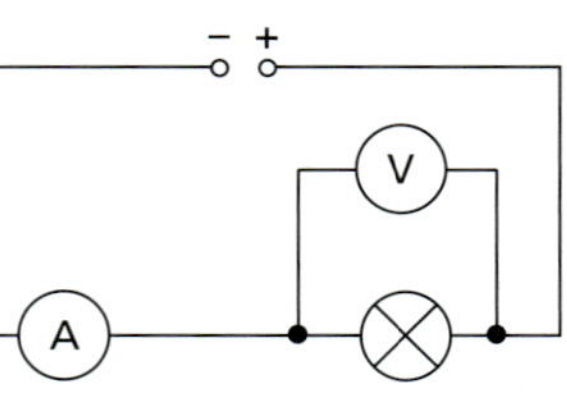

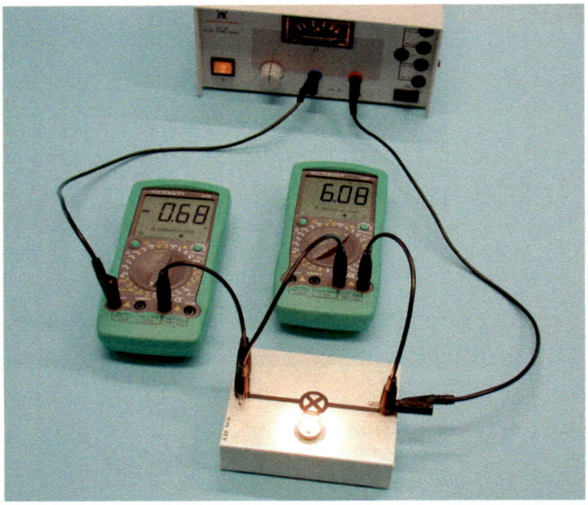

1 Experimentieranordnung zur Untersuchung der Helligkeit einer Glühlampe

Durchführung:
Die Messwerte für die Spannungen und Stromstärken werden in die vorbereitete Tabelle eingetragen. Auch die jeweilige Helligkeit der Lampe wird notiert. Die letzte Spalte dient der Berechnung der Leistung.

U in V	*I* in mA	Helligkeit der Glühlampe	*P* in W
0	0	leuchtet nicht	0
2	130	leuchtet kaum	0,26
4	265	leuchtet hell	1,06
6	400	leuchtet sehr hell	2,40

Auswertung:
Die Lampe leuchtet umso heller, je größer die anliegende Spannung und die Stromstärke in der Lampe sind. Das zeigt sich im Produkt von Spannung und Stromstärke, also der Leistung.
Erst bei Betriebsspannung hat die Lampe ihre volle Leistung erreicht. Aus den Messergebnissen kann man Folgendes schlussfolgern:
Bei konstanter Betriebsspannung von 6 V leuchtet eine Lampe mit einer größeren Leistung, z. B. 5 W, heller als die Fahrradlampe von 2,4 W. Glühlampen gleicher Leistung leuchten gleich hell. Je größer bei gleicher Leistung ihre Betriebsspannung ist, desto kleiner ist die Stromstärke.

Vorsicht: Überlastung!

Einzelne Stromkreise im Haushalt werden meistens mit Sicherungen von 10 oder 16 A abgesichert. Sie schmelzen oder „springen heraus“, wenn die fließenden Ströme diese Werte überschreiten und unterbrechen so den Stromfluss im Stromkreis. Deshalb kann man z. B. in einer Küche, trotz vieler Steckdosen in einem Stromkreis, nicht beliebig viele elektrische Geräte gleichzeitig betreiben.

Ist es möglich, in einem Stromkreis, der mit 16 A gesichert ist, gleichzeitig einen Elektrogrill (1,5 kW), einen Wasserkocher (1 750 W) und eine Kaffeemaschine (900 W) zu betreiben?

Analyse:

Die Steckdosen in einer Küche sind alle parallel geschaltet, damit an allen Geräten dieselbe Betriebsspannung von 230 V anliegt. Der Schaltplan sieht folgendermaßen aus:

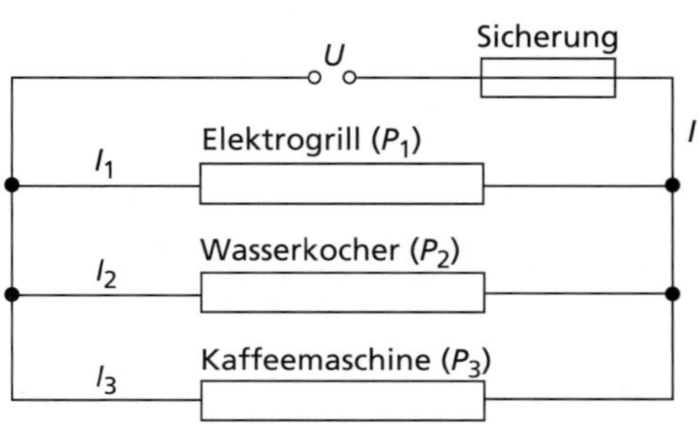

Die Gesamtstromstärke, die durch die Sicherung fließt, ist im verzweigten Stromkreis gleich der Summe der Teilstromstärken in jedem einzelnen Gerät. Sie darf nicht höher als die durch die Sicherung maximal zugelassene Stromstärke sein.

Gesucht: I

Gegeben: $I_{max} = 16\text{ A}$
$U = 230\text{ V}$
$P_1 = 1{,}5\text{ kW} = 1\,500\text{ W}$
$P_2 = 1\,750\text{ W}$
$P_3 = 900\text{ W}$

Lösung:

Für einen verzweigten Stromkreis gilt für die Stromstärken:

$$I = I_1 + I_2 + I_3$$

und für die Spannungen:

$$U = U_1 = U_2 = U_3$$

Die Stromstärke in einem Gerät kann aus der Leistung des Geräts und der anliegenden Spannung berechnet werden.

$$P = U \cdot I \qquad | : U \longrightarrow I = \frac{P}{U}$$

Damit erhält man für drei Geräte:

$$I = \frac{P_1}{U} + \frac{P_2}{U} + \frac{P_3}{U}$$

$$I = \frac{1\,500\text{ V}\cdot\text{A}}{230\text{ V}} + \frac{1\,750\text{ V}\cdot\text{A}}{230\text{ V}} + \frac{900\text{ V}\cdot\text{A}}{230\text{ V}}$$

$$I = 6{,}5\text{ A} + 7{,}6\text{ A} + 3{,}9\text{ A}$$

$$I = 18\text{ A} \qquad I_{max} = 16\text{ A}$$

$$\underline{I > I_{max}}$$

Dasselbe Ergebnis für die Gesamtstromstärke erhält man, wenn man die Leistungen aller Geräte addiert und dann durch die anliegende Spannung dividiert.

Ergebnis:

Wenn man alle drei Geräte einschaltet, dann wäre die Gesamtstromstärke erheblich größer als die maximal abgesicherte Stromstärke von 16 A. Die Sicherung würde reagieren und den Stromkreis unterbrechen.

Man müsste mindestens ein Gerät ausschalten, damit die anderen beiden Geräte betrieben werden können.

Eine Zählerscheibe dreht sich

Die elektrische Energie, die wir im Haushalt nutzen, wird mit einem Elektrizitätszähler gemessen. Dieser Zähler zeigt die elektrische Energie an, die von allen Geräten im Haushalt in Anspruch genommen wurde. In jedem Elektrizitätszähler dreht sich eine Zählerscheibe. Aus dem Typenschild kann man entnehmen, wie viele Umdrehungen einer Kilowattstunde entsprechen. Diese Angaben variieren je nach Zählertyp.

Wie kann man mithilfe eines Elektrizitätszählers (120 Umdrehungen/kWh) die elektrische Energie ermitteln, die ein Haushaltstauchsieder (1 000 W) und ein Reisetauchsieder (200 W) während einer Betriebsdauer von 10 Minuten in Wärme umwandeln?

Vorbereitung:
Will man die in Anspruch genommene Energie eines Geräts ermitteln, dann muss man dafür sorgen, dass nur dieses Gerät in Betrieb ist und alle anderen abgeschaltet sind.
Die Tauchsieder werden nacheinander über einen Zähler ans Netz geschlossen (Abb. 1). Es wird eine bestimmte Zeit lang registriert, wie viele Umdrehungen die Zählerscheibe ausführt. Aus der Anzahl der Umdrehungen kann die genutzte Energie mithilfe der Kenndaten des Zählers berechnet werden.

Durchführung:
Das Experiment wird wie in Abb. 1 aufgebaut.

1 Messung des Energieverbrauchs eines Tauchsieders mit einem Elektrizitätszähler

Nun wird der Haushaltstauchsieder 10 Minuten lang eingeschaltet und die Anzahl der Umdrehungen der Zählerscheibe registriert. Dasselbe wiederholt man mit dem Reisetauchsieder.

Tauchsieder	Umdrehungen
1 000 W	20
200 W	4

Auswertung:
Der Zähler dreht sich bei einem Verbrauch von 1 kWh 120-mal. Das bedeutet bei einem Betrieb von 10 Minuten:

a) für den Haushaltstauchsieder:
120 Umdrehungen ≙ 1 kWh
20 Umdrehungen ≙ 0,17 kWh

b) für den Reisetauchsieder:
4 Umdrehungen ≙ 0,03 kWh

Der Haushaltstauchsieder entnimmt dem Netz bei gleicher Betriebsdauer etwa fünfmal so viel Energie wie der Reisetauchsieder.

Mosaik

Gleiche Leistung – unterschiedliche Spannung

Eine Haushaltslampe und die Scheinwerferlampe eines Pkw haben zwar die gleiche Leistung von 60 W, werden aber mit unterschiedlicher Spannung betrieben: eine Glühlampe im Haushalt mit 230 V, die Scheinwerfer eines Pkw mit 12 V. Um die Leistung von 60 W zu erreichen, muss wegen

$$P = U \cdot I$$

bei einer großen Spannung die Stromstärke klein bzw. bei einer kleinen Spannung die Stromstärke groß sein. Das bedeutet: Die Stromstärke durch Glühlampen im Haushalt ist bei gleicher Leistung wesentlich kleiner als die durch die Scheinwerferlampe eines Pkw. Große Stromstärken erwärmen jedoch die Leitungen. Deshalb führen z. B. Überlandleitungen Spannungen von 380 kV. In Verteilungsnetzen wird diese Hochspannung auf 230 V transformiert.

gewusst · gekonnt

1. Stelle in einer Tabelle Geräte zusammen, die im Haushalt genutzt werden! Die gesuchten Daten befinden sich meistens auf den Geräten, manchmal aber auch in den Betriebsanleitungen.

Gerät	Elektrische Leistung
...	...

2. Auf Kleinglühlampen ist häufig außer der Spannung noch die Stromstärke angegeben. Ordne die Lampen in der Tabelle nach steigender Leistung!

Nr.	Spannung	Stromstärke
1	12 V	0,1 A
2	6 V	0,5 A
3	4 V	0,1 A
4	2,8 V	0,85 A
5	1,5 V	0,53 A

3. Wie viel länger dauert es, eine Suppe statt mit einer Kochplatte von 2 000 W mit einer von 1 000 W auf die gleiche Temperatur zu erwärmen? Was kannst du unter dem Aspekt des „Energieverbrauchs" feststellen?

4. Was bedeuten die Angaben auf den beiden Typenschildern?

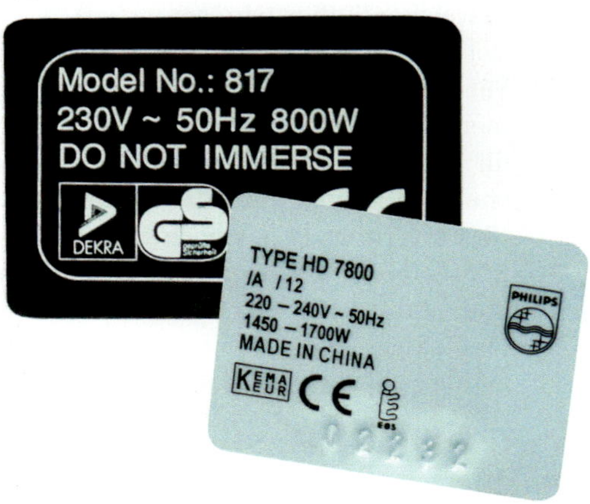

5. Macht es Sinn, ein Lämpchen (12 V/0,1 A) an eine Blockbatterie (9 V) anzuschließen? Begründe!

6. Bestimme experimentell die elektrische Leistung eines Geräts!
Vorbereitung:
Nach welcher Gleichung kann die elektrische Leistung berechnet werden?
Welche physikalischen Größen müssen gemessen werden?
Entwirf einen Schaltplan!
Durchführung:
Baue die Schaltung nach dem Schaltplan auf!
Führe die notwendigen Messungen durch!
Auswertung:
Berechne die elektrische Leistung des Geräts!
Welche Fehler können bei den Messungen auftreten?

7. Auf der Glühlampe für einen Fahrradscheinwerfer steht: 6 V/2,4 W.
Berechne die Stromstärke bei vollem Betrieb der Glühlampe!

8. Warum werden die Stromkreise für den Betrieb von Waschmaschine und Kochherd im Haushalt extra abgesichert?

9. Was bedeutet die Angabe 230 V/7 W auf einer Energiesparlampe?
Vergleiche mit einer „normalen" Glühlampe, z. B. 230 V/40 W!

10. Ein Stromkreis ist mit 16 A abgesichert. Welche elektrische Leistung kann man einer Steckdose (230 V) maximal entnehmen?

***11.** Für Glühlampen, die nacheinander an eine Quelle von 230 V angeschlossen werden, ergeben sich folgende Stromstärken:

P in W	25	40	60	75
I in A	0,11	0,18	0,26	0,33

Interpretiere die Messwerte!
Welcher Zusammenhang besteht zwischen Leistung, Spannung und Stromstärke?

12. Beschreibe die Durchführung und Auswertung eines Experiments, mit dem du die Leistung eines Spielzeugmotors bestimmen kannst! Entwirf auch eine Schaltskizze!

13. ICE-Züge haben Motoren mit einer Leistung von 5 MW. Wie groß ist die Stromstärke, die durch die Fahrleitung fließt, wenn der Zug mit voller Motorleistung anfährt? Die Spannung zwischen Gleis und Fahrleitung beträgt 15 kV. Schätze, bevor du rechnest!

14. Lisa benötigt 5 Minuten, um ihre Haare mit einem Föhn (1 500 W) zu trocknen. Wie viel Energie wird in dieser Zeit umgewandelt?

15. Vergleiche die Energien, die beim Betrieb einer Glühlampe (230 V/60 W) und der Lampe eines Autoscheinwerfers umgewandelt werden! Durch die Scheinwerferlampe, die durch eine Batterie mit 12 V gespeist wird, fließt ein Strom der Stärke 5 A.

16. Von einem Widerstand sind die Angaben 20 Ω/5 W bekannt. Darf dieser Widerstand direkt an eine Quelle von 12 V angeschlossen werden? Begründe!

17. Im Winter versagt öfter mal die Batterie eines Pkw. Um Abhilfe zu schaffen, gibt es Starthilfekabel. Warum sind diese besonders dick?

18. Beim Anlassen eines Automotors fließt kurzeitig ein Strom der Stärke 200 A. Die Spannung an der Batterie beträgt in diesem Fall 10 V. Welche elektrische Arbeit wird beim Anlassen des Motors verrichtet, wenn der Vorgang 5 s dauert?

19. Die Kosten für die Kilowattstunde sind in verschiedenen Ländern unterschiedlich. So betrugen die Preise im Jahr 2005 in US-Dollar pro kWh in den USA im Durchschnitt 0,082, in Frankreich 0,117 und in Spanien 0,183.
a) Erkunde den aktuellen Preis für deinen Wohnort!
b) Vergleiche mit den angegebenen Werten!

20. Schau dir den Elektrizitätszähler für eure Wohnung gründlich an und notiere dir wichtige Angaben!
Was misst der Elektrizitätszähler eigentlich? In welcher Einheit wird gemessen?

21. Für die Nutzung elektrischer Energie bekommen die Haushalte jährlich eine „Rechnung für Energielieferung". In der Umgangssprache wird häufig von „Stromrechnung" und „Stromverbrauch" gesprochen.
Erläutere, ob die Begriffe „Stromrechnung" und „Stromverbrauch" in diesem Zusammenhang richtig verwendet werden! Wie würde es ein Physiker formulieren?

22. Ein Mixer wird jeweils die gleiche Zeit lang im Leerlauf, in einem Mixgetränk und in einem zähen Kuchenteig betrieben. Wie ändert sich die elektrische Energie, die jeweils in den drei Fällen umgesetzt wird?

23. Die Stromrechnung für private Haushalte setzt sich aus einem Grundpreis für die Bereitstellung der Energie, dem Arbeitspreis für die genutzte elektrische Energie und der Mehrwertsteuer zusammen. Berechne für folgendes Beispiel die Kosten für die genutzte elektrische Energie in einem Jahr!

Energieverbrauch:	1 585 kWh
Arbeitspreis:	0,18 Euro/kWh
Grundpreis:	42,70 Euro/Jahr
Mehrwertsteuer:	19 %

***24.** Bestimme experimentell und rechnerisch die Kosten für die Zubereitung einer Kanne Tee! Bringe 500 ml Wasser in einem Wasserkocher zum Sieden! Miss für diesen Vorgang die Zeit! Benutze für die Berechnung der Kosten den aktuellen Preis des Anbieters!

25. Woran könnte es liegen, dass deine Mitschüler bei dem Experiment in Aufgabe 24 zu anderen Ergebnissen gekommen sind?

26. Berechne für eine Woche die Kosten für die Nutzung elektrischer Energie in deinem Haushalt! Lies dazu im Abstand von einer Woche den Zählerstand am Elektrizitätszähler ab! Multipliziere die elektrische Arbeit mit den gültigen Kosten für eine Kilowattstunde! Beachte dabei, dass Haushalte 19 % Mehrwertsteuer zu zahlen haben!

27. Aus ökonomischen und ökologischen Gründen sollte jeder sparsam mit Elektroenergie umgehen. Nenne und begründe einige Maßnahmen der rationellen und sparsamen Nutzung von Energie im Haushalt!

28. Benjamin hat eine Besorgung bis zum Dunkelwerden aufgeschoben, sodass er die Fahrradbeleuchtung einschalten muss. Er ist 30 Minuten lang unterwegs. Wie viel Energie haben seine Beinmuskeln in dieser Zeit zusätzlich aufgebracht? Die Spannung des Fahrraddynamos beträgt 6 V, die Stromstärke durch jede der zwei Lampen 0,4 A.

29. Was ist physikalisch gemeint, wenn man im Alltag Aussagen wie diese hört?
a) Die neue Waschmaschine braucht weniger Strom als die alte.
b) Zur Weihnachtszeit steigt der Stromverbrauch rapide.
c) Wegen der Ökosteuer steigt der Strompreis.
d) Solarstrom ist immer noch sehr teuer.

30. Wie groß ist die gelieferte Energie einer Lithium-Batterie (3,5 V), die 1,5 Stunden lang einen Strom von 2 A hervorrufen kann?

31. Auf einem Auto-Akkumulator steht die Angabe 36 Ah (sprich: 36 Amperestunden). Was bedeutet das?

32. Wie lange kann man einen Spielzeugmotor (15 W) mit einem Kleinakkumulator von 12 V betreiben, auf dem 0,5 Ah steht?

33. Auf Akkumulatoren, z. B. dem Akkumulator für eine Videokamera und einem Kleinakku, findet man bestimmte Angaben (s. Foto). Die entsprechenden Angaben bei einer Autobatterie lauten z. B. 70 Ah.
a) Erkunde, was die Angaben bedeuten!
b) Ermittle, bei welchen weiteren Geräten Akkumulatoren verwendet werden und welche elektrische Energie maximal in ihnen gespeichert werden kann!

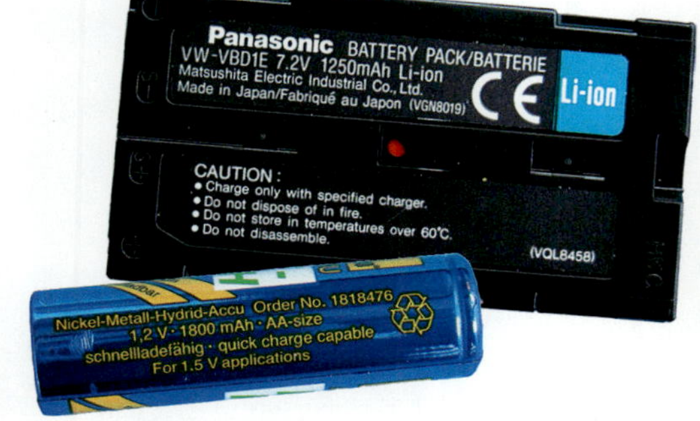

Elektrische Energie, Arbeit und Leistung

Die **elektrische Energie** ist die Fähigkeit des elektrischen Stroms, mechanische Arbeit zu verrichten, Wärme abzugeben oder Licht auszusenden.
Wichtige physikalische Größen sind auch die **elektrische Arbeit** und die **elektrische Leistung.**

Die elektrische Arbeit *W*	**Die elektrische Leistung *P***
gibt an, wie viel elektrische Energie in andere Energieformen umgewandelt wird.	gibt an, wie viel elektrische Energie in jeder Sekunde in andere Energieformen umgewandelt wird.
Einheiten: 1 Joule (1 J) 1 Wattsekunde (1 Ws) 1 Kilowattstunde (1 kWh)	Einheiten: 1 Watt (1 W) 1 Kilowatt (1 kW) 1 Megawatt (1 MW)
Messgeräte für die verrichtete elektrische Arbeit sind **Elektrizitätszähler** (Kilowattstundenzähler).	Messgeräte für die elektrische Leistung sind **Leistungsmesser** (Wattmeter).
Berechnungsmöglichkeiten: $W = \Delta E = P \cdot t$ $W = \Delta E = U \cdot I \cdot t$	Berechnungsmöglichkeiten: $P = U \cdot I$ $P = \frac{W}{t}$ $P = \frac{\Delta E}{t}$
W elektrische Arbeit ΔE genutzte elektrische Energie t Zeit U elektrische Spannung I elektrische Stromstärke	U elektrische Spannung I elektrische Stromstärke W elektrische Arbeit ΔE genutzte elektrische Energie t Zeit

Haushalte und andere Verbraucher bezahlen neben einem Grundbetrag die genutzte elektrische Energie, die gleich der verrichteten elektrischen Arbeit ist.
Aus ökonomischen und ökologischen Gründen ist es erforderlich, mit Elektroenergie sparsam umzugehen. Dazu kann jeder beitragen.

3 Besser sehen

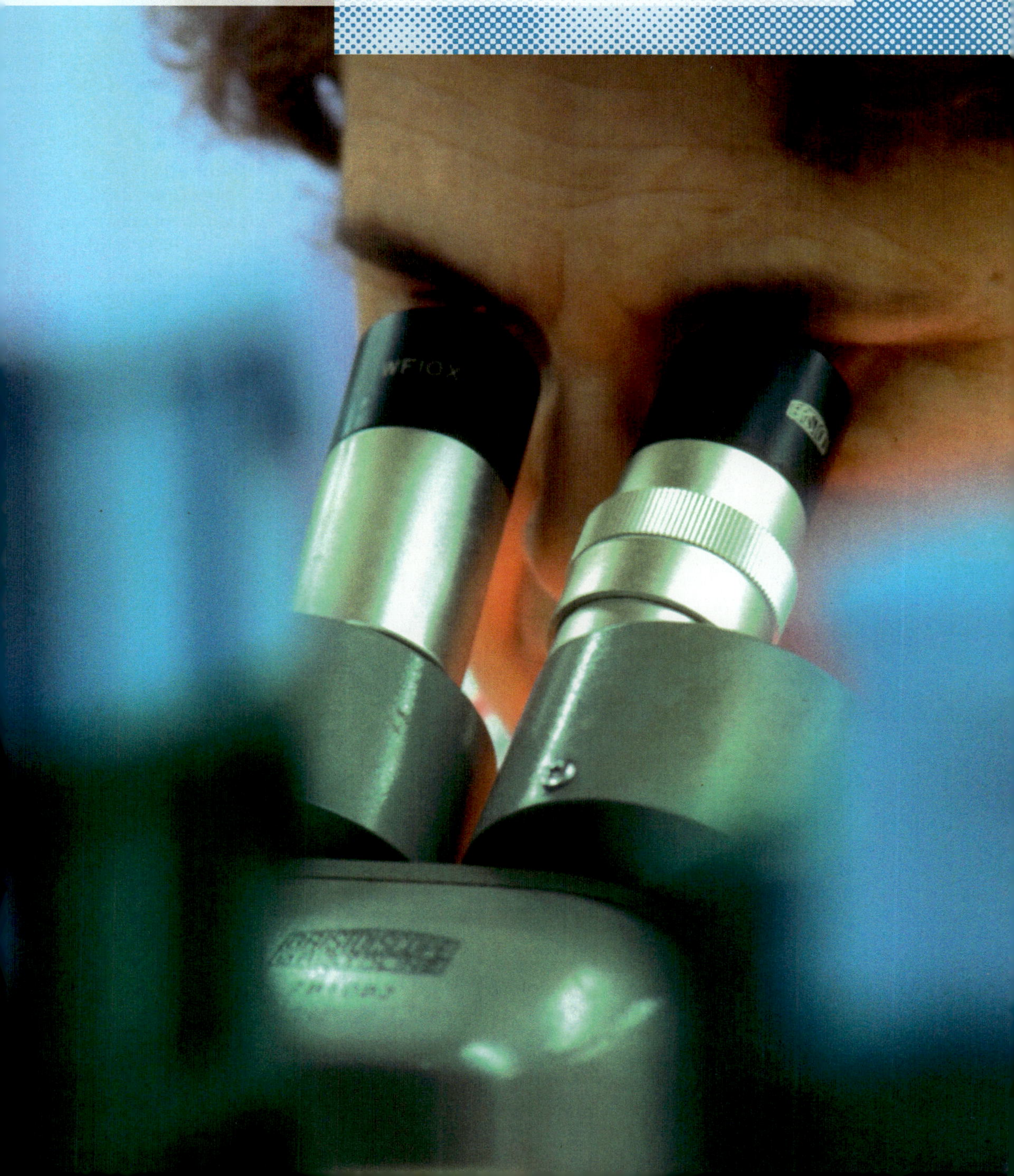

Brechung von Licht und Bilder bei Linsen

Linsen überall

In fast allen optischen Geräten und Hilfsmitteln wie Lupe, Brille, Fernglas oder Bildwerfer findet man ein Bauelement immer wieder – die Linse. Auch die unterschiedlichsten Fotoapparate und Videokameras haben eines gemeinsam: Sie alle besitzen ein Objektiv mit Linsen.
Welche Funktion haben Linsen in optischen Geräten?

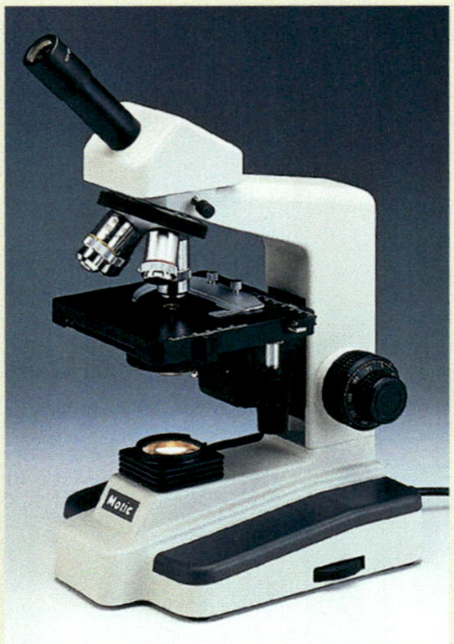

Mehr erkennen

Zur genaueren Untersuchung von Pflanzenzellen oder anderen kleinen Objekten werden Mikroskope genutzt.
Wie ist ein Mikroskop aufgebaut?
Welche Vergrößerung kann man mit einem Mikroskop erreichen?

Brillen gegen Sehfehler

Viele Menschen haben Sehfehler. Manche können weit entfernte Gegenstände schwer erkennen. Andere haben Schwierigkeiten, ein Buch oder eine Zeitung zu lesen. Solche Sehfehler werden mit Brillen korrigiert. Diese Brillen unterscheiden sich nicht nur im Aussehen, sondern vor allem in der Art der eingesetzten Linsen.
Welche Sehfehler gibt es?
Wie können mit Linsen Sehfehler beim Menschen korrigiert werden?

Die Ausbreitung des Lichts

Aus dem bisherigen Physikunterricht weißt du bereits:

- Man unterscheidet zwischen Lichtquellen und beleuchteten Körpern. Lichtquellen senden selbst Licht aus. Beleuchtete Körper reflektieren auf sie fallendes Licht.
- Von einer Lichtquelle breitet sich das Licht in einem Stoff, z. B. in Luft, in der Regel geradlinig und nach allen Seiten aus.
- Der Weg des Lichts kann durch Lichtstrahlen veranschaulicht werden. Lichtstrahlen sind im Unterschied zu Lichtbündeln ein Modell, eine Vereinfachung der Wirklichkeit.
- Im Vakuum und in Luft beträgt die Lichtgeschwindigkeit etwa 300 000 km/s.
- Trifft Licht auf Körper, so wird es teilweise absorbiert (vom Körper aufgenommen), teilweise gestreut und teilweise reflektiert (s. Übersicht unten).
- Hinter lichtundurchlässigen Körpern bilden sich Schatten.
- Bei durchsichtigen und durchscheinenden Körpern tritt der größte Teil des Lichts hindurch. Das restliche Licht wird absorbiert.

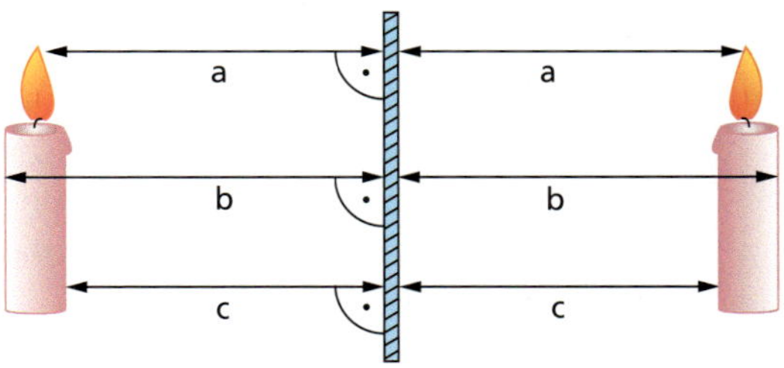

1 Bildkonstruktion am ebenen Spiegel: Gegenstand und Bild sind symmetrisch zueinander.

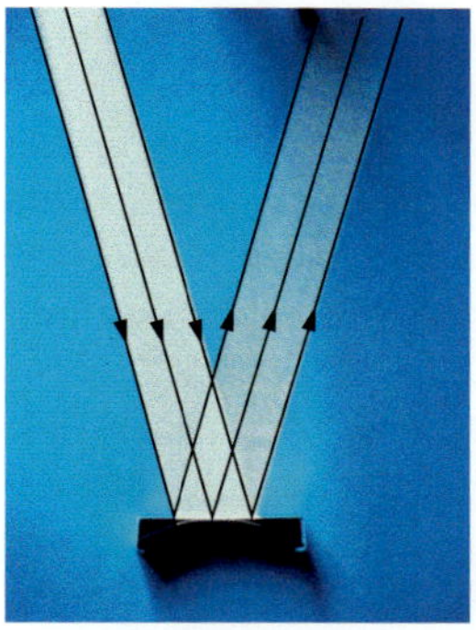

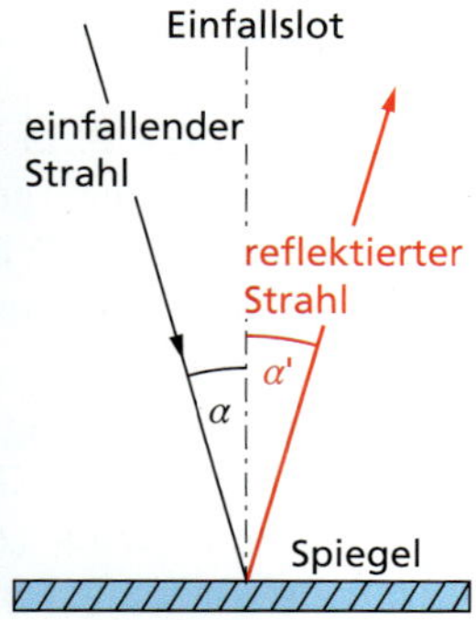

2 Reflexion von Licht an einem ebenen Spiegel: Einfallswinkel α und Reflexionswinkel α' sind gleich groß.

Aufgaben

1. Ein Spiegel reflektiert das auffallende Licht. Weißes Papier streut es. Worin besteht der Unterschied?
2. Was unterscheidet ein Lichtbündel von einem Lichtstrahl?
3. Finsternisse sind beeindruckende Naturerscheinungen.
   a) Erkläre das Entstehen einer Sonnenfinsternis und einer Mondfinsternis!
   *b) Könnte auch auf dem Mars eine Sonnenfinsternis auftreten? Begründe!
4. Licht fällt unter einem Winkel von 40° auf einen Winkelspiegel (2 ebene Spiegel unter einem Winkel von 90°). Skizziere den weiteren Strahlenverlauf! Welche Aussage kann man zum Verlauf von einfallendem und reflektiertem Strahl treffen?
5. Du betrachtest dich in einem Wandspiegel. Charakterisiere das Bild, das du siehst, im Vergleich zum Gegenstand!

Ausbreitung des Lichts

Absorption	Streuung	Reflexion	Durchlässigkeit

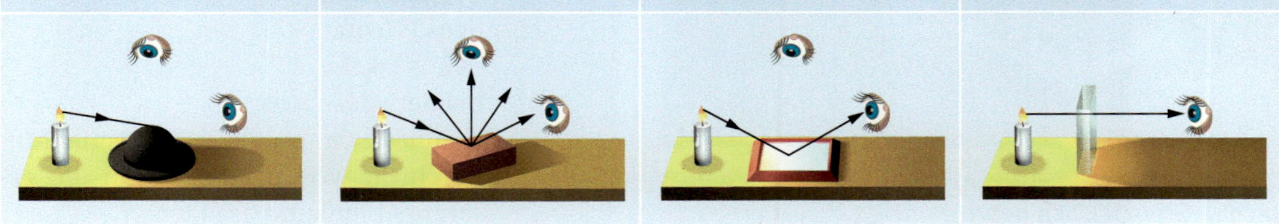

Die Brechung des Lichts

In einem Stoff, z. B. in Luft oder Wasser, breitet sich Licht in der Regel geradlinig aus. Das scheint aber nicht mehr der Fall zu sein, wenn zwei verschiedene Stoffe vorhanden sind, etwa Luft und Wasser (Abb. 1).
Lenkt man Licht schräg auf ein Prisma aus Glas, so ändert sich an der Grenzfläche Luft-Glas die Richtung des Lichts (Abb. 2). Ähnliches kann man beim Übergang von Licht aus Luft in Wasser beobachten.

Die Änderung der Ausbreitungsrichtung des Lichts an der Grenzfläche zweier lichtdurchlässiger Stoffe bezeichnet man als Brechung.

Zur Beschreibung der Brechung von Licht kann man das Modell Lichtstrahl nutzen (Abb. 4). Der Winkel zwischen einfallendem Strahl und Lot heißt **Einfallswinkel *α*,** der Winkel zwischen gebrochenem Strahl und Lot **Brechungswinkel *β*.**

1 Ein Lineal erscheint unter Wasser gestaucht, ein Löffel an der Wasseroberfläche geknickt.

2 Lichtdurchgang durch ein Prisma: Das Licht wird an den Grenzflächen gebrochen.

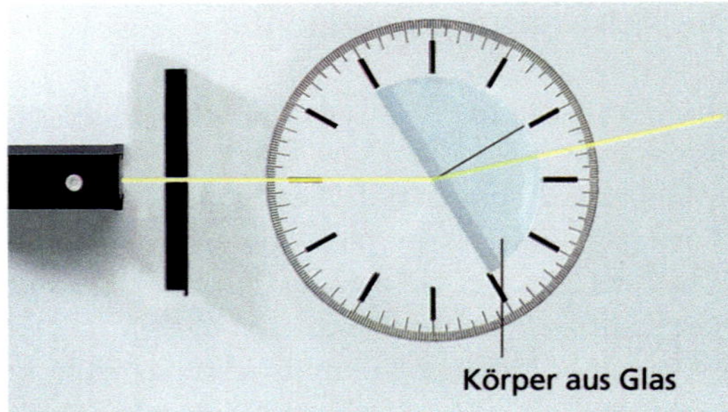

3 Beim Übergang von Luft in Glas wird das Licht zum Lot hin gebrochen.

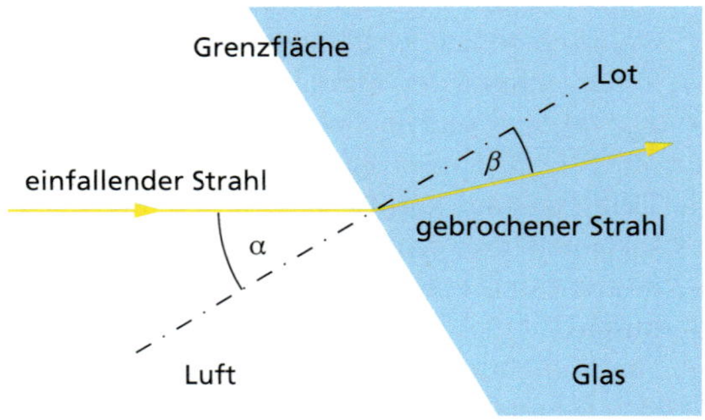

4 Darstellung der Brechung von Licht an der Grenzfläche Luft–Glas

Experimente

1. Probiere die in Abb. 1 dargestellten Sachverhalte selbst aus! Verändere den Winkel zwischen der Wasseroberfläche und deiner Blickrichtung! Was verändert sich dabei? Formuliere die Ergebnisse!
2. Erzeuge mit einer Leuchte ein schmales Lichtbündel! Lass dieses Lichtbündel aus verschiedenen Richtungen auf ein Prisma fallen (Prisma drehen)!
   a) Beschreibe und skizziere deine Beobachtungen!
   b) Bestimme für ein gleichschenkliges Prisma den Winkel α, bei dem das Licht symmetrisch durch das Prisma hindurchtritt! Wie groß ist dann die gesamte Ablenkung des Lichts?

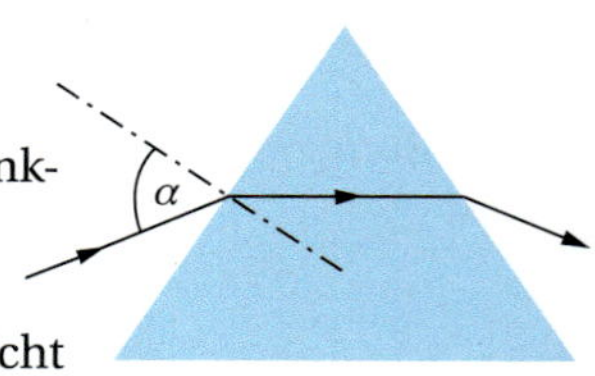

Das Brechungsgesetz

Wir untersuchen nachfolgend für den Übergang des Lichts von Luft in Wasser oder Glas den Zusammenhang zwischen Einfallswinkel α und Brechungswinkel β. Dazu ist eine Experimentieranordnung geeignet, wie sie auf S. 80 in Abb. 3 dargestellt ist. Die Untersuchungen ergeben:

- Beträgt der Einfallswinkel $\alpha = 0°$, fällt das Licht also senkrecht auf die Grenzfläche, so erfolgt keine Brechung. Das Licht breitet sich geradlinig aus.
- Je größer der Einfallswinkel ist, desto stärker wird das Licht gebrochen (Abb. 1).

Dabei gilt aber immer: Geht Licht von Luft in Wasser oder Glas über, so wird es an der Grenzfläche zum Lot hin gebrochen. Geht Licht dagegen von Wasser oder Glas in Luft über, so wird es an der Grenzfläche vom Lot weg gebrochen. Diese Erkenntnisse werden zum **Brechungsgesetz** zusammengefasst.

Trifft ein Lichtstrahl schräg von Luft auf Glas oder Wasser, so wird er an der Grenzfläche zum Lot hin gebrochen.

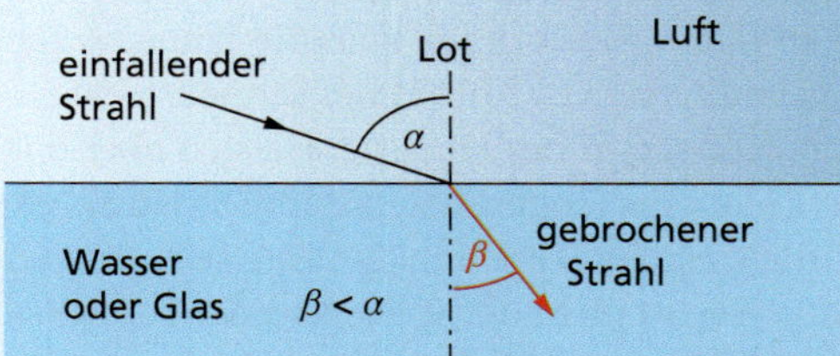

Trifft ein Lichtstrahl schräg von Glas oder Wasser auf Luft, so wird er an der Grenzfläche vom Lot weg gebrochen.

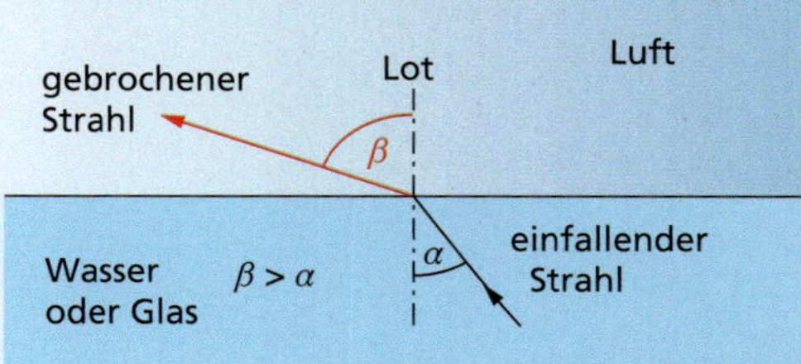

Dabei liegen einfallender Strahl, Lot und gebrochener Strahl in einer Ebene.

Einfallswinkel α und Brechungswinkel β für den Übergang Luft–Wasser und Luft–Glas

Einfallswinkel α	Brechungswinkel β für Luft–Wasser	Brechungswinkel β für Luft–Glas
10°	8°	6°
20°	15°	12°
30°	22°	18°
40°	29°	24°
50°	35°	28°
60°	41°	33°
70°	45°	36°
80°	48°	38°
90°	49°	38°

Für den Übergang des Lichts von Luft in Wasser bzw. Glas sind in der Tabelle oben einige Werte angegeben.

Vergleicht man die Lichtwege beim Übergang Luft-Wasser/Glas und beim umgekehrten Übergang Wasser/Glas–Luft miteinander, dann zeigt sich der gleiche Strahlenverlauf. Nur die Richtung der Lichtstrahlen ist umgekehrt. In der Physik formuliert man das so: Der Lichtweg ist bei der Brechung von Licht umkehrbar. Diese Aussage gilt auch für die Reflexion von Licht.

Beträgt z. B. der Einfallswinkel beim Übergang Luft-Wasser 50°, so ist der Brechungswinkel 35°. Beträgt umgekehrt der Einfallswinkel beim Übergang Wasser-Luft 35°, so ist der Brechungswinkel 50° (s. Tabelle oben und Abb. 1).

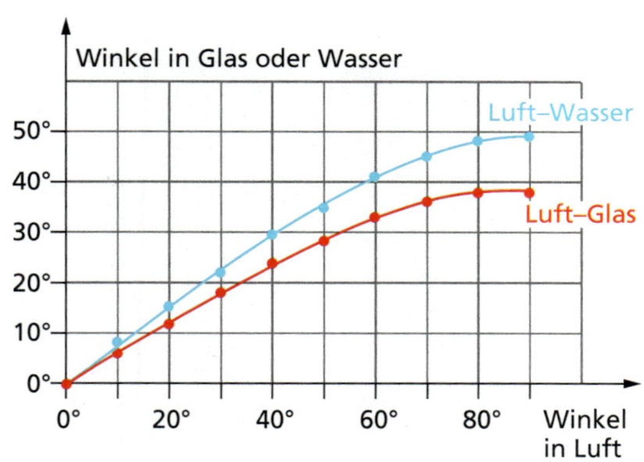

1 Einfalls- und Brechungswinkel für die Grenzfläche Luft–Wasser und Luft–Glas bzw. umgekehrt

Optische Dichte und optische Weglänge

Die Ursache für die Brechung von Licht an der Grenzfläche zweier optisch verschiedener Stoffe liegt in der unterschiedlichen Ausbreitungsgeschwindigkeit von Licht begründet. Im Vakuum breitet sich Licht mit der größtmöglichen Geschwindigkeit von etwa 300 000 km/s aus. In Luft ist diese Geschwindigkeit nur unwesentlich kleiner (s. Tabelle unten), in anderen Stoffen dagegen wesentlich kleiner.
Diese optische Eigenschaft von Stoffen wird in der Physik als **optische Dichte** bezeichnet. In einem optisch dichteren Stoff ist die Lichtgeschwindigkeit kleiner als in einem optisch dünneren Stoff. So ist z. B. Wasser optisch dichter als Luft. Damit kann man für die Brechung formulieren:

Tritt Licht schräg von einem optisch dünneren in einen optisch dichteren Stoff über, so wird es zum Lot hin gebrochen. Tritt es von einem optisch dichteren in einen optisch dünneren Stoff über, wird es vom Lot weg gebrochen.

Wegen der verschiedenen Lichtgeschwindigkeiten gilt auch: Um einen bestimmten Weg zurückzulegen, braucht Licht z. B. in Wasser mehr Zeit als in Luft.
In der Physik formuliert man das so: In Wasser ist die **optische Weglänge** größer als in Luft. Gleiche optische Weglängen werden vom Licht in gleichen Zeiten zurückgelegt.

Lichtgeschwindigkeiten

Stoff	c in km/s
Vakuum	299 792 ≈ 300 000
Luft	299 711 ≈ 300 000
Wasser	225 000
Plexiglas	201 000
Kronglas	
leicht	199 000
schwer	186 000
Flintglas	
leicht	186 000
schwer	171 000
Diamant	124 000

Das Prinzip von FERMAT

Für die Ausbreitung von Licht haben wir einige grundlegende Zusammenhänge gefunden:
- Licht breitet sich in ein und demselben Stoff in der Regel geradlinig aus.
- Bei der Reflexion von Licht ist der Einfallswinkel gleich dem Reflexionswinkel.
- Beim Übergang von Licht in Glas oder Wasser wird das Licht zum Lot hin gebrochen.

Man kann diese Zusammenhänge aus einem allgemeineren Gesetz herleiten, das der französische Mathematiker und Jurist PIERRE FERMAT (1601–1665) formuliert hat und das man deshalb als **fermatsches Prinzip** bezeichnet.

Licht breitet sich zwischen zwei Punkten auf dem schnellsten Weg aus.

Daraus ergibt sich für einen bestimmten Stoff: Das Licht breitet sich geradlinig aus, weil eine Gerade die kürzeste Verbindung zwischen zwei Punkten ist.
In unterschiedlichen Stoffen breitet sich Licht unterschiedlich schnell aus, z. B. in Glas langsamer als in Luft. Daraus ergibt sich die Frage, welcher Weg von A nach B (Abb. 1) der schnellste ist.
Der rote Weg ist der kürzeste. Da sich aber dabei das Licht eine längere Strecke im Glas ausbreitet, würde es nicht der schnellste Weg sein. Auch der blaue Weg ist nicht der schnellste. Am schnellsten ist das Licht auf der grünen Strecke.

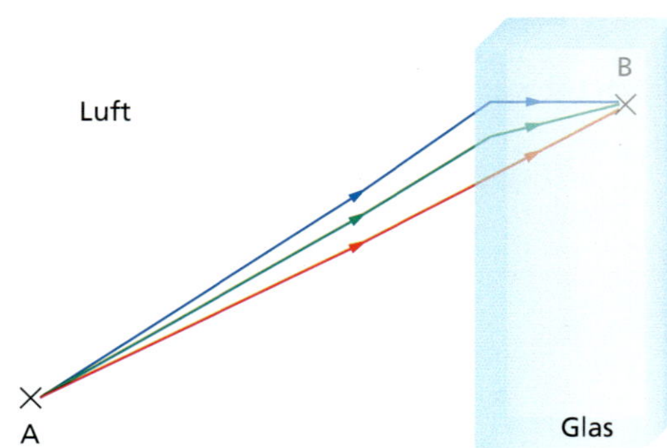

1 Licht braucht auf unterschiedlichen Wegen von A nach B verschiedene Zeiten.

Strahlenverlauf durch Linsen und Prismen

Linsen sind lichtdurchlässige Körper, meistens aus Glas oder Kunststoff. Sie können sehr unterschiedliche Form haben. Linsen werden bei fast allen optischen Geräten, z. B. bei Lupen, Brillen, Ferngläsern oder Fotoapparaten genutzt. Auch in unserem Auge ist eine Linse vorhanden.
Wenn Licht auf eine Linse trifft, wird es nach dem Brechungsgesetz gebrochen. Je nach dem Strahlenverlauf unterscheidet man zwei große Gruppen von Linsen (Abb. 1–3).

Fällt Licht auf eine Linse, so wird es nach dem Brechungsgesetz an der Grenzfläche Luft-Glas und an der Grenzfläche Glas-Luft gebrochen. Zur Vereinfachung ersetzt man bei **dünnen Linsen** diese zweifache Brechung durch eine Brechung an der Linsenebene.
Parallele Lichtstrahlen werden an einer **Sammellinse** so gebrochen, dass sie nach der Brechung alle durch einen Punkt gehen. Bei intensivem Licht kann sich an diesem Punkt, in dem das Licht gebündelt wird, ein Gegenstand entzünden.

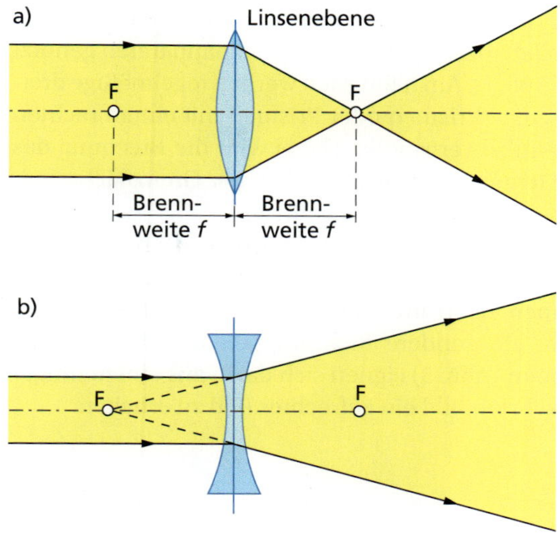

3 Brechung von Licht an einer dünne Sammellinse (a) und an einer dünnen Zerstreuungslinse (b)

Man nennt ihn deshalb **Brennpunkt** F (lateinisch: *focus*). Jede Linse hat zwei Brennpunkte, die symmetrisch zur Linsenebene liegen. Der Abstand eines Brennpunkts von der Linsenebene wird als **Brennweite** f bezeichnet (Abb. 3).

1a Arten von Sammellinsen (Konvexlinsen)

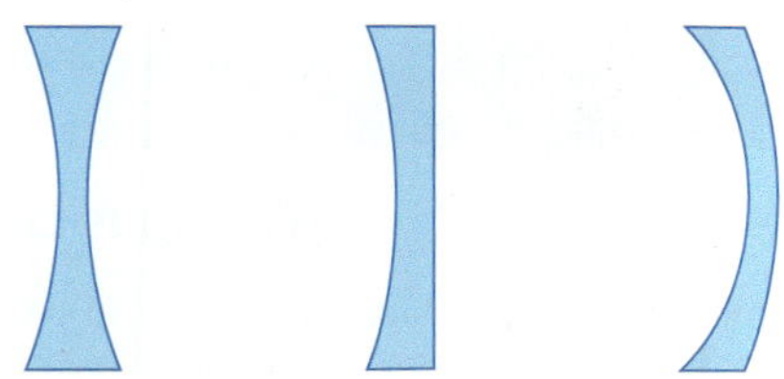

2a Arten von Zerstreuungslinsen (Konkavlinsen)

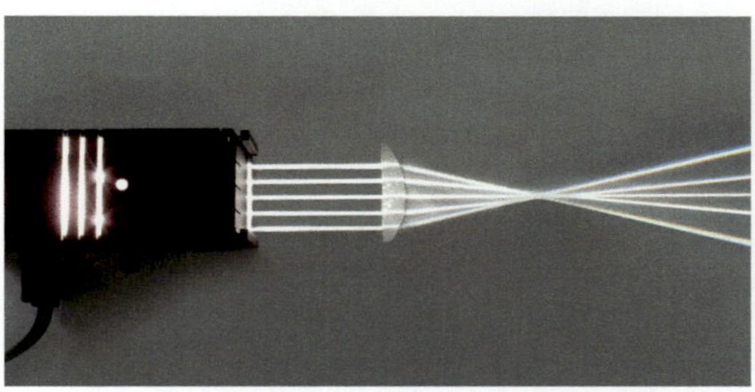

1b Linsen, die paralleles Licht nach der Brechung zunächst in einem Punkt sammeln, bevor es wieder auseinandergeht, nennt man Sammellinsen. Sammellinsen aus Glas oder Kunststoff sind in der Mitte dicker als am Rand.

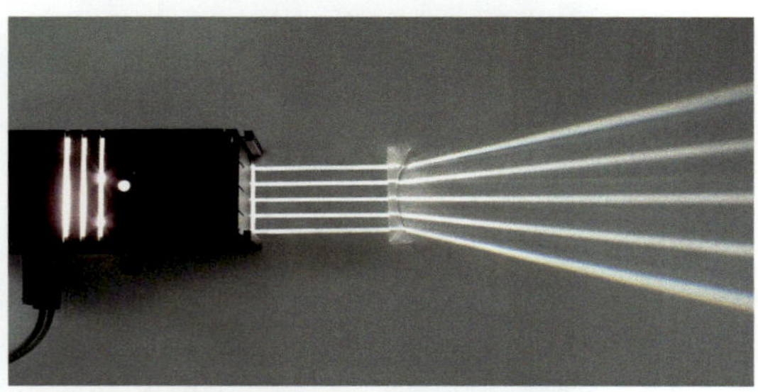

2b Linsen, die paralleles Licht nach der Brechung in verschiedene auseinanderlaufende Richtungen lenken, nennt man Zerstreuungslinsen. Zerstreuungslinsen aus Glas oder Kunststoff sind in der Mitte dünner als am Rand.

Prismen bestehen meist aus Glas. Sie werden vor allem bei Ferngläsern und Fotoapparaten genutzt (Abb. 1). Am häufigsten werden regelmäßige dreiseitige Prismen oder Prismen mit einem rechten Winkel verwendet. Dabei wird die Brechung des Lichts und die Reflexion an der Grenzfläche zwischen Glas und Luft genutzt.
Je nach dem Verwendungszweck unterscheidet man zwischen Umlenkprismen und Umkehrprismen. Bei **Umlenkprismen** (Abb. 2) wird das Licht in eine andere Richtung gelenkt. **Umkehrprismen** (Abb. 3) eignen sich dazu, aus einem umgekehrten Bild ein aufrechtes Bild zu erhalten.

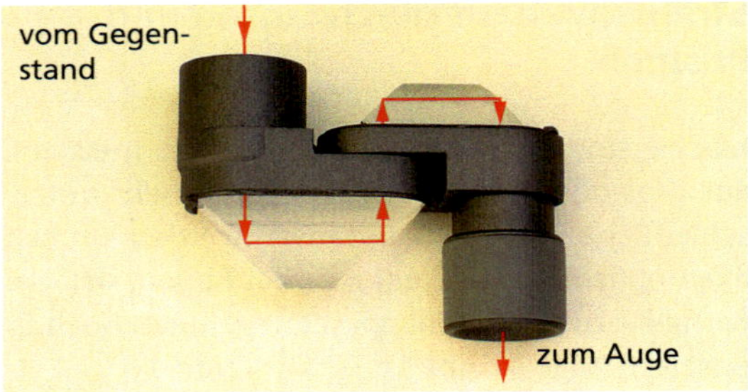

1 Bei dem abgebildeten Minifernglas wird das einfallende Licht durch zwei Prismen umgelenkt. Dadurch kann die Länge des Fernglases sehr klein gehalten werden.

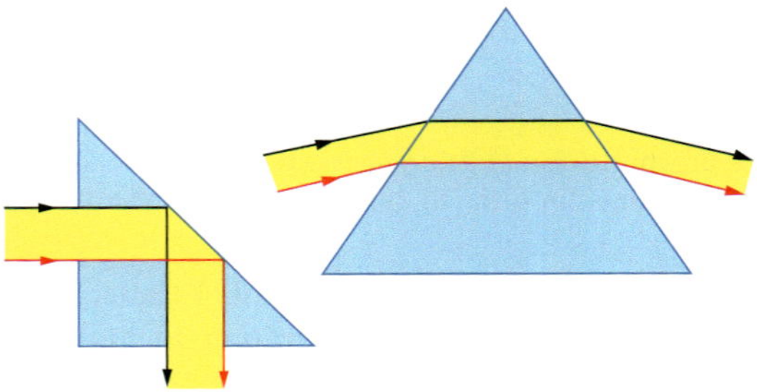

2 Bei Umlenkprismen wird Licht durch Brechung oder Totalreflexion in eine andere Richtung gelenkt.

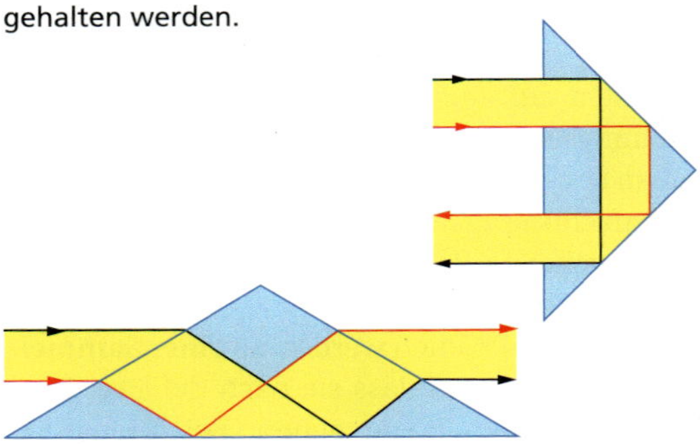

3 Bei Umkehrprismen ist die Lage der eintretenden und austretenden Strahlen zueinander vertauscht.

Mosaik

Farbiges Licht durch Dispersion

Lenkt man weißes Licht auf ein Prisma, so wird es in seine farbigen Bestandteile zerlegt (Abb. unten). Ursache dafür ist, dass die Brechzahl des Prismas für Licht unterschiedlicher Farbe verschieden ist. Blaues Licht wird stärker gebrochen als rotes Licht. Da in weißem Licht unterschiedliche Farben enthalten sind, kommt es beim Durchgang durch ein Prisma zur Aufspaltung in die verschiedenen Farben.

Die Erscheinung, dass die Brechzahl für verschiedenfarbiges Licht unterschiedlich ist, nennt man Dispersion. Dispersion tritt auch bei Linsen auf. Beim Durchgang durch eine Linse wird blaues Licht stärker gebrochen als rotes. Dadurch können bei optischen Geräten Abbildungsfehler auftreten. Um das zu vermeiden, kombiniert man eine Sammellinse mit einer Zerstreuungslinse, so wie das in der Skizze angedeutet ist.

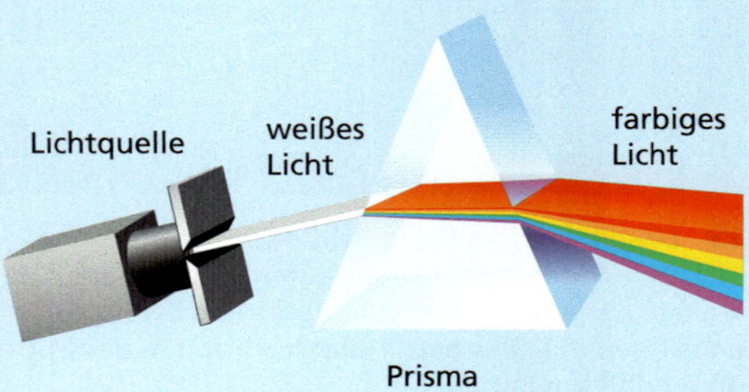

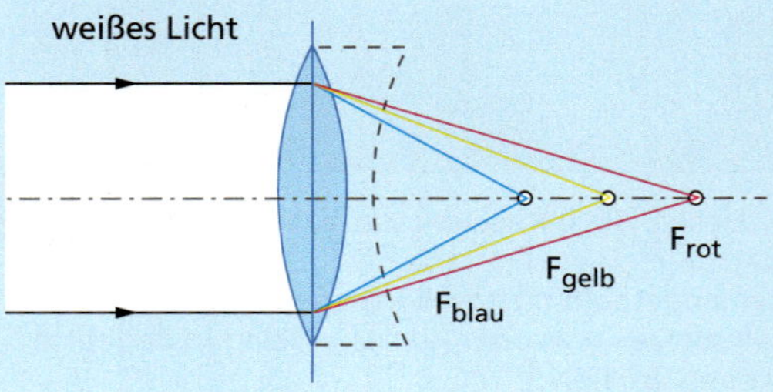

Bilder durch Sammellinsen

Um Bilder von Gegenständen zu erzeugen, kann man anstelle einer Lochblende eine Sammellinse verwenden. Für beliebige Sammellinsen gilt:

Licht, das von einem Gegenstandspunkt P ausgeht und durch eine Sammellinse fällt, trifft hinter der Linse in einem Bildpunkt P' zusammen.

Bringt man an diese Stelle einen Schirm, so erhalten wir ein scharfes Bild des Gegenstandspunkts bzw. des ganzen Gegenstands (Abb. 1).
Das Licht, das von einem Punkt P ausgeht, fällt auf die Linse. Es wird ingesamt so gebrochen, dass es wieder in einem Punkt P', dem Bildpunkt, zusammenläuft.

1 Scharfes Bild einer Kerzenflamme: Der Schirm befindet sich dort, wo sich die Strahlen schneiden.

2 Unscharfes Bild einer Kerzenflamme: Der Schirm befindet sich in diesem Fall nicht dort, wo sich die Strahlen schneiden.

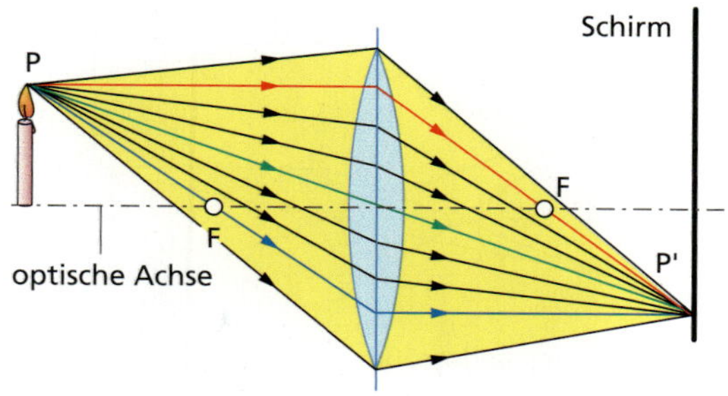

3 Gegenstandspunkt P und Bildpunkt P'

Zur zeichnerischen Konstruktion von Bildpunkten an Linsen reicht es aus, den Verlauf einiger charakteristischer Strahlen zu kennen.
Parallelstrahlen verlaufen parallel zur optischen Achse der Linse.
Brennpunktstrahlen verlaufen durch einen Brennpunkt F der Linse.
Mittelpunktstrahlen verlaufen durch den Mittelpunkt M der Linse.
Eine genauere Untersuchung des Verlaufs dieser drei Strahlen ergibt:

Wenn das Licht an einer dünnen Sammellinse gebrochen wird, so gilt unter der Bedingung achsennaher Strahlen:
- **Ein Parallelstrahl wird so gebrochen, dass er dann durch den Brennpunkt verläuft.**
- **Ein Brennpunktstrahl wird so gebrochen, dass er dann parallel zur optischen Achse verläuft.**
- **Ein Mittelpunktstrahl geht ungebrochen durch eine Sammellinse.**

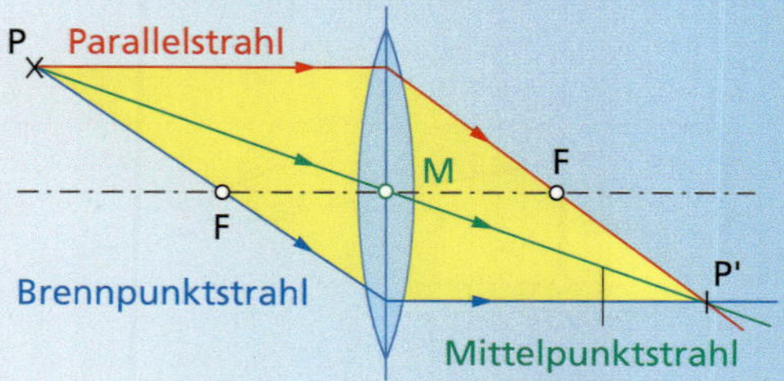

Um von einem Gegenstandspunkt einen Bildpunkt zu konstruieren, zeichnet man in der Regel zwei der von dem Gegenstandspunkt ausgehenden charakteristischen Strahlen, z. B. Mittelpunktstrahl und Parallelstrahl.

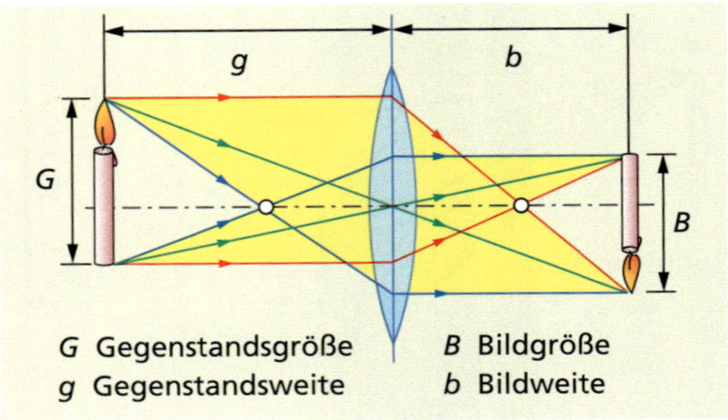

1 Bildkonstruktion an einer Sammellinse: Zur Konstruktion eines Bildpunkts sind jeweils zwei Strahlen ausreichend.

Mit Linsen kann man unterschiedlich scharfe und helle Bilder erhalten.
In Abhängigkeit von der Gegenstandsweite und der Brennweite der Sammellinse gibt es zu jedem Gegenstandspunkt genau eine Bildweite, bei der ein **scharfes Bild** entsteht. Bei dieser Bildweite schneiden sich die von dem Gegenstandspunkt ausgehenden und von der Sammellinse gebrochenen Lichtstrahlen genau in einem Punkt. Befindet sich der Schirm nicht dort, wo sich die Strahlen schneiden, dann ist das Bild unscharf. Die Größe des Bilds ist abhängig von der Größe des Gegenstands und von der Gegenstandsweite (S. 88, Abb. 2 und Übersicht).

Bei Sammellinsen gilt ebenso wie bei einer Lochkamera für das Verhältnis von Bildgröße zu Gegenstandsgröße **(Abbildungsmaßstab A):**

$$\frac{B}{G} = \frac{b}{g}$$

Der Zusammenhang zwischen Gegenstandsweite, Bildweite und Brennweite (Abb. 2) wird durch die **Linsengleichung** erfasst. Diesen Zusammenhang kann man theoretisch herleiten oder durch experimentelle Untersuchungen gewinnen.

Unter der Bedingung dünner Linsen und achsennaher Strahlen gilt die Linsengleichung:

$$\frac{1}{f} = \frac{1}{g} + \frac{1}{b} \quad \text{oder} \quad f = \frac{g \cdot b}{g + b}$$

f **Brennweite der Linse**
g **Gegenstandsweite**
b **Bildweite**

Bei den Bildern, die bei Linsen und auch bei Spiegeln entstehen, unterscheidet man zwei verschiedene Arten.
Bilder von Gegenständen, die man auf einem Schirm auffangen kann, werden als wirkliche oder **reelle Bilder** bezeichnet. Solche reellen Bilder entstehen z. B. auf der Netzhaut des Auges, auf dem Film eines Fotoapparats oder bei einem Tageslichtprojektor auf einer Projektionswand.
Bei ebenen Spiegeln oder Lupen sehen wir Bilder, die man fotografieren kann, aber nicht an der Stelle auf einem Schirm auffangen kann, wo sie entstehen. Solche Bilder werden in der Optik als **scheinbare** oder **virtuelle Bilder** bezeichnet.

Ein Überblick über Bilder an Sammellinsen ist auf S. 88 gegeben. Dort ist auch der Zusammenhang zwischen der Gegenstandsweite und der Art des entstehenden Bilds dargestellt.

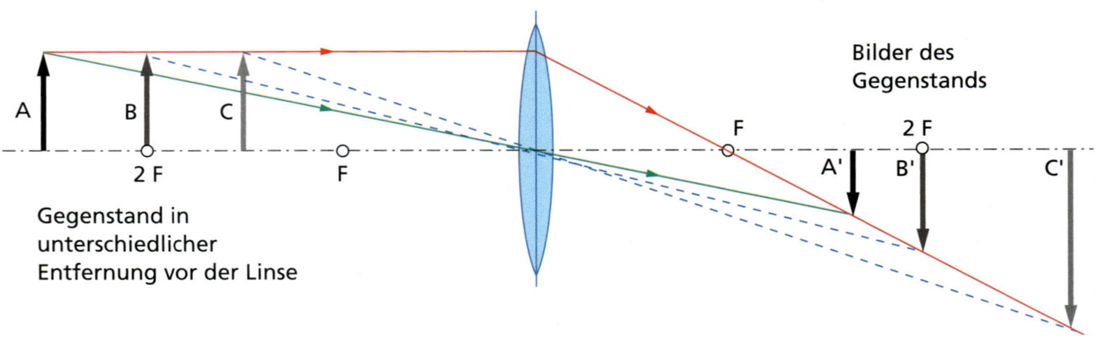

2 Bildkonstruktionen mit Strahlenverläufen für einige Bilder an Sammellinsen: Bei einer bestimmten Gegenstandsgröße hängt die Bildgröße von der Gegenstandsweite ab.

Anwenden einer Formel

Für dünne Linsen und achsennahe Strahlen gilt die folgende Formel, die in der Physik als **Linsengleichung** bezeichnet wird:

$$\frac{1}{f} = \frac{1}{g} + \frac{1}{b}$$

Dabei bedeuten f die Brennweite der Linse, g die Gegenstandsweite und b die Bildweite (s. S. 86).

Wie kann man eine solche bisher nicht im Unterricht behandelte Formel anwenden, um physikalische Probleme zu lösen?

Wir wollen das nachfolgend an zwei Beispielen verdeutlichen.

Problem 1:

Ein Gegenstand wird mithilfe einer Linse auf einem Schirm scharf abgebildet. Nun wird der Gegenstand etwas weiter von der Linse entfernt (s. Skizze).

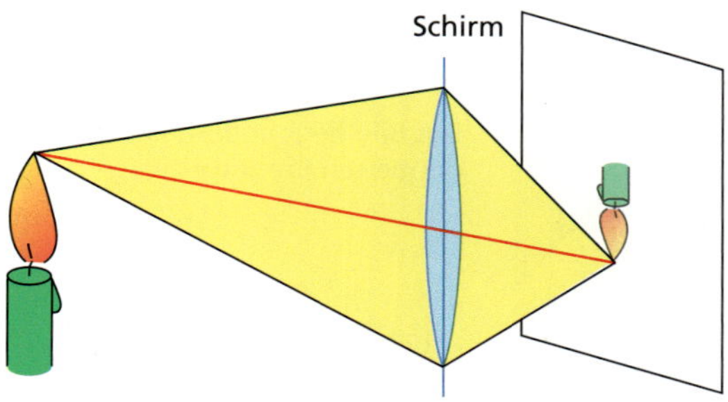

In welche Richtung muss der Schirm verschoben werden, um wieder ein scharfes Bild zu erhalten? Triff mithilfe der oben genannten Linsengleichung eine Vorhersage!

Beim Verschieben des Gegenstands ändert sich die Brennweite f der Linse nicht. Demzufolge bleibt auch der Term $\frac{1}{f}$ und damit die linke Seite der Formel gleich.

Wird die Gegenstandsweite g vergrößert, so verkleinert sich $\frac{1}{g}$. Also muss $\frac{1}{b}$ größer werden. Das ist dann der Fall, wenn sich b verkleinert.

Das bedeutet: Um dann wieder ein scharfes Bild zu erhalten, muss der Schirm näher an die Linse geschoben werden.

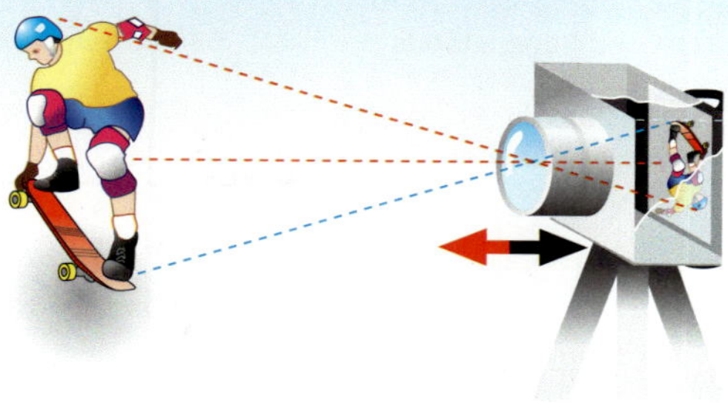

Problem 2:

Ein Fotoapparat hat ein Objektiv mit einer Brennweite von 45 mm. In welchem Entfernungsbereich von der lichtempfindlichen Schicht (Abb. oben) muss die Linse verschiebbar sein, damit man von Gegenständen im Abstand von 0,5 m bis unendlich (Zeichen: ∞) scharfe Bilder erhalten kann?

Analyse:

Die Brennweite f ist konstant. Es muss die Bildweite b bei gegebener Gegenstandsweite g berechnet werden.

Gesucht: b

Gegeben: $f = 45\ \text{mm} = 4{,}5\ \text{cm}$

$g_1 = 0{,}5\ \text{m} = 50\ \text{cm}$

$g_2 \longrightarrow \infty$

Lösung:

Genutzt wird die Linsengleichung. Die Umstellung nach der gesuchten Größe b ergibt:

$$\frac{1}{b} = \frac{1}{f} - \frac{1}{g} \qquad \text{oder} \qquad b = \frac{f \cdot g}{f - g}$$

$$b_1 = \frac{4{,}5\ \text{cm} \cdot 50\ \text{cm}}{50\ \text{cm} - 4{,}5\ \text{cm}}$$

$$\underline{b_1 = 4{,}9\ \text{cm}}$$

Für sehr große Gegenstandsweiten g wird $\frac{1}{g}$ vernachlässigbar klein. Damit gilt für $g_2 \longrightarrow \infty$:

$$\frac{1}{b_2} \approx \frac{1}{f} \qquad \text{oder} \qquad b_2 \approx f = 4{,}5\ \text{cm}$$

Ergebnis:

Damit man mit einem Fotoapparat (Objektivbrennweite 45 mm) Gegenstände in Entfernungen zwischen 0,5 m und unendlich scharf aufnehmen kann, muss die Linse in einem Bereich von 0,4 cm = 4 mm verschiebbar sein. Das lässt sich technisch leicht realisieren.

Ort des Gegenstands	Bild und Bildkonstruktion	Eigenschaften des Bilds
außerhalb der doppelten Brennweite einer Sammellinse *g* > 2*f*	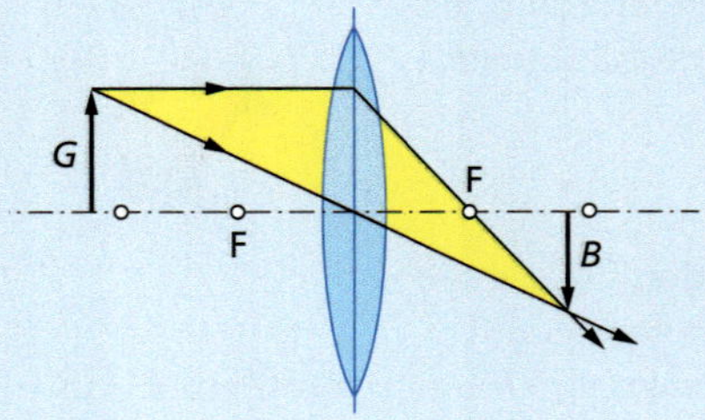	– verkleinert – umgekehrt – seitenvertauscht – reell (wirklich) Das Bild liegt zwischen einfacher und doppelter Brennweite.
in der doppelten Brennweite einer Sammellinse *g* = 2*f*	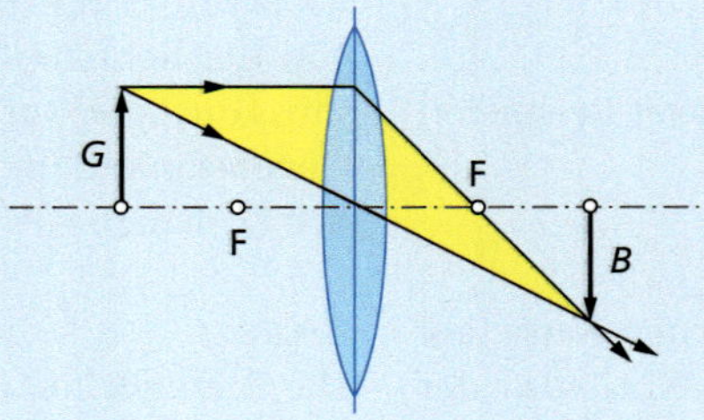	– gleich groß – umgekehrt – seitenvertauscht – reell (wirklich) Das Bild liegt in der doppelten Brennweite.
zwischen einfacher und doppelter Brennweite einer Sammellinse 2*f* > *g* > *f*	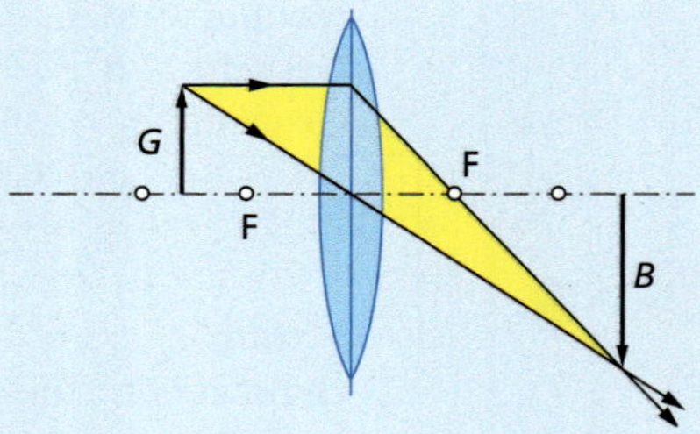	– vergrößert – umgekehrt – seitenvertauscht – reell (wirklich) Das Bild liegt außerhalb der doppelten Brennweite.
in der einfachen Brennweite einer Sammellinse *g* = *f*	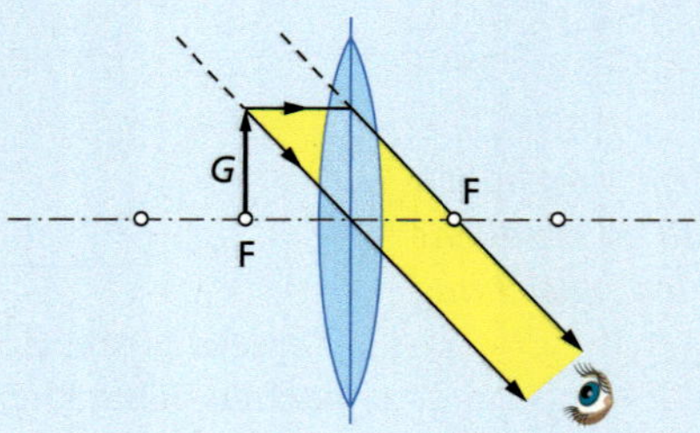	– gebrochene Strahlen verlaufen parallel
innerhalb der einfachen Brennweite einer Sammellinse *g* < *f*	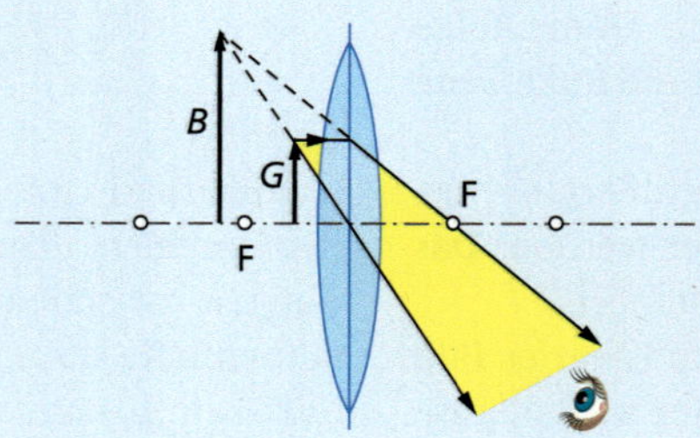	– vergrößert – aufrecht – seitenrichtig – virtuell (scheinbar) Das Bild sieht man auf der gleichen Seite der Linse wie den Gegenstand.

Das menschliche Auge

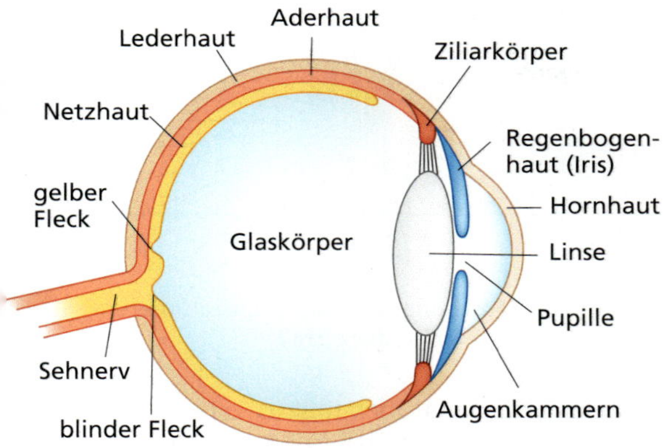

1 Aufbau des menschlichen Auges

Den größten Teil aller Informationen aus unserer Umwelt nehmen wir über unsere Augen wahr.

Das menschliche Auge ist ein kompliziertes Organ, das aus Muskeln, Fasern, Häuten, Nerven und Blutgefäßen besteht (Abb. 1). Hornhaut, Augenflüssigkeit, Augenlinse und Glaskörper bilden ein Linsensystem, das wie eine Sammellinse wirkt. In Skizzen ersetzt man deshalb das komplizierte System des Auges durch eine Sammellinse (Abb. 2). Die Brennweite dieser Linse beträgt etwa 20 mm.

Das bedeutet: Gegenstände, die wir betrachten, befinden sich in der Regel weit außerhalb der doppelten Brennweite. Demzufolge gilt: Fällt von einem Gegenstand Licht auf das Auge, so wird es so gebrochen, dass auf der Netzhaut ein verkleinertes, reelles, umgekehrtes und seitenvertauschtes Bild entsteht (Abb. 2).

Damit von unterschiedlich weit entfernten Gegenständen jeweils ein scharfes Bild auf der Netzhaut entsteht, wird durch ein Muskelsystem die Krümmung der Linse und damit ihre Brennweite stufenlos verändert. Das geschieht unwillkürlich.

Bei der Betrachtung naher Gegenstände ist die Augenlinse stärker gekrümmt als bei der Betrachtung entfernter Gegenstände. Die Fähigkeit der Augen, sich unwillkürlich unterschiedlichen Entfernungen anzupassen, nimmt allerdings mit zunehmendem Alter allmählich ab.

Verringert man die Entfernung eines Gegenstands von den Augen immer mehr, so kommt man schließlich bis zu einem Punkt, bei dem man gerade noch ein scharfes Bild sehen kann. Dieser Punkt heißt **Nahpunkt.** Seine Entfernung vom Auge beträgt bei einem normalsichtigen jungen Menschen etwa 10 cm. Mit zunehmendem Alter verschiebt sich dieser Punkt vom Auge weg.

Um die Intensität des einfallenden Lichts zu steuern, besitzt das menschliche Auge eine Blende, die Iris, mit der Pupille als Öffnung.

Das menschliche Sehen funktioniert nur im Zusammenspiel der Augen mit dem Nervensystem.

Die von den lichtempfindlichen Zellen der Netzhaut ausgehenden Reize werden an das Gehirn weitergeleitet und dort zu optischen Eindrücken verarbeitet. Wir nehmen aufrechte, seitenrichtige Bilder wahr. Dabei treten Besonderheiten auf. Erstens registriert unser Auge einfallendes Licht stets so, als ob es von einem Ausgangspunkt aus

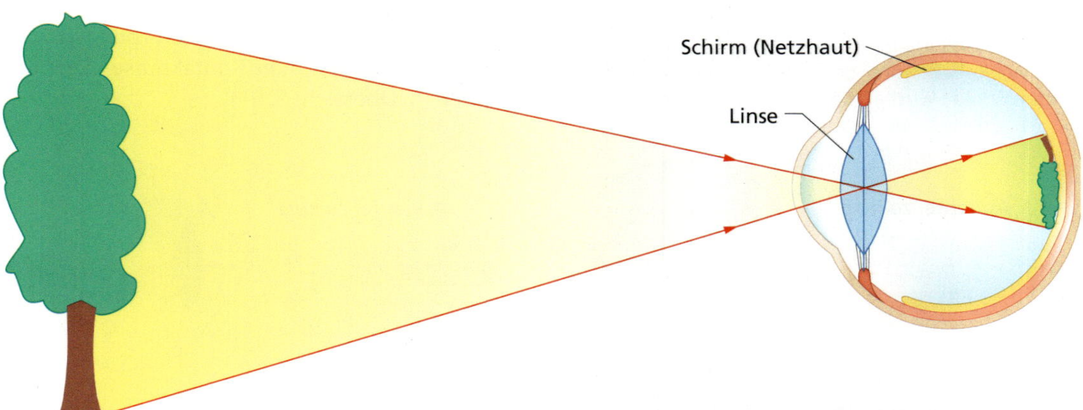

2 Bildentstehung beim Auge

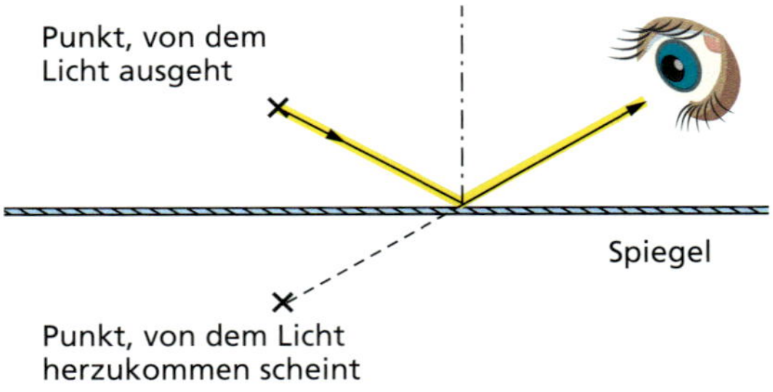

1 Licht wird vom Auge dort wahrgenommen, von wo es herzukommen scheint.

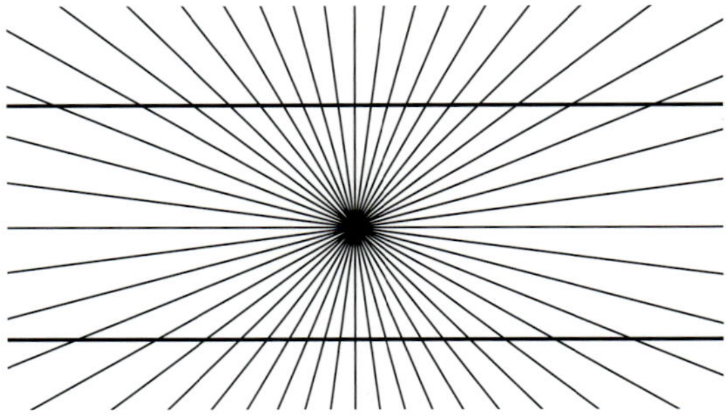

4 Optische Täuschung: Sind die eingezeichneten Waagerechten gerade oder nicht?

geradlinig ins Auge fällt. Das gilt auch für Licht, das auf seinem Weg zum Auge reflektiert oder gebrochen wurde. Deshalb sehen wir auch Bilder an Stellen (z. B. hinter Spiegeln), an denen sie in Wirklichkeit gar nicht existieren (Abb. 1).
Zweitens erfolgt die Verarbeitung der vom Auge aufgenommenen optischen Informationen im Gehirn. Deshalb spielen beim Sehvorgang auch Erfahrungen und Stimmungen eine Rolle. Das bedeutet: Verschiedene Personen, die dieselben Gegenstände betrachten, können unterschiedliche optische Wahrnehmungen haben.

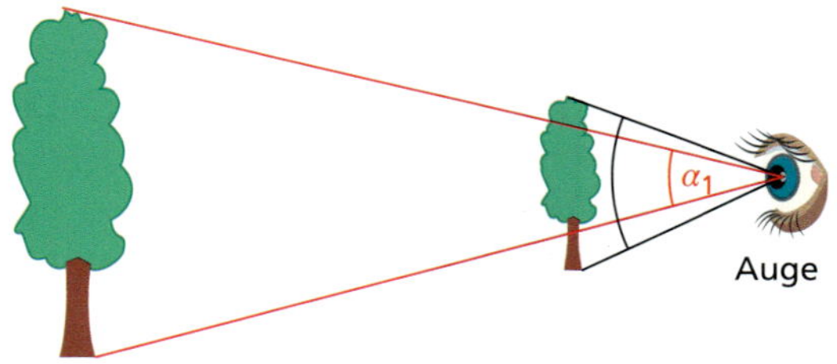

2 Wie groß wir einen Gegenstand sehen, hängt von dem Winkel ab, unter dem wir ihn wahrnehmen. Dieser Winkel wird als Sehwinkel bezeichnet.

Drittens gibt es darüber hinaus zahlreiche optische Täuschungen, also optische Wahrnehmungen, die nicht der Realität entsprechen. Ein einfaches Beispiel dafür zeigt Abb. 4.

Wie groß wir einen Gegenstand wahrnehmen, hängt von dem Winkel ab, unter dem wir ihn sehen (Abb. 2). Je größer dieser **Sehwinkel** ist, desto größer ist das Bild auf der Netzhaut.
Das Auge kann zwei Punkte nur dann als getrennt wahrnehmen, wenn der Sehwinkel zwischen ihnen mehr als 1/60 Grad (0,017°) beträgt. Punkte, die enger zusammenliegen, kann man nicht mehr als einzelne Punkte wahrnehmen. Deshalb können wir bei sehr weit entfernten Gegenständen keine Einzelheiten mehr erkennen.

Häufig auftretende **Sehfehler** sind die **Kurzsichtigkeit** und die **Weitsichtigkeit** (Übersichtigkeit). Diese Sehfehler entstehen, wenn der Augapfel länger als gewöhnlich (Abb. 3) oder kürzer als gewöhnlich (Abb. 5) ist. Beide Arten von Sehfehlern können mit Brillen oder Kontaktlinsen korrigiert werden (s. Übersicht S. 91).

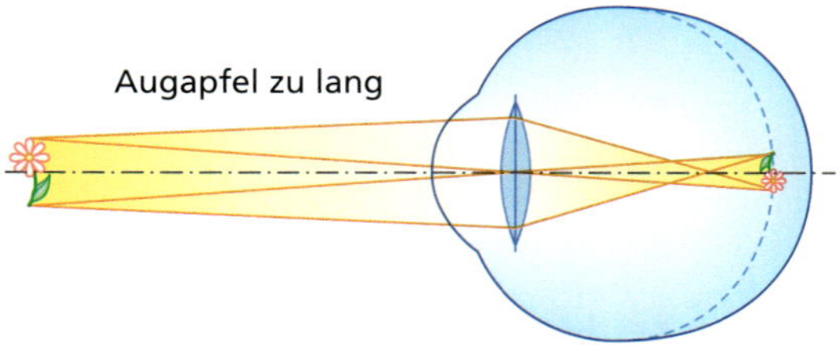

3 Kurzsichtiges Auge: Bild vor der Netzhaut

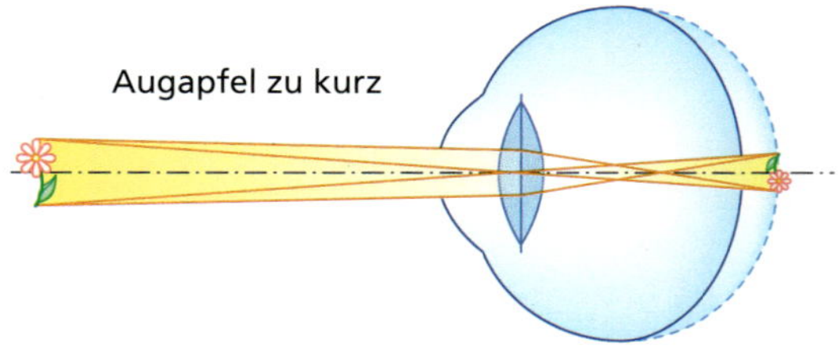

5 Weitsichtiges Auge: Bild hinter der Netzhaut

Wahrnehmung von Gegenständen bei unterschiedlichen Bedingungen

Normalsichtiges Auge

Die Augenlinse ist nicht oder wenig gekrümmt. Gegenstände in einigen Metern Entfernung werden scharf wahrgenommen.

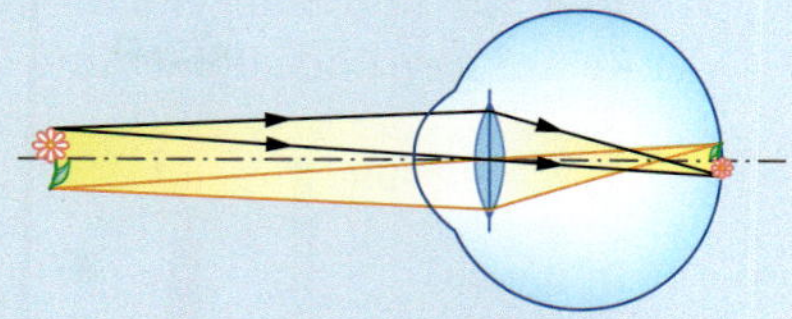

Die Augenlinse ist maximal gekrümmt. Gegenstände in etwa 10 cm Abstand werden von normalsichtigen Jugendlichen scharf wahrgenommen. Bei älteren Personen kann sich die Linse nicht mehr so stark krümmen, sodass Gegenstände in 10 cm Entfernung nicht mehr scharf gesehen werden (Altersweitsichtigkeit).

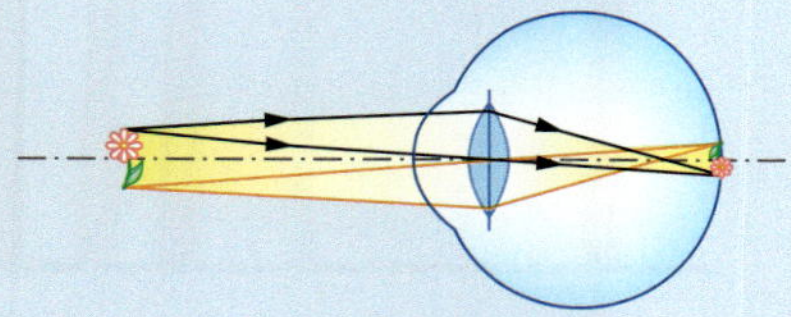

Wenn der Gegenstand noch näher am Auge ist, weitet sich das Lichtbündel so stark auf, dass die Brechkraft des Auges nicht ausreicht, um ein scharfes Bild auf der Netzhaut zu erzeugen.

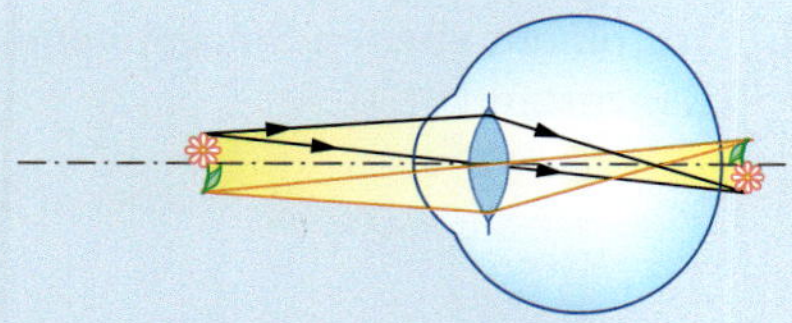

Kurzsichtiges Auge

Bei einem kurzsichtigen Auge ist der Augapfel zu lang. Die Netzhaut befindet sich weiter von der Linse entfernt. Deshalb entsteht bei Gegenständen in größerer Entfernung das Bild vor der Netzhaut. Auf der Netzhaut entsteht ein unscharfes Bild.

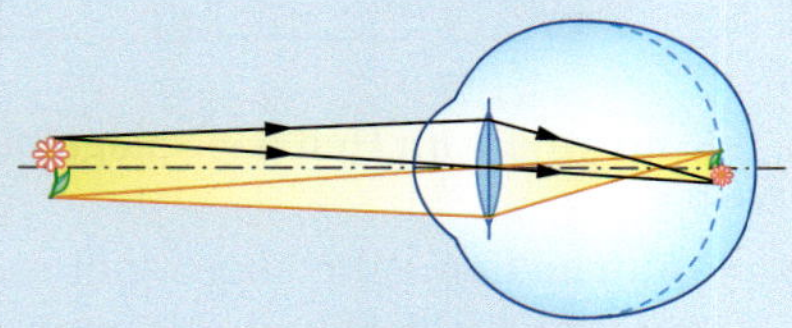

Mit einer Zerstreuungslinse kann diese Fehlsichtigkeit korrigiert werden.

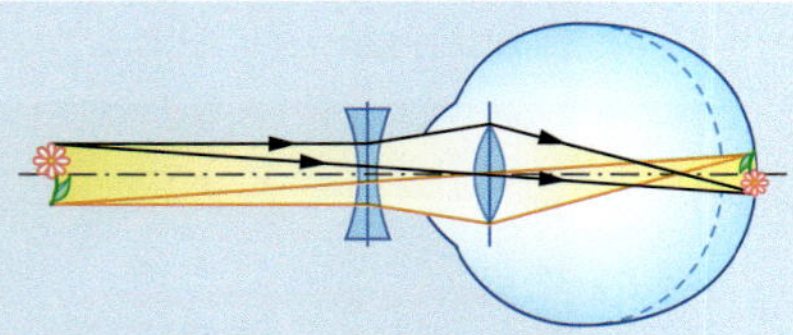

Weitsichtiges Auge

Bei einem weitsichtigen Auge ist der Augapfel zu kurz. Nahe Gegenstände, die ein Normalsichtiger noch scharf sehen kann, kann ein Weitsichtiger nicht scharf auf der Netzhaut abbilden. Ein scharfes Bild entsteht hinter der Netzhaut.

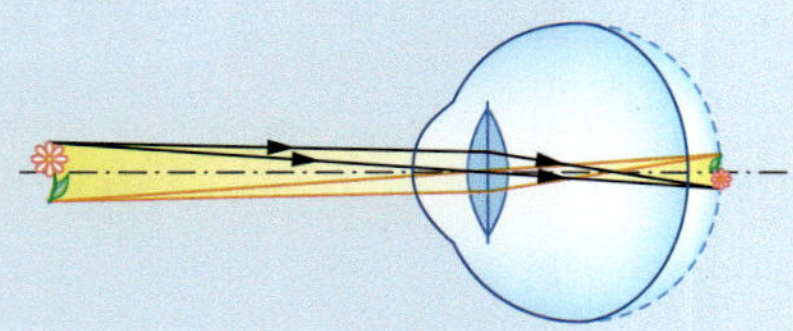

Mit einer Sammellinse kann die Brechkraft erhöht und diese Fehlsichtigkeit korrigiert werden.

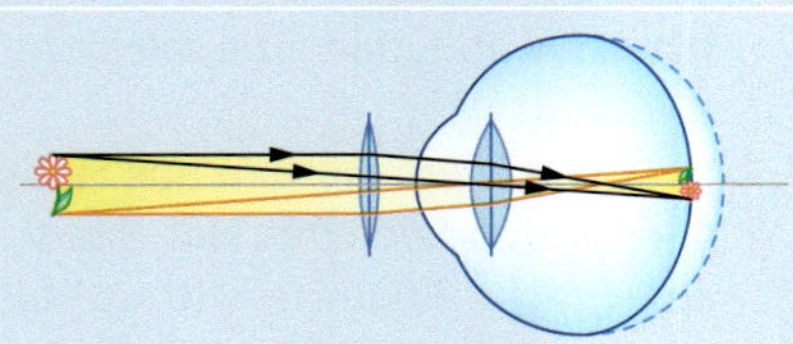

gewusst · gekonnt

1. Welches von den Spiegelbildern ist das Bild der Kerze? Begründe deine Antwort!

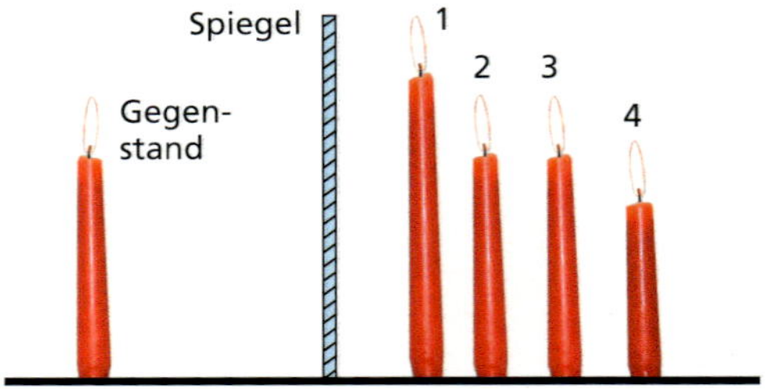

2. Vor einem ebenen Spiegel befindet sich ein Gegenstand.

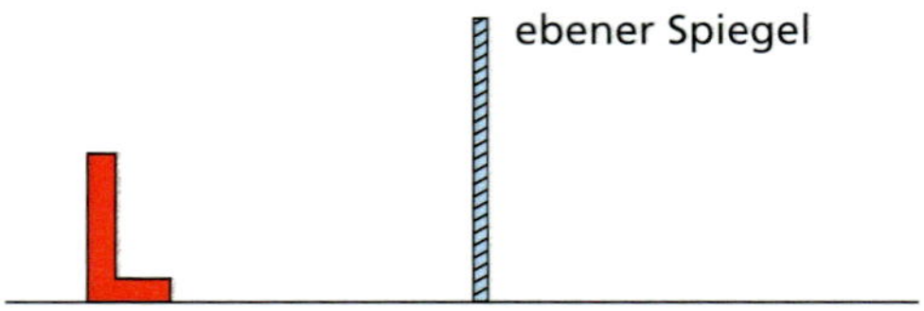

Konstruiere im Heft das Spiegelbild!

3. An manchen Fahrzeugen gibt es eine merkwürdige Beschriftung, die man nicht ohne Weiteres lesen kann (s. Abb.).

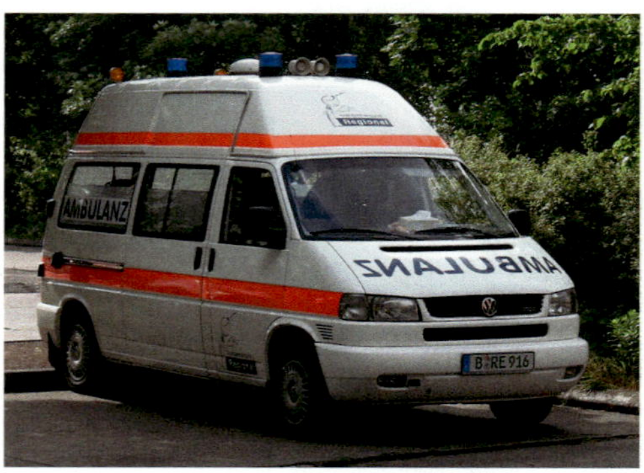

Warum wählt man eine solche Beschriftung?

4. Bei Fahrrädern werden aus Sicherheitsgründen an den Speichen der Räder Reflektoren angebracht. Erkunde, wie ein solcher Reflektor aufgebaut ist und wie er funktioniert!

5. In Spiegelreflexkameras befindet sich ein Prisma (s. Abb.).

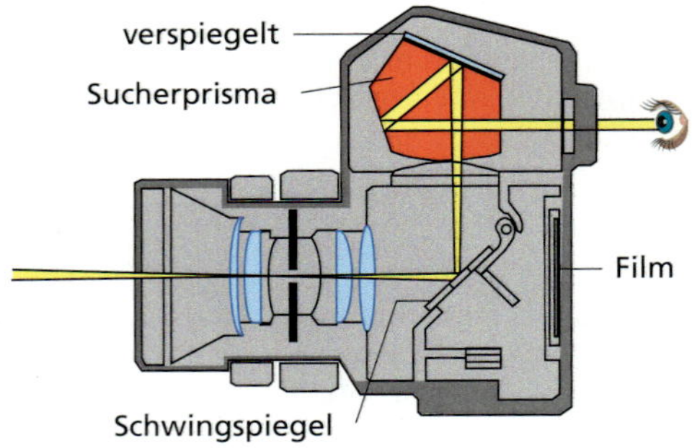

a) Beschreibe den Verlauf des Lichts durch dieses Prisma!

b) Könnte man statt eines Prismas auch einen ebenen Spiegel nehmen?

6. Die Fotos zeigen eine Tasse ohne Wasser (Abb. links) und mit Wasser (Abb. rechts).

Erkläre, wieso man die Münze in beiden Fällen unterschiedlich sieht!

7. Ein klarer Teich erscheint uns meist nicht sehr tief. Wenn wir z. B. einen Stein aus dem Wasser holen wollen, täuschen wir uns oft. Der Stein liegt tiefer, als wir ihn sehen. Wieso?

8. Zwei Linsen haben unterschiedliche Form. Welche der Linsen hat die kleinere Brennweite? Begründe!

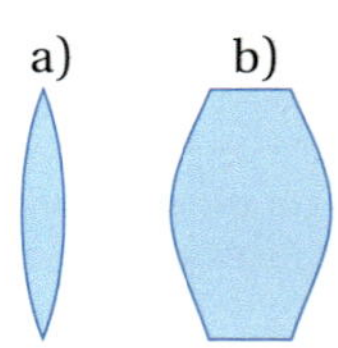

9. Es ist der Verlauf des Lichts durch nicht sichtbare Linsen dargestellt. Welche der Linsen sind Sammellinsen, welche Zerstreuungslinsen? Begründe!

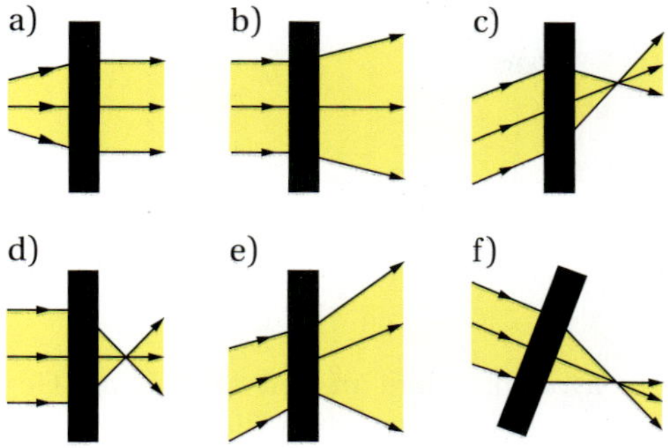

10. In den Abbildungen sind Glaslinsen verschiedener Formen dargestellt.

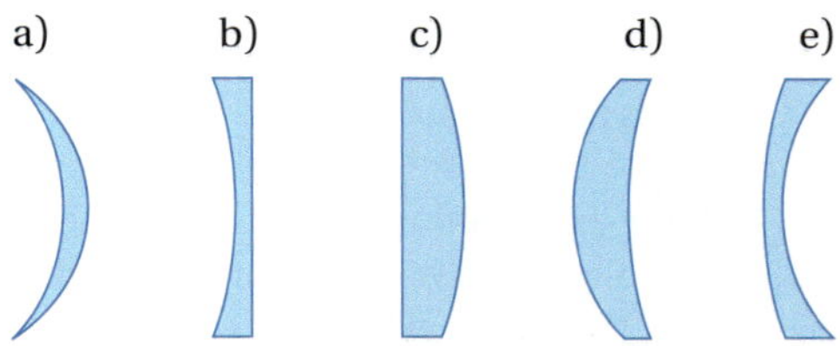

Welche der Linsen wirken als Sammellinsen, welche als Zerstreuungslinsen?

11. Fritz behauptet: „Wassertropfen können wie kleine Linsen wirken. Deshalb sollte man die Blätter von Gartenpflanzen möglichst nicht bei intensiver Sonnenstrahlung wässern.“
Hat Fritz recht? Begründe deine Auffassung!

12. Übernimm die Skizze ins Heft und zeichne den schnellsten Weg des Lichts

a) von A nach B,

*b) von A nach B über die beiden Spiegel ein!

Spiegele für die Lösung von Teilaufgabe b beide Punkte an je einem Spiegel!

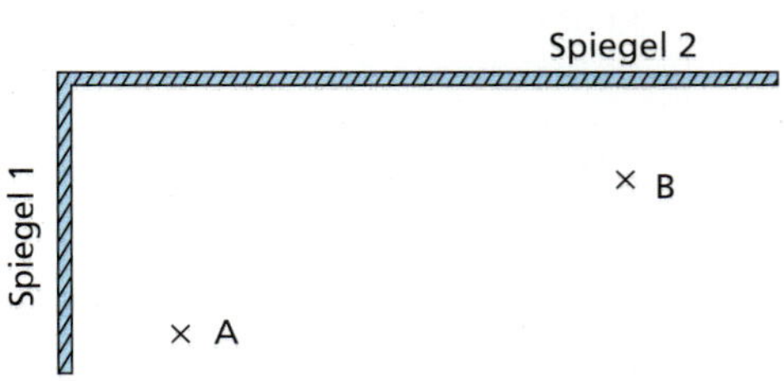

***13.** Auf eine Linse von 6 cm Durchmesser fällt Sonnenlicht parallel zur optischen Achse und erzeugt auf einem Schirm, der 4 cm hinter der Linse steht, einen Lichtkreis von 4,5 cm Durchmesser.

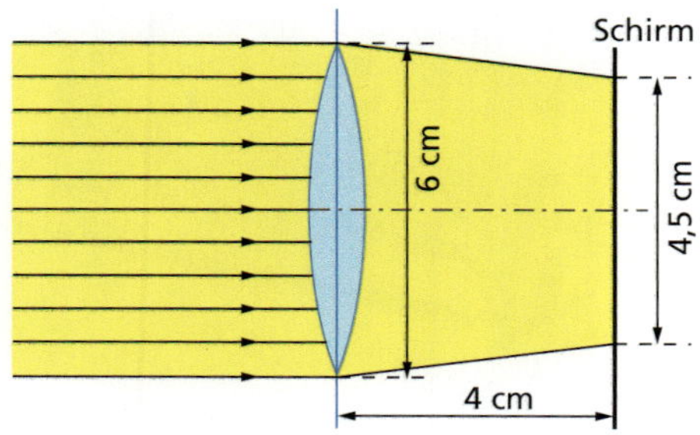

a) Wie groß ist die Brennweite der Linse?

b) Beschreibe eine andere Möglichkeit, die Brennweite einer Sammellinse zu bestimmen!

14. Für die Abbildung eines Gegenstands auf einem Schirm steht nur ein Stück einer Linse zur Verfügung. Kann man mit diesem Linsenstück ein Bild erzeugen? Begründe!

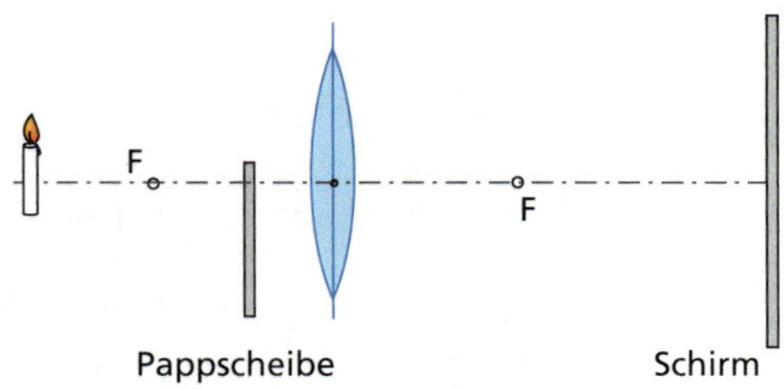

15. Ein Rettungsschwimmer muss zu einer Person, die dringend Hilfe braucht. Welchen Weg empfiehlst du? Begründe! Was hat diese Aufgabe mit Optik zu tun?

16. Untersuche experimentell die Bilder, die von einem hellen Gegenstand mit einer Sammellinse erzeugt werden, in Abhängigkeit von der Entfernung des Gegenstands von der Linse (Gegenstandsweite)!

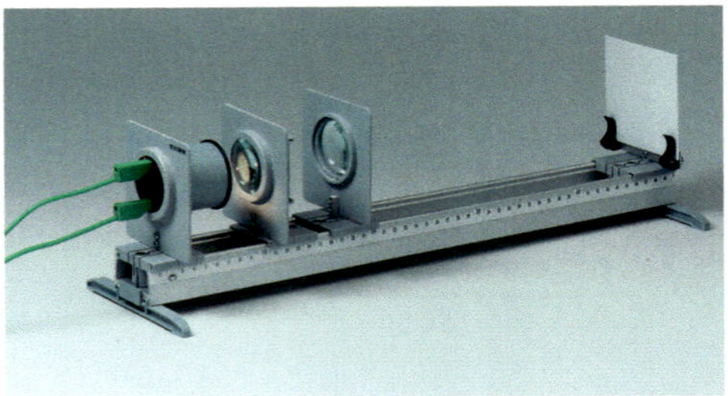

Vorbereitung:
Stelle die für das Experiment notwendigen Geräte und Hilfsmittel zusammen!
Durchführung:
Baue die Experimentieranordnung auf! Markiere, ausgehend von der Linse, die einfache und die doppelte Brennweite! Wähle verschiedene Gegenstandsweiten und erzeuge auf dem Schirm ein scharfes Bild, indem du die Bildweite veränderst!
Auswertung:
Beobachte und beschreibe das Bild und trage die Ergebnisse in eine Tabelle ein!

Gegenstandsweite	**Bildweite**	**Größe, Lage und Art des Bilds**
...	...	...

a) Formuliere einen Zusammenhang zwischen Bildgröße und Gegenstandsweite!
b) Formuliere einen Zusammenhang zwischen Gegenstandsweite und Bildweite für ein scharfes Bild!
c) Formuliere einen Zusammenhang zwischen Bildweite und Bildgröße für ein scharfes Bild!
*d) Berechne bei gegebener Brennweite und Gegenstandsweite die Bildweite! Überprüfe dein Ergebnis experimentell!

17. Vor einer Sammellinse mit einer Brennweite von 4 cm steht in 6 cm Entfernung von der Linsenebene ein 2 cm großer Gegenstand.

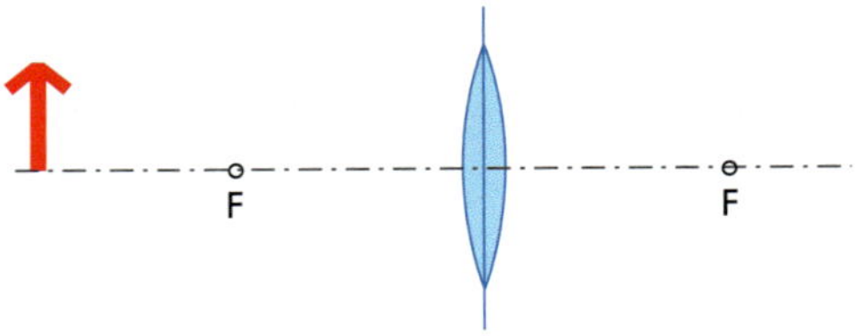

a) Konstruiere im Heft das Bild des Gegenstands! Bestimme die Größe des Bilds und die Bildweite!
b) Berechne die Bildweite und vergleiche mit dem Ergebnis von a!
c) Würde der gesamte Gegenstand auf einem Schirm scharf erscheinen? Begründe deine Aussage!

*** 18.** Mithilfe einer Sammellinse wird eine brennende Kerze auf einem Schirm scharf abgebildet. Die Sammellinse hat eine Brennweite von $f = 100$ mm. Die Kerze steht 150 mm vor der Linse.
Ermittle zeichnerisch und rechnerisch, in welcher Entfernung von der Linse der Schirm aufgestellt sein muss!

*** 19.** Unser Auge hat eine Brennweite von etwa 20 mm, wenn die Linse auf sehr weit entfernte Gegenstände eingestellt ist.
a) Wie groß ist in diesem Fall die Bildweite?
b) Wie ändert sich die Brennweite der Augenlinse, wenn ein Gegenstand in 25 cm Entfernung (deutliche Sehweite) betrachtet wird?

20. In vielen Fällen sind Sehfehler angeboren.
a) Erkläre, wie man mit einer Brille oder Kontaktlinsen Kurzsichtigkeit bzw. Weitsichtigkeit korrigieren kann!
*b) Brillengläser haben meist eine Brechkraft zwischen 0,5 Dioptrien und 5 Dioptrien. Wie groß sind die Brennweiten der betreffenden Brillengläser?

Brechung von Licht und Bilder an Linsen

Trifft Licht unter einem Winkel $\alpha \neq 0$ auf die Grenzfläche zweier Stoffe, so wird es gebrochen. Dabei liegen einfallender Strahl, Lot und gebrochener Strahl in einer Ebene.
Der Lichtweg ist umkehrbar.

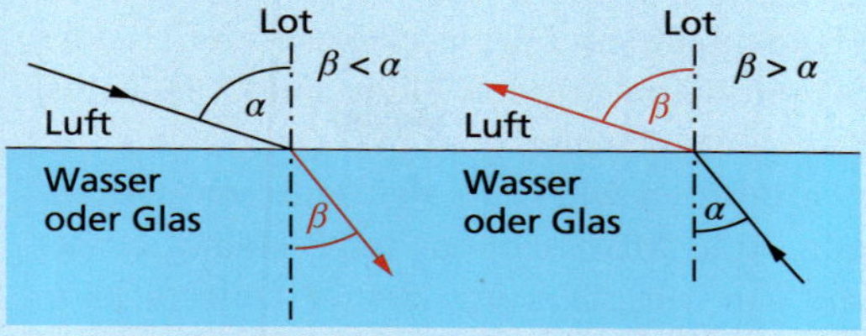

Beim Übergang von einem optisch dünneren in einen optisch dichteren Stoff wird Licht zum Lot hin gebrochen, beim umgekehrten Übergang vom Lot weg.

Für die Ausbreitung von Licht gilt immer:

Licht breitet sich zwischen zwei Punkten auf dem schnellsten Weg aus.

Zur Konstruktion des Bilds eines Gegenstands an einer dünnen Sammellinse können **Parallelstrahlen, Mittelpunktstrahlen** und **Brennpunktstrahlen** genutzt werden.

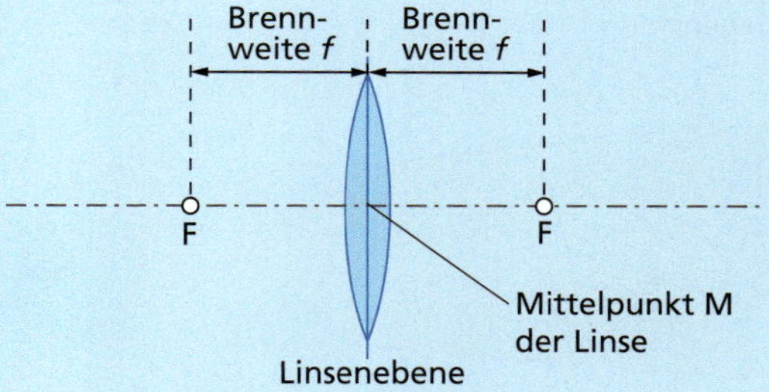

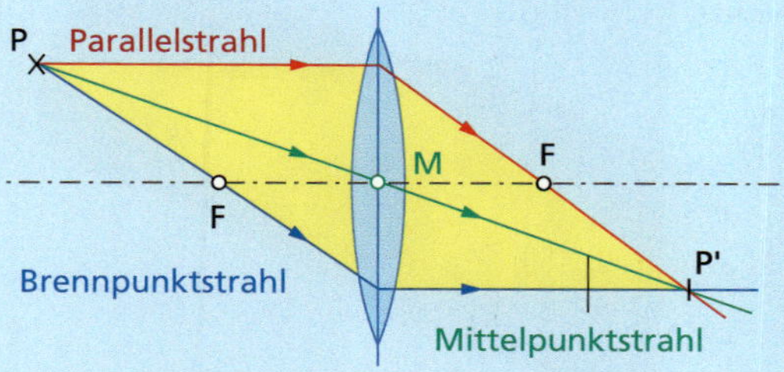

Sammellinsen werden zur Erzeugung von Bildern bei Auge, Fotoapparat, Lupe, Mikroskop, Diaprojektor und Fernrohr genutzt. Die Bilder können kleiner oder größer als der Gegenstand sein oder die gleiche Größe haben.
Entscheidend für die von uns wahrgenommene Bildgröße ist der **Sehwinkel.**

Der Zusammenhang zwischen Bildgröße B, Gegenstandsgröße G, Bildweite b und Gegenstandsweite g ist durch den **Abbildungsmaßstab** $\boldsymbol{A}$ gegeben.

$$A = \frac{B}{G} = \frac{b}{g}$$

Die **Linsengleichung** (Abbildungsgleichung) enthält den Zusammenhang zwischen der Brennweite f einer Linse, der Gegenstandsweite g und der Bildweite b. Bei Zerstreuungslinsen ist f negativ.

$$\frac{1}{f} = \frac{1}{g} + \frac{1}{b} \quad \text{oder} \quad f = \frac{g \cdot b}{g + b}$$

Von der Lupe zum Fernrohr

Mit Fotoapparaten, Diaprojektoren oder Handys mit Fotofunktion werden Bilder auf CCD-Chips, Filmen oder Schirmen erzeugt.
Mit Fernrohren will man weit entfernte Gegenstände, mit Mikroskopen sehr kleine besser sehen. Zur Vergrößerung kleiner Objekte kann man auch eine Lupe nutzen.
Dabei werden Spiegel, Prismen und Linsen verwendet, bei denen das Reflexionsgesetz und das Brechungsgesetz eine Rolle spielen.

Einteilung optischer Geräte

Nach ihrem Aufbau und der Anordnung der optischen Bauelemente kann man zwischen zwei Gruppen unterscheiden: Bei Fotoapparaten, Videokameras oder Diaprojektoren wird mit einem Linsensystem **(Objektiv)** ein Bild des Gegenstands auf einem Film, CCD-Chip oder einem Schirm erzeugt. Das kann ein vergrößertes (Diaprojektor) oder ein verkleinertes (Fotoapparat) Bild sein. Um ein scharfes und farbrichtiges Bild zu erhalten, verwendet man als Objektiv meist ein kompliziertes Linsensystem, das wie eine Sammellinse wirkt. Deshalb sind in Abb. 3 und 4 vereinfacht Sammellinsen gezeichnet.
Bei Fotoapparaten werden häufig Objektive mit veränderbarer Brennweite (Zoomobjektive) genutzt. Dadurch ist es möglich, von einem Gegenstand, der sich in einer bestimmten Entfernung befindet, unterschiedlich große Bilder zu erhalten.
Eine Reihe von optischen Geräten, z. B. Mikroskop oder Fernrohr (s. S. 98 ff.), besteht aus zwei Linsensystemen, dem Objektiv und dem Okular. Was für Bilder wir dann sehen, hängt u. a. von der Anordnung dieser Bauteile ab. Nachfolgend werden einige optische Geräte genauer betrachtet.

1 Spiegelreflexkamera mit einem Zoomobjektiv

2 Automatischer Diaprojektor mit Halogenlampe als Lichtquelle

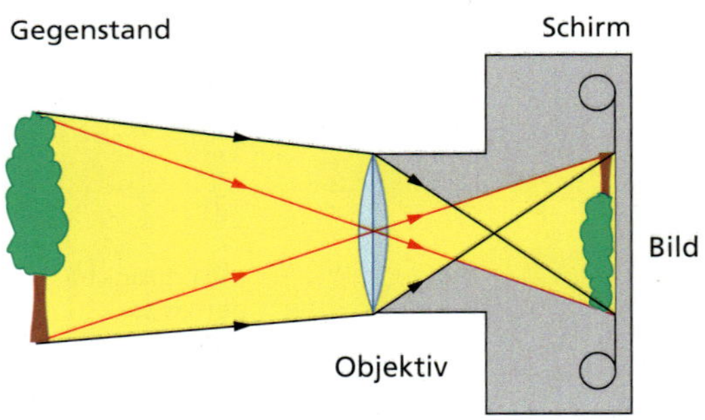

3 Strahlenverlauf beim Fotoapparat: Es entsteht ein verkleinertes Bild.

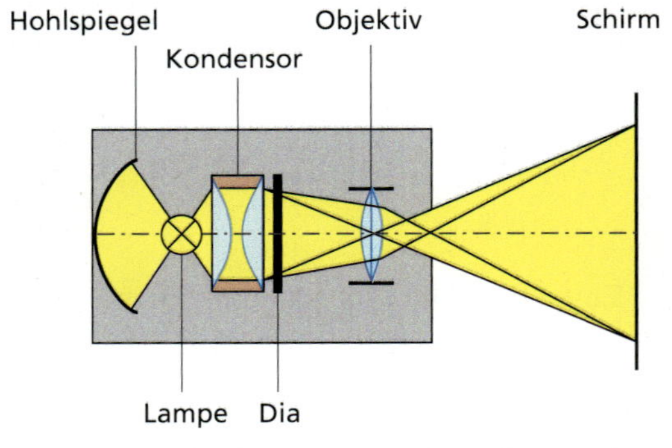

4 Strahlenverlauf beim Diaprojektor: Es entsteht ein vergrößertes Bild.

Die Lupe

Mit dem menschlichen Auge allein können wir nur Gegenstände ab einer bestimmten Größe gut wahrnehmen. Sehr kleine Objekte oder feine Einzelheiten von Körpern können wir mit bloßem Auge häufig nicht sehen oder nicht klar erkennen. Das hängt damit zusammen, dass der Sehwinkel, unter dem wir einen Gegenstand wahrnehmen, zu klein ist. Verändern lässt sich das mit einer Lupe.

Wie ist eine Lupe aufgebaut? Was bewirkt sie, wenn wir einen Gegenstand durch die Lupe hindurch betrachten?

Eine Lupe ist eine Sammellinse mit Halterung. Wenn wir Schrift oder Gegenstände durch eine Lupe hindurch betrachten, sehen wir bei zweckmäßigen Abständen ein aufrechtes, seitenrichtiges und vergrößertes Bild (Abb. 1).

Experiment

Betrachte einen Gegenstand durch eine Lupe! Verändere die Abstände zwischen Lupe und Gegenstand sowie zwischen Lupe und Auge systematisch! Welche Fälle kannst du unterscheiden? Notiere deine Beobachtungen!

1 Ammonit unter einer Lupe: Wir nehmen ein vergrößertes Bild wahr.

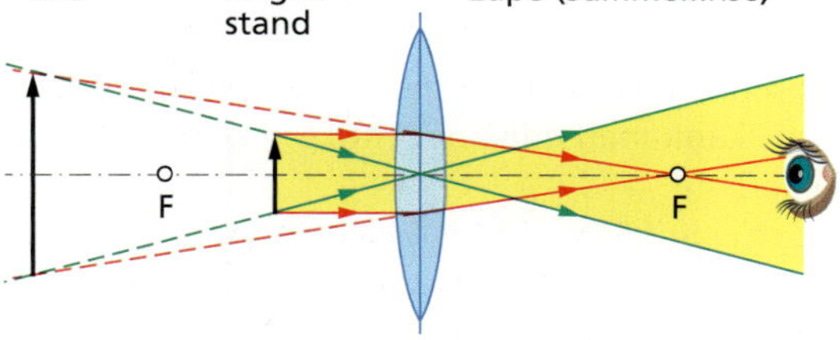

2 Der Gegenstand befindet sich innerhalb der einfachen Brennweite der Lupe.

Ein solches Bild entsteht dann, wenn sich der Gegenstand innerhalb der Brennweite der Sammellinse befindet. Entscheidend dabei ist:

> **Eine Lupe vergrößert den Sehwinkel und damit die Größe des auf der Netzhaut entstehenden Bilds.**

Dieser Sachverhalt ist in Abb. 3 dargestellt. Ohne Lupe sehen wir den Gegenstand unter einem bestimmten Sehwinkel α_1. Bei Nutzung einer Lupe nehmen wir das Bild des Gegenstands unter einem größeren Sehwinkel α_2 wahr. Mit Vergrößerung des Sehwinkels wird auch das auf der Netzhaut entstehende Bild größer. Damit können wir mehr Details erkennen als bei der Beobachtung desselben Gegenstands ohne Lupe.
Die Vergrößerung liegt bei Lupen meist zwischen 2 und 10. Eine 2-fache Vergrößerung bedeutet: Der Sehwinkel mit Lupe ist etwa doppelt so groß wie ohne Lupe.

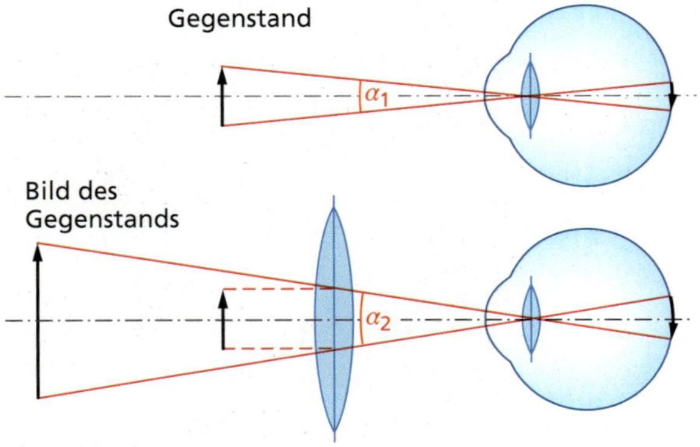

3 Sehwinkel ohne und mit Lupe: Mit dem Sehwinkel ändert sich das Netzhautbild.

Das Mikroskop

Wesentlich stärkere Vergrößerungen als mit einer Lupe kann man mit einem Mikroskop (Abb. 2) erzielen.
Wie ist ein Mikroskop aufgebaut? Wie kommt eine bis zu tausendfache Vergrößerung zustande?

Ein Mikroskop besteht aus zwei Linsensystemen: Das **Objektiv** ist dem Gegenstand zugewandt. Durch das **Okular** wird das Bild betrachtet. Da beide Linsensysteme wie Sammellinsen wirken, zeichnen wir sie vereinfacht als Sammellinsen.

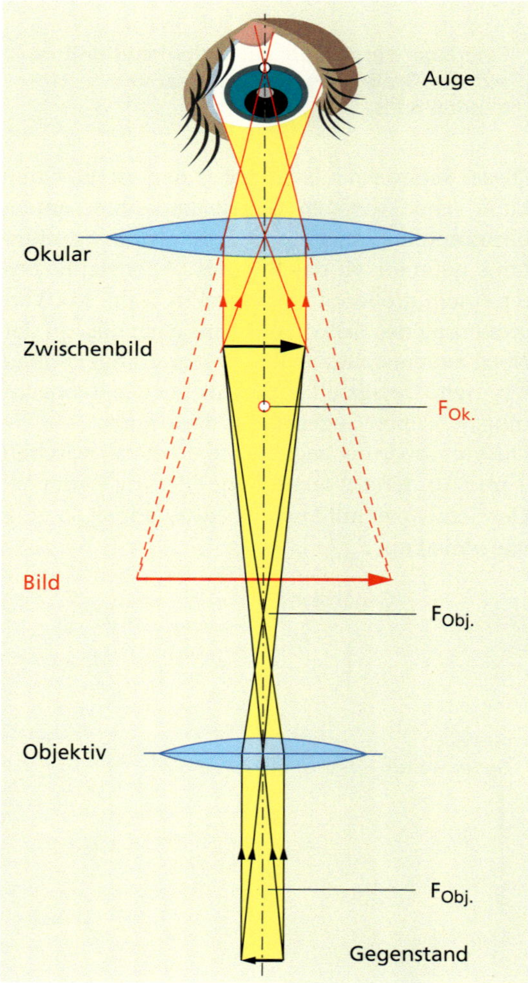

1 Strahlenverlauf am Mikroskop

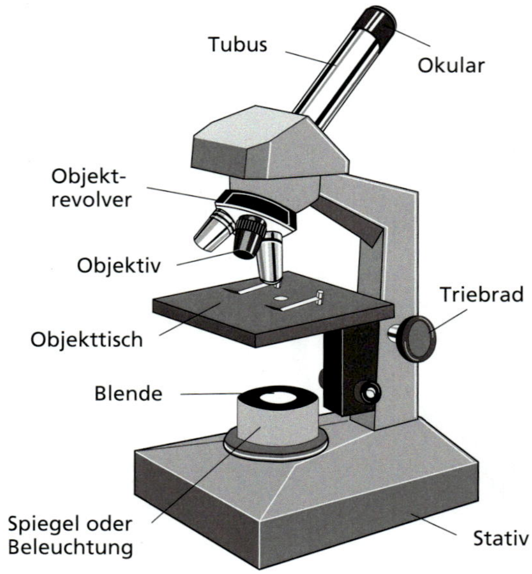

2 Aufbau eines Mikroskops

Das Objektiv hat eine relativ kleine Brennweite. Durch verschiedene Objektive (Abb. 2) erhält man unterschiedliche Vergrößerungen.
Mit dem Objektiv wird ein reelles Bild des Gegenstands erzeugt (Abb. 1). Dieses Zwischenbild wird jedoch nicht auf einem Schirm aufgefangen, sondern von der anderen Seite aus durch das Okular betrachtet. Da sich dieses Zwischenbild innerhalb der Brennweite des Okulars befindet, wirkt dieses wie eine Lupe. Man sieht durch das Okular das vergrößerte Zwischenbild (Abb. 1).

Beim Mikroskop entsteht ein stark vergrößertes, umgekehrtes Bild eines Gegenstands, wobei der Sehwinkel stark vergrößert wird.

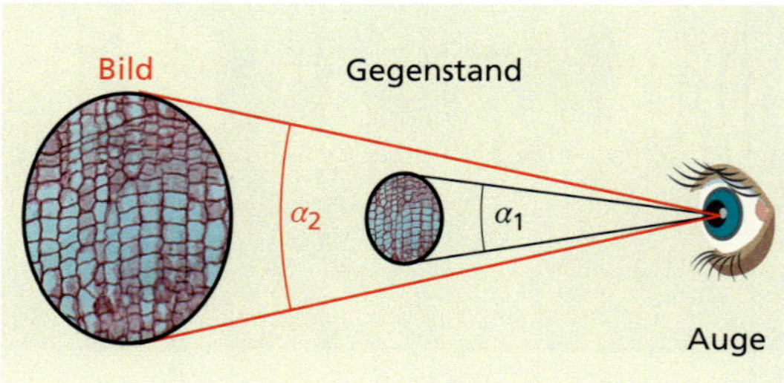

3 Der Sehwinkel ohne und mit Mikroskop

Mosaik

CARL ZEISS – ein Name mit Tradition

Am 10. Mai 1846 reichte der 30-jährige Mechaniker CARL ZEISS (1816–1888) bei der Landesdirektion in Weimar das Gesuch ein, ihm die Gründung einer mechanischen Werkstatt in Jena zu gestatten. Am 17. November 1846 war es so weit: CARL ZEISS eröffnete seine Werkstatt für Feinmechanik und Optik in Jena, Neugasse 7. Schon 1847 begann er mit der Fertigung einfacher Mikroskope, die er immer weiter verbesserte. Allerdings gab es ein Problem: Der Bau der Mikroskope erfolgte nicht auf wissenschaftlicher Grundlage, sondern man war auf Probieren angewiesen, eine sehr unsichere und aufwendige Methode. Deshalb suchte ZEISS nach einem wissenschaftlichen Berater und fand ihn 1866 in dem jungen, noch unbekannten Physiker ERNST ABBE (1844–1905). Diese Zusammenarbeit von Wissenschaftler und Handwerker erwies sich als äußerst konstruktiv.

ERNST ABBE wurde 1870 Professor an der Universität Jena, gründete dort 1874 das Physikalische Institut und war zeitweise auch Direktor der Universitätssternwarte. Sehr schnell schuf er eine Theorie des Mikroskops, auf deren Grundlage ab 1872 alle Zeiss-Mikroskope gebaut wurden. Auch zur Entwicklung von hochwertigen Objektiven und Fernrohren hat ABBE wesentlich beigetragen.

1 Werkstatt von CARL ZEISS (1864)

Das alles führte die kleine Werkstatt schnell zu Weltruhm. Sie entwickelte sich in wenigen Jahren zum Großbetrieb, der unter dem Namen „Carl Zeiss Jena" weltberühmt wurde.

2 Planetarien von der Firma Zeiss werden in vielen Ländern genutzt.

Das Unternehmen Carl Zeiss, das 1996 sein 150-jähriges Bestehen feierte, ist heute in vielen Bereichen ein technologisch führendes Unternehmen. Zur Produktionspalette gehören beispielsweise Spezialmikroskope für die Chirurgie und Geräte für medizinische Untersuchungen (Abb. 3). Außerdem werden große Spiegelteleskope für Sternwarten und Planetarien (Abb. 2) produziert. Flugzeuge und Satelliten nutzen Spezialkameras und Registriergeräte. Gefragt sind bei Kunden in aller Welt hochwertige Ferngläser, Fotoobjektive sowie Geräte zur Erzeugung feinster Strukturen bei der Herstellung von Mikroschaltkreisen.

3 Zur Produktionspalette gehören Geräte zur Untersuchung des Auges.

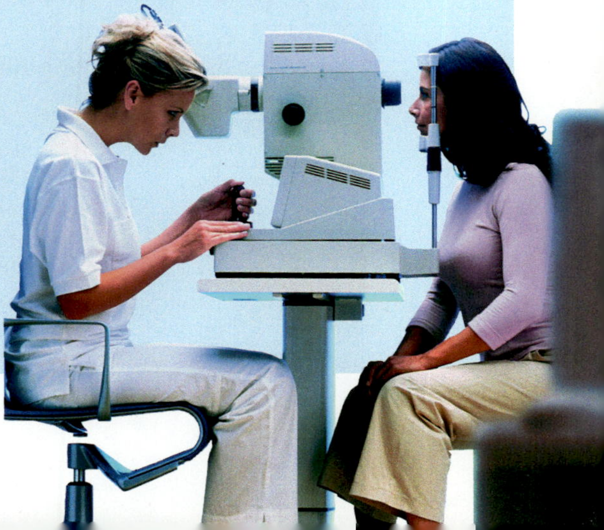

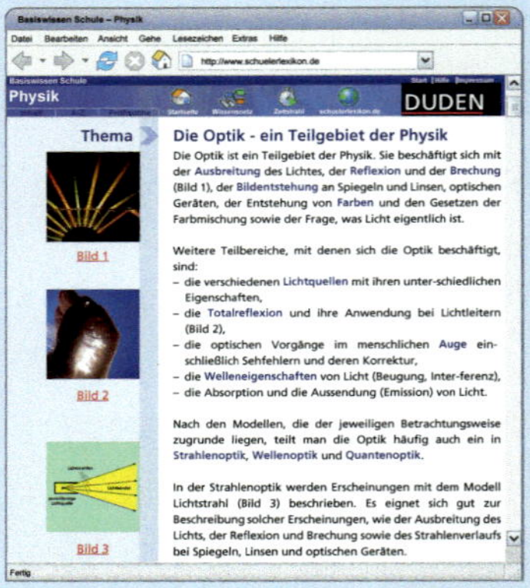

Unter der Internetadresse **www. schuelerlexikon.de** findest du für Schüler entwickelte Nachschlagewerke, u.a. für das Fach Physik.

Präsentieren von Informationen

Ergebnisse deiner Arbeit zu einem Thema oder das, was ihr in einer Gruppe erarbeitet habt, sollte den Mitschülern, vielleicht sogar allen Schülern der Schule oder der Öffentlichkeit präsentiert werden. Für die Präsentation von Informationen gibt es unterschiedliche Möglichkeiten, beispielsweise:

- einen Vortrag halten
- eine Wandzeitung oder ein Poster für den Physikraum oder den Schulflur gestalten
- eine Präsentation mit dem Computer anfertigen und vorführen
- eine Internetseite zu einem Thema gestalten

Vorbereiten eines Vortrags

1. Verschaffe dir einen Überblick über das Thema! Nutze dazu verschiedene Informationsquellen!

Informationsquellen

elektronische Medien	Literatur	Schulbücher	Internet
Film Fernsehen CD-ROMs, DVDs	Lexika Sachbücher Zeitschriften	Lehrbücher Tabellenwerke Schülerlexika	Suchmaschinen Direktsuche www.schuelerlexikon.de

2. Wähle die Schwerpunkte aus, zu denen du etwas vortragen willst! Informiere dich über diese Schwerpunkte genauer!
3. Gliedere den Vortrag! Formuliere die Schwerpunkte in Kurzform schriftlich (z. B. Kärtchen mit Stichwörtern)!
4. Stelle Bilder, Folien oder Plakate bereit, die du für den Vortrag nutzen willst!

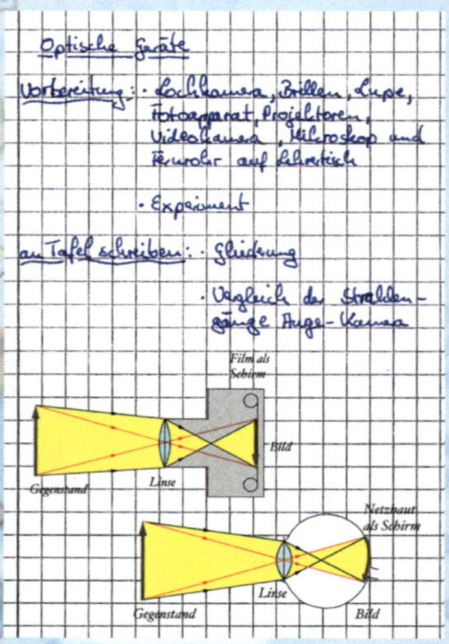

Halten eines Vortrags

1. Wecke am Anfang des Vortrags Interesse und Neugier und nenne das Thema! Beginne mit: „Wusstet ihr überhaupt ... ?“ oder „Hättet ihr gedacht, dass ...“.
2. Nenne und zeige die Gliederung (Tafel, Folie, Plakat)!
3. Sprich in kurzen Sätzen! Verwende nur Fachbegriffe, die du auch selbst erklären kannst!
4. Bemühe dich, laut, langsam und deutlich zu sprechen! Nutze deine Notizen! Versuche trotzdem, frei zu sprechen und deine Zuhörer anzuschauen!

5. Leite neue Teile deutlich ein, z. B.: „Ein weiterer Punkt ist ..." oder „Als Nächstes möchte ich ...".
6. Achte auf die Zeit! Schließe den Vortrag mit einer kurzen Zusammenfassung ab!

Anfertigen einer Wandzeitung oder eines Posters

Wandzeitungen oder Poster eignen sich gut dazu, Informationen und Arbeitsergebnisse der Schulöffentlichkeit vorzustellen. Damit das auch gut gelingt, sollten ein paar Tipps beachtet werden.

1. Jedes Poster hat ein Thema, das über den Inhalt informieren und Neugier wecken soll. Es sollte auffällig (groß, farbig) gestaltet sein.
2. Verwende Abbildungen, Grafiken, Skizzen, Schemata! Gehe sparsam mit Text um!
3. Ordne die Inhalte übersichtlich an!
4. Kennzeichne das, was inhaltlich zusammengehört, mit gleichen Schriftarten, Farben oder Formen! Verwende dabei aber keine zu große Vielfalt!
5. Teste die Erkennbarkeit und Lesbarkeit aus größerer Entfernung!
6. Bei einem umfangreicheren Thema kann man mehrere Poster zu einer kleinen Ausstellung zusammenfassen.

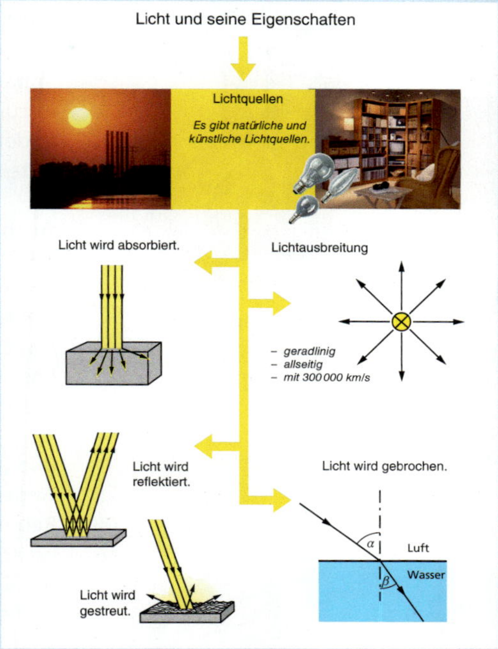

Gestaltung einer Internetseite

Im World Wide Web (www) kann man nicht nur Informationen suchen, sondern auch selbst Informationen präsentieren. Dazu ist eine eigene **Homepage** nötig oder es wird die Homepage der Schule genutzt.
Zur Erstellung der Seiten gibt es spezielle Programme.
Für die attraktive Gestaltung von Webseiten gelten die gleichen Hinweise wie für die Anfertigung einer Wandzeitung oder eines Posters. Vorteil ist aber beim Web: Es können auch Animationen, Videos oder Audios mit eingebaut werden. Es können auch schnell Änderungen und Aktualisierungen vorgenommen werden.

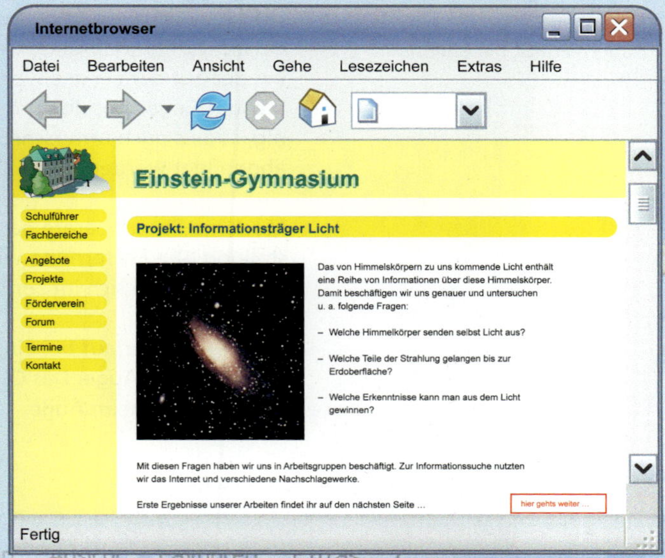

Thema

1 Aufbau eines Fotoapparats

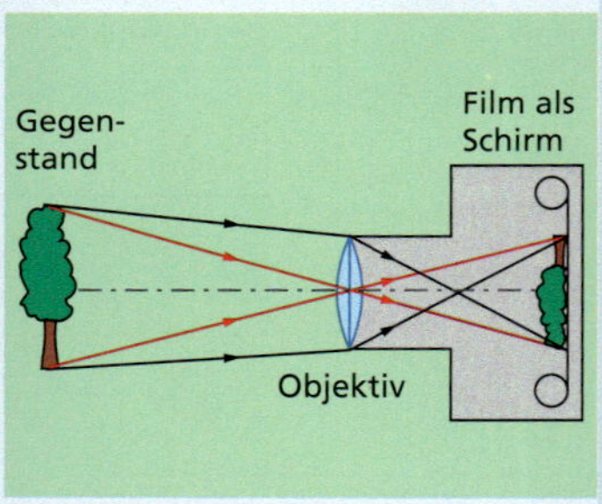

2 Strahlenverlauf bei einem einfachen Fotoapparat

Fotoapparate

Fotoapparate sind optische Geräte, mit deren Hilfe Bilder von Gegenständen angefertigt werden. Neben herkömmlichen Fotoapparaten, bei denen man Filme zur Speicherung nutzt, werden in zunehmendem Maß Digitalkameras verwendet, bei denen die Bilder in digitaler Form gespeichert werden und mithilfe von Computerprogrammen weiterbearbeitet werden können.

Aufbau und Wirkungsweise von Fotoapparaten

Bild 1 zeigt einen modernen Fotoapparat. Die Hauptbestandteile eines Fotoapparats sind ein lichtdichtes Gehäuse, ein **Objektiv** und der **Film** oder ein **CCD-Chip,** auf dem die Bilder gespeichert werden. Das Objektiv ist ein Linsensystem, das insgesamt wie eine Sammellinse wirkt. Bei normalen **Kleinbildkameras** hat das Objektiv eine Brennweite von etwa 50 mm, bei **Digitalkameras** von etwa 30 mm.

Bild 2 zeigt den **Strahlenverlauf** bei einem einfachen Fotoapparat. Gegenstände, die abgebildet werden sollen, befinden sich in der Regel weit außerhalb der doppelten Brennweite des Objektivs, also weiter als 10 cm vom Objektiv entfernt. Demzufolge entsteht durch das Objektiv ein verkleinertes, umgekehrtes, seitenvertauschtes und reelles (wirkliches) Bild.

Damit das Bild des Gegenstands scharf ist, muss mit der **Entfernungseinstellung** die Bildweite (Abstand Objektiv – Film) entsprechend gewählt werden. Das geschieht durch Verschieben des Objektivs. Für jede Gegenstandsweite gibt es genau eine Bildweite, bei der auf dem Film ein scharfes Bild entsteht. Bei weiter entfernten Gegenständen unterscheiden sich die Bildweiten nur wenig, sodass auch unterschiedlich weit entfernte Gegenstände scharf abgebildet werden.

Moderne Fotoapparate haben eine automatische Entfernungseinstellung. Die Entfernung wird dabei zumeist auf die Gegenstände eingestellt, die sich im Zentrum des Sucherbilds befinden.

Der Strahlenverlauf bei einem Fotoapparat ähnelt dem beim menschlichen Auge: Das Objektiv beim Fotoapparat entspricht dem Linsensystem beim Auge.

... und mehr

Informiere dich auch unter: *Lochkamera, Lupe, Mikroskop, Fernrohr und Fernglas, Auge, Diaprojektor, Ernst Abbe, Otto Schott, Carl Zeiss, Sammellinsen, Zerstreuungslinsen, ...*

Das Fernrohr

Mit einem **Fernrohr** oder einem **Fernglas** beobachtet man weit entfernte Gegenstände, die zwar relativ groß, aber wegen ihrer Entfernung nur unter einem kleinen Sehwinkel wahrnehmbar sind.
Wie ist ein Fernrohr aufgebaut? Warum können wir mit ihm weit entfernte Gegenstände besser erkennen?

Wir betrachten eine der einfachsten Bauformen, das keplersche Fernrohr (Abb. 2). Es besteht aus **Objektiv** und **Okular,** die beide wie beim Mikroskop als Sammellinsen wirken. Der Abstand der Linsen ist gleich der Summe ihrer Brennweiten.
Ähnlich wie beim Mikroskop entsteht durch das Objektiv ein Zwischenbild (Abb. 1), das hier aber kleiner als der Gegenstand ist, da sich dieser weit außerhalb der doppelten Brennweite befindet. Dieses Zwischenbild wird durch das Okular betrachtet, das wie eine Lupe wirkt. Insgesamt entsteht ein verkleinertes, umgekehrtes Bild des Gegenstands. Dass wir einen Gegenstand trotzdem besser erkennen, liegt an der Vergrößerung des Sehwinkels (Abb. 3).

Ein Fernrohr vergrößert den Sehwinkel für weit entfernte Gegenstände und damit die Größe des auf der Netzhaut entstehenden Bilds.

Bei Ferngläsern wird das Bild z. B. durch Prismen um 180° gedreht, sodass wir dort ein aufrechtes Bild sehen.

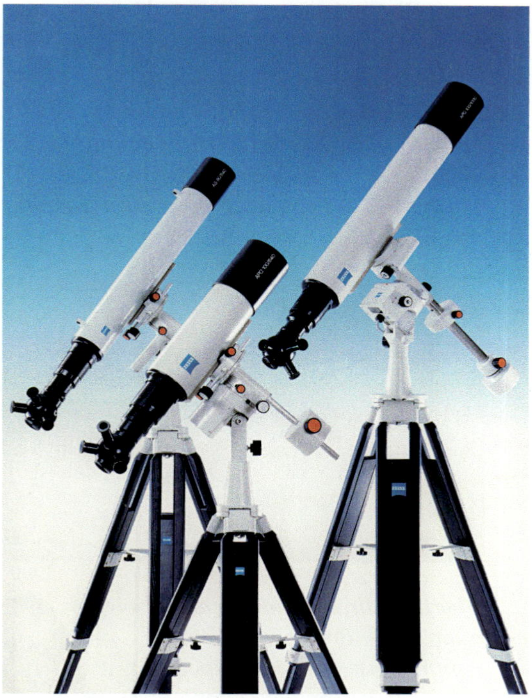

2 Astronomische (keplersche) Fernrohre

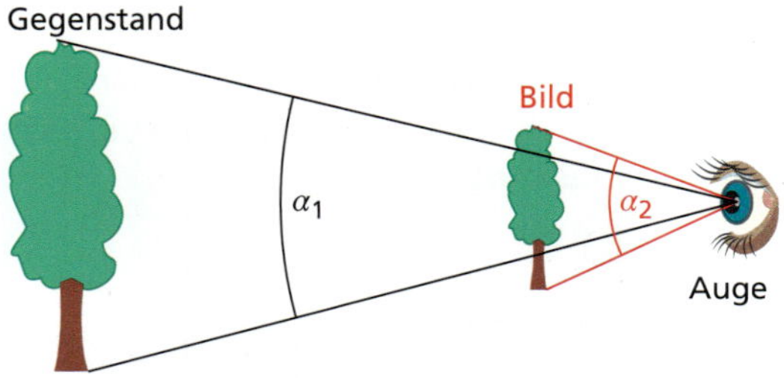

3 Der Sehwinkel ist mit einem Fernrohr größer als ohne Fernrohr.

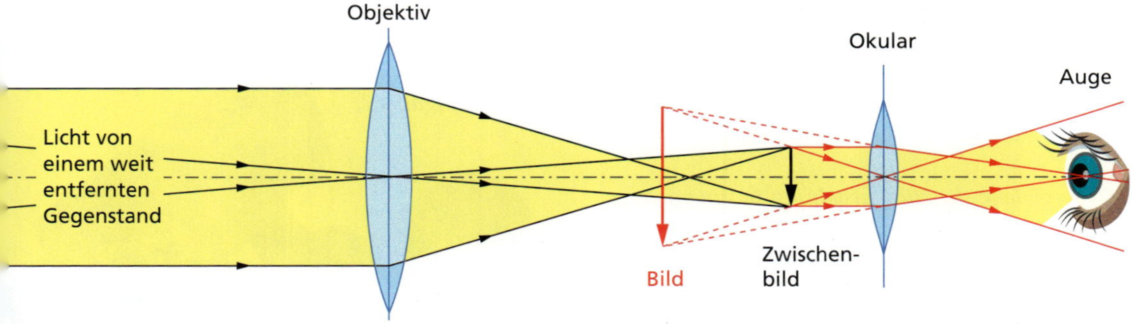

1 Strahlenverlauf bei einem astronomischen (keplerschen) Fernrohr

1. *Beobachte den Lichtfleck, den das Sonnenlicht auf einem Stück Papier erzeugt, wenn du den Abstand zwischen der Sammellinse und dem Papier änderst!*
   Finde heraus, welche Stelle am günstigsten ist, um das Papier zu entzünden!
   ***Vorsicht:** Es besteht Brandgefahr! Benutze deshalb nur ein kleines Stück Papier!*

2. *Überlege dir eine Möglichkeit, wie man die Brennweite einer Sammellinse (Lupe) experimentell bestimmen kann!*
   Führe die experimentelle Bestimmung der Brennweite durch!

3. *An einem Augenmodell kann man den Aufbau und die Bildentstehung beim menschlichen Auge untersuchen.*

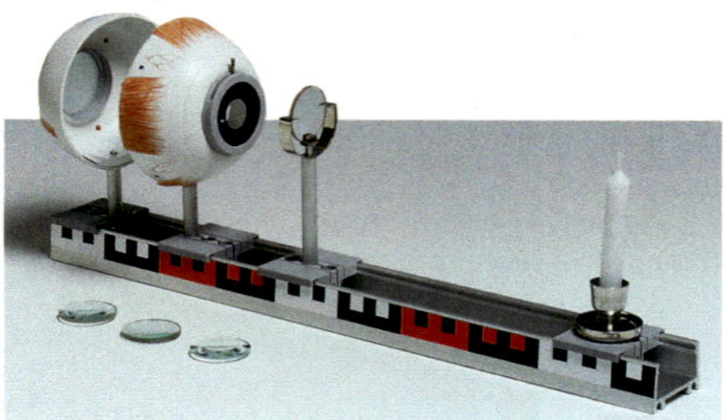

   Führe diese Untersuchungen durch!

4. *Vergleiche die Bildentstehung in einem Auge mit der in einem Fotoapparat!*
   Welche Gemeinsamkeiten und Unterschiede bestehen zwischen beiden!
   Gehe dabei insbesondere auf die Teile ein, die für die Bildentstehung notwendig sind!

5. *Beschreibe den Aufbau eines Mikroskops und erläutere dabei die Funktion der einzelnen Teile!*

6. *Untersuche mit einem Mikroskop verschiedene Pflanzenteile!*

7. *Baue dir aus zwei Sammellinsen*
   a) ein einfaches Mikroskop,
   b) ein einfaches astronomisches Fernrohr!
   Probiere die Geräte aus und versuche zu optimieren!

8. *Beschreibe den Aufbau und erkläre die Wirkungsweise eines astronomischen (keplerschen) Fernrohres! Nutze dazu das Internet!*

9. *Das längste Linsenfernrohr der Welt ist das große Fernrohr der Archenhold-Sternwarte in Berlin-Treptow. Das Gerät ist voll funktionstüchtig.*
   a) Erkunde, wann und aus welchen Anlass dieses Gerät gebaut wurde!
   b) Welche Brennweite hat dieses Fernrohr?
   c) Was ist der Unterschied zwischen einem Linsenfernrohr und einem Spiegelteleskop?

10. *Zum Fotografieren von sehr weit entfernten Gegenständen benutzt man Teleobjektive oder Objektive mit veränderlicher Brennweite (Zoomobjektive). Warum benutzt man Objektive mit großer Brennweite?*

11. *Bei einem Fernglas findet man die Angabe 8 x 21, bei einem anderen Fernglas die Angabe 7 – 21 x 40.*
    Was bedeuten diese Angaben?

Farben sehen, Regenbogen

Die Sonne oder Halogenlampen senden weißes Licht aus. Wenn ein schmales Bündel von diesem Licht auf ein Prisma gelenkt wird, dann entsteht hinter dem Prisma ein prächtiges Farbband (Abb. 1). Wir nennen es **Spektrum.** Diese Erscheinung der Auffächerung von weißem Licht in verschiedene Lichtsorten lässt sich so erklären:

Weißes Licht ist aus verschiedenen Lichtsorten zusammengesetzt, wobei wir die verschiedenen Lichtsorten als verschiedene Farben wahrnehmen.

Wenn man eine der Lichtsorten ausblendet und diese eine Lichtsorte durch ein Prisma lenkt, dann erfolgt keine weitere Auffächerung des Lichts (Abb. 2). Die einzelnen Lichtsorten des Spektrums können nicht weiter zerlegt werden. Es sind sogenannte reine Lichter. Die Farben, die dabei auftreten, kann man auch bei einem Regenbogen beobachten.

Experiment

a) Halte ein Prisma vor dein Auge und schaue hindurch! Notiere deine Beobachtungen!

b) Lege einen dünnen Streifen Papier auf eine dunkle Fläche vor dich und betrachte ihn durch das Prisma!

Notiere deine Beobachtungen!

c) Ersetze den weißen Papierstreifen durch verschiedene farbige Papierstreifen! Notiere wieder deine Beobachtungen!

d) Nimm an, dass Licht ein Gemisch aus verschieden Lichtsorten ist. Versuche, damit deine Beobachtungen zu erklären!

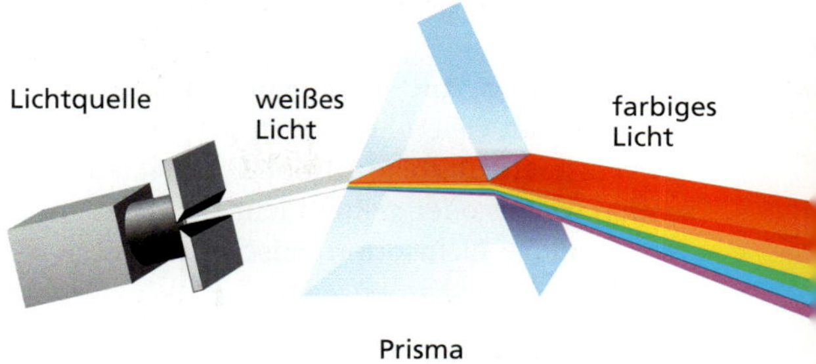

1 Zerlegung von weißem Licht durch ein Prisma: Man erhält verschiedene Lichtsorten.

2 Das Licht einer Lichtsorte ist nicht weiter zerlegbar.

In der Physik werden die Lichtsorten, die man mit einem Prisma aus weißem Licht erhält, als **Spektralfarben** bezeichnet. Sie treten bei Prismen und beim Regenbogen immer in der gleichen Reihenfolge auf.
Es ist üblich, die Farben, die wir am intensivsten wahrnehmen, als Spektralfarben zu bezeichnen.

Spektralfarben sind die Farben Rot, Orange, Gelb, Grün, Blau und Violett.

Vereinigt man das Licht aller Spektralfarben wieder, z.B. mit einer Sammellinse (Abb. 2), dann entsteht weißes Licht.

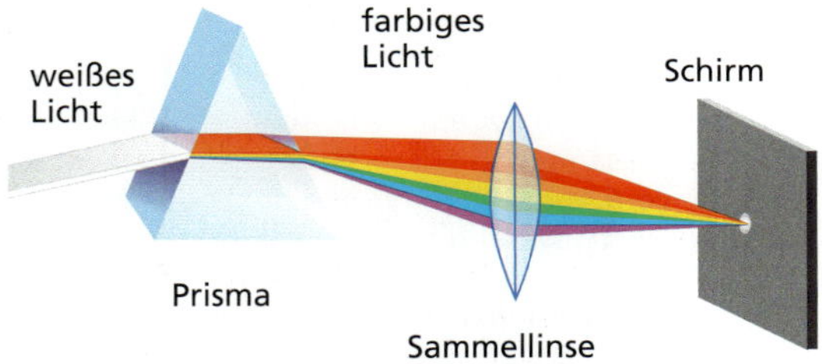

3 Die Vereinigung aller Spektralfarben ergibt Weiß.

Die Farbe von gemischtem Licht

Die Mischung von verschiedenen Lichtsorten finden wir an vielen Stellen: In der Disco leuchten verschiedenfarbige Lampen. Straßenlampen senden weißes oder gelbes Licht aus. Wenn man verschiedene Lichtsorten mischt, nehmen wir unterschiedliche Farben wahr.

1 Verschiedenfarbiges Licht ergibt eine Mischfarbe.

Für unsere Wahrnehmung gilt:

> **Wenn mehrere Lichtsorten zugleich auf die gleiche Stelle der Netzhaut treffen, dann nehmen wir eine Mischfarbe wahr.**

Diese Farbwahrnehmung kann verschiedene Ursachen haben (s. Übersicht unten).

Experiment

a) Betrachte einen Bildschirm, auf dem ein gelber Bereich zu sehen ist, durch eine Lupe!

b) Stelle das Buch geöffnet hin und betrachte das folgende Bild aus immer größerer Entfernung! Notiere deine Beobachtung!

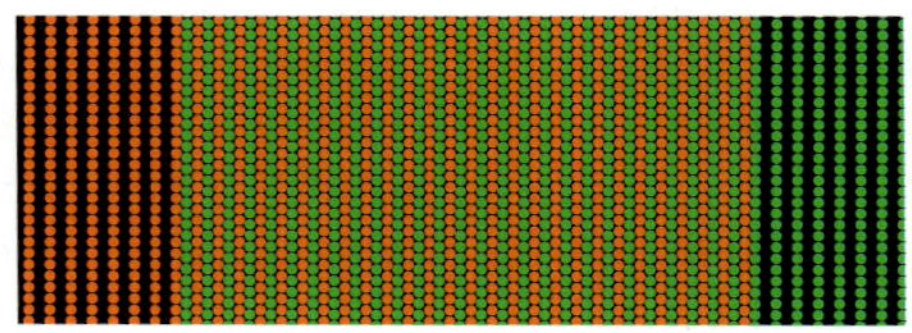

Mögliches Zustandekommen der Wahrnehmung Weiß		
Eine Lichtquelle oder ein Gegenstandspunkt sendet gleichzeitig mehrere Lichtsorten aus, die zusammen auf die gleiche Stelle der Netzhaut fallen.	Beispiel: Das Licht einer Energiesparlampe sendet gleichzeitig rotes, grünes und blaues Licht aus.	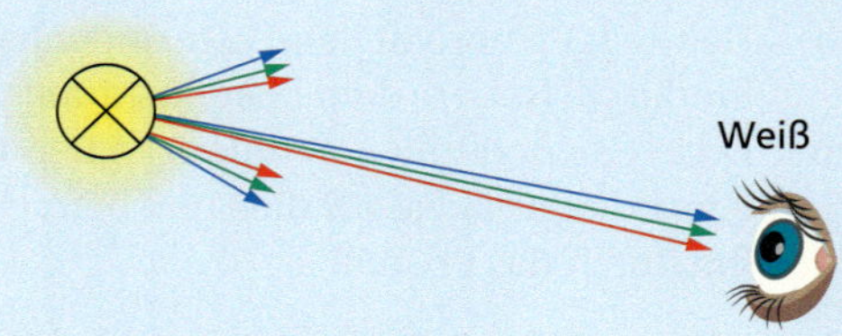
Das Licht von drei verschiedenfarbigen Lichtquellen wird vom gleichen Gegenstandspunkt ins Auge gestreut.	Beispiel: Der Physiklehrer lenkt aus drei Lampen blaues, grünes und rotes Licht an die gleiche Stelle einer weißen Wand.	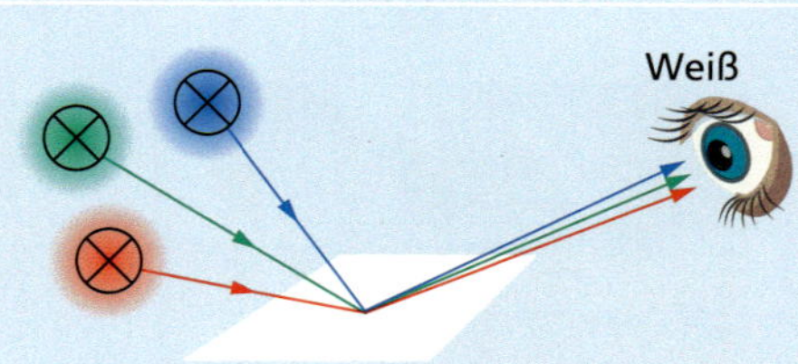
Drei Lichtquellen liegen so dicht beisammen, dass sie vom Auge nicht getrennt werden können. Ihr Licht gelangt auf dieselbe Stelle der Netzhaut.	Beispiel: Ein Bildschirm besteht aus kleinen, sehr eng liegenden Bereichen, die rot, grün oder blau leuchten können. Wenn alle drei Sorten gleich hell leuchten, sieht man Weiß.	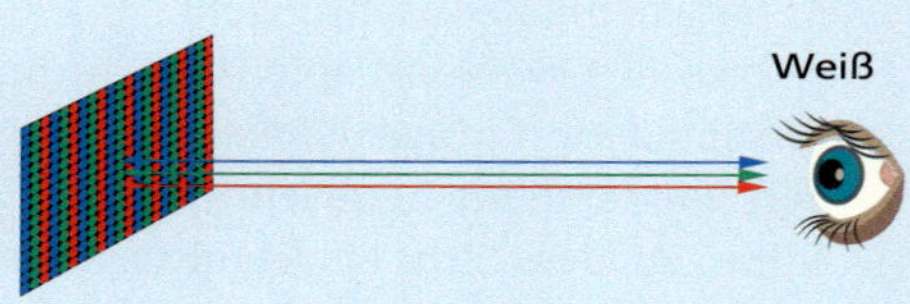

Additive Farbmischung

Bei der additiven Farbmischung werden verschiedene Lichtsorten auf dieselbe Stelle gelenkt und überlagern (addieren) sich. Welche Farbe wir dann wahrnehmen, hängt nicht nur von den Lichtsorten, sondern z. B. auch von der Intensität des Lichts ab. Die Mischfarbe, die wir sehen, kann man mithilfe einer **Farbtafel** (Abb. 1) vorhersagen.
Eine solche Farbtafel enthält auf dem Rand die Spektralfarben in einer bestimmten Anordnung. Dazwischen befinden sich Mischfarben.
Zur Mitte der Farbtafel hin werden die Mischfarben immer blasser. In der Mitte ist Weiß (Punkt S in Abb. 1).

> **Wenn man verschiedene Farbsorten additiv mischt, kann man den dann entstehenden Farbeindruck mithilfe einer Farbtafel vorhersagen.**

Die Farbtafel ist so konstruiert, dass sich die entstehende Mischfarbe aus dem Schwerpunkt S der zu mischenden Farben in der Farbtafel ergibt.

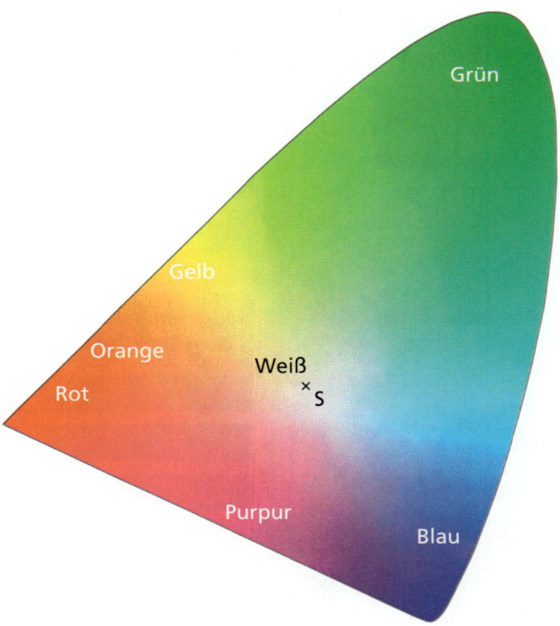

1 Farbtafel für additive Farbmischung

Betrachten wir dazu einige Beispiele von solchen Farbmischungen.
Beispiel 1:
Die additive Mischung von Rot, Grün und Blau ergibt Weiß.

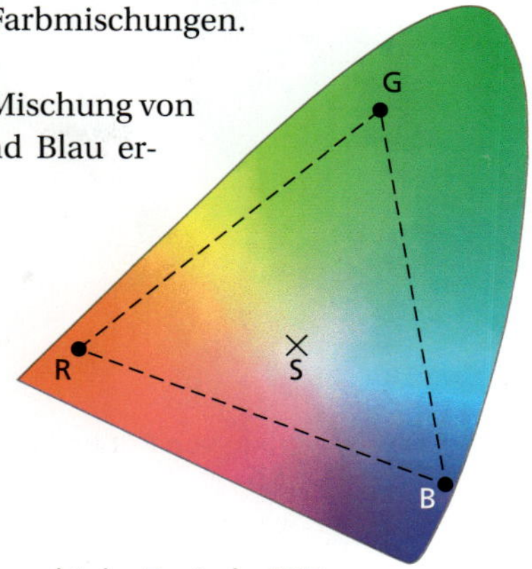

2 Der Schwerpunkt des Dreiecks RGB liegt im weißen Bereich der Farbtafel.

Diese Vorhersage kann man experimentell prüfen, indem man die Farbsorten Rot, Grün und Blau in gleicher Intensität auf eine Stelle einer weißen Wand projiziert.

Experiment

Es ist verblüffend, dass man den Schwerpunkt auch durch Ausbalancieren bestimmen kann. Übertrage dazu die Farbtafel (Abb. 1 oder Internet) auf einen Karton. An diesen hängen wir je ein Wägestück mit 100 g. Durch Ausbalancieren erhalten wir als Mischfarbe Gelb.
Wenn man den Rotanteil doppelt so groß wählen will, muss an die entsprechende Schlaufe ein Körper der Masse 200 g gehängt werden. Nun erhält man als Mischfarbe Orange (s. Skizze).

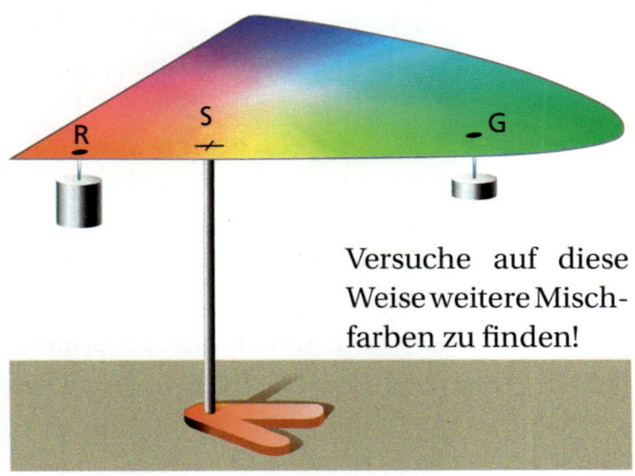

Versuche auf diese Weise weitere Mischfarben zu finden!

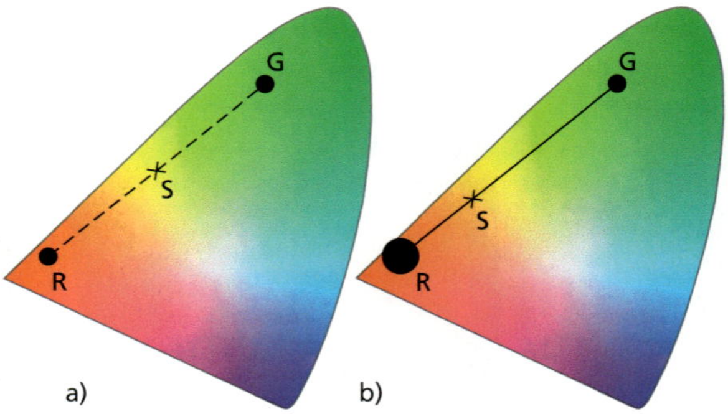

1 Additive Mischung von Rot und Grün

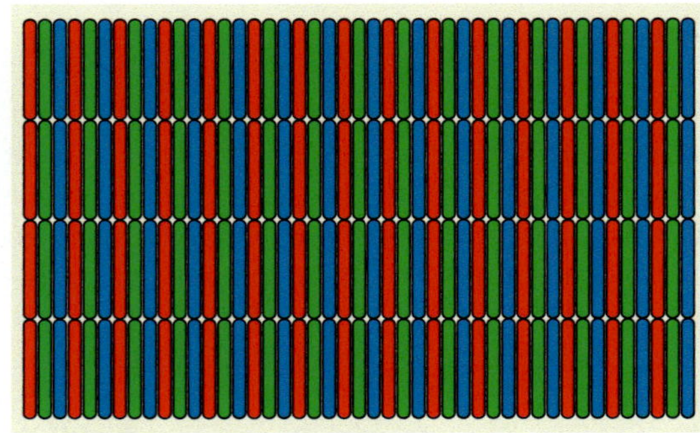

2 Aufbau eines Bildschirms

Beispiel 2:
Es werden Rot und Grün in unterschiedlichem Verhältnis gemischt. Bei einer Mischung im Verhältnis 1 : 1 liegt der Schwerpunkt S in der Mitte (Abb. 1a). Als Mischfarbe müsste sich Gelb ergeben. Wird der rote Farbanteil verstärkt, dann verschiebt sich der Schwerpunkt S in Richtung R (Abb. 1b). Es müsste der Farbeindruck Orange entstehen.

Auch diese Vorhersagen sind experimentell nachprüfbar. Dazu richten wir zwei Diaprojektoren auf die gleiche Wandfläche. Der eine Projektor enthält ein rotes Dia, der andere ein grünes.
Wir verdoppeln nun die Helligkeit des roten Lichts, indem wir noch einmal rotes Licht mit einem dritten Projektor auf die Wandfläche strahlen. Nun erhalten wir als Mischfarbe Orange.

Bei der Mischung von Farben kommt es nicht darauf an, ob diese selbst schon gemischt sind. Gelb und Blau ergeben Weiß, unabhängig davon, ob das gelbe Licht eine reine Spektralfarbe oder eine Mischung aus rotem und grünem Licht ist.

Bildschirme haben nur rot, grün und blau leuchtende Farbpunkte, die meist linienförmig angeordnet sind (Abb. 2). Damit kann man alle Farben erzeugen, die auf S. 107 in Abb. 2 innerhalb des Dreiecks RGB liegen.
Leuchten rote, grüne und blaue Farbpunkte in gleicher Intensität, so sehen wir einen weißen Bildschirm. Leuchtet keiner der Punkte, so ist der Bildschirm schwarz.

Rot und Grün allein ergeben Gelb, Grün und Blau ein Blaugrün (Cyan), Rot und Blau ein Purpur (Magenta). Durch Veränderung der Intensität der Farbpunkte erhält man weitere Farbtöne und Farben wie Braun oder Ocker.
Alle erzeugbaren Farben liegen innerhalb des Dreiecks RGB (s. S. 107, Abb. 2).

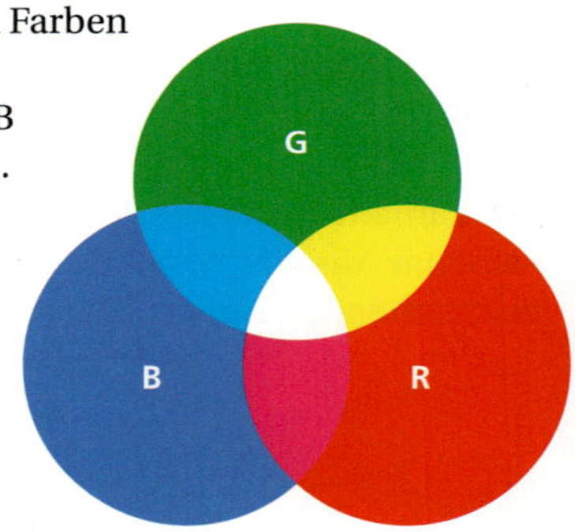

3 Grundfarben der additiven Farbmischung

Blendet man aus einem Spektrum einzelne Lichtsorten aus, erhält man aus dem Rest durch additive Mischung charakteristische Mischfarben (s. Übersicht).

Ausgeblendete Spektralfarbe		Mischfarbe des restlichen Spektrums
Rot		
Orange		
Gelb		
Grün		
Blau		
Violett		

Körperfarben

Licht, das auf einen Körper fällt, wird von diesem Körper teilweise reflektiert bzw. gestreut, teilweise absorbiert und teilweise auch hindurchgelassen.

Die Farbe, in der wir einen Körper wahrnehmen, ist davon abhängig,

- welche Lichtsorten auf ihn fallen,
- welche Lichtsorten er streut bzw. absorbiert.

Ein Körper hat die Farbe, die sich aus der Mischung der von ihm gestreuten Lichtsorten ergibt. Der Farbeindruck wird nach den Regeln der additiven Farbmischung bestimmt.

Fällt z. B. Sonnenlicht (weißes Licht) auf Blätter, so werden Violett und Blau sowie Orange und Rot vom Blatt absorbiert. Grün und das benachbarte Gelb bzw. Türkis werden gestreut. Wir nehmen die Mischfarbe Grün wahr.

Ein Körper, der sämtliches auffallende Licht absorbiert, erscheint uns schwarz. Ein Körper, der mit weißem Licht beleuchtet wird und alle Spektralfarben näherungsweise gleich stark reflektiert, erscheint uns weiß.

Die Farbwahrnehmung eines Körpers ist nicht nur ein physikalischer Prozess. Da unsere Sinneseindrücke im Gehirn verarbeitet werden, spielen für die Farbwahrnehmung auch Stimmungen, Erfahrungen und subjektive Empfindungen eine Rolle. Das bedeutet: Unterschiedliche Personen können denselben Gegenstand verschieden wahrnehmen.

1 Die Beleuchtung mit unterschiedlichen Lichtsorten ergibt verschiedene Körperfarben.

Mosaik

Dreifarbentheorie des Sehens

Licht fällt von einem Gegenstand durch die Pupille auf die Netzhaut. Hornhaut, Augenflüssigkeit, Augenlinse und Glaskörper bilden zusammen ein optisches System, das wie eine Sammellinse wirkt. Dadurch entsteht auf der Netzhaut ein scharfes Bild des Gegenstands.

Die Netzhaut enthält zwei Arten von lichtempfindlichen Zellen: Die etwa 120 Millionen Stäbchen nehmen nur Hell-Dunkel-Reize auf, die etwa 6 Millionen Zapfen sind farbempfindlich. Diese Zapfen sprechen nur bei einer ausreichenden Lichtintensität an. Ist sie zu gering, sehen wir nur Hell-Dunkel-Töne. Von den farbempfindlichen Zapfen gibt es drei Arten: Die eine Art ist für rotes Licht am empfindlichsten, die anderen Arten sind es für grünes und blaues Licht. Wenn farbiges Licht auf die Zapfen fällt, werden die lichtempfindlichen Zellen gereizt und die Reize an das Gehirn weitergeleitet. Es ergibt sich ein Farbeindruck, der sich aus den Grundfarben Rot, Grün und Blau zusammensetzt.

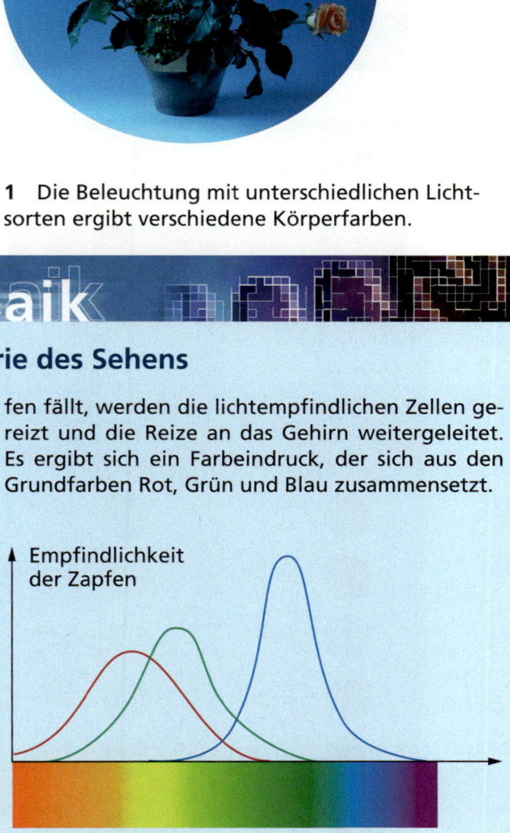

Subtraktive Farbmischung

Die Mischung von Wasserfarben im Farbkasten ergibt teils ähnliche, teils ganz andere Ergebnisse als die Mischung von Lichtsorten der gleichen Farben (Abb. 3).
Wenn man zwei Wasserfarben mischt, dann absorbiert jeder Farbstoff die für ihn charakteristischen Lichtsorten. Man muss also die absorbierten Lichtsorten beider Farbstoffe aussortieren (subtrahieren). Deshalb heißt diese Farbmischung **subtraktive Farbmischung.**

Bei der subtraktiven Farbmischung werden Lichtsorten ausgeblendet (subtrahiert). Das restliche Licht bildet eine Mischfarbe.

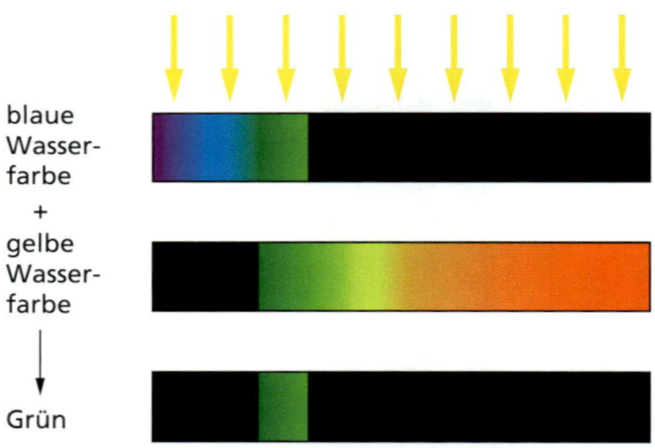

1 Blaue und gelbe Wasserfarbe absorbieren unterschiedliche Teile des Spektrums.

2 Blaue und gelbe Wasserfarbe ergeben gemischt ein Grün.

So absorbiert z. B. blaue Wasserfarbe bei Beleuchtung mit weißem Licht gelbes bis rotes Licht (Abb. 1). Gelbe Wasserfarbe absorbiert den linken Teil des Spektrums (Abb. 1). Nicht absorbiert wird von beiden Wasserfarben Grün. Folglich erscheint eine Mischung aus blauer und gelber Wasserfarbe grün.
Die Vielfalt von Farben, die mit subtraktiver Farbmischung hervorgerufen werden können, wird vor allem in der Malerei genutzt (s. Übersicht).
Ähnlich wie die Pigmente von Farben wirken auch Farbfilter. Beim Durchgang von weißem Licht werden bestimmte Farbsorten absorbiert. Der Rest bildet eine Mischfarbe. Solche Farbfilter nutzen wir bei Sonnenbrillen, Fotoapparaten, Dias oder Farbfolien.

Übersicht zur additiven bzw. subtraktiven Farbmischung von zwei Farben

Farbe 1	Farbe 2	Additive Farbmischung	Subtraktive Farbmischung
Rot	Grün	Gelb	Braun
Rot	Gelb	Orange	Orange
Blau	Gelb	Grün	Grün
Rot	Blau	Purpur (Magenta)	Purpur bis Violett
Grün	Violett	Türkis	Braungrau
Rot	Türkis	Weiß	Schwarz

Der Regenbogen

Betrachtet man bei tief stehender Sonne eine Regenwand, wobei man die Sonne im Rücken hat, dann kann man oft einen Regenbogen beobachten. Er hat immer dieselbe Farbfolge. Sie beginnt innen bei Violett-Blau, setzt sich in der Mitte mit Grün-Gelb fort und endet außen bei Rot. Häufig sieht man nur einen Teil des Regenbogens.
Die gleiche Erscheinung kann man auch bei Springbrunnen und Wasserfällen beobachten.
Wie kommt ein Regenbogen zustande?
Wie ist die Reihenfolge der Farben zu erklären?

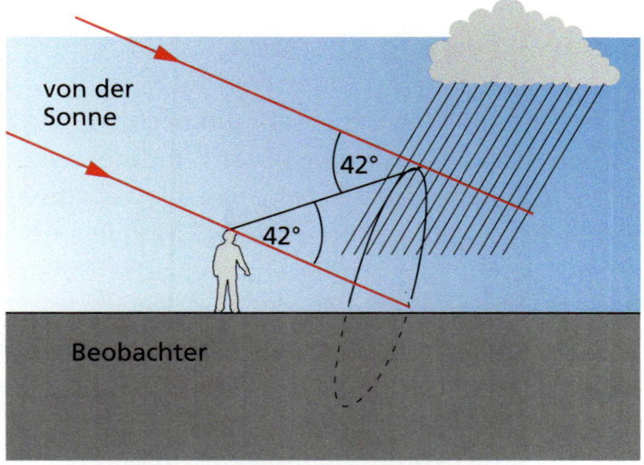

2 Der Regenbogen ist Teil eines Kreisbogens.

Tritt Sonnenlicht in einen kugelförmigen Wassertropfen ein, dann wird der blaue Anteil stärker gebrochen als der rote Anteil. Der größte Teil des Lichts tritt an der Rückseite des Tropfens wieder aus. Ein kleinerer Teil wird reflektiert und verlässt dann den Regenbogen, wobei noch mal Brechung auftritt. Für drei Lichtsorten ist der Strahlenverlauf in Abb. 1 dargestellt. Das weiße Sonnenlicht wird aber durch die Brechung nicht nur in die drei dargestellten Farben, sondern in alle Farben des Spektrums aufgefächert.

Der französische Mathematiker und Naturforscher René Descartes (1596–1650) stellte als Erster fest: Zwischen dem in einen Wassertropfen eintretenden Licht und dem austretenden Licht existiert für jede Farbe ein maximaler Winkel, der nicht überschritten wird. Dieser Winkel beträgt für rotes Licht 42° und für blaues Licht 41°. Bei diesem Winkel findet man besonders viel zurückgestrahltes Licht. Es ist damit der Bereich, in dem man den Regenbogen sieht.

Wenn man nun gegen die Tröpfchenwand schaut, dann bildet das einfallende Licht zum Beobachter für weiter oben liegende Tröpfchen einen größeren Winkel als für weiter unten liegende Tröpfchen (Abb. 3).

Weit oben befindliche Tröpfchen liefern in Richtung des Beobachters kein zurückgestrahltes Licht. Deshalb ist es oberhalb des Regenbogens relativ dunkel. Im Bereich von ca. 42° befindet sich der obere rote Rand des Regenbogens. Darunter liegen die anderen Farben. Im Innern des Regenbogens gibt es eine schwache Zurückstrahlung aller Farben. Deshalb ist der Himmel dort relativ hell.

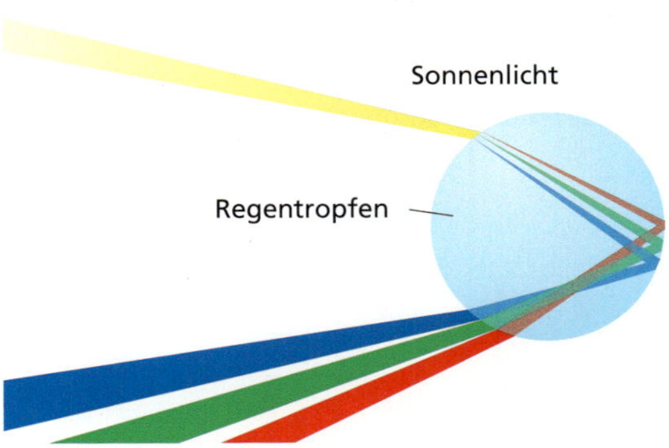

1 Brechung und Reflexion von verschiedenen Lichtsorten an einem Regentropfen

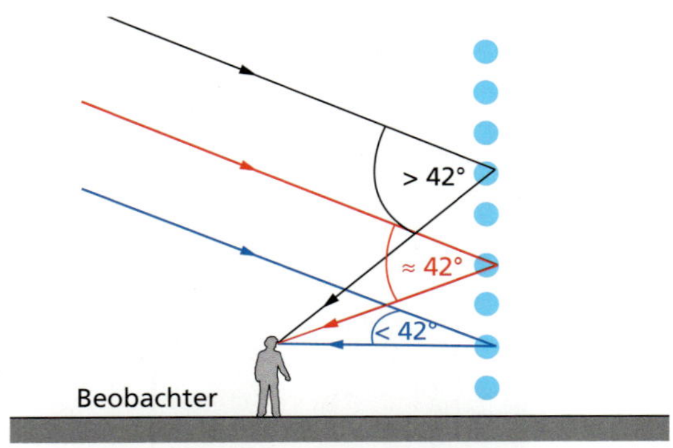

3 Ein Regenbogen ist immer nur unter bestimmten Bedingungen zu beobachten.

Himmelsblau und Abendrot

Den Himmel sehen wir in sehr unterschiedlichen Farben (Abb. 1). Bei wolkenlosem Himmel reicht das von einem strahlenden Blau bis zu einem weißlichen Grau in Horizontnähe. Morgens und abends kann man häufig eine typische Rotfärbung (Morgenrot, Abendrot) beobachten.
Wie kommen die unterschiedlichen Farben des Himmels zustande?

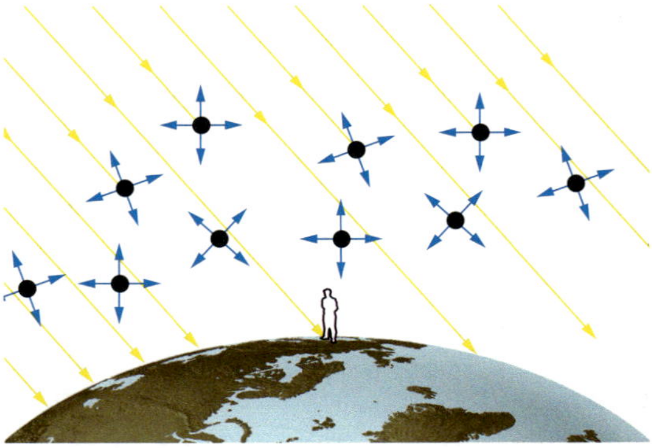

2 Ein Teil des Lichts wird an kleinen Teilchen in der Atmosphäre gestreut.

Das Licht, das von der Sonne zur Erdoberfläche gelangt, durchläuft die Lufthülle der Erde, die Atmosphäre. In der Atmosphäre befinden sich Teilchen unterschiedlicher Art und Größe.
Trifft Licht auf diese Teilchen, dann wird es an ihnen teilweise gestreut. Der Rest des Lichts verläuft geradlinig weiter (Abb. 2). Wie groß der Anteil des gestreuten Lichts ist, hängt von der Lichtsorte und der Teilchengröße ab. Bei sehr kleinen Teilchen wird blaues Licht wesentlich mehr gestreut als rotes. Das kann man auch experimentell nachweisen: Gibt man in ein Gefäß mit Wasser einige Tropfen Milch und durchstrahlt das Gefäß mit weißem Licht (Abb. 3), so beobachtet man quer zur Beleuchtungsrichtung eine Blaufärbung (gestreutes Licht), entgegen der Beleuchtungsrichtung dagegen eine Rotfärbung (hindurchgelassenes Licht).

3 Blaues Licht wird stärker gestreut als rotes Licht.

Auf den Himmel übertragen bedeutet das: Bei hohem Sonnenstand ist der Weg des Lichts durch die Atmosphäre relativ kurz. Da blaues Licht wesentlich intensiver gestreut wird, sehen wir den Himmel in der Farbe Blau.

Morgens und abends steht die Sonne tief. Das Licht muss bis zum Beobachter einen relativ langen Weg durch die Atmosphäre zurücklegen. Dabei wird das blaue Licht regelrecht „weggestreut". Übrig bleibt der rote Anteil des Sonnenlichts.

1 Am Morgen und am Abend hat der Himmel häufig eine rote Färbung. Tagsüber kann er aber auch strahlend blau sein.

Thema

Farbfernsehen und Monitore

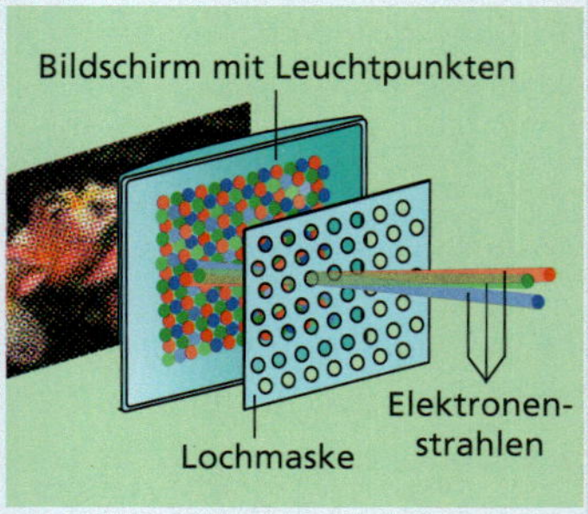

1 Aufbau eines Bildschirmes

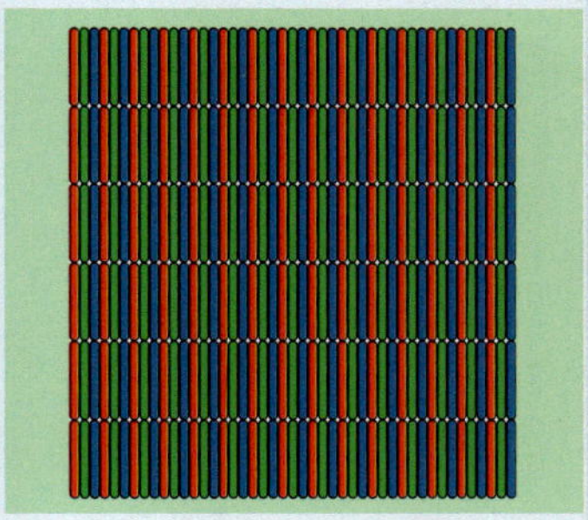

2 Bildpunkte auf einem Bildschirm

3 Grün + Rot ergibt Gelb.

Farbfernsehen

Das Grundprinzip des in den Sechzigerjahren des 20. Jahrhunderts eingeführten Farbfernsehens besteht in Folgendem: Durch eine **Aufnahmekamera** wird das Bild aufgenommen, in seine **Grundfarben** Rot, Grün und Blau zerlegt, in elektrische Signale umgewandelt und mithilfe elektromagnetischer Wellen zum Empfänger übertragen.

Im **Empfänger** werden mit diesen Signalen drei Elektronenstrahlen gesteuert, die auf rot, grün oder blau leuchtende Punkte des Bildschirms treffen (Bild 1). Die betreffenden Punkte leuchten auf.

Die Punkte sind so klein, dass man sie mit bloßem Auge nicht unterscheiden kann. Nimmt man eine Lupe zu Hilfe, dann sieht man, dass diese rot, grün oder blau leuchtenden Punkte je nach Art der Bildröhre linienförmig (Bild 2) oder im Dreieck angeordnet sind. Insgesamt befinden sich auf einem Bildschirm ca. 1,2 Millionen solcher rot, grün oder blau leuchtender **Bildpunkte.**

Das Bild wird auf dem Schirm zeilenweise geschrieben, wobei in Deutschland als Norm mit 625 Zeilen auf dem Bildschirm gearbeitet wird. In einer Sekunde werden 25 Bilder (50 Halbbilder) übertragen. Dadurch nehmen wir ein ruhiges Bild wahr, weil der Mensch höchstens 16 Bilder je Sekunde noch als Einzelbilder voneinander unterscheiden kann.
Moderne Fernsehgeräte arbeiten mit der doppelten Bildwechselfrequenz von 100 Hz. Damit entsteht ein flimmerfreies Bild.

Das Gesamtbild setzt sich durch **additive Farbmischung** aus rot, grün oder blau leuchtenden Punkten zusammen. Dabei können die einzelnen Punkte nicht nur ein- oder ausgeschaltet werden, sondern auch in ihrer Helligkeit variieren. Entsprechend den Gesetzen der additiven Farbmischung entstehen dann die unterschiedlichen Farben. Bild 3 zeigt ein Beispiel. Mit der Lupe ist zu erkennen, dass die Bildpunkte rot und grün leuchten. Die wahrzunehmende Farbe ist gelb.

... und mehr

Informiere dich auch unter: *Entwicklung der Vorstellung vom Licht, Infrarot und ultraviolettes Licht, Modelle für das Licht, Farben des Himmels, Spektralanalyse, Körperfarben, ...*

1. *Die Spektralfarben sind Blau, Gelb, Grün, Orange, Rot und Violett.*
   a) Ordne diese Farben in der Reihenfolge des Farbspektrums!
   b) Warum fehlen Schwarz und Weiß?
   **c) Nenne einige andere Farben, die fehlen! Wie kann man sie erzeugen?*

2. *Betrachte durch ein Prisma eine einige Meter entfernte Leuchtstofflampe!*
   Beschreibe und erkläre deine Beobachtungen!
   Vergleiche das Spektrum einer Leuchtstofflampe mit dem einer Glühlampe!

3. *Welche Farbe entsteht, wenn man folgendes farbiges Licht übereinander auf eine weiße Fläche projiziert?*
   a) Rot und Grün
   b) Grün und Blau
   c) Rot, Grün und Blau

4. *Am Computer kann man mithilfe eines Zeichenprogramms selbst Farben erzeugen, wobei man den Anteil der einzelnen Farben variieren kann.*

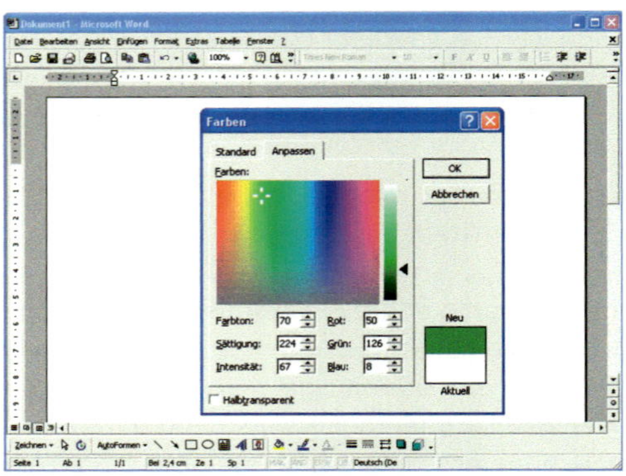

Probiere es aus! Mische auch die Grundfarben mit gleichen und unterschiedlichen Anteilen!

5. *Mische gelben und blauen Kreidestaub! Welche Farbe erhältst du? Begründe!*

6. *In einem Farbkasten befinden sich die folgenden drei Wasserfarben:*
   Wasserfarbe 1 absorbiert Rot bis Gelb.
   Wasserfarbe 2 absorbiert alles außer Rot bis Gelb.
   Wasserfarbe 3 absorbiert Gelb, Grün und Türkis.
   a) Ermittle die wahrgenommenen Farben der drei Wasserfarben!
   b) Ermittle die wahrgenommenen Mischfarben, wenn je zwei der Wasserfarben miteinander gemischt werden!
   c) Welche Farbe sieht man, wenn man alle drei Farben miteinander mischt?

7. *Farbfilter (s. Abb.) nutzt man in der Farbfotografie z. B. dann, wenn man in Räumen mit Leuchtstofflampen Farbaufnahmen machen will.*

   a) Was bewirkt ein Farbfilter?
   b) Welche Bereiche des Spektrums werden durch ein Blaufilter absorbiert?

8. *Bei Sonnenschein hat ein Pullover die Farbe Blau. In einer Diskothek wird die Tanzfläche mit rotem Licht beleuchtet.*
   Welche Farbe kann dann dieser Pullover haben? Begründe!

9. *Im weißen Licht erscheint ein Körper weiß und ein anderer rot. Wie erscheinen die beiden Körper in grünem Licht?*

10. *Eine Jacke scheint bei Kunstlicht eine andere Farbe zu haben als bei Tageslicht. Erkläre, wie das zustande kommt!*

11. *Betrachte mit einer Lupe ein farbiges Bild in einem Buch. Was kannst du feststellen?*

4 Schneller werden und bremsen

4.1 Beschreibung von Bewegungen

Ruhe oder Bewegung?

Wenn man durch das Fenster eines Hauses auf die Straße schaut, kann man leicht erkennen, welche Körper sich auf der Straße bewegen und welche in Ruhe sind. Sitzt man dagegen auf einem fahrenden Schiff, so fällt es schon etwas schwerer zu sagen, ob eine Person oder das Schiff sich bewegen oder in Ruhe sind.
Woran kann man erkennen, ob sich ein Körper in Bewegung befindet oder ob er ruht? Was versteht man in der Physik unter Bewegung?

Durchschnitts- oder Momentangeschwindigkeit

Am Tachometer eines Pkw wird immer die Geschwindigkeit angezeigt, die der Pkw gerade hat. Sie liegt zwischen null und der Höchstgeschwindigkeit.
Wie unterscheidet sich diese Momentangeschwindigkeit von der Durchschnittsgeschwindigkeit? Wie kann man die Durchschnittsgeschwindigkeit eines Pkw bestimmen?

Entscheidend ist die Beschleunigung

Viele Pkws gleicher Bauart gibt es mit Motoren unterschiedlicher Leistung. Pkws mit stärkeren Motoren haben den Vorteil, dass man mit ihnen schneller und somit sicherer überholen kann. Allerdings verbrauchen sie in der Regel auch mehr Kraftstoff.
Warum kann man in einem Pkw mit stärkerem Motor schneller und somit sicherer überholen?

1 Die Personen sind je nach Wahl des Bezugssystems in Ruhe oder in Bewegung.

Bewegung und Ruhe

Bewegung und Ruhe sind Begriffe, die man sowohl in der Umgangssprache als auch in der Fachsprache verwendet. In der Mechanik ist eine Bewegung eine Orts- oder Lageveränderung eines Körpers gegenüber einem anderen Körper, dem Bezugskörper, oder einem Bezugssystem. Ein Bezugssystem ist ein Bezugskörper und ein damit verbundenes Koordinatensystem.

Ein Körper ist in Bewegung, wenn er seine Lage gegenüber einem Bezugssystem verändert. Ein Körper ist in Ruhe, wenn er seine Lage gegenüber einem Bezugssystem nicht verändert.

Jede Bewegung ist somit relativ und kann nur gegenüber einem Bezugssystem angegeben werden. Häufig ist dieses Bezugssystem die Erdoberfläche. Es kann aber auch ein beliebiges anderes Bezugssystem gewählt werden.

Sitzt man z.B. in einem fahrenden Zug still, so ist man sowohl in Bewegung als auch in Ruhe (Abb. 1). Gegenüber dem Zug ist man in Ruhe, denn man ändert seine Lage gegenüber dem Zug nicht. Gleichzeitig fährt aber der Zug mit hoher Geschwindigkeit auf den Gleisen entlang und zusammen mit ihm bewegt man sich. Gegenüber stehenden Personen auf dem Bahnsteig sind Zug und Personen in ihm in Bewegung.

Das Modell Massepunkt

Bei vielen Bewegungen sind Form und Volumen des bewegten Körpers wichtig. Eine Turnerin kann z.B. durch Veränderung der Form ihres Körpers ganz verschiedene Bewegungen ausführen (Abb. 2).

Auch bei dicht befahrenen Straßen oder beim Einparken eines Autos in eine Parklücke sind Form und Volumen des Autos sorgfältig zu beachten.

Bei einer Reihe von Bewegungen kann man in der Physik jedoch auch von Form und Volumen des Körpers absehen und annehmen, dass sich der Körper wie ein Punkt bewegt. Dabei stellt man sich vor, dass die gesamte Masse des Körpers in einem Punkt, dem Massepunkt, vereinigt ist.

2 Die Schönheit von Turnübungen ist vor allem davon abhängig, wie die Turnerin während der Vorführung ihre Körperform verändert.

Ein realer Körper wird damit vereinfacht dargestellt. Statt des realen Körpers zeichnet man einen Punkt (Abb. 1). Durch eine solche Vereinfachung der Wirklichkeit erhält man ein **Modell.**
Der **Massepunkt** ist ein solches Modell. Durch Nutzung dieses Modells können viele Berechnungen und Beschreibungen von Bewegungen vereinfacht werden. Bei der Anwendung des Modells Massepunkt benutzt man in der Regel den Massemittelpunkt des Körpers, auch Schwerpunkt genannt, zur Darstellung des Massepunkts (Abb. 1, 2).

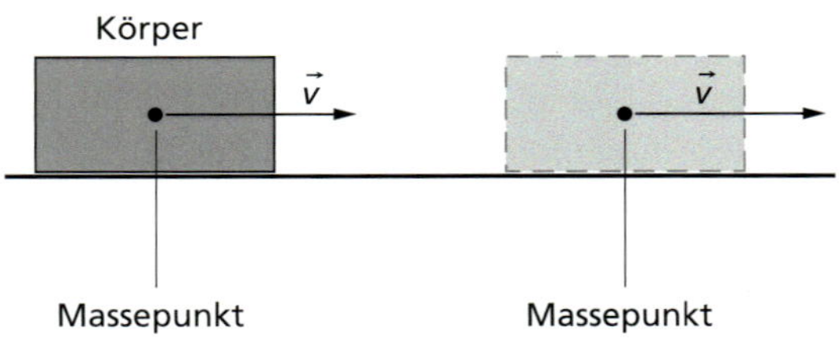

1 Vereinfachung mit dem Modell Massepunkt

2 Das Auto als realer Körper

Bahnformen und Bewegungsarten

Körper bewegen sich entlang einer **Bahn,** deren Form sehr unterschiedlich sein kann. Die verschiedenen Bahnformen sind unten dargestellt. Längs einer Bahn kann sich ein Körper auf unterschiedliche Art bewegen.

Bahnformen und Bewegungsarten

Geradlinige Bewegung	**Krummlinige Bewegung**	**Schwingung**

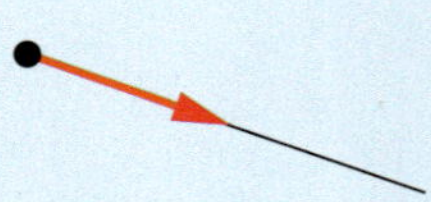	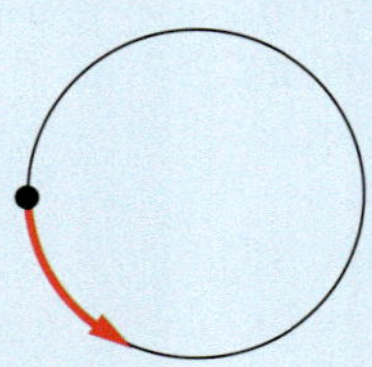	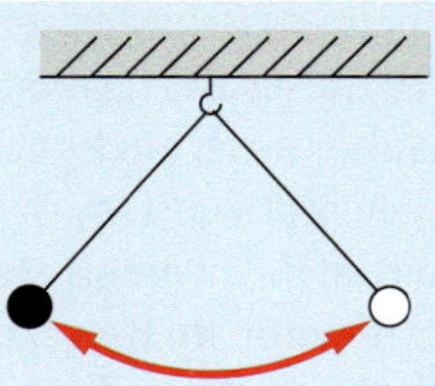
Der abgebildete Zug bewegt sich auf den Schienen immer in der gleichen Richtung. Er führt demzufolge eine **geradlinige Bewegung** entlang der Schienen aus.	Die Gondeln des Riesenrads bewegen sich auf einer Kreisbahn. Sie führen eine Kreisbewegung aus. Die Kreisbewegung ist eine spezielle **krummlinige Bewegung.**	Das Mädchen bewegt sich ständig zwischen zwei Punkten hin und her. Die Bahn ihrer Bewegung ist ein Teil eines Kreises. Das Mädchen führt eine **Schwingung** aus.

Mosaik

„Und sie bewegt sich doch!"

Die Relativität der Bewegung war einer der Gründe für einen jahrhundertelangen und z.T. erbitterten Streit.
Bereits im Altertum konnten die Menschen die Bewegungen der Himmelskörper, vor allem der Sonne, des Monds und der Sterne, am Himmel beobachten. Das führte zu der nahe liegenden Vermutung, dass sich die Erde fest im Zentrum der Welt befindet und sich alle Himmelskörper um die Erde bewegen. Zugleich erkannte man in den Bewegungen der Himmelskörper eine Reihe von Regelmäßigkeiten und nutzte sie, um Termine für Saat und Ernte zu bestimmen. All diese und weitere Erkenntnisse wurden von CLAUDIUS PTOLEMÄUS (um 100–um160) aus Alexandria in seinem Hauptwerk „Syntaxis mathematike" (Mathematische Zusammenstellung), arabisch auch „Almagest" genannt, zusammengefasst.
Mit diesem Werk begründete er das **geozentrische Weltbild** (Abb. 1), nach dem die Erde sich im Mittelpunkt der Welt befindet und sich alle anderen Himmelskörper auf Kreisbahnen um die Erde bewegen. Eine Reihe astronomischer Beobachtungen konnte damit aber nicht widerspruchsfrei erklärt werden. Außerdem war die Genauigkeit der Berechnungen für die Seefahrt im Zeitalter der Entdeckungen und auch für den Kalender nicht mehr ausreichend.

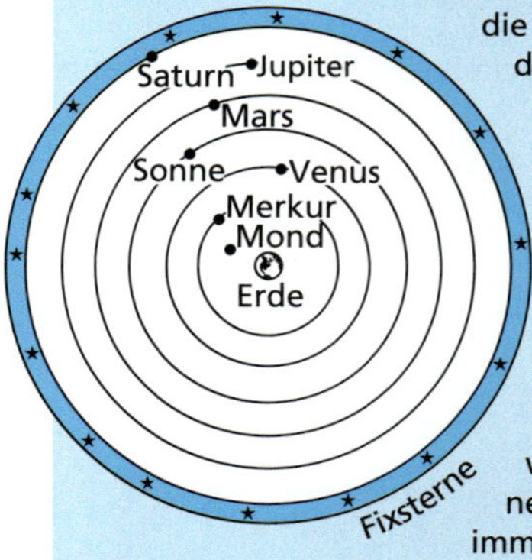

1 Das geozentrische Weltbild

Um diese Probleme zu lösen, wurde das Weltbild von PTOLEMÄUS immer weiter ausgebaut. Vor allem im Mittelalter wurden aber auch zunehmend Zweifel am immer komplizierter werdenden geozentrischen Weltbild laut.

NIKOLAUS KOPERNIKUS (1473–1543) griff als Erster den früher bereits vereinzelt geäußerten Gedanken wieder auf, dass nicht die Erde, sondern die Sonne als Zentralstern im Mittelpunkt unseres Planetensystems steht und sich alle Planeten auf Kreisbahnen um die Sonne bewegen. Fast 30 Jahre lang arbeitete KOPERNIKUS diese Idee mathematisch zum **heliozentrischen Weltbild** (Abb. 2) aus.

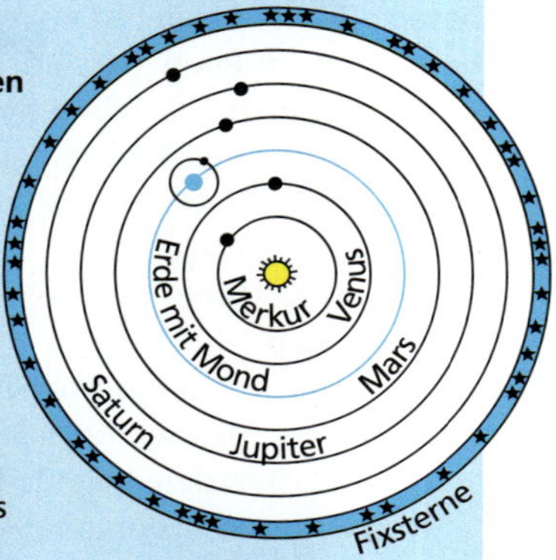

2 Das heliozentrische Weltbild (um 1700)

Ein berühmter Vertreter des heliozentrischen Weltbilds war GALILEO GALILEI, der aufgrund eigener Untersuchungen von der Richtigkeit dieses Weltbilds überzeugt war (Abb. 3). Damit geriet er als berühmter Gelehrter in Zwiespalt mit der Kirche und deren eindeutigem Bekenntnis zum geozentrischen Weltbild.

1633 wurde GALILEI von einem Inquisitionsgericht in Rom gezwungen, öffentlich dem heliozentrischen Weltbild abzuschwören. Beim Hinausgehen aus dem Gericht soll er der Legende nach gesagt haben: „Und sie bewegt sich doch!" Im Jahre 1992 wurde GALILEI rehabilitiert.

3 GALILEO GALILEI (1564–1642)

Gleichförmige Bewegungen

Aus dem bisherigen Physikunterricht weißt du bereits: Gleichförmige Bewegungen können mit den physikalischen Größen Weg, Zeit und Geschwindigkeit beschrieben werden.
Eine gleichförmige Bewegung liegt vor,
- wenn ein Körper in gleichen Zeiten gleiche Wege zurücklegt,
- wenn der Quotient aus Weg und Zeit immer konstant ist,
- wenn die in einem Weg-Zeit-Diagramm dargestellten Messwertepaare auf einer ansteigenden Geraden liegen, die durch den Ursprung des Koordinatensystems verläuft; dazu werden die Messwertepaare als Punkte in ein *s*-*t*-Diagramm eingetragen und miteinander verbunden (Abb. 1),
- wenn die in einem Geschwindigkeit-Zeit-Diagramm dargestellten Messwertepaare auf einer Geraden liegen, die parallel zur Zeit-Achse liegt (Abb. 3).

Verläuft der Graph in Abb. 1 parallel zur Zeit-Achse, so ruht der Körper. Seine Geschwindigkeit ist dann null.

Die Geschwindigkeit eines Körpers bei einer gleichförmigen Bewegung kann berechnet werden mit der Gleichung:

$v = \frac{s}{t}$ — **s zurückgelegter Weg**, **t benötigte Zeit**

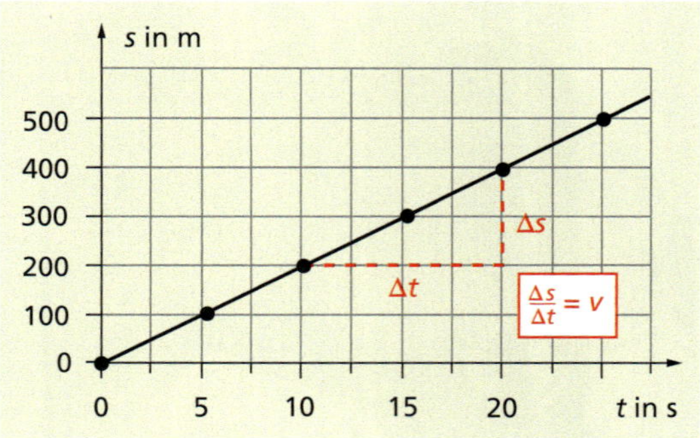

1 Weg-Zeit-Diagramm (*s*-*t*-Diagramm) für eine gleichförmige Bewegung: Es ergibt sich eine Gerade, die durch den Ursprung des Koordinatensystems verläuft.

2 Auf einem Rollband stehende Personen bewegen sich gleichförmig.

Diese Gleichung gilt sowohl für **geradlinige Bewegungen** als auch für **Kreisbewegungen.** Für solche gleichförmigen Kreisbewegungen kann der Weg mithilfe des Radius der Kreisbahn und die Zeit durch die Umlaufzeit (Zeit für einen Umlauf) ausgedrückt werden:

Für eine gleichförmige Kreisbewegung kann die Geschwindigkeit berechnet werden mit der Gleichung:

$v = \frac{2\pi \cdot r}{T}$ — **r Radius der Kreisbahn**, **T Umlaufzeit**

Dabei bestehen zwischen den Einheiten folgende Beziehungen:

$1\,\frac{\text{m}}{\text{s}} = 3{,}6\,\frac{\text{km}}{\text{h}}$ $\qquad 1\,\frac{\text{km}}{\text{h}} = \frac{1}{3{,}6}\,\frac{\text{m}}{\text{s}} \approx 0{,}28\,\frac{\text{m}}{\text{s}}$

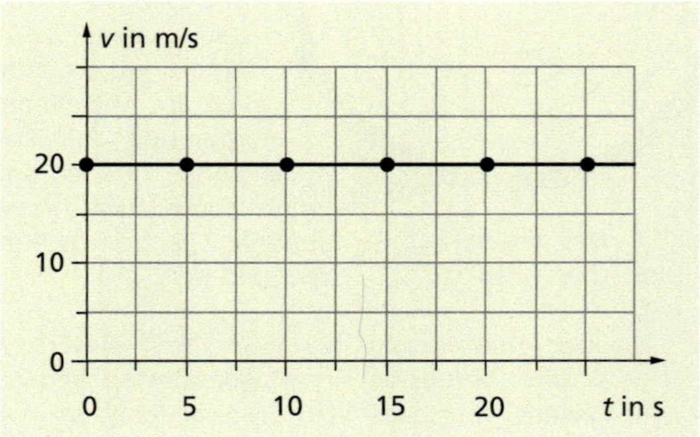

3 Geschwindigkeit-Zeit-Diagramm (*v*-*t*-Diagramm) für eine gleichförmige Bewegung: Es ergibt sich eine Gerade parallel zur *t*-Achse. Die konstante Geschwindigkeit kann man an der *v*-Achse ablesen.

Mosaik

So schnell sind Tiere, Menschen, Autos und Raketen

Manche Vorgänge in der Natur laufen so langsam ab, dass man sie nur erkennt, wenn man über längere Zeiträume sehr exakt misst. So bewegen sich z. B. die Kontinente der Erde gegeneinander: Europa entfernt sich von Amerika pro Jahr um etwa 2 cm.

In der lebenden Natur sind sehr unterschiedliche Geschwindigkeiten zu beobachten, wobei man zwischen Durchschnittsgeschwindigkeiten und Höchstgeschwindigkeiten unterscheiden muss. Die Durchschnittsgeschwindigkeiten liegen meist weit unter den Höchstgeschwindigkeiten.

Höchstgeschwindigkeiten einiger Tiere

beim Fliegen	
Stubenfliege	8 km/h
Biene	29 km/h
Sperling	45 km/h
Mauersegler	180 km/h
Wanderfalke (Sturzflug)	280 km/h
beim Kriechen oder Laufen	
Weinbergschnecke	0,003 km/h
Klapperschlange	4 km/h
Hase	65 km/h
Rennpferd	69 km/h
Gepard	120 km/h
beim Schwimmen	
Eisbär	10 km/h
Forelle	35 km/h
Hai	36 km/h
Thunfisch	75 km/h
Schwertfisch	90 km/h

Unter den Tieren sind die Vögel die schnellsten; Schnecken, wie die Große Wegschnecke oder die Weinbergschnecke, sind dagegen ausgesprochen langsam.
Die Tabelle oben gibt dazu einen Überblick.

Auch der Mensch erreicht sehr unterschiedliche Geschwindigkeiten. Verschiedene Beispiele sind in der Tabelle angegeben.
100-m-Läufer, die Durchschnittsgeschwindigkeiten von 36 km/h erzielen, also für die 100 m nur ca. 10 s benötigen, gehören zur Weltspitze.

Geschwindigkeiten des Menschen	
normales Gehen	5 km/h
100-m-Freistil	7 km/h
Radwandern	15 km/h
800-m-Lauf	27 km/h
100-m-Lauf	36 km/h
Radrennen	40–60 km/h
Skispringer beim Absprung	100 km/h
frei fallender Fallschirmspringer	180 km/h

Mit technischen Hilfsmitteln können noch wesentlich größere Geschwindigkeiten erzielt werden. Nachfolgend sind einige Beispiele für Geschwindigkeiten in Natur und Technik genannt.

Geschwindigkeiten in Natur und Technik	
Wachstum eines Haars	0,3 mm/Tag
Regentropfen	25 km/h
Orkan Windstärke 12	120 km/h
Autobahnrichtgeschwindigkeit	130 km/h
Passagierflugzeug	900 km/h
Schall in Luft	1 200 km/h
Raketenauto (1997)	1 228 km/h
Geschoss eines Gewehrs	2 800 km/h
Rakete in Erdumlaufbahn	28 440 km/h
Lichtgeschwindigkeit	300 000 km/s

Damit ein Satellit die Erde umkreisen kann, benötigt er eine Geschwindigkeit von 7,9 km/s. Um den Anziehungsbereich der Erde zu verlassen, muss seine Geschwindigkeit bereits 11,2 km/s betragen. Beim Start von der Erde aus benötigt ein Satellit immerhin eine Geschwindigkeit von 16,7 km/s, um unser Planetensystem verlassen zu können. Unsere Erde bewegt sich mit einer mittleren Geschwindigkeit von etwa 29,7 km/s im Laufe eines Jahres einmal um die Sonne.

Weg-Zeit-Messungen – Verarbeitung der Daten mit einem Computer

Beachte!
Mithilfe von **Tabellenkalkulationsprogrammen** kann man Daten in Tabellen ordnen, in Diagrammen veranschaulichen und auch Berechnungen durchführen. Für die dargestellten Beispiele eignet sich jedes gängige Tabellenkalkulationsprogramm. Hier wurde das **Programm MS Excel** verwendet.

Für verschiedene Radfahrer wird gemessen, welche Wege sie nach verschiedenen Zeiten zurückgelegt haben. Die Messwerte sind in den folgenden Messwertetabellen erfasst.

Radfahrer 1

Zeit *t* in s	0	2	4	6	8	10
Weg *s* in m	0	5,9	12,2	17,7	23,8	29,7

Radfahrer 2

Zeit *t* in s	0	2	4	6	8	10
Weg *s* in m	0	11,8	23,9	35,7	48,3	60,4

Der Quotient aus dem Weg *s* und der Zeit *t* ist die Geschwindigkeit *v*:

$$v = \frac{s}{t}$$

Bei einer gleichförmigen Bewegung ist sie immer gleich groß.

Um zu erkennen, ob eine gleichförmige Bewegung vorliegt, gibt es zwei Möglichkeiten:

a) Es wird der Quotient aus dem zurückgelegten Weg und der vergangenen Zeit gebildet. Ist dieser Quotient konstant, so liegt eine gleichförmige Bewegung vor.
b) Es wird das Weg-Zeit-Diagramm gezeichnet. Ist der Graph eine Gerade, so ist die Bewegung gleichförmig.

Beide Möglichkeiten kannst du mit einem Computer in einem Tabellenkalkulationsprogramm realisieren.

Darstellen der Messwerte und Berechnen der Geschwindigkeit

So kann man die Messwerte im Tabellenkalkulationsprogramm darstellen und die Geschwindigkeit berechnen.

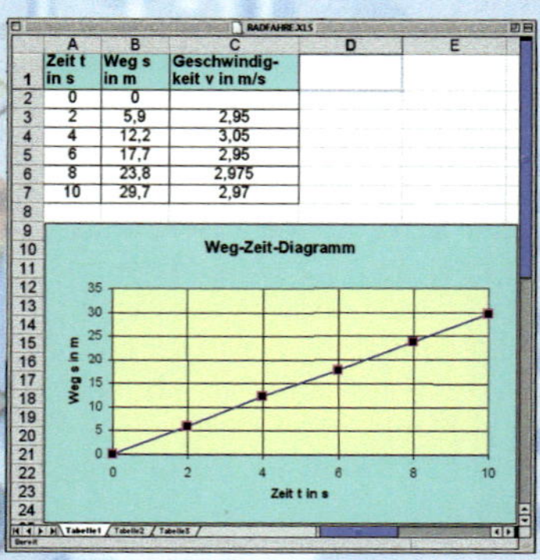

Dazu kannst du in folgenden Schritten vorgehen:

1. Öffne das Tabellenkalkulationsprogramm!
2. Trage in die erste Zeile den Kopf der Tabelle ein! Der Tabellenkopf kann farbig, die Schrift fett gestaltet werden. Dazu musst du die jeweiligen Zellen markieren und im Menü „Format“ bei den Zellen die entsprechenden Einstellungen vornehmen.
3. Speichere die Daten, z. B. unter dem Namen „Radfahrer_1“!
4. Gib die Messwerte für Zeit und Weg ein!
5. Wenn du die Berechnung der Geschwindigkeit vornehmen willst, kannst du so vorgehen:
   - Setze den Cursor in die Zelle C3!
   - Klicke in der Menüleiste auf das Gleichheitszeichen und gib die Rechenoperation B3/A3 ein! Drücke „Enter“!
   - Analog wird bei den anderen Zellen vorgegangen.

   Du erhältst damit die Tabelle, die links dargestellt ist.

Darstellen der Messwerte in einem Weg-Zeit-Diagramm

Die aufgenommenen Messwerte können auch in einem Weg-Zeit-Diagramm dargestellt werden. Ein solches Weg-Zeit-Diagramm lässt sich mit einem Tabellenkalkulationsprogramm zeichnen. Man kann jeweils den Graphen für einen einzelnen Radfahrer oder auch die Graphen für beide Radfahrer in einem Diagramm darstellen. Dabei kannst du in folgenden Schritten vorgehen:

1. Trage die Messwerte so in die Tabelle ein, wie es rechts dargestellt ist!
2. Markiere die Zellen, in denen die Messwerte stehen!
3. Rufe dann den Diagramm-Assistenten durch Klicken auf das entsprechende Symbol in der Menüleiste auf!
   Wähle ein **Liniendiagramm mit Datenpunkten** aus! Drücke dann auf die Schaltfläche „Weiter“!
4. Gehe im zweiten Schritt zum Bereich „Reihe“! Da Reihe 1 die Zeitachse ist, muss sie bei Datenreihe entfernt werden. Dann wird der Cursor in die Beschriftung der Rubrikenachse (X) gesetzt und die Messwerte für die Zeit in der Tabelle markiert. Mit „Weiter“ kommst du zum 3. Schritt.
5. Nun kannst du das Diagramm und die Achsen beschriften und das Diagramm fertigstellen.
6. Die Graphen verlaufen zunächst nicht durch den Punkt (0;0). Um das zu ändern, bewege den Mauszeiger in die Nähe der Zeit-Achse! Wenn das Wort „Rubrikenachse“ erscheint, öffnet sich durch Doppelklick ein Menü. Öffne dort „Skalierung“ und entferne bei der Größenachse das Häkchen.
   Damit erhältst du das unten abgebildete Weg-Zeit-Diagramm.

	A	B	C
1	Zeit t in s	Weg 1 in m	Weg 2 in m
2	0	0	0
3	2	5,9	11,8
4	4	12,2	23,9
5	6	17,7	35,7
6	8	23,8	48,3
7	10	29,7	60,4

Der Diagramm-Assistent hat das Symbol 

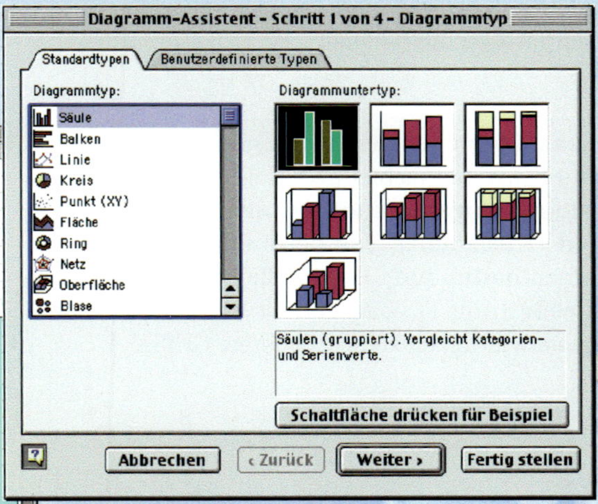

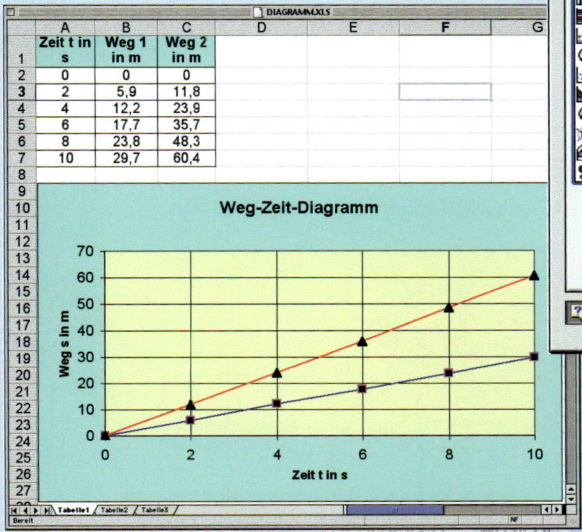

Aus dem Diagramm ist erkennbar: Die Graphen sind näherungsweise Geraden. Das bedeutet: Beide Radfahrer bewegen sind näherungsweise gleichförmig.
Die Farben der Graphen und der Flächen kannst du beliebig ändern.

Ungleichförmige Bewegungen

Bei einem anfahrenden Auto wird die Geschwindigkeit größer. Betätigt man beim Radfahren die Bremsen, so verringert sich die Geschwindigkeit.

Die Geschwindigkeit, die ein Körper zu einem bestimmten Zeitpunkt hat, wird als Momentangeschwindigkeit bezeichnet.

Es ist die Geschwindigkeit, die vom Tachometer eines Autos oder vom Fahrradcomputer angezeigt wird.
Aus dem insgesamt zurückgelegten Weg und der dafür erforderlichen Zeit kann man eine mittlere Geschwindigkeit berechnen. In der Physik wird sie **Durchschnittsgeschwindigkeit** genannt.

Die Durchschnittsgeschwindigkeit eines Körpers kann berechnet werden mit der Gleichung:

$$v = \frac{\Delta s}{\Delta t}$$

Δs insgesamt zurückgelegter Weg
Δt Zeitintervall (benötigte Zeit)

Legt ein Auto einen Weg von 30 km in einer halben Stunde zurück, so beträgt seine Durchschnittsgeschwindigkeit:

$$v = \frac{30\ \text{km}}{0{,}5\ \text{h}} = \frac{60\ \text{km}}{\text{h}}$$

Seine Momentangeschwindigkeit kann während der Fahrt unterschiedlich groß gewesen sein. Die Momentangeschwindigkeit eines Körpers hat zu jedem Zeitpunkt eine bestimmte Richtung und einen bestimmten Betrag. Sie ist eine **gerichtete Größe** (Abb. 1). Dagegen ist die Durchschnittsgeschwindigkeit keine gerichtete Größe.

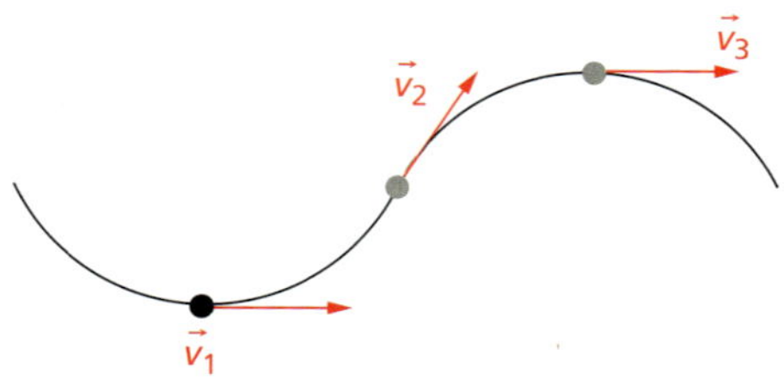

1 Die Momentangeschwindigkeit ist eine gerichtete Größe. Sie ist durch Betrag und Richtung bestimmt.

Ändert sich bei der Bewegung eines Körpers der Betrag der Geschwindigkeit oder ihre Richtung oder beides, so liegt eine **beschleunigte Bewegung** vor. Die Schnelligkeit der Geschwindigkeitsänderung wird in der Physik durch die Größe **Beschleunigung** beschrieben.

Die Beschleunigung gibt an, wie schnell sich Betrag oder Richtung der Geschwindigkeit eines Körpers ändern.

Formelzeichen: a
Einheit: ein Meter je Quadratsekunde $\left(1\,\frac{\text{m}}{\text{s}^2}\right)$

Aus dieser Festlegung folgt:
- Jede Bewegung auf einer geradlinigen Bahn, bei der sich die Geschwindigkeit vergrößert oder verkleinert, ist eine beschleunigte Bewegung.
- Jede Bewegung auf einer krummlinigen Bahn ist eine beschleunigte Bewegung, da sich dort die Richtung der Geschwindigkeit ändert.
  Damit ist auch jede Bewegung auf einer kreisförmigen Bahn, z. B. die Bewegung der Gondel eines Riesenrads, eine beschleunigte Bewegung.

Nachfolgend betrachten wir nur geradlinige Bewegungen. Für solche Bewegungen gilt:

Die Beschleunigung eines Körpers kann berechnet werden mit der Gleichung:

$$a = \frac{\Delta v}{\Delta t}$$

Δv Geschwindigkeitsänderung
Δt Zeitintervall

Vergrößert sich die Geschwindigkeit, so ist die Beschleunigung positiv. Bei Verringerung der Geschwindigkeit ist sie negativ.

2 Aus $\Delta v = v_2 - v_1$ und Δt ergibt sich als Beschleunigung: $a = 0{,}9$ m/s^2.

Gleichmäßig beschleunigte Bewegungen

Mit einer Experimentieranordnung, wie sie in Abb. 1 dargestellt ist, untersuchen wir eine gleichmäßig beschleunigte geradlinige Bewegung. Eine solche Bewegung liegt dann vor, wenn sich ein Körper auf einer geraden Bahn bewegt und dabei seine Beschleunigung immer gleich bleibt. Die experimentell ermittelten Zusammenhänge sind in der Übersicht unten dargestellt.

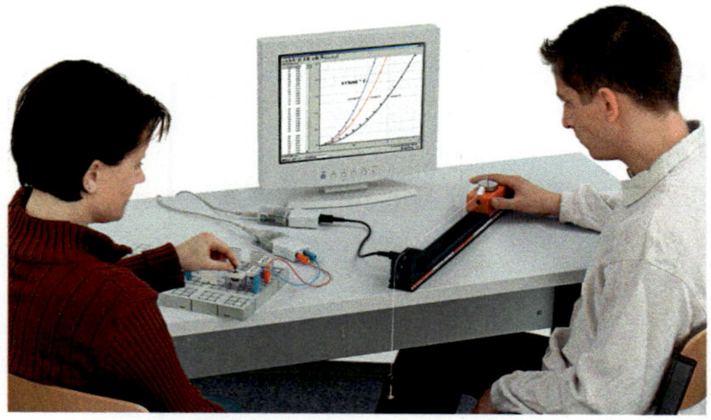

1 Versuchsaufbau zur Erfassung von Weg *s* und Zeit *t* für die Bewegung eines Körpers

Zusammenhänge zwischen Weg, Geschwindigkeit, Beschleunigung und Zeit

Weg-Zeit-Diagramm (*s*-*t*-Diagramm)

Der zurückgelegte Weg vergrößert sich mit der Zeit. Es liegt keine Proportionalität vor. Vielmehr wird der Weg je Zeitintervall immer größer.

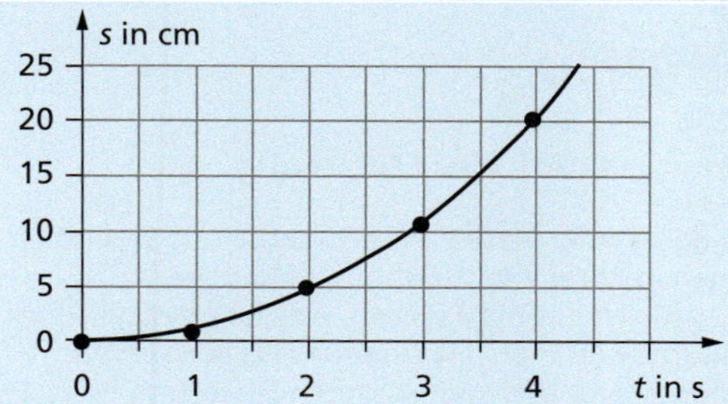

Geschwindigkeit-Zeit-Diagramm (*v*-*t*-Diagramm)

Die Geschwindigkeit des Körpers vergrößert sich gleichmäßig mit der Zeit. Der Graph ist eine ansteigende Gerade.
Das bedeutet: Geschwindigkeit und Zeit sind proportional zueinander.
Es gilt: $v \sim t$

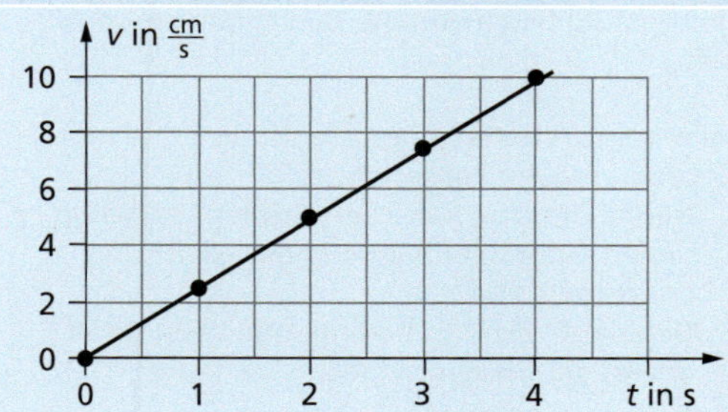

Beschleunigung-Zeit-Diagramm (*a*-*t*-Diagramm)

Die Beschleunigung bleibt immer gleich groß.
Es gilt: a = konstant
Der Graph ist eine Gerade parallel zur *t*-Achse.

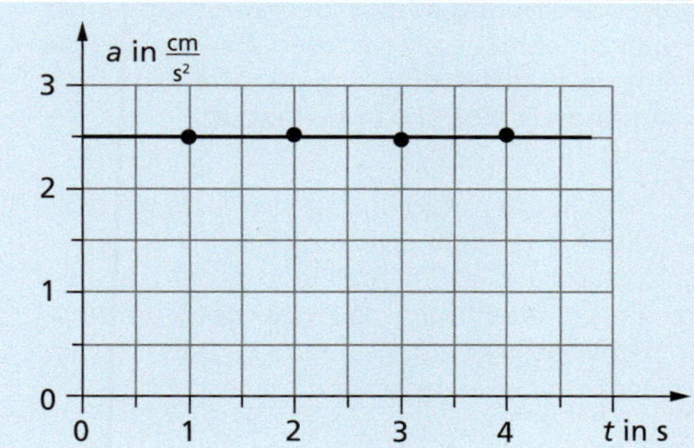

Gesetze der gleichmäßig beschleunigten Bewegung

Die auf S. 125 dargestellten Zusammenhänge zwischen Weg, Geschwindigkeit, Beschleunigung und Zeit lassen sich auch durch Gleichungen beschreiben.

Für eine gleichmäßig beschleunigte, geradlinige Bewegung eines Körpers (a = konstant) aus dem Stillstand heraus gilt

das Geschwindigkeit-Zeit-Gesetz $v = a \cdot t$

und das Weg-Zeit Gesetz $s = \frac{a}{2} \cdot t^2$

1 Für Autos, die an einer Ampelkreuzung anfahren, gelten näherungsweise die Gesetze der gleichmäßig beschleunigten Bewegung.

Methode

Interpretation einer Gleichung

In der Physik werden viele Gesetze und Definitionen in Form von Gleichungen angegeben. Wichtig ist dabei zu wissen, welche physikalischen Zusammenhänge mit einer bereits bekannten oder einer bisher unbekannten Gleichung beschrieben werden. Wir wollen das nachfolgend am Beispiele des Weg-Zeit-Gesetzes für eine gleichmäßig beschleunigte Bewegung verdeutlichen.

Beim Interpretieren einer Gleichung sollte man folgendermaßen vorgehen:

1. Nenne die physikalischen Größen, zwischen denen Zusammenhänge in der Gleichung dargestellt sind!
   Gehe auf wichtige Bedingungen ein, unter denen die Gleichung gilt!

Die Gleichung $s = \frac{a}{2} \cdot t^2$ beschreibt die Zusammenhänge zwischen dem Weg s, der Beschleunigung a und der Zeit t bei einer gleichmäßig beschleunigten Bewegung. Sie gilt unter der Bedingung, dass der Körper im Anfangszustand ($t = 0$) in Ruhe ist.

2. Leite aus der mathematischen Struktur der Gleichung Zusammenhänge zwischen physikalischen Größen ab! Gehe dabei z. B. auf direkte oder indirekte Proportionalität und auf wichtige Bedingungen ein, unter denen Zusammenhänge gelten!

a) Unter der Bedingung, dass die Beschleunigung konstant ist, gilt für den Zusammenhang zwischen Weg s und Zeit t:

$$s \sim t^2$$

Das heißt, der Weg nimmt bei einer gleichmäßig beschleunigten Bewegung mit dem Quadrat der Zeit zu. Verdoppelt man die Zeit für eine Bewegung, so wird der vierfache Weg zurückgelegt. Dies kann man z. B. bei Anfahrvorgängen feststellen. Ein Auto mit konstanter Beschleunigung legt in 2 s einen viermal so langen Weg zurück wie in 1 s.

b) Unter der Bedingung, dass die Zeit konstant ist, gilt für den Zusammenhang zwischen Weg s und Beschleunigung a:

$$s \sim a$$

Das heißt: In einer bestimmten Zeit ist der zurückgelegte Weg umso größer, je größer die Beschleunigung ist.

3. Leite, wenn möglich, praktische Folgerungen aus den Zusammenhängen zwischen den Größen ab!

Eine Folgerung wäre: Je stärker ich mit dem Fahrrad beschleunige, desto größer ist der Weg, den ich in einer bestimmten Zeit zurücklege.

Der freie Fall

Alle Körper auf der Erde werden von dieser angezogen. Diese Anziehungskraft bewirkt, dass ein Körper, wenn er losgelassen wird, senkrecht nach unten fällt. Diese Fallbewegung kann sehr unterschiedlich verlaufen. So ist z. B. beim Herabschweben eines Fallschirmspringers der Luftwiderstand so groß, dass er sich näherungsweise gleichförmig bewegt. Das gilt auch für Regentropfen in der Nähe des Erdbodens oder für herabfallende Blätter.
Anders ist das z. B. bei einem aus 10 m Höhe herabfallenden Stein oder bei einem Körper, der sich im Vakuum bewegt. Der Luftwiderstand ist dann vernachlässigbar. Eine Fallbewegung, die nicht durch den Luftwiderstand behindert wird, nennt man in der Physik **freien Fall.**

1 Die anfängliche Bewegung eines Fallschirmspringers mit geschlossenem Schirm kann näherungsweise als freier Fall betrachtet werden. Nach kurzer Zeit erreichen aber die Fallschirmspringer eine konstante Fallgeschwindigkeit von maximal 200 km/h.

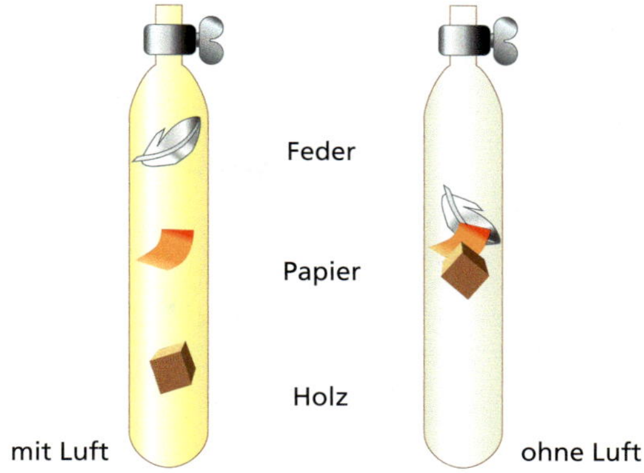

2 Im Vakuum fallen alle Körper gleich schnell.

Der freie Fall ist eine gleichmäßig beschleunigte geradlinige Bewegung. Deshalb gelten für den freien Fall auch dieselben Gesetze wie für alle anderen gleichmäßig beschleunigten Bewegungen.
Der Physiker GALILEO GALILEI (1564–1642) hat erkannt, dass alle Körper beim freien Fall mit der gleichen Beschleunigung, der sogenannten **Fallbeschleunigung g**, fallen.
Das kann man auch experimentell zeigen: Pumpt man aus einer Glasröhre die Luft heraus und lässt in dieser Röhre z. B. einen Holzwürfel, eine Feder und ein Stück Papier fallen, so bewegen sich beide gleich schnell (Abb. 2).
Die Fallbeschleunigung ist nicht von der Masse des fallenden Körpers abhängig.

Für den freien Fall eines Körpers aus dem Stillstand gilt unter der Bedingung, dass der Luftwiderstand vernachlässigt wird:

$g = \text{konstant}$	g **Fallbeschleunigung**
$v = g \cdot t$	v **Geschwindigkeit**
$s = \frac{g}{2} \cdot t^2$	t **Zeit**

Die Fallbeschleunigung ist von dem Ort abhängig, an dem sich ein Körper befindet. Sie wird deshalb auch als **Ortsfaktor** bezeichnet. Als Mittelwert für die Fallbeschleunigung an der Erdoberfläche gilt:

$$g = 9{,}81\ \frac{\text{m}}{\text{s}^2}$$

Am Äquator ist die Fallbeschleunigung etwas kleiner als der Mittelwert (9,79 m/s²), an den Polen der Erde etwas größer (9,83 m/s²).

Mosaik

GALILEI und die Bewegungsgesetze

Der italienische Naturforscher GALILEO GALILEI (1564–1642) führte nicht nur die experimentelle Methode in die Naturwissenschaften ein, sondern entwickelte auch die mittelalterliche Bewegungslehre entscheidend weiter. Bis GALILEO GALILEI dominierten die Auffassungen des ARISTOTELES (384 bis 322 v. Chr.): *„Alles, was sich bewegt, bewegt sich entweder von Natur oder durch eine äußere Kraft oder vermöge seines freien Willens."* Daraus folgerte ARISTOTELES, dass schwere Körper schneller fallen als leichte Körper, eine Auffassung, die sich durchaus mit der Alltagserfahrung deckt.
GALILEI überlegte sich dazu folgendes Gedankenexperiment: Verbindet man einen schweren und einen leichten Körper miteinander, dann müssen einerseits nach ARISTOTELES beide zusammen schneller fallen als der schwere Körper, da ihre Masse größer ist. Andererseits würde der leichte Körper den Fall des schweren Körpers hemmen, da er – ebenfalls nach ARISTOTELES – langsamer fallen soll als der schwere Körper. Den Widerspruch löste GALILEI, indem er davon ausging, dass alle Körper gleich schnell fallen müssten.
In seinem 1638 in Leiden erschienenen Werk „Discorsi", einem in 6 Tage gegliederten Buch in Form von Gesprächen, formuliert er:
„Gleichförmig oder einförmig beschleunigte Bewegung nenne ich diejenige, bei der von Anfang an in gleichen Zeiten gleiche Geschwindigkeitszuwüchse dazukommen."
Im Weiteren leitet GALILEI den Zusammenhang zwischen Weg und Zeit aus geometrischen Überlegungen ab (Abb. 1). Heute ist gesichert, dass GALILEI auch sorgfältige quantitative Untersuchungen zu Bewegungen durchgeführt, aber nie veröffentlicht hat.

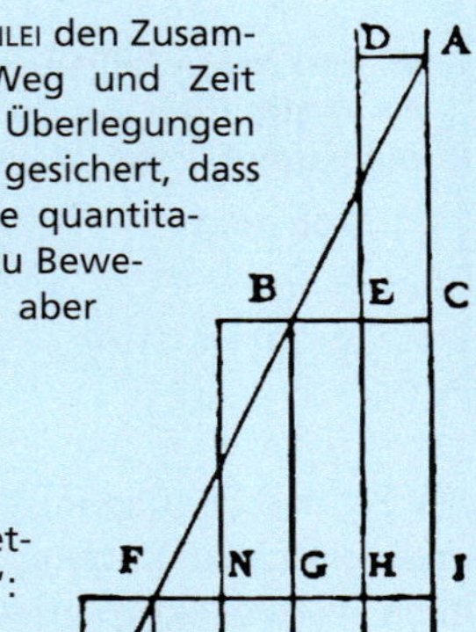

1 Originalzeichnung GALILEIS zu den Fallgesetzen aus dem „Discorsi": Die in gleichen Zeiten (senkrecht aufgetragen) zurückgelegten Wege (Flächen) verhalten sich wie 1 : 3 : 5, die Gesamtwege damit wie 1 : 4 : 9.

2 Der GALILEI-Arbeitsraum im Deutschen Museum in München

In seinem „Discorsi" ist folgender Dialog zwischen SIMPLICIO und SALVIATI enthalten:
„Simplicio: Ob aber die Beschleunigung, deren die Natur sich bedient, beim Fall der Körper eine solche sei, das bezweifle ich noch, und deshalb würden ich und andere … es für sehr erwünscht halten, jetzt einen Versuch herbeizuziehen, deren es so viele geben soll.
Salviati: Ihr stellt in der Tat … eine berechtigte Forderung auf. … Der Autor hat es nicht unterlassen, Versuche anzustellen, und um mich davon zu überzeugen, dass die gleichförmig beschleunigte Bewegung im oben geschilderten Verhältnis vor sich gehe, bin ich wiederholt in Gemeinschaft mit unserem Autor in folgender Weise vorgegangen: … auf einem Holzbrett von 12 Ellen Länge … war … eine Rinne von etwas mehr als einem Zoll Breite eingegraben. Dieselbe war sehr gerade gezogen, und um die Fläche recht glatt zu haben, war inwendig ein sehr glattes und reines Pergament aufgeklebt; in dieser Rinne ließ man eine sehr harte, völlig runde und glatt polierte Messingkugel laufen. Nach Aufstellung des Brettes wurde dasselbe auf einer Seite gehoben, bald eine, bald zwei Ellen hoch; dann ließ man die Kugel durch den Kanal fallen und verzeichnete … die Fallzeit für die ganze Strecke. Darauf ließen wir die Kugel nur durch ein Viertel der Strecke laufen und fanden stets die halbe Fallzeit gegen früher; … bei wohl hundertfacher Wiederholung fanden wir stets, dass die Strecken sich verhielten wie die Quadrate der Zeiten …"

Physik in Natur und Technik

Wie schnell ist eine S-Bahn?

Jeder von euch hat schon auf einem S-Bahnhof eine anfahrende S-Bahn (Abb. 1) beobachtet. Die Geschwindigkeit, die eine solche S-Bahn beim Anfahren nach ein paar Sekunden erreicht, ist schwer abzuschätzen. Durch Messungen weiß man aber, dass die durchschnittliche Beschleunigung beim Anfahren $0{,}6\ \mathrm{m/s^2}$ beträgt.
Welche Geschwindigkeit erreicht eine S-Bahn 15 Sekunden nach dem Anfahren? Befindet sich das Ende des Zugs nach dieser Zeit noch im Bereich des Bahnhofs?

Analyse:
Die Bewegung der S-Bahn wird als gleichmäßig beschleunigt angenommen, sodass die Gesetze für gleichmäßig beschleunigte Bewegungen angewendet werden können.
Ob sich das Zugende 15 s nach dem Anfahren noch im Bahnhofsbereich befindet, ergibt sich aus dem Weg, der in dieser Zeit zurückgelegt wird.

Gesucht: v, s
Gegeben: $a = 0{,}6\ \mathrm{m/s^2}$
$t = 15\ \mathrm{s}$

Lösung:
Die Geschwindigkeit ergibt sich aus dem Geschwindigkeit-Zeit-Gesetz:

$$v = a \cdot t$$

$$v = 0{,}6\ \frac{\mathrm{m}}{\mathrm{s}^2} \cdot 15\ \mathrm{s}$$

$$v = 9{,}0\ \frac{\mathrm{m}}{\mathrm{s}} \approx 32\ \frac{\mathrm{km}}{\mathrm{h}}$$

Den zurückgelegten Weg erhält man aus dem Weg-Zeit-Gesetz:

$$s = \frac{a}{2} \cdot t^2$$

$$s = \frac{0{,}6\ \frac{\mathrm{m}}{\mathrm{s}^2}}{2} \cdot (15\ \mathrm{s})^2$$

$$\underline{s = 67{,}5\ \mathrm{m}}$$

1 Die Beschleunigung der Berliner S-Bahn beträgt im Durchschnitt etwa $0{,}6\ \mathrm{m/s^2}$.

Ergebnis:
15 s nach dem Anfahren einer S-Bahn beträgt ihre Geschwindigkeit etwa 30 km/h, der zurückgelegte Weg ca. 70 m. Da S-Bahnsteige länger als 70 m sind, befindet sich das Zugende noch im Bereich des Bahnhofs.

Abstand halten!

Um Auffahrunfälle zu vermeiden, gibt es für den Abstand von Fahrzeugen folgende Faustregel: Der Abstand von einem Fahrzeug zum nächsten sollte mindestens gleich der Hälfte der Anzeige am Tachometer sein. Wenn ein Auto z. B. mit 80 km/h fährt, sollte sein Sicherheitsabstand also mindestens 40 m betragen.
Berechne für einen Pkw (v = 80 km/h) unter Berücksichtigung der Schrecksekunde den Bremsweg bei einer Vollbremsung, wenn die Bremsverzögerung $7\ \mathrm{m/s^2}$ beträgt! Beurteile auf der Grundlage des Ergebnisses den Sinn der Faustregel!

Analyse:
Der Bremsvorgang wird als gleichmäßig verzögerte Bewegung bis zum Stillstand angesehen. Damit können die Gesetze der gleichmäßig beschleunigten Bewegung angewendet werden. Der Gesamtweg setzt sich aus dem Weg während der Schrecksekunde (s_1) und dem Bremsweg (s_2) zusammen.

Gesucht: s_{ges} in m

Gegeben: $v = 80\,\frac{km}{h} = 80 \cdot \frac{1}{3{,}6}\,\frac{m}{s} = 22\,\frac{m}{s}$

$a = 7\,\frac{m}{s^2}$

$t_1 = 1\,s$

Lösung:

Der Bremsweg ergibt sich als Summe der Wege für beide Bewegungen: $s_{ges} = s_1 + s_2$

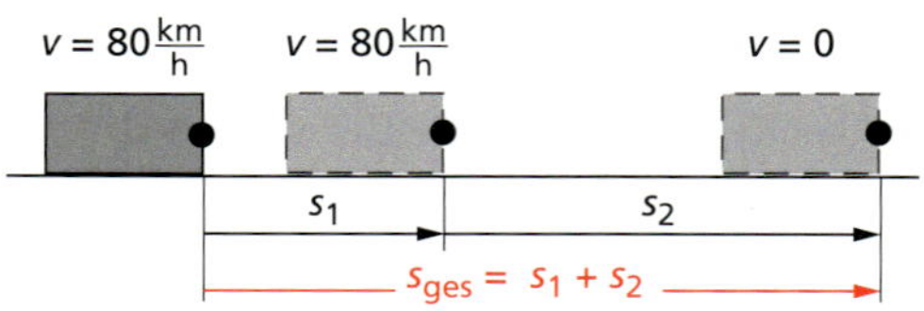

Den Weg für die gleichförmige Bewegung während der „Schrecksekunde“ kann man mit dem Weg-Zeit-Gesetz für gleichförmige Bewegungen berechnen:

$$s_1 = v \cdot t_1$$

$$s_1 = 22\,\frac{m}{s} \cdot 1\,s$$

$$s_1 = 22\,m$$

Den Weg für die gleichmäßig verzögerte Bewegung kann man nach dem Weg-Zeit-Gesetz für gleichmäßig beschleunigte Bewegungen berechnen:

$$s_2 = \frac{a}{2} \cdot t_2^2$$

Da die Zeit t_2 für diese Bewegung nicht bekannt ist, kann das Geschwindigkeit-Zeit-Gesetz herangezogen werden, denn die Anfangsgeschwindigkeit v ist bekannt.

Somit erhält man ein Gleichungssystem aus zwei Gleichungen mit zwei unbekannten Größen (s_2 und t_2), das man lösen kann:

$$s_2 = \frac{a}{2} \cdot t_2^2$$

$$v = a \cdot t_2$$

$$\downarrow$$

$$t_2 = \frac{v}{a}$$

$$s_2 = \frac{a}{2} \left(\frac{v^2}{a^2}\right)$$

$$s_2 = \frac{v^2}{2a}$$

$$s_2 = \frac{22^2\,m^2 \cdot s^2}{2 \cdot 7\,m \cdot s^2}$$

$$s_2 \approx 35\,m$$

Damit erhält man für den Gesamtweg:

$$s_{ges} = 22\,m + 35\,m$$

$$\underline{s_{ges} = 57\,m}$$

Ergebnis:

Der Bremsweg bei einer Vollbremsung auf trockener Straße mit einer Anfangsgeschwindigkeit von 80 km/h beträgt unter Berücksichtigung der Schrecksekunde etwa 57 m. Das ist mehr als der Mindestabstand, der nach der Faustregel gefordert wird. Es ist jedoch zu berücksichtigen, dass das vorausfahrende Fahrzeug in der Regel nicht plötzlich zum Stillstand kommt, sondern nach einem gewissen Bremsweg. So könnte ein Auffahrunfall gerade vermieden werden. Dabei muss aber beachtet werden: Bei nasser oder gar vereister Fahrbahn ist die Bremsverzögerung wesentlich geringer, sodass der Sicherheitsabstand größer sein muss und die Faustregel nicht mehr gilt.

Ein Gurt ist Pflicht

Bei Fahrten im Pkw müssen alle Insassen mit einem Sicherheitsgurt angeschnallt sein (Abb. 1). Das ist mitunter zwar lästig, aber bei Unfällen oft lebensrettend. Manche Fahrer und Beifahrer sind jedoch der Meinung, dass sie sich bei Unfällen mit geringen Geschwindigkeiten auch ohne Gurt noch abstützen können.

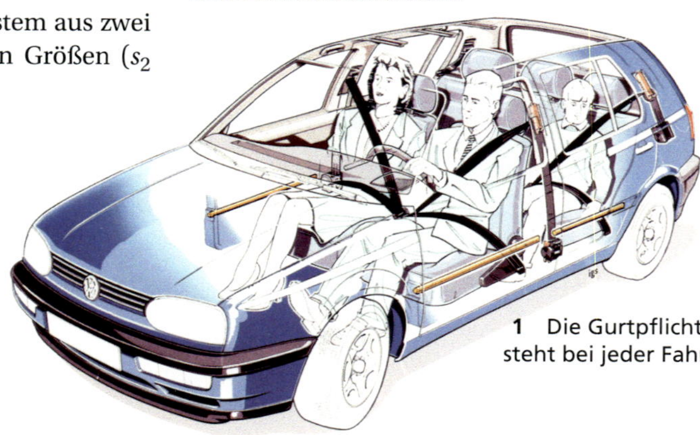

1 Die Gurtpflicht besteht bei jeder Fahrt.

1 Beim Abbremsen treten erhebliche Beschleunigungen und Kräfte auf.

Wie groß ist die Bremsverzögerung bei einem Aufprall auf ein Hindernis, wenn ein Fahrzeug mit einer Geschwindigkeit von zunächst 30 km/h in einer Sekunde zum Stehen kommt?

Analyse:
Der Aufprall auf ein Hindernis wird als gleichmäßig verzögerte Bremsbewegung eines Körpers bis zum Stillstand angesehen.

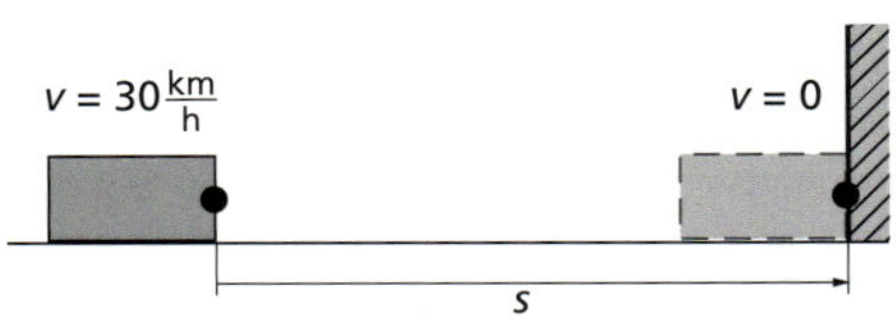

Gesucht: a
Gegeben: $v = 30\,\frac{\text{km}}{\text{h}} = 30 \cdot \frac{1}{3{,}6}\,\frac{\text{m}}{\text{s}} \approx 8{,}3\,\frac{\text{m}}{\text{s}}$
$t = 1\,\text{s}$

Lösung:
Die Beschleunigung für eine gleichmäßig verzögerte Bewegung kann man mit der folgenden Gleichung berechnen:

$$a = \frac{\Delta v}{\Delta t}$$

$$a = \frac{8{,}3\,\text{m}}{1\,\text{s} \cdot \text{s}}$$

$$\underline{a = 8{,}3\,\frac{\text{m}}{\text{s}^2}}$$

Ergebnis:
Die Bremsbeschleunigung bei einem Aufprall auf ein Hindernis mit einer Anfangsgeschwindigkeit von 30 km/h beträgt 8,3 m/s^2 und ist damit etwas kleiner als die Fallbeschleunigung. Ein solcher Auffahrunfall ist vergleichbar mit einem Sprung aus 3,5 m Höhe auf ein hartes Hindernis.
Es ist deshalb unbedingt erforderlich, bei jeder Fahrt der Verpflichtung zum Angurten im Pkw nachzukommen.
Bedenke dabei, dass z. B. bei einem Frontalzusammenstoß mit einem entgegenkommenden Fahrzeug die Relativgeschwindigkeit, also die Summe der Geschwindigkeiten beider Fahrzeuge, beim Aufprall zur Wirkung kommt.

Methode

Lösen physikalisch-mathematischer Aufgaben

Beim Lösen physikalischer Aufgaben mit mathematischen Mitteln solltest du folgendermaßen vorgehen:

1. Versuche dir den Sachverhalt der Aufgabe vorzustellen! Fertige, wenn notwendig, eine anschauliche Skizze an!
2. Vereinfache den Sachverhalt aus der Sicht der Physik! Lass Unwesentliches weg! Fertige eine vereinfachte, schematische Skizze zum Sachverhalt an!
3. Stelle die gesuchten und die gegebenen Größen der Aufgabe zusammen!
4. Versuche Zusammenhänge und Gesetze im Sachverhalt zu erkennen! Gib Gleichungen für gesuchte und gegebene Größen an, die unter den gegebenen Bedingungen gelten!
5. Mitunter wird der Sachverhalt mit mehreren Gleichungen und mehreren Variablen (unbekannten Größen) beschrieben. Löse das Gleichungssystem, indem du die Gleichungen miteinander kombinierst!
6. Setze die Werte für die gegebenen Größen in die Endgleichung ein und berechne die gesuchten Größen! Manchmal müssen vor dem Einsetzen noch Einheiten umgerechnet werden.
7. Formuliere das Ergebnis der Aufgabe! Beantworte dabei die gestellten Fragen!

Interpretieren von Diagrammen

Diagramme sind ein wichtiges Hilfsmittel in Wissenschaft und Technik. Zum einen lässt sich in einem Diagramm der Zusammenhang zwischen zwei Größen anschaulich darstellen. Zum anderen ermöglicht das Interpretieren von Diagrammen, Zusammenhänge zu erkennen. Darüber hinaus ist es möglich, mithilfe eines Diagramms Vorhersagen zu machen. Als Beispiel betrachten wir das nachfolgende Weg-Zeit-Diagramm, das die Bewegung eines Autos beschreibt.

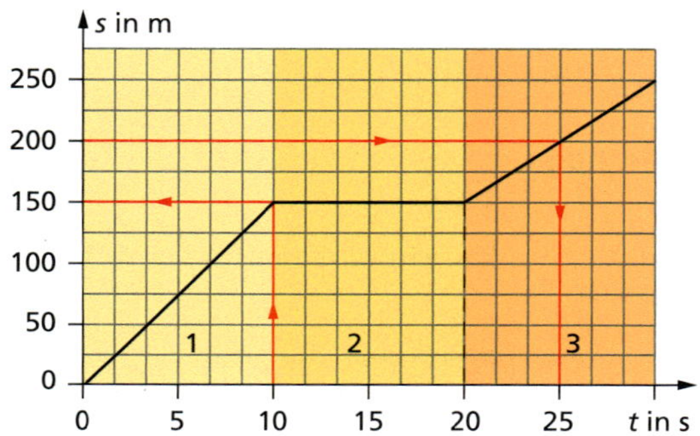

Beim Interpretieren eines solchen Diagramms sollte man folgendermaßen vorgehen:

1. Nenne die physikalischen Größen, die auf den Achsen abgetragen sind!

Im Diagramm ist der Zusammenhang zwischen dem Weg *s* und der Zeit *t* dargestellt.

2. Beschreibe den Zusammenhang zwischen den Größen, die auf den Achsen abgetragen sind! Unterscheide dabei, wenn es zweckmäßig ist, zwischen verschiedenen Abschnitten!

In **Abschnitt 1** nimmt der Weg mit der Zeit gleichmäßig zu. Das bedeutet: Das Auto bewegt sich gleichförmig.

In **Abschnitt 2** ändert sich der Weg nicht. Das Auto steht.

In **Abschnitt 3** vergrößert sich wiederum der Weg gleichmäßig mit der Zeit. Das Auto bewegt sich mit bestimmter Geschwindigkeit.

3. Nenne charakteristische Werte! Gehe, wenn möglich, auf die Bedeutung der Fläche unter dem Graphen und des Anstiegs des Graphen ein!

Von 0 bis 10 s bewegt sich das Auto gleichförmig und legt dabei einen Weg von 150 m zurück. Dann steht es 10 s lang und fährt 20 s gleichförmig weiter. In Abschnitt 3 ist allerdings die Geschwindigkeit kleiner als in Abschnitt 1, da der Anstieg des Graphen dort kleiner ist.

Manchmal ist es auch zweckmäßig, die Schritte 2 und 3 zusammenzufassen.

Ablesen von Werten

Aus einem Diagramm kann man den Wert einer Größe abgelesen, wenn die andere Größe bekannt ist. So ergibt sich z. B. aus dem Diagramm links für eine Zeit von 10 s ein Weg von 150 m. Für einen Weg von 200 m erhält man als zugehörige Zeit 25 s.

Berechnen von Größen (Vorhersagen)

Mit den in einem Diagramm dargestellten Werten lassen sich auch Größen berechnen, so beispielsweise aus einem *s-t*-Diagramm unterschiedliche Geschwindigkeiten.
So ergibt sich für Abschnitt 1 des dargestellten Diagramms: In 10 s wurden 150 m zurückgelegt. Demzufolge ist:

$$v_1 = \frac{s}{t} = \frac{150\,\text{m}}{10\,\text{s}} = 15\,\frac{\text{m}}{\text{s}}$$

Für Abschnitt 2 erhält man $v_2 = 0$ und für den dritten Abschnitt $10\,\frac{\text{m}}{\text{s}}$. Die Durchschnittsgeschwindigkeit für 30 s beträgt $\bar{v} = \frac{250\,\text{m}}{30\,\text{s}} = 8{,}3\,\frac{\text{m}}{\text{s}}$.

gewusst · gekonnt

1. Diskutiere, ob sich die folgenden Körper in Ruhe oder in Bewegung befinden!
a) Sitzende Person in einem haltenden Zug
b) Sitzende Person in einem fahrenden Zug
c) Person in einem Aufzug
d) Dachziegel auf einem Hausdach
e) Vogel auf einem Ast
f) Geostationärer Nachrichtensatellit

2. Auf den Fotos sind Körper in Bewegung abgebildet.

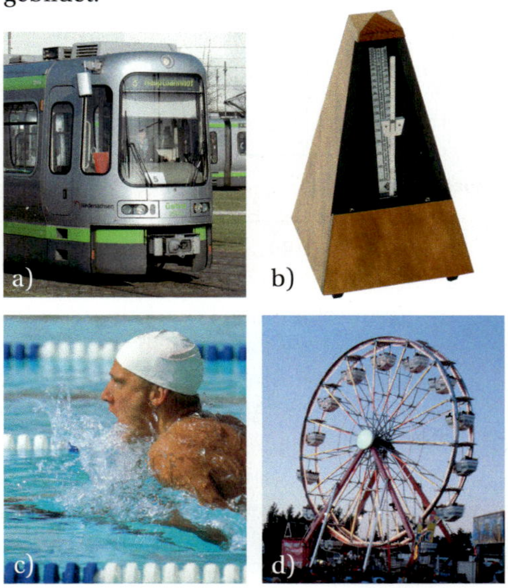

Gib jeweils die mögliche Bewegungsart und die Bahnform an!

3. Damit eine Raumsonde den Anziehungsbereich der Erde verlassen kann, muss sie auf eine Geschwindigkeit von mindestens 11,2 km/s gebracht werden. Wie viele Kilometer je Stunde sind das?

4. a) Gib die Geschwindigkeiten 130 km/h; 50 km/h; 5 km/h in m/s an!
b) Die Erde bewegt sich mit etwa 30 km/s auf ihrer Bahn um die Sonne. Wie viele Kilometer je Stunde sind das?
c) Damit ein Satellit in eine Erdumlaufbahn kommt, muss er eine Geschwindigkeit von 28440 km/h haben. Gib diese Geschwindigkeit in km/s an!

5. Die besten Tennisspieler können beim Aufschlag dem Ball eine sehr große Geschwindigkeit verleihen. Bereits nach 0,3 s trifft der Ball bei diesen Spielern in 17 m Entfernung im Aufschlagfeld auf. Wie groß ist die Geschwindigkeit des Tennisballs?

6. Für ein Fahrzeug wurden folgende Messwerte aufgenommen:

Weg *s* in km	4,5	9,1	13,4	17,9	22,7	27
Zeit *t* in min	2	4	6	8	10	12

a) Zeichne das Weg-Zeit-Diagramm!
b) Ermittle die Wege für drei und für sieben Minuten!
c) Ermittle die Zeit für 20 km!
d) Wie bewegt sich dieses Fahrzeug? Begründe deine Aussage!
e) Berechne die Geschwindigkeit, mit der sich dieses Fahrzeug bewegt!
f) Zeichne das Geschwindigkeit-Zeit-Diagramm!

7. Wie lange benötigt das Licht von der Sonne bzw. vom Mond bis zur Erde?

8. In Wohngebieten werden in der Regel Tempo-30-Zonen eingerichtet. Dadurch ist es für Kraftfahrer besser möglich, auf spielende Kinder oder plötzliche Ereignisse zu reagieren. Unfälle können vermieden werden.
a) Erkunde, was man unter einer „Schrecksekunde“ versteht und wie groß sie im Durchschnitt ist!
b) Welchen Weg legt ein Pkw in der „Schrecksekunde“ bei 30 km/h zurück?
*c) Um wie viel wäre der Weg länger, wenn der Pkw mit 50 km/h fahren würde?

9. Wie groß wäre die Zeitersparnis bei einer Fahrt auf der Autobahn, wenn man die Strecke von 240 km statt mit 100 mit 130 km/h fahren könnte?

10. Ein ICE (s. Abb.) braucht für die 284 km lange Strecke Berlin–Hannover eine Gesamtzeit von 1 Stunde und 35 Minuten.
Wie groß ist seine Durchschnittsgeschwindigkeit?

11. Ermittle deine Durchschnittsgeschwindigkeit!
a) beim 100-m-Lauf
b) mit dem Fahrrad
c) für einen Schulweg

12. Die Abbildung zeigt das stark vereinfachte Fahrtenschreiberdiagramm für einen Lkw.

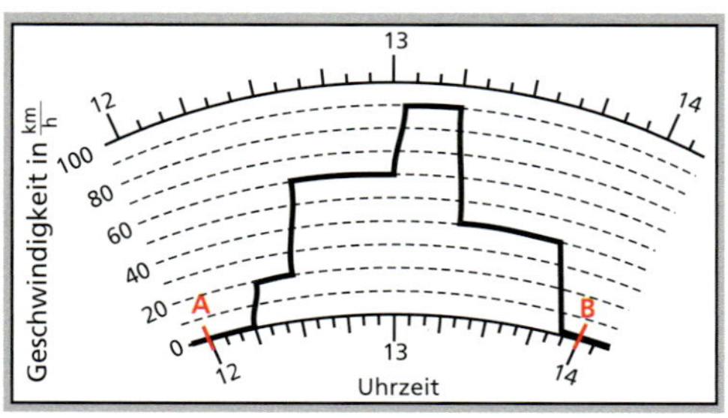

Interpretiere dieses Diagramm!

13. Ein neuer Pkw benötigt 9,8 s, um von null auf 100 km/h zu kommen.
a) Wie groß ist die Beschleunigung dieses Pkw?
Welche Annahme muss man über die Art der Bewegung machen?
b) Um von 80 auf 120 km/h zu kommen, benötigt derselbe Pkw 10,6 s.
Berechne auch hierfür die Beschleunigung und vergleiche diese mit der Beschleunigung bei Aufgabe a!
c) Wie sind die Unterschiede zu erklären?

***14.** Ein Sportwagen erreicht aus dem Stand in 6,8 s eine Geschwindigkeit von 100 km/h. Welchen Weg legt er dabei zurück?

15. Die Bewegung eines Radfahrers wird mit dem folgenden Geschwindigkeit-Zeit-Diagramm beschrieben.

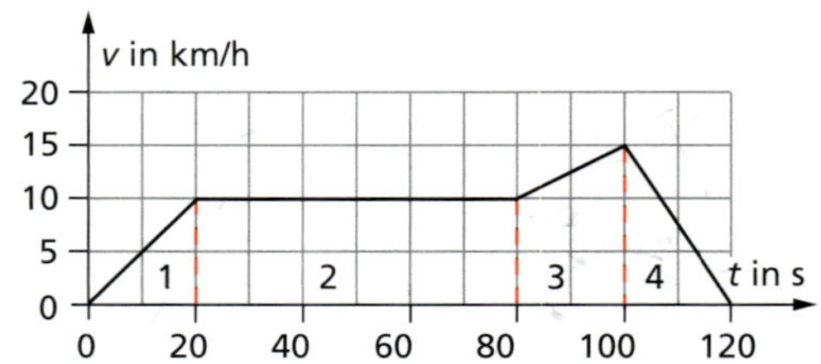

a) Interpretiere das Diagramm! Wie bewegt sich der Radfahrer in den vier gekennzeichneten Abschnitten?
b) In welchem Abschnitt hat er die größte Beschleunigung?
c) Zeichne das zugehörige Beschleunigung-Zeit-Diagramm!

***16.** Die Startgeschwindigkeit (Geschwindigkeit beim Abheben) eines Passagierflugzeugs liegt bei etwa 290 km/h. Die Beschleunigung in der Startphase beträgt etwa 2,8 m/s^2.

a) Ermittle aus diesen Daten, welche Strecke das Flugzeug auf der Startbahn rollt!
b) Zeichne für ein solches Flugzug das Geschwindigkeit-Zeit-Diagramm und das Weg-Zeit-Diagramm!

17. Ein Lkw-Fahrer ist wegen eines plötzlich auf die Straße laufenden Kinds zum scharfen Bremsen und zum kurzfristigen Halten gezwungen. Im Diagramm ist der Bewegungsablauf für diesen Vorgang vereinfacht dargestellt.

a) Interpretiere das v-t-Diagramm!

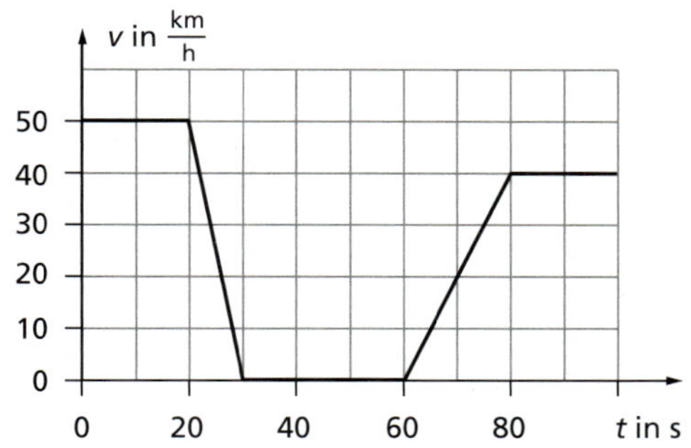

b) Berechne die Beschleunigungen für das Bremsen und das Anfahren!

c) Zeichne das Beschleunigung-Zeit-Diagramm!

***18.** Nach einem Unfall ermittelt die Verkehrspolizei für die Vollbremsung eines Motorrads einen Bremsweg von 26 m. Für den Straßenbelag kann man eine Bremsverzögerung von 6,8 m/s^2 annehmen.
Mit welcher Geschwindigkeit ist das Motorrad gefahren?
Hat sich der Fahrer innerhalb einer geschlossenen Ortschaft damit vorschriftsmäßig verhalten?

***19.** Ein mit drei Personen und viel Gepäck beladener Pkw fährt mit einer Geschwindigkeit von 80 km/h auf einer nassen Landstraße. Plötzlich sieht der Fahrer etwa 100 m vor dem Fahrzeug ein Reh auf die Fahrbahn laufen.
Kann das Fahrzeug noch vor dem Reh zum Stehen gebracht werden, wenn für diesen Fall eine Bremsverzögerung von 4,2 m/s^2 angenommen wird und der Fahrer eine Reaktionszeit von 0,9 s hat?

20. Ermittle deine maximale Beschleunigung in den ersten 5 s beim Anfahren mit dem Rad! Beschreibe das Messverfahren! Vergleiche deine Werte mit denen deiner Mitschüler!

21. Im Vergleich zu einem Regentropfen schwebt eine Schneeflocke viel langsamer herab.
Wie können diese Unterschiede in den Fallbewegungen erklärt werden?

22. Gib für folgende Vorgänge an, ob man die Bewegungen mit den Gesetzen des freien Falls beschreiben kann oder nicht! Begründe!

a) Schweben der Samen von Pusteblumen
b) Fallschirmspringer
c) Fall eines Dachziegels vom Dach
d) Fall eines Apfels vom Baum
e) Fall von Hagelkörnern

***23.** Ein Stein löst sich von einem Felsen und schlägt nach 8 s auf dem Boden auf.
In welcher Höhe über der Auftreffstelle hat sich der Stein gelöst?

***24.** Um die Tiefe eines Brunnens zu ermitteln, wird ein Stein vom Brunnenrand aus fallen gelassen. Nach drei Sekunden hört man, wie der Stein aufschlägt.
Wie tief ist der Brunnen?

25. Ein Fallschirmspringer lässt sich zunächst mit nicht geöffnetem Fallschirm fallen. Seine Bewegung wird durch das v-t-Diagramm beschrieben.

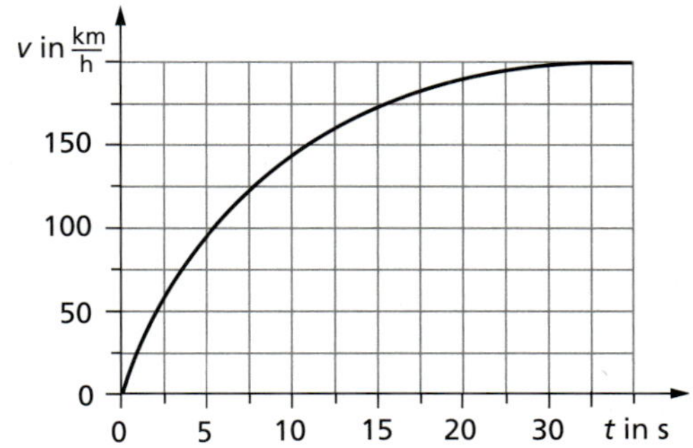

a) Interpretiere dieses Diagramm!

b) Gib die maximale Geschwindigkeit in km/h und in m/s an!

Bewegungen in Natur und Technik

Ein Körper befindet sich in Bewegung, wenn er seine Lage gegenüber einem Bezugssystem ändert.

Die Geschwindigkeit
gibt an, wie schnell oder langsam sich ein Körper bewegt.

$v = \frac{s}{t}$ $\bar{v} = \frac{\Delta s}{\Delta t}$

Die Beschleunigung
gibt an, wie schnell sich die Geschwindigkeit eines Körpers ändert.

$\bar{a} = \frac{\Delta v}{\Delta t}$

Nach der Art der Bewegung kann man unterscheiden:

Gleichförmige Bewegungen

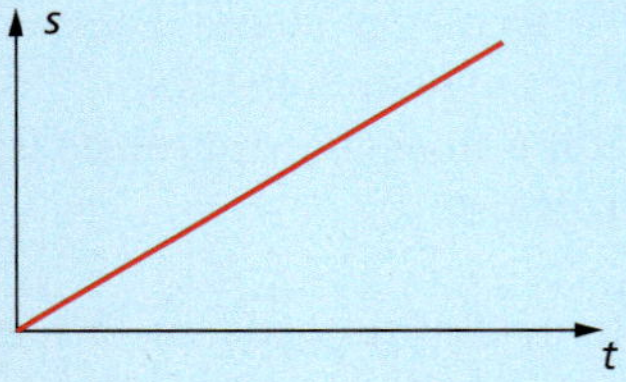

$s = v \cdot t$

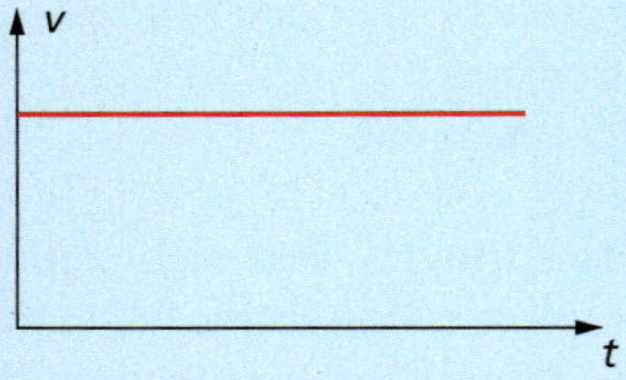

$v = \frac{s}{t}$

$v =$ konstant

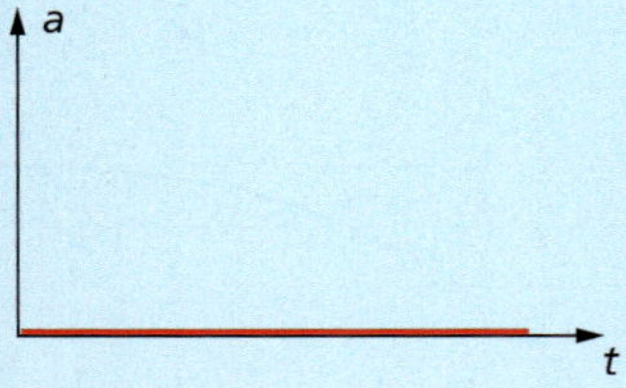

$a = 0$

Beschleunigte Bewegungen

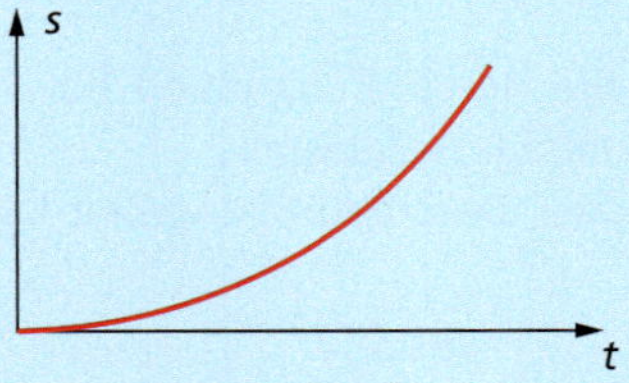

$s = \frac{a}{2} t^2$

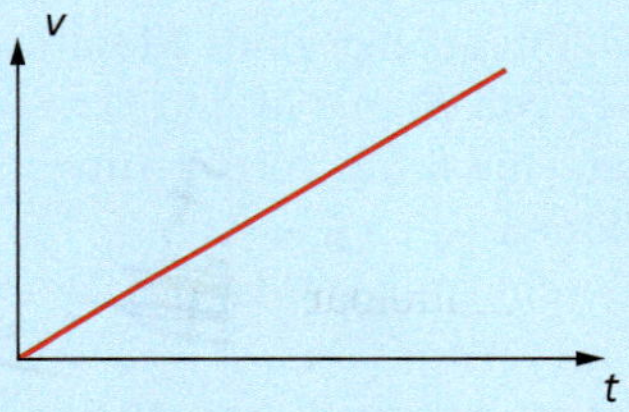

$v = a \cdot t$

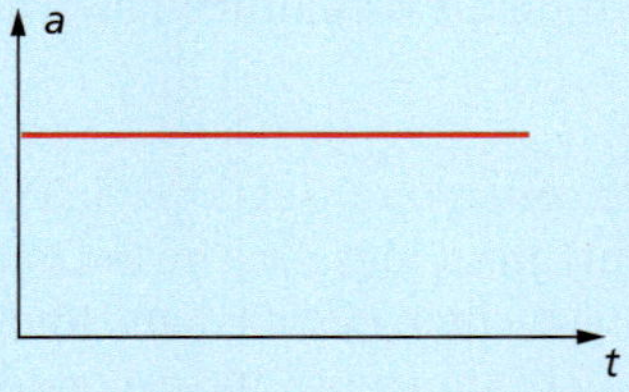

$a =$ konstant

$a = \frac{\Delta v}{\Delta t}$

Eine spezielle gleichmäßig beschleunigte Bewegung ist der **freie Fall** mit:

$$a = g \ (g = 9{,}81 \ \text{m/s}^2)$$

Für den freien Fall gilt:

$s = \frac{g}{2} t^2$ $s = \frac{v^2}{2g}$ $v = g \cdot t$ $v = \sqrt{2g \cdot h}$

4.2 Kräfte und Bewegungen

Ein Satellit um die Erde

Nachrichtensatelliten, Wettersatelliten oder das satellitengestützte Navigationssystem GPS werden heute vielfältig genutzt. Allein für das GPS sind 24 Satelliten erforderlich.
Auf was für Bahnen bewegen sich die vielen Satelliten? Was hält sie auf ihrer Bahn?

Kräfte beim Start

Als Fehlstart beim Sprint gilt, wenn sich ein Sportler mit dem Startschuss oder unmittelbar danach in Bewegung setzt. Um das zu registrieren, sind bei großen Wettkämpfen in den Startblöcken elektronische Messeinrichtungen eingebaut, die die Beinkräfte der Sportler auf die Startblöcke messen.
Warum können solche elektronischen Messeinrichtungen für Kräfte einen Fehlstart registrieren?

Wie sicher ist ein Auto?

Autos haben aus Sicherheitsgründen eine Knautschzone. Dadurch können bei Unfällen die Unfallfolgen bei den Fahrzeuginsassen vermindert werden, indem bei einem Aufprall der vordere Teil des Autos zusammengeschoben wird. Das oben stehende Bild zeigt das bei einem Crashtest.
Welche Kräfte führen zu einer Verformung der Knautschzone bei einem Unfall?
Warum kann die Knautschzone bei einem Unfall nur den Insassen helfen, die angeschnallt sind?

Die physikalische Größe Kraft

Um einen Körper zu beschleunigen, muss auf ihn eine Kraft einwirken. Ein Volleyball wird in Bewegung gesetzt und beschleunigt, wenn der Volleyballspieler mit seiner Hand eine Kraft auf den Ball einwirken lässt (Abb. 3).

Durch eine Kraft kann ein Körper auch verformt werden. Die Einwirkungen der Körper aufeinander sind wechselseitig, d. h., es wirken Kräfte auf beide Körper. Deshalb bezeichnet man die Kraft als eine **Wechselwirkungsgröße.**

Wie stark Körper aufeinander einwirken, wird durch die physikalische Größe **Kraft** beschrieben.

> **Die Kraft ist ein Maß dafür, welche Bewegungsänderung oder Verformung bei einem Körper hervorgerufen wird.**
>
> **Formelzeichen:** ***F***
> **Einheit: ein Newton (1 N)**

Die Kraft ist eine gerichtete Größe. Dementsprechend können Kräfte durch Pfeile dargestellt werden (Abb. 1).

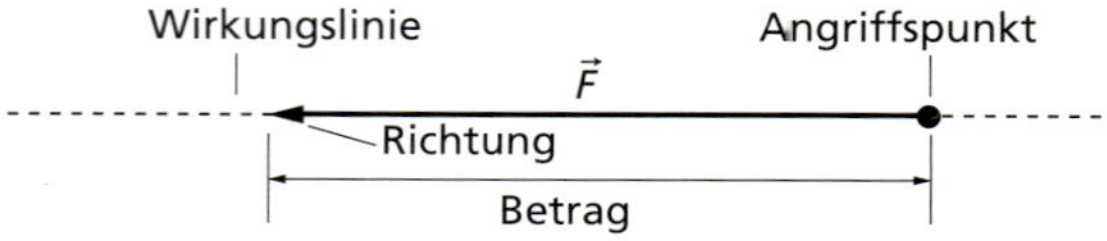

1 Darstellung einer Kraft: Für genaue Zeichnungen muss ein Maßstab vereinbart werden.

Die Wirkung einer Kraft auf einen Körper ist von ihrem Betrag, vom Angriffspunkt und von der Richtung der Kraft abhängig.

Die Einheit 1 N wurde nach dem englischen Physiker Isaac Newton (1643–1727) benannt. Newton beschäftigte sich nicht nur mit Kräften, sondern fand auch wichtige physikalische Gesetze.
Ein Newton ist die Kraft, die einem Körper mit der Masse 1 kg eine Beschleunigung von $1\ \mathrm{m/s^2}$ erteilt. Es ist etwa die Kraft, mit der ein Körper der Masse 100 g auf der Erde auf eine ruhende Unterlage drückt oder an einer Aufhängung zieht (Abb. 2).

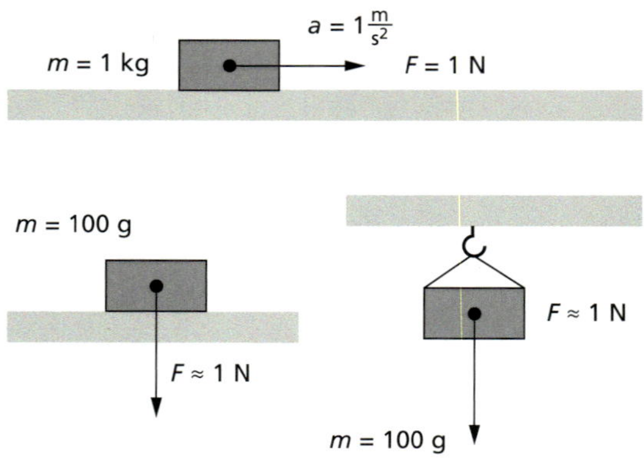

2 Die Kraft 1 N kann in verschiedener Weise dargestellt werden.

3 Durch Kräfte (Wechselwirkung Hand–Ball) wird der Ball beschleunigt.

Das Wechselwirkungsgesetz

Wirken zwei Körper aufeinander ein, so wirkt auf jeden der beiden Körper eine Kraft.
So zieht z. B. die Erde unseren Körper an, unser Körper zieht aber auch die Erde an. Beim Aussteigen aus einem Boot merkt man die Wechselwirkung zwischen Person und Boot (Abb. 1).
Bei einem Crashtest (Abb. 2) wirkt Auto 1 auf Auto 2, aber auch Auto 2 auf Auto 1.
Beim Heben einer Tasche müssen wir eine Muskelkraft nach oben aufwenden, zugleich wirkt aber die Gewichtskraft der Tasche nach unten. Solche zwischen verschiedenen Körpern auftretenden Kräfte werden als Wechselwirkungskräfte bezeichnet.
Für diese Kräfte gilt das **Wechselwirkungsgesetz.**

Wirken zwei Körper aufeinander ein, so wirkt auf jeden der Körper eine Kraft. Die Kräfte sind gleich groß und entgegengesetzt gerichtet:

$$\vec{F}_1 = -\vec{F}_2$$

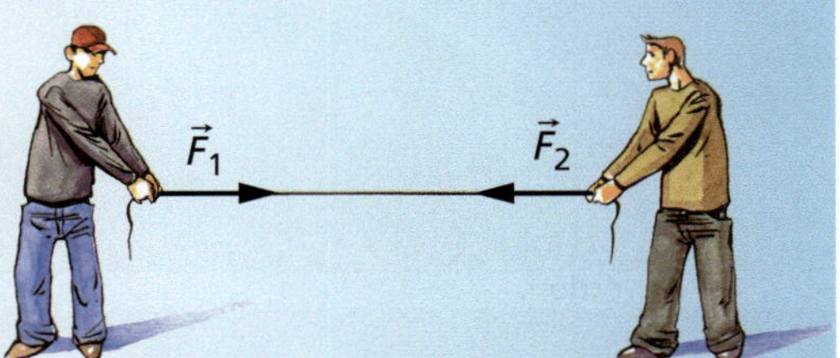

1 Boot und Mensch bewegen sich entgegengesetzt. Es gilt: actio = reactio.

2 Crashtest von Autos: Beide Autos wirken wechselseitig aufeinander ein.

In Kurzform formuliert man das Wechselwirkungsgesetz auch als „actio = reactio" bzw. „Kraft = Gegenkraft". Es gilt immer, wenn zwei Körper aufeinander einwirken, auch wenn man in einer Reihe von Anwendungen nur eine dieser Kräfte genauer betrachtet.
Das Wechselwirkungsgesetz ist auch der Grund dafür, dass beim Aussteigen einer Person aus einem Boot sich dieses entgegengesetzt wegbewegt (Abb. 1). Dieses Prinzip nennt man auch **Rückstoßprinzip.**

Das newtonsche Grundgesetz

Wirkt auf einen Körper eine Kraft, so kann dieser beschleunigt werden. So wird z. B. bei einem Startsprung (S. 140, Abb. 1) der Körper einer Schwimmerin durch Muskelkräfte beschleunigt.

Wie stark ein Körper durch eine Kraft beschleunigt wird, hängt davon ab,
- wie groß die wirkende Kraft ist und
- wie groß die Masse des Körpers ist.

Zwischen der auf einen Körper wirkenden Kraft, seiner Masse und seiner Beschleunigung gibt es in der Mechanik gesetzmäßige Beziehungen, die im **newtonschen Grundgesetz** beschrieben sind.

Zwischen Kraft, Masse und Beschleunigung gilt folgender Zusammenhang:

$$F = m \cdot a$$

1 Beschleunigung der Körper durch Muskelkräfte beim Absprung

Dieses Gesetz bewirkt z. B., dass eine Schwimmerin mit einer größeren Absprungkraft eine größere Beschleunigung erreicht als eine gleich schwere Schwimmerin mit kleinerer Absprungkraft (Abb. 1).

Mit $a = g$ erhält man aus dem newtonschen Gesetz die Gleichung für die Gewichtskraft:

$$F_G = m \cdot g$$

Setzt man in die Gleichung $F = m \cdot a$ für m und a die Einheiten ein, so erhält man als Einheit der Kraft:

$$1\,\text{kg} \cdot 1\,\frac{\text{m}}{\text{s}^2} = 1\,\frac{\text{kg} \cdot \text{m}}{\text{s}^2}$$

Diese Einheit wird in der Physik als ein Newton (1 N) bezeichnet.

Für die Einheiten der Kraft gilt:

$$1\,\text{N} = 1\,\frac{\text{kg} \cdot \text{m}}{\text{s}^2}$$

Das Trägheitsgesetz

Aus dem newtonschen Grundgesetz ergibt sich, dass eine Kraft notwendig ist, um einen Körper der Masse m zu beschleunigen oder zu verzögern. Ist eine solche Kraft nicht vorhanden, bleibt ein Körper in Ruhe oder in gleichförmiger geradliniger Bewegung. Dies ist der Inhalt des **Trägheitsgesetzes.**

Ein Körper bleibt in Ruhe oder in gleichförmiger geradliniger Bewegung, solange die Summe der auf ihn wirkenden Kräfte null ist:

$$\vec{F} = 0 \longrightarrow \vec{a} = 0 \longrightarrow \vec{v} = \text{konstant}$$

Die Eigenschaft von Körpern, ohne Krafteinwirkung in gleichförmiger geradliniger Bewegung oder in Ruhe zu bleiben, bezeichnet man als **Trägheit.** Sie tritt z. B. beim Abbremsen eines Körpers auf (Abb. 2). Bei dem Aufprall eines Pkw auf ein Hindernis bewegt sich der Fahrer gleichförmig geradlinig weiter, wenn er nicht durch die Kraft eines Airbags bzw. durch einen Sicherheitsgurt abgebremst wird. Die beim plötzlichen Abbremsen auftretenden Kräfte sind sehr groß. Die Trägheit eines Körpers ist umso größer, je größer seine Masse ist. Sie macht sich vor allem bei schnellen Bewegungsänderungen und auch bei Kurvenfahrten bemerkbar.

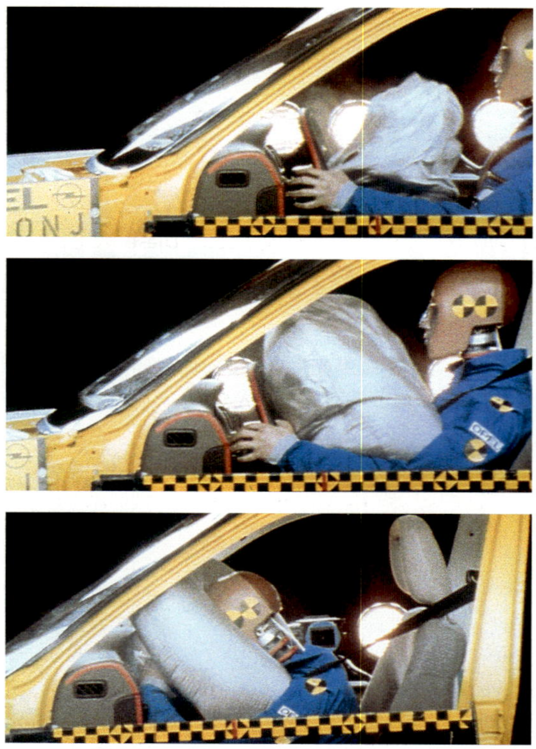

2 Trägheit eines Körpers beim plötzlichen Abbremsen im Auto und Auffangen mit einem Airbag

Mosaik

Newton und die Mechanik

Bereits im antiken Griechenland untersuchten Gelehrte die Frage, warum sich Körper bewegen.
Aristoteles (384–322 v. Chr.) unterschied Bewegungen im Himmel und auf der Erde. Außerdem teilte er die Bewegungen auf der Erde in natürliche und erzwungene Bewegungen ein und formulierte:
„Alles, was sich bewegt, bewegt sich entweder von Natur oder durch eine äußere Kraft oder vermöge seines freien Willens."
Eine natürliche Bewegung war z.B., dass ein schwerer Körper nach unten fällt und ein leichter Körper nach oben steigt.

1 Aristoteles (384 bis 322 v. Chr.)

Aristoteles vertrat auch die Meinung, dass ein Körper nur dann in Bewegung bleibt, wenn eine Kraft auf ihn wirkt. Hört die Wirkung der Kraft auf, kommt der Körper zur Ruhe.
„Ein in Bewegung befindlicher Körper hält an in seiner Bewegung, wenn die Kraft, die ihn voranstößt, ihre Wirkung beendet." Diese Auffassung entspricht auch voll den Alltagserfahrungen mit Bewegungen von Körpern auf der Erde. Jedoch ist sie nur scheinbar richtig.
Galileo Galilei (1564–1642) löste sich von der scheinbaren Alltagserfahrung und überlegte sich, welche Bewegung Körper ausführen würden, wenn es keine Reibung gäbe. Er nahm an, dass Körper ohne Einfluss der Reibung in Ruhe oder in gleichförmiger geradliniger Bewegung wären. Eine äußere Kraft, die Reibungskraft, ist die Ursache dafür, dass Körper zur Ruhe kommen. Damit widersprach er Aristoteles und entdeckte das Trägheitsgesetz.

Diese und andere Erkenntnisse griff der englische Physiker Isaac Newton auf und schuf daraus eine Theorie der Mechanik, die nach ihm benannte newtonsche Mechanik. Sie erschien 1687 als Werk mit dem Titel „Mathematische Prinzipien der Naturlehre". Das Werk bestand aus drei Teilen. Im ersten Band führt er alle Bewegungen auf drei grundlegende Gesetze zurück: das Trägheitsgesetz, das newtonsche Grundgesetz und das Wechselwirkungsgesetz. Im zweiten Band behandelt Newton die Bewegung in Flüssigkeiten. Im dritten Band beschäftigt er sich mit der Bewegung der Himmelskörper. Dabei wendete er die physikalischen Bewegungsgesetze für Körper auf der Erde auch auf Bewegungen von Himmelskörpern an.
So hob er die Unterscheidung zwischen Bewegungen im Himmel und auf der Erde auf und begründete eine einheitliche Physik.

Die Legende berichtet, dass Newton die zwischen zwei Körpern wirkende Kraft mit 23 Jahren entdeckte, als er auf einer Wiese lag und sah, wie ein Apfel vom Baum fiel. Dadurch wurde er zum Nachdenken darüber angeregt, warum der Apfel zur Erde fällt.

Als Ursache fand Newton, dass sich Körper aufgrund ihrer Massen gegenseitig anziehen. Dies wird als **Gravitation** bezeichnet.

2 Isaac Newton (1643–1727)

Kräfte

sind Wechselwirkungsgrößen. Eine Kraft gibt an, wie stark ein Körper auf einen anderen einwirkt.

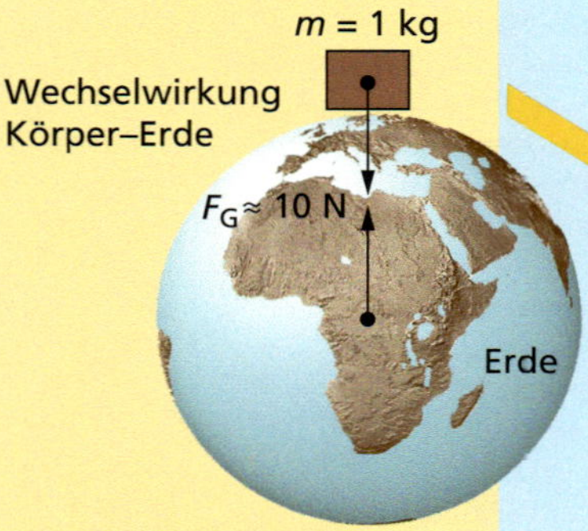

Kräfte sind Ursache für Bewegungsänderungen von Körpern: $F = m \cdot a$

Elektromagnetische Induktion

erfolgt, wenn sich das von einer Spule umfasste Magnetfeld ändert.

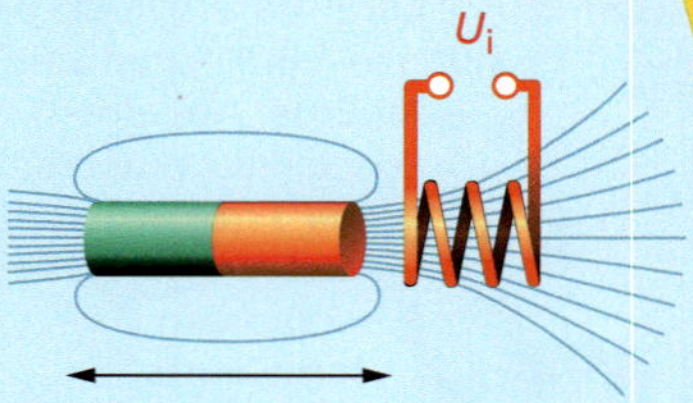

Wechselwirkungen

können zwischen zwei Körpern oder zwischen einem Körper und Strahlung (Wärmestrahlung, Licht) auftreten.
Die Einwirkung aufeinander ist in der Regel wechselseitig.

Radioaktive Strahlung

entsteht durch Vorgänge im Atomkern. Trifft sie auf Stoffe, so treten Wechselwirkungen auf.
Insbesondere hat die Strahlung biologische Wirkungen.

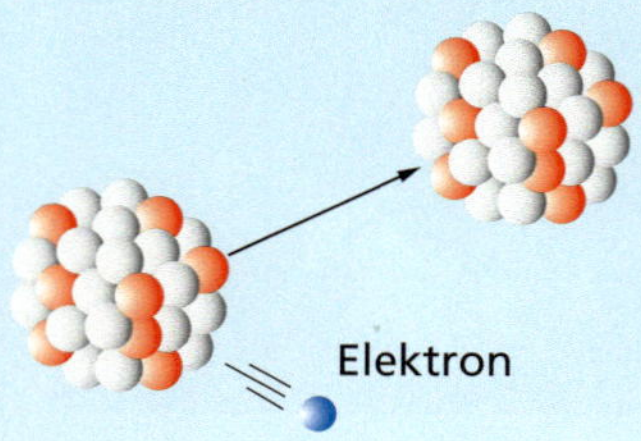

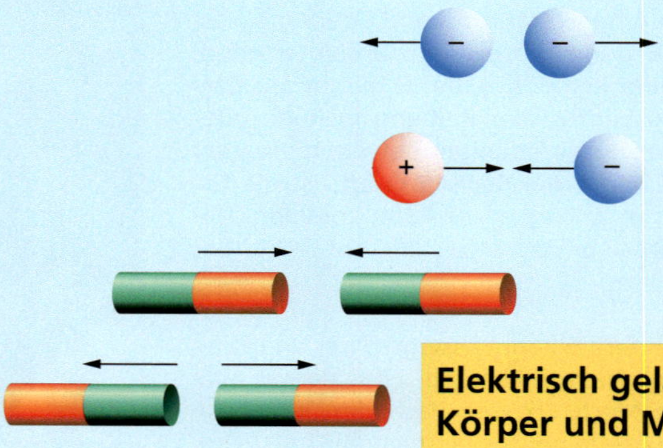

Elektrisch geladene Körper und Magnete

wirken aufeinander und auf beliebige andere Körper ein.

Bewegungen

kommen durch Kräfte (Wechselwirkung zwischen Körpern) zustande.

gleichförmige Bewegung (v = konstant), $F = 0$

ungleichförmige Bewegung ($v \neq$ konstant), $F \neq 0$

Licht und Schall

tritt mit Körpern unserer Umgebung in Wechselwirkung.

Sehen bzw. **Hören** ist nur möglich, wenn Licht in unsere Augen bzw. Schall auf unsere Ohren fällt.

Bei Wechselwirkung mit Oberflächen tritt **Reflexion** bzw. **Streuung** auf.

Beim Übergang von einem Stoff in den anderen tritt **Brechung** auf.

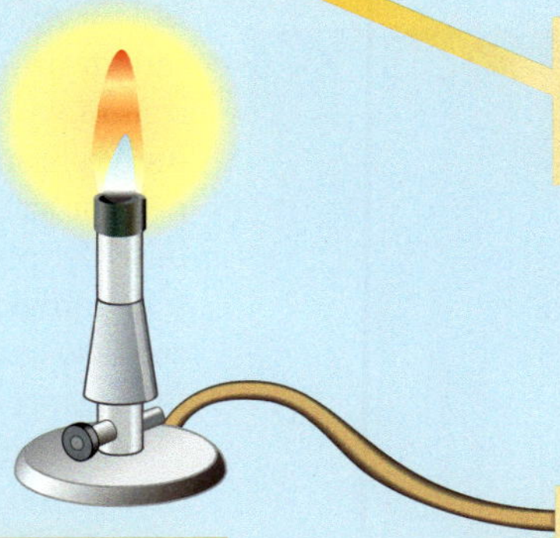

Wärme

kann von einem Körper auf einen anderen übertragen werden.

Wärmestrahlung heißer Körper

Wärmeübertragung von einem Körper auf einen anderen (z. B. Heizplatte–Kochtopf)

Physik in Natur und Technik

Das Raketenprinzip

Um einen Satelliten oder ein Raumschiff (Abb. 1) auf eine Umlaufbahn um die Erde zu bringen, muss die Rakete beim Start stark beschleunigt werden und in kurzer Zeit eine hohe Geschwindigkeit erreichen. Um in eine Erdumlaufbahn zu gelangen, muss ein Raumschiff mindestens eine Geschwindigkeit von 7,9 km/s oder 28 440 km/h besitzen. Auf diese Geschwindigkeit ist das Raumschiff beim Start zu beschleunigen.

Erkläre, wie ein Raumschiff mit einer Rakete in kurzer Zeit auf hohe Geschwindigkeiten beschleunigt werden kann!

Raketen sind Körper mit einer großen Masse. Die Startmasse einer Rakete vom Typ Ariane 5 (Abb. 1) beträgt etwa 730 t. Um die Rakete beim Start von null auf hohe Geschwindigkeiten zu beschleunigen, müssen große Kräfte in Wegrichtung wirken. Nach dem newtonschen Grundgesetz müssen diese Kräfte umso größer sein, je größer die Masse der Rakete und je größer deren Beschleunigung

1 Start der europäischen Trägerrakete Ariane 5

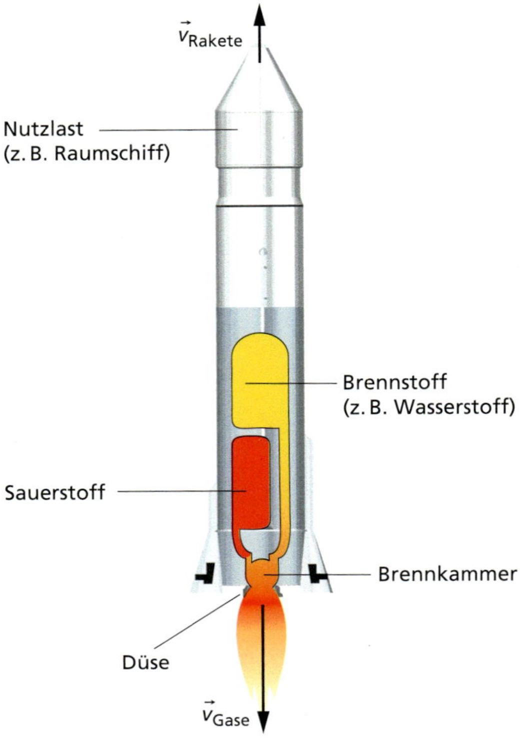

2 Prinzip der Arbeitsweise von Raketentriebwerken

ist ($F = m \cdot a$). Solche großen Kräfte erzeugt man, indem im Innern der Rakete ein Brennstoff verbrannt wird. In einer Brennkammer dehnen sich die Verbrennungsgase aufgrund der hohen Temperatur schnell aus. Dabei werden die Gase stark beschleunigt und treten dann mit sehr hohen Geschwindigkeiten aus einer Düse entgegengesetzt zur Bewegungsrichtung der Rakete aus (Abb. 2).

Beim Start einer Ariane 5 (Abb. 1) werden durch die Raketentriebwerke etwa 6,8 t Verbrennungsgase je Sekunde mit einer Geschwindigkeit von etwa 2 500 m/s ausgestoßen. Aufgrund der starken Beschleunigung der Verbrennungsgase und ihrer Masse wirkt eine große Kraft entgegen der Bewegungsrichtung der Rakete. Nach dem Wechselwirkungsgesetz entsteht mit dieser Kraft eine gleich große, aber entgegengesetzt gerichtete Kraft ($\vec{F}_1 = -\vec{F}_2$). Diese Gegenkraft beschleunigt die Rakete in Bewegungsrichtung (Abb. 2). Bei einer Rakete nennt man das hier vorliegende Rückstoßprinzip auch **Raketenprinzip.**

Bei Verkehrsunfällen wirken gewaltige Kräfte

Bei Verkehrsunfällen wirken Kräfte, die zu großen Zerstörungen und zu schweren Verletzungen bei den Fahrzeuginsassen führen können. Um die Unfallfolgen für die Fahrgäste zu mindern, besitzen moderne Pkws eine Reihe von Einrichtungen wie Sicherheitsgurt, Airbag und Knautschzone. Trotzdem sind die wirkenden Kräfte auf die Fahrzeuginsassen noch gewaltig.
Ein Pkw fährt beispielsweise mit einer Geschwindigkeit von 50 km/h auf ein Hindernis. Dabei wird die Knautschzone des Fahrzeugs um 1,20 m zusammengedrückt und der Fahrer bewegt sich im Sicherheitsgurt noch einmal 20 cm nach vorn, bevor er zum Stillstand kommt.
Welche Bremsbeschleunigung erfährt der Kraftfahrer beim Unfall? Vergleiche diese mit der Fallbeschleunigung! Mit welcher Kraft wird ein Kraftfahrer der Masse 85 kg bei diesem Unfall abgebremst? Wie beeinflusst die Knautschzone eines Pkw die Unfallfolgen?

Analyse:
Beim Unfall wird der Pkw mit den Insassen aus der Bewegung bis zum Stillstand abgebremst. Dabei legt ein Fahrzeuginsasse noch einen Weg zurück, der sich aus dem Zusammendrücken der Knautschzone und dem Weg im Sicherheitsgurt ergibt.

Gesucht: F in N
a in $\frac{\text{m}}{\text{s}^2}$

Gegeben: $v = 50\,\frac{\text{km}}{\text{m}} = 13{,}9\,\frac{\text{m}}{\text{s}}$
$s_1 = 1{,}20\text{ m}$
$s_2 = 20\text{ cm} = 0{,}2\text{ m}$
$m = 85\text{ kg}$
$g = 9{,}81\,\frac{\text{m}}{\text{s}^2} \approx 10\,\frac{\text{m}}{\text{s}^2}$

Lösung:
Es wird angenommen, dass die Bremsbewegung eine gleichmäßig verzögerte Bewegung ist. Die Beschleunigung kann man aus der Geschwindigkeitsänderung und dem Weg berechnen. Der Weg ergibt sich als Summe aus den beiden Teilwegen (s_1 und s_2).

1 Verkehrsunfälle können zu Verletzungen führen.

Aus $a = \frac{v}{t}$ (1) und $s = \frac{a}{2}\,t^2$ (2) erhält man durch Einsetzen der Zeit t aus Gleichung (1) in Gleichung (2):

$$s = \frac{a}{2} \cdot \frac{v^2}{a^2} \quad \text{und damit:}$$

$$a = \frac{v^2}{2s}$$

$$a = \frac{13{,}9^2\,\text{m}^2}{2 \cdot 1{,}4\text{ m} \cdot \text{s}^2}$$

$$\underline{a = 69\,\frac{\text{m}}{\text{s}^2}}$$

Die Bremsbeschleunigung ist ca. 7-mal so groß wie die Fallbeschleunigung. Mit dem newtonschen Grundgesetz kann die Bremskraft auf den Kraftfahrer berechnet werden.

$$F = m \cdot a$$

$$F = 85\text{ kg} \cdot 69\,\frac{\text{m}}{\text{s}^2}$$

$$\underline{F = 5\,865\text{ N}}$$

Ergebnis:
Die Bremskraft beträgt fast 6 000 N. Das entspricht der Gewichtskraft eines Körpers mit einer Masse von 600 kg. Aufgrund des Wechselwirkungsgesetzes wirkt der Kraftfahrer beim Unfall mit dieser Kraft auf den Sicherheitsgurt und wird durch diesen abgebremst. Durch die Knautschzone wird der Bremsweg und damit die Bremszeit für den Kraftfahrer verlängert. Würde es diese Knautschzone nicht geben, so wäre die Bremszeit kürzer und die Bremsbeschleunigung größer. Dadurch wäre auch die Bremskraft auf den Fahrer größer ($F = m \cdot a$). Die Unfallfolgen könnten für den Fahrer noch schlimmer sein.

gewusst · gekonnt

1. Ein Schüler hat eine Masse von 65 kg.
a) Mit welcher Kraft wird der Schüler von der Erde angezogen?
b) Mit welcher Kraft zieht der Schüler die Erde an? Begründe!

2. Zwei Schüler ziehen an zwei Kraftmessern mit unterschiedlichen Messbereichen (s. Abb.). Ein Kraftmesser zeigt eine Kraft von 5 N an. Welche Kraft zeigt der andere Kraftmesser an? Begründe deine Aussage!

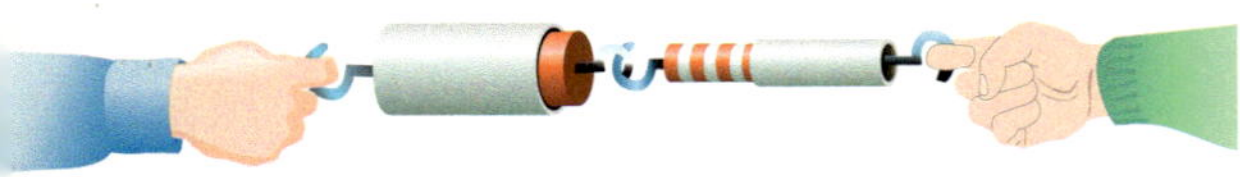

3. Zwei Schüler stehen sich auf Rollschuhen gegenüber. Robert stößt sich von Katharina ab.

a) Beschreibe die Bewegung beider Schüler nach dem Abstoßen!
Begründe deine Aussage!
b) Robert hat eine größere Masse als Katharina.
Was kann man daraus für die Bewegung der beiden nach dem Abstoßen ableiten?

4. Nenne und erläutere Beispiele aus Natur und Technik, bei denen das Rückstoßprinzip angewendet wird!

5. Bei einem Experiment zur Untersuchung des Zusammenhangs zwischen der Beschleunigung eines Körpers und der beschleunigenden Kraft wurden folgende Messwertepaare aufgenommen:

F in N	0	1,0	2,0	3,0	4,0
a in $m \cdot s^{-2}$	0	0,0	0,59	0,91	1,20

a) Zeichne das Beschleunigung-Kraft-Diagramm!
b) Interpretiere das Diagramm!
c) Ermittle aus den Messwerten die Masse des Körpers!

6. Die Motoren eines IC können eine maximale Antriebskraft von 270 kN aufbringen. Die Masse des IC beträgt 500 t.
a) Wie groß ist die maximale Beschleunigung des IC beim Anfahren?
b) In welcher Zeit kann der IC mit dieser Beschleunigung eine Geschwindigkeit von 100 km/h erreichen?
*c) Warum dauert der Beschleunigungsvorgang in der Praxis länger?

***7.** Ein Verkehrsflugzeug hat eine Gesamtmasse von 330 t. Mit seinen vier Strahltriebwerken wird das Flugzeug auf der Startbahn bis zu einer Geschwindigkeit von 300 km/h beschleunigt, bis es abheben kann. Jedes Triebwerk entwickelt eine maximale Schubkraft von 200 kN.
a) Wie groß ist die Beschleunigung des Flugzeugs während der Startphase?
b) Wie lang muss die Startbahn mindestens sein?

***8.** Bei einem Unfall wird ein Pkw in 1,2 s von 40 km/h bis zum Stillstand abgebremst.
Welche beschleunigende Kraft wirkt auf den Fahrer ($m = 70$ kg)?

9. Gute Fußballer verleihen dem Ball beim Abschuss eine Geschwindigkeit von 90 km/h. Die Wechselwirkung mit dem Ball beim Abschuss dauert 0,02 s. Der Ball hat eine Masse von 700 g.

a) Mit welcher Kraft muss der Fußballer gegen den Ball treten?

b) Wie groß ist die Beschleunigung des Balls?

***10.** Ein Bus bremst aus einer Geschwindigkeit von 50 km/h bis zum Stillstand in 6 s ab.

a) In welcher Richtung wirken dabei auf Personen im Bus Kräfte?

b) Mit welcher Kraft muss sich eine Person der Masse von 80 kg dabei festhalten?

11. Beim Start eines Flugzeugs wird man kräftig in den Sitz gedrückt.
Erkläre, wie das kommt!

12. Beim Abschleppen eines defekten Autos mit einem Seil sollte man langsam anfahren.
Erkläre, warum bei einem ruckartigen Anfahren das Seil reißen kann!

13. Begründe, warum man Pkws, die defekte Bremsen haben, nicht mit einem Seil abschleppen darf!

14. Ein beladener Pkw mit einer Gesamtmasse von 1 350 kg wird aus dem Stand beschleunigt. Nach 4,5 s erreicht er eine Geschwindigkeit von 40 km/h.

a) Wie groß ist die Beschleunigung des Pkw?

b) Berechne die Antriebskraft des Motors, die allein für die Beschleunigung notwendig ist!

c) Für den Beschleunigungsvorgang muss der Motor noch weitere Kräfte aufbringen. Wofür sind sie notwendig?

15. Der Fahrer eines Pkw (v = 50 km/h) sieht einen Ball auf die Straße rollen und bremst. Auf trockener Straße hat das Fahrzeug bei Vollbremsung eine Bremsverzögerung von 6,6 m/s^2. Die Masse des Pkw beträgt 1 200 kg.

a) Wie groß ist die wirkende Bremskraft?

b) Wie lang ist der Bremsweg?

*c) Wie verändert sich der Bremsweg, wenn man die „Schrecksekunde" des Fahrers berücksichtigt?

16. Bei einem Auffahrunfall fährt ein Pkw mit einer Geschwindigkeit von 30 km/h auf einen stehenden Lkw auf. Das Fahrzeug wird in 90 ms bis zum Stillstand abgebremst.

a) Wie groß ist die auf den Fahrer wirkende Kraft, wenn er eine Masse von 65 kg hat?

b) Welche Kraft wirkt auf einen Regenschirm (m = 650 g), der frei auf der hinteren Ablage liegt?

c) Setze dich mit der Aussage „Ein Auffahrunfall mit 30 km/h ist ungefährlich" auseinander!

d) Einen Auffahrunfall kann man mit der Auftreffen auf dem Erdboden nach einem freien Fall vergleichen.
Aus welcher Höhe müsste man springen, damit die Geschwindigkeitsänderung beim Auftreffen 30 km/h beträgt?

Kräfte und Bewegungen

Die Wirkung einer Kraft auf einen Körper ist abhängig
- vom Betrag,
- von der Richtung,
- vom Angriffspunkt.

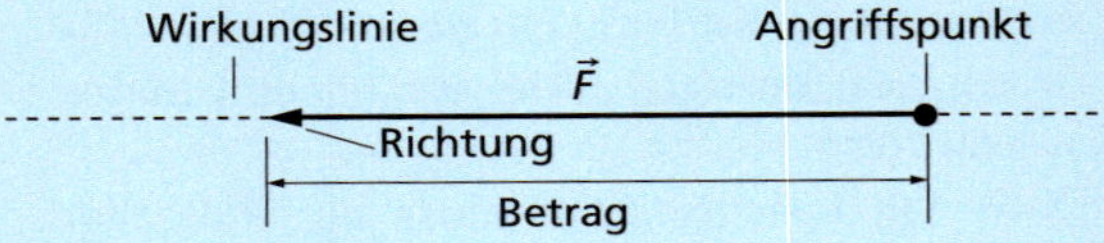

Grundlegende Gesetze der Dynamik sind die von ISAAC NEWTON (1643–1727) gefundenen **newtonschen Gesetze.**

<table>
<tr><td>1. newtonsches Gesetz (Trägheitsgesetz)</td><td>Unter der Bedingung, dass die Summe der Kräfte auf einen Körper null ist, gilt:

$\vec{v}$ = konstant</td><td>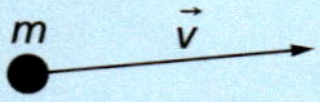

v Geschwindigkeit</td></tr>
<tr><td>2. newtonsches Gesetz (newtonsches Grundgesetz)</td><td>$F = m \cdot a$</td><td>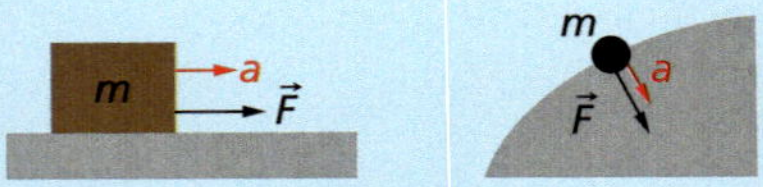

F Kraft
m Masse
a Beschleunigung</td></tr>
<tr><td>3. newtonsches Gesetz (Wechselwirkungsgesetz)</td><td>$\vec{F}_1 = -\vec{F}_2$</td><td>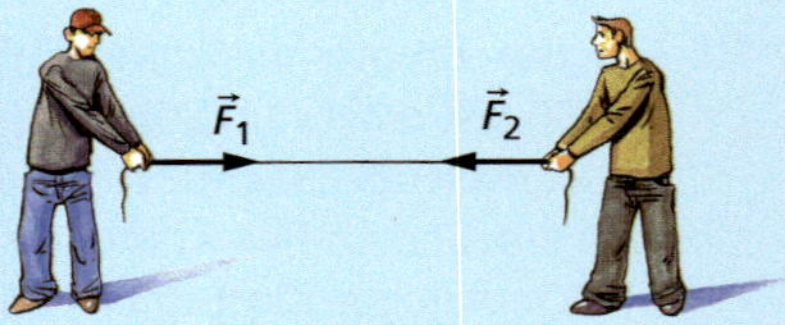
</td></tr>
</table>

Die Bewegung von Körpern wird vor allem durch **beschleunigende Kräfte, Gewichtskräfte** und **Reibungskräfte** beeinflusst.

<table>
<tr><th>Beschleunigende Kräfte</th><th>Gewichtskräfte</th><th>Reibungskräfte</th></tr>
<tr><td>führen zu einer Änderung der Geschwindigkeit von Körpern.
$F = m \cdot a$
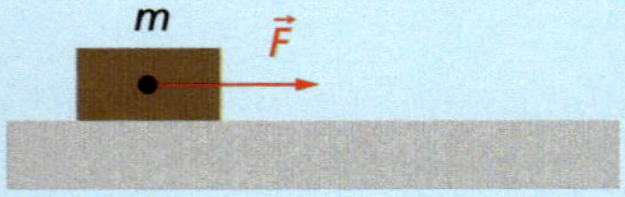

Es erfolgt eine beschleunigte oder verzögerte Bewegung.</td><td>können die Bewegung von Körpern bewirken oder beeinflussen.
$F_G = m \cdot g$
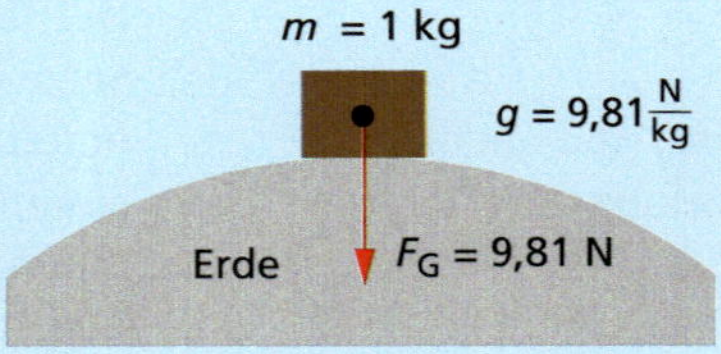

Die Gewichtskraft ist ortsabhängig. Sie bewirkt z. B. den Fall von Körpern.</td><td>hemmen oder verhindern die Bewegung von Körpern.
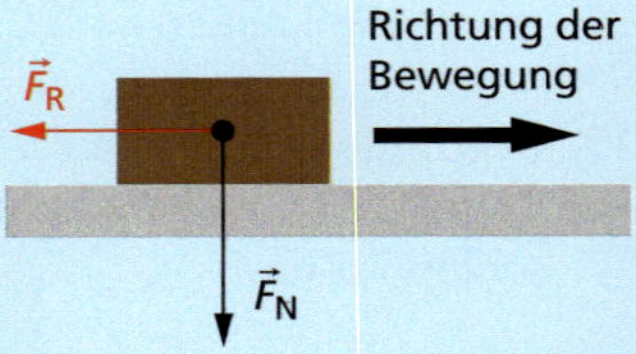

Eine spezielle Reibungskraft ist die Luftwiderstandskraft. Sie wirkt bewegungshemmend.</td></tr>
</table>

Physik im Verkehr

Im Straßenverkehr bewegen sich nicht nur Fußgänger und Radfahrer, sondern vor allem viele Fahrzeuge unterschiedlicher Bauart (Abb. 1). Häufig muss angefahren und gebremst werden. Leichtsinniges Verhalten oder zu hohe Geschwindigkeit führen nicht selten zu schweren Unfällen. Viele dieser Unfälle könnten vermieden werden, wenn man grundlegende physikalische Gesetze nicht nur kennen, sondern auch beachten würde. Wir wollen nachfolgend einige ausgewählte physikalische Grundlagen und Aspekte der Sicherheit im Straßenverkehr genauer betrachten.

1 Nur technisch sichere Fahrzeuge und aufmerksame Fahrer gewährleisten Sicherheit.

Beschleunigende Kräfte und Trägheitskräfte

Bei der Bewegung von Fahrzeugen wirken sehr unterschiedliche Kräfte. Welche Kräfte auftreten, hängt davon ab, ob das Fahrzeug auf gerader Strecke oder durch eine Kurve fährt.

Geradlinige Bewegung: Wie sich ein Fahrzeug längs einer geraden Strecke bewegt, hängt vom Verhältnis der Antriebskraft F_A zu den bewegungshemmenden Reibungskräften F_R ab. In der Übersicht unten sind die drei typischen Fälle zusammengestellt. Fährt ein Auto längs einer geraden Strecke mit konstanter Geschwindigkeit, so sind F_A und F_R gleich groß. Es herrscht dann **Kräftegleichgewicht.**

Bewegung durch eine Kurve: Bei einer Kurvenfahrt gelten für die Bewegung längs der Bahn die gleichen Zusammenhänge wie bei einer geradlinigen Bewegung. Hinzu kommt die Kraft, die das Fahrzeug auf seiner kreisförmigen Bahn hält. Man nennt sie **Zentralkraft** (s. S. 158).

Kräfte bei beschleunigten Fahrzeugen: Du weißt bereits, dass eine beschleunigte Bewegung dann vorliegt, wenn sich der Betrag der Geschwindigkeit, ihre Richtung oder beides ändern. Und jeder hat schon die Erfahrung gemacht, dass bei

Kräfte bei einem Pkw bei geradliniger Bewegung			
Anfahren		Die Antriebskraft ist größer als die Reibungskräfte. $F_A > F_R$	Fahrzeug wird beschleunigt. $F_B = F_A - F_R = m \cdot a$
Fahren mit konstanter Geschwindigkeit		Die Antriebskraft und die Reibungskräfte sind gleich groß. $F_A = F_R$	Fahrzeug bewegt sich gleichförmig. $F_B = 0 \longrightarrow a = 0$
Bremsen		Die Antriebskraft ist kleiner als die Reibungskräfte. $F_A < F_R$	Fahrzeug wird abgebremst (verzögert). $F_B = F_A - F_R = m \cdot a$

1 Bremsen eines Busses

2 Anfahren eines Busses

solchen beschleunigten Bewegungen Kräfte auftreten. Die Insassen eines Pkw werden beim Anfahren in den Sitz gedrückt. Steht man in einem Bus, so muss man sich beim Abbremsen oder bei einer Kurvenfahrt festhalten, um nicht umzufallen. Die in beschleunigten Fahrzeugen auf Körper wirkende Kräfte hängen unmittelbar mit der Trägheit von Körpern (s. S. 140) zusammen und werden deshalb als **Trägheitskräfte** bezeichnet.

Bei geradlinigen Bewegungen wirkt eine Trägheitskraft immer entgegen der Richtung der Beschleunigung, also z. B. beim Anfahren entgegen der Bewegungsrichtung, beim Bremsen dagegen in die ursprüngliche Bewegungsrichtung. Die Trägheitskraft ist umso größer,

- je größer die Masse des Körpers ist und
- je größer die Beschleunigung bzw. die Verzögerung (negative Beschleunigung) ist.

Im Unterschied zu geradlinigen Bewegungen wirken bei Kreisbewegungen Trägheitskräfte stets radial nach außen. Besonders bemerkbar macht sich die Trägheit von Körpern bei schnellen Geschwindigkeitsänderungen, also beim scharfen Bremsen oder bei Auffahrunfällen.

1. *Begründe, warum es im Bus sinnvoll ist, sich im Stehen gut festzuhalten (Abb. 1, 2)!*

Um schwere Verletzungen möglichst zu vermeiden, ist es deshalb notwendig, auf allen Sitzen **Sicherheitsgurte** anzulegen. Durch die Sicherheitsgurte werden die Körper beim plötzlichen Abbremsen des Fahrzeugs festgehalten. Zusätzlichen Schutz bieten Airbags (Abb. 3), die bei modernen Fahrzeugen an verschiedenen Stellen eingebaut sind. Motorradfahrer müssen einen Schutzhelm tragen, für Moped- und Radfahrer ist das ebenfalls zu empfehlen.

Träge sind natürlich auch die Körper, die sich in einem Fahrzeug befinden, z. B. ein Verbandskasten, ein Fotoapparat oder ein Regenschirm auf der hinteren Ablage oder ein Kasten mit Getränken im Kofferraum. Sie können, wenn sie ungesichert abgelegt werden, bei Unfällen zu lebensgefährlichen „Geschossen“ werden.

2. *Beschreibe und erkläre die Wirkungsweise von Sicherheitsgurt und Airbag in einem Pkw!*

3. *Warum ist es leichtsinnig und gefährlich, einen Gegenstand, z.B. einen Regenschirm, unbefestigt auf die hintere Ablage zu legen?*

4. *In vielen modernen Pkws befinden sich an den Sicherheitsgurten Gurtstraffer, die bei extremen Verzögerungen wirksam werden. Welchen Sinn haben solche Gurtstraffer?*

3 Das Füllen eines Airbags mit Gas dauert etwa 50 ms. Unfallfolgen werden durch ihn erheblich gemindert.

Reibungskräfte

Reibungskräfte spielen bei der Bewegung von Fahrzeugen eine entscheidende Rolle. Die **Haftreibung** zwischen Reifen und Straße ermöglicht ein sicheres Anfahren und Bremsen sowie Kurvenfahrten. Ohne **Gleitreibung** würden die Bremsen nicht funktionieren. Dagegen wirkt die **Rollreibung** der Räder bewegungshemmend, ebenso der **Luftwiderstand** (s. S. 153).
Für die Rollreibung, die Gleitreibung bei Bremsen und den Luftwiderstand gilt:

> **Die Reibungskräfte sind immer so gerichtet, dass sie der Bewegung entgegenwirken und diese hemmen oder verhindern.**

Der Betrag der **Reibungskraft** ist umso größer, je größer die Kraft ist, mit der ein Körper senkrecht auf seine Unterlage drückt. Diese Kraft heißt **Normalkraft** F_N. Bei waagerechten Unterlagen ist die Normalkraft gleich der Gewichtskraft des betreffenden Körpers.
Bei rauen Oberflächen ist die Reibungskraft größer als bei glatten. Art und Beschaffenheit der Oberflächen kommen in der **Reibungszahl** μ zum Ausdruck. Die Reibungszahl hängt nicht von der Größe der Berührungsflächen ab.

Für die Reibungskraft gilt:

$$F_R = \mu \cdot F_N$$

F_R Reibungskraft
μ Reibungszahl
F_N Normalkraft

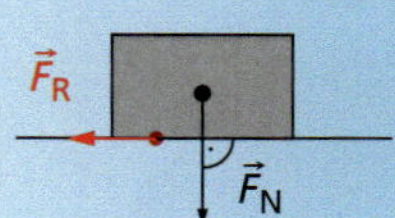

Die Reibungskraft kann vergrößert werden durch
- Vergrößerung der Normalkraft,
- Aufrauung der Oberflächen.

Die Reibungskraft kann verringert werden durch
- Verkleinerung der Normalkraft,
- Glättung der Oberflächen,
- Schmiermittel (Fett, Öl, Wasser).

Die Art des Straßenbelags hat Einfluss auf die Reibung zwischen den Rädern eines Fahrzeugs und der Straße. Besonders vorsichtig muss man auf nassem Kopfsteinpflaster und auf sandigen Wegen fahren.

Reibungszahlen in Natur und Technik

Stoff	Haftreibungszahl	Gleitreibungszahl	Rollreibungszahl
Holz auf Holz	0,6	0,5	–
Reifen auf			
Asphalt nass	0,5	0,3	–
Asphalt trocken	0,8	0,5	0,010
Beton trocken	0,9	0,6	0,015
Stahl auf Stahl			
trocken	0,15	0,06	0,001
geschmiert	0,11	0,05	–
Bremsbelag auf Stahl	–	0,6	–

5. *Erkunde, wie sich der Straßenbelag in den letzten zwei Jahrhunderten verändert hat! Diskutiere, wie der Straßenbelag die Verkehrssicherheit beeinflusst!*

Nässe bzw. schnee- oder eisbedeckte Fahrbahnen können die Reibung eines Fahrzeugs auf der Straße erheblich verringern.
Wenn man diese äußeren Bedingungen nicht beachtet, kann es im Straßenverkehr zu schweren Unfällen kommen. Es wird empfohlen, bei Schnee und Eis vor allem Fahrräder und Zweiradfahrzeuge gar nicht erst zu benutzen.

1 Kopfsteinpflaster findet man heute noch in Nebenstraßen und in Fußgängerzonen.

6. *Erkunde, welchen Einfluss Regen, Schnee und Eis auf die Reibung und damit auf den Bremsweg von Fahrzeugen haben!*

7. *Stelle Verhaltensregeln für Fahrzeugführer bei Regen, Schnee und Glatteis auf!*

8. *Welchen Einfluss können verschmutzte Fahrbahnen auf die Reibung haben?*

9. *Untersuche experimentell den Einfluss von Nässe auf die Reibung eines Fahrzeugs mit dem Boden!*
   Nutze dazu ein Spielzeugauto als Modell!

10. *Vor allem im Herbst und im Winter hört man im Anschluss an den Wetterbericht häufig den Hinweis: Stellen Sie sich mit Ihrem Fahrverhalten auf die veränderten Fahrbahnverhältnisse ein.*
    Welche Veränderungen sind das? Was ändert sich aus physikalischer Sicht? Was bedeutet das für dein Verhalten im Straßenverkehr?

Für die Sicherheit im Straßenverkehr müssen Fahrzeuge in technisch einwandfreiem Zustand sein. Dabei spielen die Reifen eine wichtige Rolle. Räder und Reifen von Fahrzeugen sehen ganz verschieden aus. Allein die Reifen von Fahrrädern, z. B. von Mountainbikes, Citybikes, Rennrädern oder Tourenrädern, unterscheiden sich stark voneinander.
Auch die Reifen von Pkws sind verschieden. Manche Sportwagen haben sehr breite Reifen. Reifen von Rennautos haben kein Profil, sondern drei oder vier Rillen. Gerade bei Autorennen hört man immer wieder, wie wichtig die Wahl der Reifen für den sportlichen Erfolg ist.

11. *Für Pkws gibt es Sommer-, Winter- und Allwetterreifen. Stelle deren Eigenschaften, Profilformen und Einsatzgebiete zusammen!*

12. *Erkunde, welche verschiedenen Arten von Reifen es für Fahrräder gibt! Stelle in einer Übersicht zusammen, mit welchen Reifen Fahrräder für welche Anforderungen besonders geeignet sind! Gehe dabei auf die Eigenschaften der jeweiligen Reifen ein!*

13. *Erkunde, wie der Reifendruck die Reibung zwischen Reifen und Straße beeinflusst! Welche Schlussfolgerungen kann man daraus für einen optimalen Reifendruck ziehen?*

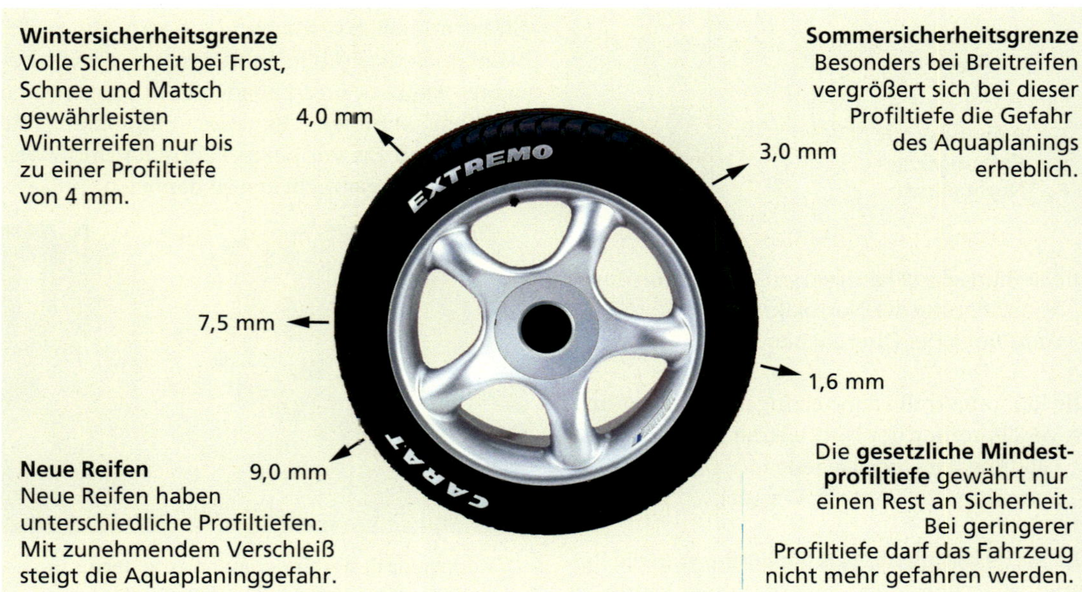

Mosaik

Der Strömungswiderstand

Wenn sich ein Auto oder ein Vogel gegenüber Luft bewegen, so wirken jeweils zwei Körper, z. B. das Auto und die umgebende Luft, wechselseitig aufeinander ein. Ähnlich ist das bei einem Fisch im Wasser. Diese Wechselwirkung führt zu einer Kraft, die der Bewegung einen Widerstand entgegensetzt. Man nennt diesen Widerstand **Strömungswiderstand,** die Kraft **Strömungswiderstandskraft** F_W. Ein Strömungswiderstand tritt immer dann auf, wenn sich ein Körper gegenüber Luft, anderen Gasen oder Flüssigkeiten bewegt.

Der Strömungswiderstand entsteht vor allem durch eine Wirbelbildung hinter umströmten Körpern. Bei Körpern, die eine **Stromlinienform** besitzen oder die sich sehr langsam in einer Strömung bewegen, treten kaum Wirbel auf. Der Strömungswiderstand ist in diesem Fall gering.

Der Strömungswiderstand eines Körpers ist umso größer,
- **je größer die Querschnittsfläche des Körpers ist,**
- **je größer die Strömungsgeschwindigkeit zwischen Körper und umgebendem Stoff ist und**
- **je größer die Dichte des Stoffs ist.**

Er ist auch abhängig von der Form und der Oberflächenbeschaffenheit des umströmten Körpers.

Bewegt sich ein Pkw oder ein anderes Fahrzeug in Luft, so spricht man vom **Luftwiderstand.** Die bewegungshemmende Kraft wird als **Luftwiderstandskraft** bezeichnet.

1 Im Windkanal wird untersucht, wie die Strömungsverhältnisse bei einem Pkw sind und wo Wirbelbildung erfolgt.

Für den Luftwiderstand gilt:
- Der Luftwiderstand ist umso größer, je größer die Querschnittsfläche des Körpers ist.
- Der Luftwiderstand wächst mit dem Quadrat der Geschwindigkeit zwischen Luft und Körper. So ist z. B. der Luftwiderstand eines Pkw bei 100 km/h viermal so groß wie bei 50 km/h.
- Der Luftwiderstand hängt von der Form und der Oberflächenbeschaffenheit des Körpers ab. Erfasst werden diese Einflussfaktoren durch eine nur für den jeweiligen Körper geltende Konstante, die als **Luftwiderstandszahl** oder als **Luftwiderstandsbeiwert** c_W bezeichnet wird.

Die Luftwiderstandskraft kann mit folgender Gleichung berechnet werden:

$$F_W = \frac{1}{2} c_W \cdot A \cdot \varrho \cdot v^2$$

c_W Luftwiderstandsbeiwert
A Querschnittsfläche des Körpers
ϱ Dichte der Luft
v Relativgeschwindigkeit zwischen Luft und Körper

Moderne Pkws haben einen Luftwiderstandswert von etwa 0,3. Bei Stromlinienkörpern liegt er bei 0,06, bei Moped- und Motorradfahrern bei 0,6.

Luftwiderstandswerte

Körperform	Luftwiderstandszahl c_W
	0,06
	0,35
	0,45
	1,1
	1,5
	0,3
	1,0
	1,4

Antischlupf, ABS und Aquaplaning

Damit Fahrzeuge sicher anfahren und bremsen können, müssen Motorkraft und Bremskraft optimal auf die Straße übertragen werden. Ist die Haftreibungskraft zwischen Straße und Reifen zu klein, dann drehen beim Anfahren die Räder durch. Beim Bremsen blockieren sie.
Eine **Antischlupfregelung** sorgt bei modernen Autos dafür, dass die Räder beim Anfahren nicht durchdrehen.

Beim Bremsen wird ein **A**nti-**B**lockier-**S**ystem (ABS) genutzt. Es bewirkt, dass die Räder nicht blockieren. Dadurch bleibt das Fahrzeug bei einer Vollbremsung lenkbar. ABS wird nur dann wirksam, wenn ein Blockieren der Räder droht.
Besonders gefährlich ist es, wenn bei nasser Fahrbahn Aquaplaning auftritt. Bei Aquaplaning „schwimmen" die Vorderräder auf einem Wasserfilm auf der Fahrbahn. Sie haben also keine Haftung mehr mit der Fahrbahn. Damit ist das Lenken des Fahrzeugs nicht mehr möglich.

14. *Erkunde, wie eine Antischlupfregelung in modernen Pkws funktioniert!*

15. *Warum kann man zügiger anfahren, wenn die Reifen nicht durchdrehen? Warum kommt man schneller zum Stehen, wenn beim Bremsen die Räder nicht blockieren?*

16. *Informiere dich über die Wirkungsweise von ABS! Nutze dazu auch die Betriebsanleitung von Pkws oder das Internet!*

1 Fahrsicherheitstraining erhöht die Sicherheit im Straßenverkehr

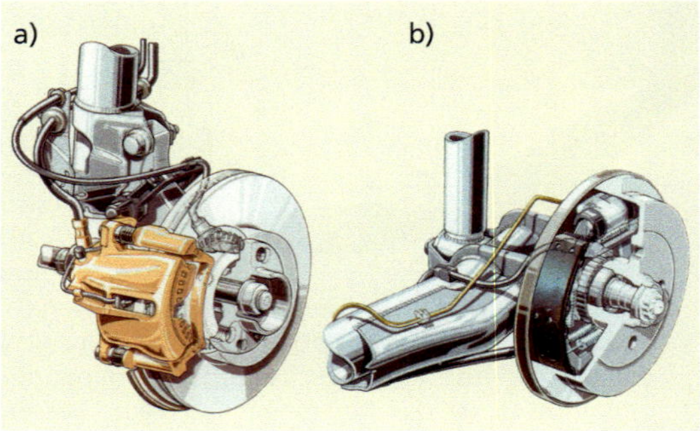

2 Scheibenbremse (a) und Trommelbremse (b)

Welche Vorteile hat ein Auto mit ABS gegenüber Autos ohne ABS?

17. *Wie entsteht das Aquaplaning beim Fahren auf nassen Fahrbahnen? Welchen Einfluss haben Reifenbreite, Reifenprofil und Geschwindigkeit auf das Entstehen von Aquaplaning?*

18. *Die Sicherheitssysteme in Pkws werden ständig verbessert. Erkunde, welche Sicherheitssysteme in jüngster Zeit entwickelt wurden und künftig genutzt werden sollen!*
Beachte dabei: Gleiche Sicherheitssysteme werden bei den verschiedenen Herstellern teilweise unterschiedlich benannt.

Nach Messungen des Technischen Überwachungsvereins (TÜV) treten je nach Fahrzeugtyp bei einem Frontalaufprall auf ein festes Hindernis mit 48 km/h Verzögerungen zwischen 35 g und 55 g auf, wobei g die Fallbeschleunigung ist. Die Folgen können schwerwiegend sein, da auf Körper erhebliche Kräfte einwirken.

19. *Welche Kraft wirkt bei einer Verzögerung von 50 g auf einen 1,4 kg schweren Atlas, der auf der hinteren Ablage liegt? Vergleiche diese Kraft mit deiner Gewichtskraft!*

20. *In welche Richtung wirkt die Kraft auf den Atlas? Was könnte sie bewirken?*

21. *Diskutiere, wovon der Bremsweg eines Fahrzeugs abhängt!*

Weitere Baugruppen für die Sicherheit

Wichtige Baugruppen eines Pkw sind in Abb. 1 dargestellt. Eine dieser Baugruppen ist das Fahrwerk.
Zum Fahrwerk eines Pkw zählen neben dem Rahmen mit der Radaufhängung, der Federung und der Dämpfung auch die Lenkung und die Räder. Hauptaufgabe des Fahrwerks ist die sichere Bewegung eines Pkw auf unterschiedlichen Fahrbahnen.

22. *Nicht nur Pkws, sondern auch Motorräder, Mopeds und manche Fahrräder verfügen über Stoßdämpfer.*
    a) *Welche Funktion haben Stoßdämpfer an Fahrzeugen?*
    b) *Wie beeinflusst ein defekter Stoßdämpfer die Verkehrssicherheit eines Pkw?*

23. *Moderne Pkws verfügen über Knautschzonen.*
    a) *Was versteht man darunter? Wo befinden sich diese Knautschzonen?*
    b) *Wie wirken bei einem Auffahrunfall Knautschzonen, Sicherheitsgurt, Airbag und Kopfstützen zusammen?*

24. *Die Karosserie eines Pkw schützt die Insassen nicht nur vor Wind und Wetter. An sie werden heute weitere Anforderungen gestellt. Welche?*

2 Fahrzeuge kann man z. B. nach ihrem Verwendungszweck einteilen.

25. *Die Karosserien moderner Pkws sollen einen möglichst niedrigen c_W-Wert haben. Erkunde, was damit gemeint ist und welche c_W-Werte heute erreicht werden!*

26. *Der Tank eines Pkw ist meist über der Hinterachse angeordnet. Warum wird diese Stelle gewählt?*

27. *Was würdest du alles zu den Sicherheitseinrichtungen eines Pkw zählen? Begründe!*

28. *Erkunde, durch welche technischen Weiterentwicklungen die Sicherheit im Straßenverkehr weiter erhöht werden soll!*

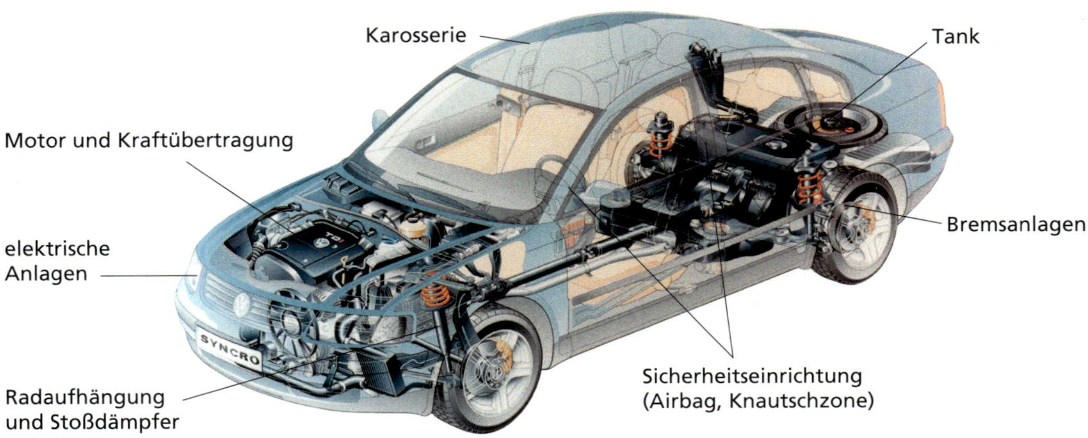

1 Wichtige Baugruppen eines Pkw, die auch technischen Überprüfungen, z. B. denen des Technischen Überwachungsvereins (TÜV), standhalten müssen.

Im Kreis bewegen

Du weißt bereits, dass sich Körper auf sehr unterschiedlichen Bahnen bewegen können. Dabei kann der Betrag der Geschwindigkeit konstant sein oder sich ändern.
Bewegt sich ein Körper auf einer Kreisbahn mit einem konstanten Betrag der Geschwindigkeit, so führt dieser Körper eine **gleichförmige Kreisbewegung** aus.

Zu unterscheiden ist die **Kreisbewegung** eines Körpers von einer **Drehbewegung.**
Von einer **Kreisbewegung** spricht man nur dann, wenn der betreffende Körper als Massepunkt angesehen werden kann. Das ist z. B. bei der Gondel eines Riesenrads oder auch bei der Bewegung der Erde um die Sonne der Fall. Im Unterschied dazu wird die Bewegung eines Körpers um eine Drehachse, z. B. die Bewegung des Riesenrads oder die Rotation der Erde um ihre Achse, als **Drehbewegung** bezeichnet.
Wir betrachten nachfolgend ausschließlich Kreisbewegungen von Körpern, die man in guter Näherung als Massepunkt ansehen kann. Die nachfolgend genannten Gesetze gelten exakt nur für solche Massepunkte.

1 Die Gondeln des Riesenrads und mit ihnen die Insassen führen eine Kreisbewegung aus. Das Riesenrad als Ganzes führt eine Drehbewegung aus.

Ein Vergleich zwischen einer gleichförmigen geradlinigen Bewegung und einer gleichförmigen Kreisbewegung (s. Übersicht unten) zeigt:
- Bei beiden Bewegungen ist der Betrag der Geschwindigkeit konstant.
- Bei einer gleichförmigen Kreisbewegung ändert sich im Unterschied zu einer geradlinigen Bewegung ständig die Richtung der Geschwindigkeit. Sie ist damit eine beschleunigte Bewegung.

Vergleich verschiedener Bewegungen

Gleichförmige geradlinige Bewegung	**Gleichförmige Kreisbewegung**
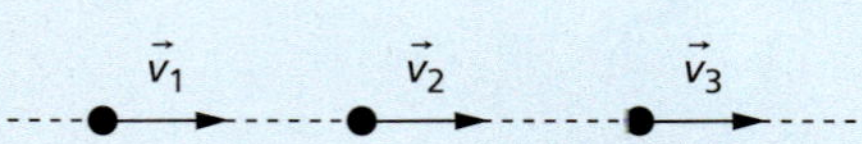	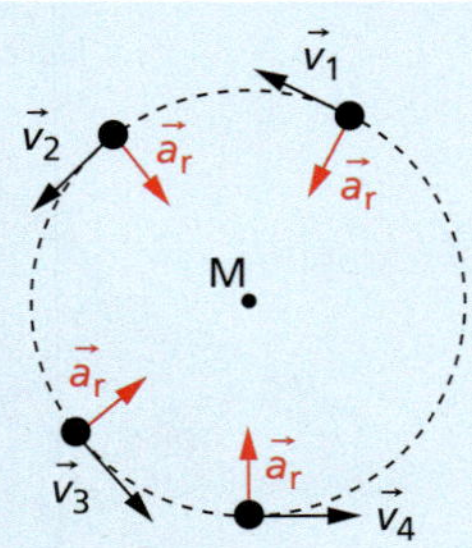
Der Betrag und die Richtung der Geschwindigkeit sind immer gleich.	Der Betrag der Geschwindigkeit ist immer gleich groß. Die Richtung ändert sich ständig.
Die Beschleunigung ist null. Es liegt damit eine unbeschleunigte Bewegung vor.	Die Beschleunigung längs der Bahn ist null. Es ist aber eine Beschleunigung in Richtung Kreismittelpunkt vorhanden. Damit liegt eine beschleunigte Bewegung vor.

Gesetze der gleichförmigen Kreisbewegung

Allgemein gilt für die Geschwindigkeit eines Körpers bei gleichförmiger Bewegung:

$$v = \frac{s}{t}$$

Für eine Kreisbewegung kann man diese Gleichung anpassen. Die Zeit für einen vollständigen Umlauf eines Körpers wird in der Physik **Umlaufdauer** T genannt.
Der in dieser Zeit zurückgelegte Weg ist gleich dem Umfang des Kreises: $U = 2\pi \cdot r$
Damit ergibt sich:

> **Bei einer gleichförmigen Kreisbewegung kann die Geschwindigkeit v mit folgender Gleichung berechnet werden:**
>
> $$v = \frac{2\pi \cdot r}{T}$$
>
> **r Radius der Kreisbahn**
> **T Umlaufdauer**

Ein Beispiel für eine solche gleichförmige Kreisbewegung ist die Bewegung von Nachrichtensatelliten. Sie bewegen sich auf einer Kreisbahn über dem Äquator und umrunden die Erde genauso schnell, wie diese sich dreht. Dadurch befinden sie sich in Bezug auf einen Punkt auf der Erdoberfläche immer in derselben Position. Sie werden **geostationäre Satelliten** genannt.

1. *Je nach Wahl des Bezugskörpers befinden sich geostationäre Satelliten sowohl in Ruhe als auch in Bewegung.*
   Begründe diese Aussage!

2. *Wie groß ist die mittlere Bahngeschwindigkeit, mit der sich die Erde um die Sonne bewegt? Vergleiche sie mit der Bahngeschwindigkeit des Monds um die Erde!*

3. *Nachrichtensatelliten bewegen sich auf geostationären Bahnen. Welche Bahngeschwindigkeit hat ein solcher geostationärer Satellit, wenn er sich in 42 000 km Entfernung vom Erdmittelpunkt befindet? Von der Bewegung um die Sonne soll abgesehen werden.*

Da sich bei einer Kreisbewegung ständig die Richtung der Geschwindigkeit ändert, ist die gleichförmige Kreisbewegung eine beschleunigte Bewegung.
Die in Richtung Mittelpunkt M des Kreises gerichtete Beschleunigung (S. 156 Abb. unten) wird als **Zentralbeschleunigung** bezeichnet.

> **Die Zentralbeschleunigung a_r bei einer gleichförmigen Kreisbewegung kann berechnet werden mit den Gleichungen:**
>
> $$a_r = \frac{v^2}{r} \quad \text{oder} \quad a_r = \frac{4\pi^2 \cdot r}{T^2}$$
>
> **r Radius der Kreisbahn**
> **v Geschwindigkeit des Körpers**
> **T Umlaufdauer**

Die Zentralbeschleunigung ist umso größer, je größer die Geschwindigkeit und je kleiner der Radius der Kreisbahn sind. Während bei v = konstant zwischen der Zentralbeschleunigung und dem Radius indirekte Proportionalität besteht, wächst die Zentralbeschleunigung mit dem Quadrat der Geschwindigkeit. Beide Zusammenhänge spielen z. B. bei Kurvenfahrten eine Rolle. Insbesondere bei engen Kurven muss die Geschwindigkeit dem Kurvenradius angepasst werden.

4. *Ein Motorradfahrer fährt mit 30 km/h durch eine Kurve mit einem Kurvenradius von 40 m. Wie groß ist die Zentralbeschleunigung?*

1 Bei schnellen Kurvenfahrten treten erhebliche Radialbeschleunigungen auf.

Kräfte bei der Kreisbewegung

Nach dem newtonschen Grundgesetz (s. S. 139) wird eine Beschleunigung durch eine Kraft hervorgerufen. Schleudert man z.B. einen Körper herum, der an einem Faden befestigt ist, dann spürt man an der Hand eine nach außen gerichtete Kraft (Abb. 1). Es ist die Gegenkraft zu der Kraft, die den Körper auf seiner Bahn hält. Diese Kraft wird in der Physik **Zentralkraft** oder **Radialkraft** genannt, weil sie immer in Richtung Zentrum der Kreisbewegung wirkt.

Die Zentralkraft F_r gibt an, mit welcher Kraft ein Körper auf einer Kreisbahn gehalten wird. Sie kann berechnet werden mit der Gleichung:

$$F_r = m \cdot \frac{v^2}{r}$$

m Masse des Körpers
v Geschwindigkeit des Körpers
r Radius der Kreisbahn

Setzt man für die Geschwindigkeit die Gleichung für die gleichförmige Kreisbewegung $v = 2\pi \cdot \frac{r}{T}$ ein, so erhält man eine weitere Gleichung für die

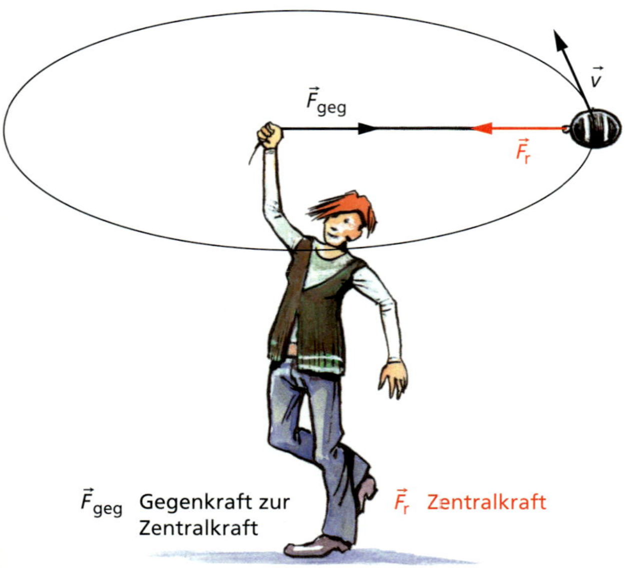

1 Kräfte bei einer Kreisbewegung: Zentralkraft und Gegenkraft sind gleich groß.

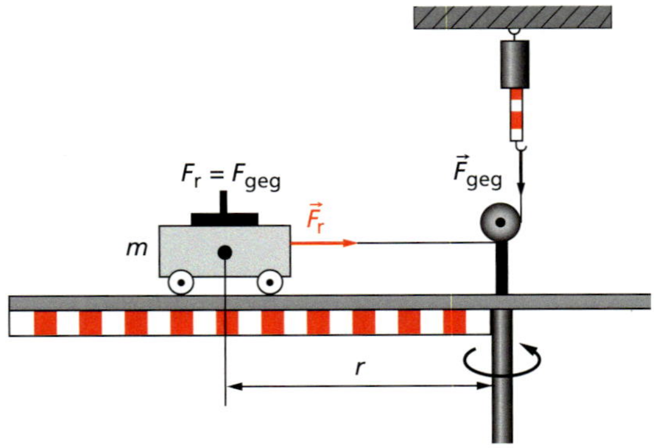

2 Mit einem Federkraftmesser können Zentralkräfte experimentell untersucht werden.

Zentralkraft, die die Größen Masse m, Radius r und Umlaufzeit T enthält:

$$F_r = m \cdot \frac{4\pi^2 \cdot r}{T^2}$$

5. *Nenne Beispiele für Kreisbewegungen aus Sport, Technik und Alltag! Von welchem Körper wird die jeweilige Zentralkraft aufgebracht?*

6. *Interpretiere die Gleichung für die Zentralkraft! Wie ändert sich die Zentralkraft mit Verdopplung (Verdreifachung) der Geschwindigkeit?*

7. *Beim Hammerwerfen beträgt die Masse des Wurfkörpers 7,0 kg und die maximale Abwurfgeschwindigkeit 100 km/h. Wie groß ist die maximale Kraft, die ein Hammerwerfer aufbringen muss, wenn Wurfgerät und Arme eine Gesamtlänge von 2,5 m haben?*

8. *Bei der Erprobung eines Kettenkarussells löst sich die Aufhängung einer Gondel.*
   a) In welcher Richtung bewegt sich dann diese Gondel? Begründe!
   b) Welche Geschwindigkeit hat sie bei $r = 9$ m und $T = 6{,}3$ s?

*9. *Vergleiche das newtonsche Grundgesetz mit der Gleichung für die Zentralkraft! Diskutiere die physikalische Bedeutung des Terms $\frac{v^2}{r}$!*

Mosaik

Bezugssysteme bei der Kreisbewegung

Jede Bewegung kann von verschiedenen Bezugssystemen aus beschrieben werden. So kann man z. B. die Bewegung einer Person in einem Zug vom Bezugssystem Erdoberfläche oder vom Bezugssystem Zug aus beschreiben. Auch Kreisbewegungen kann man von unterschiedlichen Bezugssystemen aus beschreiben.
Eine Möglichkeit besteht darin, dass sich der Beobachter außerhalb des rotierenden Systems befindet, eine Kreisbewegung also von außen betrachtet. In diesem Fall spricht man von einem ruhenden Bezugssystem (Abb. 1). Beschreibt z. B. eine neben einem Karussell stehende Person die Bewegung einer Gondel, so erfolgt das von einem ruhenden Bezugssystem aus.
Eine andere Möglichkeit ist die Beschreibung durch einen mitbewegten Beobachter (Abb. 2). In diesem Fall spricht man von einem mitbewegten Bezugssystem. Eine Beschreibung durch eine im Kettenkarussell mitfahrende Person erfolgt im mitbewegten Bezugssystem.

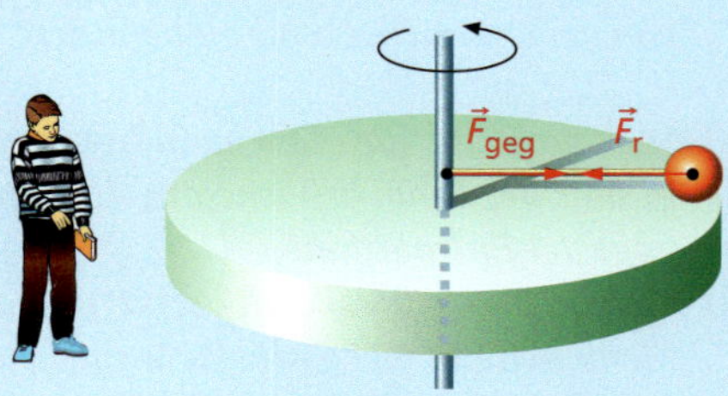

1 In einem ruhenden Bezugssystem werden die Bewegungen und die wirkenden Kräfte von einem außen befindlichen Beobachter aus beschrieben.

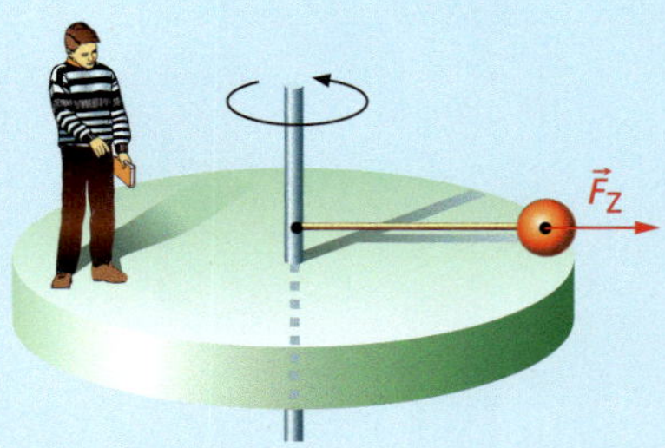

2 Bei einem mitbewegten Bezugssystem werden die Bewegungen und die wirkenden Kräfte von einem mitrotierenden Beobachter aus beschrieben.

Kräfte in verschiedenen Bezugssystemen

Bisher haben wir alle Vorgänge von einem ruhenden Bezugssystem aus beschrieben, also vom Standpunkt eines Beobachters, der eine Kreisbewegung „von außen" beschreibt. Wenn du aber z. B. in einem fahrenden Bus stehst oder mit einem Kettenkarussell fährst, dann bewegst du dich selbst mit. Wählt man den fahrenden Bus oder das sich drehende Kettenkarussell als Bezugskörper, dann befindet man sich in einem mitbewegten Bezugssystem.
Aus Erfahrung weißt du: Fährt der Bus um eine Kurve, dann spürst du eine Kraft nach außen. Ähnlich ist das bei einem Kettenkarussell.
Diese in einem mitbewegten Bezugssystem wirkenden Kräfte sind **Trägheitskräfte.** Bei Kreisbewegungen nennt man sie in der Physik **Zentrifugalkräfte,** weil sie immer von der Drehachse oder dem Drehzentrum weg wirken.

Die Zentrifugalkraft F_Z gibt an, welche Kraft auf einen Körper im mitbewegten Bezugssystem vom Drehzentrum weg wirkt.

Diese Kraft wirkt auf jeden Körper in einem mitbewegten Bezugssystem. Sie ist abhängig von der Masse des mitbewegten Körpers, von seiner Geschwindigkeit bezüglich eines ruhenden Bezugssystems und vom Radius der Kreisbahn, auf der er sich bewegt.

Für die Zentrifugalkraft bei einer gleichförmigen Kreisbewegung gilt:

$$F_Z = m \cdot \frac{v^2}{r} \quad \text{oder} \quad F_Z = m \cdot \frac{4\pi^2 \cdot r}{T^2}$$

m **Masse des Körpers**
v **Geschwindigkeit des Körpers**
r **Radius der Kreisbahn**
T **Umlaufdauer**

10. Wie schnell muss man eine mit Wasser gefüllte Kanne auf einer vertikalen Kreisbahn herumschleudern, damit kein Wasser ausfließt? Leite für die Mindestgeschwindigkeit im oberen Punkt der Bewegung eine allgemeine Beziehung ab!

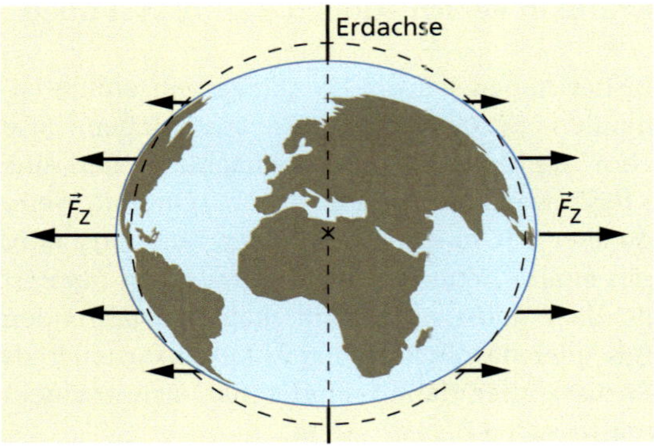

1 Die um ihre Achse rotierende Erde ist keine Kugel, sondern aufgrund der wirkenden Zentrifugalkräfte näherungsweise ein Ellipsoid (Geoid).

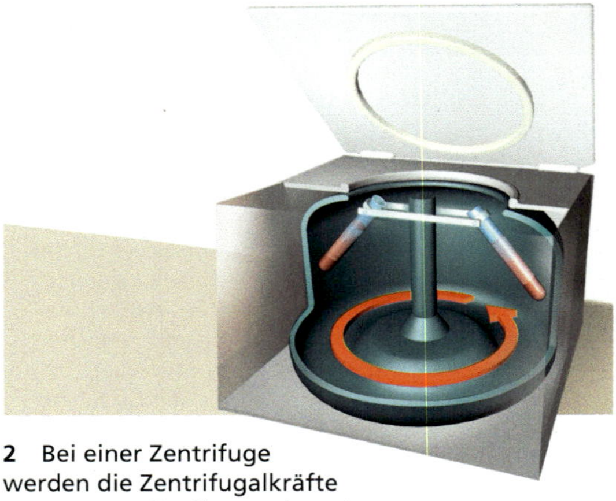

2 Bei einer Zentrifuge werden die Zentrifugalkräfte genutzt, um Stoffe voneinander zu trennen.

Die Erde rotiert um ihre Achse. Wir befinden uns auf der Erdoberfläche und bewegen uns damit auf einer kreisförmigen Bahn um die Erdachse. Demzufolge befinden wir uns in einem mitbewegten Bezugssystem.

Damit wirkt nicht nur auf jeden Körper auf der Erdoberfläche eine (sehr kleine) Zentrifugalkraft, sondern auch auf die Erde selbst wirken diese Kräfte. Wegen $F_Z \sim r$ sind die Zentrifugalkräfte unterschiedlich. Sie haben zu der charakteristischen Form der Erde geführt (Abb. 1).

Genutzt werden die Zentrifugalkräfte bei **Zentrifugen** (Abb. 2). Zentrifugen werden vor allem dazu verwendet, um die in einer Flüssigkeit enthaltenen Stoffe verschiedener Dichte voneinander zu trennen. Da die Zentrifugalkraft der Masse proportional ist, wirken auf Teilchen größerer Masse entsprechend größere Zentrifugalkräfte. Sie bewegen sich in dem schnell rotierenden Gefäß nach außen, während die leichteren Teilchen näher der Drehachse sind. Man kann so z. B. die verschiedenen Bestandteile der Milch, Verunreinigungen in einer Flüssigkeit oder Bakterien abtrennen.

Bei **Kreiselpumpen** strömt die Flüssigkeit in der Nähe der Drehachse ein (Abb. 3). Das mit Schaufeln versehene Laufrad rotiert mit hoher Drehzahl. Dadurch strömt die Flüssigkeit nach außen und verlässt die Pumpe mit großer Geschwindigkeit. Kreiselpumpen sind heute die am meisten verwendete Pumpenart.

11. *Eine Zentrifuge rotiert mit einer Drehzahl von $n = 3\,000\ s^{-1}$.*
    a) *Mit welcher Geschwindigkeit bewegen sich Punkte, die 3 cm, 6 cm bzw. 9 cm von der Drehachse entfernt sind?*
    b) *Welche Zentrifugalkraft wirkt auf ein Teilchen von ein Gramm Masse, das sich 9 cm von der Drehachse entfernt befindet?*

12. a) *Wie groß ist die Geschwindigkeit eines Punkts der Erdoberfläche am Äquator infolge der Erdrotation?*
    b) *Welche Zentrifugalkraft wirkt auf einen Menschen mit 65 kg Masse? Vergleiche mit seiner Gewichtskraft!*

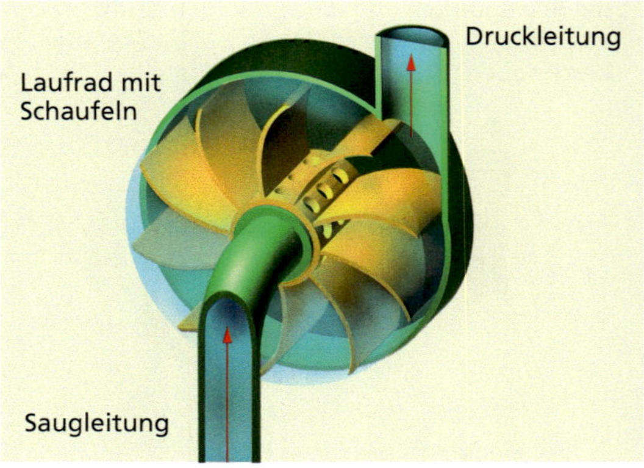

3 Bei Kreiselpumpen wird die Trägheit von Flüssigkeiten genutzt: Die Flüssigkeit strömt entlang der Schaufeln nach außen.

Vorsicht bei Kurvenfahrten!

Wenn man mit einem Fahrrad, Moped oder Auto durch eine Kurve fährt, kann es bei überhöhter Geschwindigkeit oder regennasser Fahrbahn kritisch werden. Es wirken erhebliche Kräfte, die das Fahrzeug aus der Bahn bringen können.
Damit ein Fahrzeug sicher durch eine Kurve fahren kann, muss die Radialkraft in Richtung Kurvenradius durch die Reibung zwischen Reifen und Straße aufgebracht werden. Ein Fahrzeugführer spürt die Zentrifugalkraft, die ihn nach außen drückt.

13. *Enge Kurven haben einen kleinen Radius. Was bedeutet das für die notwendige Radialkraft, die durch die Reibungskraft aufgebracht werden muss?*

14. *Begründe, warum Serpentinen nur mit geringer Geschwindigkeit durchfahren werden können!*

15. *Rücksichtslose Kraftfahrer „schneiden" Kurven. Das bedeutet, sie bleiben nicht in ihrer Fahrbahnhälfte (s. Abb.).*

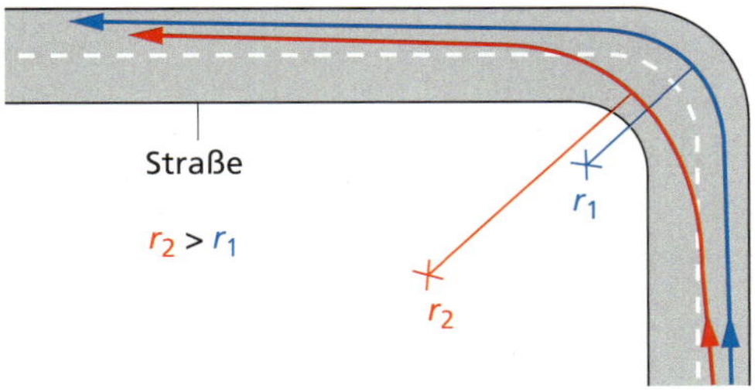

a) *Was wird physikalisch mit einem solchen „Schneiden" der Kurve erreicht?*
b) *Warum neigen vor allem Fahrer bei hoher Geschwindigkeit dazu, Kurven zu schneiden?*
c) *Warum ist das „Schneiden" von Kurven streng verboten?*

16. *Formuliere Aussagen darüber, unter welchen Bedingungen eine Kurve sicher durchfahren werden kann!*

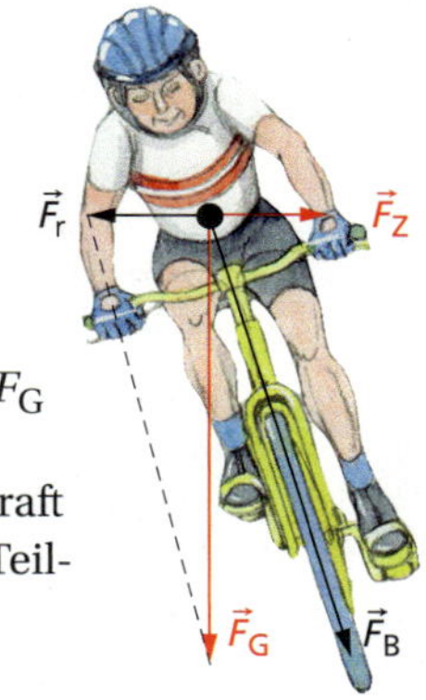

Die Abbildung zeigt die wirkenden Kräfte bei einem Radfahrer, der auf einer nicht überhöhten Straße durch eine Kurve fährt.
Es wirken die Gewichtskraft F_G und die Zentrifugalkraft F_Z.
Die Radialkraft F_r und die Kraft auf die Fahrbahn F_B sind Teilkräfte der Gewichtskraft.
Beim sicheren Durchfahren einer Kurve wirken somit die beiden gleich großen Kräfte F_Z und F_r sowie auf die Fahrbahn die Kraft F_B.

17. *Interpretiere die Gleichung für die Zentrifugalkraft! Wie vergrößert sich die Zentrifugalkraft mit Verdopplung der Geschwindigkeit?*

18. *Ein Radfahrer ist ein instabiler Körper. Das merkt man, wenn man sehr langsam fährt oder gar versucht, auf dem Rad sitzend stehen zu bleiben. Wie erreicht man, dass das Fahrrad trotzdem bei normaler Fahrt stabil bleibt?*

19. *Bei Kurvenfahrten gibt es aus physikalischer Sicht erhebliche Unterschiede zwischen Zweiradfahrzeugen (Radfahrer, Motorradfahrer) und Vierradfahrzeugen (Pkw, Lkw). Zweiradfahrer „legen sich in die Kurve". Bei Vierradfahrzeugen ist das nicht möglich. Bei ihnen besteht beim zu schnellen Fahren die Gefahr, dass sie umkippen.*
a) *Beschreibe Gemeinsamkeiten und Unterschiede bei der Kurvenfahrt eines Radfahrers und eines Lkw!*
b) *Diskutiere, welche Rolle die Neigung der Fahrbahn spielt!*

20. Ein Radfahrer fährt mit 18 km/h durch eine Kurve mit dem Krümmungsradius 40 m (entspricht etwa einer Stadionkurve). Radfahrer und Fahrrad haben zusammen eine Masse von 90 kg.

a) Welche Radialkraft muss durch die Reibung zwischen Reifen und Straße aufgebracht werden, damit der Radfahrer nicht aus der Kurve getragen wird?

b) Kann der Radfahrer die Kurve mit einer Geschwindigkeit von 36 km/h durchfahren, wenn die maximale Reibungskraft zwischen Straße und Reifen in diesem Fall 200 N beträgt?

**21. Ein Autofahrer durchfährt an einem Autobahnkreuz verschiedene Kurven. Er besitzt zusammen mit dem Auto eine Masse von 1 000 kg. Die maximale Reibungskraft zwischen Straße und Reifen beträgt 1 700 N.*

Mit welcher Geschwindigkeit darf er in eine Kurve mit dem Radius 60 m fahren?

**22. Ein Pkw der Masse 1,5 t will eine Kurve mit dem Radius 30 m durchfahren. Die maximale Reibungskraft zwischen Straße und Reifen beträgt in diesem Fall 4 500 N. Mit welcher Geschwindigkeit darf der Pkw höchstens die Kurve durchfahren? Was würde passieren, wenn er schneller fahren würde?*

**23. Für die Radialkraft und auch für die Zentrifugalkraft gibt es zwei Gleichungen:*

$$F_r = m \cdot \frac{v^2}{r} \text{ und } F_r = m \cdot \frac{4\pi^2 \cdot r}{T^2}$$

Aus der ersten Gleichung ergibt sich $F_r \sim \frac{1}{r}$, aus der zweiten Gleichung $F_r \sim r$.
Kläre diesen Widerspruch auf! Beachte dabei die Gleichung für die Geschwindigkeit auf einer Kreisbahn.

24. Ein Eisenbahnwaggon hat beladen eine Masse von 40 t und fährt mit einer Geschwindigkeit von 100 km/h in eine Kurve mit dem Radius 600 m.

a) Berechne die Radialkraft, die durch die Schienen aufgebracht werden muss!

**b) Warum sind die Schienen in Kurven bei der Eisenbahn geneigt?*

25. Besonders bei nassen Fahrbahnen sind Kurvenfahrten sehr gefährlich. Erkläre, wie das kommt! Welche Maßnahmen muss man deshalb bei Kurvenfahrten auf nassen Fahrbahnen ergreifen?

26. Ein Auto fährt mit einer Geschwindigkeit von 70 km/h durch eine Kurve mit einem Kurvenradius von 60 m.

a) Wie groß ist die Zentrifugalkraft auf eine 75 kg schwere Person?

b) Wie groß muss mindestens die Reibungskraft sein, damit das Auto mit einer Gesamtmasse von 1 450 kg nicht aus der Kurve getragen wird?

27. Nenne und erläutere Beispiele für die Anwendung der Zentrifugalkraft!

**28. Die Erde rotiert um ihre Achse. Dadurch wirken auf Körper, die sich auf der Erdoberfläche befinden, Zentrifugalkräfte.*

a) Wie groß ist die Zentrifugalkraft aufgrund der Erdrotation auf eine Person (m = 70 kg) am Äquator?

b) Ist diese Zentrifugalkraft auf eine gleich schwere Person in Deutschland größer oder kleiner?

5 Struktur der Materie – Energie aus dem Atom

5.1 Atome, Atomkerne und Radioaktivität

Woraus besteht ein Atom?

Bereits im Altertum waren Gelehrte der Auffassung, dass alle Stoffe aus unteilbaren kleinsten Bausteinen, den Atomen, bestehen. Aber erst zu Beginn des 20. Jahrhunderts fanden Physiker erste Belege für die Existenz von Atomen und entwickelten Vorstellungen über den Aufbau von Atomen.
Welche Experimente geben Auskunft über den Aufbau von Atomen? Welche Vorstellungen haben die Physiker heute vom Atombau?

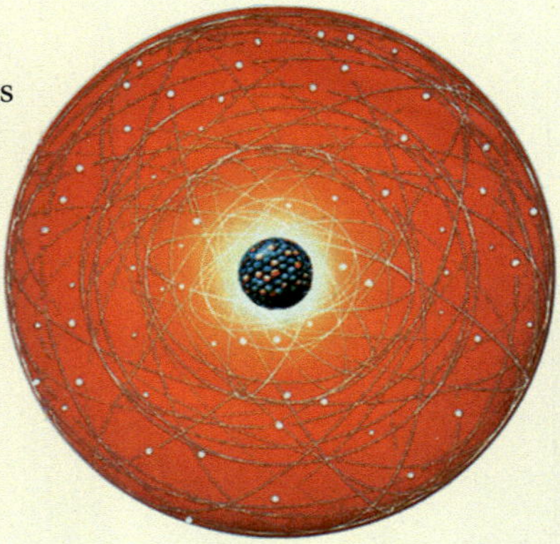

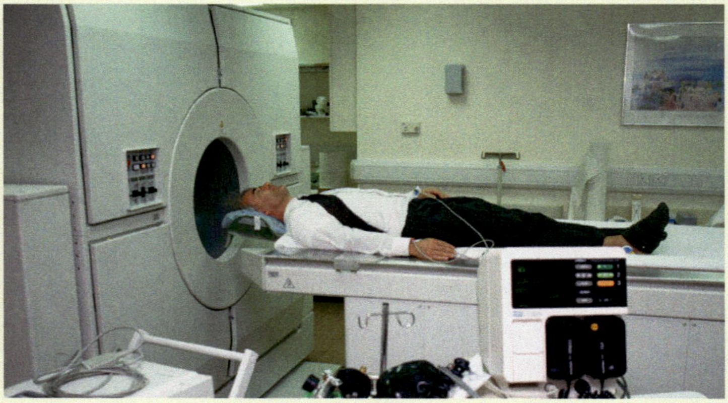

Radioaktivität in der Medizin

Radionuklide, d. h. Kernarten, die radioaktive Strahlung aussenden, werden in der Medizin in vielfältiger Weise bei der Diagnose und der Therapie eingesetzt. So verwendet man Radionuklide beispielsweise bei Untersuchungen der Schilddrüse und des Gehirns oder bei der Bestrahlung von Tumoren.
Welche Eigenschaften und Wirkungen der radioaktiven Strahlung werden dabei genutzt? Welche Heilungschancen, aber auch welche Risiken hat die Nutzung radioaktiver Strahlung in der Medizin?

Radioaktive Strahlung – eine Gefahr?

Viele Menschen haben Angst vor radioaktiver Strahlung. Sie tritt aber überall in unserer natürlichen Umwelt auf. Besonders groß ist die natürliche Strahlungsbelastung bei Wanderungen im Hochgebirge, bei einem Flug in großer Höhe und auch in manchen Gebieten, in denen Uranerz abgebaut wurde.
Welche Eigenschaften und Wirkungen auf den Menschen hat radioaktive Strahlung?

Der Aufbau von Atomen

Atome (griechisch: das „Unteilbare“) sind die kleinsten Bausteine der chemischen Elemente. Die winzigen Atome (Abb. 1, 2) entziehen sich unserer unmittelbaren Beobachtung. Durch zahlreiche experimentelle Untersuchungen weiß man heute aber, dass ein Atom aus einem Atomkern und einer Atomhülle besteht und der größte Teil eines Atoms leer ist.

In der **Atomhülle** befinden sich negativ geladene Elektronen. Der im Vergleich zum gesamten Atom sehr kleine **Atomkern** besteht aus elektrisch nicht geladenen **Neutronen** und aus positiv geladenen **Protonen.** Die Masse von Neutron und Proton ist etwa gleich groß und 1 836-mal größer als die eines Elektrons. Daraus folgt: Im Atomkern ist fast die gesamte Masse des Atoms auf kleinstem Raum konzentriert (Abb. 1).

Ein Atom besteht aus einer negativ geladenen Atomhülle mit Elektronen und einem positiv geladenen Atomkern mit Protonen und Neutronen.

Bei einem elektrisch neutralen Atom ist die Anzahl der negativ geladenen Elektronen in der Hülle gleich der Anzahl der positiv geladenen Protonen im Kern. Die Kernbausteine Proton und Neutron werden als **Nukleonen** bezeichnet, ihre Anzahl als **Massenzahl** A. Sie ergibt sich aus der Kernladungszahl (Protonenzahl) Z und der Neutronenzahl N:

$$A = Z + N$$

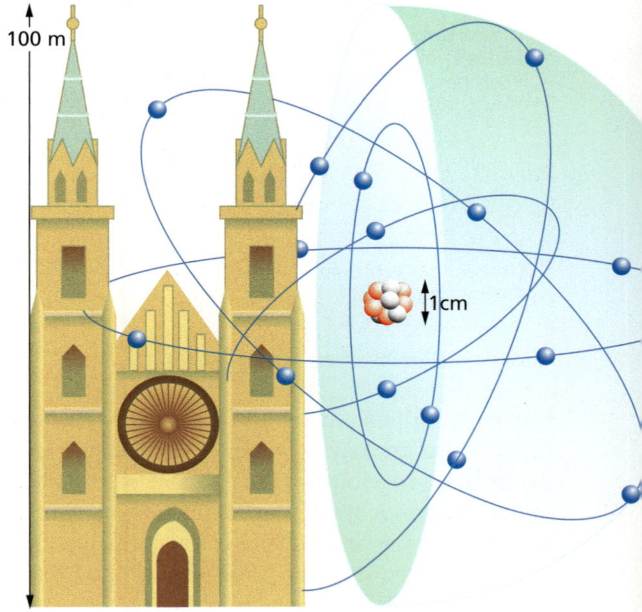

2 Größenverhältnisse in einem Atom im Vergleich zu einem 100 m hohen Bauwerk

Die Kernladungszahl eines Atoms ist gleich der Ordnungszahl des betreffenden Elements im Periodensystem der Elemente. So hat z. B. Natrium im Periodensystem die Ordnungszahl 11 und die Massenzahl 23.
Das bedeutet: Ein Natriumatom hat in seinem Kern 11 Protonen und 23 - 11 = 12 Neutronen. Beim neutralen Natriumatom sind in der Atomhülle 11 Elektronen vorhanden.
Beim Uran (Ordnungszahl 92, Massenzahl 238) sind im Atomkern 92 Protonen vorhanden. Die Neutronenzahl beträgt also 238 - 92 = 146.

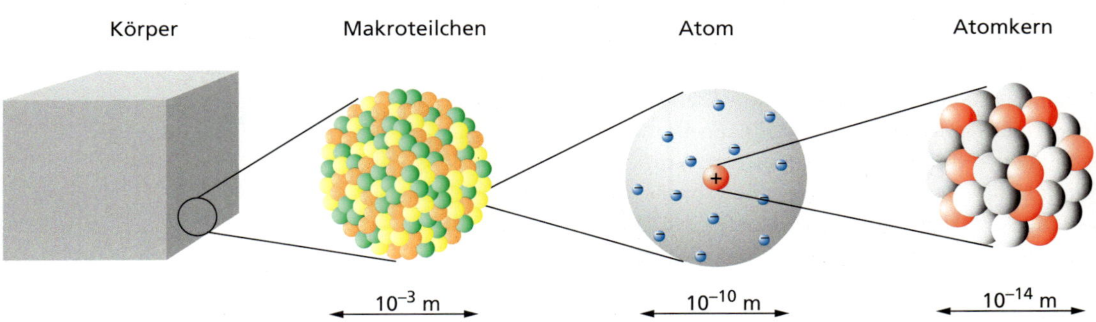

1 Größenvergleich zum Aufbau von Makroteilchen, Atomen und Atomkernen

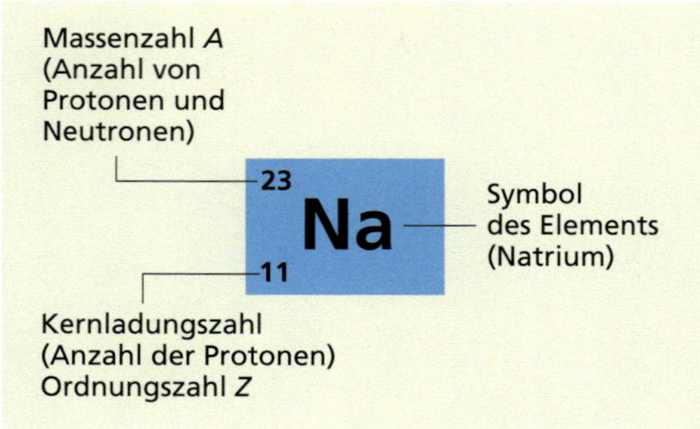

1 Symbolschreibweise für ein Element

Elektron:	${}^{0}_{-1}e$	Masse vernachlässigbar, einfach negativ geladen
Positron:	${}^{0}_{+1}e$	Masse vernachlässigbar, einfach positiv geladen
Proton:	${}^{1}_{1}p$	Massenzahl 1, einfach positiv geladen
Neutron:	${}^{1}_{0}n$	Massenzahl 1, nicht geladen

2 Symbolschreibweise für Elementarteilchen

Um einen Atomkern in kurzer und übersichtlicher Form zu kennzeichnen, verwendet man die **Symbolschreibweise** (Abb. 1). Sie wird nicht nur zur Kennzeichnung der Atomkerne, sondern auch bei Elementarteilchen verwendet (Abb. 2). Manchmal setzt man die Massenzahl hinter das Elementsymbol und schreibt z. B. Natrium-23. Auch diese Schreibweise ist eindeutig, da man die Kernladungszahl im Periodensystem der Elemente findet.

Kräfte im Atom

Warum sind die meisten Atome bzw. Atomkerne stabil? Diese Frage hat Wissenschaftler lange Zeit beschäftigt. Es leuchtet sofort ein, dass zwischen den negativ geladenen Elektronen der Atomhülle und dem positiv geladenen Atomkern anziehende Kräfte wirken und die Stabilität gewährleisten.
Anders ist die Situation im Atomkern. Zwischen den positiv geladenen Protonen im Atomkern wirken abstoßende Kräfte. Damit müsste jeder Atomkern instabil sein. Die Ursache dafür, dass ein Atomkern trotzdem stabil ist, liegt in einer Kraft, die neben der abstoßenden Kraft zwischen gleichnamigen Ladungen wirkt. Es ist die zwischen den Nukleonen wirkende **Kernkraft.** Diese Kraft hat zwei spezielle Eigenschaften:

- Die Kernkraft wirkt als Anziehungskraft zwischen den Nukleonen. Sie ist wesentlich stärker als die abstoßende Kraft zwischen Protonen.
- Die Reichweite dieser Kraft ist sehr gering und beträgt nur etwa $2 \cdot 10^{-15}$ m.

Nuklide

Das Periodensystem der Elemente umfasst gegenwärtig 111 Elemente. Davon kommen 91 in der Natur vor, die anderen werden künstlich hergestellt. Der Atomkern eines Elements ist eindeutig durch die Massenzahl und die Kernladungszahl gekennzeichnet. In der Physik bezeichnet man ein so charakterisiertes Atom als **Nuklid.**

Die durch Massenzahl und Kernladungszahl charakterisierten Atome werden als Nuklide bezeichnet.

So sind z. B. Natrium-23, Kohlenstoff-12 oder Uran-235 Nuklide. Die Atomkerne eines Elements haben alle die gleiche Anzahl von Protonen, sie können aber eine unterschiedliche Anzahl von Neutronen besitzen. Diese verschiedenen Nuklide eines Elements nennt man auch **Isotope.**
So hat z. B. das Element Wasserstoff drei verschiedene Isotope (Abb. 3).

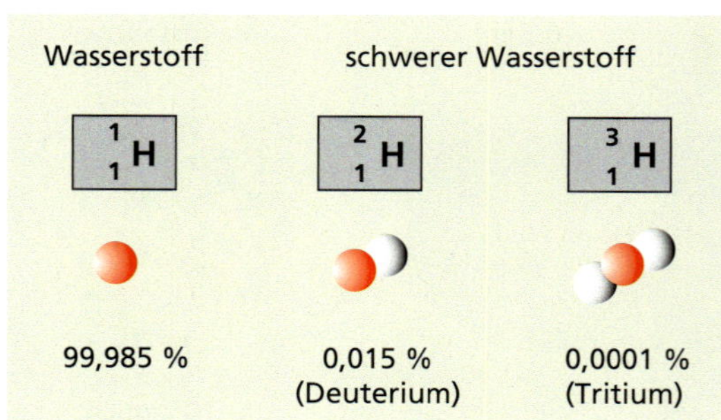

3 Isotope des Wasserstoffs

Mosaik

Entwicklung der Vorstellungen vom Aufbau des Atoms

Bereits in der Antike gab es Vorstellungen darüber, dass die Stoffe aus sehr kleinen Teilchen, den Atomen, bestehen könnten. Ein Vertreter dieser Auffassung war der griechische Philosoph DEMOKRIT (5. Jh. v. Chr.).
Erst im 17. und 18. Jahrhundert wurden mit der Entwicklung der Wärmelehre und der Elektrizitätslehre diese Ideen wieder aufgegriffen, ohne dass die Existenz von Teilchen nachgewiesen werden konnte. Dies gelang erst zu Beginn des 20. Jahrhunderts.
1827 beobachtete der Biologe ROBERT BROWN (1773 bis 1858) unter dem Mikroskop eine unruhige Bewegung von Blütenstaubkörnchen. Diese Bewegung konnte 1905 von ALBERT EINSTEIN (1879–1955) mit dem Teilchenaufbau erklärt werden. Bereits vorher hatten viele Physiker mit Katodenstrahlen experimentiert und festgestellt, dass sich diese Strahlen in elektrischen und magnetischen Feldern ablenken lassen. Der deutsche Physiker WIECHERT und der englische Physiker THOMSON fanden unabhängig voneinander, dass Katodenstrahlen aus sehr kleinen Teilchen mit negativer Ladung bestehen müssten; 1897 wurde von FITZGERALD die Bezeichnung **Elektron** für diese Teilchen eingeführt.
Die Katodenstrahlen erwiesen sich als schnell bewegte Elektronen, als Elektronenstrahlen.
Zwei andere bedeutende Entdeckungen führten immer stärker zu der Frage nach den elementaren Bausteinen der Stoffe: 1895 fand WILHELM CONRAD RÖNTGEN (1845–1923) die nach ihm benannten Röntgenstrahlen.
1898 entdeckten MARIE und PIERRE CURIE die Eigenschaft verschiedener Stoffe, eine bestimmte Strahlung auszusenden, die wir heute als radioaktive Strahlung kennen. Beide Arten von Strahlungen kommen durch Vorgänge im atomaren Bereich zustande.

Um 1900 wurden die ersten Atommodelle entwickelt, z. B. das „Rosinenmodell": Das kugelförmige Atom sollte aus einer positiven elektrischen „Flüssigkeit" bestehen, in die ähnlich wie bei einem Rosinenkuchen die negativ geladenen Elektronen eingebettet sind.
Damit konnte man erklären, dass ein Atom elektrisch neutral ist, die Entstehung von Röntgenstrahlung oder radioaktiver Strahlung blieb aber ungeklärt.

1909/10 führte ERNEST RUTHERFORD mit seinen Mitarbeitern Versuche zum Durchgang von α-Strahlung durch dünne Metallfolien durch. Nur ein geringer Teil der Strahlung wurde reflektiert, der größte Teil ging durch die Folie hindurch.

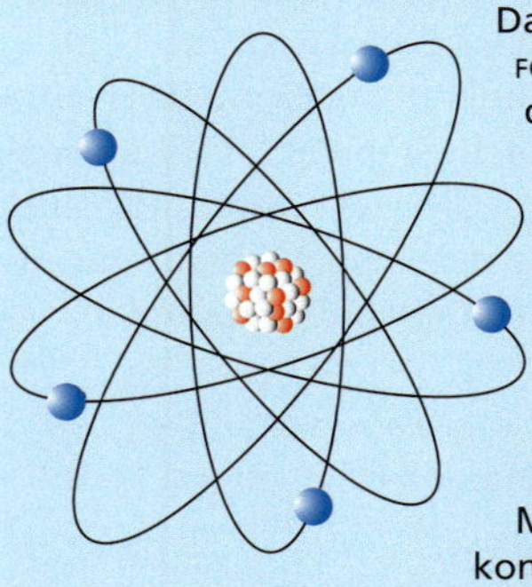

Daraus zog RUTHERFORD den Schluss, dass der größte Teil des Atoms leer ist. Er entwickelte ein Modell, das dem Aufbau des Planetensystems ähnelt: Um einen positiv geladenen Kern, in dem die Masse des Atoms konzentriert ist, kreisen Elektronen auf elliptischen Bahnen (Abb. oben). Mit diesem Modell konnte man die Masse- und Ladungsverteilung im Atom richtig beschreiben. Die Stabilität der Atome konnte damit allerdings nicht erklärt werden.

Das versuchte NIELS BOHR mit einem anderen Modell: Die Elektronen bewegen sich auf bestimmten Bahnen um den Atomkern (Abb. unten).

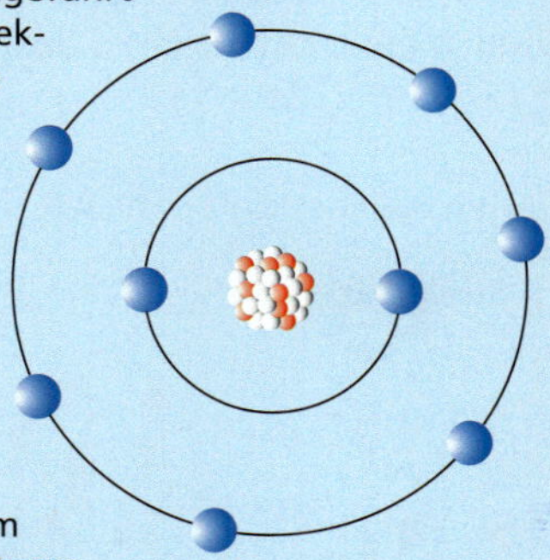

Wenn Energie zugeführt wird, können Elektronen auf eine kernfernere Bahn springen, beim Zurückspringen wird diese Energie wieder frei. Auch die Vorstellungen vom Aufbau des Atomkerns veränderten sich. Mit dem Nachweis des Neutrons im Jahre 1932 wurden Vermutungen über die Zusammensetzung des Atomkerns aus Protonen und Neutronen bestätigt. Das bohrsche Atommodell ermöglicht es, den Atomradius abzuschätzen und das Spektrum des Wasserstoffs zu erklären. Es versagte aber bei anderen Elementen. Neuere Atommodelle lassen sich nur noch mit mathematischen Mitteln beschreiben. Das gilt insbesondere für das quantenmechanische Atommodell.

Der Spontanzerfall – eine natürliche Kernumwandlung

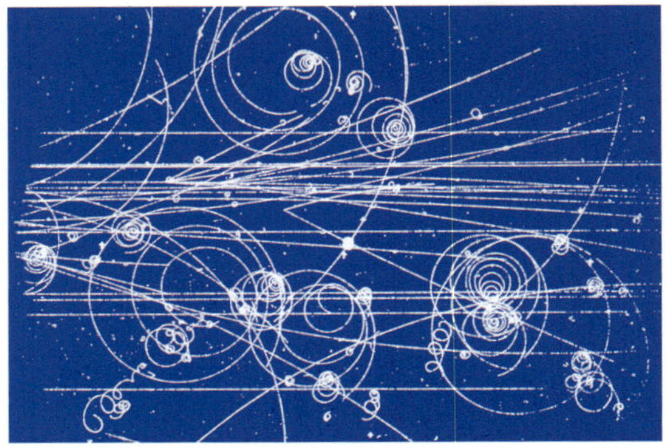

1 Spuren radioaktiver Strahlung: Die Bahnen kommen durch magnetische Ablenkung zustande.

1896 entdeckte der französische Physiker HENRI BECQUEREL (1852–1908), dass Uransalz eine unsichtbare Strahlung aussendet, die Fotoplatten schwärzte. Wenig später fanden die aus Polen stammende MARIE CURIE (1867–1934) und ihr Mann PIERRE CURIE (1859–1906) die stark strahlenden Elemente Polonium und Radium.

Genauere Untersuchungen ergaben, dass eine Reihe von Nukliden nicht stabil ist, sondern sich verändert und dabei radioaktive Strahlung aussendet. Solche Nuklide bezeichnet man als **radioaktive Nuklide** oder kurz als **Radionuklide.**

Radioaktive Nuklide wandeln sich völlig spontan unter Aussendung von α-, β- oder γ-Strahlung um.

Eine Übersicht über die Strahlungsarten ist unten angegeben. Dazu sind Beispiele für Kernumwandlungen genannt, bei denen die drei verschiedenen Strahlungsarten entstehen.

Dabei ändern sich zumeist auch die Atomkerne. So gibt z. B. das Radionuklid Caesium-137 β-Strahlung ab. Dabei entsteht ein Barium-Kern.

Diesen Spontanzerfall kann man als Kernreaktion ähnlich einer chemischen Reaktion schreiben:

$^{137}_{55}\mathrm{Cs} \longrightarrow {}^{137}_{56}\mathrm{Ba} + {}^{0}_{-1}\mathrm{e}.$

Wichtig ist dabei: Die Summe der Massenzahlen und der Kernladungszahlen ist links und rechts stets gleich groß.

Wenn es radioaktive Nuklide sind, die in der Natur vorkommen, bezeichnet man die Erscheinung der spontanen Umwandlung der entsprechenden Atomkerne als **natürliche Radioaktivität.** Die entstehenden Folgekerne sind meist wieder instabil, sodass in der Natur ganze **Zerfallsreihen** existieren. Aus dem Uranisotop $^{282}_{92}\mathrm{U}$ entsteht z. B. nach zahlreichen Umwandlungen im Laufe von einigen Millionen Jahren das Bleiisotop $^{206}_{82}\mathrm{Pb}$ (S. 169, Abb. 1).

Auch bei anderen Stoffen, z. B. Thorium oder Neptunium, existieren solche Zerfallsreihen.

Arten radioaktiver Strahlung

α-Strahlung

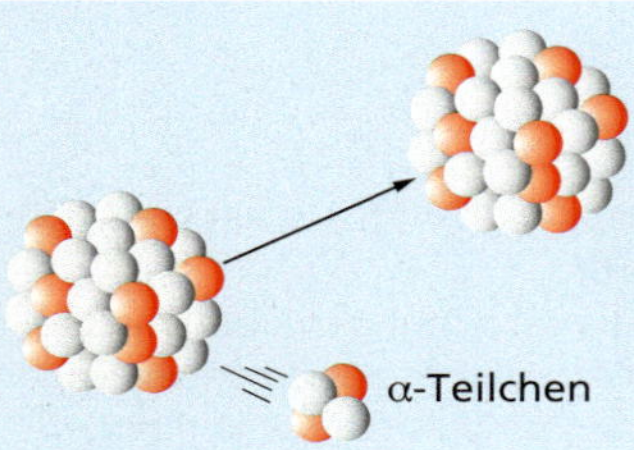

Die Strahlung besteht aus doppelt positiv geladenen Heliumkernen (α-Teilchen).

$^{226}_{88}\mathrm{Ra} \longrightarrow {}^{222}_{86}\mathrm{Rn} + {}^{4}_{2}\alpha$

β-Strahlung

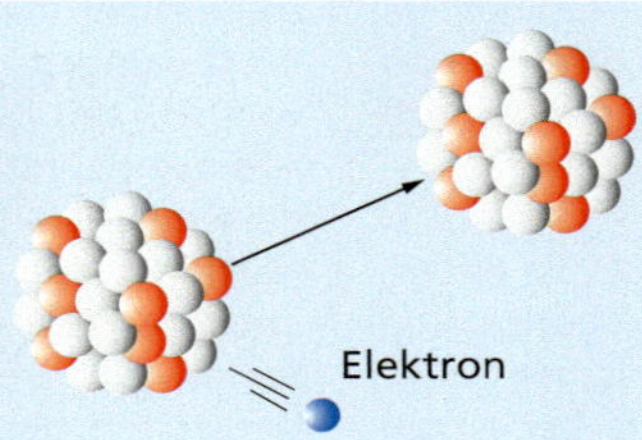

Die Strahlung besteht aus Elektronen (β^--Strahlung) oder Positronen (β^+-Strahlung).

$^{137}_{55}\mathrm{Cs} \longrightarrow {}^{137}_{56}\mathrm{Ba} + {}^{0}_{-1}\mathrm{e}$

γ-Strahlung

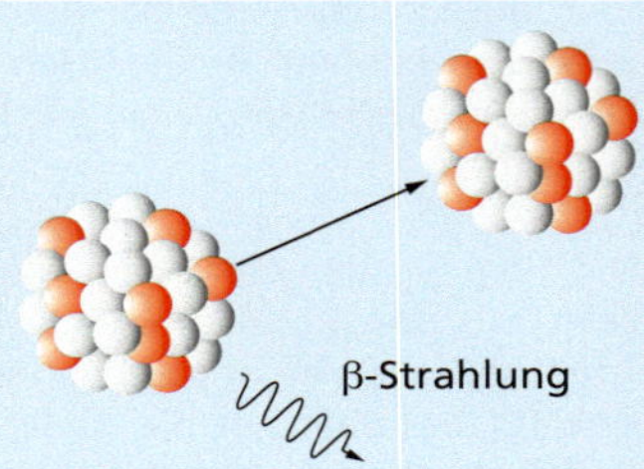

Die Strahlung ist eine energiereiche elektromagnetische Strahlung kleiner Wellenlänge.

$^{137}_{56}\mathrm{Ba} \longrightarrow {}^{137}_{56}\mathrm{Ba} + \gamma$

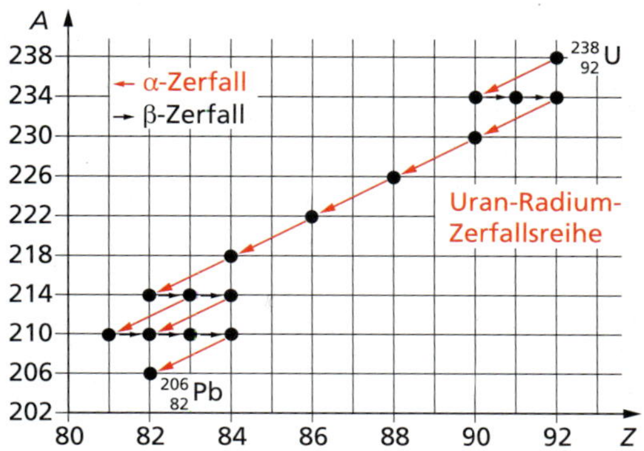

1 Zerfallsreihe von Uran-238: Im Laufe von Millionen Jahren entsteht aus Uran stabiles Blei.

Von den 91 in der Natur vorkommenden Elementen sind ca. 300 Nuklide bekannt, von denen wiederum ca. 50 instabil sind, also sich völlig spontan unter Aussendung von α-, β- oder γ-Strahlung in andere Kerne umwandeln.

Es ist auch möglich, radioaktive Nuklide künstlich herzustellen, z. B. durch Bestrahlung mit verschiedenen Teilchen (Neutronen, Elektronen, Protonen). Die Erscheinung, dass künstlich hergestellte Nuklide radioaktiv sein können, wird als **künstliche Radioaktivität** bezeichnet.

Bis heute ist es gelungen, zusätzlich zu den etwa 50 in der Natur vorkommenden radioaktiven Nukliden weitere 2400 Nuklide künstlich zu erzeugen. Eine Reihe von ihnen wird für spezielle Anwendungen in der Medizin und in der Technik genutzt. So verwendet man z. B. Iod-123 oder Technetium-99 zur Untersuchung der Funktion der menschlichen Schilddrüse.

Einige radioaktive Nuklide

Nuklid	Art der Strahlung
Caesium-137	β^-, γ
Cobalt-60	β^-, γ
Iod-131	β^-
Kohlenstoff-14	β^-
Natrium-22	β^-, γ
Plutonium-239	α
Radium-226	α
Uran-235	α
Uran-238	α

Mosaik

Entdeckung der natürlichen Radioaktivität

In den Neunzigerjahren des 19. Jahrhunderts beschäftigten sich viele Physiker mit Untersuchungen zu verschiedenen Strahlungen. Die Untersuchungen von „Katodenstrahlen" führten zur Entdeckung des Elektrons. W. C. Röntgen entdeckte 1895 die Röntgenstrahlen.

Auch der französische Physiker Henri Becquerel (1852–1908) beschäftigte sich mit den verschiedenen Strahlungen und experimentierte u. a. mit Uransalzen. Dabei zeigte sich, dass in der Nähe des Uransalzes liegende Fotoplatten geschwärzt waren.

Systematische Untersuchungen führten 1896 zu der Erkenntnis, dass von Uransalz eine neue, bisher unbekannte Strahlung ausging, die nach ihrem Entdecker zunächst als Becquerel-Strahlung bezeichnet wurde und später den Namen „radioaktive Strahlung" erhielt.

Intensiv beschäftigten sich die in Polen geborene Marie Curie (1867–1934) und ihr Mann, der Franzose Pierre Curie (1859–1906), mit der neuen Strahlung. Mit unglaublich primitiven Mitteln arbeiteten sie Tonnen Uranpechblende auf und entdeckten in Uranpechblende ein neues, stark strahlendes Element, das zu Ehren des Geburtslands von M. Curie als Polonium bezeichnet wurde. Im gleichen Jahr entdeckten sie ein weiteres Element, das eine intensive Strahlung aussandte. Es erhielt den Namen Radium („das Strahlende"). 1903 bekamen Marie und Pierre Curie gemeinsam mit Henri Becquerel für die Entdeckung der Radioaktivität den Nobelpreis für Physik. Pierre Curie verunglückte 1906 bei einem Verkehrsunfall tödlich. Seine Frau führte die Forschungen weiter.

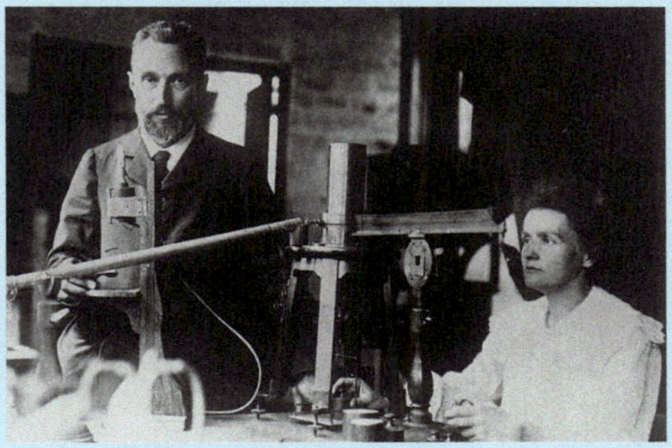

2 Marie und Pierre Curie im Labor (um 1900)

Gesetz des Kernzerfalls

Ist zu einem gegebenen Zeitpunkt eine Anzahl N von Atomen eines radioaktiven Nuklids vorhanden, so wandelt sich in einer bestimmten Zeit die Hälfte der Atomkerne um (Abb. 1). Diese Zeit wird als **Halbwertszeit** bezeichnet.

> **Die Halbwertszeit gibt an, in welcher Zeit sich jeweils die Hälfte der vorhandenen instabilen Atomkerne umwandelt.**
>
> **Formelzeichen:** t_H
>
> **Einheit:** **eine Sekunde (1 s)**

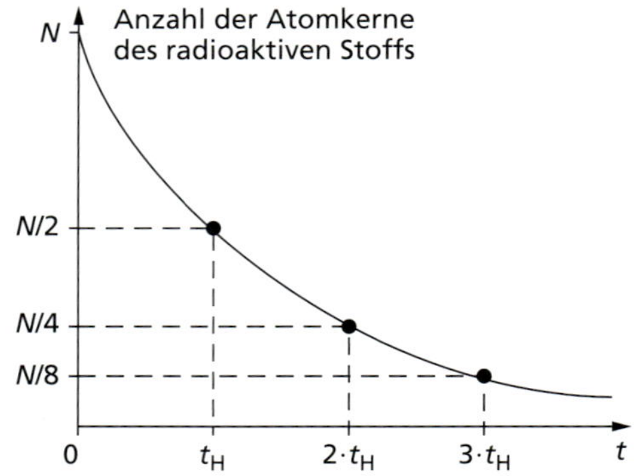

1 Gesetz des Kernzerfalls

So hat z. B. Caesium-137 eine Halbwertszeit von 30 Jahren. Das bedeutet: In 30 Jahren ist bei einer bestimmten Menge Caesium-137 die Hälfte aller Caesium-Kerne umgewandelt, in weiteren 30 Jahren ist es wiederum die Hälfte der dann noch vorhandenen Caesium-Kerne. Damit sind nach 60 Jahren drei Viertel der ursprünglich vorhandenen Atomkerne umgewandelt. Die Halbwertszeiten liegen bei radioaktiven Nukliden zwischen Bruchteilen von Sekunden und einigen Milliarden Jahren (s. Übersicht unten). Das Zerfallsgesetz (Abb. 1) ist im Unterschied zu vielen anderen Gesetzen der Physik ein **stochastisches Gesetz.** Das bedeutet: Das Gesetz macht nur eine Aussage über die Gesamtheit der Atomkerne. Von den insgesamt vorhandenen instabilen Atomkernen wandelt sich in der Halbwertszeit die Hälfte um. Damit ist aber keine Aussage darüber möglich, ob sich in dieser Zeit ein bestimmter Atomkern umwandelt oder nicht.

Halbwertszeit einiger Nuklide

Nuklid	Halbwertszeit
Caesium-137	30,17 Jahre
Cobalt-60	5,3 Jahre
Iod-131	8,04 Tage
Kohlenstoff-14	5730 Jahre
Natrium-22	2,6 Jahre
Plutonium-238	87,7 Jahre
Plutonium-239	24390 Jahre
Polonium-210	138,4 Tage
Polonium-216	0,15 Sekunden
Radium-226	1600 Jahre
Radon-220	55,6 Sekunden
Uran-235	700 Mio. Jahre
Uran-238	4,5 Mrd. Jahre

Methode

Dynamische und stochastische Gesetze

Physikalische Gesetze sind allgemeine und wesentliche Zusammenhänge, die unter bestimmten Bedingungen stets wirken. Diese Bedingungen nennt man Gültigkeitsbedingungen. Unterscheiden kann man zwischen dynamischen und stochastischen Gesetzen.

Ein **dynamisches Gesetz** gibt an, wie sich ein einzelnes Objekt unter den gegebenen Bedingungen verhält. Ein Beispiel für ein solches Gesetz ist das newtonsche Grundgesetz $F = m \cdot a$. Kennt man die Masse eines Körpers und die auf ihn einwirkende Kraft, so kann man die Beschleunigung eindeutig vorhersagen.

Ein **stochastisches Gesetz** wie das Zerfallsgesetz trifft dagegen keine Aussage zum Verhalten eines einzelnen Objekts, z. B. eines bestimmten Atomkerns, sondern nur über die Gesamtheit der Objekte. Wenn z. B. ursprünglich 1 Mio. Atomkerne vorhanden sind, dann kann man sagen, dass sich während einer Halbwertszeit ca. 500000 Kerne umwandeln. Welche es aber sind, kann man nicht vorhersagen.

Stochastische Gesetze sind immer mit Wahrscheinlichkeitsaussagen verbunden.

Radioaktive Strahlung und ihre Eigenschaften

Radioaktive Strahlung besitzt Energie. Dadurch können Gase ionisiert, Filme geschwärzt und Zellen geschädigt werden.
Ohne Beeinflussung breitet sich radioaktive Strahlung geradlinig nach allen Seiten aus. Die **Reichweite** der verschiedenen Strahlungsarten ist in Luft sehr unterschiedlich. Bei α-Strahlung beträgt sie 4–6 cm, bei β-Strahlung einige Meter. γ-Strahlung breitet sich auch über größere Entfernungen aus.

Sehr unterschiedlich ist die **Durchdringungsfähigkeit** radioaktiver Strahlung (Abb. 1). Sie ist abhängig
- von der Art der Strahlung,
- von der Intensität der Strahlung,
- von der Art des durchstrahlten Stoffs,
- von der Dicke des durchstrahlten Stoffs.

Unmittelbar damit hängt zusammen, wie radioaktive Strahlung von verschiedenen Stoffen absorbiert (aufgenommen) wird. Das **Absorptionsvermögen** eines Stoffs hängt von dem Stoff selbst, von seiner Dicke sowie von der Art der Strahlung ab (Abb. 1).
In elektrischen und magnetischen Feldern wird α- und β-Strahlung abgelenkt, γ-Strahlung dagegen nicht (Abb. 2, 3). Umgekehrt kann man aus der Richtung und der Stärke der Ablenkung auf die Art der Strahlung schließen.

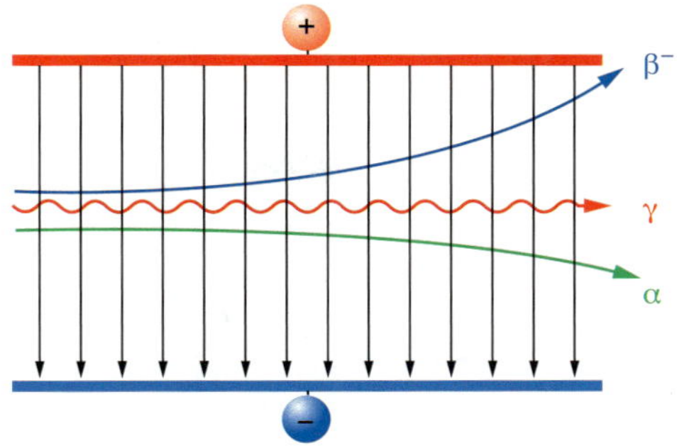

2 Radioaktive Strahlung im elektrischen Feld: γ-Strahlung wird nicht abgelenkt.

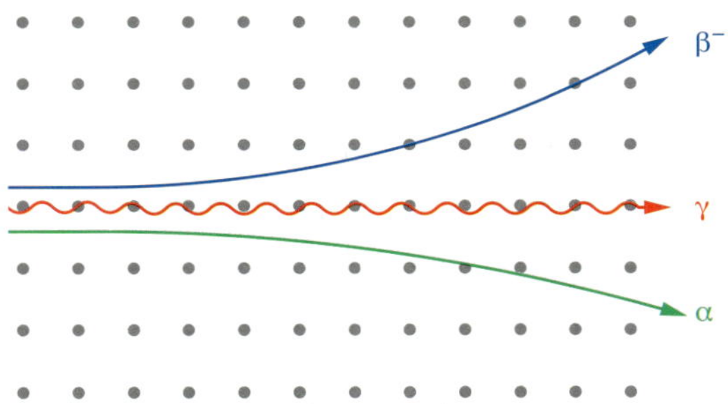

3 Radioaktive Strahlung im Magnetfeld: Die Richtung der Ablenkung ergibt sich aus der Rechte-Hand-Regel (s. S. 40).

Radioaktive Strahlung besitzt Energie. Sie wird von Stoffen unterschiedlich absorbiert. α- und β-Strahlung kann durch elektrische und magnetische Felder abgelenkt werden.

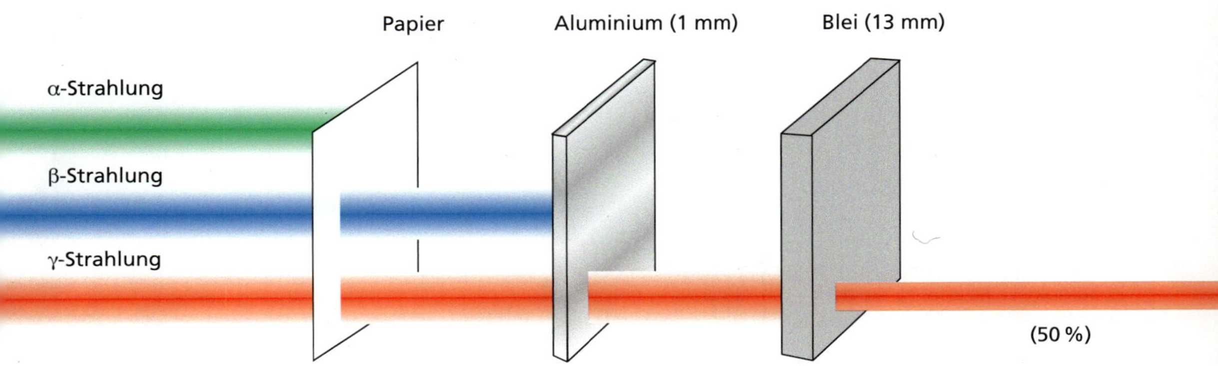

1 Durchdringungsfähigkeit radioaktiver Strahlung

Nachweis radioaktiver Strahlung

Durch radioaktive Strahlung können Filme geschwärzt und Gase ionisiert werden. Diese Eigenschaften radioaktiver Strahlung werden zu ihrem Nachweis genutzt.
Beim **Nachweis mit Film** ist die Schwärzung des Films umso stärker, je stärker die auftreffende Strahlung ist. Das wird bei Dosimeterplaketten genutzt, die Personen tragen müssen, die beruflich mit Strahlung in Berührung kommen können (s. Übersicht unten). Weitere Möglichkeiten des Nachweises radioaktiver Strahlung sind das **Zählrohr** (s. Übersicht und S. 176) und die **Nebelkammer** (s. Übersicht).

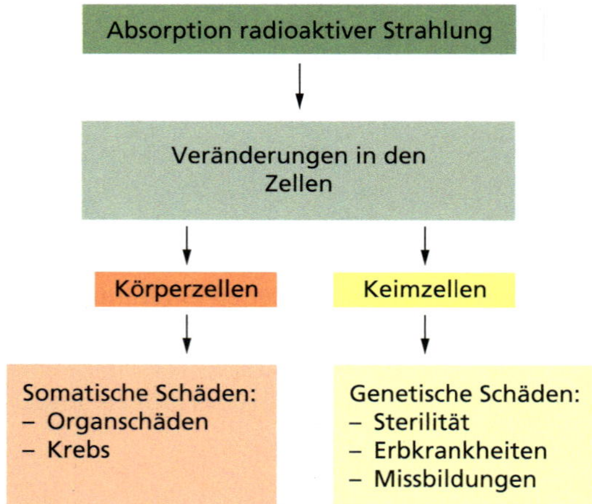

1 Biologische Wirkungen radioaktiver Strahlung

Biologische Wirkungen der radioaktiven Strahlung und Strahlenschutz

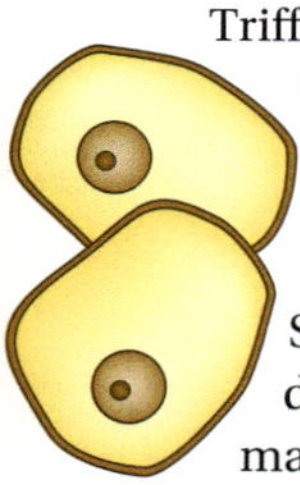

Trifft radioaktive Strahlung auf organisches Gewebe, so kann sie auf das Gewebe einwirken und Veränderungen in Zellen hervorrufen (Abb. 1). Besonders gefährlich ist eine kurzzeitig hohe Strahlenbelastung. Sie kann zu unmittelbaren Schädigungen des betreffenden Lebewesens führen (somatische Schäden) oder sich auch erst bei den Nachkommen auswirken (genetische Schäden).

Die biologischen Wirkungen auf einen Körper hängen u. a. davon ab,
- wie viel Strahlung der Körper aufnimmt (absorbiert),
- welche Art der Strahlung wirksam wird,
- welche Körperteile bestrahlt werden.

Akut kann es bei Bestrahlung mit einer hohen Dosis zur **Strahlenkrankheit** kommen. Spätschäden durch Zellveränderungen treten häufig erst nach Jahren auf. Hierzu zählen z. B. Erkrankungen der blutbildenden Organe (Leukämie), der Haut und der Augen.

Nachweismöglichkeiten radioaktiver Strahlung

Fotografische Schicht	Zählrohr	Nebelkammer
	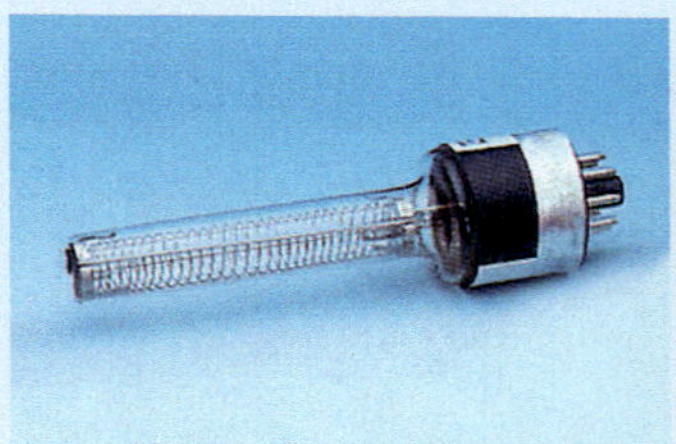	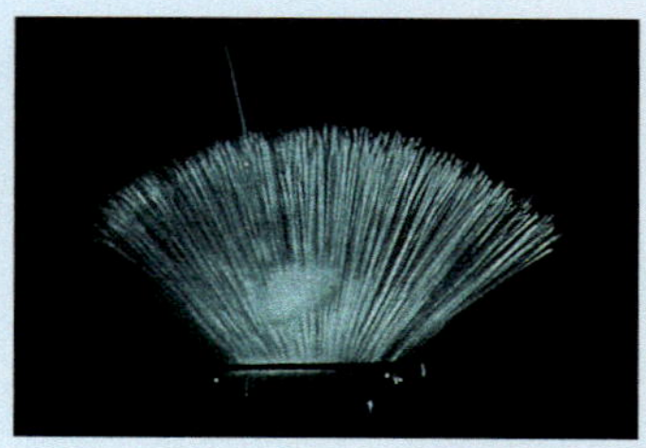
Bei einer Dosimeterplakette wird ein Film an den Stellen, an denen radioaktive Strahlung auftrifft, geschwärzt. Das Maß der Strahlenbelastung ist der Grad der Schwärzung des Films.	Bei einem Zählrohr wird die ionisierende Wirkung radioaktiver Strahlung genutzt. Je größer die Intensität der Strahlung ist, desto mehr Impulse werden registriert.	Bei einer Nebelkammer wird die ionisierende Wirkung radioaktiver Strahlung genutzt. Die Länge der Nebelspur ist ein Maß für die Energie der Strahlung.

Mosaik

Der Schutz vor ionisierender Strahlung

Zu ionisierender Strahlung gehört neben der radioaktiven Strahlung auch die Röntgenstrahlung. Die biologische Wirkung solcher Strahlung wird durch die physikalische Größe **Äquivalentdosis** charakterisiert. Sie kennzeichnet die von einem Körper aufgenommene Energie der Strahlung unter Berücksichtigung biologischer Wirkungen. Sie wird in der Einheit ein Sievert (1 Sv) gemessen. Dabei gilt: 1 Sv = 1 J/kg.
Eine Gesamtbelastung von 4 mSv je Jahr bedeutet dann für einen Menschen, dass er durch ionisierende Strahlung eine Energie von 4 mJ je Kilogramm Körpergewicht aufnimmt. Nach den gegenwärtigen Erkenntnissen treten bei einer kurzzeitigen Strahlenbelastung ab 250 mSv bereits Schäden auf, eine Belastung von 7 000 mSv ist tödlich.
Für Menschen, die beruflich radioaktiver Strahlung ausgesetzt sind, gilt zurzeit ein Grenzwert von 20 mSv je Jahr. Werte für die durchschnittliche Strahlenbelastung in Deutschland sind in der Tabelle unten angegeben.
Wegen möglicher Schäden durch radioaktive Strahlung gilt als Grundregel:

Die Strahlung, der man sich aussetzt, sollte so gering wie möglich sein.

Dabei muss man beachten, dass schon allein die natürliche Strahlung aufgrund der geologischen Besonderheiten (z. B. Gebiete mit Uranvorkommen, Gebirge) sehr unterschiedlich ist.
Diese **terrestrische Strahlung** beträgt in Mecklenburg-Vorpommern ca. 0,15 mSv/a, im Harz ca. 1 mSv/a und im Bayrischen Wald ca. 1,5 mSv/a. An einzelnen Stellen werden auch höhere Werte erreicht.

Das Eintreten von Strahlenschäden ist vor allem abhängig von der Art der Strahlung, der Energie (Intensität) der Strahlung, der Dauer der Einwirkung und der Empfindlichkeit der bestrahlten Organe. Besonders empfindlich sind das Knochenmark, die Lymphknoten und die Keimzellen.

Achtung! Ionisierende Strahlung

Die wichtigsten **Maßnahmen zum Schutz** vor ionisierender Strahlung sind:
- Von Quellen ionisierender Strahlung ist ein möglichst großer Abstand zu halten.
- Strahlungsquellen sind möglichst vollständig abzuschirmen, z. B. mit Blei.
- Mit Quellen ionisierender Strahlung sollte nur kurzzeitig experimentiert werden.
- Radioaktive Substanzen dürfen nicht in den Körper gelangen. Beim Umgang mit solchen Substanzen sind Essen und Trinken verboten.

Personen, die beruflich mit ionisierender Strahlung in Berührung kommen, müssen eine Dosimeterplakette (s. S. 172) tragen, durch die solche Strahlung registriert wird. Diese Plaketten werden regelmäßig kontrolliert.

Die Einhaltung aller Schutzmaßnahmen ist erforderlich, weil wir kein Sinnesorgan für ionisierende Strahlung haben, also nicht merken, ob wir solcher Strahlung ausgesetzt sind. Deshalb werden auch regelmäßig Messungen durchgeführt.

Mittlere Strahlenbelastung in der Bundesrepublik Deutschland im Jahr

Art der Strahlung	Äquivalentdosis
von der Umgebung (Erde) ausgehende terrestrische Strahlung	0,4 mSv/Jahr
kosmische Strahlung	0,3 mSv/Jahr
Strahlung durch die aufgenommene Nahrung/Luft	1,7 mSv/Jahr
medizinische Anwendungen einschließlich Röntgenuntersuchungen	1,5 mSv/Jahr
Strahlung durch Kernkraftwerke, Kernwaffenversuche	0,01 mSv/Jahr
Strahlung durch Bildschirm des Fernsehapparats und des Computers	0,02 mSv/Jahr
Gesamtbelastung	≈ 4 mSv/Jahr

Strahlung

- Wärmestrahlung
- Licht
- radioaktive Strahlung

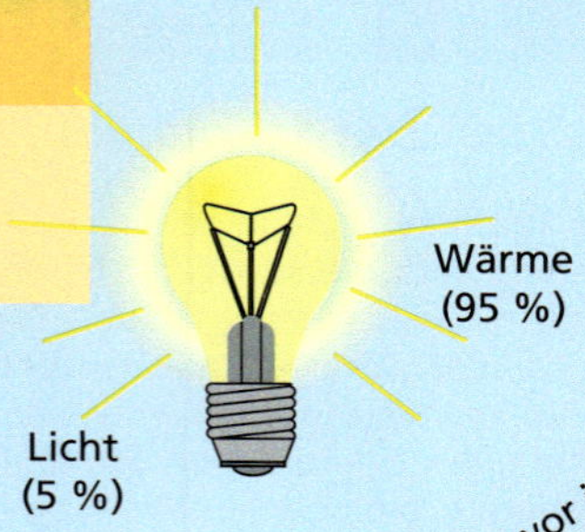

existiert in Form von

liegt vor in verschiedenen

Materie

ist die Gesamtheit dessen, was als Stoff und Strahlung vorhanden ist.

besteht aus

besitzt

Energie

Energie kann in verschiedenen Energieformen vorliegen.
Aufgrund der Bewegung der Teilchen besitzen alle Körper thermische Energie.

Aggregatzuständen

- fest
- flüssig
- gasförmig

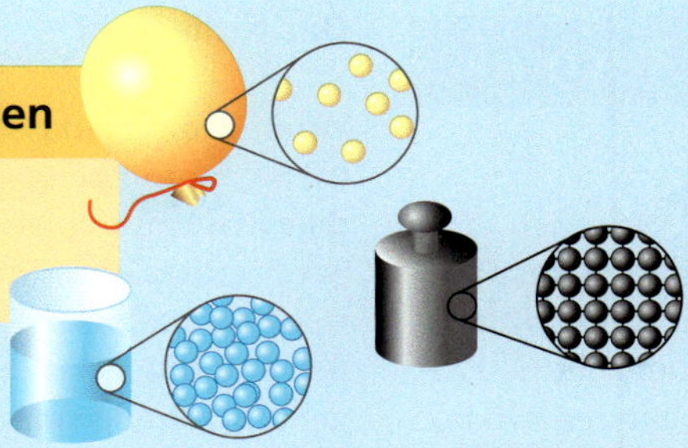

existiert in Form von

Feldern

- Um Magnete existieren Magnetfelder.
- Um geladene Körper existieren elektrische Felder.

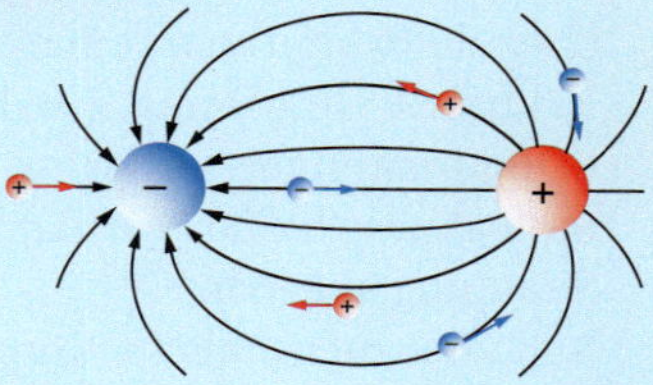

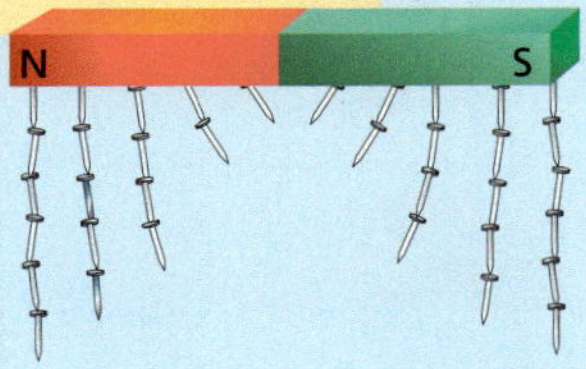

existiert in Form von

Körpern und Stoffen

mit stoffspezifischen Eigenschaften:

- Masse
- Volumen
- Dichte
- Farbe
- Wärmeleitvermögen
- elektrisches Leitvermögen
- Radioaktivität

bestehen aus

Teilchen

- befinden sich in ständiger Bewegung,
- üben Kräfte aufeinander aus.

Beispiele für Teilchen sind Atome, Moleküle und deren Bestandteile (Elektronen, Protonen, Neutronen).

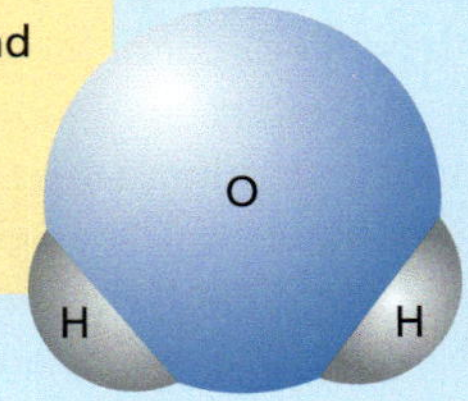

Physik in Natur und Technik

Das Geiger-Müller-Zählrohr

1928 entwickelten die deutschen Physiker HANS GEIGER (1882–1945) und WALTHER MÜLLER (1905–1979) ein Zählrohr (s. Übersicht S. 172), mit dem man nicht nur das Vorhandensein von radioaktiver Strahlung, sondern auch ihre Intensität ermitteln kann. Heute gibt es solche Zählrohre in den verschiedensten Bauformen.
Beschreibe den Aufbau und erkläre die Wirkungsweise eines Geiger-Müller-Zählrohrs!

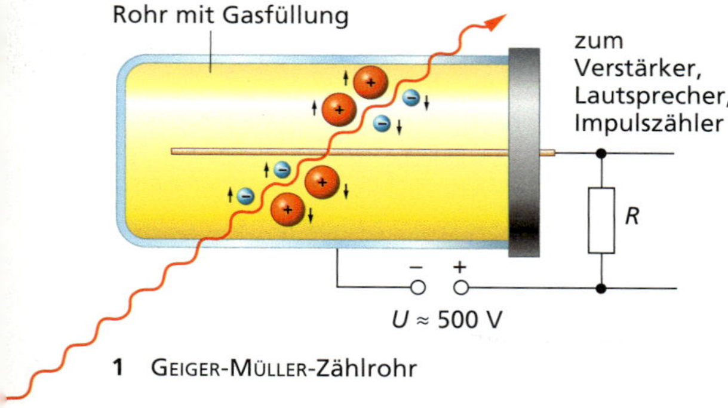

1 GEIGER-MÜLLER-Zählrohr

Ein Zählrohr dient dem Nachweis radioaktiver Strahlung. Es besteht aus einem gasgefüllten Rohr mit einer dünnen Rohrwandung, die von radioaktiver Strahlung durchdrungen werden kann. Im Rohr befinden sich eine stabförmige Elektrode in der Mitte und eine meist spiralförmige Elektrode in der Nähe der Wandung. Zwischen den beiden Elektroden wird eine Spannung von etwa 500 V angelegt.
Fällt radioaktive Strahlung auf das Zählrohr, so wird das im Rohr befindliche Gas ionisiert, d. h., es werden Elektronen abgespalten. Diese werden zur Anode beschleunigt und ionisieren auf ihrem Weg dorthin weitere Atome des Füllgases. Es kommt zur Stoßionisation und damit zu einem kurzzeitigen Stromfluss im Zählerstromkreis. Die dadurch am Widerstand auftretende Spannungsänderung wird verstärkt. In einem Lautsprecher ist sie als Knacken hörbar. Mit einem Zähler kann die Intensität der Strahlung als Impulse je Minute registriert werden.

Der Nulleffekt

Wenn z. B. im Klassenraum ein Zählrohr in Betrieb genommen wird, kann man eine merkwürdige Erscheinung beobachten. Mit dem Zählrohr wird radioaktive Strahlung registriert, obwohl sich kein radioaktives Präparat in der Nähe befindet. Die Intensität dieser überall in unserer Umgebung ständig vorhandenen radioaktiven Strahlung bezeichnet man als **Nulleffekt.**
Wie ist der Nulleffekt zu erklären?

Der Nulleffekt zeigt, dass überall eine schwache radioaktive Strahlung vorhanden ist. Die Ursachen dafür sind sehr unterschiedlich.
In unserer Umgebung, z. B. in der Erde, in Felsen, in Baumaterialien oder in Luft, sind natürliche radioaktive Stoffe vorhanden, die radioaktive Strahlung abgeben.
Auch der menschliche Körper gibt Strahlung ab. Diese wird durch die radioaktiven Nuklide hervorgerufen, die wir mit der Nahrung, dem Trinkwasser und der Luft aufnehmen.
In unserem Körper finden in jeder Sekunde etwa 9 000 Kernumwandlungen statt. Hinzu kommen geringe Dosen von Strahlung durch Kernwaffenversuche und Reaktorunfälle, durch den Einsatz schwach radioaktiver Stoffe in der Technik (z. B. Leuchtzifferblatt bei alten Uhren) und durch Abstrahlung bei technischen Geräten (Fernsehgerät, Computerbildschirm).
Zu dieser Strahlung, die von natürlicher und künstlicher Radioaktivität der Umgebung stammt, kommt noch die kosmische Strahlung aus dem Weltraum zum Nulleffekt hinzu. Der Nulleffekt ist also ständig vorhanden und tritt unterschiedlich stark auf. Diese Schwankungen gleichen sich erst bei Messungen über einen längeren Zeitraum hinweg aus. Kurze Messzeiten führen zu unterschiedlichen Messwerten. Allgemein wird der Nulleffekt als Quotient aus der Anzahl der Impulse in einem bestimmten Zeitintervall der Messung ermittelt. Bei genaueren Messungen muss der Nulleffekt beachtet werden. Dazu wird er zunächst über einen längeren Zeitraum hinweg ermittelt und dann bei der Auswertung von anderen Messungen berücksichtigt.

Altersbestimmung mit Kohlenstoff und Blei

Bei archäologischen Funden, z. B. den Resten von Bauwerken, Mumien oder Gebrauchsgegenständen, möchte man wissen, wie alt die Funde tatsächlich sind.

Wie kann man das Alter archäologischer Funde ermitteln? Wie genau sind solche Methoden der Altersbestimmung?

Die bekannteste Methode radioaktiver Zeitmessung ist die **C-14-Methode**, auch Radiokohlenstoffmethode oder Radiokarbonmethode bezeichnet. Mit dieser Methode kann man das Alter organischer Überreste messen. Deshalb wurde sie auch bei der Altersbestimmung von „Ötzi" angewendet, jener Gletscherleiche, die 1990 in den österreichischen Alpen gefunden wurde (Abb. 1).

Die Methode geht davon aus, dass ein kleiner Teil des Kohlenstoffs in der Lufthülle der Erde radioaktiv ist. Es handelt sich um das Kohlenstoffisotop C-14. Den weitaus größeren Anteil des Kohlenstoffs in der Lufthülle bildet das stabile Isotop C-12. Das radioaktive Kohlenstoffisotop C-14 entsteht in der Luft durch Kernumwandlung von Stickstoff infolge des ständigen „Beschusses" der Atmosphäre mit Neutronen der Höhenstrahlung. Dieser Prozess geht seit Jahrtausenden vor sich. Damit war und ist der Anteil an C-14-Isotopen in der Atmosphäre weitgehend konstant. Nun nehmen alle Pflanzen bei der Assimilation das radioaktive C-14 und das nicht radioaktive C-12 auf. Pflanzen werden von Tieren gefressen. Menschen essen pflanzliche und tierische Produkte. In allen Lebewesen gibt es dadurch ein festes Verhältnis von C-14 und C-12.

Mit dem Tod eines Lebewesens oder einer Pflanze hört die Aufnahme von Kohlenstoff auf. Der Anteil an C-14 nimmt durch radioaktiven Zerfall mit einer Halbwertszeit von 5730 Jahren ab. Die Menge des nicht radioaktiven C-12 bleibt dagegen gleich. Aus dem Mengenverhältnis von C-14 und C-12 im organischen Überrest kann auf das Alter des Funds geschlossen werden. Beträgt z. B. der C-14-Anteil nur noch 50 % des heutigen Anteils, so kann man folgern: Seit Beendigung der Kohlenstoffaufnahme ist eine Halbwertszeit vergangen, also 5730 Jahre. Die C-14-Methode bringt nur für Funde mit einem Alter bis ca. 20000 Jahre eine relativ gute Genauigkeit mit einem Fehler von ± 200 Jahren.

Mithilfe von radioaktiven Nuklide kann man auch das Alter von Steinen abschätzen (Abb. 2). Die Uran-Blei-Methode geht davon aus, dass viele Steine Uran enthalten, dessen Isotope alle radioaktiv sind. Das natürliche Uranisotop 238 hat eine Halbwertzeit von 4,5 Mrd. Jahren. Es zerfällt über Zwischenstationen in das stabile Blei-206. Aus dem Verhältnis Pb-206 zu U-238 lässt sich das Alter des Gesteins errechnen, wenn man davon ausgeht, dass ursprünglich nur Uran vorhanden war. Je älter das Gestein ist, desto größer ist inzwischen der Bestandteil an Blei.

Für Meteoriten ergibt sich nach dieser Methode ein Alter von 4,5 Milliarden Jahren.

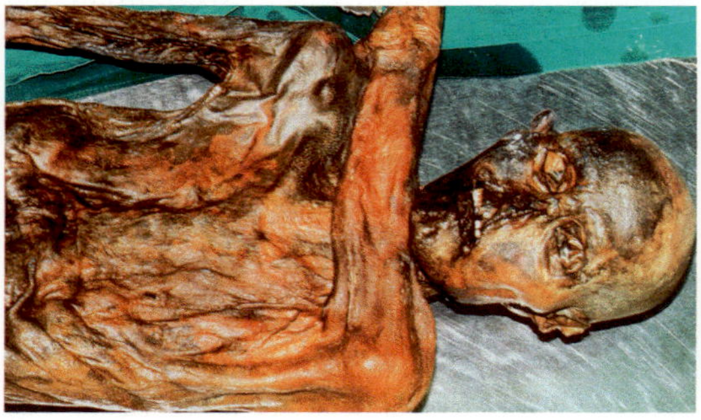

1 Mithilfe der C-14-Methode wurde versucht, das Alter von „Ötzi" zu ermitteln.

2 Die Bestimmung des Alters archäologischer Funde kann mit der Uran-Blei-Methode erfolgen.

Radioaktive Nuklide in Medizin, Technik und Biologie

Die von radioaktiven Nukliden ausgehende Strahlung kann aufgrund ihrer Eigenschaften in verschiedenen Bereichen von Medizin und Technik genutzt werden.
Wie kann man radioaktive Nuklide herstellen? Welche grundsätzlichen Anwendungsmöglichkeiten gibt es für radioaktive Nuklide?

Radioaktive Nuklide kann man heute im Labor künstlich herstellen. Dazu „beschießt" man stabile Atomkerne mit Teilchen (Protonen, Neutronen, α-Teilchen) oder anderen Atomkernen, die aus einem Teilchenbeschleuniger stammen. Gelingt ein Treffer, so tritt in dem beschossenen Kern eine Kernumwandlung auf.
Viele der so entstehenden Kerne sind instabil und senden bei ihrer Umwandlung radioaktive Strahlung aus (Abb. 1). Darüber hinaus werden manchmal noch Neutronen freigesetzt.
1934 entdeckten Irène Joliot-Curie (1897–1956) und ihr Mann Frédéric Joliot-Curie (1900 bis 1958) die künstliche Radioaktivität. Sie beschossen Aluminiumkerne mit α-Teilchen. So entstand Phosphor 30, das erste künstliche Nuklid.

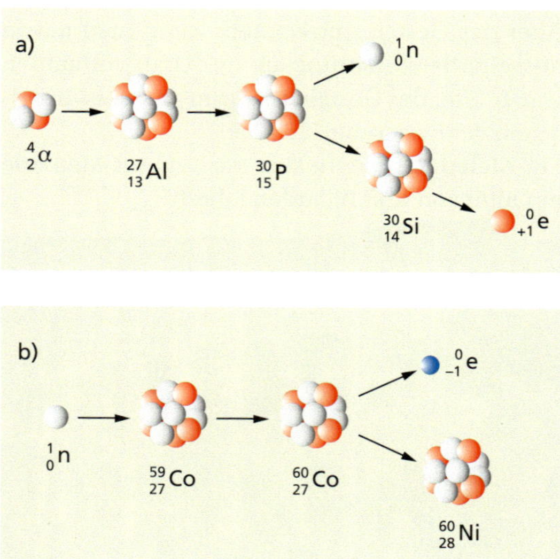

1 Kernumwandlungen beim Beschuss von Aluminium mit α-Teilchen (a) und Cobalt mit Neutronen (b)

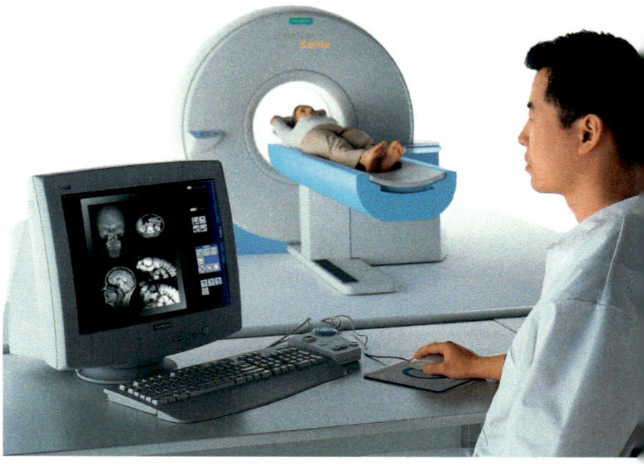

2 Bei der Computertomografie nutzt man Röntgenstrahlen

Es zerfiel in das Nachbarelement Silicium und ein Positron (Abb.1a).
Die künstlich hergestellten radioaktiven Nuklide werden ebenso wie die in der Natur vorkommenden radioaktiven Nuklide auch als **Radionuklide** bezeichnet. Einige für die Medizin und die Technik wichtige Radionuklide sind in den Übersichten auf S. 169 und 170 angegeben.
Bei den Anwendungen radioaktiver Nuklide nutzt man die verschiedenen Eigenschaften radioaktiver Strahlung aus.
Wichtige Verfahren sind das Bestrahlungsverfahren, das Durchstrahlungsverfahren und das Markierungsverfahren. Das sind drei Verfahren, die man in den unterschiedlichsten Bereichen der Technik und der Medizin nutzen kann.

Beim **Bestrahlungsverfahren** wird die Eigenschaft radioaktiver Strahlung genutzt, in Stoffen chemische, biologische oder physikalische Veränderungen hervorzurufen. In der Medizin wird es z.B. bei der Tumorbehandlung angewendet, um Krebszellen abzutöten. Da man früher meist Cobalt-60 als Strahler nutzte, wurden die betreffenden Geräte als Cobaltkanonen bezeichnet.
Cobalt-60 gibt energiereiche γ-Strahlung ab. Um das benachbarte gesunde Gewebe möglichst wenig zu schädigen, muss die Strahlung auf das kranke Gewebe konzentriert werden. Wegen der erforderlichen Abschirmung haben die Kanonen beachtliche Ausmaße.

Das Bestrahlungsverfahren wird auch zur Sterilisation angewendet, indem Keime (Bakterien, Viren usw.) abgetötet werden. Auf diese Weise werden medizinische Geräte keimfrei gemacht. Der Schlamm aus Kläranlagen kann nach der Bestrahlung mit radioaktiven Strahlen als Dünger verwendet werden. Bei Lebensmitteln, wie Zwiebeln und Kartoffeln, kann die Keimbildung verlangsamt und damit die Lagerfähigkeit verbessert werden (Abb. 1).
In der Technik lässt sich durch radioaktive Bestrahlung die Reißfestigkeit dünner Folien wesentlich erhöhen.

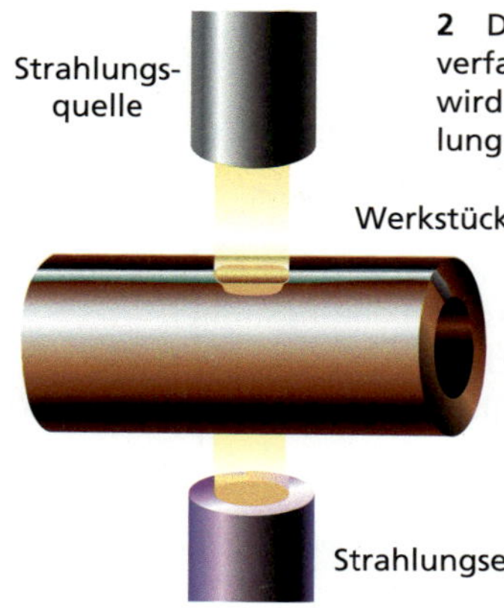

2 Das Durchstrahlungsverfahren: Von Stoffen wird radioaktive Strahlung absorbiert.

Beim **Durchstrahlungsverfahren** (Abb. 2) wird die Eigenschaft der Durchdringungsfähigkeit von Stoffen und der Absorption in Stoffen genutzt. Der zu untersuchende Gegenstand befindet sich zwischen der Strahlungsquelle und einem Strahlungsempfänger, z. B. einem Zählrohr oder einem Film.
Wird z. B. ein Werkstück durchstrahlt und sind Einschlüsse (Luft, andere Stoffe) vorhanden, so verändert sich die vom Werkstoff absorbierte Strahlung und damit die beim Strahlungsempfänger ankommende Strahlung.
Deutlich wird das durch unterschiedliche Zählraten oder Schwärzungsgrade auf dem Film. Das Durchstrahlungsverfahren kann z. B. genutzt werden, um die Qualität von Schweißnähten zu prüfen oder um die Schichtdicke bei der Papier- und Folienherstellung ständig zu überwachen. Da es sich um ein zerstörungsfreies Verfahren handelt, ist es besonders gut geeignet, Bauteile zu überprüfen, die hochbelastet und sicherheitsrelevant sind. Das gilt für Drahtseile bei Seilbahnen oder für Radreifen bei der Eisenbahn.

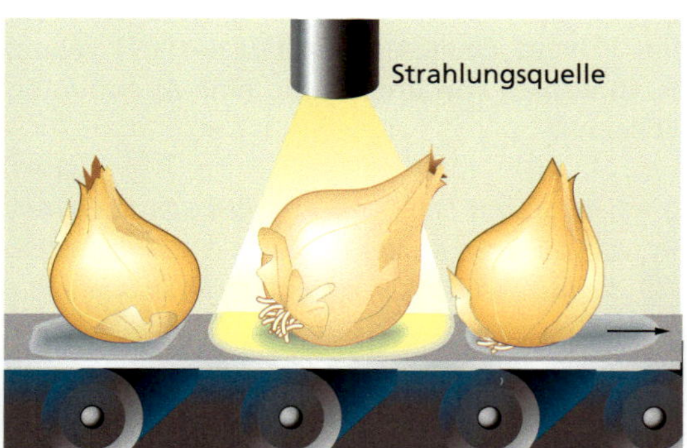

1 Das Bestrahlungsverfahren: Durch radioaktive Bestrahlung wird die Keimbildung verhindert.

Beim **Markierungsverfahren** (Abb. 3) werden Radionuklide dazu genutzt, um den Weg von Stoffen im menschlichen Körper, bei Pflanzen und Tieren, in Rohrleitungen oder im Erdboden zu verfolgen.
Um z. B. die Schilddrüse zu untersuchen, wird radioaktives Iod injiziert. Iod reichert sich in der Schilddrüse an. Mit einem speziellen Zähler wird die von der Schilddrüse ausgehende Strahlung Punkt für Punkt registriert und mithilfe von Computern ausgewertet. Damit können mögliche krankhafte Veränderungen festgestellt werden.

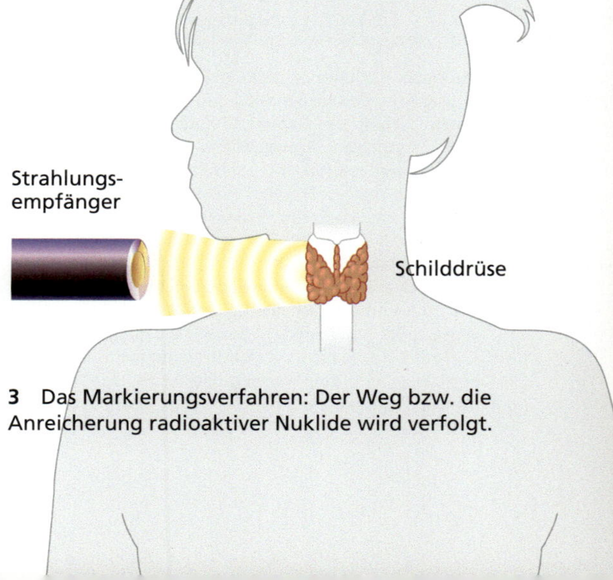

3 Das Markierungsverfahren: Der Weg bzw. die Anreicherung radioaktiver Nuklide wird verfolgt.

Heilende und tödliche Kernphysik

Wie viele andere Entdeckungen kann auch die Kernspaltung zum Nutzen oder zum Schaden des Menschen eingesetzt werden. Die auf der Kernspaltung bzw. Kernfusion basierenden Kernwaffen sind Massenvernichtungsmittel. Im medizinischen Bereich werden Radionuklide zur Diagnose und zur Therapie, also zum Nutzen des Menschen, angewendet.

1. *Suche und diskutiere weitere Beispiele für Entdeckungen oder Erfindungen, die sowohl zum Nutzen als auch zum Schaden des Menschen angewendet werden können!*

2. *Setze dich mit folgender Position auseinander: Jeder Wissenschaftler ist dafür verantwortlich, was mit den Ergebnissen seiner Forschungen geschieht.*

Tödliche Kernphysik

Kurz nach Entdeckung der Kernspaltung im Jahr 1938 war vielen Physikern bewusst, dass bei der Kernspaltung viel Energie frei wird, die möglicherweise auch technisch genutzt werden kann. So veröffentlichte der Physiker SIEGFRIED FLÜGGE (1912–1997) im Juni 1939 einen Artikel.

Kann der Energieinhalt der Atomkerne technisch nutzbar gemacht werden?

Von S. Flügge, Berlin-Dahlem
(aus dem Kaiser-Wilhelm-Institut für Chemie)

Zu Beginn dieses Jahrs entdeckten HAHN und STRASSMANN, dass beim Beschießen von Uran mit schnellen oder langsamen Neutronen Barium, Lanthan und andere Elemente mittleren Atomgewichts entstehen. Die Entdeckung wurde sofort von zahlreichen Forschern in vielen Ländern aufgegriffen, und eine intensive Arbeit auf diesem Gebiet hat den Sachverhalt weitgehend geklärt und in mehr als 50 Veröffentlichungen schon zahlreiches quantitatives Material ergeben ...
... es ist zweckmäßig, sich einmal auszurechnen, wie groß z. B. die Energiemenge ist, die freigesetzt wird, wenn in $1 m^3$ U_3O_8 alles vorhandene Uran restlos umgewandelt wird. ...$1 m^3$ U_3O_8 genügt zur Aufbringung der Energie, welche nötig ist, um $1 km^3$ Wasser (Gewicht 10^{12} kg) 27 km hochzuheben ...

1 Explosion einer Wasserstoffbombe

Zugleich war aber auch klar, dass die Nutzung von Kernenergie nur bei riesigem technischem Aufwand und mehrjähriger intensiver Forschungsarbeit möglich sein würde.
1939/40 existierte in Deutschland, Frankreich, Großbritannien, den USA und der Sowjetunion etwa der gleiche Erkenntnisstand zur Kernenergie. Insbesondere nach Beginn des Zweiten Weltkriegs wuchsen die Befürchtungen, Deutschland könne eine Atomwaffe entwickeln. Aus Europa emigrierte Wissenschaftler, darunter auch ALBERT EINSTEIN, machten auf diese Gefahr aufmerksam. Das gab letztendlich den Anstoß zum „Manhattan-Projekt", zur Entwicklung einer amerikanischen Atombombe. Mit riesigem finanziellem und personellem Aufwand wurden in den USA ab 1942 die Arbeiten an einer Atombombe vorangetrieben. Unter der wissenschaftlichen Leitung von ROBERT OPPENHEIMER (1904–1967) gelang es, innerhalb von drei Jahren eine Atombombe zu bauen.

3. *Bereite zum Leben und Wirken von R. OPPENHEIMER einen Kurzvortrag vor! Nutze dazu z. B. die Internetadresse www.schuelerlexikon.de!*

4. *Informiere dich über die Entwicklung und den Einsatz der ersten Kernwaffen! Bereite dazu eine Präsentation vor! Beziehe auch den Rüstungswettlauf zwischen den USA und der Sowjetunion in diesem Bereich mit ein!*

Heilende Kernphysik

Der Bereich der Medizin, der sich seit etwa 50 Jahren mit der Nutzung kernphysikalischer Methoden für die Diagnose und die Therapie beschäftigt, wird als **Nuklearmedizin** bezeichnet. Unter diesem Stichwort findest du zahlreiche aktuelle Informationen im Internet. Abgeleitet ist der Begriff vom lateinischen *nucleus* = Kern.

Radionuklide in der Diagnose

Radionuklide reichern sich an bestimmten Stellen des menschlichen Körpers an. Das kann genutzt werden, um einzelne innere Organe gezielt zu untersuchen. Ein Beispiel dafür ist die Untersuchung der Schilddrüse.

5. *Informiere dich über Lage, Aufbau und Funktion der Schilddrüse!*

Das Diagnoseverfahren wird als **Schilddrüsenszintigrafie** bezeichnet. Dabei wird dem Patienten radioaktives Iod oder das dem Iod ähnliche Technetium in eine Vene gespritzt. Das radioaktive Material breitet sich im Körper mit dem Blut aus und reichert sich relativ schnell in der Schilddrüse an.

Über Detektoren, die mit einem Computer gekoppelt sind, erhält man ein Bild über die Verteilung des Radionuklids in der Schilddrüse (Abb. 1). Aus dieser Verteilung kann der Fachmann erkennen, ob Größe, Lage und Funktion der Schilddrüse normal sind oder ob Erkrankungen vorliegen.

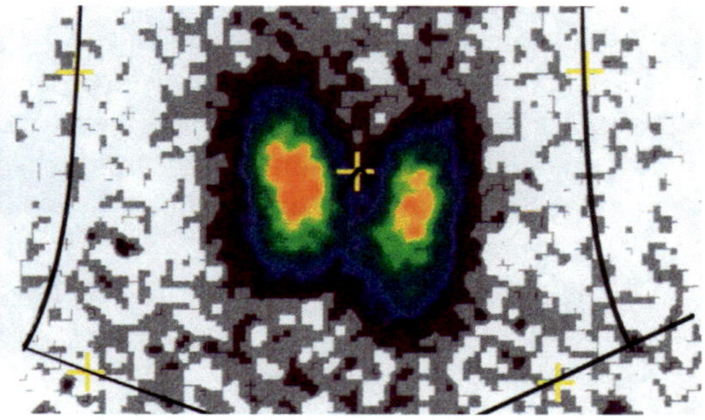

1 Szintigramm einer normalen Schilddrüse

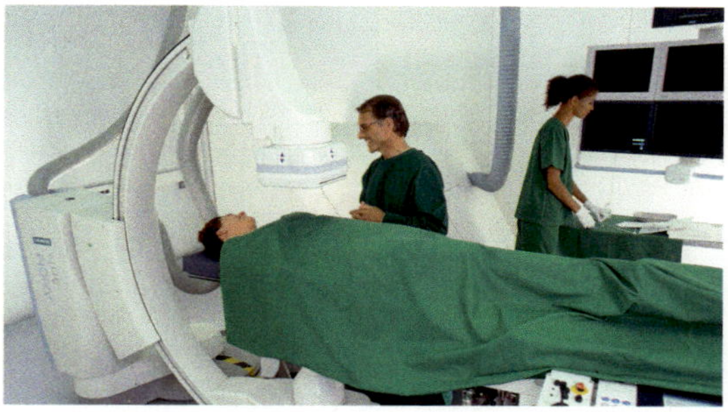

2 Moderne Diagnoseverfahren sind mit aufwendiger Technik verbunden.

6. *Eine Szintigrafie kann auch bei anderen Organen durchgeführt werden. Bereite dazu einen Kurzvortrag vor!*

7. *Erkunde, bei welchen weiteren diagnostischen Verfahren Radionuklide genutzt werden!*

Radionuklide in der Therapie

In der nuklearmedizinischen Therapie wird vor allem genutzt, dass durch radioaktive Strahlung krankhafte Zellen zerstört werden können. Besonders weit verbreitet ist die **Radioiodtherapie.**

8. *Recherchiere, was man unter der Radioiodtherapie versteht und wozu man sie einsetzt! Bereite dazu eine Präsentation vor!*

Radionuklide können auch als eine Art Schmerzmittel zur Schmerzlinderung bei Krebserkrankungen eingesetzt werden. Solche **Radiopharmaka** sorgen über einen längeren Zeitraum hinweg für eine Schmerzlinderung.

9. *Erkunde, wie Radionuklide bei der Krebstherapie genutzt werden können!*

Auch bei Rheuma- und Gelenkerkrankungen kann man Radiopharmaka einsetzen.

10. *Verschaffe dir einen Überblick über die Nutzung von Radionukliden (Radiopharmaka) für andere Therapien! Stelle dazu eine Übersicht zusammen!*

gewusst · gekonnt

1. Erläutere mithilfe von Vorstellungen zum Aufbau eines Atoms, warum man sich die Atome nicht als massive Kugeln vorstellen kann!

2. Beschreibe den Aufbau eines Heliumatoms, eines Kohlenstoffatoms und eines Eisenatoms!

3. Stelle in einer Tabelle die Anzahl der Protonen, der Neutronen und der Elektronen unter der Annahme neutraler Atome für folgende Atome zusammen:

$${}^{1}_{1}\mathrm{H},\ {}^{12}_{6}\mathrm{C},\ {}^{14}_{6}\mathrm{C},\ {}^{60}_{27}\mathrm{Co},\ {}^{137}_{55}\mathrm{Cs},\ {}^{235}_{92}\mathrm{U},\ {}^{238}_{93}\mathrm{U}$$

4. Dem Engländer JAMES CHADWICK gelang 1932 der Nachweis von Neutronen. Er beschoss Beryllium-9 mit α-Teilchen (s. Abb.).

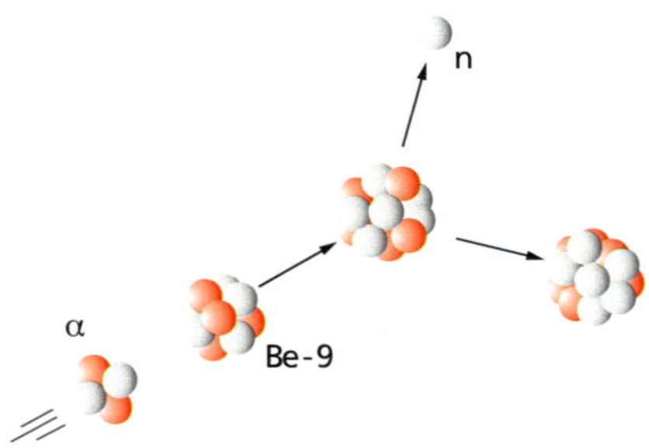

Stelle für diesen Prozess die Reaktionsgleichung auf!

*5. Informiere dich in der Literatur und unter der Adresse **www.schuelerlexikon.de** sowie unter weiteren Adressen über den rutherfordschen Streuversuch! Gehe dabei auf den Aufbau der Experimentieranordnung und die Deutung der Ergebnisse des Experiments ein!

*6. Erkunde, aus welchen experimentellen Ergebnissen man auf die Existenz von Atomkernen schließen kann?

7. Untersuche, wie die Schaumkrone von alkoholfreiem Bier mit der Zeit zerfällt!
Begründe, warum das Experiment als ein Modellexperiment für den radioaktiven Zerfall angesehen werden kann!
Vorbereitung:
Gieße alkoholfreies Bier so in ein Glas, dass sich möglichst viel Schaum entwickelt!

Durchführung:
Miss jeweils nach 10 s die Schaumhöhe s!
Wiederhole den Versuch mindestens drei Mal!
Auswertung:
Stelle die Schaumhöhe s in Abhängigkeit von der Zeit t dar!
Bestimme die Halbwertszeit, mit der die Schaumkrone zerfallen ist!

8. Wie funktioniert ein GEIGER-MÜLLER-Zählrohr? Bringe folgende Sätze in die richtige Reihenfolge!
   - Die Spannungsänderung wird verstärkt.
   - Das Gas im Zählrohr wird ionisiert.
   - Das führt am Widerstand zu einer kurzzeitigen Spannungsänderung (Impuls).
   - Radioaktive Strahlung gelangt in das Zählrohr.
   - Ein Zähler registriert jeden Spannungsimpuls.
   - Infolge der Stoßionisation kommt es zu einem kurzzeitigen Stromfluss im Zählerstromkreis.

9. Wie kommt ein Zählimpuls in einem Zählrohr zustande?

10. Caesium-137 hat eine Halbwertszeit von etwa 30 Jahren. Was bedeutet diese Angabe?

***11.** Bei einem Barium-137-Präparat wurden mit einem Zählrohr 2 070 Impulse in 30 s gemessen. Nach jeweils zwei Minuten wurden die Messungen wiederholt. Dabei erhielt man folgende Ergebnisse:

Zeit in min	2	4	6	8	10
Anzahl der Impulse	1 100	650	416	241	179

a) Stelle die Messwerte grafisch dar!
b) Ermittle aus dem Diagramm die Halbwertszeit von Barium-137!

12. Für ein Radionuklid gilt die im Diagramm dargestellte Zerfallskurve.
Wie groß ist die Halbwertszeit?

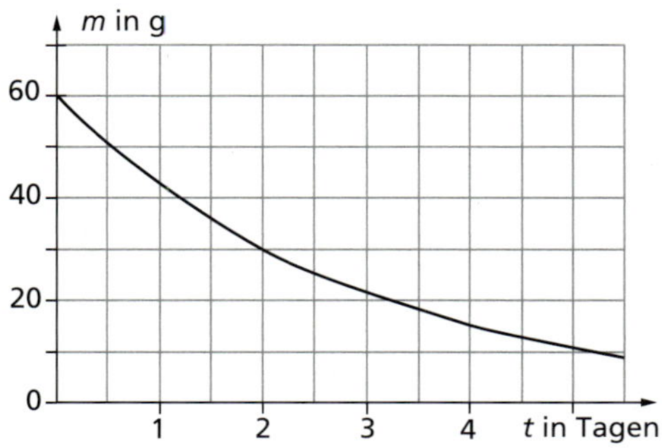

13. Erläutere, wovon die schädigende Wirkung ionisierender Strahlung abhängt!

14. Begründe, warum Bergsteiger einer relativ hohen natürlichen Strahlungsbelastung ausgesetzt sind!

15. Moderne Passagierflugzeuge fliegen in Höhen von bis zu 12 000 m. Bewerte die Aussage: Flugpassagiere sind einer erhöhten Strahlenbelastung ausgesetzt!

16. Es wird experimentell untersucht, wie die Strahlung eines radioaktiven Präparats durch Aluminiumfolie absorbiert wird. Dazu wird zunächst der Nulleffekt mit 20 Impulsen je Minute ermittelt. Anschließend werden die Messungen mit dem radioaktiven Präparat und Aluminiumfolie zwischen Präparat und Zählrohr durchgeführt. Dabei erhält man folgendes Ergebnis:

Dicke der Alufolie in mm	0	1	2	3	4
Anzahl der Impulse je Minute	650	305	210	185	170

Erhöht man die Schichtdicke des Aluminiums weiter, so verändert sich die Zählrate nicht.

a) Stelle den Zusammenhang zwischen Zählrate und Dicke der Aluminiumschicht in einem Diagramm dar!
Interpretiere das Diagramm!
b) Wie ist es zu erklären, dass sich die Zählrate bei Erhöhung der Schichtdicke nicht verändert?

***17.** Beschreibe den Aufbau und erkläre die Wirkungsweise einer Dosimeterplakette, wie sie von Personen getragen werden muss, die beruflich mit Strahlung in Berührung kommen! Das Foto zeigt eine geöffnete Dosimeterplakette. Der lichtdicht eingepackte Film wird monatlich kontrolliert.

18. Es wurde experimentell untersucht, wie γ-Strahlung durch Blei unterschiedlicher Dicke abgeschirmt wird. Dazu wurden zwischen einem γ-Strahler und einem Zählrohr verschieden dicke Bleischichten gebracht. Im Diagramm sind die Ergebnisse der Untersuchungen dargestellt.

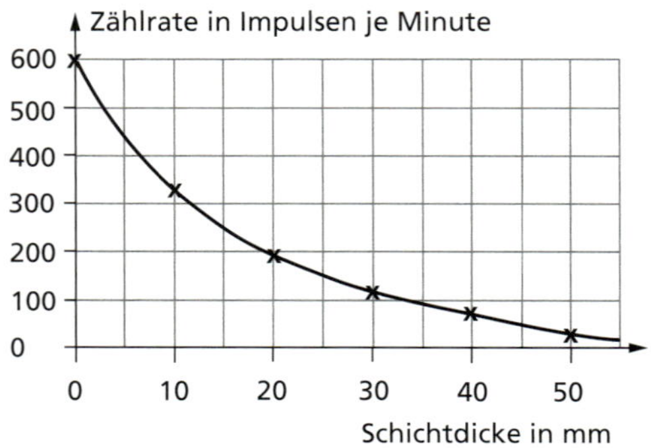

a) Interpretiere dieses Diagramm!
b) Bei welcher Schichtdicke wird die Hälfte der Strahlung absorbiert?
c) Wie dick muss die Schicht sein, damit 90 % der Strahlung absorbiert werden?

19. Radioaktive Strahlung wird zwischen zwei elektrisch geladene Platten hindurchgelenkt (s. Skizze). Mit einem Zählrohr stellt man fest, dass sie abgelenkt wird.
Um welche Art von Strahlung könnte es sich handeln? Begründe!

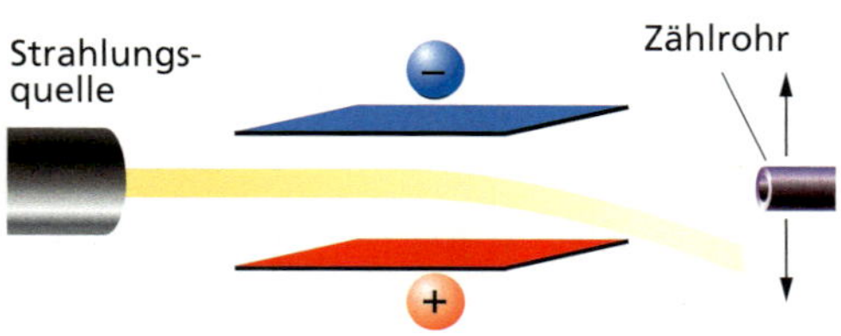

20. Wie hängen Reichweite und Durchdringungsfähigkeit radioaktiver Strahlung zusammen?

21. Das Zerfallsgesetz ist im Unterschied zu vielen anderen physikalischen Gesetzen ein stochastisches Gesetz. Erläutere diese Aussage!

22. Radioaktive Strahlung wird jeweils durch ein Magnetfeld gelenkt (s. Skizzen). Im Fall a zeigt das Magnetfeld in die Blattebene hinein, im Fall b hinaus.
Um welche Art von Strahlung könnte es sich handeln? Begründe!

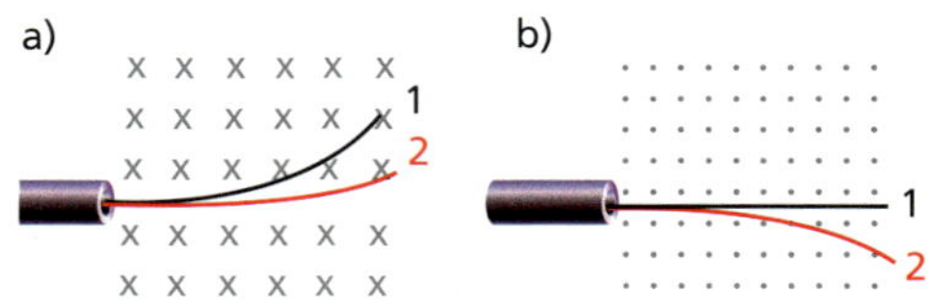

23. Stelle in einer Übersicht die wichtigsten Eigenschaften von α-, β- und γ-Strahlung zusammen!

24. Erkunde, in welchen Bereichen von Medizin, Technik und Biologie radioaktive Nuklide angewendet werden!
Nutze dazu das Internet, z. B. die Adresse **www.schuelerlexikon.de!**

25. Erläutere das Bestrahlungsverfahren, das Durchstrahlungsverfahren und das Markierungsverfahren!
Nenne je ein Beispiel und stelle dar, welche Eigenschaften und Wirkungen radioaktiver Strahlung dabei jeweils genutzt werden!

26. Bei einer Mumie wurde festgestellt, dass der C-14-Anteil nur noch 25 % des heutigen Anteils beträgt.
Auf welches Alter der Mumie kann man daraus schließen?

***27.** Bei Messungen an Uranerzen hat man festgestellt, dass etwa 30 % der U-238-Kerne zerfallen sind.
Welches Mindestalter hat dieses Erz?

28. Welchen Belastungen durch radioaktive Strahlung ist der Mensch ständig ausgesetzt?

29. Nenne einige wichtige Strahlenschutzmaßnahmen! Begründe sie!

5.2 Energie aus dem Atom

Pro und kontra Kernenergie

In Deutschland werden gegenwärtig ca. 30 % der elektrischen Energie aus Kernenergie gewonnen. Dies geschieht in Kernkraftwerken und trägt zu einer stabilen Energieversorgung bei. Trotzdem gibt es intensive Diskussionen über die Nutzung von Kernenergie und einen Verzicht auf diese Energie für die Energieversorgung.
Welche Vorteile und welche Nachteile haben Kernkraftwerke gegenüber anderen Kraftwerksarten? Welche Risiken sind mit ihrem Betrieb verbunden?

Wohin mit dem Müll?

Bei einem Kernkraftwerk muss in jedem Jahr ein Viertel bis ein Drittel der Brennstoffstäbe, in denen sich das spaltbare Material befindet, ausgetauscht werden. Dieser Austausch erfolgt unter Wasser, um die von den Brennstoffstäben ausgehende Strahlung abzuschirmen.
Was geschieht mit den hoch radioaktiven Brennstoffstäben nach Entfernung aus dem Reaktor? Wo wird radioaktiver Müll sicher gelagert? Welche Gefahren gehen von diesem radioaktiven Müll aus?

Kernenergie von der Sonne

Die Sonne ist nicht nur eine Lichtquelle, sondern auch eine riesige Wärmequelle. Die Entstehung des Lebens auf der Erde, das Wachstum von Pflanzen und Tieren, das Vorhandensein von Kohle und Erdöl sowie der ständige Kreislauf des Wassers in der Natur hängen unmittelbar mit der Sonnenstrahlung zusammen.
Welche Energieumwandlungen erfolgen in der Sonne?
Wie viel Energie gibt die Sonne in jeder Sekunde ab?

Kernspaltung

Unter **Kernspaltung** versteht man die Erscheinung, dass schwere Atomkerne, z. B. die Atomkerne von Uran oder Plutonium, in mittelschwere Kerne aufgespalten werden. Dabei werden Neutronen frei und es wird bei diesem Vorgang Energie abgegeben, die als **Kernenergie** oder auch als Atomenergie bezeichnet wird.
Ein Beispiel für eine solche Kernspaltung ist in Abb. 1 dargestellt. Treffen Neutronen mit bestimmter Geschwindigkeit auf Uran-235, so erfolgt eine Umwandlung in Uran-236, das in Bruchteilen von Sekunden in zwei mittelschwere Kerne zerfällt.

Durch Beschuss mit langsamen Neutronen können schwere Atomkerne in mittelschwere Atomkerne aufgespalten werden. Dabei werden Neutronen freigesetzt und es wird Energie abgegeben.

Bei jeder Kernspaltung wird eine Energie von etwa $3 \cdot 10^{-11}$ J freigesetzt. Um 1 J zu erhalten, müssen ca. 30 Billionen Urankerne gespalten werden.
Die Ursache für die Energiefreisetzung besteht in Folgendem: Die Masse des Ausgangskerns plus des aufgenommenen Neutrons ist größer als die Masse der Endprodukte. Die Änderung der Masse ist nach der von ALBERT EINSTEIN (1879 bis 1955) entdeckten Masse-Energie-Beziehung ($E = \Delta m \cdot c^2$) der freigesetzten Energie äquivalent. Das ist zugleich die physikalische Grundlage für die Funktionsweise von Kernkraftwerken und von Kernspaltungsbomben.

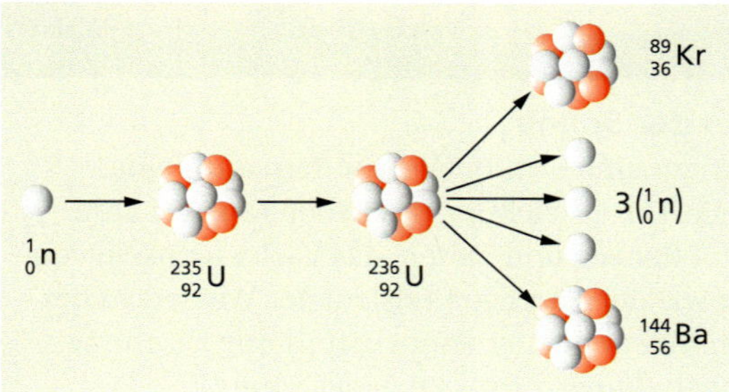

1 Spaltung von U-235 durch Neutronen: Es werden Neutronen und Energie freigesetzt.

Bei der Aufspaltung von Uran-235 ist nicht nur die in Abb. 1 dargestellte Reaktion möglich. Es können auch andere mittelschwere Kerne, z. B. Lanthan oder Caesium, entstehen. Man kennt heute etwa 200 verschiedene Spaltprodukte von Uran-235.
Treffen die Neutronen auf spaltbares Material und haben sie die „richtige" Geschwindigkeit, so können sie weitere Kernspaltungen hervorrufen. Es kommt zu einer **Kettenreaktion** (Abb. 2), die **ungesteuert** verlaufen kann. Durch Begrenzung der Anzahl der Neutronen kann die Kettenreaktion **gesteuert** werden.

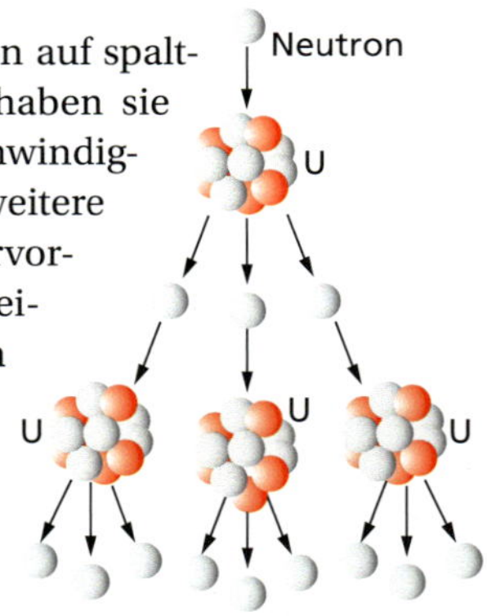

2 Kettenreaktion (ungesteuert)

Mosaik

Die erste ungesteuerte Kettenreaktion

Schon kurz nach der Entdeckung der Kernspaltung im Jahr 1938 war vielen Physikern bewusst, dass bei der Kernspaltung viel Energie frei wird und damit die Kernspaltung vielleicht auch technisch genutzt werden kann. Entsprechende Arbeiten wurden in Deutschland, England, den USA und der Sowjetunion vorangetrieben.
1942 begannen in den USA intensive Arbeiten zum Bau einer Kernspaltungsbombe (Atombombe). Innerhalb von drei Jahren wurde eine solche Bombe entwickelt und 1945 über den japanischen Städten Hiroshima und Nagasaki abgeworfen. Genauere Informationen findest du z. B. unter **www.schuelerlexikon.de.**

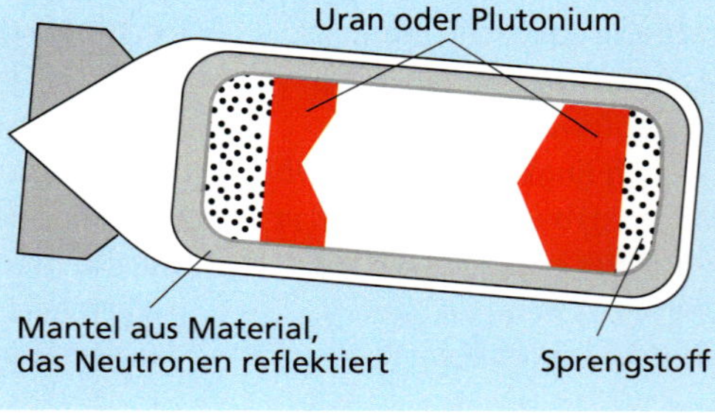

Mosaik

Die Entdeckung der Kernspaltung

In den Dreißigerjahren des 20. Jahrhunderts beschäftigten sich viele Physiker und Chemiker mit radioaktiver Strahlung.

Enrico Fermi (1901–1954) beschoss zahlreiche Elemente mit Neutronen und stellte fest, dass sich dadurch fast alle Stoffe umwandeln lassen. Er nannte die neu entstehenden Stoffe Transurane, weil er zunächst annahm, dass alle diese Stoffe im Periodensystem jenseits des Urans liegen, also eine Ordnungszahl von über 92 hätten. 1934 erhielt Fermi durch Beschuss von Platin mit Neutronen Gold.

Irène Joliot-Curie (1897–1956), die Tochter von Marie Curie, und ihr Mann Frédéric Joliot-Curie (1900–1958) entdeckten 1934 die künstliche Radioaktivität.

1 Lise Meitner (1878–1968)

In Deutschland beschäftigten sich in Berlin Otto Hahn, Fritz Strassmann und Lise Meitner, die im Jahr 1938 emigrierte, mit der Untersuchung von Transuranen.

Hahn und Strassmann bestrahlten Uran mit Neutronen und untersuchten die dann entstandenen Nuklide. Dabei machten sie Ende 1938 eine Entdeckung, die ihnen selbst unwahrscheinlich vorkam.

In der Zeitschrift „Naturwissenschaften" erschien am 6. Januar 1939 ein Artikel von ihnen, in dem es heißt: *„... Nun müssen wir aber noch auf einige neuere Untersuchungen zu sprechen kommen, die wir der seltsamen Ergebnisse wegen nur zögernd veröffentlichen. ... Wir kommen zu dem Schluss: Unsere ‚Radiumisotope' haben die Eigenschaften des Bariums; als Chemiker müssten wir eigentlich sagen, bei den neuen Körpern handelt es sich nicht um Radium, sondern um Barium, denn andere Elemente als Barium und Radium kommen nicht in Frage. ... Als der Physik in gewisser Weise nahestehende ‚Kernchemiker' können wir uns zu diesem, allen bisherigen Erfahrungen der Kernphysik widersprechenden Sprung noch nicht entschließen ... Es könnte doch eine Reihe seltsamer Zufälle unsere Ergebnisse vorgetäuscht haben."*

Wenig später gelang es, die Spaltprodukte eindeutig zu identifizieren. Durch Beschuss von Uran mit Neutronen waren Krypton und Barium entstanden. Zugleich wurden bei jeder Kernspaltung drei Neutronen und Energie freigesetzt. Kurze Zeit später gelang der Nachweis weiterer Spaltprodukte von Uran, z.B. Strontium und Yttrium. Damit war die Kernspaltung entdeckt, für die Otto Hahn im Jahre 1945, nach Ende des Zweiten Weltkriegs, den Nobelpreis für Chemie für das Jahr 1944 erhielt.

2 Otto Hahn (1879–1968)

Die Möglichkeit der Energiegewinnung aus Kernspaltung war bereits 1939 diskutiert worden. Mit Beginn des Zweiten Weltkriegs trat immer mehr die Frage in den Vordergrund, ob die Kernenergie auch militärisch nutzbar sei.

1942 begann in den USA die intensive Arbeit an Atomwaffen, die innerhalb von drei Jahren zum Bau von Kernspaltungsbomben (Atombomben) führte. Am 6. August und am 9. August 1945 gab es die erste Anwendung der Kernspaltung, die Zündung von Atombomben durch US-Amerikaner über den japanischen Städten Hiroshima und Nagasaki mit Hunderttausenden Toten.

3 Arbeitstisch von Otto Hahn (Deutsches Museum München)

Physik in Natur und Technik

Kernkraftwerke

Die gesteuerte Kettenreaktion wird heute in Kernkraftwerken zur Gewinnung von elektrischer Energie genutzt.
Wie arbeitet ein Kernkraftwerk? Welcher Nutzen und welche Gefahren bestehen beim Einsatz von Kernreaktoren?

Für den Betrieb eines Kernkraftwerks (Abb. 1) muss gewährleistet sein, dass die Kernspaltung kontinuierlich und steuerbar abläuft. Dazu ist es erforderlich, dass
- genügend spaltbares Material vorhanden ist,
- Neutronen mit der für die Spaltung notwendigen Geschwindigkeit existieren,
- die Neutronenzahl reguliert werden kann.

Die notwendige Mindestmasse wird als **kritische Masse** bezeichnet.
Als **spaltbares Material** wird meist angereichertes Uran mit 3,5 % U-235 und 96,5 % U-238 verwendet. Im natürlichen Uran sind nur ca. 0,7 % spaltbares U-235 vorhanden. Natürliches Uran muss also angereichert werden. Das spaltbare Material wird meist in Tablettenform in **Brennstoffstäben** in das Reaktorgefäß gebracht (Abb. 2). Die für die Spaltung der Urankerne erforderlichen Neutronen entstehen bei der Kernreaktion selbst. Da bei jeder Kernspaltung 2 bis 3 Neutronen frei werden, wächst ihre Zahl lawinenartig an. Es kommt zu einer **Kettenreaktion.** Voraussetzung dafür ist allerdings, dass die Neutronen die „richtige" Geschwindigkeit haben. Um das zu erreichen, werden **Moderatoren** genutzt.
Zumeist verwendet man dazu Wasser oder Grafit.

2 Blick in das Reaktorgefäß eines Kernreaktors

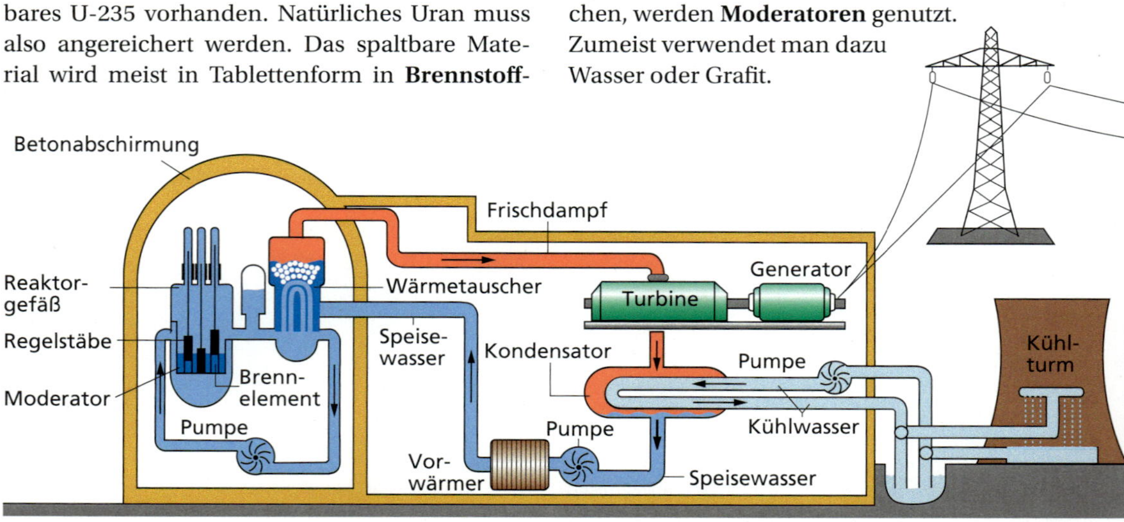

Kernenergie des Brennstoffs → thermische Energie des Dampfs → kinetische Energie von Turbine/Generator → elektrische Energie

1 Aufbau eines Kernkraftwerks mit Druckwasserreaktor: In einem ersten Kreislauf befindet sich ein Wärmetauscher mit Dampferzeuger. In einem zweiten Kreislauf gelangt der Dampf zur Turbine.

Moderatoren bremsen die bei der Kernspaltung frei werdenden schnellen Neutronen so weit ab, dass sie weitere Kerne des Urans spalten können. Die Kettenreaktion wird mit **Regelstäben** aus Bor oder Cadmium gesteuert. Beide Elemente absorbieren Neutronen. Durch mehr oder weniger tiefes Einfahren dieser Regelstäbe wird die Zahl der Neutronen beeinflusst und damit die ablaufende Reaktion gesteuert. Eine ungeregelte Kettenreaktion würde zu einer starken Erhitzung und möglicherweise zur Zerstörung des Reaktors führen. Die freigesetzte Kernenergie wird auf Wasser übertragen. Ähnlich wie bei einem Wärmekraftwerk wird der entstehende Dampf genutzt, um Turbinen zu betreiben und mit Generatoren elektrische Energie zu gewinnen.

Der **Nutzen von Kernkraftwerken** besteht vor allem darin, dass
- keine fossilen Brennstoffe wie Kohle oder Erdöl verbrannt werden müssen,
- der Schadstoffausstoß eines solchen Kraftwerks gering ist,
- mit relativ kleinen Mengen Kernbrennstoff viel elektrische Energie gewonnen werden kann.

Weltweit existieren heute etwa 440 Kernkraftwerke großer Leistung, die ca. 17 % des Elektroenergiebedarfs decken.

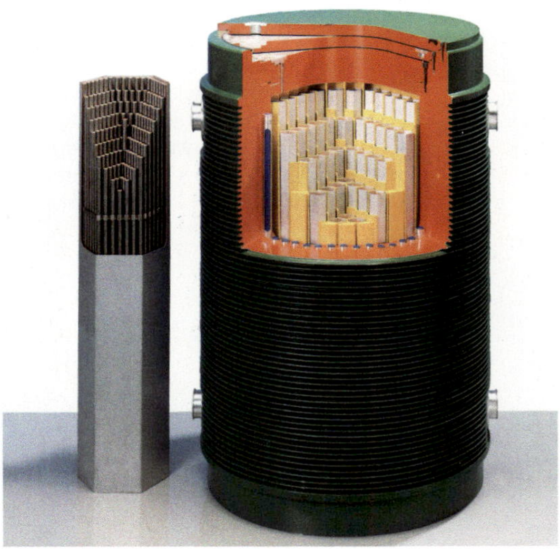

1 Brennstäbe und anderes hoch radioaktives Material werden in speziellen Behältern transportiert.

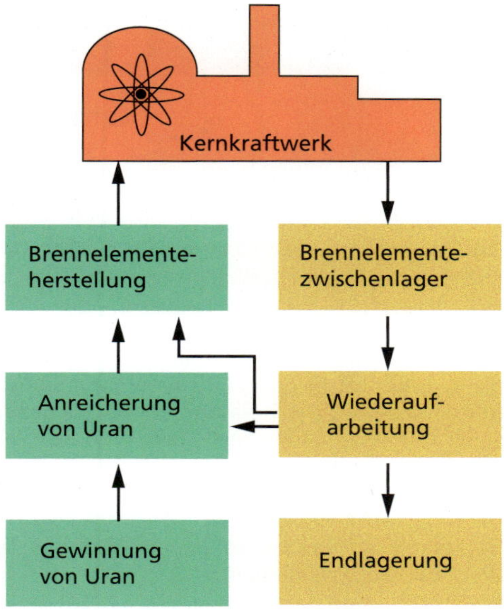

2 Vereinfachte Darstellung des Brennstoffkreislaufs bei Kernreaktoren

Die **Gefahren von Kernkraftwerken** liegen u. a. darin, dass durch menschliches Versagen oder durch technische Pannen radioaktive Stoffe freigesetzt werden können.

Trotz aller Sicherheitsmaßnahmen sind solche Unfälle nicht völlig auszuschließen. Sie würden in dicht besiedelten Gebieten katastrophale Folgen haben. Außerdem ist bis heute das Problem der dauerhaft sicheren Endlagerung von radioaktiven Abfällen, die in Kernkraftwerken entstehen, nicht gelöst. Solche beim Betrieb eines Kernkraftwerks entstehenden radioaktiven Abfälle müssen wegen ihrer Radioaktivität und den großen Halbwertszeiten über viele Jahrzehnte hinweg sicher gelagert werden. Eine Möglichkeit ist die unterirdische Lagerung in ehemaligen Salzbergwerken. Eine solche Lagerung erfolgt im Zwischenlager Gorleben in Niedersachsen sowie in Morsleben (Sachsen-Anhalt). Eine andere Möglichkeit besteht darin, abgebrannte Brennstoffstäbe wiederaufzubereiten (Abb. 2). Dabei entstehen allerdings radioaktive Abfälle, die ebenfalls sicher gelagert werden müssen. Allein in Deutschland beträgt die Gesamtmenge des radioaktiven Abfalls etwa 30 000 m^3 pro Jahr.

Mosaik

Kernfusion in der Sonne

Ohne Sonnenstrahlung würde kein Leben auf der Erde existieren. Fast alle Energie auf der Erde ist letztendlich auf Sonnenenergie zurückzuführen.
Die Fotosynthese ermöglicht den Stoffwechsel der Pflanzen, sie ist aber nur bei ausreichendem Lichteinfall möglich. Fossile Brennstoffe wie Kohle werden heute dort abgebaut, wo vor Millionen von Jahren Wälder im Sonnenlicht wuchsen. Auch die Wasserkraft ist auf Sonnenenergie zurückzuführen, ebenso das gesamte Wettergeschehen. Selbst die Psyche der Menschen wird von der Sonne beeinflusst.
Heute wissen wir, dass die Sonne eine riesige Gaskugel ist, in deren Kern gewaltige Energien freigesetzt und von der Sonnenoberfläche in den Weltraum abgestrahlt werden.
Welche Prozesse gehen im Innern der Sonne vor sich?

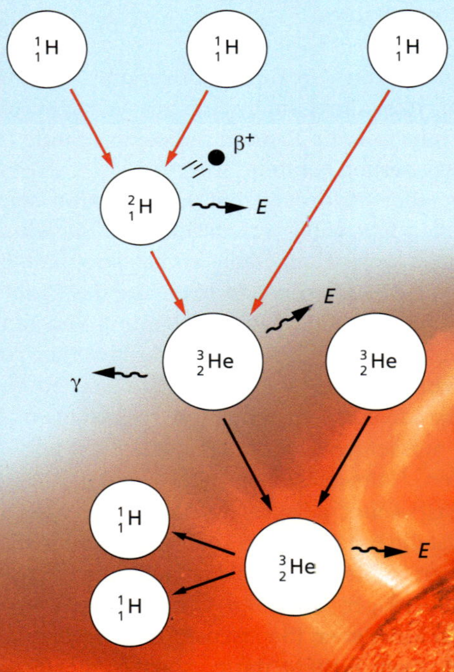

1 Die Heliumsynthese **(Proton-Proton-Zyklus)**

Die Sonne ist eine riesige Gaskugel, die heute zu etwa 73 % aus Wasserstoff und zu 25 % aus Helium besteht. Im Kern herrschen Temperaturen von etwa 15 Millionen Kelvin, ein Druck von etwa 10^{16} Pascal und eine Dichte von 160 g · cm^{-3}. Das sind Bedingungen, unter denen Kernfusion vor sich geht. Im Zentrum der Sonne verschmelzen Wasserstoffkerne zu Helium. Die wichtigsten Prozesse sind vereinfacht in Abb. 1 dargestellt.
Zwei Wasserstoffkerne verschmelzen zu Deuterium. Dabei wird Energie freigesetzt und es werden Positronen abgestrahlt.
Anschließend erfolgt die Verschmelzung zu einem Helium-3-Kern, wobei wieder Energie frei wird. Schließlich verschmelzen zwei Helium-3-Kerne zu Helium-4, wobei zwei Protonen (Wasserstoffkerne) entstehen und wieder Energie frei wird.
Bei dem gesamten Prozess wird eine Energie von $4{,}3 \cdot 10^{-12}$ J freigesetzt. In der Sonne gehen in jeder Sekunde viele Milliarden solcher Prozesse vor sich. In einer Sekunde verschmelzen 567 Millionen Tonnen Wasserstoff zu 562,8 Millionen Tonnen Helium. Damit tritt in jeder Sekunde ein Massendefekt von 4,2 Millionen Tonnen auf. Das bedeutet: Die Sonne wird in jeder Sekunde 4,2 Millionen Tonnen leichter. Diesem Massendefekt entspricht eine Energie von $3{,}8 \cdot 10^{26}$ J. Diese Energie wird in jeder Sekunde von der Oberfläche der Sonne in den Weltraum abgestrahlt. Ein Teil davon gelangt zur Erde. Bis jetzt hat die Sonne etwa 1/3 ihres Wasserstoffvorrats verbraucht. Der gegenwärtig vorhandene Wasserstoff reicht noch einige Milliarden Jahre.

gewusst · gekonnt

1. Vergleiche die Kernspaltung mit der Kernfusion! Nenne Gemeinsamkeiten und Unterschiede!

2. Uran-235 wird durch Beschuss mit Neutronen in Uran-236 umgewandelt. Dieses Uranisotop existiert nur Bruchteile von Sekunden und zerfällt dann in verschiedene mittelschwere Kerne.
Dabei werden zwei oder drei Neutronen frei. Nachfolgend ist jeweils ein Folgekern und die Anzahl der frei werdenden Neutronen angegeben.
Stelle jeweils die vollständigen Reaktionsgleichungen auf!
   a) Lanthan-147 und 2 Neutronen
   b) Selen-85 und 3 Neutronen
   c) Caesium-137 und 3 Neutronen
   d) Antimon-133 und 2 Neutronen
   e) Xenon-143 und 3 Neutronen

*3. Bei dem schweren Reaktorunfall im Kernkraftwerk Tschernobyl (Ukraine) im Jahr 1986 wurden große Mengen an radioaktivem Iod-131 ausgestoßen. Dies wirkte sich auch in Deutschland aus. Kurze Zeit nach dem Unfall wurden in Milch eine relativ hohe Iod-Aktivität und eine geringe Caesium-Aktivität gemessen. Nach einigen Wochen waren aber die Caesium-Werte höher als die des Iods. Wie ist das zu erklären?

4. Beschreibe anhand von Abb. 1, S. 188, die Energieumwandlungen in einem Kernkraftwerk! Worin bestehen die Unterschiede gegenüber einem Kohlekraftwerk?

5. a) Stelle übersichtlich zusammen, unter welchen Voraussetzungen eine gesteuerte Kernspaltung möglich ist!
   b) Wo wird die gesteuerte Kernspaltung genutzt? Nenne Beispiele!
   c) Gibt es auch Anwendungen für die ungesteuerte Kettenreaktion? Welche?

6. Welche Vorteile und welche Nachteile haben Kernkraftwerke gegenüber anderen Arten von Kraftwerken?

7. Sammle Material zu Vorteilen und Nachteilen der Nutzung von Kernenergie! Stelle dazu einen Kurzvortrag oder ein Poster zusammen! Nutze zur Vorbereitung das Internet, insbesondere die Adresse **www.schuelerlexikon.de** und **www.kernenergie.de!**

8. Erkunde, welche regenerativen Energien in deinem Wohnort und in dessen Umgebung genutzt werden! Stelle eine Übersicht über die Nutzung solcher Energien zusammen!

*9. Die Sonne strahlt je Sekunde eine Energie von ca. $3{,}8 \cdot 10^{26}$ J von ihrer Oberfläche in den Weltraum ab.
   a) Wie viel von dieser Energie gelangt bis zur Obergrenze der Erdatmosphäre?
   b) Vergleiche diese Energie mit dem gegenwärtigen Weltenergieverbrauch von etwa $3{,}7 \cdot 10^{20}$ J im Jahr!

10. Der Anteil der Kernenergie an der Elektroenergiegewinnung lag 2003 in den verschiedenen Ländern zwischen 0 % und 77 %.

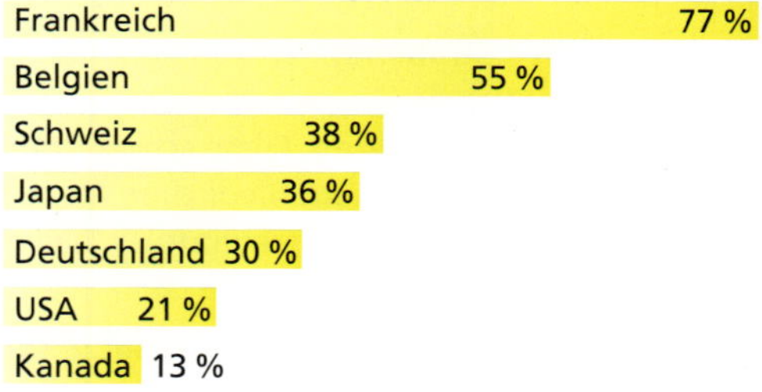

Diskutiere die Meinung: „Kernenergie kann durch andere Energien ersetzt werden!“ Welche Argumente sprechen dafür, welche dagegen?

11. Eine mögliche neue Energiequelle ist die gesteuerte Kernfusion.
Informiere dich im Internet über den aktuellen Stand der Kernfusionsforschung!

Energie aus dem Atom

Atome bestehen aus einer negativ geladenen Atomhülle mit Elektronen und einem positiv geladenen Atomkern mit Protonen und Neutronen.

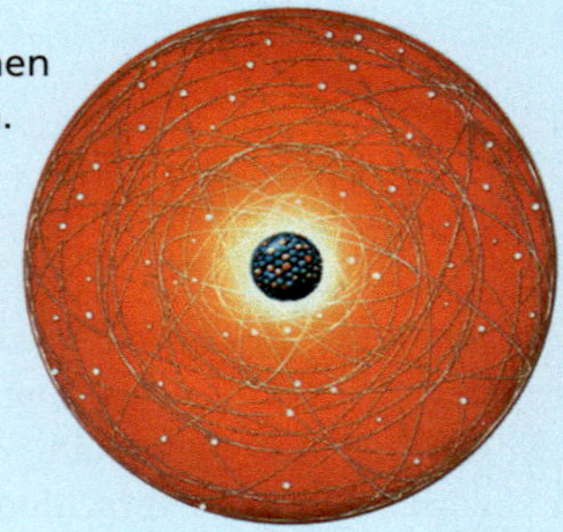

Massenzahl A

$^{238}_{92}\text{U}$

Anzahl der Protonen Z (Ordnungzahl)

$A = Z + N$

Neutronenzahl N

$N = A - Z$

Von den in der Natur vorkommenden Nukliden und den künstlich erzeugten Nukliden sind viele radioaktiv. Sie senden bei Kernumwandlungen radioaktive Strahlung aus.

α-Strahlung	**β-Strahlung**	**γ-Strahlung**
besteht aus doppelt positiv geladenen Heliumkernen. 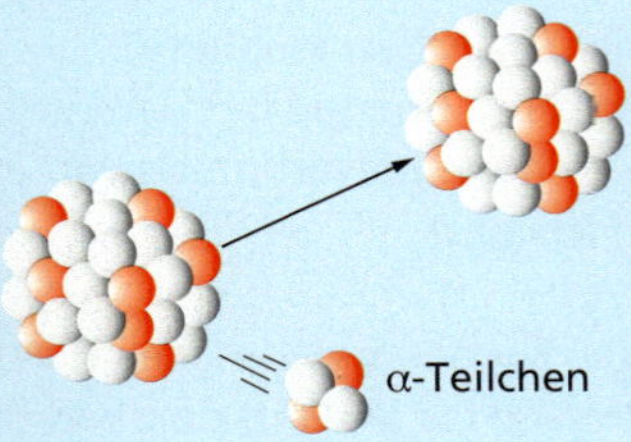	besteht aus negativ geladenen Elektronen (β^-) oder Positronen (β^+). 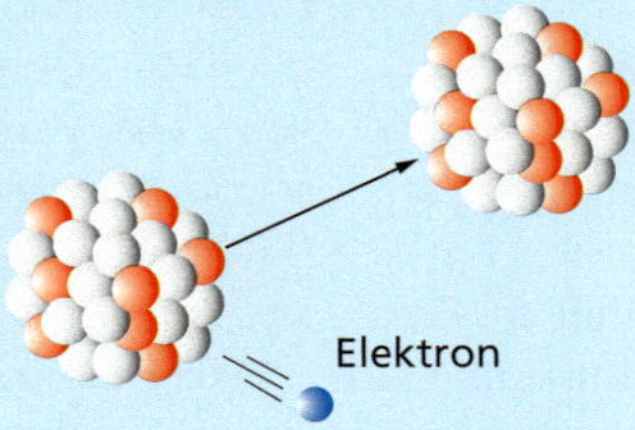	ist eine energiereiche elektromagnetische Strahlung. 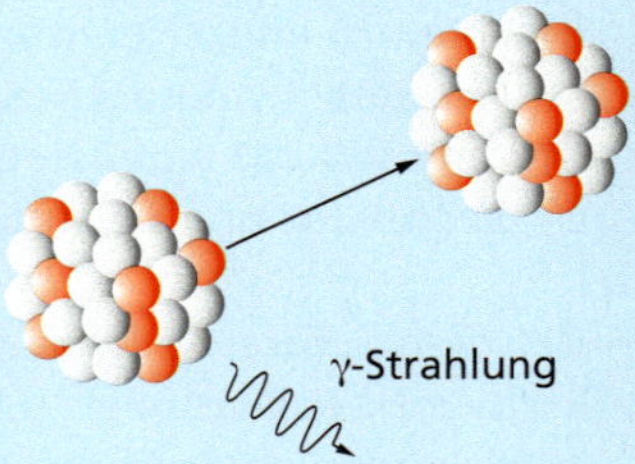

Radioaktive Strahlung
- besitzt Energie,
- kann Gase ionisieren, Filme schwärzen, Zellen schädigen,
- kann Stoffe in unterschiedlicher Weise durchdringen,
- wird teilweise (α-, β-Strahlung) in elektrischen und magnetischen Feldern abgelenkt.

Die Strahlung, der man sich aussetzt, sollte so gering wie möglich sein.

Bei Kernumwandlungen wird Energie freigesetzt. Das wird bei Kernspaltung und bei Kernfusion genutzt.

Kernspaltung
Ein schwerer Kern wird in zwei mittelschwere Kerne gespalten. Dabei wird Energie frei.
- Kernkraftwerk
- Atombombe

Kernfusion
Leichte Kerne verschmelzen zu einem schwereren Kern. Dabei wird Energie frei.
- Energiefreisetzung im Innern der Sonne
- Wasserstoffbombe

6

Von der Quelle zum Empfänger

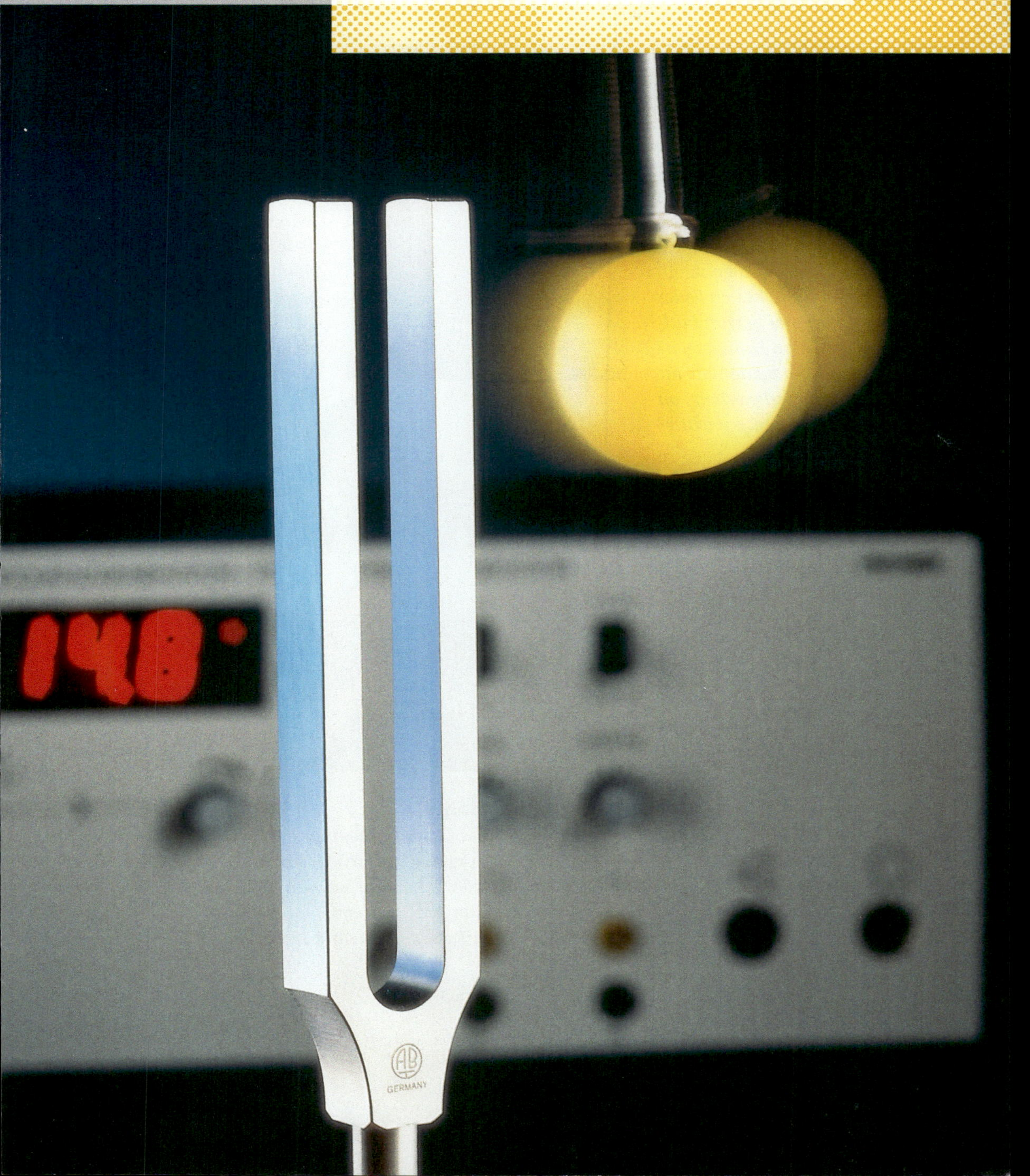

6.1 Mechanische Schwingungen

Schwingende Federn

Die Räder von Fahrzeugen sind nicht einfach nur auf einer Achse befestigt, sondern mit einer starken Feder und einem Schwingungsdämpfer, auch Stoßdämpfer genannt, aufgehängt.
Welche Funktion haben Feder und Stoßdämpfer bei der Radaufhängung von Fahrzeugen? Warum sind beide Teile für die Verkehrssicherheit von Fahrzeugen wichtig?

Schwingende Lasten

Kranführer müssen beim Heben und Schwenken von Lasten sehr vorsichtig und geschickt vorgehen, weil es sonst zu gefährlichen Schwingungen der Lasten kommen kann.
Was für Schwingungen können beim Heben und Schwenken von Lasten mit dem Kran auftreten? Wie entstehen diese Schwingungen? Warum können diese Schwingungen gefährlich werden?

Schwingende Saiten

Beim Spielen einer Gitarre muss man jeweils die richtige Saite anzupfen oder anschlagen. Darüber hinaus muss durch Greifen dafür gesorgt werden, dass die Saite die richtige Länge hat.
Was für Schwingungen führt eine Gitarrensaite aus? Wovon ist es abhängig, wie schnell bzw. wie stark sie schwingt?

Entstehung mechanischer Schwingungen

In unserer Umwelt gibt es viele Vorgänge, bei denen sich ein Zustand nach einer bestimmten Zeit wiederholt. Man nennt solche Vorgänge auch **periodische Vorgänge.**
Die Kreisbewegung eines Riesenrads, das Hin- und Herschwingen der Saite einer Gitarre oder die Bewegung einer Schaukel (Abb. 2) sind solche periodischen Vorgänge.
Bei einer Reihe von periodischen Vorgängen, z. B. bei einer Schaukel (Abb. 2), bewegt sich ein Körper zeitlich periodisch um eine **Ruhelage,** manchmal auch Nulllage oder Gleichgewichtslage genannt. Dabei ändern sich verschiedene physikalische Größen periodisch, z. B. der Abstand des Körpers von der Ruhelage, seine Geschwindigkeit, seine Beschleunigung, seine potenzielle bzw. kinetische Energie. Solche Vorgänge nennt man **mechanische Schwingungen.**

Eine mechanische Schwingung ist eine zeitlich periodische Bewegung eines Körpers um eine Ruhelage.

Stimmgabeln, die Flügel eines Vogels oder Federgabeln an Fahrrädern (Abb. 1) können mechanische Schwingungen ausführen. Das gilt ebenso für die Last an einem Kranseil oder die Luftsäule in einer Orgelpfeife.
Damit ein Körper überhaupt Schwingungen vollführen kann, müssen bestimmte Voraussetzungen erfüllt sein.

2 Die Schaukel pendelt zwischen zwei Umkehrpunkten hin und her.

Voraussetzungen für das Entstehen mechanischer Schwingungen sind:
- das Vorhandensein schwingungsfähiger Körper, wobei jeder Körper träge ist,
- die Auslenkung dieser Körper aus der Ruhelage (Energiezufuhr),
- das Vorhandensein rücktreibender Kräfte.

Es gibt auch Schwingungen, bei denen sich nichtmechanische Größen, z. B. die elektrische Spannung oder die elektrische Stromstärke, zeitlich periodisch ändern. In diesem Fall spricht man von elektromagnetischen Schwingungen.
Allgemein gilt:

Eine Schwingung ist eine zeitlich periodische Änderung einer physikalischen Größe bzw. eines physikalischen Zustands.

1a Ein Vogel führt mit seinen Flügeln Schwingungen um eine mittlere Lage aus.

1b Nach einem Stoß schwingt die Federgabel eines Fahrrads um eine Ruhelage.

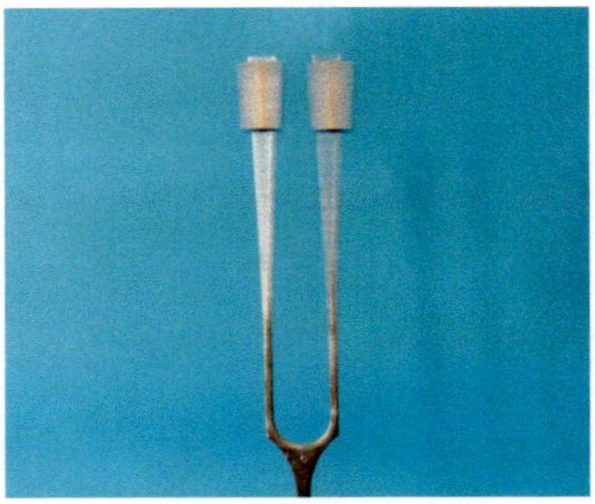

1c Eine angeschlagene Stimmgabel führt Schwingungen um eine Ruhelage aus.

Beschreibung mechanischer Schwingungen

Da sich bei mechanischen Schwingungen mechanische Größen zeitlich periodisch ändern, kann man diese Größen zur Beschreibung von Schwingungen nutzen.
Zur Verdeutlichung der Zusammenhänge können die Schwingungen aufgezeichnet (Abb. 1) oder mithilfe eines Oszillografen sichtbar gemacht werden. Damit erhält man Darstellungen vom zeitlichen Verlauf der Schwingung. Eine solche Darstellung kann auch in einem Diagramm erfolgen (Abb. 2), wenn man die zeitliche Änderung der jeweiligen Auslenkung y (Abstand des schwingenden Körpers von der Ruhelage) darstellt. Zur Beschreibung mechanischer Schwingungen werden unterschiedliche physikalische Größen genutzt.

1 Aufzeichnung einer Pendelschwingung mithilfe eines Sandpendels

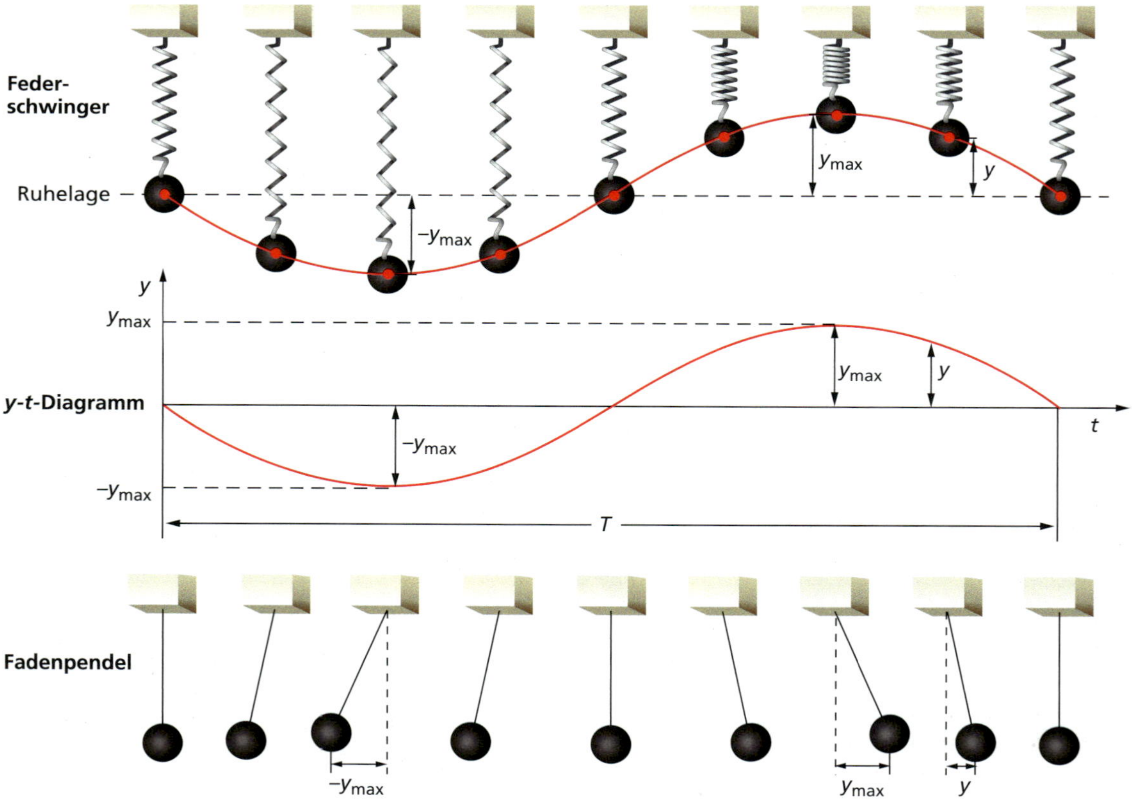

2 Federschwinger, Fadenpendel und y-t-Diagramm einer mechanischen Schwingung

Die Auslenkung (Elongation) gibt den Abstand des schwingenden Körpers von der Ruhelage an.
Formelzeichen: y
Einheit: ein Meter (1 m)

Schwingende Körper bewegen sich zwischen zwei Umkehrpunkten hin und her. Diese Punkte haben den größten Abstand von der Ruhelage. Man nennt ihn **Amplitude** (Abb. 1).

Die Amplitude einer Schwingung ist der maximale Abstand des schwingenden Körpers von der Ruhelage.
Formelzeichen: y_{max}
Einheit: ein Meter (1 m)

Ein schwingender Körper benötigt eine bestimmte Zeit für ein Hin- und Herschwingen. Eine vollständige Schwingung nennt man auch eine Periode. Die Zeit für eine solche vollständige Schwingung nennt man **Schwingungsdauer** oder **Periodendauer.**

Die Schwingungsdauer gibt die Zeit für eine vollständige Hin- und Herbewegung an.
Formelzeichen: T
Einheit: eine Sekunde (1 s)

Je nachdem, wie groß die Schwingungsdauer ist, können unterschiedlich viele Schwingungen in einer bestimmten Zeit ablaufen. Das wird durch die **Frequenz** erfasst.

Die Frequenz gibt an, wie viele Schwingungen in jeder Sekunde ablaufen.
Formelzeichen: f
Einheit: ein Hertz (1 Hz)
$1 \text{ Hz} = \frac{1}{\text{s}}$

Die Einheit 1 Hz ist nach dem deutschen Physiker HEINRICH HERTZ (1857–1894) bezeichnet worden. HERTZ entdeckte 1886 die nach ihm benannten hertzschen Wellen, die heute bei Rundfunk und Fernsehen genutzt werden.

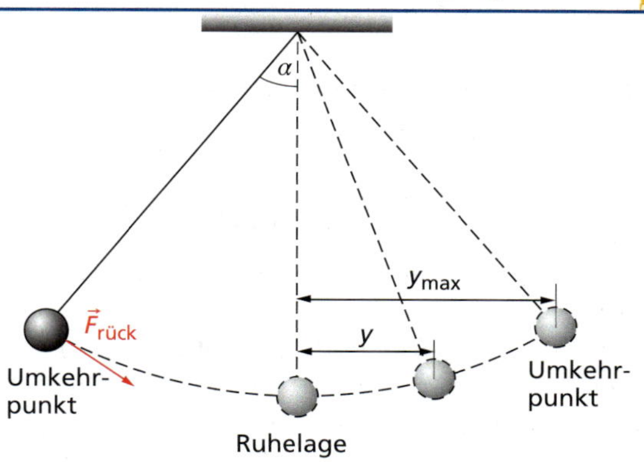

1 Kenngröße einer Schwingung

Er untersuchte deren Eigenschaften und schuf damit eine wichtige Grundlage für die drahtlose Nachrichtenübertragung.

Vielfache der Einheit 1 Hz sind ein Kilohertz (1 kHz) und ein Megahertz (1 MHz):

1 kHz = 1 000 Hz
1 MHz = 1 000 kHz = 1 000 000 Hz

Die Frequenz einer Schwingung kann berechnet werden mit der Gleichung:

$$f = \frac{1}{T} \quad \text{oder} \quad f = \frac{n}{t}$$

T Schwingungsdauer
n Anzahl der Schwingungen
t Zeit für n Schwingungen

Wenn beispielsweise eine Schaukel in 10 Sekunden 6-mal hin- und herschwingt, so beträgt ihre Frequenz $f = \frac{6}{10 \text{ s}} = 0{,}6 \text{ Hz}$.

Frequenzen in Natur und Technik	
1 m langes Fadenpendel	0,5 Hz
durchschnittliche Frequenz des Herzschlags beim Menschen	1,3 Hz
tiefste vom Menschen hörbare Frequenz	16 Hz
Flügel einer Hummel	200 Hz
Kammerton a	440 Hz
Frequenzen beim Sprechen	100 Hz ... 1 000 Hz
höchste von jungen Menschen hörbare Frequenz	20 000 Hz
Ultraschall	über 20 000 Hz

Fadenpendel und Fadenschwinger

Körper, die sich in einer stabilen Gleichgewichtslage befinden, können mechanische Schwingungen ausführen, wenn sie aus der Ruhelage ausgelenkt werden und auf sie eine rücktreibende Kraft wirkt.
Einfache mechanische Schwinger sind das **Fadenpendel** und der **Federschwinger.** Mit ihnen kann man eine Reihe von mechanischen Schwingern vereinfacht darstellen. Beispiele für schwingende Körper, die man vereinfacht als Fadenpendel betrachten kann, sind eine Kinderschaukel, das Pendel einer Uhr oder Artisten am Trapez.

Für die Schwingungsdauer eines Fadenpendels gilt unter der Bedingung kleiner Auslenkungen an einem bestimmten Ort:

$$T = 2\pi \sqrt{\frac{l}{g}}$$

l **Länge des Fadenpendels**
g **Fallbeschleunigung**

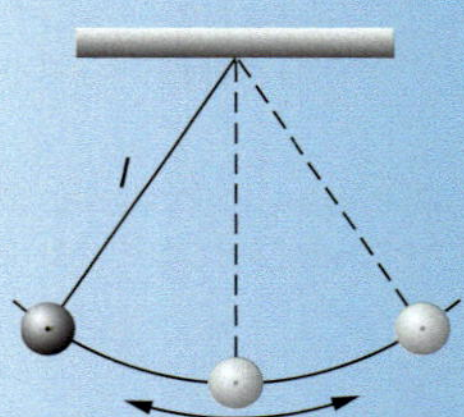

Die Schwingungsdauer eines Fadenpendels ist nur von der Pendellänge und von der Fallbeschleunigung abhängig, die am jeweiligen Ort herrscht. Die Masse des Pendelkörpers hat keinen Einfluss auf die Schwingungsdauer.
Alle elastischen Körper können Schwingungen ausführen, wenn sie verformt und anschließend sich selbst überlassen werden. Ein Federschwinger ist ein einfacher elastischer Körper, der aus einer Feder und einem schwingenden Körper der Masse m besteht. Als rücktreibende Kraft wirkt die Gewichtskraft oder die Federkraft.
Die Schwingungsdauer eines solchen Federschwingers ist von der Masse des schwingenden Körpers und von den Eigenschaften der Feder abhängig. Die Eigenschaften einer Feder werden mit der **Federkonstanten** D beschrieben. Die Federkonstante ist umso größer, je größer die Kraft ist, die man zum Dehnen der Feder um eine bestimmte Länge braucht.

Für die Schwingungsdauer eines Federschwingers gilt:

$$T = 2\pi \sqrt{\frac{m}{D}}$$

m **Masse des schwingenden Körpers**
D **Federkonstante**

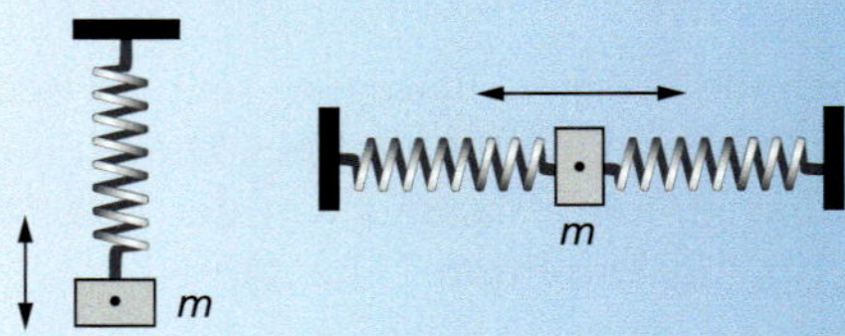

Wird beispielsweise durch eine Kraft von 10 N eine Feder um 4 cm gedehnt, so hat die Federkonstante D einen Wert von:

$$D = \frac{F}{s} = \frac{10\ \text{N}}{4\ \text{cm}} = 2{,}5\ \frac{\text{N}}{\text{cm}}$$

Schwingungsfähige elastische Anordnungen sind z. B. die Federungen von Autos und Motorrädern, ein Kranseil mit angehängter Last, eine Stimmgabel oder ein Trampolin mit Springer.
Auch die Fundamente von Maschinen können schwingen, wenn sie elastisch verformbar sind. In grober Näherung können solche elastischen Anordnungen vereinfacht als Federschwinger dargestellt werden.

Mosaik

Der Herzschlag – eine Schwingung

Beim Herzschlag ändert sich zeitlich periodisch der Druck in den Blutgefäßen. Diese periodische Druckänderung kann als Puls registriert werden.
Nach der Definition einer Schwingung (s. S. 195) ist somit der Herzschlag eine mechanische Schwingung, denn er ist mit der zeitlich periodischen Änderung einer physikalischen Größe – hier des Drucks – verbunden. Der normale Blutdruck schwankt dabei zwischen 16 und 11 kPa. Kilopascal (kPa) ist die Einheit des Drucks. Bei 10 kPa wirkt auf 1 cm^2 Fläche senkrecht eine Kraft von 1 N.
In der Medizin wird der Blutdruck meist nicht in der Einheit Pascal (Pa), sondern in Millimetern Quecksilbersäule (Torr) angegeben. Die Werte betragen dann 120 und 80 Torr (120/80).

Mosaik

Aus der Entwicklung der Zeitmessung

Die ältesten bekannten Uhren zur Zeitmessung sind **Sonnenuhren.** Man findet sie heute in den verschiedensten Varianten an Gebäuden. Viele Jahrhunderte hindurch wurden auch **Wasser-** oder **Sanduhren** benutzt, bei denen man eine fließende Wasser- oder Sandmenge für die Zeitmessung verwendet.
Die ersten mechanischen Uhren aus dem 14. Jahrhundert besaßen Räderwerke, die durch große Gewichte angetrieben wurden.

Im 16. Jahrhundert wurden die ersten tragbaren Taschenuhren entwickelt. So baute um 1512 der Nürnberger Schlosser PETER HENLEIN (1479–1542) Taschenuhren, die als „Nürnberger Eier" bekannt wurden. Als Antrieb für diese Taschenuhren wurden kleine Spiralfedern genutzt. Die verschiedenen Uhren hatten bis zu dieser Zeit den Nachteil, dass sie alle noch sehr ungenau waren. Die Schifffahrt und die astronomische Forschung in der damaligen Zeit verlangten aber nach genaueren Uhren. Einer, der wesentlich zur Verbesserung der Uhren beigetragen hat, war der Holländer CHRISTIAAN HUYGENS (1629–1695).

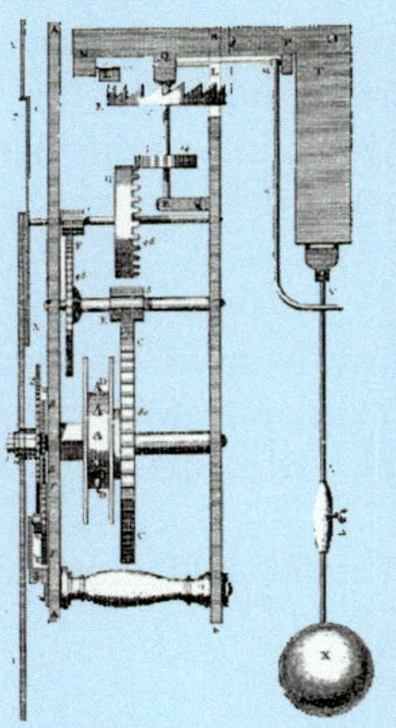

HUYGENS nutzte für seine Uhren die von ihm untersuchten Gesetze der Pendelbewegung und konstruierte 1656 eine Pendeluhr, in der er das bekannte Räderuhrwerk mit einem Pendel koppelte (s. Abb.).
1657 erhielt er für diese geniale Idee ein Patent. 1674 konstruierte er unabhängig vom Engländer ROBERT HOOKE (1635 bis 1703) eine Taschenuhr mit einer Spiralfeder als Unruh, die ebenfalls mechanische Schwingungen ausführte.
Diese mechanischen Uhren wurden in vielfältigen Formen und Größen gebaut, ihre Mechanik wurde ständig weiterentwickelt.
Auch die Genauigkeit der mechanischen Uhren wurde in den folgenden Jahrzehnten immer weiter verbessert. Die physikalischen Prinzipien aber, auf denen diese Uhren beruhten, die mechanischen Schwingungen, blieben gleich.

1 Uhr mit Unruh: Zur Steuerung werden mechanische Schwingungen genutzt.

Erst im 20. Jahrhundert wurden elektrische Uhren konstruiert, die elektromagnetische Schwingungen zur Steuerung der Zeiger nutzen. 1929 wurde in den USA die erste **Quarzuhr** gebaut. Eine noch größere Genauigkeit als Quarzuhren weisen **Atomuhren** auf, bei denen der Gang von Schwingungen in Atomen gesteuert wird. Die erste Atomuhr wurde 1948 für das National Bureau of Standards, das nationale amerikanische Normungsinstitut, gebaut. Eine der genauesten Atomuhren befindet sich in der Physikalisch-Technischen Bundesanstalt in Braunschweig (Abb. 2). Bei ihr tritt in 200 000 Jahren eine Abweichung von weniger als einer Sekunde auf.

2 Atomuhr in der Physikalisch-Technischen Bundesanstalt in Braunschweig

Energieumwandlungen bei Schwingungen

Bei mechanischen Schwingungen wird potenzielle Energie in kinetische Energie umgewandelt und umgekehrt.

Für ein Fadenpendel sind die Energieumwandlungen in Abb. 2 dargestellt. Die Werte für die kinetische bzw. potenzielle Energie schwanken zwischen null und einem Maximalwert. Dieser Maximalwert ist von der Masse des schwingenden Körpers und von der maximalen Auslenkung bzw. der Geschwindigkeit abhängig.

Lässt man ein solches Pendel längere Zeit hin- und herschwingen, dann zeigt sich: Die Amplitude der Schwingungen wird kleiner. Ursache dafür ist: Durch Reibung an der Aufhängung und durch den Luftwiderstand des schwingenden Körpers wird ein Teil der mechanischen Energie in thermische Energie umgewandelt und als Wärme an die Umgebung abgegeben. Dadurch verringert sich die mechanische Energie des schwingenden Körpers und damit die Amplitude. Allmählich kommt die Schwingung zum Erliegen. Eine solche Schwingung wird als **gedämpfte Schwingung** bezeichnet (Abb. 1). Für eine gedämpfte mechanische Schwingung gilt:

$$E_{pot} + E_{kin} + E_{therm} = \text{konstant}$$

Dabei verkleinert sich ständig der Anteil der mechanischen Energie. Die thermische Energie, die in Form von Wärme an die Umgebung abgegeben wird, vergrößert sich.

Beispiele für solche gedämpften Schwingungen sind das Hin- und Herschwingen eines Autos nach dem Durchfahren einer Bodenwelle oder die Schwingung einer Gitarrensaite.

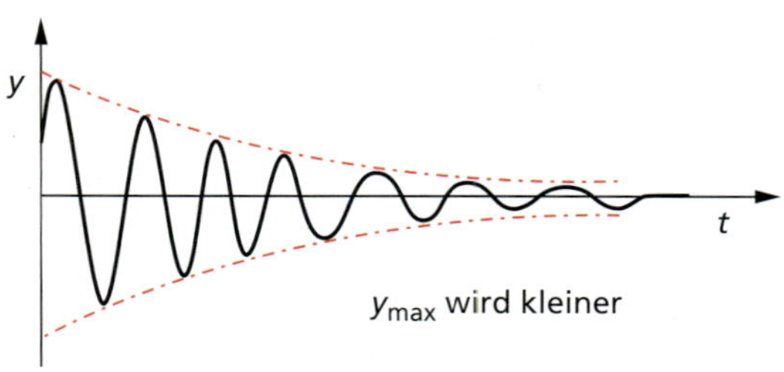

1 *y*-*t*-Diagramm einer gedämpften Schwingung

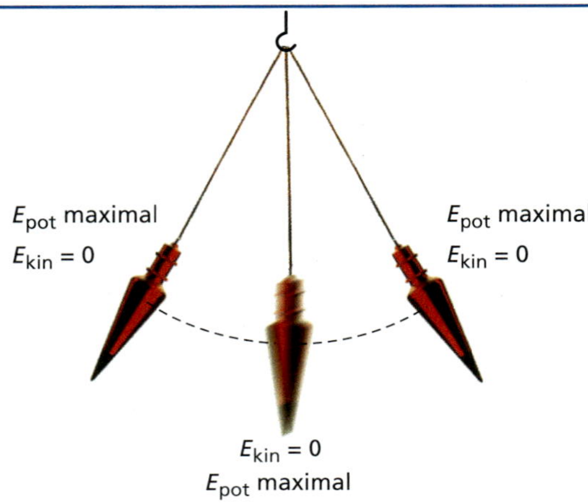

2 Energieumwandlung an einem Fadenpendel

Bei einer gedämpften Schwingung ändern sich die Form der Schwingungskurve und die Schwingungsdauer in vielen Fällen nicht, wohl aber die Amplitude der Schwingung. Sie wird immer kleiner und letztendlich null.

Führt man einem Schwinger die Energie, die ihm durch Reibung verloren geht, ständig wieder zu oder sieht man im Idealfall von der Reibung ab, so bleibt die Amplitude der Schwingung konstant (Abb. 3). In einem solchen Fall spricht man von einer **ungedämpften Schwingung.**

Für eine ungedämpfte mechanische Schwingung gilt der Energieerhaltungssatz der Mechanik:

$$E_{pot} + E_{kin} = \text{konstant}$$

Da überall Reibung auftritt, kommt eine ungedämpfte Schwingung nur zustande, wenn ständig genau die Energie zugeführt wird, die durch Reibung „verloren“ geht.

Beispiele dafür sind die Pendel von Pendeluhren oder ein Metronom.

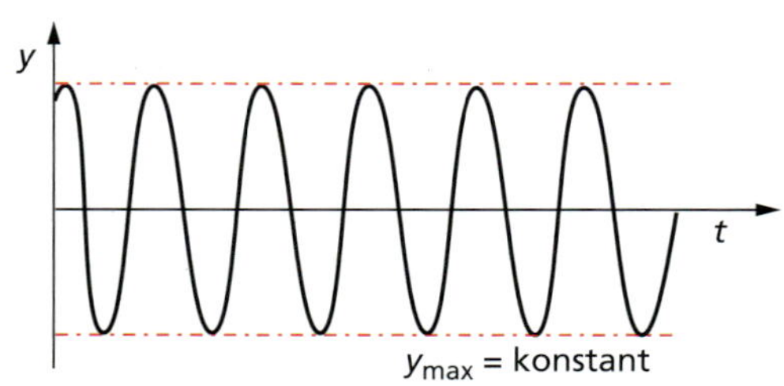

3 *y*-*t*-Diagramm einer ungedämpften Schwingung

Eigenschwingungen, erzwungene Schwingungen und Resonanz

Körper, die einmalig aus ihrer Ruhelage ausgelenkt werden und dann ohne jede Beeinflussung von außen hin und her schwingen, führen **freie Schwingungen** bzw. **Eigenschwingungen** aus. Dem schwingenden Körper wird nur einmalig Energie zugeführt. So führt z. B. eine Stimmgabel nach einem einmaligen Anschlagen Eigenschwingungen aus. Das gilt auch für die Saite einer Gitarre, die einmal gezupft wird. Ein solcher frei schwingender Körper schwingt mit einer bestimmten Frequenz, die nur von seinen Eigenschaften abhängig ist, seiner **Eigenfrequenz** f_0. Die Eigenfrequenz eines Fadenpendels hängt z. B. von seiner Länge ab, die eines Federschwingers von der Masse des schwingenden Körpers.
Ein Körper, dem ständig periodisch Energie von außen zugeführt wird, führt **erzwungene Schwingungen** aus. Wird z. B. ein Kind auf einer Schaukel periodisch von außen angestoßen, so treten erzwungene Schwingungen auf. Eine Maschine kann das Fundament, auf dem sie steht, zu erzwungenen Schwingungen anregen.
Die Energiezufuhr erfolgt von außen durch Kopplung verschiedener Schwinger (Abb. 1).
Dieser „Energielieferant" wird Erreger, seine Frequenz **Erregerfrequenz** f_E genannt (Abb. 1). Der Schwinger führt jetzt eine erzwungene Schwingung aus. Er ist ständig mit dem Erreger verbunden und wird von diesem beeinflusst.

Ein Körper kann Eigenschwingungen oder erzwungene Schwingungen ausführen.

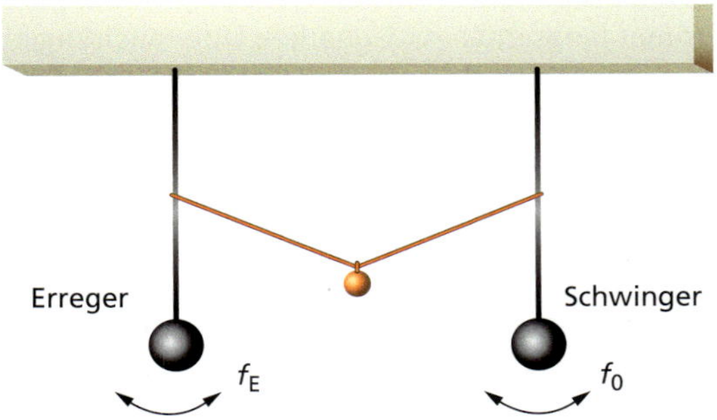

1 Kopplung zweier Fadenpendel

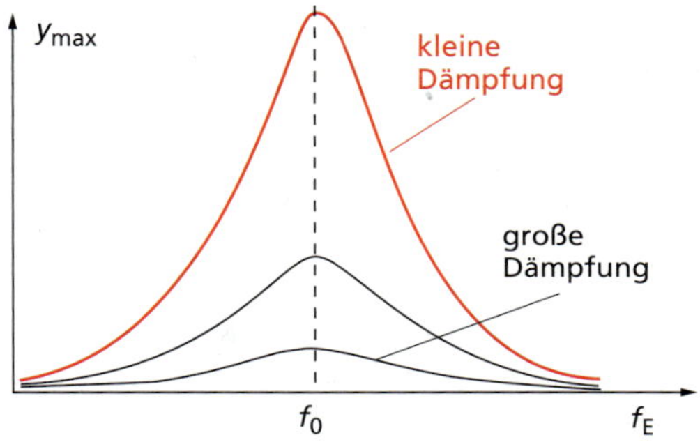

2 Abhängigkeit der Amplitude bei erzwungenen Schwingungen von der Erregerfrequenz und der Dämpfung

Liegt die Erregerfrequenz in der Nähe der Eigenfrequenz, so vergrößert sich die Amplitude des Schwingers. Ein Maximum wird erreicht, wenn die Erregerfrequenz gleich der Eigenfrequenz ist. Dieser Fall wird als **Resonanz** bezeichnet.

Resonanz tritt bei erzwungenen Schwingungen unter folgender Bedingung auf:

$f_E = f_0$ — f_E **Erregerfrequenz**, f_0 **Eigenfrequenz**

Wie stark sich die Amplitude des Schwingers im Resonanzfall vergrößert, hängt von der Dämpfung des Schwingers ab (Abb. 2). Bei geringer Dämpfung kann die Amplitude sehr groß werden. Dieses starke Mitschwingen kann auch zur Zerstörung des Schwingers führen. In diesem Fall spricht man von einer **Resonanzkatastrophe.** Das Mitschwingen eines Körpers durch Resonanz kann erwünscht oder auch unerwünscht sein. Erwünscht ist z. B. das Mitschwingen des Resonanzkörpers von Musikinstrumenten bei möglichst vielen Frequenzen.
Fundamente, Fußböden, Brücken und Mauerwerke von Gebäuden sind elastische Körper, die zu Schwingungen angeregt werden können. Dabei ist Resonanz unerwünscht, weil Schwingungen zu Schäden führen können. Das bekannteste Beispiel dafür ist die Tacoma-Hängebrücke in den USA (1940, Abb. S. 205). Die Brücke wurde durch Windböen in so starke Schwingungen versetzt, dass sie einstürzte.

Physik in Natur und Technik

Die Schwingungsdauer eines Federschwingers

Die Schwingungsdauer eines Federschwingers ist von der Masse des schwingenden Körpers abhängig.
Untersuche experimentell den Zusammenhang zwischen der Schwingungsdauer eines Federschwingers und der Masse des schwingenden Körpers! Zeichne und interpretiere das Schwingungsdauer-Masse-Diagramm (T-m-Diagramm)!

Vorbereitung:
Um den genannten Zusammenhang zu untersuchen, muss die Schwingungsdauer für Körper unterschiedlicher Massen bestimmt werden.
Um bei relativ kurzen Schwingungsdauern möglichst genaue Werte für T zu erhalten, wird die Zeit für zehn vollständige Schwingungen gemessen und der Wert durch 10 dividiert. Die Massen der Körper können mit einer Waage gemessen oder auf den Körpern abgelesen werden.

Durchführung:
Die Experimentieranordnung wird so wie in der Zeichnung (Abb. 1) aufgebaut.
Um möglichst genaue Messwerte zu erhalten, sollte vor der Messung vorgezählt werden (z. B. „3 - 2 - 1 - 0 [Start] - 1 - 2 - ... - 10 [Stopp]“).
Für einzelne Massen können auch die Schwingungsdauern mehrmals gemessen und daraus ein Mittelwert gebildet werden. Die Amplituden der Schwingungen sind nicht zu groß zu wählen.

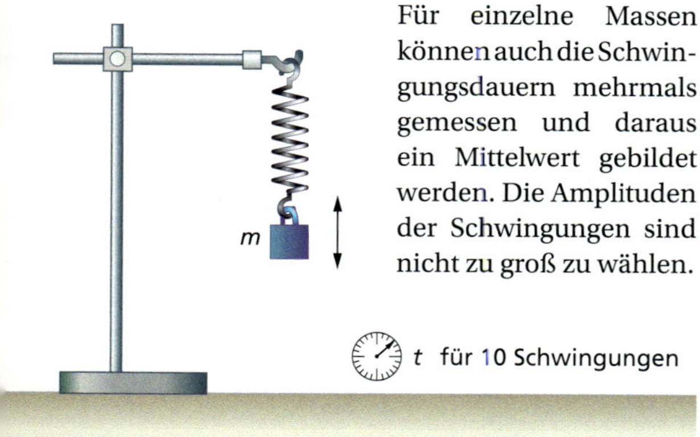

1 Experimentieranordnung zur Bestimmung der Schwingungsdauer eines Federschwingers

Auswertung:

m in g	*T* in s
20	1,62
50	2,56
70	3,04
100	3,63
150	4,44
170	4,73
200	5,13

Die Messwerte können grafisch ausgewertet werden. Dazu werden die Messwerte in einem Diagramm dargestellt.

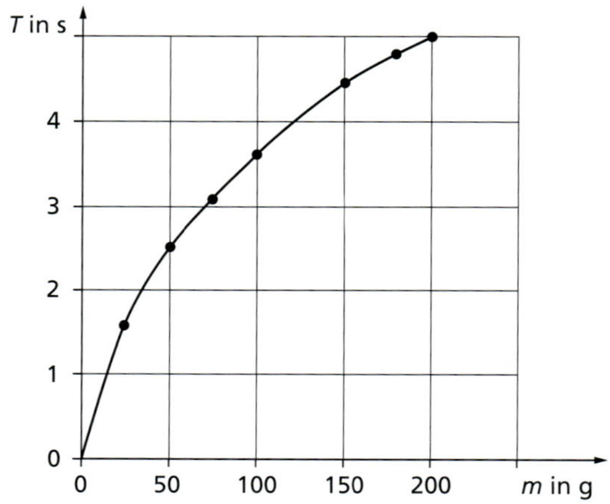

Aus diesem Diagramm ergibt sich: Je größer die Masse des schwingenden Körpers ist, umso größer ist die Schwingungsdauer.
Es besteht aber keine direkte Proportionalität. Vielmehr nimmt die Schwingungsdauer mit zunehmender Masse des schwingenden Körpers immer langsamer zu. Genauere Untersuchungen haben ergeben, dass für eine Feder gilt:

$$T \sim \sqrt{m} \quad \text{oder} \quad \frac{T}{\sqrt{m}} = \text{konstant}$$

Einen solchen Zusammenhang kann man auch grafisch darstellen. Trägt man auf der horizontalen Achse statt der Masse m die Wurzel aus der Masse ab, so erhält man im Diagramm eine Gerade, die durch den Koordinatenursprung verläuft.

Der Schwingungsdämpfer

Schwingungsdämpfer (Abb. 1) findet man heutzutage nicht nur bei Lkws, Pkws und Motorrädern, sondern teilweise auch bei Fahrrädern. Sie werden dort als Federgabeln bezeichnet.
Welche Aufgaben haben Schwingungsdämpfer bei Fahrzeugen?
Wie kann man die Funktionstüchtigkeit von Schwingungsdämpfern prüfen?

Schwingungsdämpfer bei Fahrzeugen, insbesondere bei Pkws, haben verschiedene Aufgaben.
Eine erste Aufgabe besteht darin, den Fahrkomfort zu verbessern. Unebenheiten der Fahrbahn werden über die Räder auf das Fahrzeug übertragen und führen zu Schwingungen. Ohne Schwingungsdämpfer würden diese Schwingungen auch auf die Personen im Fahrzeug übertragen, was auf Dauer sehr unangenehm wäre.
Schwingungsdämpfer verhindern, dass die aufgrund von Fahrbahnunebenheiten entstehenden Schwingungen auf die Personen im Fahrzeug übertragen werden.
Eine zweite Aufgabe von Schwingungdämpfern ist die Verbesserung der Verkehrssicherheit des betreffenden Fahrzeugs. Durch Schwingungsdämpfer wird vermieden, dass Räder aufgrund von Unebenheiten der Fahrbahn die Verbindung zur Fahrbahn verlieren. Damit wird die Gefahr des Rutschens oder Schleuderns, insbesondere in Kurven, wesentlich verringert. Das ist wegen der bei Kurvenfahrten auftretenden Kräfte besonders wichtig.

2 Prüfung von Schwingungsdämpfern: Dazu werden die Räder in vertikale Schwingungen versetzt.

Defekte Schwingungsdämpfer verringern die Verkehrssicherheit. Sie sollten deshalb umgehend erneuert werden.
Zur Prüfung der Funktionstüchtigkeit von Schwingungsdämpfern werden spezielle Anordnungen genutzt (Abb. 2). Die Räder des Autos werden mit einer „Rüttelmaschine" in vertikale Schwingungen versetzt. Das erfolgt getrennt für jedes einzelne Rad und damit für jeden Schwingungsdämpfer. Die Frequenz dieser Schwingungen und auch ihre Amplituden können verändert werden. Die erzwungenen Schwingungen des Autos werden mit einem Schwingungsschreiber aufgezeichnet und anschließend ausgewertet (Abb. 3). Aus der Form der aufgezeichneten Schwingungen ist für den Fachmann erkennbar, ob ein Schwingungsdämpfer noch voll funktionstüchtig ist oder ob er ersetzt werden muss. Das sollte aus Gründen der Verkehrssicherheit so schnell wie möglich geschehen.

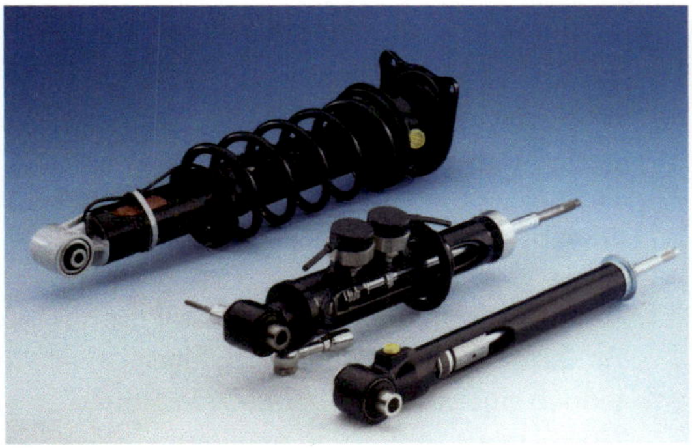

1 Schwingungsdämpfer unterschiedlicher Bauart

3 Schwingungen eines Schwingungsdämpfers

gewusst · gekonnt

1. Die folgenden Abbildungen zeigen periodische Vorgänge.

a)

b)

c)

d)

Bei welchen dieser Vorgänge handelt es sich um mechanische Schwingungen, bei welchen nicht? Begründe deine Aussagen!

2. In Natur und Technik gibt es zahlreiche periodische Vorgänge. Nenne Beispiele für solche periodischen Vorgänge in Natur und Technik! Begründe, bei welchen dieser Vorgänge es sich um mechanische Schwingungen handelt und bei welchen nicht!

3. Um zu prüfen, ob ein Weinglas heil ist, kann man mit einem Löffel leicht dagegenschlagen. Beschreibe und erkläre, wie man mit dieser Methode eine Prüfung des Weinglases vornehmen kann!

4. Die Unruh eines mechanischen Weckers führt 120 Schwingungen in der Minute aus.
a) Wie groß ist die Frequenz dieser Schwingung?
b) Wie viele Schwingungen vergehen, bis der Sekundenzeiger um eine Stelle weiterrückt?

5. Die Schwingungen einer Stimmgabel wurden aufgezeichnet. Dabei ergab sich folgendes Schwingungsbild:

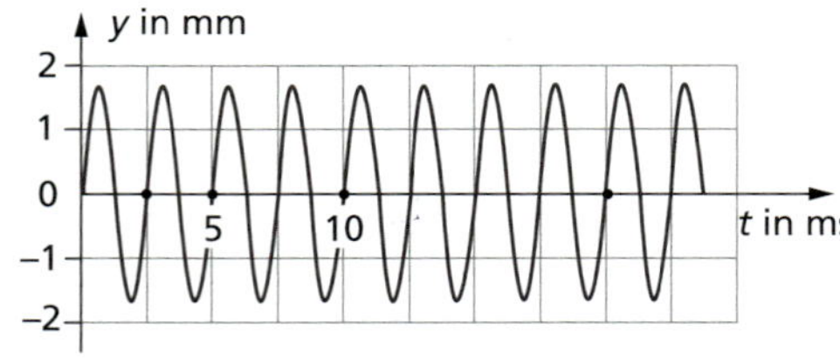

Ermittle aus dem y-t-Diagramm Amplitude, Schwingungsdauer und Frequenz der Schwingung!

6. Der Pulsschlag ist ein periodischer Vorgang.
a) Bestimme mithilfe des Pulsschlags die Frequenz deines Herzschlags! Miss dazu die Zeit für 10 Pulsschläge und ermittle daraus die Frequenz!
Um einen genaueren Wert zu erhalten, führe mehrere Messungen durch und bilde einen Mittelwert!
b) Diskutiere die Genauigkeit des Pulsschlags als Grundlage für eine Zeitmessung!

***7.** Wie groß ist die Schwingungsdauer beim Kammerton a (440 Hz)?

8. Beschreibe die Energieumwandlungen bei gedämpften Schwingungen!
a) für ein Fadenpendel
b) für einen Federschwinger

9. In einem Pkw kann es bei bestimmten Drehzahlen des Motors zum Vibrieren von Fahrzeugteilen kommen. Erkläre!

10. Warum sollten Marschkolonnen nicht im Gleichschritt über Brücken marschieren?

11. Eine angeschlagene Stimmgabel ist in 1 m Entfernung kaum zu hören. Stellt man sie jedoch auf einen Holztisch oder einen Holzkasten, so hört man einen klaren, lauten Ton. Erkläre!

12. Die Abbildungen zeigen den Aufbau eines Schwingungsdämpfers (Stoßdämpfers), so wie sie beim Pkw verwendet werden.

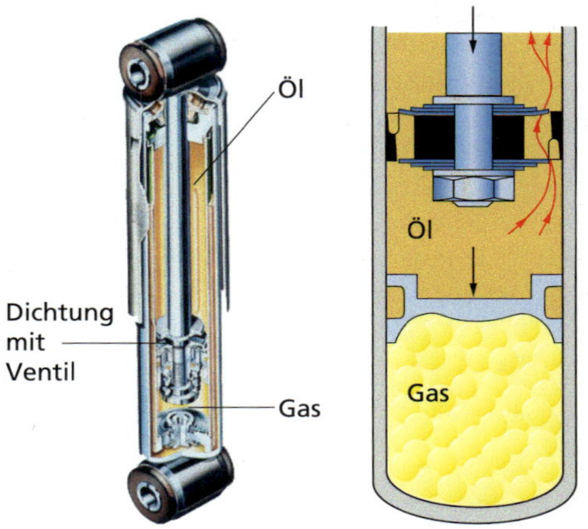

Beschreibe den Aufbau und erkläre die Wirkungsweise eines solchen Schwingungsdämpfers!

13. Die Melodie einer kleinen Spieluhr kann man nur richtig hören, wenn man sie auf einen Holztisch stellt. Warum?

14. Manche Sänger können ein Glas durch Singen eines Tons zum Zerspringen bringen. Dazu schlagen sie zunächst kurz mit dem Finger gegen das Glas und singen dann kräftig einen Ton in das Glas hinein. Wieso kann dadurch das Glas zerspringen?

15. Beim Tragen einer Tasse Tee oder eines Wassereimers muss man vorsichtig sein, damit nichts ausgeschüttet wird, selbst wenn die Tasse bzw. der Eimer nicht voll sind.
Wie kann es zum Verschütten von Tee bzw. Wasser aus einem nicht vollen Gefäß beim Tragen kommen? Begründe!

16. Beim Anschieben eines schweren Autos aus einer Kuhle nutzt man die Resonanz bei mechanischen Schwingungen aus.
Beschreibe und erkläre, wie man dabei vorgehen sollte!

17. Im Jahr 1940 stürzte die gerade erst neu erbaute ein Kilometer lange Tacoma-Hängebrücke (s. Abb.) in den USA ein, obwohl nur eine relativ geringe Windstärke herrschte. Der Wind wehte allerdings nicht gleichmäßig, sondern böig. Erkläre, wie es trotz der geringen Windstärke zum Einsturz dieser großen Brücke kommen konnte!

18. Erst nach mehrmaligem geschicktem Ziehen an einem Seil kann ein Glöckner die schwere Glocke in einem Kirchturm zum Klingen bringen. Erkläre das Vorgehen!

19. Zur Messung der Frequenz kann man Zungenfrequenzmesser nutzen. Die Abbildung zeigt den Aufbau.

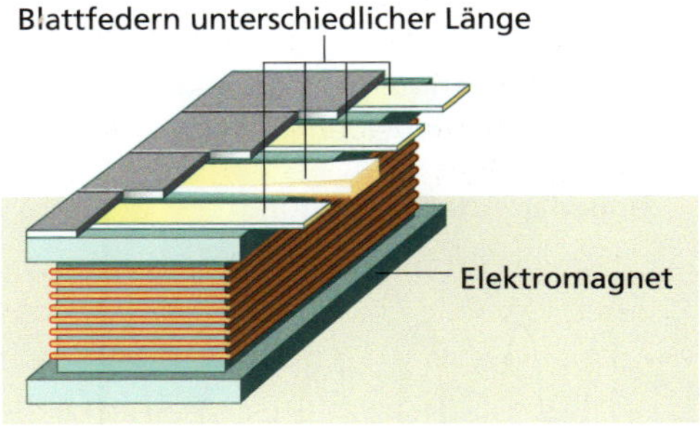

Beschreibe den Aufbau und erkläre die Wirkungsweise eines solche Zungenfrequenzmessers für die Messung der Frequenz von Wechselstrom!

20. Schwingungen können erwünscht oder unerwünscht sein. Stelle dafür Beispiele aus Natur, Technik und Alltag zusammen!

Mechanische Schwingungen

Eine **Schwingung** ist die zeitlich periodische Änderung einer physikalischen Größe (z. B. Auslenkung, Druck, Geschwindigkeit, Beschleunigung, Spannung, Stromstärke).

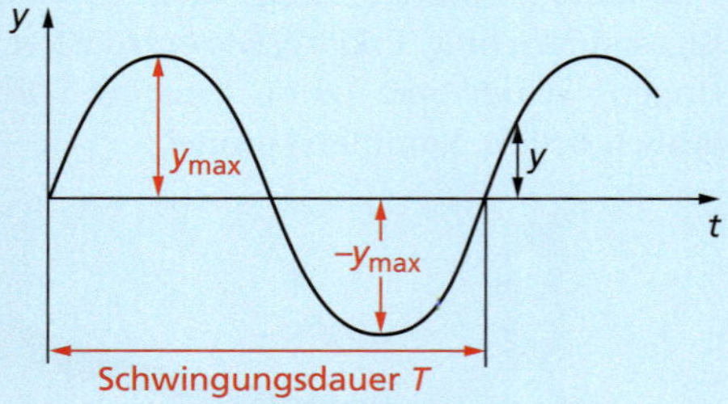

Wichtige Größen zur Beschreibung von Schwingungen sind:

y	Auslenkung
y_{max}	Amplitude (maximale Auslenkung)
T	Schwingungsdauer
f	Frequenz

$$T = \frac{1}{f}$$

$$f = \frac{1}{T}$$

Viele mechanische Schwingungen verlaufen sinusförmig. Das gilt auch für die Schwingungen eines Fadenpendels bei kleiner Auslenkung und für die Schwingungen eines Federschwingers.

Fadenpendel

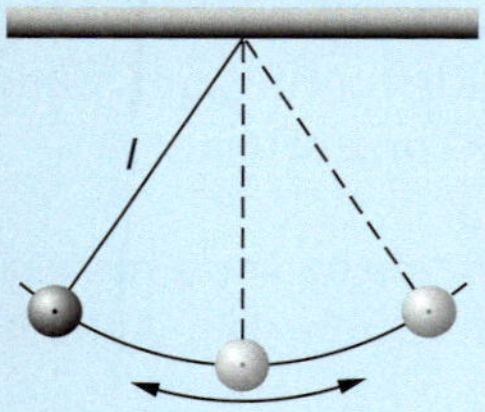

$$T = 2\pi\sqrt{\frac{l}{g}}$$

Federschwinger

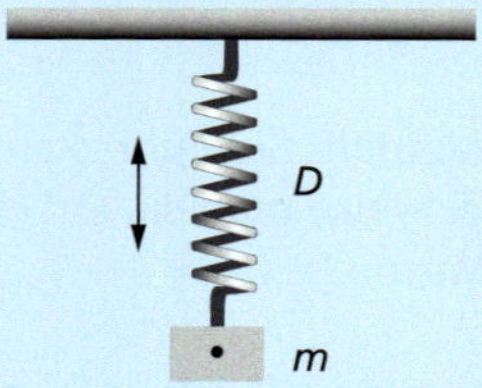

$$T = 2\pi\sqrt{\frac{m}{D}}$$

Nach dem **Verlauf der Amplitude** kann man zwischen ungedämpften und gedämpften Schwingungen unterscheiden.

Ungedämpfte Schwingung

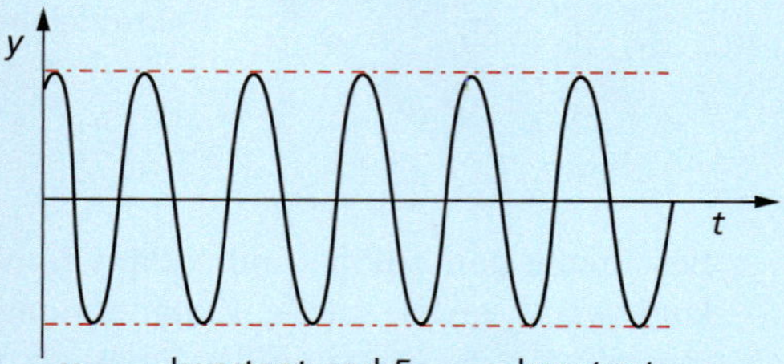

y_{max} = konstant und E_{mech} = konstant

Gedämpfte Schwingung

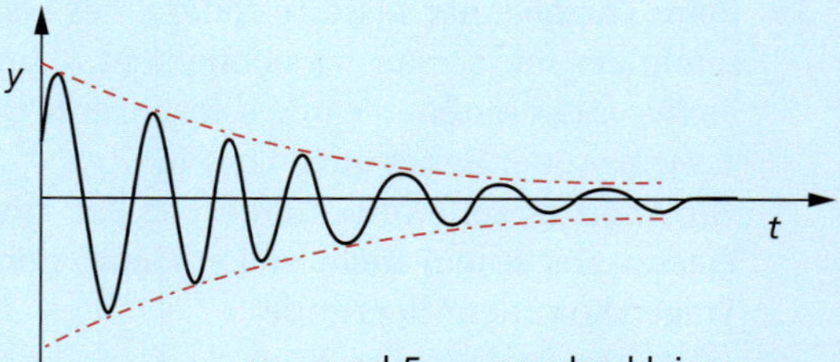

y_{max} und E_{mech} werden kleiner.

Freie Schwingungen erfolgen bei einmaliger Auslenkung eines Körpers in der Eigenfrequenz des Schwingers. Wird die Schwingung eines Körpers ständig von außen beeinflusst (periodische Energiezufuhr), so führt er **erzwungene Schwingungen** mit der Erregerfrequenz aus.

6.2 Mechanische Wellen

Schnelle Flugzeuge

Flugzeuge, vor allem wenn sie tief fliegen, können laute Geräusche erzeugen. Blickt man dorthin, von wo man das Geräusch des Flugzeugs hört, sieht man es nicht. Es ist schon viel weitergeflogen. Jedoch von dort, wo man es sieht, hört man kein Geräusch.

Warum kann man ein schnell fliegendes Flugzeug in der Regel nicht dort sehen, wo man es hört?

Wasser in Bewegung

Wasserwellen sind eine spezielle Art von mechanischen Wellen. Sie können sehr unterschiedliche Größe und Form haben.

Wie kann man Wasserwellen genauer charakterisieren?

Unterscheiden sich Wasserwellen in ihren Eigenschaften von anderen mechanischen Wellen?

Erdbeben sind gefährlich

Erdbeben können gewaltige Zerstörungen verursachen. Selbst in einiger Entfernung vom Erdbebenzentrum kann es zu Schäden an Gebäuden kommen. Auch Hunderte Kilometer vom Zentrum entfernt kann man Erdbeben mit Seismografen noch nachweisen.

Wieso können Erdbeben noch in einiger Entfernung vom Zentrum Schäden verursachen?

Warum sind Erdbeben auch in großen Entfernungen nachweisbar?

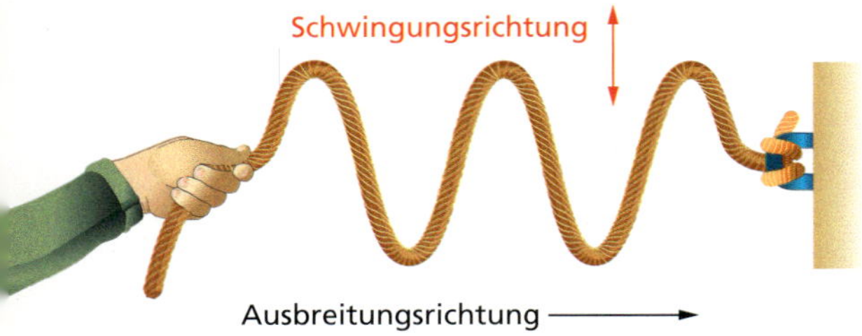

1 Seilwellen sind Querwellen. Schwingungsrichtung und Ausbreitungsrichtung der Welle stehen senkrecht zueinander.

3 Wellenmaschine zur Demonstration der Ausbreitung von Schwingungen im Raum

Entstehung mechanischer Wellen

Durch Kopplung können schwingungsfähige Körper bzw. Teilchen von einem anderen Schwinger Energie erhalten und so selbst zu Schwingungen angeregt werden. Dadurch kann sich die Schwingung eines Körpers von Schwinger zu Schwinger in einem Raum ausbreiten (Abb. 1). Solche Vorgänge nennt man **mechanische Wellen.**

> **Eine mechanische Welle ist die Ausbreitung einer mechanischen Schwingung im Raum.**

Voraussetzungen für ihr Entstehen sind:
- das Vorhandensein schwingungsfähiger Teilchen,
- eine Kopplung zwischen den Teilchen,
- eine Anregung von Teilchen (Energiezufuhr).

Je nachdem, ob die einzelnen Schwinger längs oder quer zur Ausbreitungsrichtung der Welle schwingen, unterscheidet man zwischen **Längs-** und **Querwellen.**

Schallwellen sind Längswellen. Schallschwingungen eines Erregers führen zu Druckschwankungen, die als Welle weitergeleitet werden. Das wird am Beispiel eines Tamburins deutlich (Abb. 2). Man kann sich Schallwellen vereinfacht wie die Ausbreitung einer Erregung längs einer Schraubenfeder vorstellen.

Im Unterschied zu Schallwellen sind Wasserwellen oder Seilwellen Querwellen (Abb. 1). Wie bei gekoppelten Federschwingern (Abb. 4) schwingen die Teilchen dabei quer zur Ausbreitungsrichtung der Welle. Solche Querwellen lassen sich auch mithilfe einer Wellenmaschine (Abb. 3) demonstrieren.

Ausbreitungsrichtung und Schwingungsrichtung sind bei Querwellen stets senkrecht zueinander. Schall- oder Wasserwellen sind mechanische Wellen, da sich bei ihnen mechanische Größen wie die Auslenkung oder die Geschwindigkeit periodisch ändern.

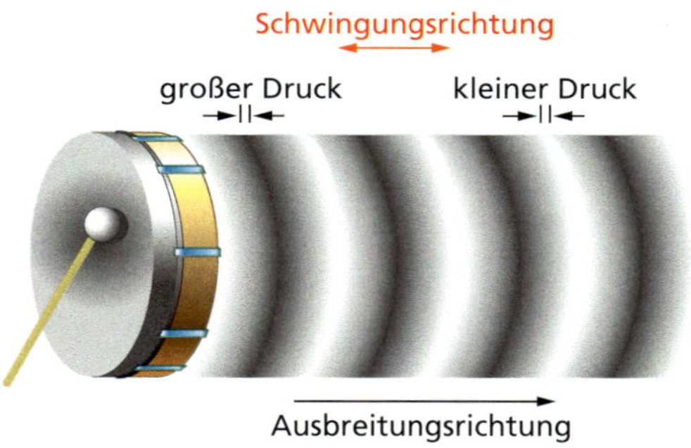

2 Ausbreitung einer Längswelle: Ausbreitungsrichtung und Schwingungsrichtung sind gleich.

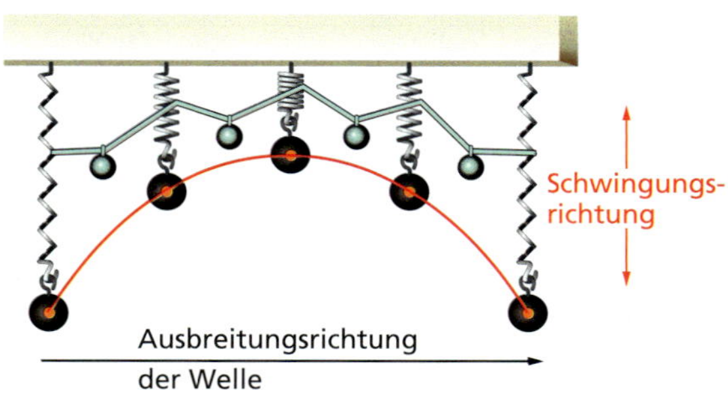

4 Ausbreitung einer Querwelle bei gekoppelten Federschwingern

Im Raum können sich aber nicht nur mechanische, sondern auch nichtmechanische Schwingungen ausbreiten. Dabei ändern sich nichtmechanische Größen zeitlich und räumlich periodisch.
Das ist z. B. bei den elektromagnetischen Wellen der Fall, die für Rundfunk und Fernsehen genutzt werden. Bei ihnen ändert sich u. a. die Stärke des magnetischen Felds. Man spricht auch dann von Wellen, z. B. von elektromagnetischen Wellen. Allgemein gilt:

Eine Welle ist eine zeitlich und räumlich periodische Änderung einer physikalischen Größe bzw. eines physikalischen Zustands.

Mit einer Welle wird Energie, aber kein Stoff transportiert.
Dieser Energietransport kommt durch die Kopplung der Schwinger zustande, wie sie z. B. in elastischen Stoffen (Luft, Wasser) besteht. So gelangt Schallenergie vom Lautsprecher eines Radios durch die Luft an unsere Ohren.
Durch Wasserwellen wird ebenfalls Energie transportiert, die z. B. am Ufer zu Abtragungen und Zerstörungen führen kann.

Beschreibung mechanischer Wellen

Da bei einer Welle jeder einzelne Körper bzw. jedes Teilchen mechanische Schwingungen ausführt, können solche Schwingungsgrößen wie **Auslenkung, Amplitude, Schwingungsdauer** und **Frequenz** (s. S. 197) zur Beschreibung genutzt werden.
Die Ausbreitung der Schwingung im Raum wird darüber hinaus mit den Größen **Wellenlänge** und **Ausbreitungsgeschwindigkeit** beschrieben. Dazu kann die Ausbreitung einer Schwingung als Welle in einem *y-s*-Diagramm dargestellt werden (Abb. 1). Die Bewegungen jedes einzelnen schwingenden Körpers oder Teilchens lassen sich wie bei Schwingungen in einem *y-t*-Diagramm (s. S. 196) darstellen.

Die Wellenlänge gibt den Abstand zweier benachbarter Schwinger an, die sich im gleichen Schwingungszustand befinden.
Formelzeichen: λ
Einheit: ein Meter (1 m)

Im gleichen Schwingungszustand befinden sich z. B. benachbarte Wellenberge bzw. Wellentäler.

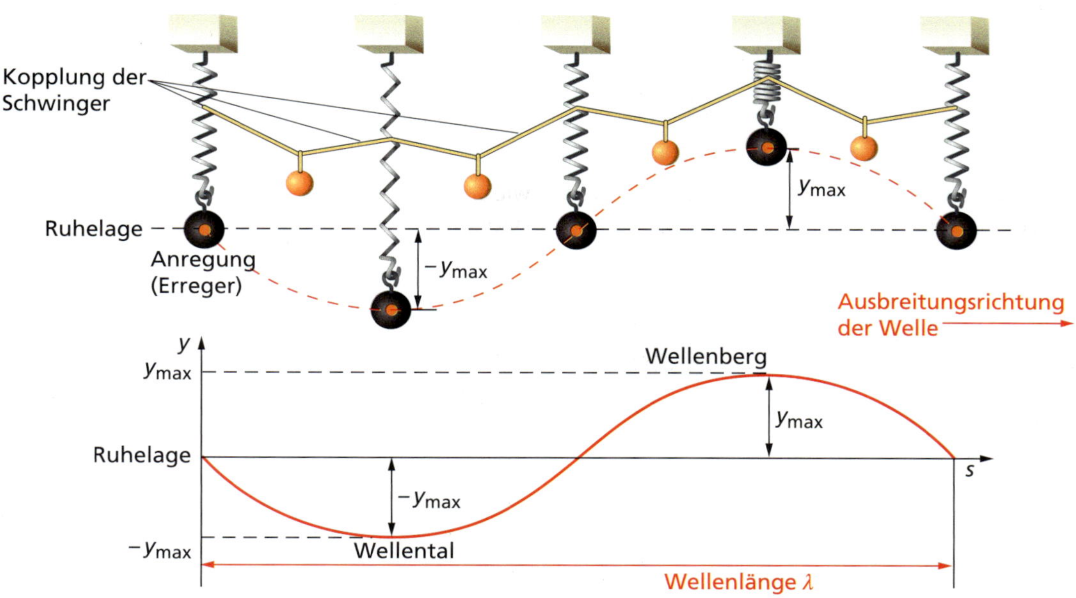

1 Gekoppelte Federschwinger und *y-s*-Diagramm einer mechanischen Welle

Das nutzt man zur Bestimmung von Wellenlängen: Der Abstand zweier benachbarter Wellenberge bzw. Wellentäler ist gleich der Wellenlänge.

Die Ausbreitungsgeschwindigkeit einer Welle ist die Geschwindigkeit, mit der sich ein Schwingungszustand im Raum ausbreitet.
Formelzeichen: v
Einheit: ein Meter je Sekunde ($1\,\frac{m}{s}$)

Als Schwingungszustand kann z. B. ein Wellenberg oder ein Wellental angesehen werden.
Die Ausbreitungsgeschwindigkeit von Schallwellen nennt man auch **Schallgeschwindigkeit.** Schallwellen können sich in festen Körpern, Flüssigkeiten und Gasen ausbreiten. Die Schallgeschwindigkeiten sind dabei sehr unterschiedlich und auch von der Temperatur der Stoffe abhängig (Übersicht unten).
Die unterschiedlichen Ausbreitungsgeschwindigkeiten mechanischer Wellen in verschiedenen Stoffen hängen mit den unterschiedlich starken Kopplungskräften zwischen den Teilchen der Stoffe zusammen. Die Ausbreitungsgeschwindigkeit ist umso größer, je stärker die Kopplungskräfte zwischen den Teilchen sind. Sie ist in der Regel auch umso größer, je höher die Temperatur des betreffenden Stoffs ist. Das ist auch zu beachten, wenn man Berechnungen mit Schallgeschwindigkeiten durchführt.
Zwischen der Ausbreitungsgeschwindigkeit, der Wellenlänge und der Frequenz mechanischer Wellen gibt es einen wichtigen gesetzmäßigen Zusammenhang.

Schallgeschwindigkeiten in verschiedenen Stoffen		
Stahl	bei 20 °C	4900 m/s
Beton	bei 20 °C	3800 m/s
Ziegelstein	bei 20 °C	3600 m/s
Holz (Eiche)	bei 20 °C	3400 m/s
Eis	bei −4 °C	3250 m/s
Wasser	bei 0 °C bei 20 °C	1404 m/s 1484 m/s
Luft	bei −20 °C bei 0 °C bei +20 °C	320 m/s 332 m/s 344 m/s
Gummi	bei 20 °C	50 m/s

Wellenlängen in Natur und Technik	
Ultraschallwellen in der Medizin (1 MHz–15 MHz)	1,5 mm–0,1 mm
Schallwellen bei 20 °C und 1000 Hz in Luft in Wasser	 34 cm 148 cm
Wasserwellen in flachem Wasser im Meer bei Sturm	 einige cm > 10 m

Für alle mechanischen Wellen gilt für die Ausbreitungsgeschwindigkeit:

$$v = \lambda \cdot f$$

λ **Wellenlänge**
f **Frequenz**

Bei der Anwendung dieses Gesetzes ist zu beachten, dass die Frequenz einer Welle nur von der Frequenz der Erregerschwingung abhängig ist. Bei der Ausbreitung von Wellen ändert sich die Frequenz nicht. Das gilt auch dann, wenn mechanische Wellen von einem Stoff in einen anderen übergehen. Dagegen sind die Ausbreitungsgeschwindigkeiten und damit die Wellenlängen vom Stoff abhängig, in dem sich eine Welle ausbreitet.

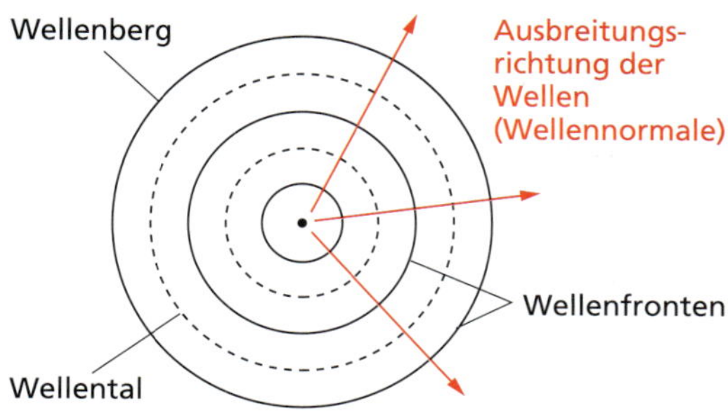

1 Wellenfronten und Wellennormale

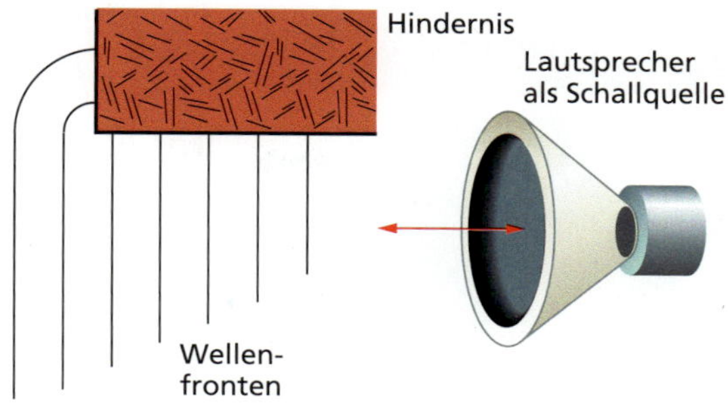

3 Beugung von Schallwellen an einer Kante

Eigenschaften mechanischer Wellen

Durch vielfältige Experimente und durch Beobachtungen in der Natur hat man die verschiedenen Eigenschaften mechanischer Wellen entdeckt.
Eine Eigenschaft mechanischer Wellen ist, dass sie sich in einem Stoff vom Erreger aus geradlinig ausbreiten. Es bilden sich **Wellenfronten** (Abb. 1). Die Ausbreitung erfolgt bei Wasserwellen senkrecht zu diesen Wellenfronten.
Um einen punktförmigen Erreger bilden sich kreisförmige Wellen (Abb. 1). Das kannst du beobachten, wenn du einen Stein auf eine glatte Wasseroberfläche wirfst.
Mechanische Wellen können **reflektiert** (zurückgeworfen) und **gebrochen** (in ihrer Ausbreitungsrichtung verändert) werden (Abb. 2a, b).
Reflexion und Brechung sind dir als Eigenschaften von Licht schon bekannt. Sie treten aber auch bei Wasserwellen und anderen mechanischen Wellen auf, z. B. bei Schallwellen.

Für die Reflexion und die Brechung gelten für mechanische Wellen die gleichen Gesetze wie für Licht (Reflexionsgesetz, Brechungsgesetz).

Beugung ist eine Eigenschaft, die nur bei Wellen zu beobachten ist. Treffen mechanische Wellen, z. B. Schallwellen oder Wasserwellen, auf Spalte, Kanten oder Ecken, so breiten sie sich auch hinter diesen Hindernissen aus.
So hört man z. B. den Motor eines Autos auch, wenn es hinter einer Hausecke steht. Experimentell kann man diese Eigenschaft mithilfe von Wasserwellen zeigen (Abb. 2c).
Die Erscheinung, dass sich Wellen auch „um Hindernisse herum" ausbreiten, wird als Beugung bezeichnet (Abb. 3).
Umgekehrt kann man folgern: Tritt irgendwo Beugung auf, so hat man es mit Sachverhalten zu tun, die Wellencharakter haben.
Gehen Wellen von mehreren Stellen aus, so breiten sie sich ungestört voneinander aus, so wie man das bei Wasserwellen beobachten kann.

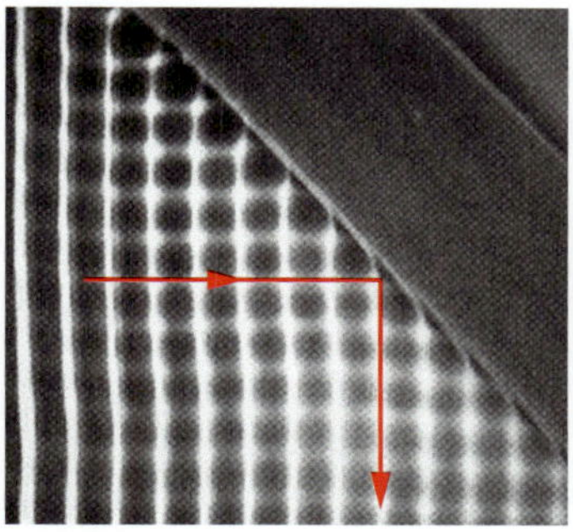

2a Reflexion von Wasserwellen an einem Hindernis

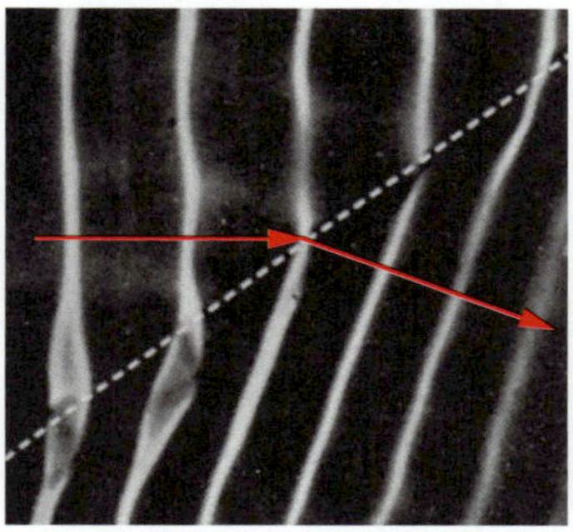

2b Brechung von Wasserwellen bei unterschiedlichen Wassertiefen

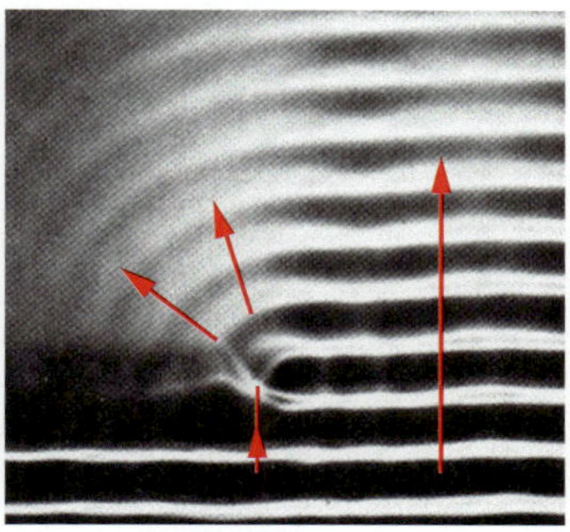

2c Beugung von Wasserwellen um ein Hindernis herum

Mosaik

Das huygenssche Prinzip

1 Christiaan Huygens (1629–1695)

Der niederländische Mathematiker, Physiker und Astronom Christiaan Huygens (1629 bis 1695) entwickelte 1678 im Zusammenhang mit Untersuchungen zum Wesen des Lichts eine Vorstellung über die Ausbreitung von Wellen, die heute in der Physik als huygenssches Prinzip bezeichnet wird. Es lautet:

Jeder Punkt einer Wellenfront ist Ausgangspunkt für kreis- bzw. kugelförmige Elementarwellen. Diese breiten sich mit der gleichen Geschwindigkeit wie die ursprüngliche Welle aus. Die Elementarwellen überlagern sich. Die Einhüllende aller Elementarwellen bildet die neue Wellenfront.

In Abb. 2 ist dieses Prinzip für Kreiswellen und für eine lineare Wellenfront dargestellt. Die blau eingezeichneten Elementarwellen gehen von jedem Punkt einer Wellenfront aus. In den Skizzen sind nur einige ausgewählte Punkte markiert, von denen die blau eingezeichneten Elementarwellen ausgehen.

Das von Huygens entwickelte Prinzip gilt für viele Arten von Wellen, z. B. für Wasserwellen oder Schallwellen. Es ermöglicht nicht nur die Erklärung der Ausbreitung von Wellen, sondern auch

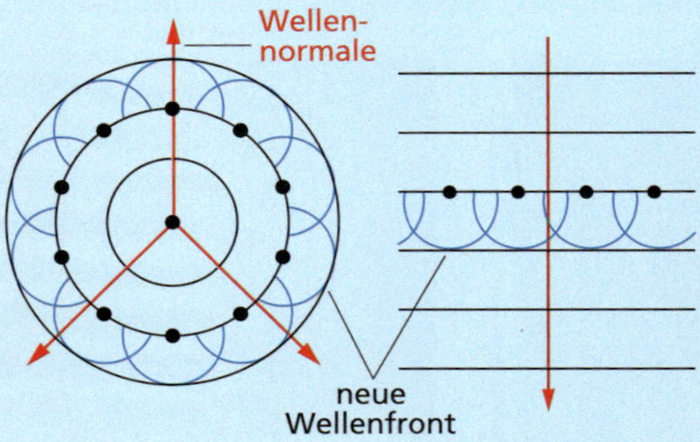

2 Die blau eingezeichneten Elementarwellen bilden in ihrer Gesamtheit eine neue Wellenfront.

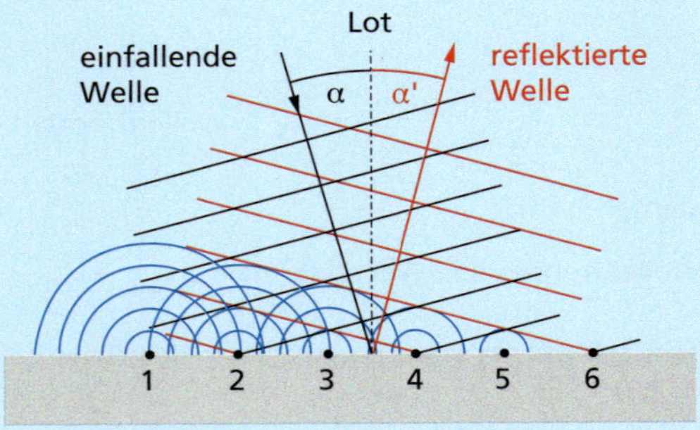

3 Reflexion von Wellen an einem Hindernis

solcher Erscheinungen wie der Reflexion von Wellen an einem Hindernis oder der Brechung von Wellen an einer Grenzfläche.

Trifft eine Wellenfront schräg auf ein reflektierendes Hindernis (Abb. 3), so gehen zunächst von Punkt 1, dann von Punkt 2 usw. Elementarwellen aus. Die Überlagerung aller Elementarwellen ergibt die neuen, in Abb. 3 rot eingezeichneten Wellenfronten.

Ähnlich ist der Sachverhalt auch dann, wenn Wellen auf die Grenzfläche zwischen zwei Stoffen treffen (Abb. 4). Jeder Punkt der Grenzfläche, auf den eine Welle trifft, ist Ausgangspunkt von Elementarwellen, die sich ihrerseits wieder überlagern. Da sich die Ausbreitungsgeschwindigkeit ändert, verändert sich auch die Wellenlänge und es erfolgt eine Brechung. Je nachdem, ob die Ausbreitungsgeschwindigkeit im Medium 2 größer oder kleiner als im Medium 1 ist, erfolgt eine Brechung vom Lot weg oder zum Lot hin.

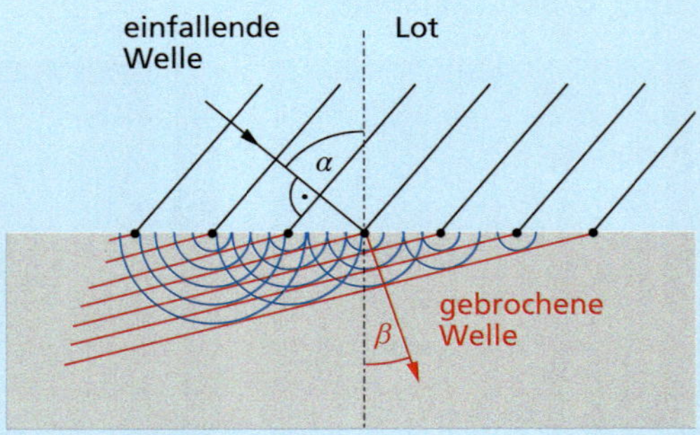

4 Brechung von Wellen an einer Grenzschicht: Ursache der Brechung ist die unterschiedliche Ausbreitungsgeschwindigkeit.

Diese ungestörte Ausbreitung verschiedener Wellen ist auch der Grund dafür, dass man Schall von verschiedenen Quellen (mehrere Menschen, Radio, Flugzeuggeräusche) getrennt voneinander wahrnehmen kann.

Treffen Wasserwellen oder Schallwellen, die von verschiedenen Punkten ausgehen, in einem Bereich aufeinander, so kann es zu einer Überlagerung kommen. Es entsteht eine resultierende Welle als Addition der Ausgangswellen. Diese Überlagerung von Wellen nennt man **Interferenz.** Dabei kommt es an verschiedenen Stellen zu typischen Interferenzerscheinungen wie einer Verstärkung und einer Auslöschung (Abb. 1).

Beugung und **Interferenz** sind Erscheinungen, die nur bei Wellen auftreten und deshalb auch zum Nachweis des Wellencharakters genutzt werden können. Man kann sagen: Wenn Beugung oder Interferenz auftreten, haben wir es mit Wellen zu tun.

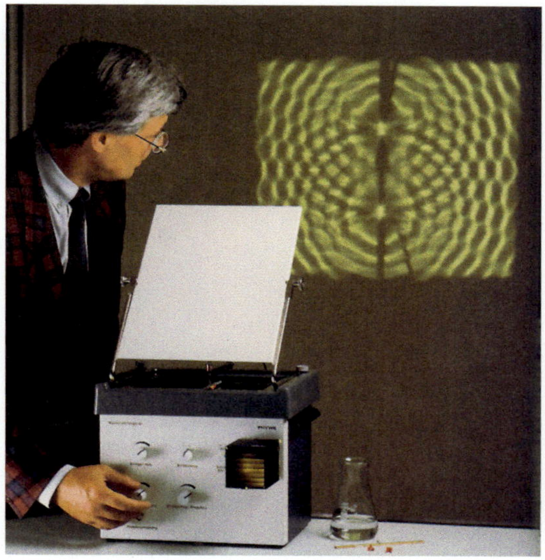

1 Interferenz zweier kreisförmiger Wasserwellen mit Bereichen der Verstärkung und Auslöschung

Reflexion	**Brechung**	**Beugung**	**Interferenz**
Wellen werden durch ein Hindernis zurückgeworfen.	Wellen verändern ihre Ausbreitungsrichtung beim Übergang von einem Stoff in einen anderen.	Wellen breiten sich auch hinter einer Kante oder hinter einem Spalt in den Raum aus.	Wellen überlagern sich zu einer resultierenden Welle mit Verstärkungen und Auslöschungen.
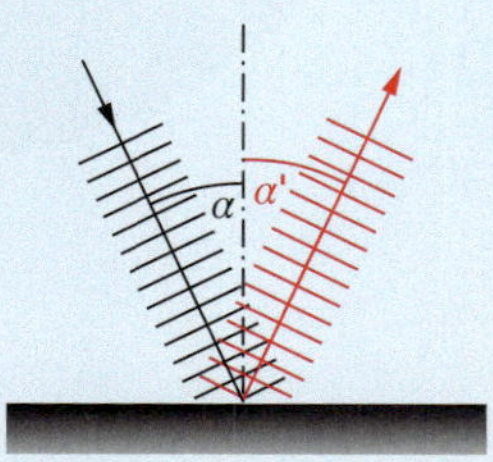	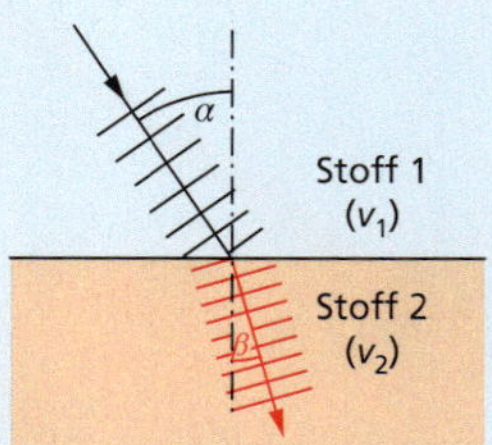	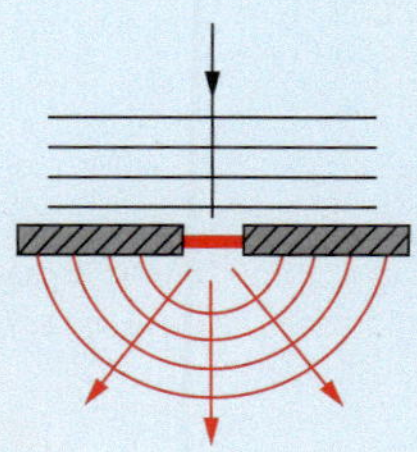	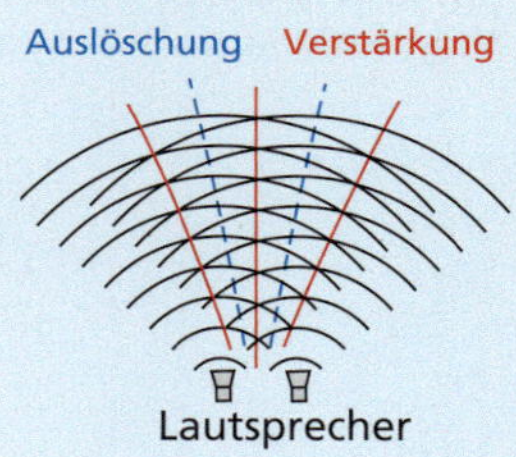
Es gilt das **Reflexionsgesetz:** $\alpha = \alpha'$	Es gilt das **Brechungsgesetz:** $\frac{\sin \alpha}{\sin \beta} = \frac{v_1}{v_2}$ v_1, v_2 Ausbreitungsgeschwindigkeiten	Es gilt: Jeder Punkt, auf den eine Welle trifft, ist Ausgangspunkt einer neuen Welle.	Es gilt: Es treten Bereiche der Verstärkung und Bereiche der Auslöschung bzw. Abschwächung auf.
Beispiel: Reflexion von Schallwellen an einem Berghang (Echo)	Beispiel: Veränderung der Ausbreitungsrichtung von Wasserwellen beim Übergang von tiefem zu flachem Wasser	Beispiel: Hörbarkeit von Geräuschen auch hinter einer Hausecke	Beispiel: Nichthörbarkeit interferierender Wellen an bestimmten Stellen

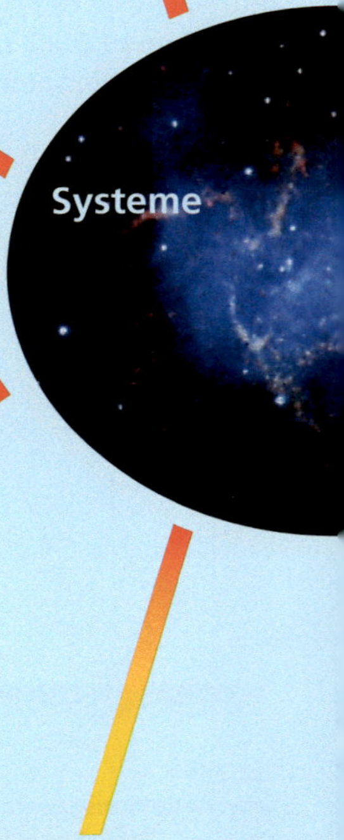

sind in der **Physik** abgeschlossene Bereiche, in denen sich Körper, Bauteile, Anlagen, Lebewesen, elektrische oder magnetische Felder befinden können.

Optische Systeme

sind beispielsweise Mikroskope, Fernrohre, Teleskope oder das menschliche Auge.

Mechanische Systeme

existieren in vielfältigen Formen, z. B. als
- Kraftwandler,
- schwingungsfähige Systeme,
- unbeschleunigte oder beschleunigte Systeme

Thermodynamische Systeme

sind z. B. Körper unterschiedlicher Temperatur, zwischen denen Wärme transportiert wird.
Auch ein Dieselmotor oder ein Kraftwerk ist ein thermodynamisches System.

Elektrische Systeme

sind Parallel- und Reihenschaltungen von Glühlampen, Widerständen oder Messgeräten.
Auch Anlagen wie Generatoren, Elektromotoren, Transformatoren oder Energieübertragungssysteme sind elektrische Systeme.

Kernphysikalische Systeme

sind Anordnungen, bei denen radioaktive Strahlung genutzt wird. Auch Anlagen für Kernspaltung und Kernfusion gehören dazu.

Energieumwandlungen

erfolgen so, dass elektrische Energie zugeführt und durch das Gerät bzw. die Anlage in verschiedene andere Energieformen umgewandelt wird (Wärme, Licht, mechanische Energie, Elektroenergie).

Nutzung

erfolgt immer für einen bestimmten Zweck.

können offen sein.
Es wird Stoff und Energie mit der Umgebung ausgetauscht.

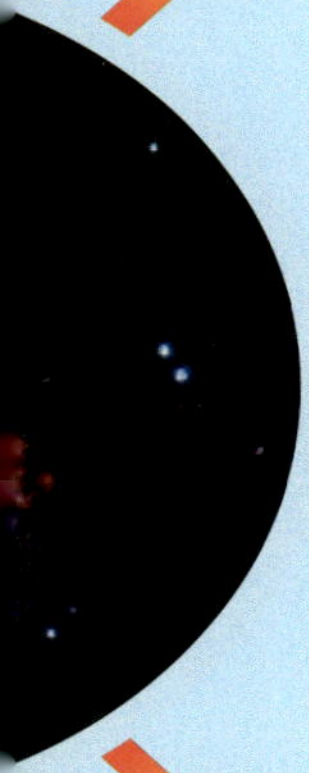

sind in der **Technik** mehr oder weniger komplexe Anordnungen, die eine bestimmte technische Funktion erfüllen und die mit ihrer Umgebung wechselwirken.

Technische Geräte und Anlagen

können abgeschlossen sein.
Es wird kein Stoff und keine Energie mit der Umgebung ausgetauscht.

Umweltbelastungen

sind nicht immer vermeidbar, sollten aber so gering wie möglich sein.

Gefahren/Risiken

für den Menschen müssen möglichst gering gehalten werden.

Physik in Natur und Technik

Die Ausbreitungsgeschwindigkeit mechanischer Wellen

Die Gleichung für die Ausbreitungsgeschwindigkeit mechanischer Wellen lautet: $v = \lambda \cdot f$
Interpretiere diese Gleichung für die Ausbreitungsgeschwindigkeit von Wellen!

Die Gleichung $v = \lambda \cdot f$ beschreibt die Zusammenhänge zwischen der Ausbreitungsgeschwindigkeit v, der Wellenlänge λ und der Frequenz f mechanischer Wellen.
Dabei ist zu beachten, dass die Frequenz einer mechanischen Welle nur davon abhängig ist, wie die Welle erzeugt wird. Die Frequenz ändert sich bei der Ausbreitung der Welle nicht, auch dann nicht, wenn die Welle von einem Stoff in einen anderen übergeht.
Deshalb sind bei der Interpretation der Gleichung zwei Fälle zu unterscheiden:

1. Fall
Unter der Bedingung, dass die Ausbreitungsgeschwindigkeit konstant ist, sich die Welle also nur in einem Stoff mit konstanter Temperatur ausbreitet, gilt:

$$v = \lambda \cdot f \qquad | : f$$

$$\frac{v}{f} = \lambda \quad \text{bzw.} \quad \lambda = \frac{v}{f}$$

Aus v = konstant folgt:

$$\lambda \sim \frac{1}{f}$$

Das heißt: Wellenlänge und Frequenz einer mechanischen Welle sind umgekehrt proportional zueinander. Je größer die Wellenlänge ist, umso kleiner ist die Frequenz und umgekehrt. So ist z. B. die Wellenlänge einer Schallwelle umso kleiner, je größer die Frequenz eines Tons ist, wenn sich der Schall nur in einem Stoff (z. B. Luft) ausbreitet. Das bedeutet: Je höher ein Ton (große Frequenz) ist, desto kleiner ist die Wellenlänge.
Bei einer Frequenz von 100 Hz und einer Ausbreitungsgeschwindigkeit von $v = 332\ \frac{\text{m}}{\text{s}}$ beträgt die Wellenlänge 3,32 m. Bei der 10-fachen Frequenz von 1 000 Hz beträgt sie wegen $\lambda \sim \frac{1}{f}$ nur ein Zehntel, also 0,332 m.

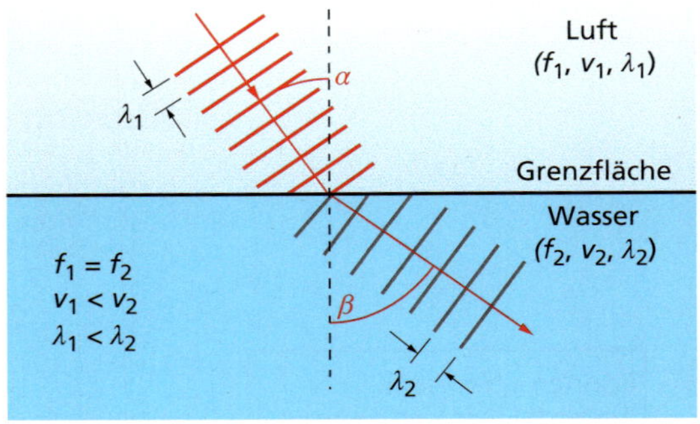

1 Brechung und Änderung der Wellenlänge beim Übergang einer Schallwelle von einem Stoff in einen anderen

2. Fall
Unter der Bedingung, dass die Frequenz konstant ist, gilt:

$$v \sim \lambda$$

Zwischen Ausbreitungsgeschwindigkeit und Wellenlänge besteht eine direkte Proportionalität. In einem Stoff konstanter Temperatur ist die Ausbreitungsgeschwindigkeit immer gleich. Das gilt dann auch für die Wellenlänge.
Beim Übergang einer mechanischen Welle von einem Stoff in einen anderen ändert sich in der Regel die Ausbreitungsgeschwindigkeit und damit auch die Wellenlänge. So wird z. B. beim Übergang einer Schallwelle von Luft in Wasser die Wellenlänge größer, weil die Schallgeschwindigkeit in Wasser größer ist als in Luft.
Bei bekannter Ausbreitungsgeschwindigkeit und Frequenz kann man die Wellenlänge berechnen.
Berechne für den Kammerton a (440 Hz) die Wellenlänge der Schallwelle in Luft und in Wasser!

Analyse:
Für den Kammerton a kann die Wellenlänge in Luft und Wasser mit der Gleichung für die Ausbreitungsgeschwindigkeit berechnet werden. Die Frequenz des Kammertons a beträgt genau 440 Hz.

Gesucht: $\lambda_{Luft}, \lambda_{Wasser}$
Gegeben: $f = 440\ \text{Hz}$

$v_{Luft} = 344\ \frac{m}{s}$ (bei 20 °C)

$v_{Wasser} = 1\,484\ \frac{m}{s}$ (bei 20 °C)

Lösung:

$$v = \lambda \cdot f \qquad |:f$$

$$\frac{v}{f} = \lambda$$

$$\lambda_{Luft} = \frac{v_{Luft}}{f}$$

$$\lambda_{Luft} = \frac{344\ \text{m} \cdot \text{s}}{440\ \text{s}}$$

$$\underline{\lambda_{Luft} = 0{,}78\ \text{m}}$$

$$\lambda_{Wasser} = \frac{v_{Wasser}}{f}$$

$$\lambda_{Wasser} = \frac{1\,484\ \text{m} \cdot \text{s}}{440\ \text{s}}$$

$$\underline{\lambda_{Wasser} = 0{,}78\ \text{m}}$$

Ergebnis:
Die Wellenlänge für den Kammerton a beträgt in Luft 0,78 m, in Wasser dagegen 3,37 m. Die Wellenlänge ändert sich nicht nur beim Übergang von einem Stoff in einen anderen, sondern ist auch in einem Stoff bei verschiedener Temperatur unterschiedlich.
So ist z.B. die Wellenlänge von Schallwellen in Luft bei 0 °C kleiner als bei 20 °C, da die Ausbreitungsgeschwindigkeit bei 0 °C kleiner ist.

Mosaik

Wenn die Erde bebt

Erdbeben sind natürliche Erschütterungen der Erdkruste bzw. des oberen Erdmantels. In jedem Jahr werden mehrere Tausend kleinerer und größerer Beben registriert. Etwa 90 % aller Beben entstehen dadurch, dass sich Teile der Erdkruste gegeneinander verschieben, sich dadurch gewaltige Spannungen aufbauen und plötzlich entladen. Kleinere Erdbeben können auch im Zusammenhang mit vulkanischen Aktivitäten oder beim Einsturz von Hohlräumen (Höhlen, Bergwerken) entstehen. Erdbeben treten vor allem in tektonisch aktiven Zonen auf. Das ist der Bereich um den Pazifik und die eurasischen Faltengebirge. Etwa 75 % aller Beben treten im Bereich um den Pazifik herum auf, etwa 17 % im Bereich der eurasischen Faltengebirge.

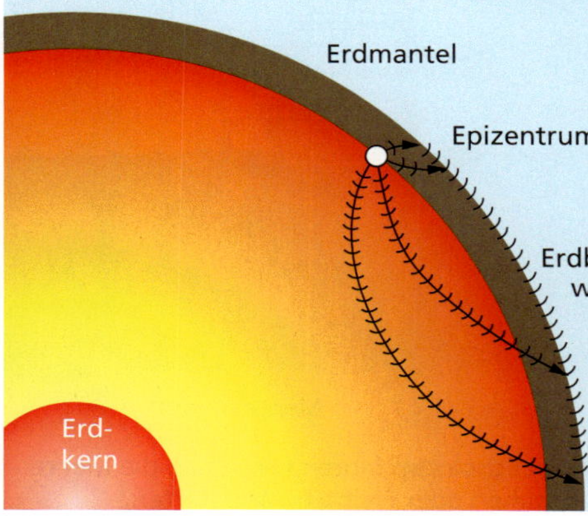

Das Erdbebenzentrum liegt meist 60 bis 700 km unter der Erdoberfläche, die senkrecht darüberliegende Stelle der Erdoberfläche wird als **Epizentrum** bezeichnet. Vom Bebenzentrum breiten sich Erdbebenwellen als Längs- und Querwellen teilweise an der Erdoberfläche und teilweise im Erdmantel aus (Abb. links). Diese Erdbebenwellen können zur Zerstörung von Gebäuden, Brücken und Dämmen sowie zu Erdrutschen führen. Die Dauer von Erdbeben beträgt meist nur einige Sekunden bis Minuten. Häufig treten **Nachbeben** unterschiedlicher Stärke auf. Auch in Deutschland können Erdbeben auftreten, ihre Stärke ist aber meist gering.
Die Stärke von Erdbeben wird heute in der RICHTER-Skala angegeben, einer Skala, die von dem amerikanischen Seismologen CHARLES FRANCIS RICHTER (1900 bis 1985) im Jahr 1935 entwickelt wurde.
Aktuelle Informationen zu Erdbeben findet man im Internet.

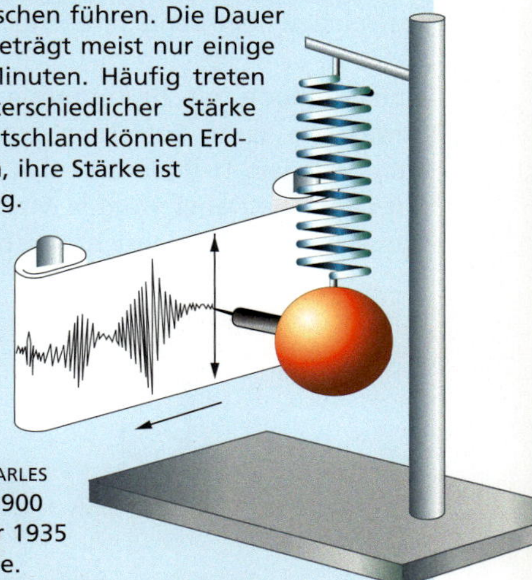

1 Seismograf, der vertikale Bewegungen aufzeichnet

Das Echo und seine Anwendung

Eine Eigenschaft von Schallwellen besteht darin, dass sie an Flächen reflektiert werden.
Die Reflexion von Schall kann man mit folgendem Versuch nachweisen:
In einem Standzylinder liegt eine tickende Uhr. Aus ca. 1 m Entfernung hört man sie nicht. Hält man aber eine Glasplatte schräg über den Standzylinder, so ist das Ticken der Uhr deutlich zu hören (Abb. 1).
Reflektiert werden sowohl Schallwellen im hörbaren Bereich als auch Schallwellen mit Frequenzen über 20 000 Hz, also im Ultraschallbereich.
Wie wird diese Eigenschaft des Schalls in Natur und Technik genutzt?

Beispiele für die Nutzung der Reflexion von Schall gibt es in Natur, Technik und Medizin.
So orientieren sich z. B. Fledermäuse mithilfe von Ultraschall (Abb. 2). Während ihres Flugs stoßen sie ständig für uns nicht hörbare Ultraschallschreie aus.
Treffen die Schallwellen auf ein Hindernis, so werden sie reflektiert und die reflektierten Schallwellen von der Fledermaus wieder aufgenommen. Die Fledermaus kann dann dem Hindernis ausweichen oder Beutetiere fangen.

Eine Methode zur Bestimmung der Tiefe von Gewässern, zum Aufspüren von Fischschwärmen oder von U-Booten ist das **Echolotverfahren** (Abb. 3). Dabei werden von einem Sender Ultraschallimpulse gerichtet abgestrahlt. Der

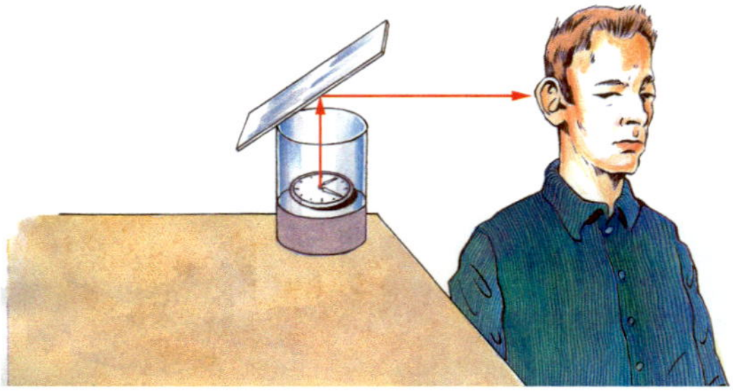

1 Schall wird an Flächen reflektiert. Es gilt das Reflexionsgesetz $\alpha = \alpha'$.

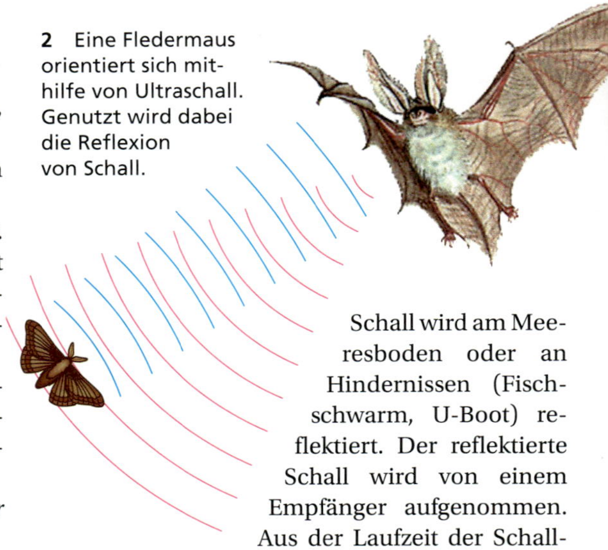

2 Eine Fledermaus orientiert sich mithilfe von Ultraschall. Genutzt wird dabei die Reflexion von Schall.

Schall wird am Meeresboden oder an Hindernissen (Fischschwarm, U-Boot) reflektiert. Der reflektierte Schall wird von einem Empfänger aufgenommen. Aus der Laufzeit der Schallimpulse kann man die Tiefe des Fischschwarms ermitteln. Der Schall breitet sich im Wasser gleichförmig aus und damit gilt das Weg-Zeit-Gesetz für die gleichförmige Bewegung $s = v \cdot t$.
Beachte: Will man die Tiefe ermitteln, dann ist die Zeit t die Hälfte der Zeit, die der Schall vom Sender bis zum Empfänger benötigt.
Es sind auch Aussagen über die Größe und die Bewegungsrichtung eines Fischschwarms möglich.
In der Medizin und in der Technik wird das Echolotverfahren bei Ultraschalluntersuchungen genutzt (s. S. 219). Mit dem Echolotverfahren kann auch ein Werkstoff auf Einschlüsse oder Risse geprüft werden (s. S. 219).

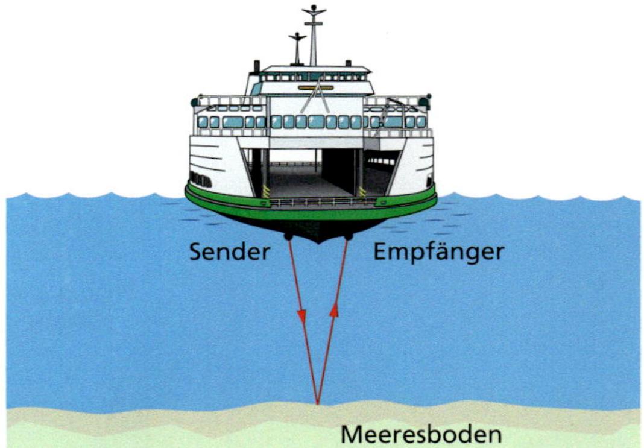

3 Mit dem Echolotverfahren kann man die Meerestiefe bestimmen oder Fischschwärme orten.

Mosaik

Ultraschall und seine Anwendung

Schall mit einer Frequenz von über 20 kHz bezeichnet man als Ultraschall. Der Frequenzumfang des Ultraschalls reicht bis 1 GHz. Bei technischen Anwendungen arbeitet man in der Regel in einem Bereich von einigen MHz.

Die **Erzeugung von Ultraschall** erfolgt mithilfe von Schallgebern. Bei den vorrangig genutzten piezoelektrischen Schallgebern wird folgender Effekt genutzt: Unter dem Einfluss eines hochfrequenten elektrischen Wechselfelds wird ein Piezokristall zu Schwingungen angeregt (Abb. 1) und strahlt Ultraschall ab. Bei magnetostriktiven Wandlern wird der 1847 von J. P. JOULE gefundene Effekt genutzt, dass ferromagnetische Stoffe bei der Magnetisierung ihre Länge ändern.

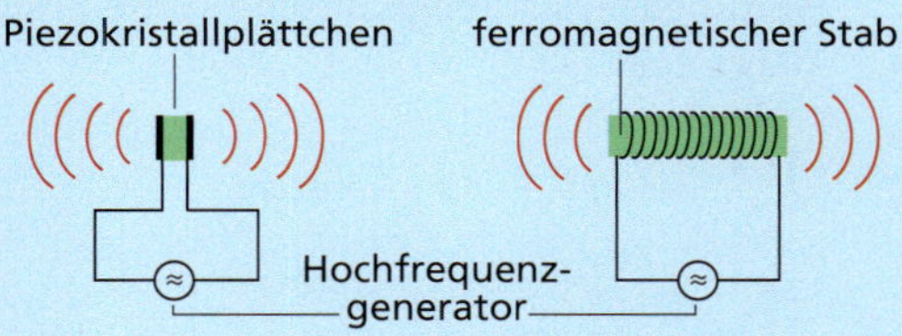

1 Erzeugung von Ultraschall

Die **Ausbreitung von Ultraschall** hängt vom jeweiligen Stoff und seiner Temperatur ab (s. Übersicht unten).

An Grenzflächen zwischen verschiedenen Stoffen wird ein Teil des Ultraschalls reflektiert und kann von einem Empfänger aufgenommen werden. Sender und Empfänger sind zumeist in einem **Ultraschallkopf** vereinigt, wobei man bei Anwendungen oft mit Ultraschallimpulsen mit einer Impulsdauer von 1–2 ms und einer Impulsfolge in einem Bereich von 0,3–10 kHz arbeitet.

Stoff	**ϑ in °C**	**v in $\frac{m}{s}$**
Luft	0 +20 +30	332 344 350
Wasser	5 25	1 400 1 457
Muskel Fettgewebe Knochen	37 37 37	1 570 1 470 3 600

Die **Anwendungen von Ultraschall** sind überaus vielfältig. Das **Echolotverfahren** (A-scope, A von Amplitude) wird nicht nur genutzt, um die Wassertiefe unter Schiffen zu bestimmen oder Fischschwärme zu orten, sondern auch, um massive Werkstücke oder Schweißnähte zu prüfen (Abb. 2). An den unterschiedlichen Reflexionen kann man erkennen, ob Einschlüsse vorhanden sind.

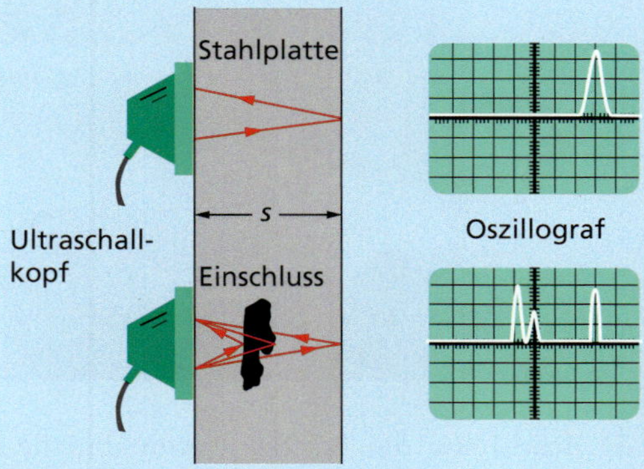

2 Werkstoffprüfung mit Ultraschall

Bei Augenuntersuchungen mit Ultraschall kann man z. B. feststellen, ob eine Netzhautablösung vorliegt.

Um ein zweidimensionales Schnittbild einer Körperebene zu erhalten, wendet man das B-scope (B von engl., *brightness* = Helligkeit) an. Dabei wird der Schallkopf über die Körperoberfläche geführt. Die empfangenen Echoimpulse werden als mehr oder weniger helle Punkte dargestellt. Damit erhält man ein zweidimensionales Bild aus dem Körperinnern (s. Abb.).

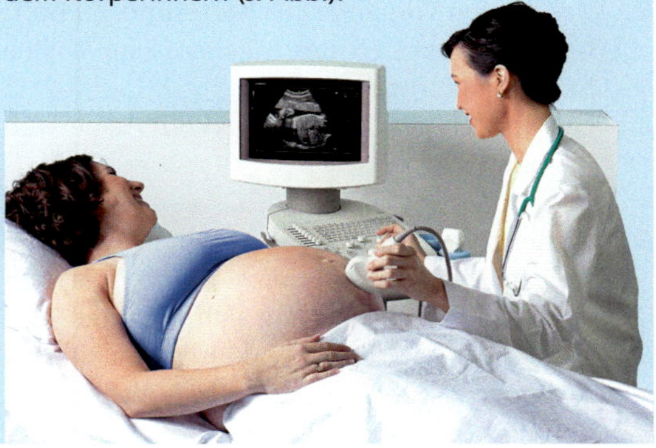

gewusst · gekonnt

1. Die folgenden Abbildungen zeigen verschiedene Erscheinungen aus unserer Umwelt.

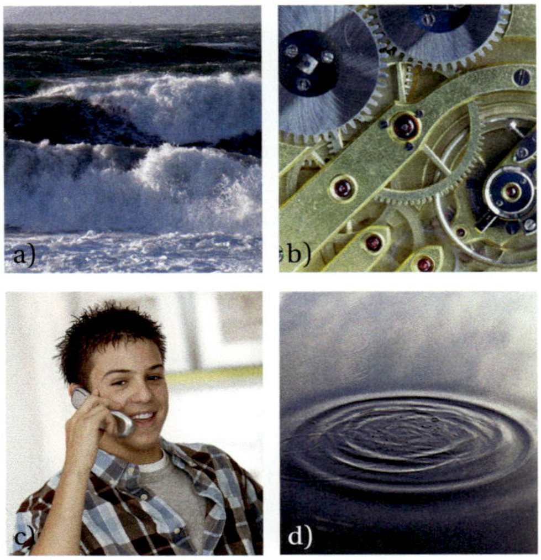

a) Beschreibe die Erscheinungen und begründe, ob es sich bei der jeweiligen Erscheinung um mechanische Wellen handelt!

b) Gib für die Fälle, bei denen es sich um mechanische Wellen handelt, an, ob es Längs- oder Querwellen sind! Begründe!

*c) Welche physikalischen Größen ändern sich zeitlich und räumlich periodisch bei den jeweiligen mechanischen Wellen?

2. Beschreibe Vorgänge aus Natur und Technik, bei denen es sich um mechanische Wellen handelt! Begründe!
Gib an, ob es sich um Längs- oder Querwellen handelt!

3. Wellenbäder sind beliebte Freizeiteinrichtungen. Die Wellen werden durch eine Wellenmaschine erzeugt, die sich an einer Seite des Beckens befindet. Erläutere an diesem Beispiel, dass mit mechanischen Wellen zwar Energie, aber kein Stoff transportiert wird!

4. Durch eine Reihe gekoppelter Fadenpendel (s. Abb.) kann sich eine mechanische Welle ausbreiten.

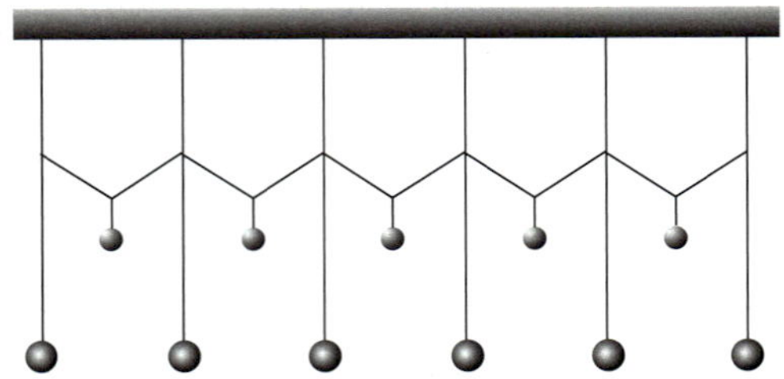

Erläutere die Ausbreitung von mechanischen Längs- und Querwellen an diesem Beispiel!

5. Mit den zwei nachfolgenden Diagrammen wird die Ausbreitung der Schwingung einer Stimmgabel als mechanische Welle grafisch dargestellt.

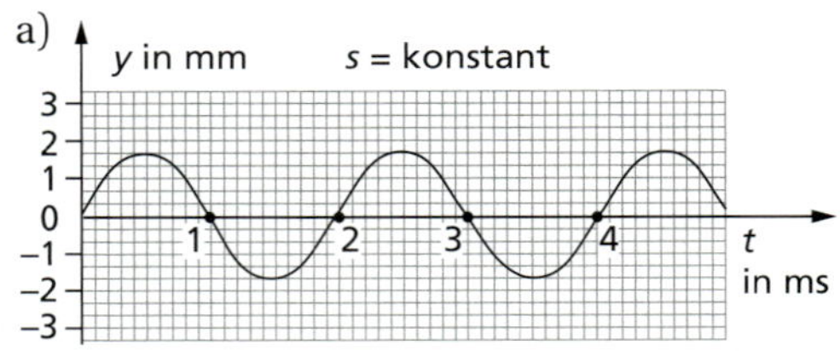

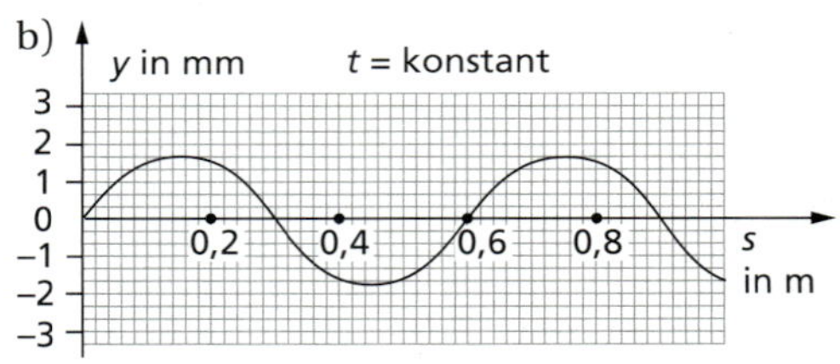

Ermittle aus den Diagrammen die Amplitude, die Frequenz, die Wellenlänge und die Schwingungsdauer der Schallwellen, die von der Stimmgabel ausgehen! Berechne aus den Daten die Ausbreitungsgeschwindigkeit!

6. Eine Stimmgabel führt in einer Sekunde 523 vollständige Schwingungen aus.
Wie groß ist die Schwingungsdauer der Stimmgabel?
Welche Wellenlänge haben die von ihr ausgehenden Schallwellen?

***7.** Bei Erdbeben entstehen sowohl Längs- als auch Querwellen, die gewaltige Zerstörungen in der Natur und an Gebäuden verursachen können. Bei einem Erdbeben werden zuerst Längswellen und anschließend Querwellen registriert.

a) Erläutere die Ausbreitung von mechanischen Längs- und Querwellen bei einem Erdbeben!

b) Erkläre das Verursachen von gewaltigen Schäden bei einem Erdbeben!

c) Erkunde, wo in letzter Zeit Erdbeben stattgefunden haben und welche Auswirkungen sie hatten! Hinweise dazu findest du im Internet.

8. Erläutere die Ausbreitung einer Schwingung im Raum am Beispiel von Schall!

9. Eine Stimmgabel wird angeschlagen und führt mechanische Schwingungen mit einer Frequenz von 400 Hz aus. Die Amplitude der Schwingung beträgt 1,5 mm.
Zeichne das y-t-Diagramm und das y-s-Diagramm für die Ausbreitung der Schallwelle, die bei der Schwingung dieser Stimmgabel in der Luft entsteht!

***10.** Leite aus der Gleichung $v = \frac{s}{t}$ für die geradlinig gleichförmige Bewegung die Gleichung für die Ausbreitungsgeschwindigkeit mechanischer Wellen $v = \lambda \cdot f$ her!

11. Berechne für eine 100-Hz-Stimmgabel die Wellenlänge der Schallwelle in Luft und in Wasser!

12. Wasserwellen sind Oberflächenwellen. Wenn man z. B. einen Stein ins Wasser wirft, breiten sich die Wellen kreisförmig vom Erregerzentrum aus.

a) Beschreibe eine Möglichkeit, wie man die Ausbreitungsgeschwindigkeit von Wasserwellen bestimmen könnte!

b) Nutze das beschriebene Verfahren, um die Ausbreitungsgeschwindigkeit von Wasserwellen zu bestimmen!

13. Mithilfe des Echolotverfahrens kann die Wassertiefe unter Schiffen bestimmt werden.

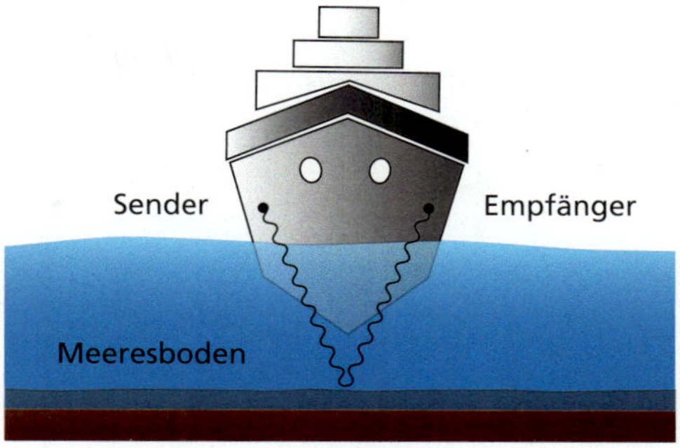

a) Erläutere das Echolotverfahren!

b) Von einem Schiff wird unmittelbar unter der Wasseroberfläche mit einem Echolotgerät Schall ausgesendet. Nach 9,6 s wird der Schall wieder empfangen.
Wie tief ist an dieser Stelle das Meer?

*c) Wie verändert sich die Laufzeit der Schallimpulse, wenn bei gleicher Tiefe die Wassertemperatur höher ist?

14. Lineare Wasserwellen, wie sie z. B. von Wellenmaschinen in Bädern erzeugt werden, treffen auf unterschiedliche Hindernisse. Dabei sind die in den Skizzen unten dargestellten Erscheinungen zu beobachten.
Beschreibe das jeweilige Experiment!
Welche Eigenschaften von Wasserwellen werden mit dem jeweiligen Experiment demonstriert?

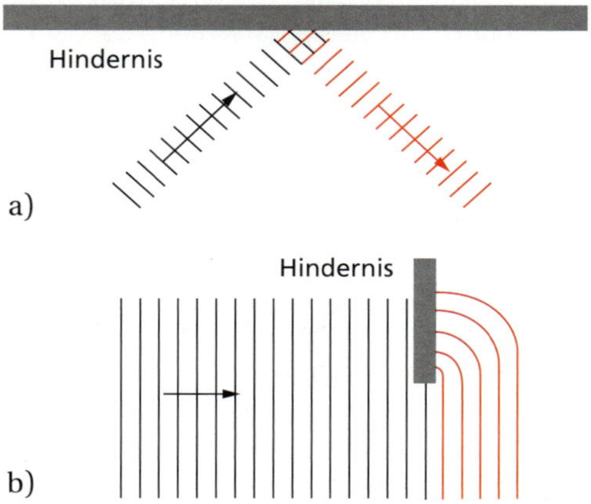

Mechanische Wellen

Eine **Welle** ist die Ausbreitung einer Schwingung im Raum. Dabei erfolgt eine räumlich und zeitlich periodische Änderung einer physikalischen Größe (z. B. Auslenkung, Druck, Geschwindigkeit, Beschleunigung, Stärke des elektrischen bzw. magnetischen Felds).

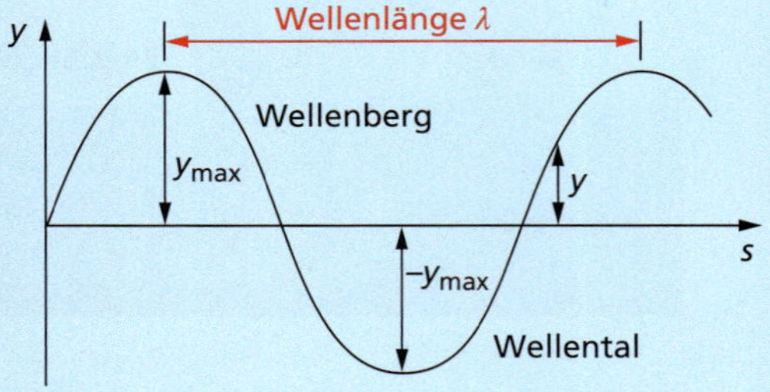

Für die Ausbreitungsgeschwindigkeit von Wellen gilt:

$$v = \lambda \cdot f$$

λ Wellenlänge
f Frequenz

Wellen können reflektiert, gebrochen und gebeugt werden sowie sich überlagern.

Reflexion	Brechung	Beugung	Interferenz
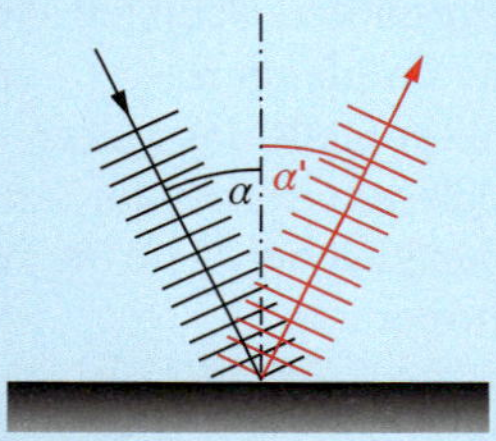	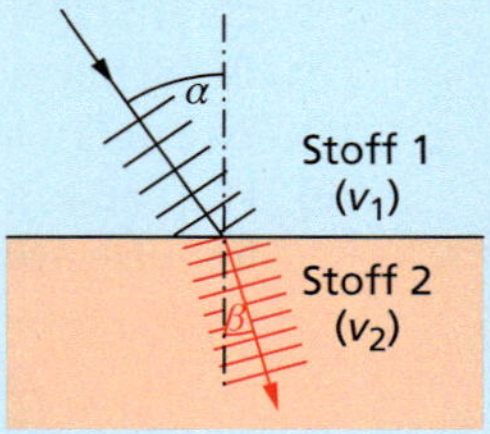	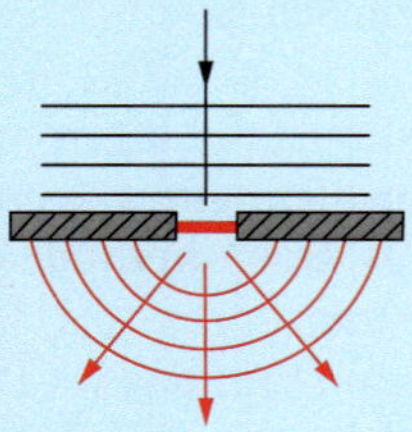	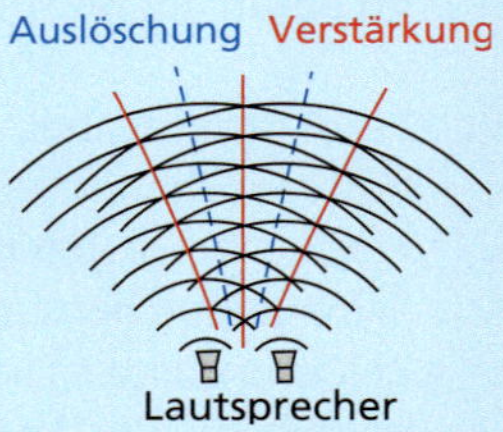
$\alpha = \alpha'$	Wellen ändern ihre Ausbreitungsrichtung.	Wellen gehen um „die Ecke".	Es tritt Verstärkung und Auslöschung auf.

Die **Ausbreitung von mechanischen Wellen** und die wellentypischen Erscheinungen **Reflexion, Brechung, Beugung** und **Interferenz** können mit dem **huygensschen Prinzip** erklärt werden.

Jeder Punkt einer Wellenfront ist Ausgangspunkt von Elementarwellen.
Diese Elementarwellen überlagern sich und bilden eine neue Wellenfront.

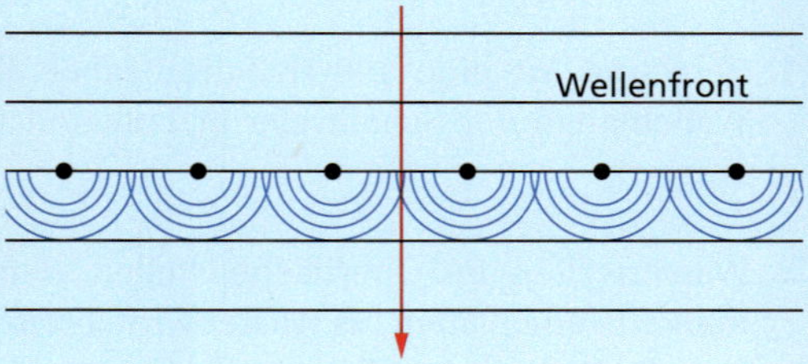

Schallwellen sind mechanische Wellen. Sie
- breiten sich in Stoffen aus, nicht aber im Vakuum,
- breiten sich in Luft mit ca. 333 m/s aus,
- werden an Flächen reflektiert,
- werden an Kanten und Öffnungen gebeugt,
- werden durch Stoffe absorbiert.

Schwingungen, die man hört

Mit unseren Ohren nehmen wir verschiedene Geräusche, Sprache, Musik, aber auch unangenehmen Lärm wahr.

Alles, was man mit den Ohren hören kann, ist Schall.

Schall entsteht durch mechanische Schwingungen von Körpern. Dadurch kann sich z. B. der Zustand der Luft (Dichte, Druck) zeitlich periodisch ändern. Letztlich erreichen die Druckschwankungen, die durch die Luft übertragen werden, das menschliche Ohr und versetzen dort das Trommelfell in Schwingungen. Diese werden auf das Innenohr übertragen. Wir nehmen den Schall wahr.
Luft kann von verschiedenen Körpern und auf unterschiedliche Weise in Schwingungen versetzt werden. Die menschliche Stimme, Musikinstrumente, die Membran eines Lautsprechers, Stimmgabeln, aber auch vibrierende Fensterscheiben oder Fahrzeuge erzeugen Schall.

Körper, die durch ihre mechanischen Schwingungen Schall erzeugen, nennt man Schallquellen.

Bei Musikinstrumenten können z. B. schwingen:
- Saiten (bei Zupf- und Streichinstrumenten wie Gitarre, Klavier und Violine),
- Stäbe, Platten oder Membranen (bei Schlaginstrumenten wie Xylofon und Schlagzeug),
- Luftsäulen (bei Blasinstrumenten wie Saxofon, Flöte, Trompete und Orgel).

Bei Schallschwingungen unterscheidet man zwischen **Ton, Klang, Geräusch** und **Knall.** Mithilfe von Mikrofon und Oszillograf oder in den entsprechenden y-t-Diagrammen können die Unterschiede deutlich sichtbar gemacht werden (s. Übersicht unten). Töne sind sinusförmige Schwingungen. Überlagern sich mehrere Töne unterschiedlicher Frequenz, so nimmt man einen Klang wahr. Er zeichnet sich – im Unterschied zum Geräusch – durch eine regelmäßige Schwingungsform aus. Charakteristisch für den Knall ist eine einmalige starke Auslenkung.

Ton	Klang	Geräusch	Knall
Die Schwingung ist sinusförmig.	Die Schwingung ist periodisch, aber nicht sinusförmig.	Die Schwingung ist unregelmäßig.	Die Schwingung hat einen großen Ausschlag und klingt schnell ab.
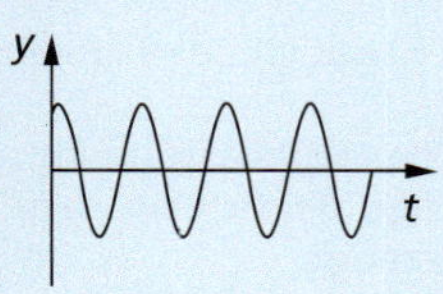	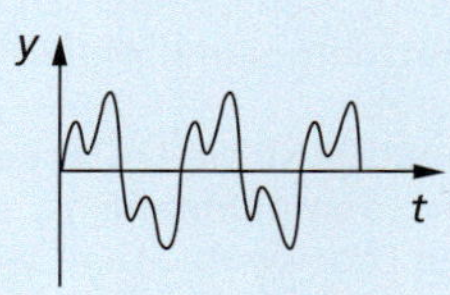	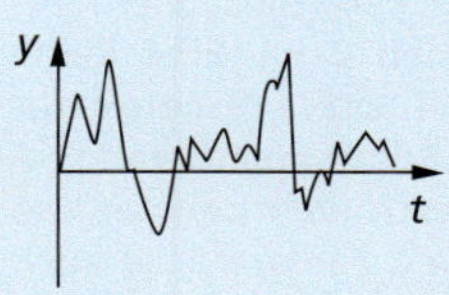	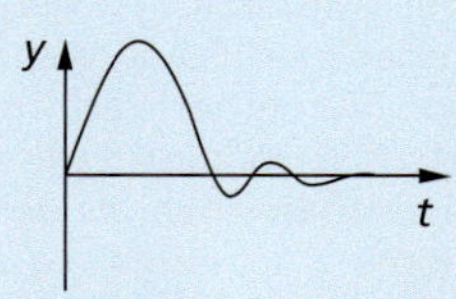

Eine angeschlagene Stimmgabel erzeugt einen ganz klaren Ton.	Mit Musikinstrumenten kann man verschiedene Klänge erzeugen.	Geräusche entstehen z. B. bei Fahrzeugen und Maschinen.	Beim Explodieren eines Feuerwerkskörpers entsteht ein Knall.

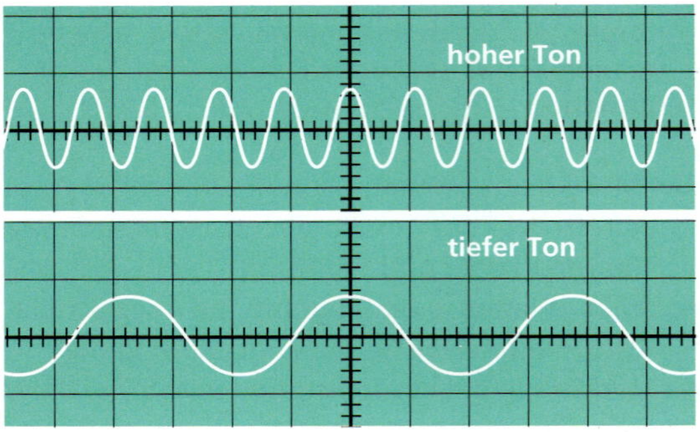

1 Abhängigkeit der Tonhöhe von der Frequenz

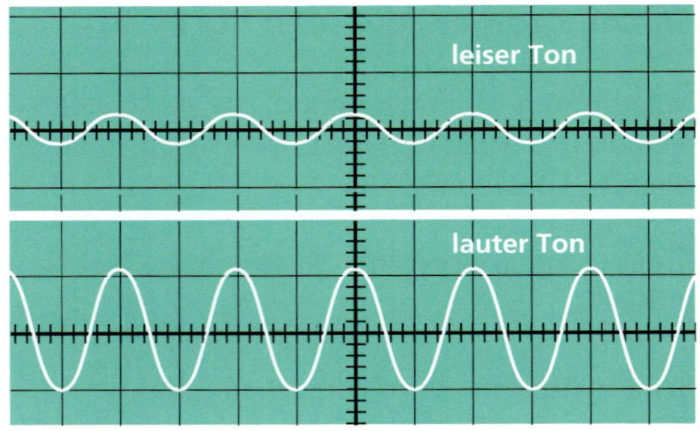

2 Abhängigkeit der Lautstärke von der Amplitude

Töne können höher oder tiefer sowie lauter oder leiser sein. Die **Tonhöhe** ist davon abhängig, mit welcher Frequenz ein Körper schwingt (Abb. 1).

Je größer die Frequenz der Schwingung ist, umso höher ist der entstehende Ton.

Die **Lautstärke** ist davon abhängig, mit welcher Amplitude ein Körper schwingt (Abb. 2). Es gilt:

Je größer die Amplitude der Schwingung eines Körpers ist, umso lauter ist der Ton.

Ob man einen Ton hören kann, hängt sowohl von seiner Frequenz als auch von der Lautstärke ab, also von den Druckschwankungen. Wir hören nur Töne in einem Frequenzbereich zwischen 16 und 20 000 Hz, wobei der obere Wert mit zunehmendem Alter deutlich abnimmt.

Mosaik

Hörbereich und Stimmumfang

Sowohl beim Menschen als auch bei Tieren ist zwischen dem **Hörbereich** und dem **Stimmumfang** zu unterscheiden.
Der **Hörbereich** ist derjenige Bereich, in dem ein Lebewesen Schall wahrnehmen kann. Eine Reihe von Tieren hört nicht nur viel leisere Töne als der Mensch, sondern kann auch Schall in anderen Frequenzbereichen als der Mensch wahrnehmen. So hören z. B. Hunde, Katzen und Fledermäuse auch Frequenzen von über 20 kHz, die der Mensch nicht mehr wahrnehmen kann (Abb. 2).

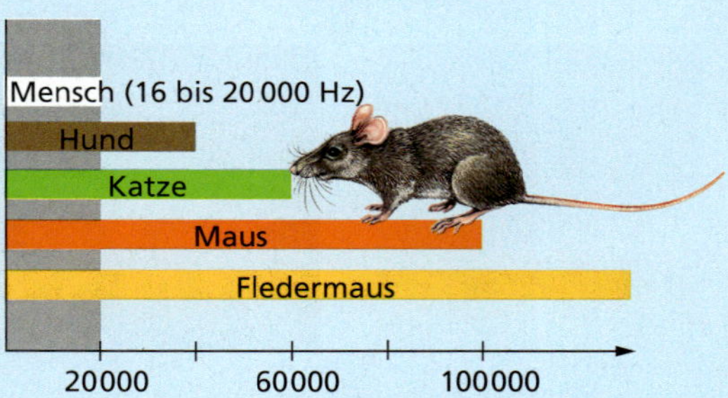

3 Hörbereich von verschiedenen Lebewesen

Beachte: Es gibt auch Schall (Frequenz kleiner als 16 Hz), den ein Mensch zwar nicht hören, der aber trotzdem sein Wohlbefinden negativ beeinflussen kann.
Ähnlich ist die Situation bei der Schallerzeugung. Der **Stimmumfang** ist derjenige Bereich, in dem ein Lebewesen Schall selbst erzeugt.
Auch hier unterscheiden sich viele Tiere erheblich vom Menschen (s. Übersicht unten). Delfine und Fledermäuse nutzen den Schall zur Orientierung und auch zum Beutefang.

Lebewesen	Stimmumfang (Anzahl der Schwingungen je Sekunde)
Mensch	85 – 1 100
Hund	450 – 1 000
Katze	500 – 2 500
Delfin	250 – 270 000
Fledermaus	10 000 – 120 000

Eigenschaften von Schallwellen

Schallwellen sind Längswellen, die sich von einer Schallquelle aus im Raum ausbreiten (Abb. 1). In vielen Fällen erfolgt die Ausbreitung in Luft, es können aber auch Flüssigkeiten oder feste Körper sein, in denen sich Schall ausbreitet.

Schall kann sich in festen, flüssigen und gasförmigen Körpern ausbreiten. Er wird dabei von einem Ort zu einem anderen übertragen.

Körper aus festen und harten Stoffen (Metall, Glas, Holz und Steine) leiten den Schall gut. Körper aus weichen und porösen Stoffen (Wolle, Schaumstoff und Styropor) leiten den Schall schlecht.
In einem luftleeren Raum (Vakuum) kann sich Schall nicht ausbreiten, da keine Luft als Schallträger vorhanden ist (Abb. 2).

Schallwellen breiten sich in Körpern aus verschiedenen Stoffen unterschiedlich schnell aus.

Eine Übersicht zu Schallgeschwindigkeiten ist auf S. 210 gegeben. Wie andere mechanische Wellen werden auch Schallwellen **reflektiert, gebrochen,** an Kanten und Spalten **gebeugt** und können sich **überlagern** (s. S. 211 f.).

Der Hörbereich des Menschen umfasst einen Frequenzbereich von 16 bis 20 000 Hz. Das entspricht in der Luft einem Wellenlängenbereich von 21 m bis 2 cm.

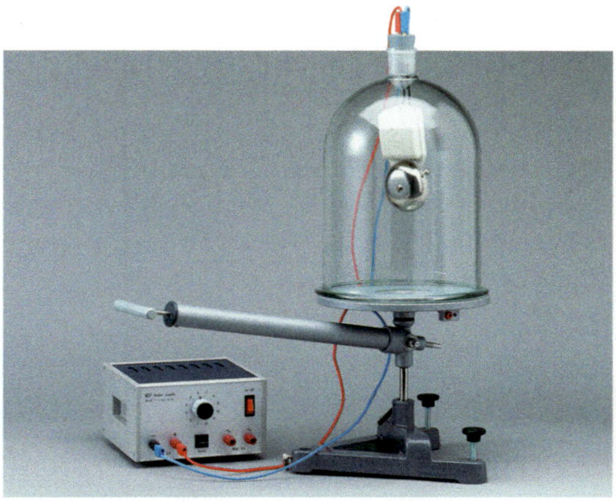

2 Pumpt man die Luft aus dem Gefäß heraus, so ist die Klingel nicht mehr zu hören.

Wenn Schall auf Körper trifft, so wird er zum Teil **hindurchgelassen,** zum Teil **absorbiert** (aufgenommen) und zum Teil **reflektiert** (zurückgeworfen). Wie viel Schall hindurchgelassen, absorbiert oder reflektiert wird, hängt ab von
- dem Stoff, aus dem der Körper besteht,
- der Schichtdicke des Körpers und
- der Oberfläche des Körpers.

Weiche und poröse Körper mit einer rauen Oberfläche absorbieren viel und reflektieren wenig Schall. Sie lassen auch wenig Schall hindurch. Harte Körper mit einer glatten Oberfläche absorbieren wenig, reflektieren aber viel Schall.
Die Eigenschaft von Körpern, Schall zu reflektieren oder zu absorbieren, wird zur **Schalldämmung** und zur **Schalldämpfung,** also zur Verminderung von Lärm, genutzt. Das ist wichtig, weil Lärm eine der größten Umweltbelastungen bei uns ist.

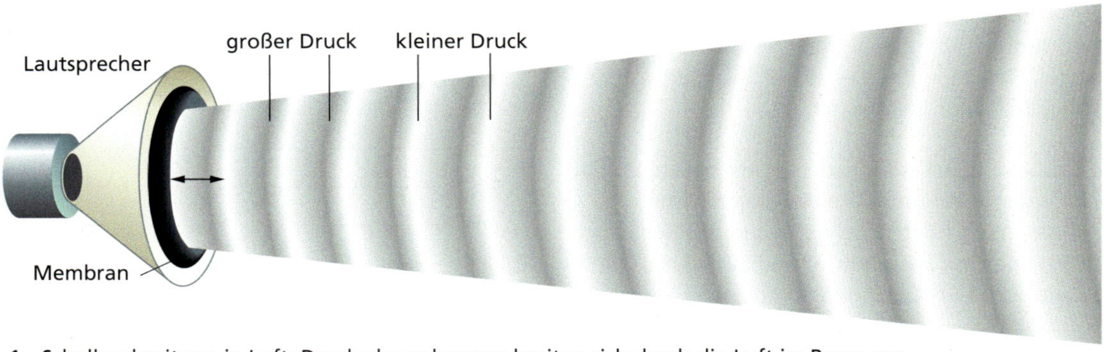

1 Schallausbreitung in Luft: Druckschwankungen breiten sich durch die Luft im Raum aus.

Sinnliche Wahrnehmung des Schalls

Der Mensch nimmt Schall wie Sprache, Musik und Geräusche mit seinen Ohren wahr (Abb. 1). Durch die Ohrmuschel wird der Schall aufgenommen und durch den Gehörgang an das Trommelfell weitergeleitet.

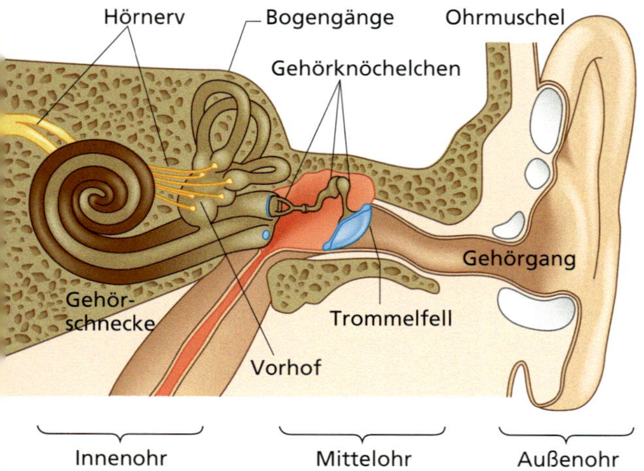

1 Aufbau des menschlichen Ohrs

Die Ohrmuschel und der Gehörgang wirken wie ein Trichter, an dessen Innenwänden der Schall reflektiert wird.
Durch die Verdichtungen und Verdünnungen der Luft im Gehörgang wird das Trommelfell zum Mitschwingen angeregt. Diese Schwingungen werden durch die Gehörknöchelchen auf die Schnecke mit den Sinneszellen übertragen. Die Sinneszellen in der Schnecke nehmen die Schwingungen als Reize wahr und leiten diese Reize zum Gehirn weiter. Dort werden die Wahrnehmungen zu akustischen Eindrücken verarbeitet. Das bedeutet: Schall wird subjektiv unterschiedlich wahrgenommen.

Darüber hinaus nimmt der Mensch Schall aber nur unter bestimmten Bedingungen wahr:

- Das menschliche Ohr registriert nur Schall mit Frequenzen zwischen 16 und 20 000 Hz, wobei die obere Grenze mit dem Alter stark abnimmt. Ein 35-Jähriger hört noch bis etwa 15 000 Hz, ein 50-Jähriger nur noch bis etwa 13 000 Hz. Töne mit einer Frequenz von über 20 kHz (Ultraschall) und Töne mit einer Frequenz von weniger als 16 Hz (Infraschall) sind für den Menschen nicht wahrnehmbar, können aber trotzdem sein Wohlbefinden beeinflussen. Das gilt insbesondere für Infraschall.
- Schall wird vom Menschen nur dann wahrgenommen, wenn die Lautstärke nicht zu gering und nicht zu groß ist. Töne unterhalb der **Hörschwelle** und oberhalb der **Schmerzschwelle** hören wir nicht.

Den Bereich, in dem der Mensch Schall wahrnimmt, bezeichnet man als **Hörbereich** oder Hörfläche (Abb. 2).
Für die **Lautstärke,** mit der wir Schall hören, wurde eine Einheit eingeführt, die an die Besonderheiten der akustischen Wahrnehmung des Menschen gekoppelt ist: das **Dezibel,** abgekürzt dB. Teilweise wird auch die Einheit Phon verwendet. Bei einer Frequenz von 1 000 Hz gilt:

1 Phon = 1 dB

Unser Ohr weist folgende Besonderheit auf: Wenn wir z. B. ein Motorrad mit 70 dB hören, dann hören wir zwei Motorräder nicht mit der doppelten Lautstärke von 80 dB, sondern mit ca. 73 dB. Erst zehn Motorräder würden wir mit der doppelten Lautstärke, also mit 80 dB hören. Die Hörschwelle liegt bei 0 dB, die Schmerzschwelle bei 130 dB. Ständiger Lärm über 80 dB kann zu Hörschäden führen.

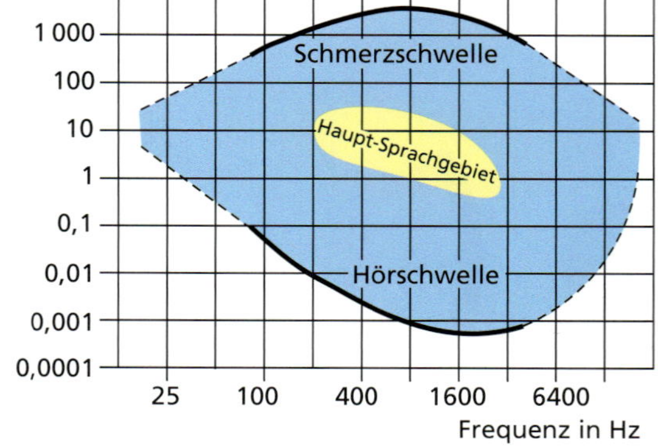

2 Hörbereich des menschlichen Ohrs (Hörfläche)

Mosaik

Schall, Lärm und Lärmschutz

Schall, der an unsere Ohren gelangt, kann bei uns angenehme Empfindungen auslösen, z. B. die Sprache von vertrauten Menschen, Musik oder das knisternde Geräusch eines Lagerfeuers.
Schall kann uns aber auch stören, belästigen oder sogar schädigen.

Schall, der als belästigend empfunden wird oder gar zu gesundheitlichen Schäden führen kann, wird als Lärm bezeichnet.

Dabei ist zu beachten: Lärm ist eine subjektive Empfindung. Das, was der eine als Lärm empfindet, muss ein anderer nicht zwangsläufig auch als Lärm empfinden.

Lärm ist keine Erscheinung unserer Zeit, sondern hat schon immer Menschen beschäftigt. So bestimmte z. B. das Allgemeine Preußische Landrecht von 1793: *„Mutwillige Buben, welche auf den Straßen lärmen, sollen mit verhältnismäßigem Gefängnis, körperlicher Züchtigung oder Zuchthaus bestraft werden.“*

Unbestritten ist, dass unsere Welt lauter geworden ist. Autos, Flugzeuge, Radios und Fernsehgeräte, Rockkonzerte oder Discomusik tragen zum Lärm bei. Etwa 25 Millionen Bürger der Bundesrepublik Deutschland, das sind ca. 40 %, fühlen sich zeitweise oder dauernd durch Lärm belästigt.

Lautstärken in Natur und Technik in Dezibel (dB)

Lautstärke	Beispiele
0	Hörschwelle
20	Flüstern, ruhiger Garten
40	normale Unterhaltung, leise Musik
60	lautere Unterhaltung, Staubsauger, Bürogeräusche
80	üblicher Lärm im Straßenverkehr, laute Musik im Zimmer
100	Presslufthammer, Autohupe, Diskothek
120	Rockkonzert, Donner, Düsentriebwerk eines Flugzeugs
130	Schmerzschwelle, Gehörschädigung schon bei kurzzeitiger Einwirkung

Die wichtigsten **Lärmquellen** sind der Lärm des Straßenverkehrs und des Schienenverkehrs, Fluglärm sowie der Lärm von Maschinen und Anlagen unterschiedlicher Art.

Auch zu laute Musik, z. B. in Diskotheken oder in Kopfhörern, kann in Lärm übergehen. Die wichtigste Lärmquelle ist der Straßenverkehr. Das hängt damit zusammen, dass sich in den letzten Jahrzehnten die Anzahl der Kraftfahrzeuge vervielfacht hat. 1950 gab es in der Bundesrepublik Deutschland etwa 2 Millionen Kraftfahrzeuge, 1986 waren es 31 Millionen, 1995 bereits 40 Millionen und 2003 etwa 45 Millionen. Mit einer weiteren Erhöhung der Anzahl wird gerechnet. Die Lautstärke kann mit einem Schallpegelmesser ermittelt werden. Das Foto rechts zeigt ein solches Messgerät. Den größten Lärm verursachen Mopeds, Motorräder und Lkws.

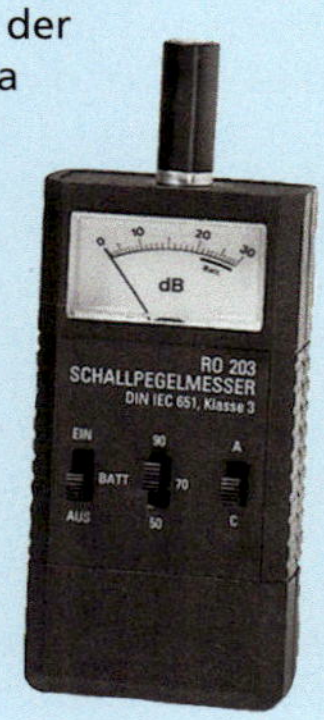

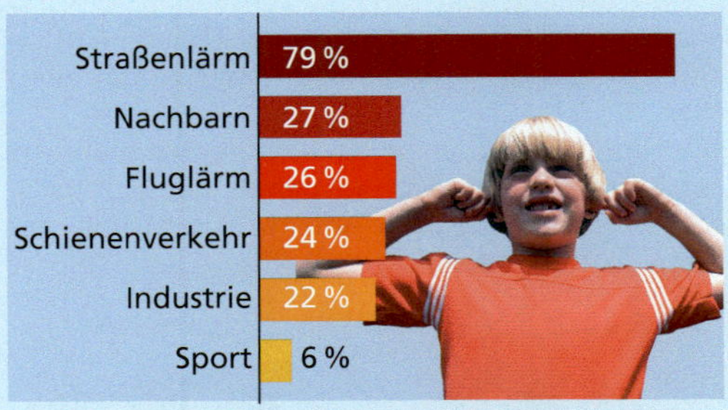

1 Belästigung der Bevölkerung durch Lärm in Deutschland. Dargestellt sind Durchschnittswerte von Befragungen.

Wirkungen von Lärm

Dauerhafter und starker Lärm kann den menschlichen Körper stark beeinflussen und zu Gesundheitsschäden führen. So kann es durch Lärm zu einer Erhöhung des Blutdrucks, zu einer Beschleunigung der Atmung sowie zu einer Erhöhung der Herzfrequenz kommen. Es können Schlafstörungen, Minderung der Konzentration sowie Kopf- und Magenschmerzen auftreten.

Mosaik

Schall, Lärm und Lärmschutz

Medizinisch nachweisbar sind Veränderungen der Gehirnaktivität, der Durchblutung und das Ausscheiden von Stresshormonen.
Wenn man sich längere Zeit stärkerem Lärm aussetzt, kann auch das Gehör geschädigt werden.
Die Sinneszellen werden durch Lärm beeinflusst. Kurzzeitiger Lärm verringert ihre Leistungsfähigkeit zeitweise, es kommt zu einer vorübergehenden Betäubung. Länger anhaltender, starker Lärm von über 85 dB führt zu einem allmählichen Absterben von Haarzellen im Innenohr. Da sich diese Zellen nicht regenerieren, entsteht dadurch ein bleibender Gehörschaden. Als Grundsatz gilt deshalb:
Die Vermeidung von Lärm ist der beste Schutz vor gesundheitlichen Schäden. Wo es möglich ist, sollte Lärm gedämmt oder gedämpft werden.

Lärmschutz

Schalldämmung	Schalldämpfung
erfolgt durch Reflexion. Dazu eignen sich besonders harte Stoffe mit glatter Oberfläche.	erfolgt durch Absorption. Dazu eignen sich besonders poröse Stoffe mit rauer Oberfläche.

2 Lärmschutz kann durch Schalldämmung oder Schalldämpfung erfolgen.

Lärmschutz

Lärmschutz ist darauf gerichtet, schädliche Umwelteinwirkungen durch Lärm zu vermeiden oder zu beseitigen (Abb. 1). Am besten wäre es, die Entstehung von Lärm zu vermeiden. Wo das nicht möglich ist, gilt es, durch verschiedene Maßnahmen den Lärm zu dämmen oder zu dämpfen (Abb. 2).
Wichtig sind vor allem technische Maßnahmen zur Lärmbekämpfung, bei denen genutzt wird, dass Schall an Körpern reflektiert und von porösen Stoffen absorbiert wird.

1 Schallschutzwand an einer Autoschnellstraße: Der Erdwall und die Wand schützen die Bewohner vor Lärm.

Zu solchen Maßnahmen gehören:
- die Errichtung von Schallschutzwänden oder Erddämmen an Straßen (Abb. 1),
- der Einbau von Schallschutzfenstern in Wohnungen,
- die Kapselung von Fahrzeugmotoren und die Auskleidung des Motorraums,
- die Verminderung der Reifen-Fahrbahngeräusche durch Verbesserung der Reifen und veränderten Straßenbelag („Flüsterasphalt"),
- die zunehmende Nutzung von Flugzeugen mit leisen Triebwerken,
- der Bau leiserer Maschinen und Anlagen (Autos, Rasenmäher, Staubsauger).

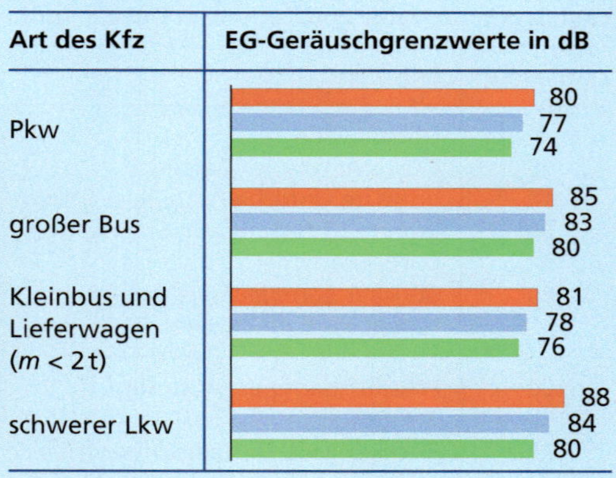

3 EG-Geräuschgrenzwerte für verschiedene Fahrzeuge bis 1989 (rot), zwischen 1989 und 1995 (blau) und ab 1. 10. 1995 (grün)

1. *In den Abbildungen sind verschiedene Schallquellen dargestellt.*

Gib jeweils an, welche Teile der Körper schwingen und damit Schall erzeugen!

2. *Klemmt man einen Grashalm zwischen die Daumen der beiden Hände und bläst in den entstandenen Hohlraum, dann entsteht ein hoher Ton. Beschreibe, wie diese Schallquelle funktioniert! Suche weitere Schallquellen und erkläre ihre Funktion!*

3. *Stelle eine Übersicht über Schallquellen in Natur und Technik zusammen!*
Gib dabei jeweils an, was schwingt und damit Schall erzeugt!

4. *Erkunde, wie verschiedene Tiere Schall erzeugen! Nutze dazu auch das Internet! Fertige Informationsmaterial an! Nutze auch Bilder!*

5. *Mithilfe zweier Blech- oder Plastikdosen und eines Bindfadens kann man sich ein einfaches Telefon bauen. Mit diesem Fadentelefon kann man sich gut verständigen, allerdings nur dann, wenn der Faden straff gespannt ist.*

a) Erkläre, wie mithilfe eines Fadentelefons Sprache übertragen werden kann!
b) Wie wird sich die Verständigung mit einem Fadentelefon verändern, wenn der Faden durch einen Metalldraht ersetzt wird?
c) Baue dir ein Fadentelefon! Teste es!

6. *Überlege dir Versuche, mit denen du mit einfachen Mitteln die Schallgeschwindigkeit in Luft messen kannst! Präsentiere die Vorschläge deinen Mitschülern!*
Führt gemeinsam einen dieser Versuche durch! Vergleicht euren Wert mit dem Tabellenwert!

7. *Im Gebirge ist das Echo von der gegenüberliegenden Felswand nach 8 s zu hören.*
Wie weit ist die Felswand entfernt?

8. *Bei Ruderwettkämpfen benutzt der Steuermann manchmal ein Sprachrohr, um den Schlag anzugeben.*

Beschreibe den Aufbau und erkläre die Wirkungsweise eines Sprachrohrs!

9. *In manchen Gewölben, den sogenannten „Flüstergewölben", kann man das Flüstern weit entfernter Leute hören.*

Erkläre, wie dieser Effekt zustande kommt!

10. *Sammle Material (Internetrecherche) über die menschliche Stimme!*
Beantworte folgende Fragen:
- *Wie wird der Ton im Kehlkopf erzeugt?*
- *Wie werden unterschiedlich hohe Töne erzeugt?*
- *Wie unterscheiden sich weibliche und männliche Stimme voneinander?*
- *Was ist eine Kopfstimme und wie funktioniert sie?*

11. *Man kann zwischen Saiteninstrumenten, Blasinstrumenten und Schlaginstrumenten unterscheiden.*
Fertige zur Schallerzeugung mit Instrumenten im Heft eine tabellarische Übersicht nach dem folgenden Muster an!

Instrumentenart	**Beispiele**	**Was schwingt?**	**Wie wird die Schwingung erzeugt?**
Blasinstrumente	Trompete	Luftsäule	durch Vibration der Lippen
…	…	…	…

Gib für jede Instrumentenart mindestens zwei Beispiele an!

12. *Mithilfe eines Oszilloskops wurden die Schwingungsformen einiger Schallquellen untersucht. Es ergaben sich sehr unterschiedliche Schwingungsformen (s. Abb.).*

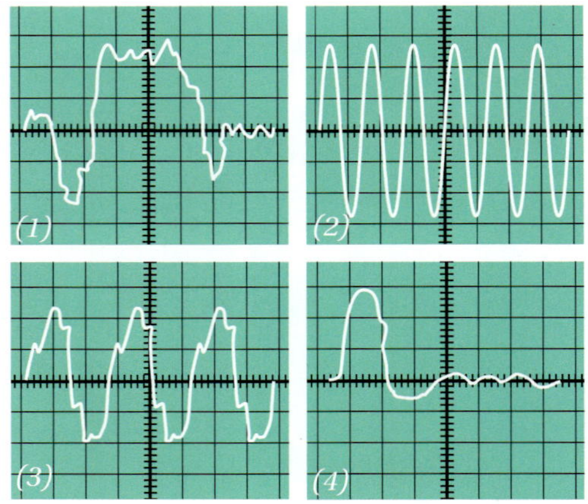

a) *Um welche Art von Schall handelt es sich jeweils?*
b) *Nenne Beispiele für die verschiedenen Arten von Schall!*

13. *Vergleiche die beiden Schwingungsbilder!*

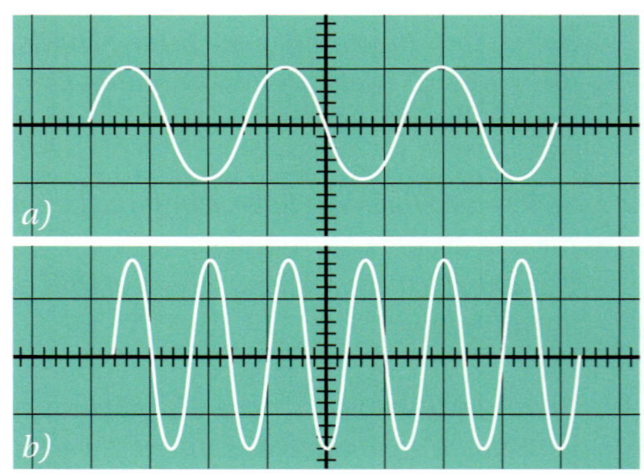

Welcher der beiden Töne ist lauter, welcher höher? Gib jeweils eine Begründung!

14. *Untersuche mithilfe eines Mikrofons und eines Oszilloskops die Schwingungsformen bei verschiedenen Instrumenten, wenn man jeweils den gleichen Ton auf ihnen spielt!*
Beschreibe Gemeinsamkeiten und Unterschiede!

7 Mit Energie versorgen

Energie in Natur und Technik

Überall Energie

Energie von der Sonne, Energie im Benzin, Energie in der Nahrung, Energie im Sprengstoff, Energie im Warmwasser, Energie im Schüler – praktisch überall steckt Energie.
Was meint der Physiker mit Energie? Was kann man mit der Energie machen? Kann Energie entstehen? Kann sie verschwinden?

Energiesparlampen statt Glühlampen?

Zur Beleuchtung im Haushalt nutzen wir Glühlampen oder Energiesparlampen. Letztere sind aber wesentlich teurer als herkömmliche Glühlampen.
Warum lohnt es sich trotzdem, sie anzuschaffen? Inwiefern spart eine Energiesparlampe gegenüber einer Glühlampe Energie, wenn beide die gleiche Menge an Licht liefern?

Kalorien zählen?

Wir brauchen Nahrung zum Leben. In Europa sind wir in der glücklichen Lage, aus einer großen Anzahl verschiedener Nahrungsmittel auswählen zu können. Auf vielen Nahrungsmitteln stehen Angaben in kcal oder kJ. Ernährungsberater empfehlen Nahrungsmittel mit niedrigen kcal- oder kJ-Werten.
Ist dieser Rat immer günstig? Was bedeuten die Angaben überhaupt? Sind Nahrungsmittel mit der gleichen kJ-Anzahl gleichwertig?

Energie und Energieformen

Wir alle nutzen ständig Energie, etwa die Energie von Brennstoffen, elektrische Energie, die in einem Schokoriegel enthaltene Energie.
Die Energie kann in unterschiedlichen Formen vorliegen. So hat angestautes Wasser potenzielle Energie. Wind hat kinetische Energie, eine heiße Herdplatte thermische Energie. Eine Übersicht über die wichtigsten **Energieformen** ist auf S. 234 gegeben.
Die Energie kann von einer Energieform in andere Energieformen umgewandelt werden.
So wird in einer Glühlampe elektrischer Strom genutzt, um Licht zu erzeugen (Abb. 1).
Bei einem Elektroherd wird die zugeführte elektrische Energie dazu benutzt, Wasser oder Speisen zu erwärmen (Abb. 2).
Im Motor eines Fahrzeugs wird Kraftstoff verbrannt. Dadurch kann der Motor das Auto in Bewegung setzen und in Bewegung halten (Abb. 3).
Auch der Mensch muss Energie mit der Nahrung (Abb. 4) zu sich nehmen, um die notwendige Körpertemperatur aufrechtzuerhalten und alle Lebensfunktionen zu sichern. Bei schwerer körperlicher Arbeit muss die Energiezufuhr erhöht werden. Bei leichten Tätigkeiten kann die Energiezufuhr geringer sein.

Energie braucht man, um etwas zu bewegen, zu erwärmen oder zu beleuchten.
Formelzeichen: E
Einheit: **ein Joule (1 J)**

4 Zu einer ausgewogenen Ernährung gehören Vitamine, Eiweiße und Fette. Nahrung besitzt Energie. Sie wird u. a. zur Aufrechterhaltung der Körpertemperatur und zum Verrichten von Arbeit benötigt.

Auch zum Abwerfen eines Balls oder zum Anheben eines Körpers benötigt man Energie.
Ein Joule ist die Energie, die man braucht, um einen Körper der Masse 100 g um 1 m zu heben.
Benannt ist die Einheit nach dem bedeutenden englischen Physiker JAMES PRESCOTT JOULE (1818–1889).

Vielfache der Einheit 1 J sind ein Kilojoule (1 kJ) und ein Megajoule (1 MJ). Es gilt:

$$1\,\text{kJ} = 1\,000\,\text{J}$$
$$1\,\text{MJ} = 1\,000\,\text{kJ} = 1\,000\,000\,\text{J}$$

Bei Nahrungsmitteln findet man manchmal die Einheit kcal (Kilokalorie). Diese früher übliche Einheit für die Energie wird heute noch bei der Angabe des Energiegehalts von Nahrungsmitteln genutzt.
Es gilt: $1\,\text{kcal} = 4{,}19\,\text{kJ}$ $\quad 1\,\text{kJ} = 0{,}24\,\text{kcal}$

1 Bei einer Glühlampe wird elektrische Energie auf das Licht übertragen.

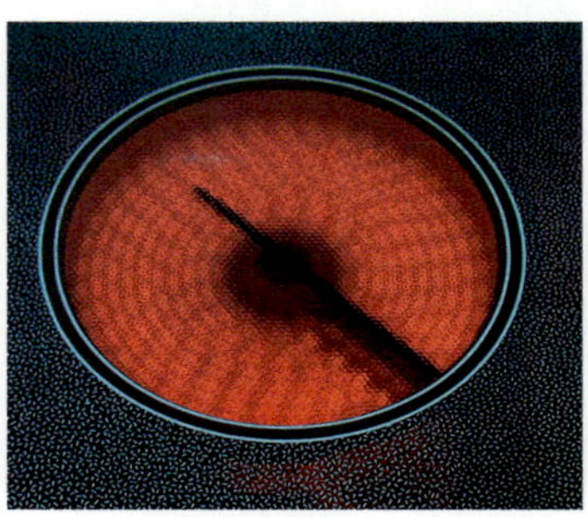

2 Bei einem Elektroherd wird mit elektrischer Energie die Platte erwärmt.

3 Bei einem Pkw wird durch die im Benzin gespeicherte Energie das Auto bewegt.

Energieformen

Lageenergie

Körper, die aufgrund ihrer Lage mechanische Arbeit verrichten können, besitzen **potenzielle Energie** E_{pot}. Die Felsen besitzen potenzielle Energie.

Bewegungsenergie

Körper, die aufgrund ihrer Bewegung mechanische Arbeit verrichten können, besitzen **kinetische Energie** E_{kin}. Ein Flugzeug besitzt kinetische Energie.

Rotationsenergie

Körper, die aufgrund ihrer Rotation Arbeit verrichten können, besitzen **Rotationsenergie** E_{rot}. Der Rotor eines Hubschraubers besitzt Rotationsenergie.

Thermische Energie

Körper, die aufgrund ihrer Temperatur Wärme abgeben oder Licht aussenden können, besitzen **thermische Energie** E_{th}. Eine Kerzenflamme besitzt thermische (innere) Energie.

Chemische Energie

Körper, die bei chemischen Reaktionen Wärme abgeben, Arbeit verrichten oder Licht aussenden, besitzen **chemische Energie** E_{ch}. Beim Verbrennen von Treibstoff entsteht Wärme und Licht.

Lichtenergie

Die Sonne und andere Lichtquellen senden Licht aus. Licht besitzt **Lichtenergie** E_{licht}.
Sie wird manchmal auch als Strahlungsenergie bezeichnet.

Elektrische Energie

Körper, die aufgrund elektrischer Vorgänge Arbeit verrichten, Wärme abgeben oder Licht aussenden, besitzen **elektrische Energie** E_{el}. Elektrischer Strom und damit auch ein Blitz besitzt elektrische Energie.

Magnetische Energie

Körper, die aufgrund ihrer magnetischen Eigenschaften mechanische Arbeit verrichten können, besitzen **magnetische Energie** E_{mag}. Das Magnetfeld eines Lasthebemagneten besitzt magnetische Energie.

Kernenergie

Bei der Spaltung von Atomkernen und bei ihrer Verschmelzung wird Energie frei, die als **Kernenergie** E_{kern} bezeichnet wird. Kernenergie wird z. B. bei der Spaltung von Atomkernen des Urans und in der Sonne frei.

Speicherung und Transport von Energie

Energie kann in unterschiedlicher Weise gespeichert werden. Sie steckt immer in einem sogenannten **Energieträger.** Solche Energieträger sind z. B.:

- Brennstoffe (Kohle, Holz, Erdöl)
- Treibstoffe (Benzin, Diesel)
- Nahrungsmittel aller Art
- Batterien und Akkumulatoren
- bewegte Körper (Schwungrad, fließendes Wasser, fahrendes Auto)
- gehobene Körper (angestautes Wasser, Person auf Sprungbrett)
- erwärmte Körper (heiße Herdplatte, Wärmflasche, Wasser im Heizkörper)
- Licht und elektrischer Strom

Energie ist in Energieträgern gespeichert. Mit dem jeweiligen Energieträger kann die Energie auch transportiert werden.

Ein Liter siedendes Wasser hat etwa 340 kJ mehr Energie als ein Liter Wasser bei Zimmertemperatur. Der Energiegehalt von 1 kg trockenem Holz beträgt etwa das 30-fache davon. Man kann damit also etwa 30 Liter Wasser zum Sieden bringen. In der Praxis wird es weniger sein, weil ein beträchtlicher Teil der Energie am Wassertopf vorbei ins Zimmer strömt.

Energie kann von einem Energieträger auf einen anderen übertragen werden.

Energie von verschiedenen Energieträgern	
Energieträger	**Energie**
Fußgänger (m = 50 kg) bei 5 km/h	48 J
Auto (m = 1 t) bei 30 km/h	35 kJ
1 Tafel Milchschokolade	2,2 MJ
1 kg trockenes Holz	9 –15 MJ
1 m³ Wasserstoff-Gas	12 MJ
1 l Benzin	35 MJ

1 Angestautes Wasser besitzt Energie. Es kann z. B. zur Gewinnung von Elektroenergie genutzt werden.

Beispiele für solche Energieübertragungen zeigen die Abbildungen 2 und 3. So sind z. B. Elektromotor und Generator ähnlich aufgebaut. Man kann einen Elektromotor als Generator verwenden und umgekehrt. Der entscheidende Unterschied zwischen beiden besteht in der Richtung des Energieflusses.

2 In Sonnenkollektoren wird die Energie im Sonnenlicht genutzt, um damit Wasser zu erwärmen.

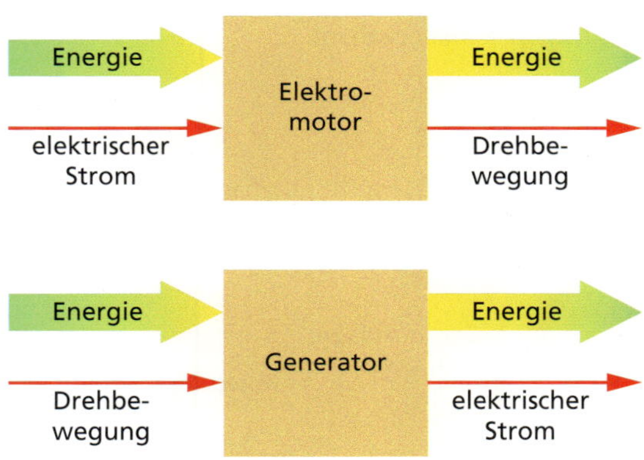

3 Energieübertragung beim Elektromotor und beim Generator (z. B. Fahrraddynamo)

Erhaltung von Energie

Energie wird bei Maschinen und Anlagen, von Menschen, aber auch von Tieren und Pflanzen in vielfältiger Weise genutzt. Man kann sie in Energieträgern speichern und transportieren. Sie lässt sich von einem Energieträger auf einen anderen übertragen. Es ist aber nicht möglich, Energie aus dem Nichts zu erzeugen. Energie kann auch nicht einfach verschwinden.
Für beliebige Vorgänge in Natur und Technik gilt das **Gesetz von der Erhaltung der Energie,** auch **Energieerhaltungssatz** genannt.

Energie kann weder erzeugt noch vernichtet werden. Die Gesamtenergie bleibt immer erhalten.

Dieses Naturgesetz wurde zuerst von dem deutschen Arzt JULIUS ROBERT MAYER (1814–1878) und von dem englischen Physiker JAMES PRESCOTT JOULE (1818–1889) um 1840 entdeckt.

Entwertung von Energie

In der Umgangssprache ist es üblich, von Energieverlusten oder vom Energieverbrauch eines Geräts zu sprechen. Mit Energieverlusten meint man nicht, dass Energie vernichtet wird. Vielmehr kommt sie z. T. nicht dort an, wo wir das wünschen. So werden z. B. bei Hochspannungsleitungen durch den elektrischen Strom auch die Leitungen selbst erwärmt.

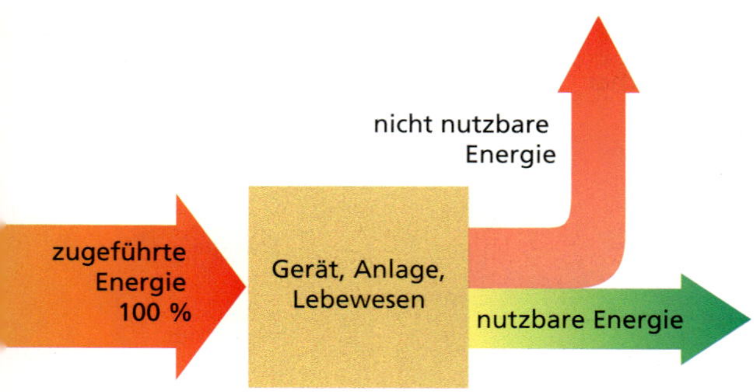

1 Bei Geräten, Anlagen und Lebewesen wird nur ein Teil der zugeführten Energie genutzt.

Die dafür erforderliche Energie ist für uns nicht mehr nutzbar. Ähnlich ist das bei einem Auto: Ein erheblicher Teil der Energie, die im Kraftstoff steckt, wird nicht für die Fortbewegung genutzt, sondern führt zu einer Erwärmung der Umwelt.

Das Wort „Energieverbrauch“ ist nicht wie „Benzinverbrauch“ gemeint, sondern eher wie „Wasserverbrauch“. Das verbrauchte Wasser ist ja anschließend auch nicht weg, sondern nur nicht mehr so gut nutzbar, weil es verunreinigt ist.

Die einem Gerät, einer Anlage oder einem Lebewesen zugeführte Energie ist z. T. für uns nicht nutzbar und ist damit entwertet.

Mosaik

J. R. MAYER – Arzt und Entdecker

Wesentlichen Anteil an der Entdeckung des Energieerhaltungssatzes hatte neben dem englischen Physiker JAMES PRESCOTT JOULE (1818–1889) der deutsche Arzt JULIUS ROBERT MAYER (Abb. 2).
JULIUS ROBERT MAYER wurde am 25. November 1814 als Sohn eines Apothekers in Heilbronn geboren. Schon während seiner Schulzeit wurde er von seinem Vater mit physikalischen und chemischen Problemen vertraut gemacht.
Nach einer Apothekerlehre studierte MAYER ab 1832 in Tübingen Medizin und war ab 1838 als Arzt tätig.

2 JULIUS ROBERT MAYER (1814–1878)

1845 veröffentlichte er den Aufsatz „Die organische Bewegung in ihrem Zusammenhang mit dem Stoffwechsel“, in dem erstmals der Satz von der Erhaltung der Energie formuliert war, nach dem Energie weder entstehen noch verschwinden kann. MAYER übertrug dieses Prinzip auch auf Lebewesen.
Eine wissenschaftliche Anerkennung seiner Leistungen blieb dem Nichtphysiker MAYER lange versagt. Erst nach 1860 wurden seine Leistungen allgemein anerkannt.

Energie für Lebensprozesse

Menschen, Tiere und Pflanzen benötigen Energie, um sich zu entwickeln, zu wachsen, ihre Lebensprozesse aufrechtzuerhalten. Energie ist bei Mensch und Tier auch erforderlich, um alle Organe funktionsfähig zu halten, um die notwendige Körpertemperatur zu gewährleisten, um sich zu bewegen und um zu arbeiten.

Für alle Lebensprozesse ist Energie erforderlich. Diese muss dem Organismus zugeführt werden.

Die für Organismen erforderliche Energie wird meist mit Stoffen (Nahrungsmitteln) aufgenommen. Im Organismus selbst erfolgen sowohl Stoff- als auch Energieumwandlungen.

Merkmale für alle Lebewesen sind:
- die Aufnahme von Stoffen und Energie aus der Umwelt,
- die Umwandlung von Stoffen und Energie im Organismus, verbunden mit Energieentwertung,
- die Abgabe von Stoffen und Energie an die Umgebung.

Schematisch lassen sich die Zusammenhänge so darstellen, wie es Abb. 2 zeigt.

Geht man von einer über längere Zeit ausgeglichenen Energiebilanz aus, so ist die zugeführte Energie gleich der Summe der vom Körper genutzten und der abgegebenen Energie.

Wichtig ist, dass wir mit Nahrung nicht nur Energie, sondern auch Nährstoffe (Kohlenhydrate, Eiweiße, Fette) und Ergänzungsstoffe (Vitamine, Mineralstoffe, Wasser, Ballaststoffe) aufnehmen.

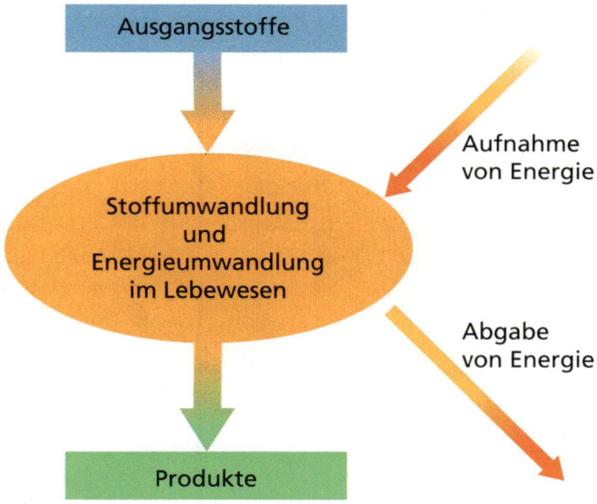

2 Bei jedem Lebewesen erfolgt in Verbindung mit der Aufnahme und Abgabe von Energie ein Stoff- und Energiewechsel.

Jedes Nahrungsmittel enthält immer nur einen Teil aller vom Menschen benötigten Nähr- und Ergänzungsstoffe. Deshalb ist es erforderlich, täglich unterschiedliche Nahrungsmittel aufzunehmen. Die wichtigsten Gruppen von Nahrungsmitteln sind in Abb. 1 genannt.

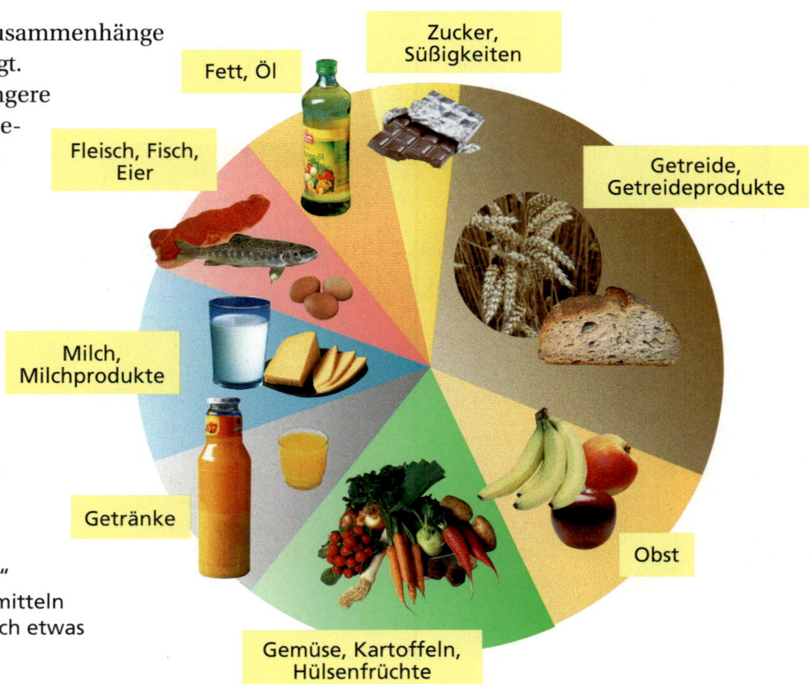

1 In dem „Nahrungsmittelkreis" sind die Gruppen von Nahrungsmitteln dargestellt, aus denen man täglich etwas zu sich nehmen sollte.

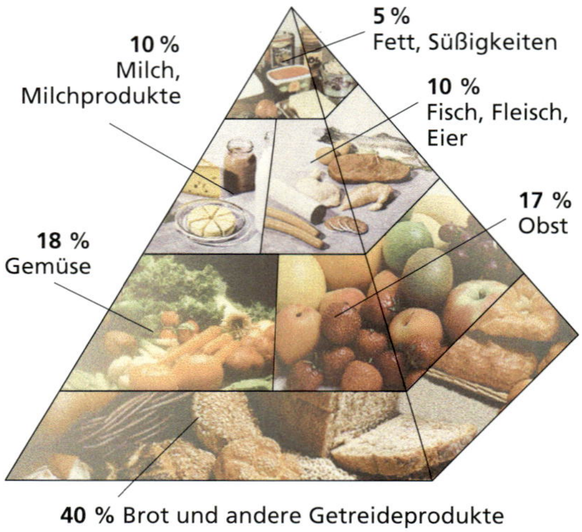

1 Ernährungspyramide für den Menschen: Die Prozentzahlen beziehen sich auf die prozentual empfohlene Menge der Nahrungsmittel pro Tag.

In welchen Anteilen man die verschiedenen Nahrungsmittel zu sich nehmen sollte, ist aus einer **Ernährungspyramide** abzulesen (Abb. 1).

> **Grundlage von Gesundheit und Wohlbefinden ist eine vielseitige und vollwertige Ernährung.**

Wie die Übersicht zeigt, ist der Energiegehalt der einzelnen Nahrungsmittel sehr unterschiedlich.

Energiegehalt einiger Nahrungsmittel

Nahrungsmittel	Energiegehalt je 100 g in kJ
Joghurt	300
Butter	3 000
Schmalz	3 770
Hühnerei	680
Honig	1 270
Milchschokolade	2 180
Brötchen	1 130
Spaghetti	1 540
Kotelett	1 430
Rindsfilet	510
Cervelatwurst	1 070
Forelle	420
Karpfen	610
Apfel	240
Banane	360
Kartoffeln	320
Haselnüsse	2 620

Sehr unterschiedlich ist auch der **Energiebedarf,** den der einzelne Mensch benötigt. Er hängt nicht nur von der Körpermasse und vom Alter ab, sondern vor allem auch von der Art der Tätigkeit, die der Einzelne ausübt.

Mosaik

Grundumsatz und Leistungsumsatz beim Menschen

Die Energie, die für die Aufrechterhaltung aller Lebensprozesse erforderlich ist, wird als **Grundumsatz** bezeichnet. Bei Kindern und Jugendlichen kann der Grundumsatz GU nach folgender Gleichung berechnet werden:

$$GU = 6{,}2\,\frac{\text{kJ}}{\text{kg}\cdot\text{h}}\cdot m\cdot t$$

Dabei bedeuten m die Körpermasse in Kilogramm und t die Zeit in Stunden.

Bei einer Masse von 50 kg und einem vollständigen Tag (24 Stunden) erhält man:

$$GU = 6{,}2\,\frac{\text{kJ}}{\text{kg}\cdot\text{h}}\cdot 50\text{ kg}\cdot 24\text{ h} = 7\,440\text{ kJ}$$

Das bedeutet eine notwendige Energie von 86 J in jeder Sekunde.

Übt man sportliche oder andere Tätigkeiten aus, so kommt zu dem Grundumsatz noch der **Leistungsumsatz** hinzu. Der Leistungsumsatz ist die Energie, die für die unterschiedlichsten Tätigkeiten erforderlich ist. Grundumsatz und Leistungsumsatz zusammen ergeben den Gesamtumsatz, also den Gesamtenergiebedarf. So benötigen Menschen bei leichter körperlicher Tätigkeit etwa 10 000 kJ pro Tag. Bei schwerer Tätigkeit kann der Wert bis auf 25 000 kJ steigen. Nimmt ein Mensch mehr Energie als erforderlich auf, so erfolgt im Körper eine Energiespeicherung in Form von Fett.

Der Wirkungsgrad

Bei den meisten Vorgängen in Natur, Technik und Alltag wird Energie auf andere Energieträger übertragen. Dabei sind einige Energien für den beabsichtigten Zweck erwünscht und andere unerwünscht. So wird z. B. bei einer Glühlampe elektrische Energie in Licht umgewandelt (Abb. 1). Die dabei auftretende Erwärmung ist unerwünscht, aber nicht zu vermeiden.

Der Motor eines Pkw soll das Fahrzeug in Bewegung setzen. Durch das Verbrennen des Kraftstoffs im Motor wird nicht nur das Auto bewegt. Über die Abgase und das Kühlwasser erfolgt auch eine Erwärmung der umgebenden Luft (Abb. 2).

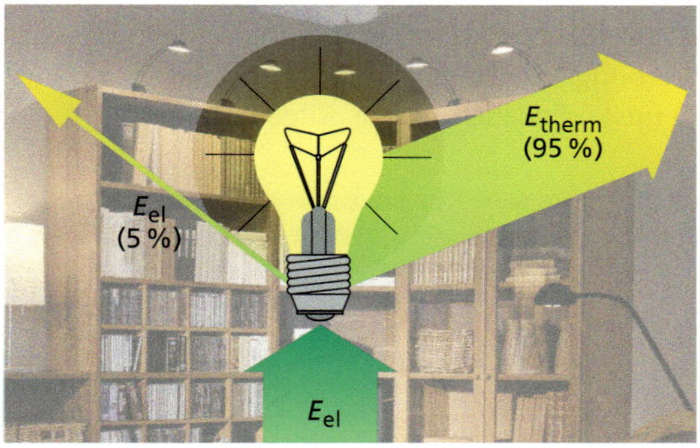

1 Energieübertragung bei einer Glühlampe

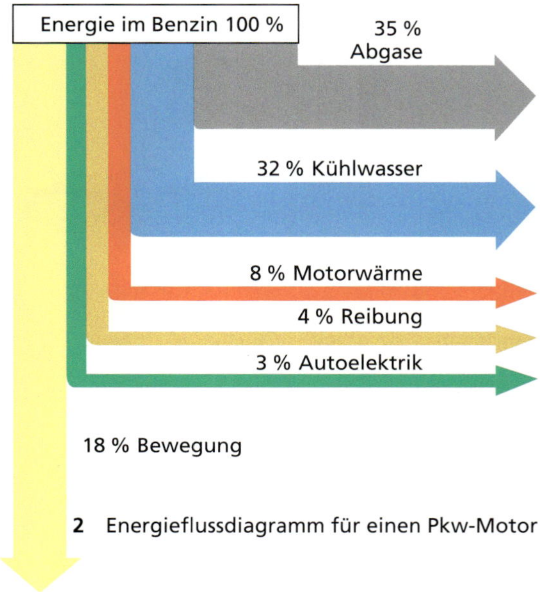

2 Energieflussdiagramm für einen Pkw-Motor

Je größer der Anteil der nutzbringenden Energie ist, desto günstiger ist ein Gerät, eine Maschine oder eine Anlage für die Energieübertragung. Die Güte einer Anlage zur Energieübertragung wird durch den **Wirkungsgrad** gekennzeichnet.

Der Wirkungsgrad gibt an, welcher Anteil der zugeführten Energie genutzt wird.
Formelzeichen: η

Ein Wirkungsgrad von 0,40 oder 40 % bedeutet, dass 40 % der zugeführten Energie in nutzbringende Energie genutzt wird. Der andere Teil der Energie, im genannten Fall also 60 %, wird nicht genutzt. Diese Energie geht nicht verloren. Sie bleibt erhalten, ist aber für uns in der Regel nicht mehr nutzbar.

Der Wirkungsgrad kann berechnet werden mit der Gleichung:

$$\eta = \frac{E_{nutz}}{E_{zu}}$$

E_{nutz} **nutzbringende Energie**
E_{zu} **zugeführte Energie**

Wirkungsgrade in Natur und Technik	
erste Dampfmaschine	3 %
Glühlampe	5 %
Solarzelle	15 %
Leuchtstofflampe	25 %
Benzinmotor	bis 30 %
Dieselmotor	bis 40 %
Kohlekraftwerk	40 %
Dampfturbine	bis 45 %
Wasserturbine	85 %
Elektromotor	bis 90 %
Generator	bis 99 %
bei körperlicher Tätigkeit des Menschen:	
Schwimmen	3 %
Gewichtheben	10 %
Radfahren	25 %
Gehen (ebene Strecke)	27 %
Bergaufgehen	30 %

Arbeit und Energie

Aus dem bisherigen Physikunterricht weißt du bereits: Wirken auf einen Körper Kräfte ein, so kann der Körper bewegt oder verformt werden. Dabei wird mechanische Arbeit verrichtet. In der Physik wird dieser Begriff so definiert:

Mechanische Arbeit wird verrichtet, wenn ein Körper durch eine Kraft bewegt oder verformt wird.

Formelzeichen: W
Einheiten: ein Joule (1 J)
ein Newtonmeter (1 N m)

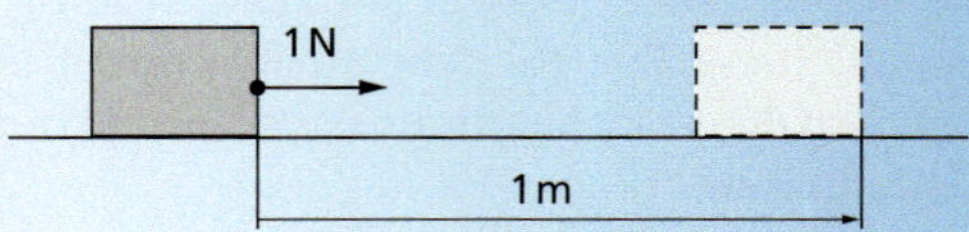

Für die Einheiten gilt dabei:

$$1\ \text{Nm} = 1\ \text{J}$$

Die mechanische Arbeit ist umso, je größer die einwirkende Kraft und je länger der zurückgelegte Weg bei der Bewegung oder Verformung eines Körpers sind.

Unter der Bedingung, dass die Kraft konstant ist und in Richtung des Wegs wirkt, gilt:

$W = F \cdot s$ — F einwirkende Kraft, s zurückgelegter Weg

Wirkt die Kraft nicht in Richtung der Bewegung, dann spielt für die verrichtete Arbeit nur die Teilkraft (Komponente) eine Rolle, die in Richtung des Weges wirkt.
Wird an einem Körper oder von einem Körper Arbeit verrichtet, so ändert sich seine Energie. Wird z. B. ein Körper gehoben, so vergrößert sich seine potenzielle Energie. Wird bei einem Auto Beschleunigungsarbeit verrichtet (s. Übersicht unten), so vergrößert sich seine Geschwindigkeit und damit seine kinetische Energie. Wird ein Auto durch Reibungskräfte abgebremst (es wird Reibungsarbeit verrichtet), dann verringert sich seine kinetische Energie. Allgemein gilt:

Die an einem Körper oder von einem Körper verrichtete Arbeit W ist gleich der Änderung seiner Energie ΔE:

$W = \Delta E$

Heben eines Körpers

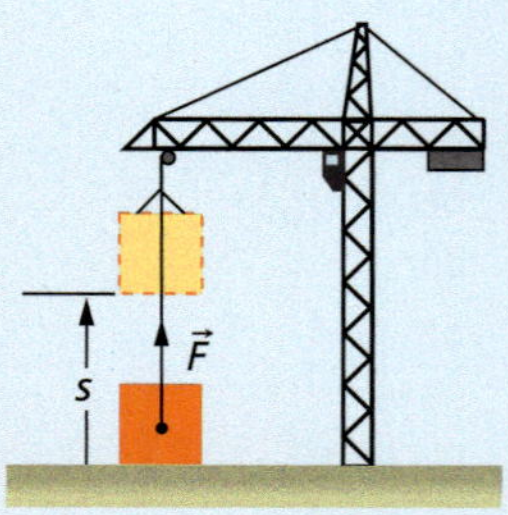

Wird ein Körper gehoben, so wird **Hubarbeit** verrichtet. Die dazu erforderliche Kraft ist die Gewichtskraft.

$W = F_G \cdot h$

$W = m \cdot g \cdot h$

Verformen (Spannen) einer Feder

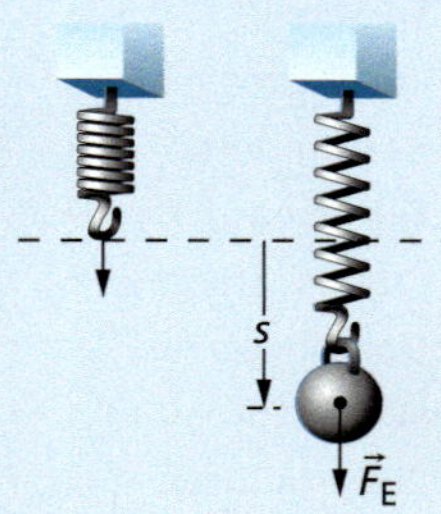

Wird ein Körper verformt, so wird **Verformungsarbeit** (Spannarbeit) verrichtet. Bei elastischer Verformung gilt:

$W = \frac{1}{2} F_E \cdot s$

Anfahren eines Autos

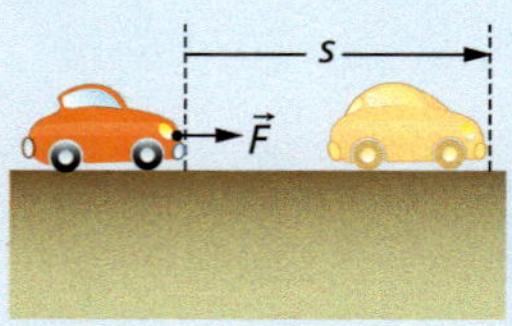

Wird ein Körper beschleunigt, so wird **Beschleunigungsarbeit** verrichtet.
Dabei vergrößert sich die Geschwindigkeit.

$W = F \cdot s$

Fahren eines Schiffs

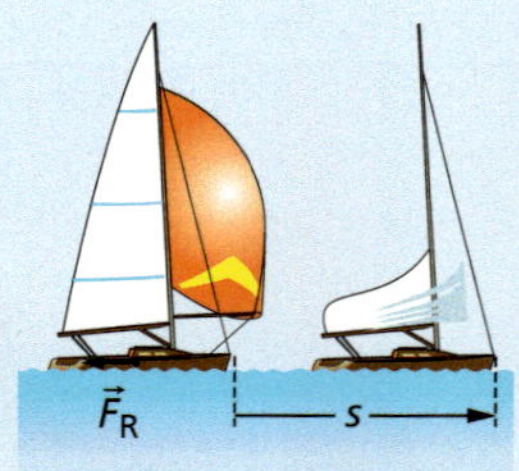

Wird die Bewegung eines Körpers durch Reibungskräfte gehemmt, so wird **Reibungsarbeit** verrichtet.

$W = F_R \cdot s$

Kraft, Beschleunigungsarbeit und kinetische Energie

Damit ein Pkw oder ein Radfahrer seine Geschwindigkeit vergrößert, muss eine beschleunigende Kraft wirken. Ist diese beschleunigende Kraft konstant, dann gilt für den Zusammenhang zwischen Kraft und Beschleunigung das newtonsche Grundgesetz:

$$F = m \cdot a \quad \text{oder} \quad a = \frac{F}{m}$$

Das bedeutet: Die Beschleunigung eines Fahrzeugs ist umso größer, je größer die beschleunigende Kraft und je kleiner die Masse sind. Bei einer bestimmten Masse eines Fahrzeugs gilt immer:

$$a \sim F$$

Beim Beschleunigen eines Fahrzeugs, z. B. eines Pkw, wird mechanische Arbeit verrichtet. Wir gehen davon aus, dass das Fahrzeug zunächst in Ruhe ist und mit der konstanten Kraft F beschleunigt wird. Dann gilt für die Beschleunigungsarbeit:

$$W_B = F \cdot s$$

Das Fahrzeug würde sich wegen $a \sim F$ gleichmäßig beschleunigt bewegen und nach einem Weg s die Geschwindigkeit v erreichen. Es hat dann eine bestimmte Energie, die als **Bewegungsenergie** oder **kinetische Energie** bezeichnet wird. Diese kinetische Energie ist genauso groß wie die verrichtete Beschleunigungsarbeit, denn für den Zusammenhang zwischen Arbeit und Energie gilt:

$$W = \Delta E = F \cdot s$$

1 Damit ein Fahrrad beschleunigt, ist eine beschleunigende Kraft erforderlich.

Das Produkt $F \cdot s$ kann man auch in anderer Form schreiben. Mit $F = m \cdot a$ erhält man:

$$W = \Delta E = m \cdot a \cdot s$$

Unter Nutzung der Bewegungsgesetze für die gleichmäßig beschleunigte Bewegung ergibt sich für den Weg:

$$s = \frac{v^2}{2a}$$

und damit:

$$W = \Delta E = \frac{m}{2} \cdot v^2$$

Die kinetische Energie (Bewegungsenergie) eines Körpers ist somit von seiner Masse und seiner Geschwindigkeit abhängig.

2 Ein bewegter Körper besitzt kinetische Energie.

Die kinetische Energie eines bewegten Körpers kann berechnet werden mit der Gleichung:

$$E_{kin} = \frac{1}{2} m \cdot v^2$$

m Masse des Körpers
v Geschwindigkeit des Körpers

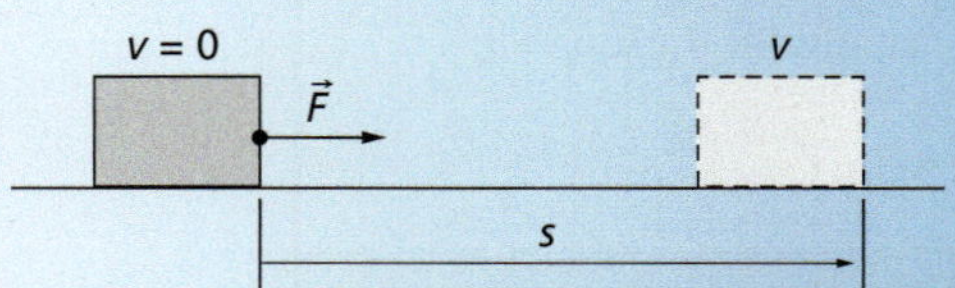

$E_{kin} = 0 \longrightarrow W_B = F \cdot s \longrightarrow E_{kin} = \frac{1}{2} m \cdot v^2$

Damit hat z. B. ein schwerer Lastkraftwagen eine wesentlich größere kinetische Energie als ein gleich schneller Pkw, denn Energie und Masse sind zueinander proportional.
Mit einer Verdopplung der Geschwindigkeit vervierfacht sich die kinetische Energie eines Fahrzeugs, denn für den Zusammenhang zwischen beiden Größen gilt $E_{kin} \sim v^2$ (bei m = konstant). Das ist bei Unfällen von erheblicher Bedeutung.

Gewichtskraft und potenzielle Energie

Die Erde zieht aufgrund der Massenanziehung alle Körper an, die sich auf der Erdoberfläche oder in der Nähe der Erde befinden. Diese Kraft wird als **Gewichtskraft F_G** bezeichnet. Es ist somit auch die Kraft, mit der ein Körper auf eine waagerechte Unterlage drückt oder an einer Aufhängung zieht. Für die Gewichtskraft eines Körpers gilt:

$$F_G = m \cdot g$$

Dabei sind m die Masse des Körpers und g der Ortsfaktor, dessen durchschnittlicher Wert auf der Erdoberfläche $g = \frac{9{,}81\ \text{N}}{\text{kg}}$ beträgt.

Wird ein Körper um die Höhe h gehoben, so wird Hubarbeit verrichtet. Die zum Heben eines Körpers erforderliche Kraft ist gerade die Gewichtskraft. Der zurückgelegte Weg ist gleich der Höhe h. Damit ergibt sich für die Arbeit zum Heben eines Körpers:

$$W = F_G \cdot h \quad \text{oder mit} \quad F_G = m \cdot g$$

$$W = m \cdot g \cdot h$$

Durch das Heben eines Körpers vergrößert sich seine Energie. Der Körper hat dann **Lageenergie** oder **potenzielle Energie.** Da die am Körper verrichtete Arbeit gleich der Änderung seiner Energie ist, gilt für diesen Fall:

$$W = \Delta E = m \cdot g \cdot h$$

1 Ein gehobener Körper besitzt gegenüber einer Bezugshöhe (z. B. Erdboden) potenzielle Energie.

Mechanische Energien in Natur und Technik	
potenzielle Energie	
Ziegelstein (m = 3,5 kg), um 1 m gehoben	35,0 J
Mensch (m = 55 kg) auf 10-m-Sprungbrett	5,5 kJ
Rammbär (m = 1 000 kg), um 1 m gehoben	10 kJ
kinetische Energie	
Apfel (m = 100 g) bei 1 m freiem Fall	1 J
Mensch (m = 55 kg) beim normalen Gehen	50 J
Pkw (m = 1 000 kg) bei 100 km/h	386 kJ

Die potenzielle Energie eines gehobenen Körpers kann berechnet werden mit der Gleichung:

$$E_{pot} = F_G \cdot h$$

$$E_{pot} = m \cdot g \cdot h$$

F_G Gewichtskraft des Körpers
h Höhe
m Masse des Körpers
g Ortsfaktor

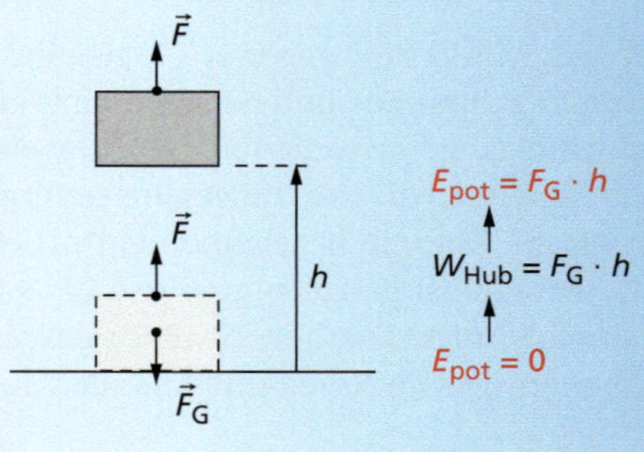

Bei Fahrzeugen ändert sich die potenzielle Energie bei Berg- und Talfahrten. Beim Bergauffahren vergrößert sie sich, beim Bergabfahren wird sie kleiner.

Dabei ist zu beachten: Der Betrag der potenziellen Energie eines Körpers hängt davon ab, welche Höhe man als Bezugshöhe (h = 0) wählt. Das können die Erdoberfläche, Normalnull (NN), aber auch eine andere zweckmäßig gewählte Höhe sein. Was man als Bezugshöhe wählt, hängt vom gegebenen Sachverhalt ab.

Temperatur, Wärme, Arbeit und Energie

Die physikalischen Größen Temperatur, Wärme, Arbeit und Energie kennst du bereits aus dem bisherigen Physikunterricht. Sie müssen sorgfältig voneinander unterschieden werden.

Die Temperatur gibt an, wie heiß oder wie kalt ein Körper ist.
Formelzeichen: ϑ **oder** T
Einheiten: ϑ **in °C,** T **in K**

Die Temperatur ist ein Maß für die mittlere kinetische Energie der Teilchen eines Körpers. Je höher die Temperatur ist, desto schneller bewegen sich die Teilchen im Mittel.
Aufgrund ihrer Bewegung besitzen die Teilchen, aus denen ein Körper besteht, Energie.

Die Energie *E*, die aufgrund der Temperatur in einem Körper gespeichert ist, nennt man thermische Energie.

So ist in einem Liter heißen Wassers mehr thermische Energie gespeichert als in einem Liter kalten Wassers. Wird von einem Körper Wärme abgegeben, dann verringert sich seine Energie (Abb. 1). Die Energie des Körpers, auf den Wärme übertragen wird, vergrößert sich entsprechend.

Die Wärme gibt an, wie viel Energie von einem Körper auf andere Körper übertragen wird.
Formelzeichen: Q
Einheit: ein Joule (1 J)

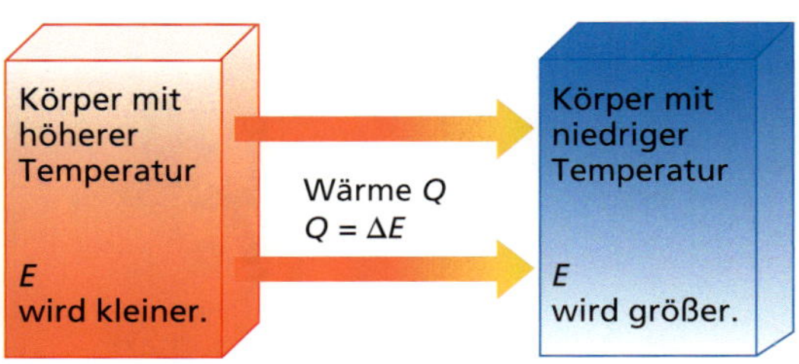

1 Zusammenhang zwischen Temperatur, Energie und Wärme

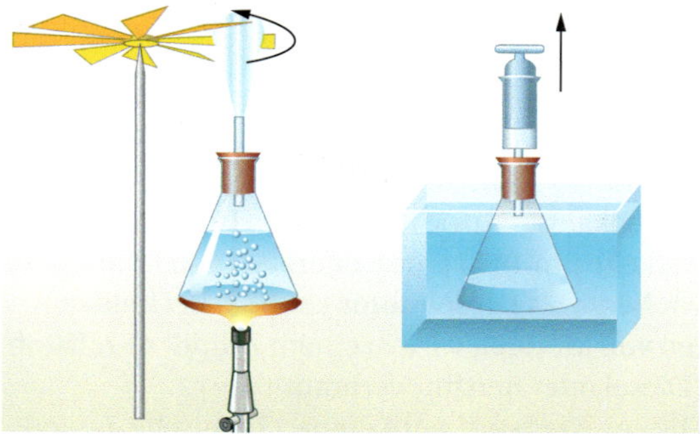

2 Die thermische Energie von Gasen ermöglicht es, mechanische Arbeit zu verrichten.

Heiße Gase können Arbeit verrichten. Das lässt sich beobachten, wenn beim Kochen der Deckel auf dem Topf zu klappern beginnt und damit den Beginn des Siedevorgangs anzeigt. Der Wasserdampf verrichtet Arbeit.
In einfachen Versuchen kann man zeigen, wie sich erwärmte Gase ausdehnen und unter erhöhtem Druck in der Lage sind, mechanische Arbeit zu verrichten (Abb. 2).
Im Teilchenmodell lässt sich das folgendermaßen deuten: Bei Wärmezufuhr bewegen sich die Gasteilchen schneller. Die thermische Energie des Gases erhöht sich. Die Teilchen stoßen auf andere Körper. Diese können sich bewegen (Kolben, Turbinenrad o. Ä.). Dabei verlieren die Teilchen kinetische Energie. Die thermische Energie des Gases nimmt ab. Es wird kälter.
Für den Zusammenhang zwischen der Änderung der thermischen Energie, der verrichteten mechanischen Arbeit und der dabei ausgetauschten Wärme gilt:

In einem abgeschlossenen System ist die Änderung der thermischen Energie ΔE verbunden mit der Zufuhr oder der Abgabe von Wärme Q und dem Verrichten mechanischer Arbeit W:

$$\Delta E = Q + W$$

Dieser Zusammenhang wird bei Ottomotoren, Dieselmotoren oder Dampfturbinen genutzt.

Ottomotor und Dieselmotor

Im Jahre 1867 stellte NIKOLAUS OTTO (1832–1891) seinen ersten Verbrennungsmotor vor. Diese Art von Motor ist heute unter dem Namen **Ottomotor** bekannt. RUDOLF DIESEL (1858–1913) entwickelte um 1895 eine weitere Art von Motor, den wir heute als **Dieselmotor** kennen. Bei beiden Arten von Motoren wird in einem Zylinder Kraftstoff (Diesel oder Benzin) verbrannt.
Die im Kraftstoff enthaltene chemische Energie wird beim Verbrennen in thermische Energie des Gases und diese wiederum in mechanische Energie des Kolbens umgewandelt. Für Verbrennungsmotoren gilt folgende **Energieumwandlungskette:**

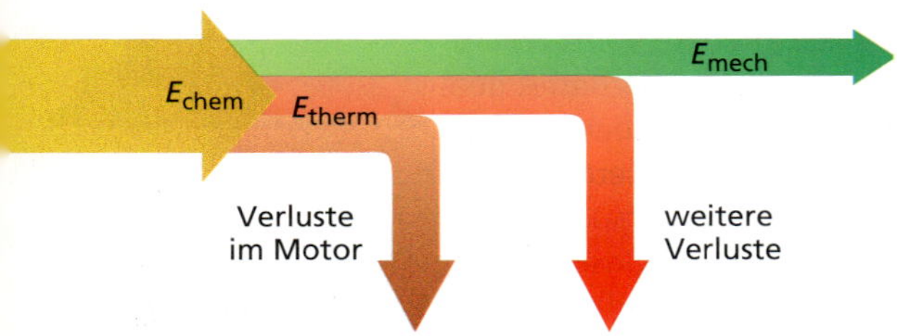

Die im Kraftstoff gespeicherte Energie ermöglicht nach dem 1. Hauptsatz der Wärmelehre das Verrichten von Arbeit. Damit kann das Auto beschleunigen und in Bewegung bleiben. Ein erheblicher Teil der zugeführten Energie wird in Form von Wärme an die Umgebung abgegeben.

2 Dieselmotor für einen Pkw

Bei einem Viertakt-Dieselmotor (Abb. 1) wird im **1. Takt** Luft angesaugt, indem sich der Kolben nach unten bewegt.
Im **2. Takt** bewegt sich der Kolben nach oben und verdichtet die Luft so stark, dass sie sich auf über 600 °C erhitzt. Hat der Kolben seinen höchsten Punkt erreicht, so sprüht eine Einspritzpumpe durch eine feine Düse den Dieselkraftstoff mit hohem Druck in den Zylinder. Dort entzündet er sich von selbst in der heißen Luft.
Im **3. Takt** verbrennt der Dieselkraftstoff explosionsartig. Die Verbrennungsgase dehnen sich aus und treiben den Kolben nach unten. Es wird Arbeit verrichtet und Wärme abgegeben.
Im **4. Takt** bewegt sich der Kolben nach oben und stößt die Abgase aus. Auch mit den Abgasen wird Wärme an die Umgebung abgegeben.
Der Vorgang beginnt von Neuem.

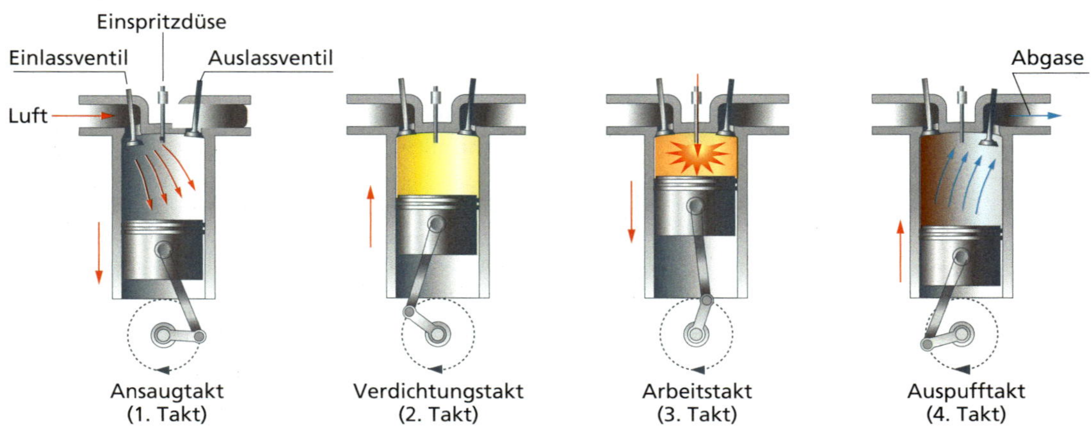

1 Arbeitsweise eines Viertakt-Dieselmotors

Lediglich im 3. Takt wird die zugeführte Energie in mechanische Energie umgewandelt. Er wird deshalb als Arbeitstakt bezeichnet. In den anderen Takten wird dem Motor von außen mithilfe eines **Schwungrads** Energie zugeführt.
Motoren können 4, 6 oder 8, aber auch 12 **Zylinder** haben. Sie werden vom Kühlwasser umströmt, da sich der Motor beim Verbrennen der Gase stark erhitzt und gekühlt werden muss.
In einem Mehr-Zylinder-Motor laufen zu gleichen Zeiten unterschiedliche Takte ab, sodass sich immer einer der Zylinder im Arbeitstakt befindet.
Wegen der hohen Verdichtung ist der Druck im Zylinder sehr groß. Deswegen sind die Dieselmotoren kompakt und relativ schwer.

Ottomotoren findet man in Pkws, Motorrädern und in transportablen Geräten wie Rasenmähern. Es gibt sie als Zweitakt- und als Viertaktmotoren. Bei einem Ottomotor wird nicht Luft, sondern ein Gemisch aus Luft und Benzin in den Zylinder gebracht und verdichtet. Dieses Gemisch wird vorher im Vergaser erzeugt. Im Unterschied zum Dieselmotor wird das Gemisch durch den Funken einer Zündkerze zur Explosion gebracht. Dabei entstehen Temperaturen bis zu 2000 °C und ein hoher Druck. Die anderen Takte sind vergleichbar mit denen beim Dieselmotor.
Während Dieselmotoren einen Wirkungsgrad von bis zu 40 % haben können, erreichen Ottomotoren nur Wirkungsgrade von höchstens 30 %. Bei den meisten Pkw-Motoren liegen diese Werte zwischen 20 % und 25 %.

Sowohl bei Otto- als auch bei Dieselmotoren gelangt ein großer Teil der Verbrennungsprodukte durch den Auspuff in die Umwelt und hat wesentlichen Anteil an der Luftverschmutzung. Darüber hinaus wird ein erheblicher Teil der durch die Verbrennung von Kraftstoff entstehenden thermischen Energie an die Umgebung abgegeben.

Mosaik

Zweitakt-Ottomotor

Zweitakt-Ottomotoren gibt es nicht nur in Rasenmähern, sondern auch in Mopeds und Mofas, Kettensägen und Wasserpumpen. Wie unterscheiden sie sich von den Viertaktmotoren?

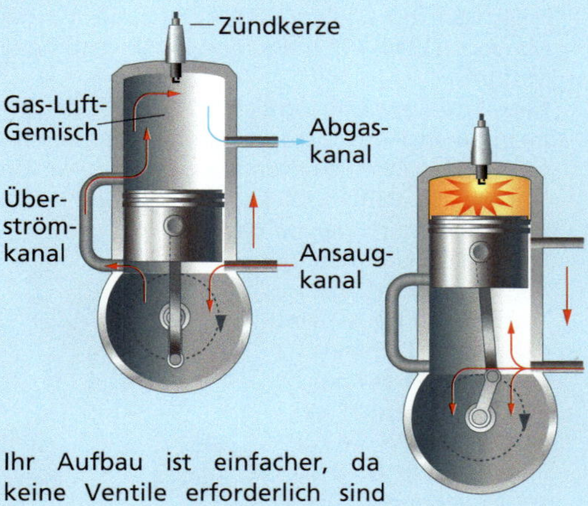

Ihr Aufbau ist einfacher, da keine Ventile erforderlich sind (s. Skizzen). Die Kanäle sind so angeordnet, dass sie bei Bewegung des Kolbens durch diesen geöffnet oder geschlossen werden.

Im **1. Takt** bewegt sich der Kolben nach oben und verschließt dadurch den Überström- und Abgaskanal. Das Gemisch wird weiter verdichtet. Durch den so entstehenden Unterdruck im Kurbelgehäuse strömt durch den Ansaugkanal neues Gemisch in das Kurbelgehäuse.
Im **2. Takt** wird das Gemisch gezündet und der Kolben nach unten gedrückt. Durch die Abwärtsbewegung verschließt der Kolben den Ansaugkanal und presst das Gemisch etwas zusammen. Es wird „vorverdichtet". Gleichzeitig können durch den Abgaskanal die Abgase entweichen. Das vorverdichtete Gemisch strömt durch den Überströmkanal in den Zylinder.
Zweitaktmotoren sind robuster und leichter als Viertakter gleicher Leistung.
Von Nachteil ist, dass sich Abgase und Benzindämpfe vermischen. Mit dem Benzin muss auch Öl getankt werden, um alle beweglichen Teile zu schmieren.

Dampfturbinen

Dampfturbinen werden vor allem in Kraftwerken zum Antrieb von großen Generatoren angewendet. Erste Versuche der Konstruktion von Dampfturbinen gab es schon im 19. Jahrhundert.
An der Entwicklung leistungsfähiger Dampfturbinen waren viele Techniker beteiligt, z. B. der Schwede GUSTAV DE LAVAL (1845–1913), der Franzose AUGUSTE RATEAU (1863–1930) und der Amerikaner GLENN CURTIS (1878–1930).
Moderne Dampfturbinen (Abb. 1) bestehen aus mehreren Laufrädern mit zahlreichen Schaufeln. Alle Laufräder sind auf einer Welle befestigt.
Der zum Betrieb der Dampfturbine erforderliche Dampf steht unter hohem Druck (ca. 200 bar) und hat eine Temperatur von 400 bis 600 °C, besitzt also eine große thermische Energie.
Der Dampf wird durch Düsen mit hoher Geschwindigkeit auf die Schaufeln der Dampfturbine geleitet und versetzt die Laufräder in Rotation. Dabei verringern sich Geschwindigkeit, Temperatur und Druck des Dampfs, seine thermische Energie wird kleiner.
Insgesamt vollziehen sich dabei folgende Energieumwandlungen:

$$E_{\text{th}} \longrightarrow E_{\text{kin}} \longrightarrow E_{\text{Rotation}}$$

1 Montage einer Dampfturbine

Mosaik

RUDOLF DIESEL und NIKOLAUS OTTO

RUDOLF DIESEL wurde 1858 als Sohn deutscher Eltern in Paris geboren und verlebte dort seine Kindheit. 1873–1880 erhielt er in Augsburg und München eine Ausbildung als Techniker und Maschinenbauingenieur.
Nach seinem Studium arbeitete er als Leiter einer Eisfabrik in Paris und begann sich daneben mit der Entwicklung von Wärmekraftmaschinen zu beschäftigen. Nach mehrjährigen Arbeiten konnte er 1897 den ersten funktionsfähigen Dieselmotor vorstellen. Dieser wurde mit Petroleum betrieben.
Durch seine Patente erwarb DIESEL ein großes Vermögen, verlor aber auch viel Geld durch Spekulationen.
1913 verschwand ROBERT DIESEL während einer Fahrt von Antwerpen nach Harwich (England) vom Schiff. Was wirklich an seinem Todestag vorging, ist bis heute unbekannt.

1 RUDOLF DIESEL (1858–1913)

NIKOLAUS OTTO wurde 1832 in Holzhausen bei Nassau geboren. Sein technisches Wissen eignete sich N. OTTO weitgehend selbstständig an. Nach 1860 begann er mit Gasmotoren zu experimentieren. Dabei fand er 1861 das Prinzip des Viertaktmotors. Gemeinsam mit den Technikern GOTTLIEB DAIMLER (1834–1900) und WILHELM MAYBACH (1846–1929) entwickelte N. OTTO neue Motoren.
Nach Streitigkeiten zog sich N. OTTO aus der gemeinsamen Firma zurück. Darüber hinaus kam es zu vielen Streitigkeiten über die Patente von N. OTTO. So wurde 1884 vom Deutschen Reichsgericht das Patent OTTOS für den Viertaktmotor aberkannt. Trotzdem blieb er ein geachteter Techniker. Er starb 1891 in Köln. Bis heute werden bei Pkws und Lkws die auf R. DIESEL und N. OTTO zurückgehenden Dieselmotoren und Ottomotoren genutzt.

2 NIKOLAUS OTTO (1832–1891)

Energie und Leistung

Energie kann unterschiedlich schnell von einem Energieträger auf einen anderen übertragen werden. So bekommt z. B. ein 1 000-W-Staubsauger in jeder Sekunde 1 000 J an elektrischer Energie. Bei einem kleinen Handstaubsauger sind es beispielsweise nur 250 J je Sekunde.
Beim Hochsprung (Abb. 1) ändert sich in kurzer Zeit die potenzielle Energie des Hochspringers. Bei einem Radfahrer wird während der gesamten Fahrt Energie umgesetzt. Er muss sie aufbringen, um in Bewegung zu bleiben. Wie viel Energie in einer bestimmten Zeit umgesetzt wird, beschreibt man in der Physik mit der Größe **Leistung.**

Die Leistung eines Geräts, einer Anlage oder eines Lebewesens gibt an, wie viel Energie in der Zeiteinheit durch das Gerät, die Anlage oder das Lebewesen umgesetzt wird.

Formelzeichen: P
Einheit: **ein Watt (1 W)**

Die Einheit 1 W ist nach dem britischen Ingenieur James Watt (1736–1818) benannt, der die erste für die Wirtschaft brauchbare Dampfmaschine entwickelt hat.
Vielfache der Einheit 1 W sind ein Kilowatt (1 kW), ein Megawatt (1 MW) und ein Gigawatt (1 GW):

1 kW = 1 000 W
1 MW = 1 000 kW = 1 000 000 W
1 GW = 1 000 MW = 1 000 000 000 W

Leistungen in Natur und Technik	
Mensch (Dauerleistung) Glühlampe im Haushalt	80–100 W bis 100 W
Radfahren Dauerleistung eines Pferds	100–200 W ca. 500 W
kurzzeitige sportliche Höchstleistung (Mensch)	1,5 kW
mittlerer Automotor Formel-1-Rennwagen	50 kW ca. 500 kW
Strahlungsleistung der Sonne	$3{,}85 \cdot 10^{26}$ W

1 Kurzzeitig kann der Mensch eine Leistung von etwa 1,5 kW vollbringen.

Manchmal wird auch noch die gesetzlich nicht mehr zugelassene Einheit eine Pferdestärke (1 PS) verwendet: 1 PS = 736 W
Ein 100-PS-Motor leistet demnach 74 kW, ein 100-kW-Motor hat eine Leistung von 136 PS.
Dabei ist zu beachten: Bei Motoren wird in der Regel die Höchstleistung angegeben. Beim „normalen" Fahren im Straßenverkehr ist die Leistung, also die notwendige Energie je Zeiteinheit, wesentlich geringer.

Wie die **elektrische Leistung** berechnet werden kann, ist auf S. 64 dargestellt. In analoger Weise kann man die mechanische Leistung ermitteln.

Die mechanische Leistung kann berechnet werden mit der Gleichung:

$P = \frac{\Delta E}{t}$ $\qquad$ $P = \frac{W}{t}$

ΔE **umgesetzte Energie**
W **verrichtete mechanische Arbeit**
t **Zeitintervall**

Für die Einheiten gilt:

$$1\,\mathrm{W} = 1\,\frac{\mathrm{J}}{\mathrm{s}} = 1\,\frac{\mathrm{Nm}}{\mathrm{s}}$$

Eine Leistung von 1 W wird vollbracht, wenn eine Arbeit von 1 J in 1 s verrichtet wird. Anschaulicher ist: 1 W wird vollbracht, wenn ein Körper mit einer Gewichtskraft von 1 N (Masse ca. 100 g) in 1 s um 1 m gehoben wird. Daraus ist erkennbar: 1 W ist eine relativ kleine Leistungseinheit.
Häufig werden 1 kW (1 000 W) und 1 MW (1 000 kW = 1 000 000 W) verwendet.

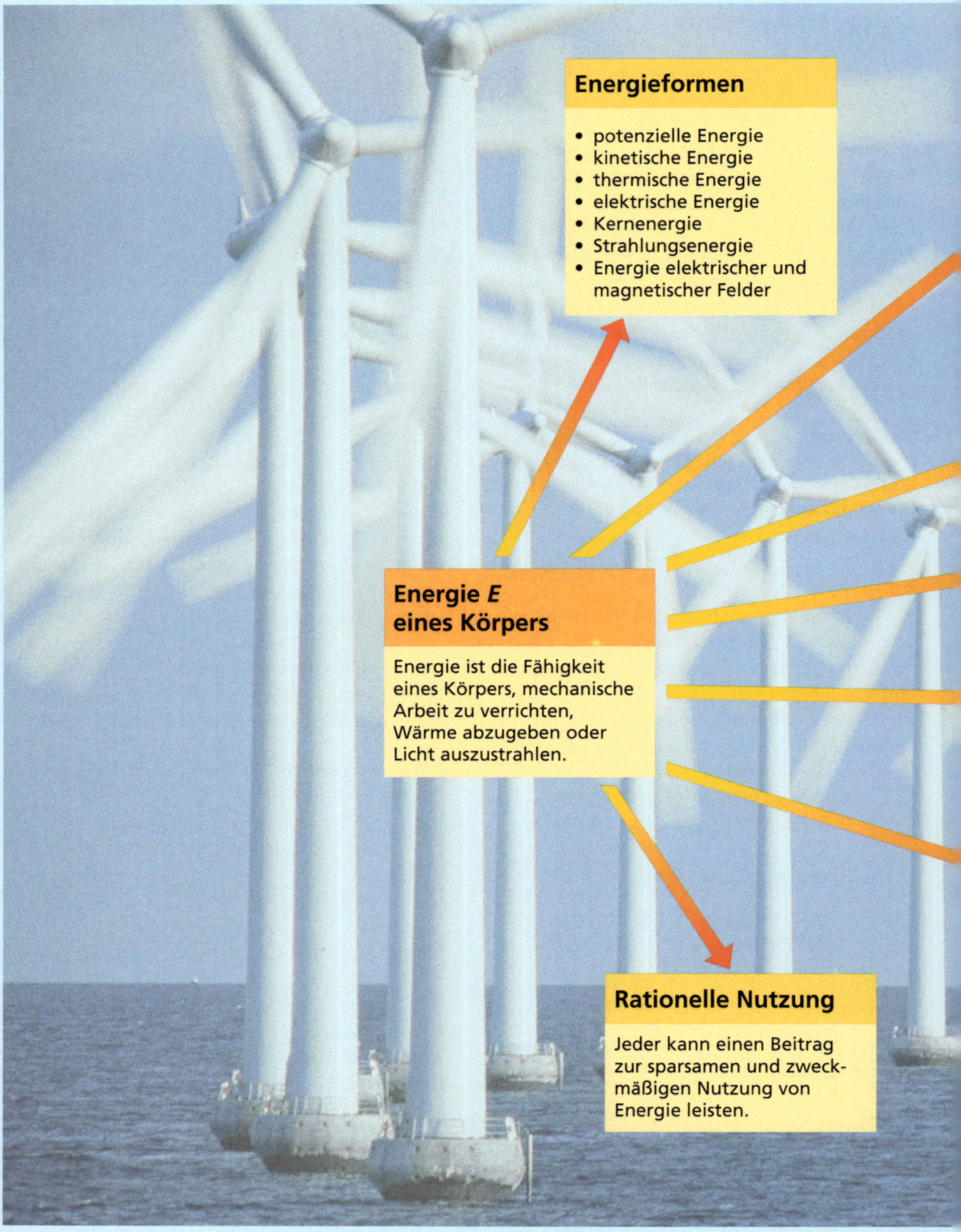

Energieformen

- potenzielle Energie
- kinetische Energie
- thermische Energie
- elektrische Energie
- Kernenergie
- Strahlungsenergie
- Energie elektrischer und magnetischer Felder

Energie *E* eines Körpers

Energie ist die Fähigkeit eines Körpers, mechanische Arbeit zu verrichten, Wärme abzugeben oder Licht auszustrahlen.

Rationelle Nutzung

Jeder kann einen Beitrag zur sparsamen und zweckmäßigen Nutzung von Energie leisten.

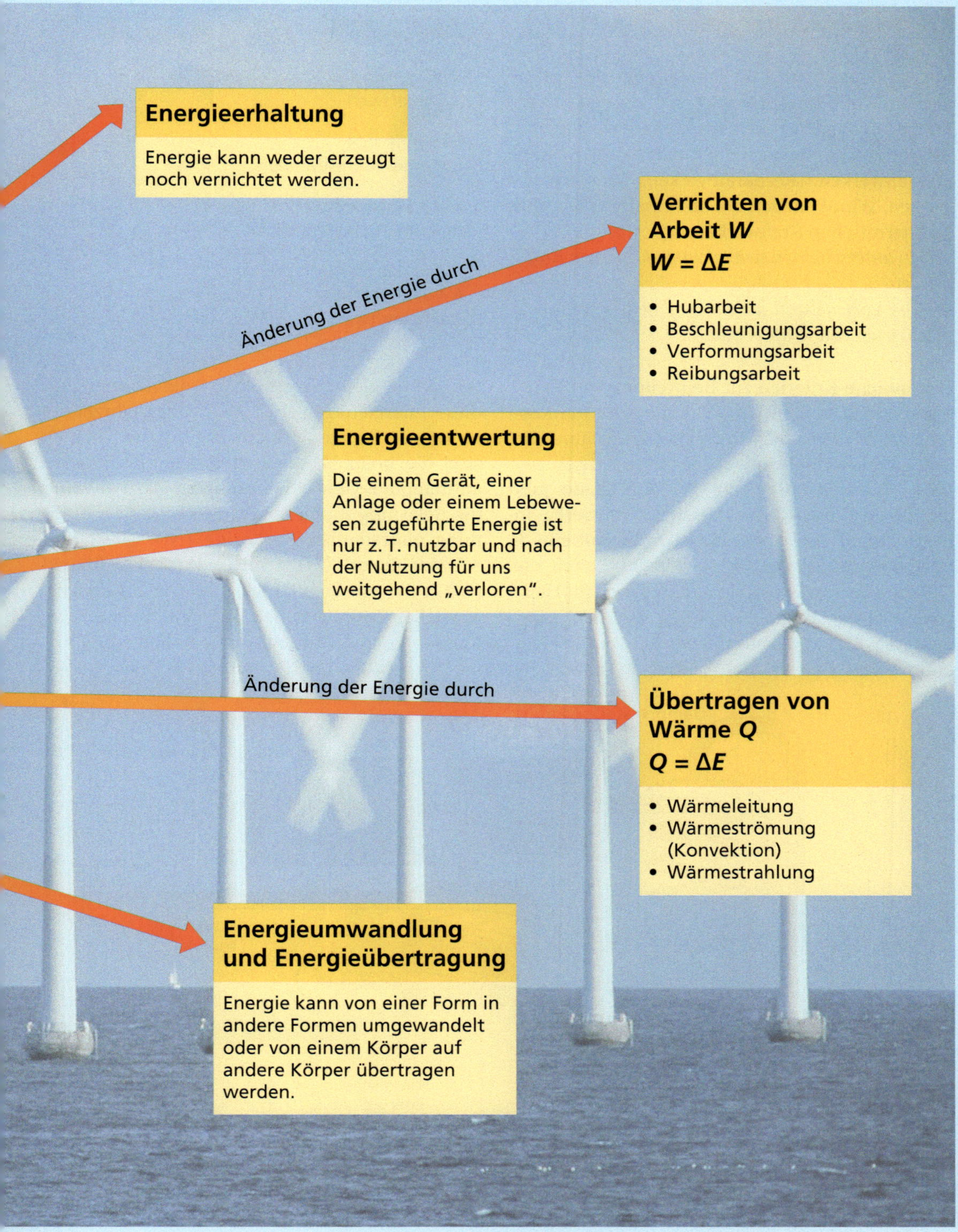

Energieerhaltung

Energie kann weder erzeugt noch vernichtet werden.

Änderung der Energie durch

Verrichten von Arbeit W

$W = \Delta E$

- Hubarbeit
- Beschleunigungsarbeit
- Verformungsarbeit
- Reibungsarbeit

Energieentwertung

Die einem Gerät, einer Anlage oder einem Lebewesen zugeführte Energie ist nur z. T. nutzbar und nach der Nutzung für uns weitgehend „verloren".

Änderung der Energie durch

Übertragen von Wärme Q

$Q = \Delta E$

- Wärmeleitung
- Wärmeströmung (Konvektion)
- Wärmestrahlung

Energieumwandlung und Energieübertragung

Energie kann von einer Form in andere Formen umgewandelt oder von einem Körper auf andere Körper übertragen werden.

Kraftwerke im Vergleich

In Kraftwerken wird aus Primärenergie über mehrere Umwandlungsprozesse letztlich elektrische Energie erzeugt. Je nach Primärenergieträger und Art der Anlage unterscheidet man zwischen Wärmekraftwerken, Kernkraftwerken, Wasserkraftwerken, Windkraftwerken, Solarkraftwerken und geothermischen Kraftwerken.

Worin unterscheiden sich wichtige Arten von Kraftwerken?

Welche Vorteile und welche Nachteile haben einzelne Arten von Kraftwerken?

Art des Kraftwerks	Wirkungsgrad
Solarkraftwerk	20 %
Windkraftwerk	25 … 30 %
Kernkraftwerk	38 %
modernes Kohlekraftwerk	40 %
Gasturbinenkraftwerk	52 %
Pumpspeicherkraftwerk	75 %
Kraftwerk mit Kraft-Wärme-Kopplung	85 %
Wasserkraftwerk	90 %

Wesentliche Kriterien zur Beurteilung von Kraftwerken sind neben dem Wirkungsgrad die Kosten, die Risiken, die Umweltbelastung und die Verfügbarkeit der Primärenergieträger.

Eine Übersicht über die Wirkungsgrade gibt die obige Tabelle. Die meisten Kraftwerke in Deutschland sind **Wärmekraftwerke** mit einem Wirkungsgrad von ca. 40 % (Abb. 1). Durch die Nutzung der unvermeidlichen Abwärme für Heizzwecke (Kraft-Wärme-Kopplung) sind Wirkungsgrade bis 85 % möglich. Der Vorteil von Wärmekraftwerken besteht darin, dass einheimische Primärenergieträger genutzt werden können und diese Energieträger auch noch über Jahrzehnte hinweg verfügbar sind. Entscheidender Nachteil sind die beim Verbrennen fossiler Brennstoffe auftretenden Umweltbelastungen. Dazu gehören die Belastung durch Staub, die bei der Verbrennung auftretenden Stickoxide (NO, NO_2) und Schwefeldioxid (SO_2) sowie Kohlenstoffdioxid (CO_2), das entscheidenden Einfluss auf den zusätzlichen Treibhauseffekt auf der Erde hat.

Kraftwerke und Heizkraftwerke haben einen Anteil von ca. 40 % am CO_2-Ausstoß in Deutschland,

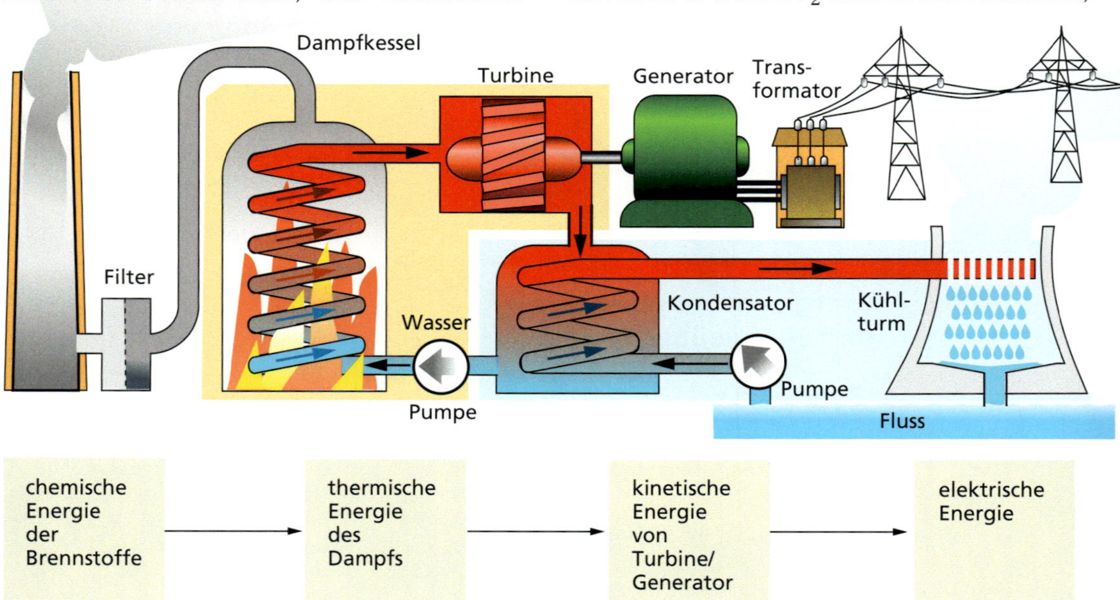

1 Die Energieumwandlungen sind in allen Arten von Wärmekraftwerken prinzipiell gleich.

Energieträger	Aufwand für 1 kWh Elektroenergie
Braunkohle	1,1 kg
Steinkohle	0,3 kg
Erdgas	0,22 m^2
Uran (angereichert)	0,0045 g
Wasser	410 m^3 bei 1 m Fallhöhe
Heizöl	0,2 kg
Müll	1,5 ... 3,5 kg
Sonnenstrahlung	15 m^2 Solarzellen

der insgesamt etwa 900 Mio. Tonnen im Jahr beträgt. Moderne Wärmekraftwerke sind mit vielen Zusatzanlagen ausgerüstet, die dazu dienen, die Umweltbelastungen zu verringern. Dazu gehören z.B. Anlagen zur Rauchgasentschwefelung, Elektrofilter zur Verringerung der Staubbelastung und Anlagen zur Entstickung. Der Ausstoß von CO_2 kann durch solche technischen Maßnahmen prinzipiell nicht verhindert werden. Es müssen deshalb andere Möglichkeiten der Reduzierung gesucht werden.

Kernkraftwerke sind spezielle Wärmekraftwerke. Wie alle anderen Kraftwerke haben auch Kernkraftwerke Vorteile und Nachteile. Einige Hinweise dazu findest du auf S. 189.

Eine weitere Art von Wärmekraftwerken sind **Blockheizkraftwerke.** In ihnen wird Strom erzeugt und zugleich die entstehende Abwärme genutzt (Abb. 1). Kernstück solcher Anlagen sind Motoren, die meist mit Gas betrieben werden und über einen gekoppelten Generator elektrische Energie erzeugen. Parallel dazu wird dem Kühlwasser des Motors mit den Abgasen Wärme entzogen und über einen Wärmetauscher an Heizungsanlagen weitergegeben. Das Prinzip wird als **Kraft-Wärme-Kopplung** bezeichnet. Solche Anordnungen haben einen Wirkungsgrad bis zu 85 % und sind vor allem dort gut nutzbar, wo über das ganze Jahr hinweg ein hoher Strom- und Wärmebedarf besteht (Betriebe, Krankenhäuser).

Wasserkraftwerke (Abb. 1) haben einen hohen Wirkungsgrad und lassen sich sehr umweltfreundlich betreiben. Allerdings gibt es in Deutschland für die Errichtung größerer Wasserkraftwerke nur beschränkte Möglichkeiten.

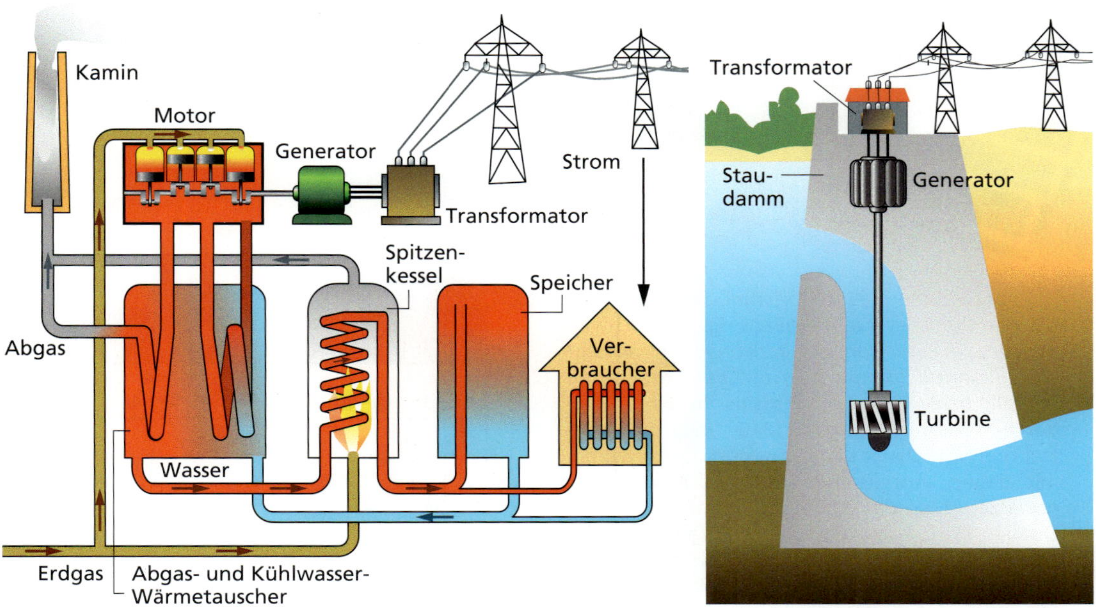

1 Blockheizkraftwerk mit Kraft-Wärme-Kopplung (links) und Wasserkraftwerk (rechts)

Mosaik

Brennstoffzellen – Energiequellen der Zukunft

Brennstoffzellen sind technische Anordnungen, mit deren Hilfe aus Wasserstoff und Sauerstoff elektrischer Strom erzeugt werden kann.
Bereits 1839 demonstrierte der englische Astronom und Physiker WILLIAM GROVE im Labor die prinzipielle Wirkungsweise einer Brennstoffzelle: Elektrolytisch erzeugter Wasserstoff und Sauerstoff wird Elektroden aus Platin zugeführt. Dabei bildet sich zum einen Wasser, zum anderen entsteht zwischen den Elektroden eine Spannung, die zu einem Strom führt. Das Foto zeigt eine moderne Experimentieranordnung.

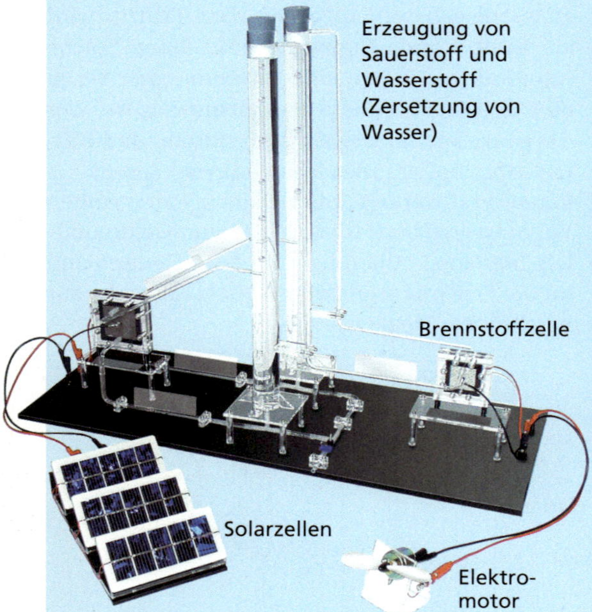

Die Entwicklung einer leistungsfähigen elektrischen Quelle erwies sich allerdings als so schwierig, dass dieses Konzept nicht weiter verfolgt wurde. Hinzu kommt, dass mit der Entdeckung des elektrodynamischen Prinzips im Jahre 1866 durch WERNER VON SIEMENS (1816–1892) die Konstruktion von Dynamomaschinen möglich wurde, mit denen ausreichende Mengen Elektroenergie erzeugt werden konnten. Erst als elektrische Quellen für U-Boote und für Raumfahrzeuge gewannen Brennstoffzellen wieder an Bedeutung. Sie wurden erstmals 1965 genutzt. Heute wird daran gearbeitet, sie als Energiequellen zu nutzen.

Eine Brennstoffzelle besteht aus zwei Elektroden und einem Elektrolyten (Abb. 1). Die Anode wird mit dem Brennstoff, meist Wasserstoff, und die Katode mit Sauerstoff versorgt. Der Elektrolyt verbindet die beiden Elektroden miteinander. Bei einer Betriebstemperatur zwischen 80 und 1 000 °C gibt Wasserstoff an der Anode (Minuspol) Elektronen ab:

$$2H_2 \longrightarrow 4H^+ + 4e^-$$

Die frei gewordenen Elektronen fließen über einen Verbraucher zur Katode und transportieren dabei Energie.
An der Katode nimmt Sauerstoff Elektronen auf. Sauerstoff-Ionen bewegen sich durch den Elektrolyten zur Anode und vereinigen sich dort mit Wasserstoff-Ionen zu Wasser:

$$O_2 + 4e^- + 4H^+ \longrightarrow 2H_2O$$

Als Gesamtreaktion entsteht aus Wasserstoff und Sauerstoff Wasser.
Eine einzelne Zelle liefert eine Spannung von 0,6 bis 0,9 V. Durch Reihenschaltung solcher Zellen erreicht man Spannungen bis etwa 200 V.
Der Vorteil von Brennstoffzellen besteht vor allem darin, dass bei ihrem Betrieb keine Umweltbelastungen auftreten. Darüber hinaus ist ihr Wirkungsgrad mit bis zu 85 % sehr hoch.
Die derzeitigen Nachteile bestehen vor allem in den hohen Produktionskosten.

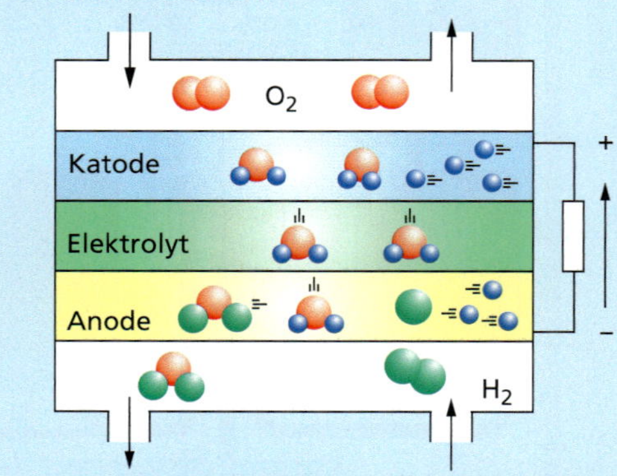

1 Aufbau und Wirkungsweise einer Brennstoffzelle: Es erfolgt ein Austausch von Elektronen.

Physik in Natur und Technik

Wie viel Energie braucht ein Mensch?

Menschen benötigen nicht nur Energie zur Aufrechterhaltung aller Lebensprozesse, sondern auch für Tätigkeiten wie Wandern, Radfahren, Bergsteigen oder Schulaufgaben machen.
Wie viel Energie braucht man für verschiedene Tätigkeiten?

Der Energiebedarf von Menschen kann sehr unterschiedlich sein. Er hängt nicht nur vom Grad der Aktivität und von der Art der Tätigkeit ab, sondern ändert sich auch mit dem Lebensalter. In der Übersicht rechts unten sind Durchschnittswerte angegeben.
Ein Jugendlicher mit einem Körpergewicht von 50 kg braucht pro Tag etwa 7 500 kJ nur für die Grundfunktionen des Lebens. Wenn diese Energie über einen längeren Zeitraum nicht zugeführt wird, so wird der Mensch schwach und krank und stirbt schließlich.
Wenn man körperlich leicht arbeitet (dazu gehört energietechnisch gesehen auch der Schulbesuch), braucht man etwa 10 000 kJ pro Tag, bei schwerer Arbeit sogar bis zu 25 000 kJ. Wenn jemand zehn Stunden lang schwer arbeitet, so braucht er ohne den Grundumsatz von 7 500 kJ pro Tag etwa 1 800 kJ je Stunde.
Ähnlich groß ist der Energiebedarf, wenn man 1 Stunde lang möglichst schnell auf einen Berg steigt. In einer Stunde kann man etwa 500 bis 1 000 m Höhenunterschied schaffen, je nach Trainingszustand und Geländebeschaffenheit.
Wenn man die 1 800 kJ pro Stunde auf die Sekunde umrechnet, sind das etwa 500 Joule, die man je Sekunde braucht, also $P = 500\ \text{W}$.
Wie bei einer Maschine wird aber ein großer Teil dieser Energie über

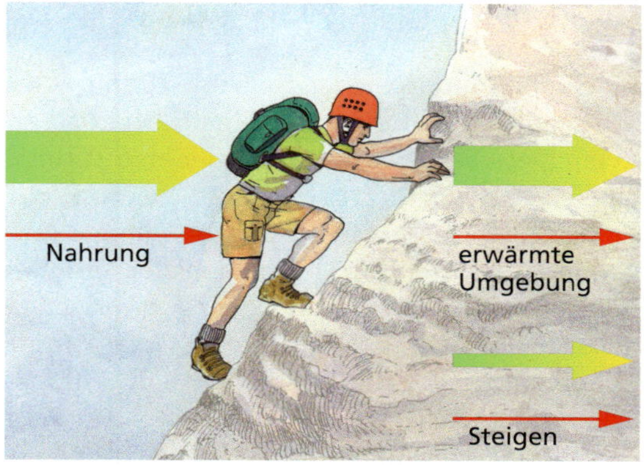

1 Energiefluss bei einem Menschen

das Schwitzen an die Umgebung abgegeben. Bei einer Bergtour sind das über 80 % (Abb. 1).
Damit stehen uns beim Bergsteigen im „Dauerbetrieb" knapp 100 J je Sekunde zum reinen Aufsteigen zur Verfügung, mit 400 J je Sekunde (400 W) wird die Umwelt erwärmt.
Da man mit 1 J einen Körper der Masse 100 g um 1 m heben kann, lässt sich mit 100 J das Körpergewicht von 50 kg um 0,2 m heben. Wenn man in der Sekunde 0,2 m steigt, dann sind das in der Stunde 720 m. Ein gut trainierter Mensch kann pro Stunde mehr Energie umsetzen, dementsprechend mehr Höhenunterschied erreicht er auch.

Energiebedarf pro Tag in kJ in verschiedenen Lebensaltern

Lebensalter	Energiebedarf in kJ/Tag	
Kinder		
1–4 Jahre	5 000	
7–10 Jahre	8 400	
Jugendliche	**männlich**	**weiblich**
12–15 Jahre	10 000	8 000
16–19 Jahre	13 000	10 500
Erwachsene	**männlich**	**weiblich**
25 Jahre	10 900	9 200
45 Jahre	10 000	8 400
65 Jahre	9 200	7 500

Eine geniale Erfindung

In einem Pumpspeicherkraftwerk strömt Wasser durch Rohrleitungen aus einem Oberbecken in ein Unterbecken und treibt über eine Turbine einen Generator an, in dem die mechanische Energie des Wassers in elektrische Energie umgewandelt wird (Abb. 1). Ein genialer Erfinder hatte nun die Idee, einen Teil der so gewonnenen elektrischen Energie zum Antrieb einer Pumpe zu verwenden, die das Wasser aus dem Unterbecken in das Oberbecken pumpt, sodass ein Wasserkreislauf entsteht. Der andere Teil der Energie wird ständig ins Netz eingespeist. Damit steht der Menschheit eine unerschöpfliche Energiequelle zur Verfügung, so der Erfinder.
Kann diese Erfindung funktionieren?

Die Erfindung ist ein typisches Perpetuum mobile, das nicht funktionieren kann. Das Wasser im Oberbecken besitzt Energie, die beim Herunterströmen des Wassers „mitgenommen“ wird. Diese Energie wird zum Antrieb der Turbinen genutzt und im Generator in elektrische Energie umgewandelt.
Um den Wasserkreislauf in Gang zu setzen, wird mithilfe einer Pumpe die elektrische Energie beim Hochpumpen auf das Wasser übertragen.
Nach dem Gesetz von der Erhaltung der Energie geht weder Energie verloren, noch entsteht sie aus dem Nichts.

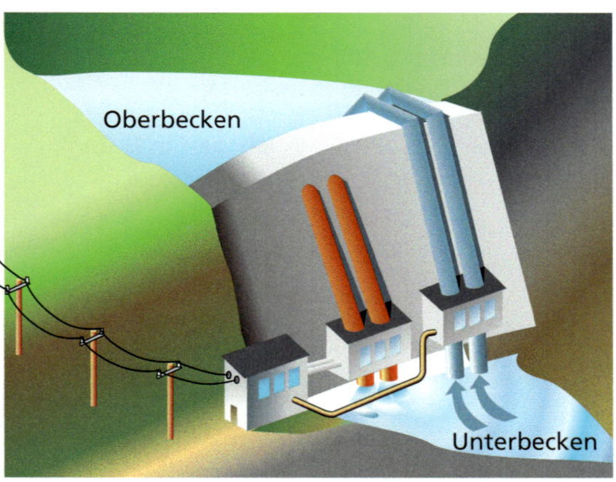

1 Aufbau eines Pumpspeicherkraftwerks: Energie des Wassers wird in Elektroenergie umgewandelt.

Die notwendige elektrische Energie zum Hochpumpen des Wassers muss demzufolge mindestens genauso groß sein wie die elektrische Energie, die aus dem herabströmenden Wasser gewonnen werden kann.
Mit dieser Erfindung könnte somit im besten Fall der Wasserkreislauf aufrechterhalten werden. Da jedoch Reibung auftritt und dadurch ein Teil der Energie an die Umgebung abgegeben wird, käme der Kreislauf sehr schnell zum Erliegen. Eine Einspeisung von Energie ins Netz wäre auf jeden Fall ausgeschlossen.

Mosaik

Ein Perpetuum mobile

Viele Jahrhunderte lang versuchten Erfinder eine Maschine zu konstruieren, die dauernd Energie abgibt, ohne dass ihr Energie zugeführt wird, oder die mehr Energie abgibt, als ihr zugeführt wurde. Eine solche Anordnung wird als **Perpetuum mobile** („sich ständig bewegend“) bezeichnet. Eine der Ideen für ein solches Perpetuum mobile zeigt die Abbildung. Es handelt sich dabei um eine Konstruktion, die der holländische Mathematiker Simon Stevin (1548–1620) angegeben hat.
Auf einer geneigten Ebene befindet sich eine Kugelkette. Ein Teil der Kugeln wirkt mit ihrer Gewichtskraft in der einen Richtung. Die Kugeln auf der geneigten Ebene wirken mit einer geringeren Kraft in der entgegengesetzten Richtung. Die gesamte Kette soll sich ständig in Pfeilrichtung bewegen.

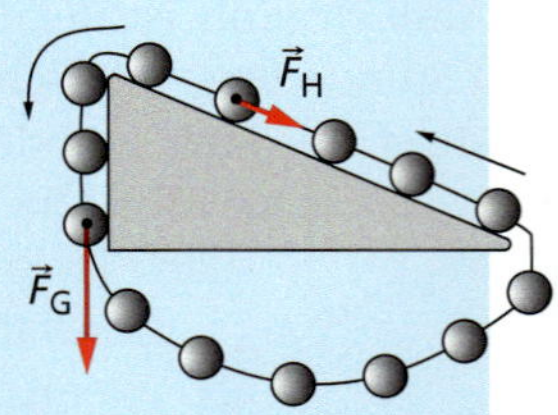

Ein solches Perpetuum mobile kann nicht funktionieren. Es widerspricht dem Energieerhaltungssatz, der besagt, dass Energie weder erzeugt noch vernichtet, sondern nur von einer Form in andere Formen umgewandelt werden kann.
Bereits im Jahre 1775 erklärten die Pariser Akademie der Wissenschaften und die Royal Society in London als die damals weltweit führenden wissenschaftlichen Einrichtungen, dass sie keinen Vorschlag für ein Perpetuum mobile mehr prüfen werden. Trotzdem gab und gibt es noch zahlreiche Versuche, ein Perpetuum mobile zu konstruieren.

Energieflussdiagramm einer Windkraftanlage

Seit etwa 1935 werden Windkraftanlagen zur Gewinnung von Elektroenergie gebaut, getestet und ständig verbessert. Insbesondere in den letzten Jahren hat sich die Anzahl der installierten Windkraftanlagen in Deutschland stark vergrößert. Dadurch stieg die Leistung von Windkraftanlagen in Deutschland von 68 MW im Jahr 1990 auf 15 000 MW im Jahr 2004 und sie steigt weiter.
Wie ist eine Windkraftanlage aufgebaut?
Welche Energieumwandlungen gehen bei einer Windkraftanlage vor sich?

Den Aufbau einer Windkraftanlage zeigt Abb. 1. Auf einem Turm befindet sich ein meist dreiflügliger Rotor. Dieser Rotor ist über ein Getriebe mit einem Generator verbunden. Die gesamte Anordnung ist drehbar gelagert, damit der Rotor in die jeweilige Windrichtung gedreht werden kann. Darüber hinaus können die Rotorblätter verstellt werden, um möglichst günstige Bedingungen für unterschiedliche Windgeschwindigkeiten einstellen zu können.

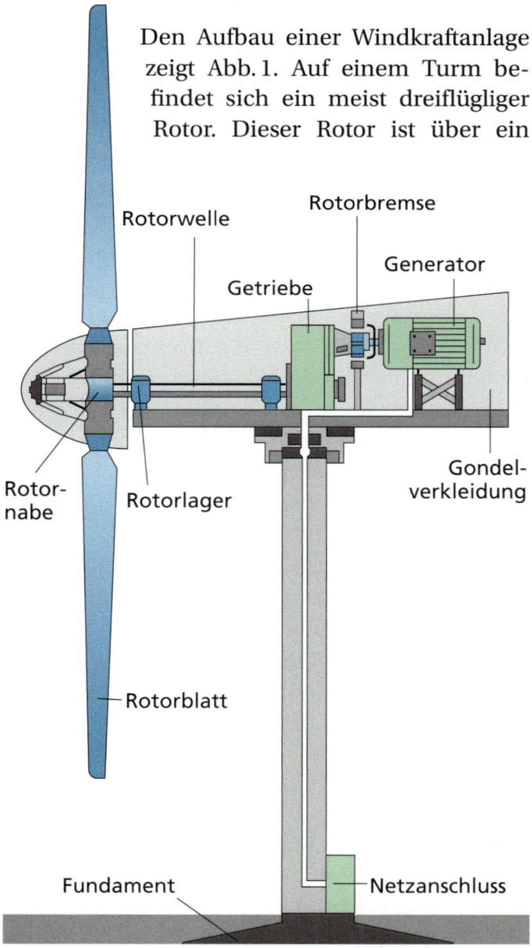

1 Aufbau einer modernen Windkraftanlage zur Gewinnung von elektrischer Energie

Die **Energieumwandlungen** kann man mit einem Energieflussdiagramm verdeutlichen (Abb. 2).
Die Energie des Winds treibt den Rotor an und versetzt ihn in Bewegung. Dabei treten aufgrund von Reibungseffekten und Wirbelbildung schon etwa 60 % Energieverluste auf.
Die Bewegungsenergie des Rotors wird über eine Welle auf das Getriebe und von dort über eine Welle zum Generator übertragen. Die im Getriebe entstehenden Verluste durch Reibung betragen 4 %. Auch bei der Umwandlung von kinetischer Energie in elektrische Energie im Generator treten nochmals Energieverluste auf. In der Anlage werden nur 29 % der ursprünglichen Windenergie in nutzbare elektrische Energie umgewandelt. Die Windenergie wird entwertet.

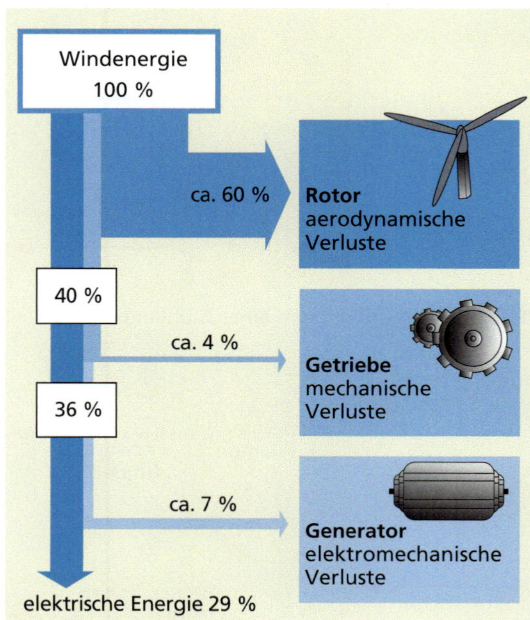

2 Energieumwandlungen bei einer Windkraftanlage (Durchschnittswerte)

Glühlampe gegen Energiesparlampe

In den meisten Geräten wird die zugeführte Energie auf mindestens zwei Energieträger umgeladen. Für eine Glühlampe gilt: Nur etwa 5 % der zugeführten Energie (Abb. 1) steckt bei der Glühlampe schließlich im Licht. Mit dem viel größeren Anteil wird die Luft erwärmt. Das ist nicht effektiv, denn mit der Glühlampe will man ja nicht in erster Linie heizen.
Mit Energiesparlampen ist die Lichtausbeute deutlich größer: Etwa 25 %, also der 5-fache Anteil der Energie, stecken im Licht (Abb. 2). Das bedeutet: Um die gleiche Menge Licht zu erhalten, muss nur ein Fünftel der elektrischen Energie zugeführt werden.
Welche der Lampen ist kostengünstiger?

Um das herauszufinden, muss man verschiedene Daten miteinander vergleichen (Tabelle).

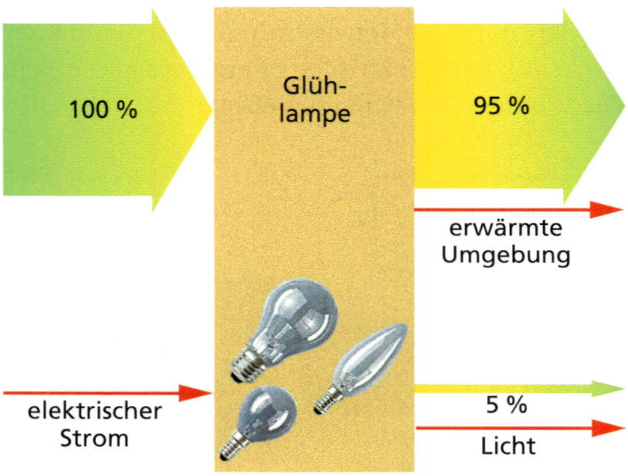

1 Energieflussdiagramm einer Glühlampe

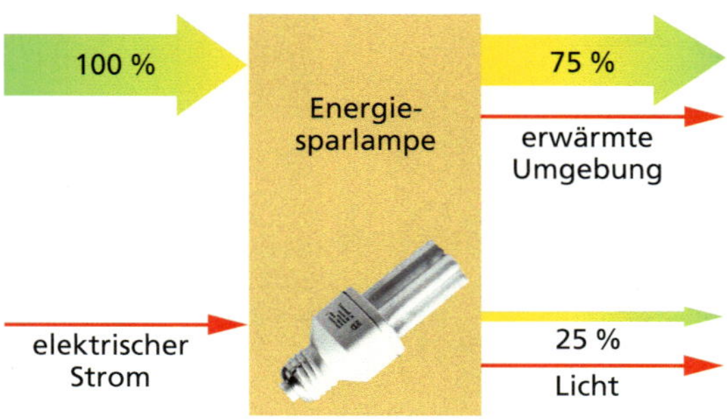

2 Energieflussdiagramm einer Energiesparlampe

Daten	Energie-sparlampe	Glühlampe
Leistung	13 W	60 W
Lebensdauer	10 000 h	1 000 h
Anzahl der Lampen für 10 000 h Betrieb	1	10
Kosten für die Lampen für 10 000 h Betrieb	10 €	10 · 0,5 €
Energiebedarf für die 10 000 h Betrieb	130 kWh	600 kWh
Energiekosten für 10 000 h Betrieb bei 0,15 €/kWh	19,50 €	90 €
Gesamtkosten für 10 000 h Betrieb	29,50 €	95 €

Aufgaben

1. Wenn man mit dem Fahrrad bremst, ist die Energie, die in der Bewegung steckte, anscheinend plötzlich nicht mehr da. Wenn man aber die Bremsbeläge oder den Reifen befühlt, spürt man eine Erwärmung.
   Stelle für den beschriebenen Sachverhalt den Energiefluss ähnlich wie in Abb. 1 dar! Beschreibe ihn in Worten!

2. Ein Auto fährt mit konstanter Geschwindigkeit. In der Bewegung eines gleichmäßig auf ebener Strecke fahrenden Autos steckt immer die gleiche Energie.
   Wohin geht dann die Energie, die beim Verbrennen des Benzins frei wird?

3. Mit einem Mixer wird Teig gerührt. Dabei wird elektrische Energie auf die Drehbewegung des Rührstabs übertragen.
   a) Was geschieht mit der Energie des Rührstabs?
   b) Skizziere das entsprechende Energieflussdiagramm! Orientiere dich an den Darstellungen links.

Bergauf und bergab

Fährt man mit einem Pkw oder mit dem Fahrrad im Gebirge, so bewegt man sich nur selten in einer Höhe. Es geht ständig bergauf und bergab. Das gilt auch beim Wandern.
Einer der höchsten Pässe der Alpen, auf die man mit dem Auto fahren kann, ist das Stilfser Joch in Südtirol mit einer Höhe von 2 758 m. Die kurvenreiche Bergstraße mit 48 Kehren beginnt im Ort Trafoi, der 1 543 m über NN liegt.
Wie ändert sich die potenzielle Energie eines Pkw mit einer Masse von 1 250 kg, wenn er von Trafoi zum Stilfser Joch fährt?

Analyse:
Für die Änderung der potenziellen Energie ist neben der Masse der Höhenunterschied zwischen Ausgangs- und Endpunkt entscheidend. Zur Berechnung kann man die Gleichung $E_{pot} = m \cdot g \cdot h$ nutzen.

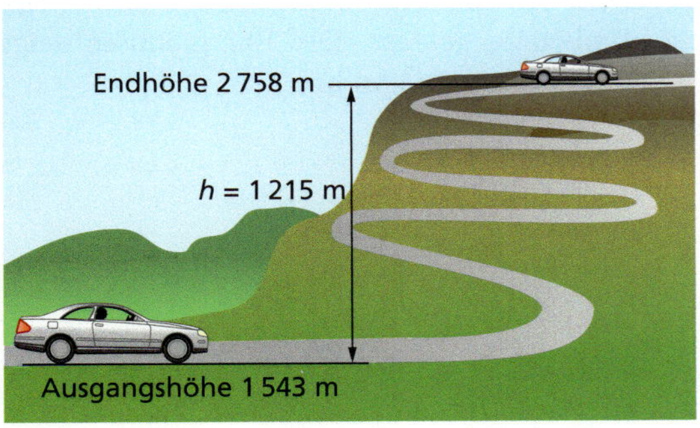

Gesucht: E_{pot}
Gegeben: $m = 1\,250$ kg

$g = 9{,}81\ \frac{\text{N}}{\text{kg}}$

$h = 2\,758\ \text{m} - 1\,543\ \text{m} = 1\,215\ \text{m}$

Lösung:
Für die potenzielle Energie eines Körpers gilt:

$$E_{pot} = m \cdot g \cdot h$$

$$E_{pot} = 1\,250\ \text{kg} \cdot 9{,}81\ \frac{\text{N}}{\text{kg}} \cdot 1\,215\ \text{m}$$

$$E_{pot} = 14\,900\,000\ \text{Nm}$$

$$\underline{E_{pot} = 14{,}9\ \text{MJ}}$$

Ergebnis:
Bei einem Höhenunterschied von 1 215 m vergrößert sich beim Bergauffahren die potenzielle Energie eines 1 250 kg schweren Pkw um etwa 15 MJ.

Erläutere, was mit dieser Energie geschieht, wenn der Pkw zu seinem Ausgangsort zurückfährt!

Beim Bergabfahren verringert sich die potenzielle Energie eines Pkw. Nach dem Energieerhaltungssatz kann diese Energie aber nicht verloren gehen. Sie wird durch das Abbremsen in andere Energieformen umgewandelt, insbesondere in thermische Energie, die an die Umgebung abgegeben wird.

Wie schnell müsste sich der Pkw bewegen, wenn er eine kinetische Energie von ebenfalls 14,9 MJ haben soll?

Analyse:
Bei gegebener Energie lässt sich die Geschwindigkeit mit der Gleichung für die kinetische Energie berechnen.
Gesucht: v
Gegeben: $E_{kin} = 14{,}9\ \text{MJ} = 14\,900\,000\ \text{Nm}$

Lösung:
Für die kinetische Energie gilt: $E_{kin} = \frac{1}{2} m \cdot v^2$
Die Umstellung nach der Geschwindigkeit v ergibt:

$$v^2 = \frac{2}{m} \cdot E_{kin} \quad \text{oder}$$

$$v = \sqrt{\frac{2}{m} \cdot E_{kin}}$$

$$v = \sqrt{\frac{2}{1\,250\ \text{kg}} \cdot 14\,900\,000\ \frac{\text{kg} \cdot \text{m}^2}{\text{s}^2}}$$

$$\underline{v = 154\ \frac{m}{s} \approx 555\ \frac{\text{km}}{\text{h}}}$$

Damit der Pkw eine kinetische Energie von 14,9 MJ hat, müsste er mit etwa 555 $\frac{\text{km}}{\text{h}}$ fahren. Der Vergleich zeigt: Die Änderung der potenziellen Energie beim Bergauf- und Bergabfahren kann wesentlich größer sein als die kinetische Energie, die ein Pkw bei normaler Geschwindigkeit hat.

gewusst · gekonnt

1. Die Abbildungen zeigen Vorgänge in Natur und Technik.

a)

b)

c)

d)

Wo steckt jeweils die Energie zu Beginn? Wo befindet sie sich anschließend?

2. Bereite ein Referat zum Thema „Die Sonne – unsere wichtigste Energiequelle" vor! Nutze dazu das Internet!

3. Akkumulatoren sind Quellen elektrischer Energie.
a) Warum musst du sie von Zeit zu Zeit erneuern bzw. wieder aufladen?
b) Wovon hängt die Zeitspanne zwischen zwei Ladevorgängen ab?
c) Was unterscheidet einen Akkumulator von einer „normalen" Batterie?

4. a) Stelle in einer Übersicht alle Nahrungsmittel und auch die Getränke zusammen, die du innerhalb von 24 Stunden zu dir nimmst!
b) Ordne die Nahrungsmittel und Getränke den acht Gruppen des Nahrungsmittelkreises (s. S. 237) zu!
c) Leite Folgerungen für deine künftige Ernährung ab!

***5.** a) Berechne deinen Grundumsatz! Hinweise zur Berechnung findest du auf S. 238!
b) Erläutere den Unterschied zwischen dem Grundumsatz und dem Leistungsumsatz!

6. Paul isst zum Frühstück 100 g Joghurt, 50 g Butter, 50 g Honig und ein 100 g wiegendes Brötchen.
Wie groß ist der Energiegehalt dieser Nahrungsmittel?
Nutze zur Berechnung die Angaben auf S. 238!

7. Kraftwerke und Verbrennungsmotoren können die Energie nur zu einem relativ kleinen Teil in nutzbare Energie umwandeln. Der Großteil der nicht nutzbaren Energie erwärmt Luft und Wasser.
In einem Kraftwerk mit Kraft-Wärme-Kopplung wird ein Großteil dieser Energie sinnvoll zum Heizen verwendet: Mit Rohrleitungen wird die Energie in heißem Wasser in die Haushalte geleitet. Die Energieflüsse zeigt das folgende Diagramm:

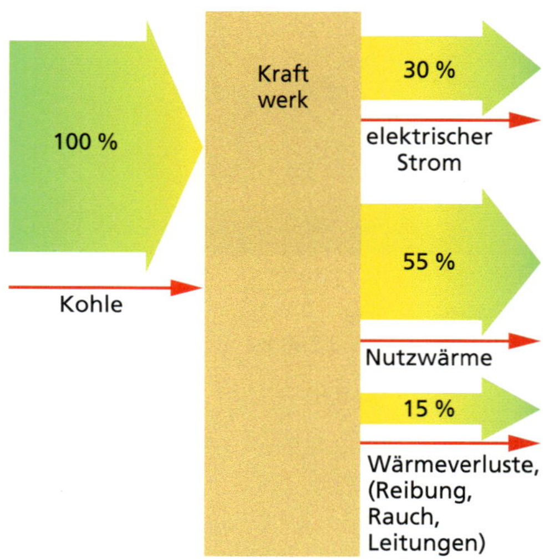

Beschreibe mit Worten die im Diagramm dargestellten Energieflüsse für ein Kraftwerk mit Kraft-Wärme-Kopplung!

8. Beschreibe den Weg der Energie bei einer Pflanze!

9. Der Wirkungsgrad des Menschen ist relativ gering und beträgt zwischen 3 % beim Schwimmen und 30 % beim Bergaufsteigen. Erläutere, was diese Angaben bedeuten!

10. Mit einem Kran soll eine Plattform mit Personen (m = 500 kg) um 20 m gehoben werden. Der Motor des Krans wirkt mit einer Kraft von 6 000 N auf das Seil.

a) Wie groß ist die aufzuwendende und die nutzbringende Arbeit?

b) Welcher Wirkungsgrad ergibt sich daraus für die Anordnung?

11. Die Skizze zeigt die Energiebilanz für ein Kraftwerk mit Wärme-Kraft-Kopplung, bei dem die Abwärme für Heizzwecke genutzt wird.

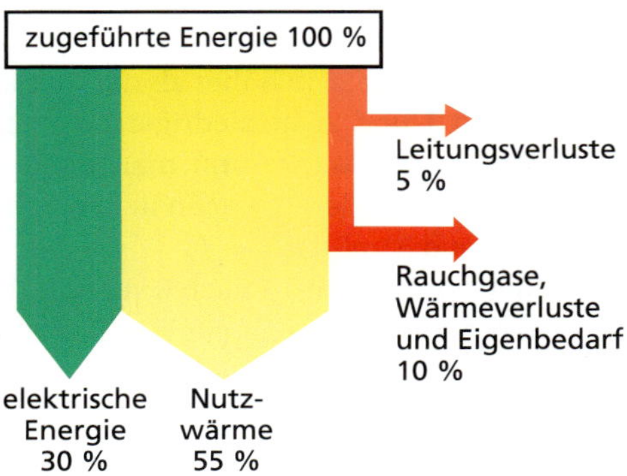

a) Wie groß ist der Wirkungsgrad dieses Kraftwerks?

b) Diskutiere Möglichkeiten der Nutzung der Abwärme bei Kraftwerken ohne Wärme-Kraft-Kopplung! Informiere dich im Internet oder nutze Nachschlagewerke!

***12.** Die Sonne ist für uns eine wichtige Energiequelle. An einem Sommertag trifft bei uns auf einen Quadratmeter etwa 0,6 kJ Sonnenenergie pro Sekunde bei senkrechter Einstrahlung. Die Sonnenstrahlung trifft auf Solarzellen mit einem Wirkungsgrad von 12 % und einer Gesamtfläche von 9 m^2.
In welcher Zeit kann man eine elektrische Energie von 1 kWh gewinnen?

13. Berechne die fehlenden Werte unter der Bedingung, dass die Arbeit gleichmäßig verrichtet wird!

	W	P	t
a)	360 J		12 s
b)		100 W	1 h
c)	1,2 kJ	0,3 kW	
d)	880 Nm		5 s

14. Nicht alles, was man in der Umgangssprache als Leistung bezeichnet, ist auch Leistung im physikalischen Sinne. Nenne dafür Beispiele!

15. Ein Autofahrer sagt: „Mein Auto hat eine Leistung von 65 kW." Ein anderer stellt fest: „Mein Auto hat 80 PS, ist also leistungsstärker." Hat er recht?

16. Bestimme experimentell deine Höchstleistung beim Treppensteigen!
Miss die Zeit, die du brauchst! Bestimme den Weg aus der Höhe einer Treppenstufe und der Anzahl der Stufen!

17. Von einem Kran wird ein Behälter mit Beton (m = 120 kg) in 20 s um eine Höhe von 14 m gehoben und anschließend in dieser Höhe um 10 m waagerecht verschoben.
Wie groß ist die Arbeit, die verrichtet wird? Berechne die Leistung!

18. Zwei Pkws gleicher Antriebsleistung verrichten unterschiedliche Arbeit. Ist das möglich? Begründe deine Aussage!

19. Weshalb haben die Motoren von Bussen oder Lkws eine wesentlich größere Leistung als die Motoren der meisten Pkws?

20. Bei einer Boeing 747 beträgt bei einer Geschwindigkeit von 800 km/h die Schubkraft der Triebwerke 700 kN. Wie groß ist die Leistung der Triebwerke?

21. Zur Versorgung eines Wohnhauses mit Energie werden verschiedene Energieträger eingesetzt.
a) Welche Energieträger können eingesetzt werden?
b) Wo steckt die Energie nach dem Gebrauch der Energieträger?

22. Energie kann weder erzeugt noch vernichtet werden. Trotzdem gilt die Forderung, mit Energie rationell und sparsam umzugehen. Erkläre diesen scheinbaren Widerspruch!

23. Ein Lkw hat eine Masse von 32 t, ein Pkw dagegen von 1 t.
a) Vergleiche die kinetische Energie der beiden Fahrzeuge bei einer Geschwindigkeit von 80 km/h!
b) Was kann man aus dem Vergleich der kinetischen Energien über mögliche Unfallfolgen bei beiden Fahrzeugen ableiten?

24. Bei einem Unfall fährt ein Pkw mit einer Geschwindigkeit von 50 km/h auf ein Hindernis auf und wird in kürzester Zeit völlig abgebremst.
a) Aus welcher Höhe müsste man frei fallen, um diese Geschwindigkeit zu erreichen und dann auf einer Unterlage aufzuprallen?
b) Aus welcher Höhe müsste man frei fallen, um eine Geschwindigkeit von 100 km/h zu erreichen und dann aufzuprallen?
*c) Vergleiche die Ergebnisse der Teilaufgaben a und b miteinander und ziehe daraus Schlussfolgerungen!

25. Ein Radfahrer fährt einen Berg herab und erreicht im Tal eine Geschwindigkeit von 30 km/h.
a) Bis zu welcher Höhe kann er den gegenüberliegenden Berg hinaufrollen, ohne zu treten?
b) Warum ist die erreichte Höhe in Wirklichkeit viel geringer als bei a berechnet?

26. Ein Pkw ($m = 1\,200$ kg) erreicht innerhalb von 14 s aus der Ruhe heraus eine Geschwindigkeit von 100 km/h.
a) Wie groß ist die Arbeit, die zum Beschleunigen des Pkw erforderlich ist?
b) Welche kinetische Energie hat er dann?

27. Ein Radfahrer fährt eine bergige Strecke entlang. Das Straßenprofil ist in der Skizze dargestellt.

a) Wie verändert sich die potenzielle Energie des Radfahrers?
b) Punkt 5 liegt 25 m höher als der Ausgangspunkt 1 und 25 m niedriger als Punkt 3. Welche Aussagen kann man dann über die potenziellen Energien in den Punkten 1, 3 und 5 treffen?
c) Bei der Fahrt von 1 nach 5 verändert sich die potenzielle Energie des Radfahrers. Ist das mit dem Energieerhaltungssatz vereinbar? Begründe!

***28.** Ein Pkw hat eine Masse von 1 200 kg und fährt auf einer bergigen Strecke.
Gibt es eine Geschwindigkeit v und eine Höhe h gegenüber dem Ausgangspunkt, bei denen potenzielle und kinetische Energie des Pkw gleich groß sind? Wenn ja, nenne mögliche Werte!

29. Bei einem Crashtest werden Sicherheitseinrichtungen eines Pkw getestet.
a) Beschreibe die Energieumwandlungen bei einem Frontalcrash (Fahrt gegen eine Wand)!
b) Energie ist die Fähigkeit, Arbeit zu verrichten. Welche Arten von Arbeit werden durch die ursprünglich vorhandene kinetische Energie verrichtet?

30. Biomasse ist aufgrund des ständigen Nachwachsens von Pflanzen und Tieren ein wichtiger erneuerbarer Energieträger.
Trage in einer Tabelle verschiedene Verfahren zur Nutzung der Biomasse als Energieträger für die Energieversorgung zusammen! Beschreibe den Weg der Energie über die einzelnen Energieträger!

Verfahren	Energieübertragungen
Verbrennung von Biomasse (z. B. Holz)	…
…	…

31. Sammle Informationen über Umweltschäden durch Energienutzung und über Möglichkeiten der Verringerung solcher Schäden!

32. Die Übersicht unten zeigt, wie lange die Reserven an fossilen Energieträgern reichen, wenn man von den heute bekannten Lagerstätten ausgeht und die jetzige Förderung zugrunde legt.

Energieträger	Reichweite in Jahren	
	weltweit	Deutschland
Braunkohle	515	230
Steinkohle	151	330
Erdöl	43	31
Erdgas	65	16

a) Welche Folgerungen kann man aus diesen Daten ableiten?
b) Welche Konsequenzen ergeben sich aus diesen Daten für die künftige Nutzung regenerativer Energieträger?

33. Der durchschnittliche Kraftstoffverbrauch bei Pkws mit Ottomotoren betrug in Deutschland im Jahr 1990 9,6 Liter, 1995 noch 9,0 Liter und im Jahr 2003 etwa 8,0 Liter. Inzwischen gibt es aber schon 3-Liter-Autos. Sie produzieren wesentlich weniger Schadstoffe als Autos mit höherem Kraftstoffverbrauch.
a) Durch welche Maßnahmen kann man bei jedem Pkw den Kraftstoffverbrauch und damit den Schadstoffausstoß verringern?
b) Erkunde, durch welche technischen Maßnahmen der Kraftstoffverbrauch von Autos wesentlich verringert werden kann!

34. Elektroenergie wird in Kraftwerken aus verschiedenen Energieträgern gewonnen.
a) Stelle die wichtigsten Kraftwerkstypen in einer Tabelle zusammen und ergänze den jeweiligen Energieträger.
b) Beschreibe den Weg der Energie bis zum elektrischen Strom.
Nutze folgendes Muster:

Kraftwerkstyp	1. Energieträger	Weg der Energie
Wasserkraftwerk	…	…
…	…	…

35. Eine Portion Energie kann auf ihrem Weg viel erleben. Aus einem Schüleraufsatz:
Hallo, ich bin das kleine Quäntchen Energie. Mit dem Sonnenlicht bin ich auf die Erde gereist. Dort wurde ich von einem Löwenzahnblatt durch Fotosynthese in etwas Zucker gesteckt. Als ein Hase vorbeikam, hat dieser das Blatt gefressen. Er hat mich aus dem Zucker herausgeholt und ist mit meiner Hilfe schnell vor einem Fuchs davongerannt. Ein großer Teil von mir hat sich mit der Körperwärme in der Umgebung verteilt. So schwebe ich nun ein bisschen in der Luft, liege ein bisschen im Gras und ein bisschen von mir hoppelt noch mit dem Hasen durch die Gegend.

a) Zeichne ein Energieflussdiagramm für diese Geschichte!
b) Denke dir selbst eine solche Geschichte über den Weg eines Quäntchens Energie aus! Trage sie deinen Mitschülern vor und diskutiert darüber!

Mit Energie versorgen

Energie E ist die Fähigkeit eines Körpers, mechanische Arbeit zu verrichten, Wärme abzugeben oder Licht auszusenden.

Energie

- kann von einer Form in andere Formen umgewandelt werden.
- kann durch Arbeit, Wärme, Licht oder elektrischen Strom von einem Körper auf einen anderen übertragen werden.
- kann in Brenn- und Heizstoffen, gehobenen und bewegten Körpern oder Batterien gespeichert werden.

Die Umwandlung von Energie ist meist mit ihrer **Entwertung** verbunden. Bei allen Energieumwandlungen gilt stets der **Energieerhaltungssatz:**

In einem abgeschlossenen System ist die Summe aller Energien konstant. Energie kann weder erzeugt noch vernichtet werden.

$E_{Gesamt} = E_1 + E_2 + E_3 + \ldots = \text{konstant}$ oder $\Delta E_{Gesamt} = 0$

Die Vorgänge der Energieumwandlung und der Energieübertragung von einem Körper auf einen anderen können mithilfe von **Energieflussdiagrammen** dargestellt werden.

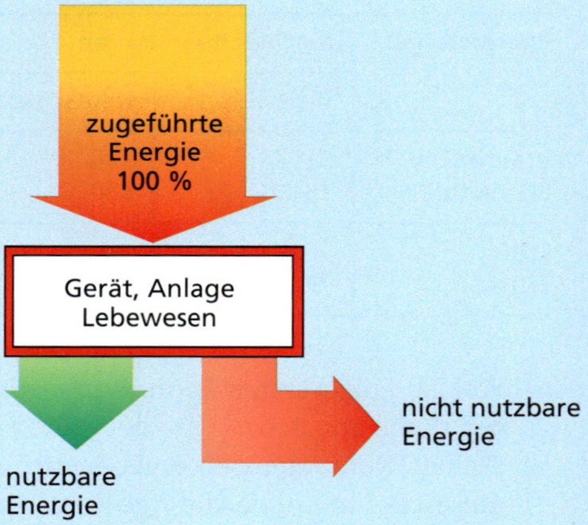

Das Verhältnis von nutzbarer Energie zu zugeführter (aufgenommener) Energie wird als **Wirkungsgrad** η bezeichnet.

$$\eta = \frac{E_{nutz}}{E_{zu}}$$

Er ist immer kleiner als 1 bzw. kleiner als 100 %.

Das Verrichten mechanischer Arbeit W und das Übertragen von Wärme Q ist immer mit Energieänderungen ΔE von Körpern verbunden. Es gilt: $W = \Delta E$ $Q = \Delta E$

Die Leistung eines Geräts, einer Anlage oder eines Lebewesens gibt an, wie viel Energie in der Zeiteinheit umgesetzt wird.

$$P = \frac{\Delta E}{t}$$

Astronomie und Weltbilder

Die Astronomie ist eine der ältesten Wissenschaften. Schon früh beobachteten Menschen den Sternenhimmel, unterschieden zwischen Fixsternen und Wandelsternen (Planeten), beobachteten den Lauf von Sonne und Mond. Bereits im alten Griechenland wurden Vorstellungen über den uns umgebenden Kosmos entwickelt, die vom jeweiligen Erkenntnisstand geprägt waren. Sie unterschieden sich deutlich von unseren heutigen Vorstellungen über den Aufbau und die Struktur des Weltalls.

Geozentrisches und heliozentrisches Weltbild

Auf der Grundlage umfangreicher Sternbeobachtungen begannen sich vor etwa 2500 Jahren in Griechenland Vorstellungen über den Aufbau der uns umgebenden Welt zu entwickeln. Dabei ging es nicht nur um die Zusammenfassung der zahlreichen Beobachtungsergebnisse, sondern auch darum, Naturerscheinungen wie die Bewegung der Sterne und Planeten vorherzusagen.
Überliefert ist aus dieser Zeit ein Werk, das unter dem arabischen Titel „Almagest" bekannt wurde und von dem griechischen Gelehrten Claudius Ptolemäus (ca. 100 bis ca. 170) stammt.
Mit dem dort dargestellten **geozentrischen Weltbild** wurde eine Vorstellung vom Aufbau des Kosmos entwickelt, die zu den großartigsten Leistungen der antiken Wissenschaft gehört. In diesem Weltbild befindet sich die Erde im Mittelpunkt. Mond, Sonne und Planeten bewegen sich um die Erde. Die Fixsterne befinden sich in einer weit entfernten Sphäre, die alles wie eine Kugel umschließt. Abb. 2 zeigt eine historische Darstellung dieses Weltbilds. Eine vereinfachte Darstellung ist auf S. 119 zu finden.

1. *In dem auf Seite 119 und in Abb. 1 dargestellten geozentrischen Weltbild sind fünf Planeten angegeben. Heute gehen wir von acht großen Planeten aus.*
   Wie ist der Unterschied zu erklären?

1 Das geozentrische Weltbild in einer mittelalterlichen Darstellung

2. *Diskutiere Argumente, die für das geozentrische Weltbild sprechen! Kann man mit diesem Weltbild auch vorhersagen, wie sich ein Stern im Laufe einer Nacht bewegt? Begründe deine Aussage!*

Fast 1500 Jahre hielten fast alle Gelehrten das geozentrische Weltbild für die richtige Beschreibung unserer Welt. Erst im 16. Jahrhundert kamen Zweifel auf. Seereisen zeigten, dass die aus der Antike überlieferten Erdbeschreibungen in vielem falsch waren. Beim damals gültigen julianischen Kalender zeigte sich die Notwendigkeit einer Korrektur. Deutliche Abweichungen waren auch zwischen den Vorausberechnungen von Planetenpositionen nach den Angaben von Ptolemäus und den tatsächlich beobachteten Positionen der Planeten vorhanden.
Das alles führte zu einer Neubelebung astronomischer Beobachtungen und schließlich zu der Frage, ob das geozentrische Weltbild tatsächlich richtig ist.

3. *Der julianische Kalender wurde bei uns durch den gregorianischen Kalender abgelöst. Erkunde, worin sich die beiden Kalender unterscheiden! Bereite eine Präsentation zum gregorianischen Kalender vor! Gehe dabei auch auf Schaltregeln und auf die Festlegung spezieller Tage (z. B. Ostern) ein!*

4. *In der Antike waren Fernrohre und andere Hilfsmittel, die Astronomen heute verwenden, unbekannt. Erkunde, welche Hilfsmittel für astronomische Beobachtungen in der Antike verwendet wurden und was man damit messen bzw. beobachten konnte!*

Um 1500 begann einer der bedeutendsten Astronomen des Mittelalters, NIKOLAUS KOPERNIKUS (1473–1543), mit der Ausarbeitung eines Weltbilds, bei dem nicht die Erde, sondern die Sonne im Zentrum steht.

Fast 30 Jahre lang arbeitete KOPERNIKUS daran, das **heliozentrische Weltbild** so zu entwickeln, dass es dem geozentrischen Weltbild des PTOLEMÄUS zumindest ebenbürtig war. Dabei hielt er an der Auffassung fest, dass sich alle Planeten auf Kreisbahnen bewegen. Seine Erkenntnisse fasste KOPERNIKUS in einem Werk zusammen, das in seinem Todesjahr unter dem Titel „Über die Umschwünge der himmlischen Kreise“ erschien.

5. *Bereite zum Leben und Wirken von NIKOLAUS KOPERNIKUS einen Kurzvortrag vor! Gehe dabei auch auf die gesellschaftlichen Bedingungen zu seiner Lebenszeit ein!*

6. *Die Abbildung rechts oben zeigt vereinfacht das heliozentrische und das geozentrische Weltbild.*

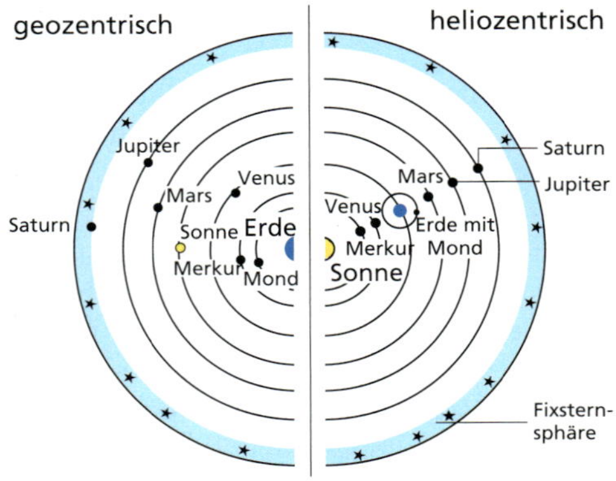

Erläutere anhand der beiden Teilbilder die Gemeinsamkeiten und die Unterschiede zwischen diesen beiden Weltbildern!

Ein überzeugter Anhänger des heliozentrischen Weltbilds war der italienische Naturforscher GALILEO GALILEI (1564–1642), der in Pisa, Florenz und Padua wirkte und als Begründer der neueren Naturwissenschaften gilt.

7. *Informiere dich über das Leben und Wirken von GALILEO GALILEI! Bereite eine Präsentation vor, in der du u. a. eingehst auf*
   - *die astronomischen Beobachtungsergebnisse von GALILEI,*
   - *seine Auseinandersetzung mit der katholischen Kirche und seine Rehabilitierung.*

1 GALILEO GALILEI vor der Inquisition: Er wurde 1633 verurteilt und gezwungen, seiner Überzeugung von der Bewegung der Erde um die Sonne abzuschwören.

Gesetze der Planetenbewegung

Durch sorgfältige Auswertung von Beobachtungen des Planeten Mars erkannte JOHANNES KEPLER (1571–1630), dass die Planetenbahnen nicht genau kreisförmig, sondern nur kreisähnlich sind. Genauere Untersuchungen ergaben: Diese kreisähnlichen Bahnen sind **Ellipsen.**

KEPLER konnte mithilfe von drei Gesetzen darstellen, wie sich die Planeten um die Sonne bewegen. Diese drei Gesetze werden ihm zu Ehren **keplersche Gesetze** genannt. Das **1. keplersche Gesetz** beschreibt die Bahnen, auf denen sich die Planeten um die Sonne bewegen.

Die Planeten bewegen sich auf elliptischen Bahnen. In einem gemeinsamen Brennpunkt steht die Sonne.

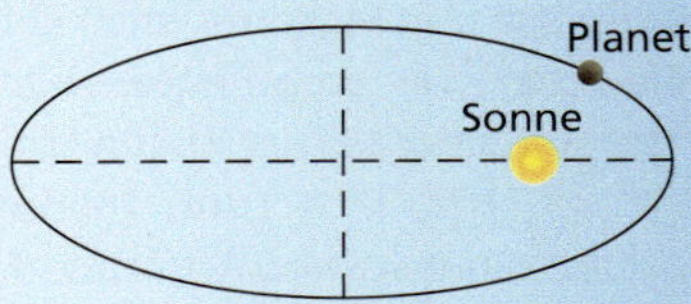

Aus dem 1. keplerschen Gesetz folgt, dass sich während des Planetenumlaufs der Abstand Planet–Sonne ständig ändert.
Für die Erde beträgt die geringste Entfernung von der Sonne 147,1 Mio. km, die größte Entfernung 152,1 Mio. km.
Das **2. keplersche Gesetz** beschreibt, wie schnell sich die Planeten auf ihren Bahnen um die Sonne bewegen.

Die Verbindungslinie Sonne–Planet überstreicht in gleichen Zeitintervallen Δt gleich große Flächen A.

$$\frac{A_1}{\Delta t} = \frac{A_2}{\Delta t} = \frac{A_3}{\Delta t} = \text{konstant}$$

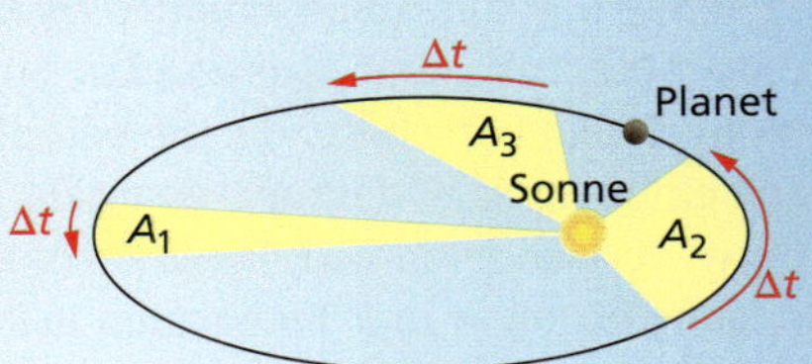

Aus dem 2. keplerschen Gesetz folgt, dass ein Planet entlang seiner Bahn die Bahngeschwindigkeit ändert. In Sonnennähe ist die Verbindungslinie Sonne–Planet kurz. Damit die pro Zeit überstrichene Fläche konstant bleibt, muss sich der Planet in Sonnennähe schneller als in Sonnenferne bewegen. So hat die Erde bei ihrer Bahn um die Sonne in Sonnenferne (Juni/Juli) eine Geschwindigkeit von $29{,}3\,\text{km} \cdot \text{s}^{-1}$, in Sonnennähe (Dezember/Januar) von $30{,}3\,\text{km} \cdot \text{s}^{-1}$.

Das **3. keplersche Gesetz** beschreibt den Zusammenhang zwischen den Umlaufzeiten und den großen Bahnhalbachsen zweier Planeten, die um die Sonne kreisen.

Die Quadrate der Umlaufzeiten zweier Planeten verhalten sich wie die dritten Potenzen der großen Halbachsen ihrer Bahnen.

$$\frac{T_1^2}{T_2^2} = \frac{a_1^3}{a_2^3}$$

T_1, T_2 Umlaufzeiten
a_1, a_2 große Bahnhalbachsen

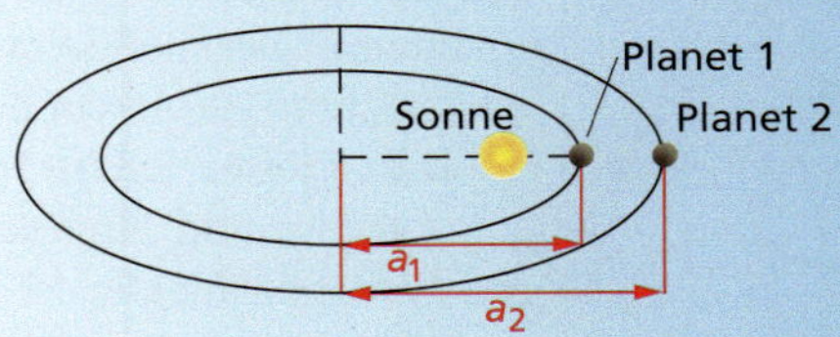

Aus diesem Gesetz folgt: Ein Planet mit einer größeren Umlaufzeit um die Sonne bewegt sich auf einer Bahn mit einer größeren Halbachse.
Die Bahngeschwindigkeit der Planeten nimmt mit wachsendem Abstand von der Sonne ab.

8. *Die Erde bewegt sich in einem Jahr einmal um die Sonne. Ihr durchschnittlicher Abstand beträgt 149,6 Mio. Kilometer. Die Umlaufzeit des Mars um die Sonne beträgt 1,88 Jahre.*
   Berechne aus diesen Daten den Abstand zwischen Sonne und Mars!

9. *Stelle eine Übersicht über die acht großen Planeten zusammen, in der erfasst sind:*
   - *Umlaufzeit um die Sonne*
   - *mittlere Bahngeschwindigkeit*
   - *größte und kleinste Entfernung von der Erde*

Astronomische Beobachtungsinstrumente

Das **Linsenfernrohr (Refraktor)** wurde um etwa 1600 erfunden. Diese Erfindung breitete sich rasch aus. So baute GALILEO GALILEI (1564 bis 1642) ein Linsenfernrohr nach und verwendete es als Erster bei astronomischen Beobachtungen. Dabei entdeckte er u. a. die vier großen Jupitermonde Io, Europa, Ganymed und Kallisto, die sogenannten galileischen Monde.

Im einfachsten Fall besteht ein astronomisches oder keplersches Fernrohr aus einem Objektiv und einem Okular, die in einem Tubus angeordnet sind (Abb. 1). Vom Objektiv wird ein vergrößertes Zwischenbild erzeugt, das durch das Okular betrachtet und dabei noch mal vergrößert wird. Das Bild ist darüber hinaus umgekehrt und seitenvertauscht. Da die Helligkeit des Bilds vom Durchmesser des Objektivs abhängig ist, wurde versucht, immer größere Objektive zu bauen. Das stieß aber bereits um 1900 an Grenzen. Das größte jemals hergestellte und eingesetzte Fernrohrobjektiv ist das für den Refraktor des Yerkes-Observatoriums (USA) mit einem Durchmesser von 102 cm.

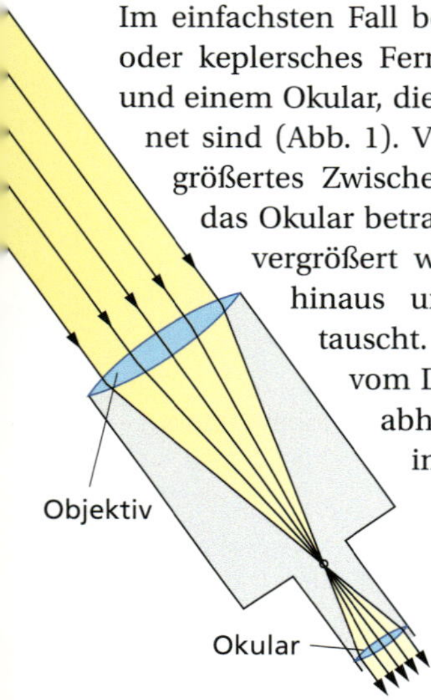

1 Strahlengang beim keplerschen Fernrohr für sehr weit entfernte Objekte, z. B. Sterne

2 Das längste Linsenfernrohr der Welt ist der 1896 in Betrieb genommene Refraktor der Archenhold-Sternwarte in Berlin-Treptow mit einer Brennweite von 21 m. Das Gerät ist voll funktionsfähig.

3 Das 1-m-Spiegelteleskop der Universitätssternwarte Bonn. Am unteren Ende ist eine CCD-Kamera angebracht.

Fast parallel zur Entwicklung der Refraktoren wurden die ersten Teleskope unter Nutzung von Spiegeln gebaut. Als einer der Ersten konstruierte ISAAC NEWTON (1643–1727) um 1668 ein Spiegelteleskop mit einer 25-mm-Öffnung. Auch hier ging die Entwicklung schnell weiter. Schon im 19. Jahrhundert arbeitete F. W. HERSCHEL (1738 bis 1822) mit einem 1,2-m-Spiegel und W. PARSONS (1800–1867) mit einem 1,8-m-Spiegel.

Weitere Meilensteine in der Entwicklung waren der Spiegel des Mt.-Wilson-Observatoriums (USA) mit 2,5 m Spiegeldurchmesser (1918) und der 5-m-Spiegel des Mt.-Palomar-Observatoriums (1949). Mithilfe dieser Instrumente wurden zahlreiche neue Erkenntnisse gewonnen.

Die optischen Bauteile eines Spiegelteleskops sind der Hauptspiegel, ein oder mehrere Hilfsspiegel und das Okular. Diese Baugruppen sind in den Tubus eingebaut, der bei modernen Geräten durch eine Gitterkonstruktion ersetzt ist. Nach der Art ihres Aufbaus unterscheidet man den NEWTON-, SCHMIDT- und CASSEGREIN-Spiegel, benannt nach den Forschern, die die betreffende Bauform eines Spiegelteleskops erstmals konstruiert bzw. verwendet haben. Vereinfacht ist der Strahlengang für diese drei Bauformen in Abb. 1 (s. S. 267) dargestellt.

Beim NEWTON-Spiegel (Abb. 1a) befindet sich kurz vor dem Brennpunkt des Hauptspiegels ein ebener Hilfsspiegel, der das Licht aus dem Tubus herauslenkt. Am Tubusausgang werden das Okular oder Registriergeräte angebracht.
SCHMIDT-Spiegel (Abb. 1b) verfügen über einen kugelförmig geschliffenen Hauptspiegel. Abbildungsfehler werden durch eine gläserne Korrektionsplatte ausgeglichen. Das Bild entsteht im Tubus auf einer kugelförmigen Fläche.
Der CASSEGREIN-Spiegel (Abb. 1c) besitzt einen mittig durchbohrten Hauptspiegel. Das Licht wird durch den Hauptspiegel reflektiert und gebündelt. Es trifft dann auf einen Hilfsspiegel, der es zur Öffnung des Hauptspiegels reflektiert. Dort befinden sich das Okular oder Registriergeräte.
Für das theoretische Auflösungsvermögen von Teleskopen gilt die Beziehung:

$$\alpha = 1{,}22\,\frac{\lambda}{D}$$

Dabei sind α das Auflösungsvermögen in Bogenmaß, λ die Wellenlänge des betreffendes Lichts und D der Durchmesser des Objektivs (Spiegels). Dem praktisch erreichbaren Auflösungsvermögen sind vor allem durch Szintillationen Grenzen gesetzt, die bei etwa 0,5 Bogensekunden liegen.

Gerät	Durchmesser	Max. Auflösung
Schulfernrohr	6,3 cm	2″
5-m-Spiegel	5 m	0,5″
Hubbel-Weltraumteleskop	2,4 m	0,1″
8-m-Spiegel	8 m	0,1″
gekoppelte 8-m-Spiegel + Hilfsspiegel	16 m	0,0001″

Abhilfe schafft nur die Beobachtung im Weltraum (z. B. HUBBLE-Weltraumteleskop) oder die Verwendung einer **adaptiven Optik.** Das bedeutet: Ein relativ dünn gearbeiteter Hauptspiegel ist auf motorbetriebenen Stützen gelagert, deren Stellung durch einen Computer gesteuert wird. Der Computer wertet ständig die Bildqualität aus und

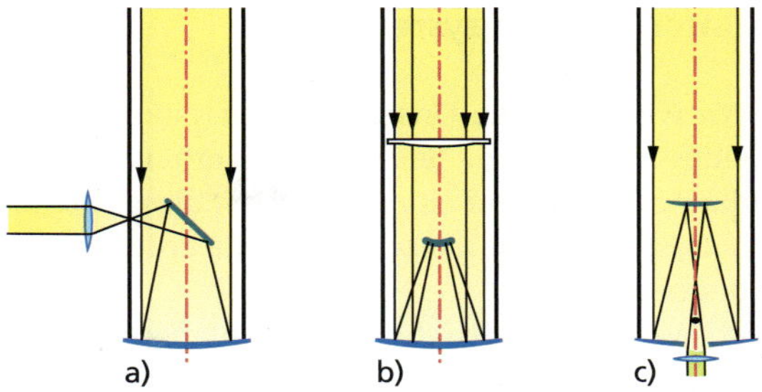

1 Strahlenverlauf beim NEWTON-Spiegel (a), SCHMIDT-Spiegel (b) und CASSEGREIN-Spiegel (c)

errechnet die notwendigen Korrekturen. Damit wird die Spiegelform der jeweiligen optischen Situation angepasst. Ein Beispiel dafür ist das NTT (**N**ew **T**echnology **T**elescope) der ESO (**E**uropean **S**outhern **O**bservatory) auf dem Berg La Silla (Chile, 2400 m Höhe) mit einem Spiegeldurchmesser von 3,58 m.

Eines der modernsten Instrumente ist das VLT (**V**ery **L**arge **T**elescope) der ESO (Abb. 2), dessen erste Teile 1998 in Betrieb genommen wurden. Hier können vier 8-m-Spiegel unabhängig voneinander arbeiten, aber auch optisch miteinander gekoppelt werden.

*10. Aktuelle Informationen und Bilder zum VLT findest du unter der Internetadresse **www.eso.org**. Informiere dich! Bereite eine Präsentation vor!*

2 Das VLT der Europäischen Südsternwarte befindet sich in 2600 m Höhe auf dem Berg Paranal, 130 km südlich von Antofagasta (Chile).

Unser Planetensystem

Wir wissen heute: Unser Planetensystem ist nur eines von vielen. Seine Besonderheit besteht darin, dass wir auf einem Planeten dieses Planetensystems leben. Dieser Planet, die Erde, ist relativ gut erforscht.
Wir verfügen inzwischen über umfangreiche Erkenntnisse zu anderen Himmelskörpern unseres Planetensystems. Zugleich sind aber viele Fragen noch offen, z. B. die, ob auch auf anderen Himmelskörpern Leben existiert.
Unbestritten ist in der Wissenschaft die folgende Grundannahme:

> **In unserem Planetensystem und im gesamten Weltall gelten die gleichen physikalischen Gesetze wie auf der Erde. Die Erde besitzt keine Sonderstellung.**

In der Übersicht unten und in der Tabelle auf S. 269 sind die Größenverhältnisse für die acht großen Planeten unseres Planetensystems dargestellt. Es sind aber nicht die einzigen Himmelskörper.

11. *Fertige eine Übersicht über die Himmelskörper an, die es in unserem Planetensystem gibt!*

12. *Die großen Planeten unseres Planetensystems kann man in erdähnliche und jupiterähnliche Planeten einteilen.*
Begründe diese Einteilung! Welche Planeten gehören zu welcher Gruppe?

13. *Bereite zu einem der Planeten eine Präsentation vor! Gehe dabei mit ein auf*
   - *Größe, Dichte und Bahn,*
   - *den inneren Aufbau, die Oberfläche und die Oberflächentemperatur,*
   - *Atmosphäre und Magnetfeld,*
   - *Raumfahrtmissionen und weitere Erkenntnisse zu diesem Planeten!*

14. *Vor wenigen Jahren wurde die Anzahl der Monde in unserem Planetensystem mit 67 angegeben. Diese Zahl hat sich in den letzten Jahren erheblich verändert.*
   a) *Informiere dich über den aktuellen Stand der Forschung zur Anzahl der Monde!*
   b) *Bereite zu einem von dir ausgewählten Mond einen Kurzvortrag vor!*

1 Die acht großen Planeten unseres Planetensystems im Größenvergleich

Planet	mittlere Entfernung von der Sonne in Mio. km	Umlaufzeit um die Sonne in Jahren	Rotationszeit in Sonnentagen	Äquatorradius in km	Masse in 10^{24} kg
Merkur	57,9	0,24	58,625	2440	0,34
Venus	108,2	0,62	243,020 (rückläufig)	6200	4,87
Erde	149,6	1,00	0,997	6378	5,97
Mars	227,9	1,88	1,026	3400	0,64
Jupiter	778,3	11,86	0,41	71400	1900
Saturn	1427	29,46	0,445	60400	569
Uranus	2870	84,02	ca. 0,72 (rückläufig)	25600	87
Neptun	4496	164,79	ca. 0,67	24800	103

15. *Die Tabelle oben enthält die Radien und Massen der Planeten.*
    - a) *Berechne die mittleren Dichten von Mars, Saturn und Neptun!*
    - b) *Ordne diese Himmelskörper der Gruppe der erdähnlichen oder der jupiterähnlichen Planeten zu!*
    - *c) *Erläutere, weshalb die oben genannten Planeten unterschiedliche Dichten besitzen!*

16. *Beobachte verschiedene Planeten! Wähle für die Planetenbeobachtung eine möglichst starke Vergrößerung des Fernrohrs!*
    Die Beobachtbarkeit einzelner Planeten muss gemeinsam mit dem Lehrer ermittelt werden. Beobachtungsbeispiele:
    - a) *Venus: Skizziere die Leuchtgestalt der Venus! Erläutere, welche Stellung Venus, Erde und Sonne zueinander am Beobachtungstag haben!*
    - b) *Jupiter: Zeichne die Wolkenbänder Jupiters und die Stellung der im Fernrohr zu sehenden vier Jupitermonde (Io, Europa, Ganymed. Kallisto)!*
    - c) *Saturn: Zeichne den Planeten und die Lage seines Ringsystems so, wie du es beobachten kannst!*

17. *Beantworte mithilfe des Internets folgende Fragen:*

    - a) *Welche Planeten des Sonnensystems werden gerade durch Raumsonden erforscht?*
    - b) *Welche Ziele haben diese Raumfahrtmissionen?*
    - c) *Welcher Planet des Sonnensystems wurde bislang von keiner Raumsonde besucht?*
    - d) *Neben den Planeten gibt es zahlreiche weitere Himmelkörper. Stelle dazu eine Übersicht zusammen!*

    Internetadressen, unter denen man sich über Raumflugmissionen zu Planeten und Monden und deren Forschungsergebnissen informieren kann, sind die Angebote der Deutschen Agentur für Luft- und Raumfahrt (DLR) ***www.dlr.de*** *und* ***www.photojournal.dlr.de.***

18. *Der einzige Himmelskörper, der bisher von Menschen betreten wurde, ist der Erdmond. Das geschah vor über 30 Jahren.*
    - a) *Informiere dich über die Anfänge der bemannten Raumfahrt und über die ersten Mission, bei der Menschen den Erdmond betraten!*
    - b) *Langfristig geplant ist eine bemannte Mission zum Planeten Mars. Erkunde den Stand dieses Projekts!*

Die Größen- und Massenverhältnisse im Planetensystem

Die Radien und Massenangaben in der Tabelle kann man sich folgendermaßen veranschaulichen:
Die Erde ist etwa dreieinhalbmal größer als der Erdmond. Der bei Weitem größte Planet ist Jupiter, der den Erddurchmesser um das 11-fache übertrifft. Im Vergleich zur Sonne ist Jupiter aber ein kleines Gebilde, denn um den Sonnendurchmesser zu überspannen, müsste man nahezu 10 Jupiterkugeln nebeneinanderlegen (Abb. 1).
Die Sonne vereinigt fast die gesamte Masse des Sonnensystems auf sich. 1 000 Planeten mit Jupitermasse wären nötig, um die Sonnenmasse aufzuwiegen. Diese gigantische Zahl wird noch erstaunlicher, wenn wir bedenken, dass man bereits zum Aufwiegen Jupiters über 300 Erdmassen benötigen würde (Abb. 2).

Der größte und massenreichste Körper des Sonnensystems ist die Sonne. Der bei weitem größte Planet ist Jupiter.

Es ist schwer, sich den Aufbau und die großen kosmischen Entfernungen innerhalb des Planetensystems vorzustellen. Hilfreich bei der Veranschaulichung der Größenverhältnisse ist ein zweckmäßiger Maßstab. Deshalb nutzt man für Entfernungsangaben im Sonnensystem den mittleren Abstand der Erde von der Sonne. Diese Strecke wird als **astronomische Einheit** bezeichnet. Es gilt:

$$1\ \text{AE} = 149{,}6\ \text{Mio. km}$$

Die Grenzen unseres Planetensystems werden mit etwa 100 000 AE angegeben.

19. Wie viele astronomische Einheiten ist der sonnenfernste Planet (Pluto) von der Erde entfernt?

20. Neben unserem Planetensystem hat man inzwischen weitere Planetensysteme entdeckt. Erkunde den aktuellen Erkenntnisstand!

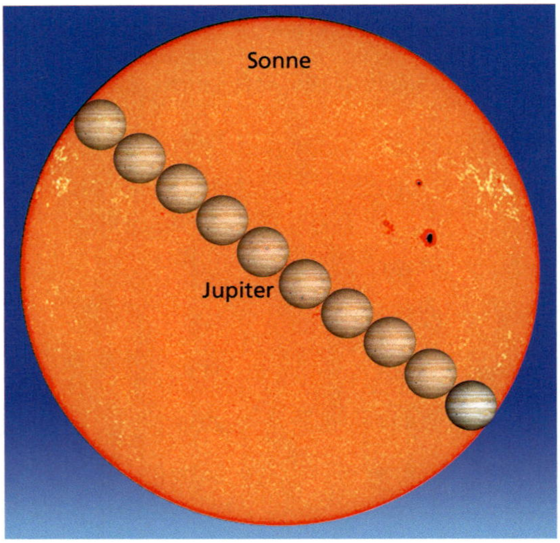

1 Größenvergleich zwischen Jupiter und Sonne

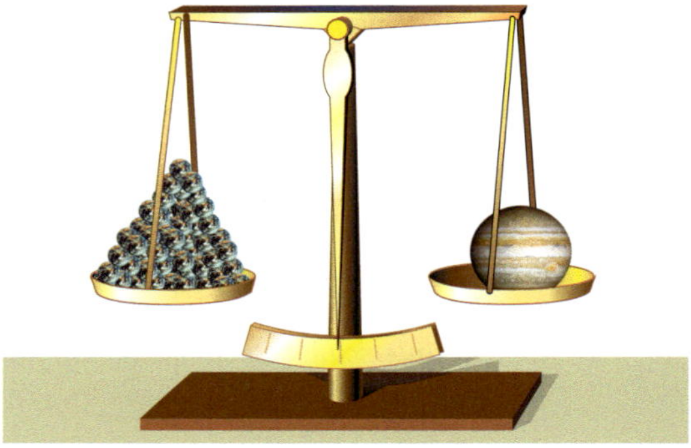
2 Jupiters Masse ist über 300-mal größer als die Erdmasse.

21. Die Sonne ist unser Stern. Von ihr erhalten wir Wärme und Licht, ohne die die Entwicklung von Leben auf der Erde nicht möglich gewesen wäre.
a) Erkunde, wie viel Energie die Sonne in jeder Sekunde abstrahlt! Woher kommt diese Energie?
b) Wie jeder Stern verändert sich die Sonne. Informiere dich über das Alter der Sonne und darüber, wie lange sie noch strahlen wird!
c) Im Weltall existieren Milliarden Sterne. Welches ist der sonnennächste Stern? Wie weit ist er von uns entfernt?

Natur des Lichts

Im bisherigen Physikunterricht hast du dich mit verschiedenen optischen Erscheinungen beschäftigt. Du weißt bereits:

- Licht breitet sich in einem Stoff und im Vakuum geradlinig und mit großer Geschwindigkeit aus.
- Trifft Licht auf undurchsichtige Körper, so wird es teilweise reflektiert, teilweise gestreut und teilweise absorbiert.
- Trifft Licht schräg auf die Grenzfläche zweier lichtdurchlässiger Stoffe, so wird es in der Regel gebrochen.

Mit dem Licht, das in unsere Augen gelangt, nehmen wir den größten Teil der Informationen über unsere Umwelt wahr. Wir nutzen es bei optischen Geräten, um Gegenstände deutlicher oder größer zu sehen. Offen ist dabei immer geblieben, was Licht eigentlich ist.

1. *Tauscht eure Meinungen zu der Frage aus, was Licht ist! Vergleicht dazu auch die Wahrnehmung von Schall mit der Wahrnehmung von Licht!*

Die Frage nach der Natur des Lichts hat Wissenschaftler viele Jahrhunderte beschäftigt. Schon durch einfache Versuche kann man sich davon überzeugen, dass Licht Eigenschaften hat, die unseren täglichen Erfahrungen widersprechen.

2. *Nimm feines Gewebe (z.B. einen Regenschirm) oder eine Vogelfeder und betrachte durch sie hindurch eine etwa 2 m entfernte Kerzenflamme oder eine Straßenlampe! Beschreibe deine Beobachtungen! Wie könnte man sie erklären?*

3. *Schicke in einem gut abgedunkelten Raum paralleles Licht durch einen Spalt!*

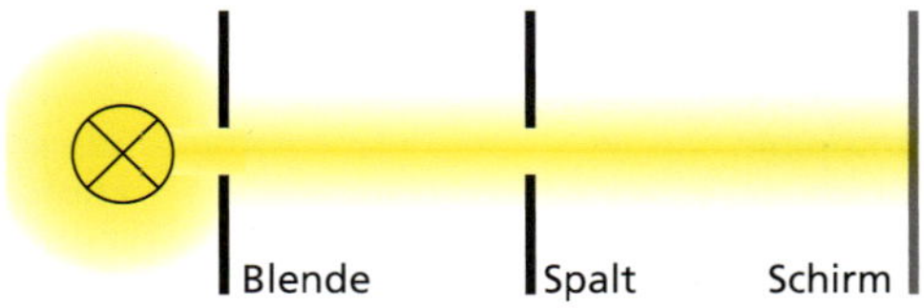

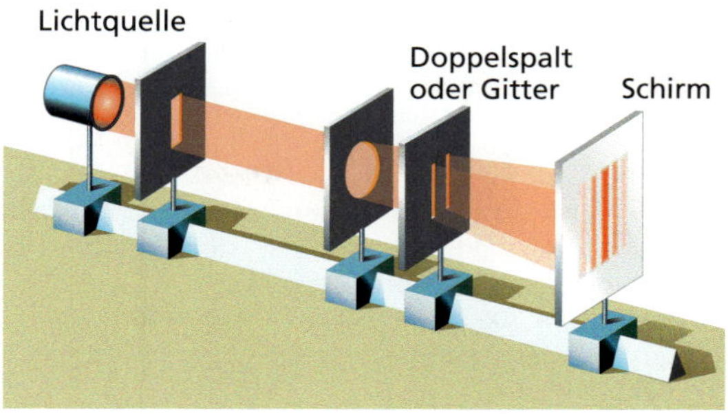

1 Experiment mit einem Doppelspalt

a) *Beschreibe das Bild auf dem Schirm bei einem breiten Spalt!*

b) *Mache dann den Spalt immer enger. Beobachte und beschreibe, was sich im Vergleich zu Teilaufgabe a ändert!*

Viel deutlicher sieht man die Effekte, wenn man statt eines einfachen Spalts eine Anordnung mit einem Doppelspalt (Abb. 1) oder mit vielen eng beieinanderliegenden Spalten wählt. Eine solche Anordnung nennt man ein **Gitter.**

Lenkt man Licht auf einen Doppelspalt, so erwartet man auf dem Schirm zwei helle Streifen. Tatsächlich sind aber eine Reihe heller und dunkler Streifen zu beobachten (Abb. 2). Eine Erklärung für das Auftreten der Streifen findet man, wenn man davon ausgeht, dass sich Licht wie eine Welle ausbreitet.

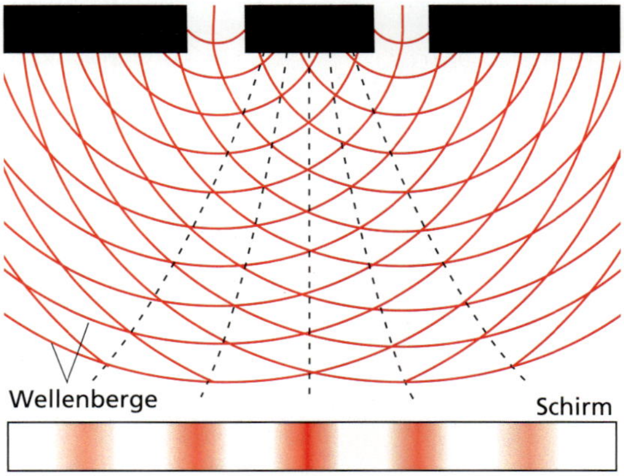

2 Überlagerung (Interferenz) von Licht am Doppelspalt

Mosaik

Was ist Licht?

Mit dem Licht, dem Sehen und einfachen optischen Anordnungen haben sich schon griechische Gelehrte wie ARISTOTELES (384–322 v. Chr.), EUKLID (um 300 v. Chr.) und PTOLEMÄUS (um 100 bis um 160) beschäftigt. Die Frage, was Licht ist, blieb dabei offen.
Mit der Entwicklung der ersten Mikroskope und Fernrohre im 17. Jahrhundert begann die Entwicklung der Optik als Wissenschaftsdisziplin.
So beschäftigte sich u. a. JOHANNES KEPLER (1571 bis 1630) mit dem Sehen, den Farben und der Natur des Lichts. Er entdeckte die Totalreflexion, führte Untersuchungen zur Brechung durch und gab eine theoretische Beschreibung des Fernrohrs. Dies erfolgte auf der Grundlage geometrischer Betrachtungen. Die verstärkte Untersuchung des Problems der Lichtfarben führte hin zu der Frage nach den Eigenschaften und der physikalischen Natur des Licht. Dabei wurden unterschiedliche Vorstellungen entwickelt, die mit den Namen zweier Physiker verbunden sind, die auch in anderen Gebieten der Physik Hervorragendes geleistet haben: ISAAC NEWTON (Abb. 1) und CHRISTIAAN HUYGENS (Abb. 2).

NEWTON hatte zunächst keine klaren Vorstellungen über das Wesen des Licht. So schrieb er 1672: *„Da wir nun den Grund der Farben nicht in den Körpern, sondern im Licht gefunden haben, so haben wir guten Grund, dieses als Substanz zu bezeichnen. Aber vollständig und im einzelnen zu bestimmen, was Licht ist, … das ist nicht leicht …“.*

Später präzisierte NEWTON seine Vorstellungen und betrachtete Licht als Strom von kleinen Teilchen oder Korpuskeln. Er entwickelte die **Korpuskulartheorie** des Lichts.

1 ISAAC NEWTON (1643–1727)

Im Unterschied dazu kam HUYGENS aufgrund seiner Untersuchungen zu der Auffassung, dass sich Licht wie eine Welle verhält. Er entwickelte die **Wellentheorie** (Abb. 3).
Bei beiden Theorien blieben Fragen offen. Die Korpuskulartheorie setzte sich aber auch aufgrund der Autorität NEWTONS allmählich durch und wurde bis zum Anfang des 19. Jahrhunderts zur allein herrschenden Vorstellung.

2 CHRISTIAAN HUYGENS (1629–1695)

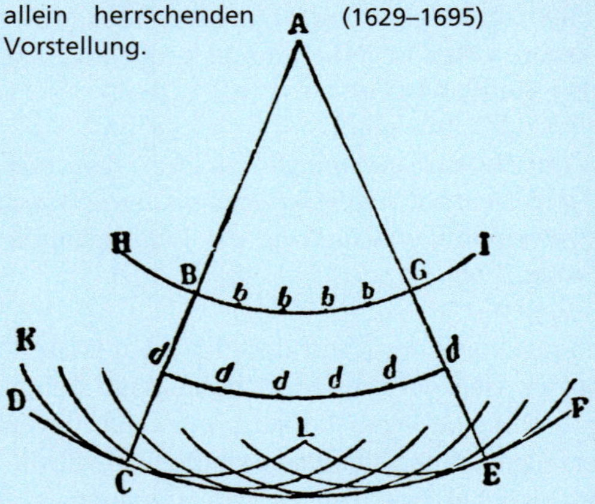

3 Originalzeichnung von HUYGENS: Elementarwellen überlagern sich zu einer Wellenfront.

Mit der Entdeckung der Interferenz durch den englischen Arzt und Naturforscher THOMAS YOUNG (1773–1829) und den Untersuchungen zur Beugung durch den französischen Physiker AUGUSTIN JEAN FRESNEL (1788–1827) begann der Siegeszug der Wellentheorie, doch auch mit ihr konnten nicht alle neu entdeckten Erscheinungen erklärt werden.
Wesentlich weiterentwickelt wurden die Vorstellungen vom Licht 1905 durch ALBERT EINSTEIN (1879 bis 1955), der die Lichtquantentheorie aufstellte. Danach verhält sich Licht teilweise wie eine Welle und teilweise wie ein Teilchenstrom. Geprägt wurde dafür der Begriff **Lichtquant** oder **Photon**. Die betreffende Theorie heißt **Photonentheorie.**

Modelle für das Licht

Physiker benutzen Modelle, um physikalische Erscheinungen beschreiben, erklären und voraussagen zu können.
Beispiele für Modelle sind das Teilchenmodell, Feldlinienbilder für elektrische und magnetische Felder, Atommodelle, der Massepunkt, aber auch technische Modelle, z. B. von einem Viertaktmotor oder von einer Pumpe.
Ein Modell ist ein vom Menschen geschaffenes ideelles oder materielles Ersatzobjekt für ein komplizierteres Original. Es beinhaltet also immer eine Vereinfachung der Wirklichkeit.
Ein Modell ist durch folgende Merkmale gekennzeichnet:

- Ein Modell stimmt in einigen Merkmalen oder Eigenschaften mit dem Original überein, in anderen nicht.
- Ein Modell ist nur innerhalb bestimmter Grenzen gültig und sinnvoll anwendbar.
- Ein Modell ist weder richtig noch falsch, sondern zweckmäßig und geeignet oder unzweckmäßig und nicht geeignet zur Beschreibung, Erklärung oder Voraussage von Erscheinungen.

Da ein Modell jeweils nur einige Merkmale oder Eigenschaften eines Originals widerspiegelt, können für ein und dasselbe Original zur Beschreibung, Erklärung und Voraussage verschiedener Eigenschaften unterschiedliche Modelle geschaffen und genutzt werden.

Betrachtet man z. B. die Bewegung der Erde um die Sonne, so kann man die Erde als Massepunkt ansehen und ihre Bewegung mit diesem Modell beschreiben.
Bei der Beschreibung der Rotation der Erde um ihre Achse ist dieses Modell ungeeignet. Zweckmäßig ist hier ein Modell, bei dem die Erde als starrer Körper angesehen wird.
Will man aber z. B. die Ausbreitung von Erdbebenwellen in der Erde erklären, muss man die Erde als elastischen Körper ansehen.

Auch mit dem Modell Lichtstrahl können nur einige Eigenschaften von Licht beschrieben werden, z. B. seine geradlinige Ausbreitung und die Schattenbildung. Die Erklärung von Beugung und Interferenz ist nur mit dem Wellenmodell möglich. Unten ist eine Übersicht über Modelle für das Licht gegeben.

Modelle für das Licht

Strahlenmodell	**Wellenmodell**	**Quantenmodell**
beschreibt den Weg, den das Licht zurücklegt.	beschreibt den wellenhaften Charakter des Lichts.	beschreibt den teilchenhaften Charakter des Lichts.
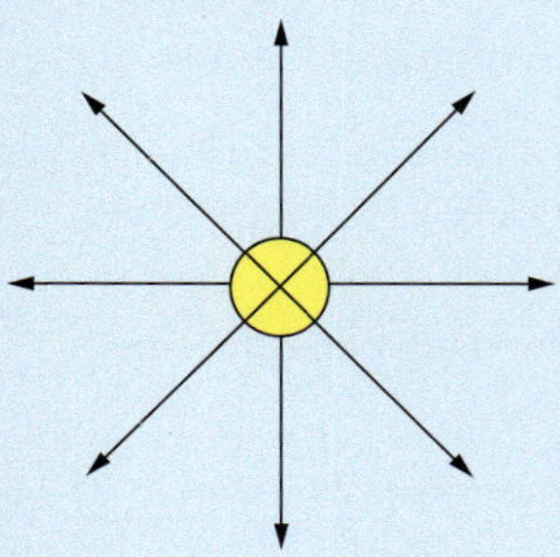	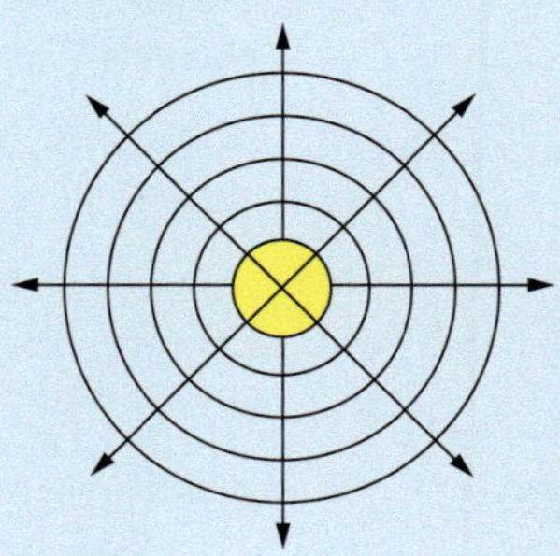	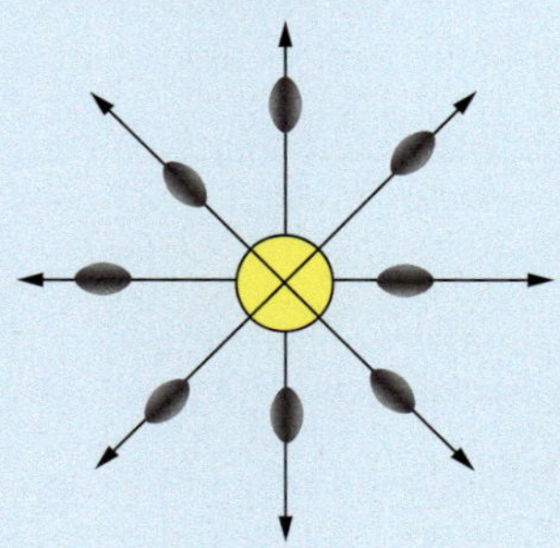
Modell ist gut geeignet für die Beschreibung von Lichtausbreitung, Reflexion, Brechung, Lichtdurchgang durch Linsen und Prismen.	Modell ist gut geeignet für die Beschreibung und Erklärung von Reflexion, Brechung, Beugung, Interferenz und Polarisation von Licht.	Modell ist gut geeignet für die Beschreibung und Erklärung von Emission und Absorption von Licht sowie für die Erklärung des Fotoeffekts.

Die Zusammenhänge zwischen den Modellen Lichtstrahl und Lichtwelle

Am Beispiel der Ausbreitung und der Reflexion von Licht wird deutlich, welche Zusammenhänge zwischen den Modellen Lichtstrahl und Lichtwelle bestehen (Abb. 1, 2).

Die **Lichtstrahlen** beschreiben den Weg des Lichts. Sie stehen senkrecht auf den Wellenfronten der Lichtwellen. Die Erscheinung Reflexion kann mit beiden Modellen beschrieben werden.
Eine Erklärung für die Reflexion ist aber nur mithilfe des Wellenmodells möglich: Jeder Punkt der reflektierenden Oberfläche, der von einer Welle getroffen wird, ist nach dem huygensschen Prinzip (s. S. 212) Ausgangspunkt einer Elementarwelle, wobei sich die Elementarwellen zu neuen Wellenfronten überlagern. Für Lichtwellen ergibt sich eine analoge Darstellung wie für mechanische Wellen.
Entsprechendes gilt für die Brechung von Licht: Eine Beschreibung der Brechung kann gut mit dem Modell Lichtstrahl erfolgen. Eine Erklärung dafür, warum Licht gebrochen wird, liefert nur das Wellenmodell in Verbindung mit dem huygensschen Prinzip.

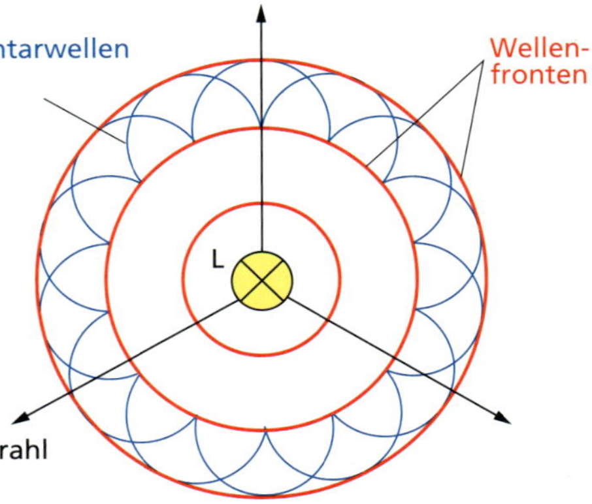

1 Wellenförmige Ausbreitung des Lichts von einer Lichtquelle L aus

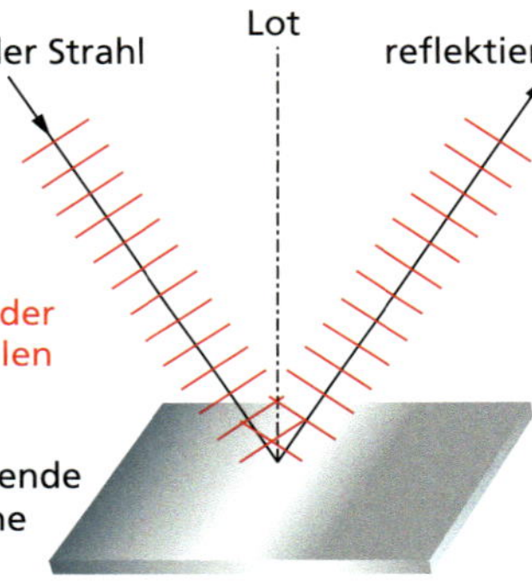

2 Reflexion von Licht mit Lichtstrahlen und Lichtwellen

Vergleich von Schallwellen und Lichtwellen	
Schallwellen	**Lichtwellen**
Schallwellen sind mechanische Wellen.	Lichtwellen sind elektromagnetische Wellen.
Schallwellen benötigen einen Schallträger zu ihrer Ausbreitung. Im Vakuum können sie sich nicht ausbreiten.	Lichtwellen benötigen keinen Träger zu ihrer Ausbreitung. Sie breiten sich auch im Vakuum aus.
Schallwellen können reflektiert, gebrochen und gebeugt werden.	Lichtwellen können reflektiert, gebrochen und gebeugt werden.
Bei Schallwellen kann Interferenz eintreten.	Bei Lichtwellen kann Interferenz eintreten.
Die Frequenz des Schalls bestimmt die Tonhöhe. Schall mit einer Frequenz ergibt einen reinen Ton.	Die Frequenz des Lichts bestimmt die Farbe des Lichts. Licht mit einer Frequenz ergibt eine reine Farbe.
Die Amplitude des Schalls bestimmt die Lautstärke des Tons.	Die Amplitude des Lichts bestimmt die Intensität des Lichts.

Eigenschaften von Lichtwellen

Das für den Menschen sichtbare Licht ist nur ein sehr kleiner Bereich aus dem gesamten Spektrum elektromagnetischer Wellen, zu denen auch die für Rundfunk und Fernsehen genutzten hertzschen Wellen, die Mikrowellen, die Röntgenstrahlen und die Gammastrahlen gehören.
Wie bei mechanischen Wellen (s. S. 210) besteht auch bei Licht ein enger Zusammenhang zwischen der Lichtgeschwindigkeit, der Wellenlänge und der Frequenz.

Für Licht gilt folgender Zusammenhang:

$c = \lambda \cdot f$

- c **Lichtgeschwindigkeit**
- λ **Wellenlänge**
- f **Frequenz**

Die Frequenz des Lichts hängt nur von seiner Entstehung ab und bleibt immer gleich. Die Lichtgeschwindigkeit und damit auch die Wellenlänge sind dagegen von dem Stoff abhängig, in dem sich das Licht ausbreitet.

Im Wellenmodell lässt sich jeder Farbe eine bestimmte Frequenz und eine Wellenlänge zuordnen. Sichtbares Licht setzt sich meist aus Lichtwellen verschiedenster Frequenzen zusammen. Weißes Licht besteht z.B. aus sichtbarem Licht aller Frequenzen bzw. Farben, ist also ein Mischlicht. Das gilt auch für das Licht, das von der Sonne zu uns gelangt.

Der für uns sichtbare Bereich des Spektrums elektromagnetischer Wellen umfasst Frequenzen von $3{,}8 \cdot 10^{14}$ bis $7{,}7 \cdot 10^{14}$ Hz. Das entspricht Wellenlängen von 780 bis 390 nm.
Neben dem Spektrum des sichtbaren Lichts gibt es das für den Menschen unsichtbare **infrarote** und **ultraviolette Licht.**
Infrarotes Licht (Wärmestrahlung) hat eine kleinere Frequenz und eine größere Wellenlänge als sichtbares Licht. Die wichtigste Quelle für dieses Licht ist die Sonne.
Ultraviolettes Licht (UV-Licht) hat vor allem biologische Wirkungen (Bräunung der Haut, Sonnenbrand).

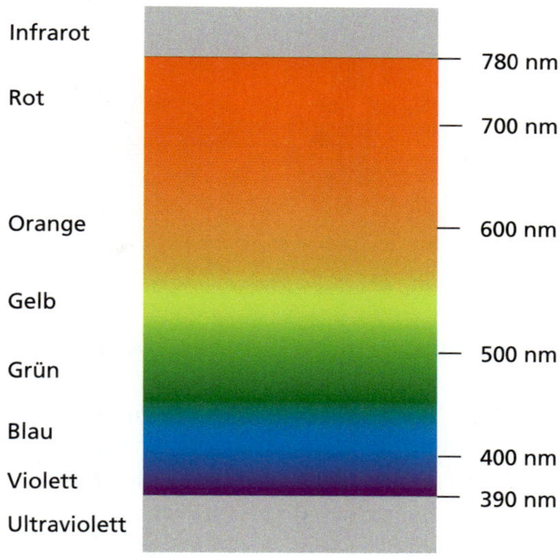

1 Kontinuierliches Spektrum und Wellenlängen des sichtbaren Lichts in Nanometern (nm)

Wie bei mechanischen Wellen, etwa bei Wasserwellen, tritt auch bei Licht Beugung und Interferenz auf. Darüber hinaus können Lichtwellen polarisiert sein.

4. *Erkunde, was man unter Polarisation und speziell unter der Polarisation von Lichtwellen versteht! Bereite zu dem Thema Polarisation einen Kurzvortrag vor!*

5. *Untersuche mithilfe von Polarisationsfiltern die Eigenschaften von polarisiertem Licht!*

Art des Lichts	Frequenz f in 10^{14} Hz	Wellenlänge λ (in Luft) in nm
Infrarotes Licht (IR)	0,1–3,8	30000–780
Rotes Licht	3,8–4,8	780–620
Oranges Licht	4,8–5,0	620–600
Gelbes Licht	5,0–5,3	600–570
Grünes Licht	5,3–6,1	570–490
Blaues Licht	6,1–7,0	490–430
Violettes Licht	7,0–7,7	430–390
Ultraviolettes Licht (UV)	7,7–300	390–10

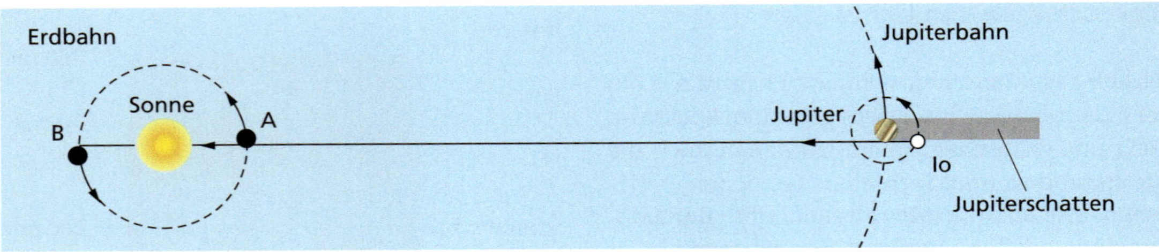

1 Bestimmung der Lichtgeschwindigkeit durch Olaf Römer im Jahr 1675

Die Bestimmung der Lichtgeschwindigkeit

Die Frage, wie schnell sich Licht ausbreitet, blieb viele Jahrhunderte unbeantwortet. Während z. B. Galileo Galilei (1564–1642) von der Endlichkeit der Lichtgeschwindigkeit überzeugt war, hielt sie der Astronom Johannes Kepler (1571–1630) für unendlich groß.

Der Erste, der eine endliche Geschwindigkeit für die Lichtausbreitung nachgewiesen hat, war 1675 der dänische Astronom Olaf Römer (1644 bis 1710). Römer beobachtete über mehrere Jahre hinweg die Ein- und Austritte des Jupitermonds Io aus dem Jupiterschatten und stellte dabei Unterschiede fest (Abb. 1).

Befindet sich die Erde näher an Jupiter (Stellung A), so tritt die Verfinsterung des Jupitermonds früher ein, als wenn sich die Erde weit weg vom Jupiter (Stellung B) befindet.

Römer deutete das mit dem längeren Weg, den das Licht bei Stellung B zurücklegen muss. Aus seinen Beobachtungsergebnissen ermittelte Römer eine Lichtgeschwindigkeit von 214 000 km/s.

Der Erste, dem es gelang, die Lichtgeschwindigkeit auf der Erde zu messen, war im Jahre 1849 der französische Physiker Hippolyte Fizeau (1819–1896).

Abb. 2 zeigt seine Versuchsanordnung. Als Strecke zwischen Zahnrad und Spiegel wählte er 8 633 m. Das Zahnrad hatte 720 Zähne.

Das Licht wurde von der Lichtquelle über den halbdurchlässigen Spiegel zwischen zwei Zähnen des Zahnrads hindurch auf den Spiegel gelenkt, dort reflektiert und gelangte durch die gleiche Lücke des Zahnrads und den halbdurchlässigen Spiegel zum Auge des Beobachters.

6. *Erkunde, wie Fizeau seinen Versuch durchgeführt hat und zu welchen Ergebnissen er gekommen ist! Präsentiere deine Ergebnisse!*

Nach einer anderen Methode bestimmte 1862 der Franzose Leon Foucault (1819–1868) den Wert der Lichtgeschwindigkeit zu 298 000 km/s.

Der amerikanische Physiker Albert Abraham Michelson (1852–1931) ermittelte 1927 einen Wert von 299 796 ± 4 km/s.

Später wurden noch genauere Messungen mit unterschiedlichen Messverfahren durchgeführt.

7. *Informiere dich über ein weiteres Messverfahren! Bereite dazu einen Vortrag vor!*

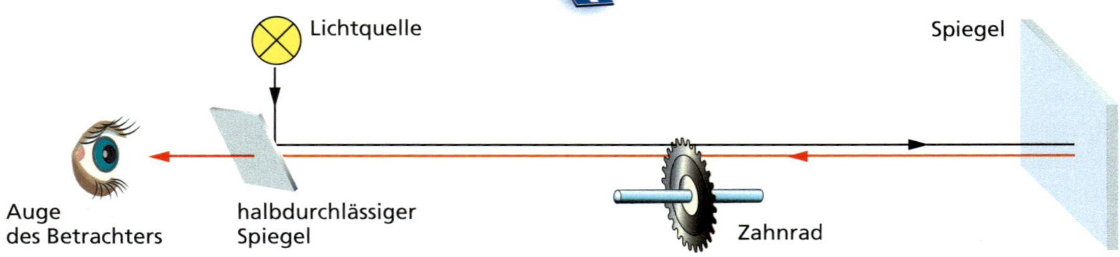

2 Bestimmung der Lichtgeschwindigkeit mit der Zahnradmethode (H. Fizeau, 1849)

Interferenz von Licht

Trifft Licht auf einen Doppelspalt oder auf ein optisches Gitter, so kann man auf einem Schirm helle und dunkle Streifen, die sogenannten Interferenzstreifen, beobachten.
Verwendet man verschiedene Gitter und Licht unterschiedlicher Farbe, dann zeigt sich: Die Lage der hellen Streifen, der **Interferenzmaxima,** ist vom Abstand der Spalte (von der Gitterkonstanten) sowie von der Farbe des Lichts, also seiner Wellenlänge, abhängig (Abb. 2).

Der Zusammenhang zwischen der Lage der Interferenzmaxima, der Wellenlänge des verwendeten Lichts und dem Abstand der Spalte lässt sich theoretisch herleiten. Wir betrachten dazu vereinfacht einen Doppelspalt und die Interferenzmaxima 0. und 1. Ordnung (Abb. 1).
Wie bei mechanischen Wellen tritt auch bei Licht eine Verstärkung dann auf, wenn sich bei gleicher Wellenlänge und fester Phasenbeziehung jeweils Wellenberge bzw. Wellentäler überlagern. Das ist dann der Fall, wenn die Phasendifferenz zwischen den Wellen, die von benachbarten Spalten ausgehen, null, λ oder ein ganzzahliges Vielfaches von λ beträgt. Betrachtet man das in Abb. 1 farbig markierte Dreieck, dann gilt für Interferenzmaxima:

$$\sin \alpha_k = \frac{k \cdot \lambda}{b} \quad \text{oder} \quad b \cdot \sin \alpha_k = k \cdot \lambda$$

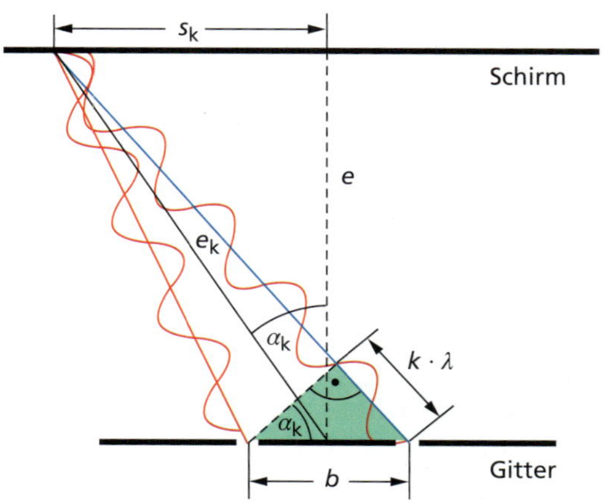

1 Herleitung der Gleichung für die Maxima

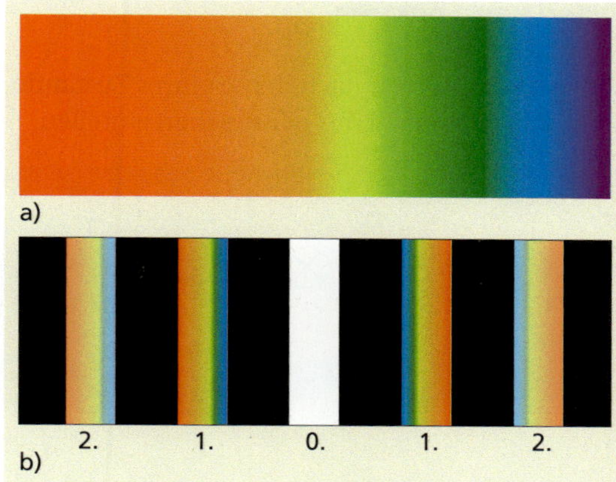

2 Prismenspektrum (a) und Gitterspektrum (b) bei Verwendung von weißem Licht

Für die Interferenzmaxima bei Doppelspalt und Gitter gilt folgende Beziehung:

$$b \cdot \sin \alpha_k = k \cdot \lambda$$

- b **Abstand der Spalte (Gitterkonstante)**
- α_k **Winkel des k-ten Interferenzmaximums**
- k **Zahl ($k = 0, 1, 2, \ldots$)**
- λ **Wellenlänge des genutzten Lichts**

Da sich bei solchen Experimentieranordnungen Winkel schwieriger als Entfernungen messen lassen, kann man den Winkel sin α_k ersetzen. Wenn die Entfernung e zwischen Gitter und Schirm sehr groß gegenüber s_k ist, dann kann man für den Winkel auch schreiben (Abb. 1):

$$\sin \alpha_k = \frac{s_k}{e_k}$$

Für sehr kleine Winkel gilt $e_k \approx e$. Damit erhält man:

$$\sin \alpha_k = \frac{s_k}{e}$$

Das Einsetzen in die oben genannte Gleichung ergibt:

$$b \cdot \frac{s_k}{e} = k \cdot \lambda \quad \text{oder} \quad \frac{k \cdot \lambda}{b} = \frac{s_k}{e}$$

8. *Begründe, dass bei einem Gitterspektrum blaues Licht weniger stark abgelenkt wird als rotes Licht und warum das bei einem Prismenspektrum anders ist!*

Arten von Spektren

Spektren kann man nach der Art ihres Zustandekommens und nach ihrem Aussehen einteilen.

In der Übersicht sind die wichtigsten Arten von Spektren zusammengestellt. Das Aussehen eines Spektrums hängt von der Lichtquelle und den anderen Bedingungen ab.

Prismenspektrum

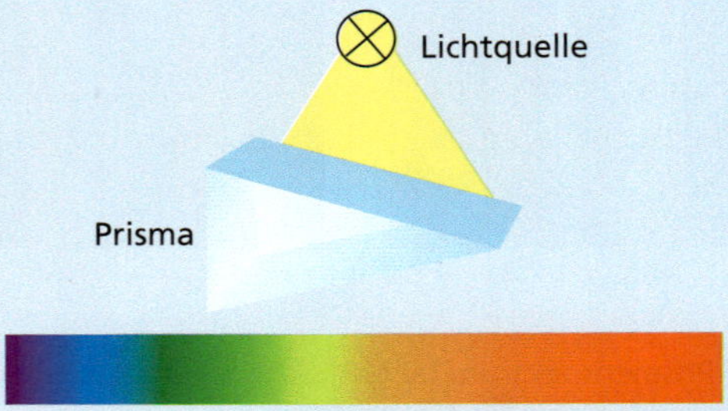

Das Spektrum entsteht durch Brechung und Dispersion. Es wird deshalb auch als Dispersionsspektrum bezeichnet.

Gitterspektrum

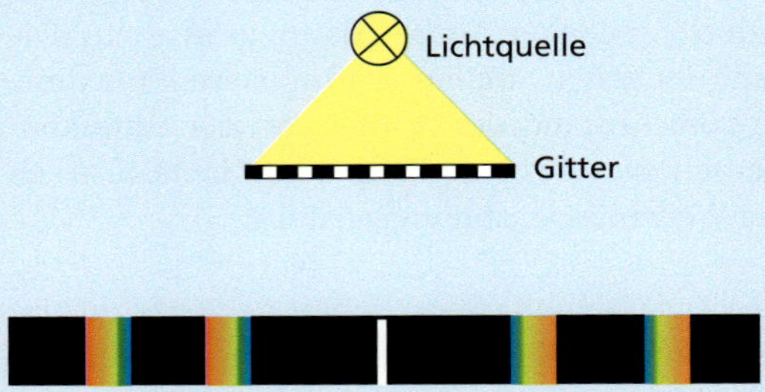

Das Spektrum entsteht durch Beugung und Interferenz. Es wird deshalb auch als Beugungsspektrum bezeichnet.

Kontinuierliches Spektrum

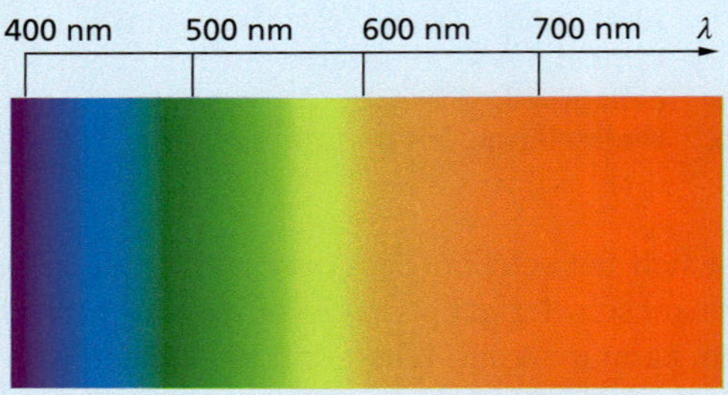

Das Spektrum umfasst den gesamten sichtbaren Bereich oder Teile davon ohne Lücken.

Linienspektrum

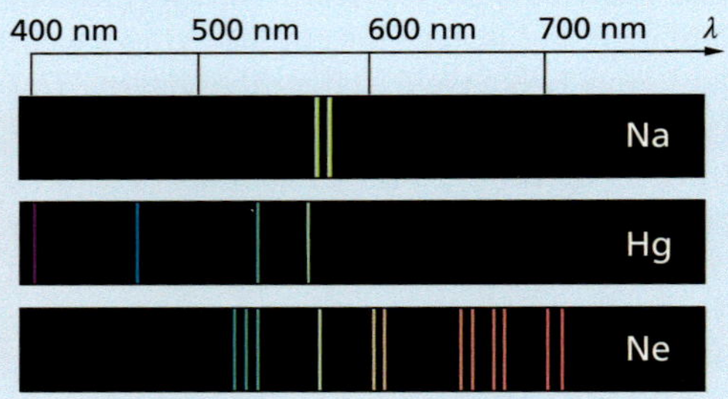

Das Spektrum besteht aus einzelnen scharf begrenzten Linien, denen eindeutig eine bestimmte Wellenlänge zugeordnet werden kann.

Emissionsspektrum

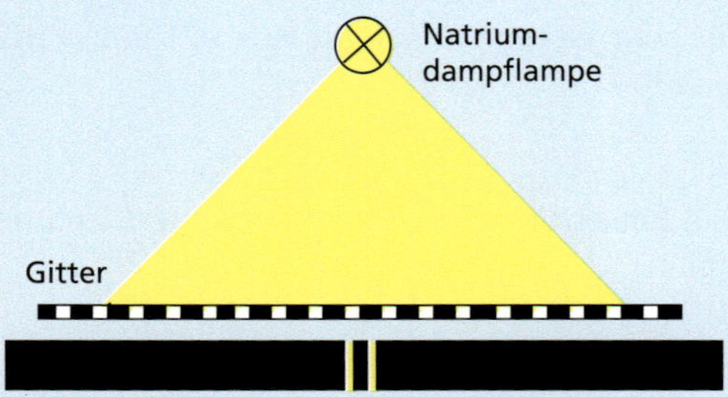

Es wird das Licht zerlegt, das von einer Lichtquelle emittiert wird. Ein Emissionsspektrum kann ein kontinuierliches oder ein Linienspektrum sein.

Absorptionsspektrum

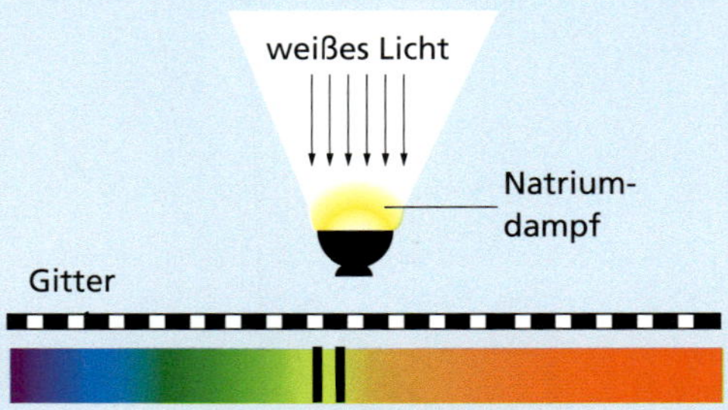

Es wird das Licht zerlegt, das von einer Lichtquelle kommt, vor der Zerlegung aber noch durch einen nicht selbst leuchtenden Stoff hindurchgeht.

Bestimmen der Wellenlänge von Licht

Im 19. Jahrhundert erkannte man, dass Licht Wellencharakter besitzt. Dazu trugen insbesondere die Untersuchungen des englischen Mediziners und Physikers THOMAS YOUNG (1773–1829) sowie des französischen Physikers AUGUSTIN JEAN FRESNEL (1788–1827) zur Beugung und Interferenz bei.
JOSEPH VON FRAUNHOFER (1787–1826), der Entdecker der nach ihm benannten dunklen Linien im Spektrum der Sonne, entwickelte das Beugungsgitter und bestimmte damit mit großer Genauigkeit die Wellenlänge von Licht.
Wie kann man mithilfe eines Gitters die Wellenlänge des Lichts bestimmen?

Genutzt werden kann dazu eine Experimentieranordnung, wie sie unten dargestellt ist. Der Spalt wird mithilfe einer Sammellinse auf dem Schirm scharf abgebildet. Zwischen Linse und Schirm wird ein Gitter gebracht. Am Gitter tritt Beugung auf. Dieses gebeugte Licht überlagert sich. Auf dem Schirm ist in einem abgedunkelten Raum ein Interferenzmuster zu beobachten. Bei Verwendung von weißem Licht erscheinen farbige Streifen. Durch Verwendung eines Farbfilters kann man das Licht einer Farbe herausfiltern und erhält Interferenzstreifen in der betreffenden Farbe. Bei Verwendung von Lichtquellen, die ein Linienspektrum aussenden, erhält man ebenfalls farbige Interferenzstreifen.
Misst man den Abstand der Interferenzstreifen gleicher Ordnung voneinander und die Entfernung Gitter-Schirm, so kann man mithilfe der Gleichung

$$\frac{k \cdot \lambda}{b} = \frac{s_k}{e}$$

(s. S. 277) die Wellenlänge des Lichts berechnen.

Für eine Messung wird ein Gitter mit 650 Spalten je Zentimeter verwendet. Die Entfernung zwischen Gitter und Schirm beträgt 1,25 m und der Abstand der beiden Maxima 1. Ordnung 96 mm.
Wie groß ist die Wellenlänge des verwendeten Lichts? Welche Farbe hat dieses Licht?

Analyse:
Zur Berechnung der Wellenlänge kann die links genannte Gleichung genutzt werden. Für die Maxima 1. Ordnung ist $k = 1$.
Zu beachten ist, dass s_1 der Abstand der Interferenzstreifen nullter und 1. Ordnung und damit die Hälfte des Abstands der beiden Maxima 1. Ordnung ist.

Gesucht: λ, Farbe des Lichts
Gegegeben: $e = 1{,}25\ \text{m}$
$s_1 = 96\ \text{mm} : 2 = 48 \cdot 10^{-3}\ \text{m}$
$b = \frac{1}{650}\ \text{cm} = 1{,}5 \cdot 10^{-5}\ \text{m}$

Lösung:

Aus $\frac{k \cdot \lambda}{b} = \frac{s_1}{e}$ folgt mit $k = 1$:

$$\frac{\lambda}{b} = \frac{s_1}{e}$$

$$\lambda = \frac{b \cdot s_1}{e}$$

$$\lambda = \frac{1{,}5 \cdot 10^{-5}\ \text{m} \cdot 48 \cdot 10^{-3}\ \text{m}}{1{,}25\ \text{m}}$$

$$\lambda = 5{,}8 \cdot 10^{-7}\ \text{m}$$

$$\underline{\lambda = 580\ \text{nm}}$$

Ergebnis:
Die Wellenlänge des verwendeten Lichts beträgt 580 nm. Ein Vergleich mit Tabellenwerten (s. S. 275) ergibt, dass es sich hierbei um rotgelbes Licht handelt.

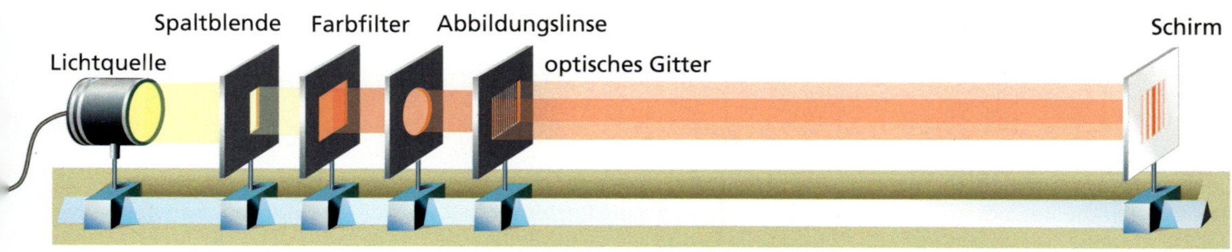

Die Spektralanalyse

JOSEPH VON FRAUNHOFER (1787–1826) entdeckte im Jahre 1814 bei der Untersuchung des Spektrums von Sonnenlicht im Sonnenspektrum zahlreiche dunkle Linien (fraunhofersche Linien). Später wurden auch bei Fixsternen solche dunklen Linien im Spektrum beobachtet. 1860 legten der deutsche Physiker GUSTAV ROBERT KIRCHHOFF (1824–1887) und der Chemiker ROBERT WILHELM BUNSEN (1811–1899) mit der Arbeit „Chemische Analyse durch Spektralbeobachtungen“ die wissenschaftlichen Grundlagen der Spektralanalyse vor.

Was versteht man unter einer Spektralanalyse? Wie kann man mithilfe der Spektralanalyse das Vorhandensein von chemischen Elementen nachweisen?

Jedes leuchtende Gas unter niedrigem Druck sendet ein Spektrum aus, das für das jeweilige Gas charakteristisch ist. Es ist ein Linienspektrum mit Linien, die nur beim Leuchten des betreffenden Stoffs auftreten. Dann kann man auch umgekehrt folgern: Wenn ein bestimmtes Linienspektrum beobachtet wird, dann ist in der Lichtquelle das Element vorhanden, das dieses Linienspektrum aussendet.

Das ist das Wesen der **Spektralanalyse.** Durch Vergleichen eines aufgenommenen Spektrums mit Linienspektren bekannter Elemente kann man herausfinden, welche Elemente in der Lichtquelle vertreten sind.

1 Spektralapparat mit Prisma

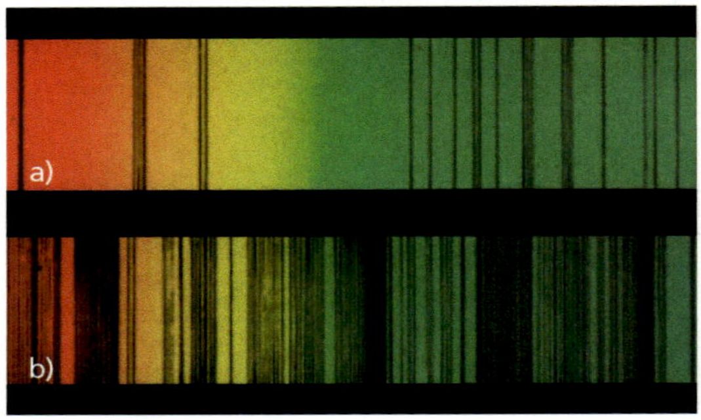

2 Fraunhofersche Linien im Sonnenspektrum (a) und dunkle Linien im Spektrum eines Fixsterns (b)

Durch spektralanalytische Untersuchungen hat man 1868 im Sonnenspektrum ein neues Gas entdeckt, das nach dem griechischen Wort für Sonne (helios) benannt wurde: das Helium. Dieses Gas wurde im Jahr 1894 erstmals auch auf der Erde nachgewiesen.

Licht als Informationsträger

Richtung, aus der das Licht kommt	Intensität des Lichts	Zusammensetzung des Lichts
ermöglicht Aussagen über den Ort und die Bewegung der Lichtquelle.	ermöglicht Aussagen über die Leuchtkraft, die Entfernung und die Größe der Lichtquelle.	ermöglicht Aussagen über die chemische Zusammensetzung der Lichtquelle.

*9. Licht, das von leuchtendem Natriumdampf ausgesendet wird, hat in Luft eine Wellenlänge von 590 nm.
   a) Welche Farbe hat dieses Licht?
   b) Wie groß ist seine Frequenz?

*10. Das von einem Körper abgestrahlte rote Licht hat eine Frequenz von $4{,}0 \cdot 10^{14}$ Hz.
   a) Wie groß ist seine Wellenlänge in Luft?
   b) Wie verändern sich die Wellenlänge und die Frequenz, wenn dieses Licht in Glas übertritt? Begründe!

*11. Blaues Licht ($f = 6{,}5 \cdot 10^{14}$ Hz) tritt von Luft in Wasser über.
   a) Wie groß ist die Wellenlänge dieses Lichts in Luft?
   b) Was geschieht mit der Wellenlänge und der Frequenz beim Übertritt des Lichts in Wasser?
   c) Wie groß ist die Wellenlänge des Lichts in Wasser?

*12. Licht hat eine Frequenz von $5{,}5 \cdot 10^{14}$ Hz und in einem bestimmten Stoff eine Wellenlänge von 311 nm.
   a) Wie groß ist seine Frequenz in Luft?
   b) Welche Wellenlänge hat das Licht in Luft? Welche Farbe hat es?

13. Mit ein und derselben Experimentieranordnung werden mithilfe eines Gitters und unter Verwendung von Farbfiltern Gitterspektren erzeugt. Für das verschiedenfarbige Licht erhält man folgende Ergebnisse:

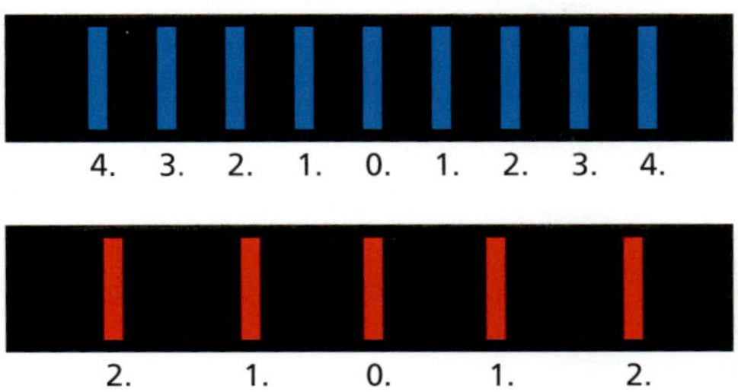

Wie kommt es, dass die blauen Linien enger zusammenliegen als die roten Linien?

14. Bestimme experimentell die Wellenlänge von monochromatischem Licht! Gehe dabei so vor, wie es auf S. 279 beschrieben ist!

15. Auf ein Gitter mit 750 Spalten pro Millimeter fällt weißes Licht mit Wellenlängen zwischen 390 nm und 780 nm. Unter welchen Winkeln sind die Maxima 1. und 2. Ordnung für die kleinste bzw. die größte Wellenlänge zu sehen?

16. Von einem optischen Gitter ist die Gitterkonstante nicht bekannt. Beschreibe eine Möglichkeit, wie man die Gitterkonstante eines Gitters bestimmen kann!

17. Zur Bestimmung der Gitterkonstanten eines Gitters wird eine Quecksilberdampflampe genutzt. Die beiden Maxima 1. Ordnung für die grüne Linie (λ = 546,01 nm) haben einen Abstand von 17,6 cm. Der Schirm ist 2,80 m vom Gitter entfernt. Wie groß ist die Gitterkonstante des genutzten Gitters?

18. Betrachte durch ein Prisma eine einige Meter entfernte Leuchtstofflampe! Beschreibe und erkläre deine Beobachtungen! Vergleiche das Spektrum einer Leuchtstofflampe mit dem einer Glühlampe!

19. Beschreibe, wie man mithilfe der Spektralanalyse ermitteln kann, welche Stoffe auf Sternen vorhanden sind!

20. Mithilfe von Spektralapparaten kann man Spektren recht genau ausmessen. In einem Spektrum wurden für Spektrallinien folgende Werte ermittelt: 547 nm, 404 nm, 435 nm, 629 nm. Um welchen Stoff könnte es sich handeln?

21. Optische Instrumente, z. B. Fernrohre oder Mikroskope, habe ein bestimmtes Auflösungsvermögen. Das gilt auch für das menschliche Auge. Erkunde, was man unter dem Auflösungsvermögen einer optischen Anordnung versteht!

Ziel erreicht?

Mit Fachwissen umgehen

1. Ein 100-m-Lauf

Bei einem 100-m-Lauf legt ein Läufer die ersten 25 m mit einer konstanten Beschleunigung von 3,13 m/s^2 zurück. Die restlichen 75 m läuft er mit der erreichten Geschwindigkeit weiter. Er benötigt für die gesamte Strecke 10,20 s.

a) Berechne seine maximale Geschwindigkeit! Vergleiche sie mit der Durchschnittsgeschwindigkeit für diesen Lauf!

b) Skizziere das s-t-, v-t- und a-t-Diagramm für den gesamten Lauf!

c) Diskutiere verschiedene Möglichkeiten zur Verbesserung der Laufleistung des Sportlers aus physikalischer Sicht!

2. Tiefe eines Brunnens

Um die Tiefe eines Brunnens zu bestimmen, wird vom Brunnenrand aus ein Stein fallengelassen und die Zeit bis zum Hören des Aufschlags auf die Wasseroberfläche gemessen. Daraus kann dann die Tiefe des Brunnens ermittelt werden.

a) Nenne die Bedingungen und Gesetze, die für diese Berechnung genutzt werden!

b) Erkunde, ob es noch andere Möglichkeiten gibt, die Tiefe eines Brunnens zu bestimmen! Präsentiere eine Möglichkeit deinen Mitschülern!

3. Ariane 5 in Aktion

Die Ariane 5 ist eine Trägerrakete, die im Auftrag der Europäischen Weltraumorganisation (ESA) entwickelt wurde. Sie ist die leistungsstärkste europäische Trägerrakete und wird dazu genutzt, Satelliten in Erdumlaufbahnen zu bringen.

Ihre Startschubkraft beträgt 13 000 kN. Nach dem Zünden erreichen die Triebwerke innerhalb von 0,3 s die volle Schubkraft. Diese wird 130 s lang aufrechterhalten. Beim Start wiegt die Rakete 770 t.

a) Wie groß müsste die Schubkraft sein, damit die Rakete nach dem Start gerade schwebt? Fertige dazu eine Skizze mit den wirkenden Kräften an!

b) Welche Geschwindigkeit hat die Rakete nach der Beschleunigungsphase? Gib an, unter welchen Bedingungen du die Berechnung durchführst!

c) Diskutiere den Einfluss von Luftwiderstand und Treibstoffverbrauch auf die Beschleunigung der Rakete!

4. Eigenschaften von Wellen

Mit Wellen wird Energie, aber kein Stoff transportiert. Das kann auch über größere Entfernungen geschehen. Beschreibe zwei Beispiele aus der Technik, bei denen diese Eigenschaft von Wellen genutzt wird!

5. Rationelles Kochen

Kartoffeln werden auf einem Gasherd in einem Topf mit Wasser gekocht. Auf dem Topf liegt ein Deckel. Nachdem die Gasflamme entzündet wurde, wird die Temperatur des Wassers in regelmäßigen Zeitabständen gemessen. Aus den Messwerten ergibt sich folgendes Diagramm:

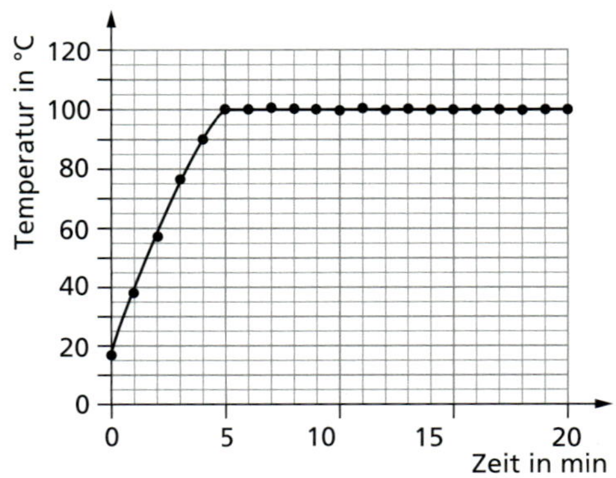

a) Beschreibe anhand des Diagramms den Temperaturverlauf des Wassers in Abhängigkeit von der Zeit!

b) Erläutere, wozu die von der Gasflamme zugeführte Energie in den ersten fünf Minuten und in den folgenden 15 Minuten verwendet wird!

c) Begründe, warum es empfehlenswert ist, nach den ersten 5 Minuten die Gasflamme kleiner zu stellen!

d) Berechne die Energie, die dem Wasser und den Kartoffeln in den ersten 5 Minuten zugeführt werden muss! Da Kartoffeln im Wesentlichen aus Wasser bestehen, kannst du davon ausgehen, dass insgesamt 500 g Wasser erwärmt werden.

6. Die Strahlung der Sonne

Ohne Sonnenstrahlung würde auf der Erde kein Leben existieren. Sie ist aber auch mit Gefahren verbunden.

a) Erkunde, aus welchen Anteilen sich Sonnenstrahlung zusammensetzt! Nutze dazu verschiedene Informationsquellen (Internet, Lexika, Lehrbücher)!

b) Wirkungen der Sonnenstrahlung sind die Fotosynthese, die deutliche Erwärmung eines Körpers oder ein Sonnenbrand. Ordne diese drei Wirkungen den betreffenden Anteilen zu!

c) Mit UV-Licht kann man Geldscheine auf ihre Echtheit prüfen. Wie könnte man für diesen Zweck Sonnenstrahlung nutzen? Beschreibe eine Möglichkeit!

7. Winkelspiegel für die Vermessung

Bei der Ausmessung von Flächen und zur Festlegung rechter Winkel verwenden Landvermesser im Gelände oft einen Winkelspiegel. Er besteht aus zwei Spiegeln, die in einem Winkel von 45° zueinander stehen.

a) Zeichne einen solchen Winkelspiegel ins Heft! Konstruiere den Verlauf eines beliebigen Lichtstrahls! Der Winkel α soll dabei zwischen 0° und 45° liegen.

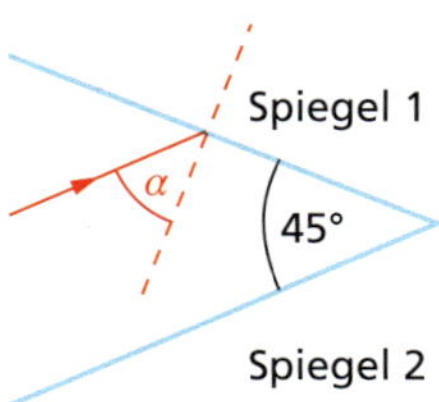

b) Zeichne zwei weitere Lichtstrahlen und deren Verlauf ein! Welche allgemeine Aussage über den Verlauf von Lichtstrahlen an einem solchen Winkelspiegel lässt sich ableiten?

Methoden der Physik nutzen

8. Beschleunigung eines Radfahrers

Es soll ermittelt werden, wie groß die Beschleunigung eines Radfahrers ist, der zunächst steht und dann anfährt. Gib dafür eine Möglichkeit an!

9. Fallschirmspringer in Aktion

Für einen Fallschirmspringer wurde das folgende *s*-*t*-Diagramm aufgenommen.

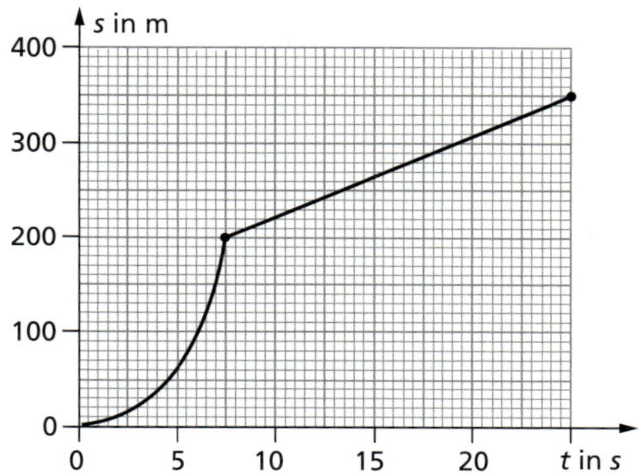

a) Interpretiere dieses Diagramm!

b) Schätze die maximale Fallgeschwindigkeit des Fallschirmspringers unmittelbar vor Öffnen des Fallschirms ab!

c) Wie groß ist seine Sinkgeschwindigkeit mit Schirm?

10. Moderne Altersbestimmung mit der C-14-Methode

In lebenden organischen Substanzen ist das Radionuklid $^{14}_{6}C$ (Halbwertszeit: 5730 Jahre) aufgrund des Stoffwechsels in einer konstanten Konzentration vorhanden. Mit dem Tod des Organismus endet der Stoffwechsel. Damit verringert sich auch die Konzentration an $^{14}_{6}C$-Atomen ständig.

a) Wie alt wäre ein im Moor gefundener Baum, wenn sein Gehalt an $^{14}_{6}C$-Atomen auf 30 % der ursprünglichen Konzentration abgeklungen ist?

b) Wie groß wäre der C-14-Anteil bei einem 11460 Jahren alten Fund?

11. Kennlinie einer Solarzelle
Nimm die *I-U*-Kennlinie einer Solarzelle auf! Nutze dazu die folgende Schaltung!

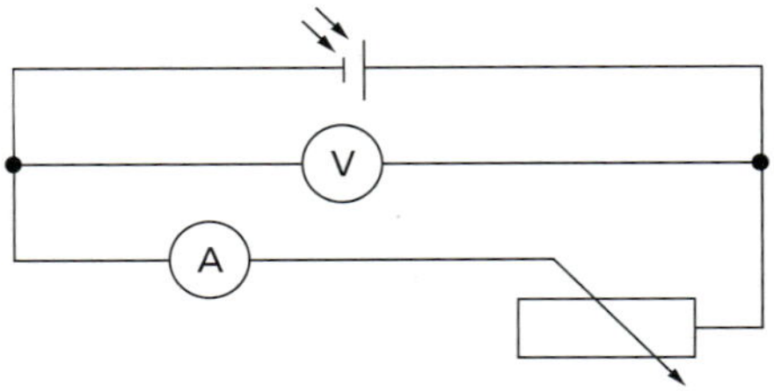

Vorbereitung:
Bereite ein Protokoll mit Messwertetabelle (10 Wertepaare) vor! Baue die Schaltung auf!
Durchführung:
Verändere die Größe des regelbaren Widerstands in 10 gleichen Schritten! Miss jeweils Stromstärke und Spannung!
Auswertung:
a) Stelle die Kennlinie dar! Interpretiere sie!
b) Ermittle aus der Kennlinie, wie groß der Widerstand gewählt werden muss, damit an der Solarzelle die maximale Spannung liegt!

12. Ausbreitung von Wellen
Wenn in einer flachen Wanne mit Wasser an zwei Stellen gleichzeitig kreisförmige Wellen erzeugt werden, entsteht ein typisches Bild.

Beschreibe die Beobachtung! Erkläre sie!

13. Modell Lichtstrahl
Erläutere an je einem Beispiel die Leistungsfähigkeit und die Grenzen des Modells Lichtstrahl!

14. Blaue Berge
Jeder hat schon beobachtet: Weit entfernte Berge erscheinen heller und in einer bläulichen Farbe.

Stelle eine Hypothese (begründete Vermutung) zur Erklärung dieser Erscheinung auf! Prüfe sie durch eine Recherche im Internet!

Informationen erschließen und austauschen

15. Aktive und passive Sicherheit
Erkunde und beschreibe an Beispielen, wie durch Berücksichtigung physikalischer Erkenntnisse die Sicherheit motorisierter Verkehrsteilnehmer erhöht werden kann!

16. Anwendung radioaktiver Nuklide
Stelle Anwendungen radioaktiver Nuklide übersichtlich dar! Erläutere an je einem Beispiel das Bestrahlungs-, Durchstrahlungs- und Markierungsverfahren! Nutze das Internet, Lehrbücher, Nachschlagewerke und Zeitschriften!

17. Strahlenbelastung heute
Erkunde, wie hoch die Belastung mit ionisierender Strahlung (Röntgenstrahlung, radioaktiver Strahlung) in Deutschland gegenwärtig ist! Nutze dazu das Internet! Präsentiere deine Ergebnisse!

18. Moderne Sehhilfen
Informiere dich über Möglichkeiten der Korrektur von Sehfehlern sowie über Vor- und Nachteile dieser Möglichkeiten!

Sachverhalte erkennen und bewerten

19. Ein gefährlicher Irrtum

Bewerte die folgende Aussage aus physikalischer Sicht: „Das Anschnallen von Passagieren in Pkws ist bei Geschwindigkeiten bis 30 km/h nicht erforderlich, weil bei so geringen Geschwindigkeiten kaum Verletzungen auftreten können."

20. Sicherheit im Straßenverkehr

Laut Straßenverkehrsordnung (StVO) gilt: Die zulässige Höchstgeschwindigkeit beträgt auch unter günstigen Umständen innerhalb geschlossener Ortschaften für alle Kraftfahrzeuge 50 km/h. In Wohngebieten ist sie teilweise auf 30 km/h begrenzt.

a) Warum sind das sinnvolle Festlegungen?

b) Ein unverantwortlicher Pkw-Fahrer fährt statt mit maximal 50 mit 70 km/h. Um wie viele Meter verlängert sich sein Bremsweg, wenn die Bremsverzögerung bei Vollbremsung 7,0 m/s^2 beträgt?

21. Was ist effektiver?

Um sich Tee zu kochen, braucht man heißes Wasser. Das kann man sich in unterschiedlicher Weise herstellen, z. B.:

- Nutzung einer Mikrowelle
- Verwendung eines Wasserkochers
- Erhitzen mit einer Kochplatte

a) Stelle eine begründete Vermutung (Hypothese) darüber auf, bei welcher der Varianten der Wirkungsgrad am höchsten ist!

b) Messungen ergeben folgende Werte:
Mikrowelle:
$V = 0{,}4$ l; $\Delta T = 58$ K, $t = 160$ s, $P = 800$ W
Wasserkocher:
$V = 0{,}6$ l; $\Delta T = 78$ K, $t = 170$ s, $P = 1\,200$ W
Kochplatte:
$V = 0{,}3$ l; $\Delta T = 62$ K, $t = 120$ s, $P = 1\,500$ W
Berechne daraus jeweils den Wirkungsgrad! Vergleiche das Ergebnis mit deiner Hypothese!

c) Diskutiere Ursachen für die verschiedenen Wirkungsgrade! Wie könnte man die Wirkungsgrade vergrößern?

22. Physik und Medizin

Untersuchungen der Schilddrüse kann man mithilfe radioaktiver Nuklide durchführen. Sie werden vom Patienten eingenommen und reichern sich in der Schilddrüse an. Die Stärke der Strahlung wird registriert und daraus ein Bild berechnet (s. Foto).

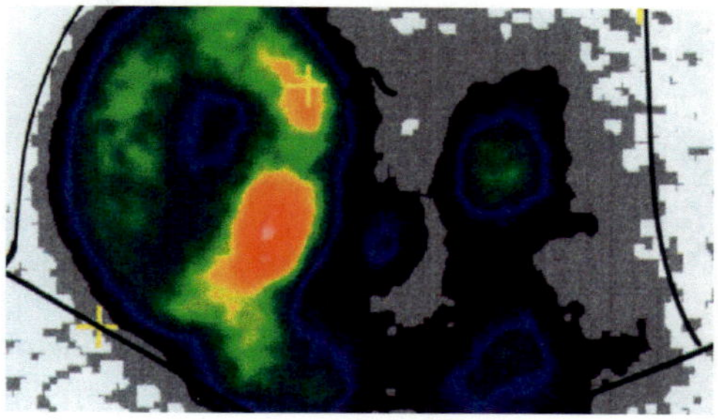

a) Diskutiere Vorteile und Gefahren einer Untersuchung mit radioaktiven Nukliden!

b) Welche der nachfolgend angegebenen Nuklide sind für eine Schilddrüsenuntersuchung geeignet? Begründe!

Stoff	Strahlung	Reichweite im Gewebe	Halbwertszeit
A	α	0,1 mm	3 Stunden
B	γ	viele Meter	2 Jahre
C	β	5,5 cm	6 Stunden
D	β	4,3 cm	70 Tage

23. Teures Stand-by

In vielen der etwa 45 Mio. Haushalte in Deutschland existieren elektrische Geräte mit Stand-by-Funktion.
Wir nehmen an: In jedem zweiten Haushalt befindet sich ein Fernsehgerät täglich 8 Stunden lang im Stand-by ($U = 230$ V, $I = 20$ mA).

a) Wie viel Elektroenergie wird dadurch in einem Jahr unnötig genutzt? Vergleiche das Ergebnis mit dem Jahresenergiebedarf eines Haushalts (3 000 kWh)!

b) Bewerte das Ergebnis unter dem Aspekt der rationellen Nutzung von Energie!

Nuklidkarte (Aussch

Z																	
92									U 238,029		U 222 1 µs α	U 223 18 µs α: 8,78	U 224 0,7 ms α: 8,47	U 225 95 ms α: 7,88	U 226 0,2 s α: 7,57	U 227 1,1 min γ: 0,247 α: 6,86	U 9,1 ε, γ α: 6,
91		Pa 231,036	Pa 213 5,3 ms α: 8,24	Pa 214 17 ms α: 8,12	Pa 215 14 s α: 8,09	Pa 216 0,2 s α: 7,87	Pa 217 4,9 ms α: 8,33	Pa 218 0,12 ms α: 9,61	Pa 219 53 ns α: 9,90	Pa 220 0,78 µs α: 9,65	Pa 221 5,9 µs α: 9,08	Pa 222 4,3 ms α: 8,21	Pa 223 6,5 ms α: 8,01	Pa 224 0,95 s α: 7,555	Pa 225 1,8 s α: 7,25	Pa 226 1,8 min ε α: 6,86	Pa 38, ε, γ: α: 6,
90	Th 232,038	Th 211 37 ms α: 7,79	Th 212 30 ms α: 7,80	Th 213 0,14 s α: 7,69	Th 214 0,10 s α: 7,68	Th 215 1,2 s α: 7,39	Th 216 28 ms α: 7,92	Th 217 252 µs α: 9,25	Th 218 0,1 µs α: 9,67	Th 219 1,05 µs α: 9,34	Th 220 9,7 µs α: 8,79	Th 221 1,68 ms α: 8,15	Th 222 2,2 ms α: 7,98	Th 223 0,66 s γ: 0,140 α: 7,324	Th 224 1,04 s γ: 0,177 α: 7,17	Th 225 8,72 min ε, γ: 0,321 α: 6,482	Th 31 γ: 0, α: 6,
89	Ac 209 90 ms α: 7,59	Ac 210 0,35 s α: 7,46	Ac 211 0,25 s α: 7,481	Ac 212 0,93 s α: 7,38	Ac 213 0,80 s α: 7,36	Ac 214 8,2 s α: 7,214	Ac 215 0,17 s α: 7,604	Ac 216 0,33 ms α: 9,028	Ac 217 0,069 µs α: 9,65	Ac 218 1,1 µs α: 9,205	Ac 219 11,8 µs α: 8,664	Ac 220 26 ms γ: 0,134 α: 7,85	Ac 221 52 ms α: 7,65	Ac 222 5,0 s α: 7,009	Ac 223 2,10 min α: 6,647	Ac 224 2,9 h ε, γ: 0,216 α: 6,142	Ac 10 γ: 0, α: 5,
88	Ra 208 1,3 s α: 7,133	Ra 209 4,6 s α: 7,010	Ra 210 3,7 s α: 7,019	Ra 211 13 s α: 6,911	Ra 212 13 s α: 6,9006	Ra 213 2,74 min ε, γ: 0,110 α: 6,624	Ra 214 2,46 s ε α: 7,136	Ra 215 1,6 ms α: 8,699	Ra 216 0,18 µs α: 9,349	Ra 217 1,6 µs α: 8,99	Ra 218 25,6 µs α: 8,39	Ra 219 10 ms γ: 0,316 α: 7,679	Ra 220 23 ms γ: 0,465 α: 7,46	Ra 221 28 s γ: 0,149 α: 6,613	Ra 222 38 s γ: 0,324 α: 6,559	Ra 223 11,43 d γ: 0,269 α: 5,7162	Ra 3, γ: 0, α: 5,
87	Fr 207 14,8 s ε α: 6,767	Fr 208 58,6 s γ: 0,636 α: 6,636	Fr 209 50,0 s ε α: 6,648	Fr 210 3,18 min ε, γ: 0,644 α: 6,543	Fr 211 3,10 min ε, γ: 0,540 α: 6,535	Fr 212 20,0 min ε, γ: 1,274 α: 6,262	Fr 213 34,6 s ε α: 6,775	Fr 214 5,0 ms α: 8,426	Fr 215 0,09 µs α: 9,36	Fr 216 0,70 µs α: 9,01	Fr 217 16 µs α: 8,315	Fr 218 22 ms α: 7,615	Fr 219 21 ms α: 7,312	Fr 220 27,4 s γ: 0,045 α: 6,68	Fr 221 4,9 min γ: 0,218 α: 6,341	Fr 222 14,2 min γ: 0,206 β^-: 1,8	Fr 21, γ: 0, β^-: 1,
86	Rn 206 5,67 min ε, γ: 0,498 α: 6,260	Rn 207 9,3 min ε, γ: 0,345 α: 6,133	Rn 208 24,4 min ε, γ: 0,427 α: 6,138	Rn 209 28,5 min ε, γ: 0,408 α: 6,039	Rn 210 2,4 h ε, γ: 0,458 α: 6,040	Rn 211 14,6 h ε, γ: 0,674 α: 5,783	Rn 212 24 min γ α: 6,264	Rn 213 25 ms γ α: 8,09	Rn 214 0,27 µs α: 9,037	Rn 215 2,3 µs α: 8,67	Rn 216 45 µs α: 8,05	Rn 217 0,54 ms α: 7,740	Rn 218 35 ms γ α: 7,133	Rn 219 3,96 s γ: 0,271 α: 6,819	Rn 220 55,6 s γ α: 6,288	Rn 221 25 min γ: 0,186 β^-: 0,8	Rn 3,8 α: 5,
85	At 205 26,2 min ε, γ: 0,719 α: 5,092	At 206 29,4 min ε, γ: 0,701 β^+: 3,1	At 207 1,8 h ε, γ: 0,815 β^+	At 208 1,63 h ε, γ: 0,686 α: 5,640	At 209 5,4 h ε, γ: 0,545 α: 5,647	At 210 8,3 h ε, γ: 1,181 α: 5,524	At 211 7,22 h ε α: 5,867	At 212 314 ms γ: 0,063 α: 7,68	At 213 0,11 µs α: 9,08	At 214 0,76 µs γ α: 8,782	At 215 0,1 ms γ α: 8,026	At 216 0,3 ms γ α: 7,804	At 217 32,3 ms β^-, γ α: 7,069	At 218 2 ms β^-, γ α: 6,694	At 219 0,9 min β^- α: 6,27	135	1
84	Po 204 3,53 h ε, γ: 0,884 α: 5,377	Po 205 1,66 h ε, γ: 0,872 α: 5,22	Po 206 8,8 d ε, γ: 1,032 α: 5,2233	Po 207 5,84 h ε, γ: 0,992 α: 5,116	Po 208 2,898 a ε α: 5,1152	Po 209 102 a ε α: 4,881	Po 210 138,38 d γ α: 5,3044	Po 211 25,2 s γ: 0,570 α: 7,275	Po 212 45,1 s γ: 2,615 α: 11,65	Po 213 4,2 µs α: 8,376	Po 214 164 µs α: 7,6869	Po 215 1,78 ms β^- α: 7,3862	Po 216 0,15 s α: 6,7783	Po 217 <10 s β^- α: 6,539	Po 218 3,05 min β^-, γ α: 6,0024		
83	Bi 203 11,7 h ε, γ: 0,820 β^+: 1,4	Bi 204 11,22 h ε, γ: 0,899 α: 0,899	Bi 205 15,31 d ε, γ: 1,764 β^+	Bi 206 6,24 h β^+	Bi 207 31,55 a ε, γ: 0,570 β^+	Bi 208 $3,68 \cdot 10^5$ a ε γ: 2,615	Bi 209 100	Bi 210 5,013 d γ β^-: 1,2	Bi 211 2,17 min γ: 0,351 α: 6,623	Bi 212 25 min β^-, γ α: 6,34	Bi 213 45,59 min γ: 0,440 β^-: 1,4	Bi 214 19,9 min γ: 0,609 β^-: 1,3	Bi 215 7,6 min γ: 0,294 β^-	Bi 216 3,6 min γ: 0,550 β^-	134		
82	PB 202 $5,25 \cdot 10^4$ a ε	Pb 203 51,9 h ε γ: 0,279	Pb 204 1,4	Pb 205 $1,5 \cdot 10^7$ a ε	Pb 206 24,1	Pb 207 22,1	Pb 208 52,4	Pb 209 3,253 h β^-: 0,6	Pb 210 22,3 a γ: 0,047 β^-: 0,02	Pb 211 36,1 min γ: 0,405 β^-: 1,4	Pb 212 10,64 h γ: 0,239 β^-: 0,6	Pb 213 10,2 min β^-: 2,0	Pb 214 26,8 min γ: 0,352 β^-: 1,0	133			
81	Tl 201 73,1 h ε γ: 0,167	Tl 202 12,23 d ε γ: 0,440	Tl 203 29,524	Tl 204 3,78 a ε β^-: 0,8	Tl 205 70,476	Tl 206 4,2 min β^-: 1,5	Tl 207 4,77 min β^-: 1,4	Tl 208 3,05 min γ: 0,2615 β^-: 1,8	Tl 209 2,16 min γ: 1,567 β^-: 1,8	Tl 210 1,30 min γ: 0,800 β^-: 1,9	130	131	132				
80	Hg 200 23,10	Hg 201 13,81	Hg 202 29,86	Hg 203 46,59 d γ: 0,279 β^-: 0,2	Hg 204 6,87	Hg 205 5,2 min γ: 0,204 β^-: 1,5	Hg 206 8,15 min γ: 0,305 β^-: 1,3	Hg 207 2,9 min γ: 0,351 β^-: 1,8	Hg 208 42 min γ: 0,474 β^-	129							
79	Au 199 3,139 d γ: 0,158 β^-: 0,3	Au 200 48,4 min γ: 0,368 β^-: 2,3	Au 201 26,4 min γ: 0,543 β^-: 1,3	Au 202 28 s γ: 0,440 β^-: 3,5	Au 203 60 s γ: 0,218 β^-: 2,0	Au 204 39,8 s γ: 0,437 β^-	Au 205 31 s γ: 0,379 β^-	127	128								
	120	121	122	123	124	125	126										

Element

Pa 231,036 — Symbol — Atommasse in *u*

stabiles Nuklid

H 1 99,985 — Symbol, Nukleonenzahl — Häufigkeit im natürlichen Isotopengemisch in %

instabiles Nuklid

Fr 224 — Symbol, Nukleonenzahl

3,3 min — Halbwertszeit $T_{1/2}$

γ: 0,216, β^-: 2,6 — Energie der Strahlung in MeV (nur häufigste Werte)

Häufigkeit der Zerfallsart

U 229 58 min ε, γ: 0,123 α: 6,362 — α-Zerfall öfter als 50 % (gelb) ε-Elektroneneinfang weniger als 50 % (grün)

Nuklid

Th 232 100 $1,41 \cdot 10^{10}$ a — mit der Erde entstandenes radioaktives Nuklid

Farben und Zerfallsarten

stabil	β^+-Zerfall ε Elektroneneinfang durch den Kern	β^--Zerfall	α-Zerfall

Kern kann spontan in leichtere Kerne zerfallen